Die Differentialgleichungen des Ingenieurs

Darstellung der für die Ingenieurwissenschaften wichtigsten gewöhnlichen und partiellen Differentialgleichungen sowie der zu ihrer Lösung dienenden genauen und angenäherten Verfahren einschließlich der mechanischen und graphischen Hilfsmittel

Von

Dipl.-Ing. Dr. phil. W. Hort
Ingenieur der Siemens-Schuckert-Werke

Mit 255 Textfiguren

Berlin
Verlag von Julius Springer
1914

ISBN-13:978-3-642-93741-5 e-ISBN-13:978-3-642-94141-2
DOI: 10.1007/978-3-642-94141-2

Softcover reprint of the hardcover 1st edition 1914

Vorwort.

In den Lehrbüchern der Differential- und Integralrechnung, die für die Zwecke der Ingenieure gedacht sind, finden auch die Differentialgleichungen Berücksichtigung. Zumeist gehen jedoch diese Lehrbücher über eine Anfangseinführung in die Theorie der Differentialgleichungen nicht hinaus, so daß der Lernende nur einen flüchtigen Überblick über das Gebiet erhält.

Ferner werden die numerischen, graphischen und mechanischen Verfahren zur Lösung von Differentialgleichungen in der vorhandenen Lehrbuchliteratur fast gar nicht berücksichtigt.

Hiervon ausgehend habe ich versucht, die Lehre von den Differentialgleichungen, soweit sie für den Ingenieur von Bedeutung ist, im Zusammenhang an wichtigen technischen und physikalischen Beispielen darzustellen.

Ursprünglich hatte ich die Absicht, die Differential- und Integralrechnung überall in dem Werke als bekannt vorauszusetzen. Bald zeigte es sich jedoch als zweckmäßig, eine kurze Darlegung zur Verständigung vorauszuschicken, die als Abschnitt I erscheint. Hier habe ich den Versuch gemacht, zuerst den Integralbegriff zu erörtern und dann erst zum Differentialquotienten überzugehen, da mich die Anknüpfung an den Flächeninhalt und an den Summenbegriff anschaulicher dünkt als die Anknüpfung an die Kurventangente, über deren inneren Zweck der Lernende zunächst im unklaren bleibt.

Abgesehen von den so gewonnenen Grundtatsachen der Differential- und Integralrechnung werden im Verlaufe des Buches eine Reihe von Formeln benutzt, deren Ableitung mit Rücksicht auf den verfügbaren Raum nicht gegeben werden konnte. Diese der Differential- und Integralrechnung entnommenen Ansätze habe ich als rechnerisches jedem zur Verfügung stehendes Handwerkszeug betrachtet, zu welchem Standpunkt ich mich berechtigt glaube, da es sich fast ausschließlich um Tatsachen handelt, die im Taschenbuch Hütte nachgeschlagen werden können. In den Anmerkungen habe ich die betreffenden Stellen der Hütte zitiert. Ich möchte hier nicht verfehlen, die mathematische Formelsammlung der Hütte als nach meinen Erfahrungen recht geschickt ausgewählt zu bezeichnen. Ansätze. die die Hütte nicht gibt, sind ebenfalls in den Anmerkungen nach ihren Quellen namhaft gemacht.

Bei der Behandlung des eigentlichen Themas des Buches habe ich mich zunächst der üblichen Einteilung der Differentialgleichungen in gewöhnliche und partielle angeschlossen. Innerhalb dieser Einteilung werden die exakten Transformations- und Substitutionsmethoden dargelegt und auf zahlreiche Beispiele der Technik und Physik angewendet.

Da ich möglichst alle für Aufgaben des Ingenieurwesens wichtigen Methoden bringen wollte, habe ich mich veranlaßt gesehen, die Reihenentwickelungen nach Frobenius nebst der damit in Zusammenhang stehenden Ermittlung der logarithmenbehafteten Integrale linearer Differentialgleichungen zu behandeln. Bekanntlich werden diese Verfahren in der Behältertheorie gebraucht. Daneben werden einige Fragen, die mit der Technik nicht in unmittelbarem Zusammenhang stehen, wie z. B. die Integration der Differentialgleichungen der Planetenbewegung, ihres allgemeinen Interesses halber erörtert.

Einen ausgedehnten Raum nimmt die Besprechung der Instrumente zur Ausführung von Integrationen sowie die Erörterung graphischer und rechnerischer Annäherungsverfahren ein. Es ist wohl das erste Mal, daß diese Stoffe in einem Lehrbuch der Differentialgleichungen umfangreichere Behandlung finden.

Im Interesse der Anwendungen sind auch die Differenzengleichungen wenigstens in einem kurzen Abriß aufgenommen worden.

Die partiellen Differentialgleichungen habe ich von einem etwas anderen Gesichtspunkt aus behandelt. Einerseits gibt es hier noch verhältnismäßig wenig Annäherungsverfahren, andererseits berührt die eigentliche Theorie der partiellen Differentialgleichungen den Ingenieur fast gar nicht. Es handelt sich stets um das Stoffgebiet der Differentialgleichungen der mathematischen Physik. Der zweite Teil des Buches hat infolgedessen ein etwas mehr theoretisches Gepräge als der erste. Ich hoffe aber, daß eine Darstellung der mannigfachen Operationen, die man mit den partiellen Differentialgleichungen der Physik vornehmen kann, auch Ingenieuren willkommen sein wird. Die Gleichungen der Elastizität, Hydrodynamik und Elektrodynamik sind ja neuerdings zur Bewältigung verwickelter praktischer Aufgaben unentbehrlich geworden. Ich erinnere nur an die Lorenzsche Turbinentheorie und an die Ausgleichsvorgänge auf elektrischen Leitungen.

Sach- und Namenregister, Anmerkungen und Angaben der benutzten und weiterer Literatur nebst Formelverzeichnis werden, wie ich glaube, den Gebrauch des Buches erleichtern.

Beim Abschluß des Druckes ersehe ich aus Nr. 20 der Zeitschrift des Vereines deutscher Ingenieure, daß der deutsche Ausschuß für technisches Schulwesen in seinem fünften Bericht den gleichen Anschauungen Ausdruck gibt, die mir den Anstoß zur Abfassung dieses Buches gegeben haben, weshalb ich zu hoffen wage, daß mein Werk als erster Versuch, die Lehre von den Differentialgleichungen in engeren Zusammenhang mit den Anwendungen zu bringen, wenigstens dem Grunde nach die Billigung der Fachgenossen findet.

Ich gestatte mir auch an dieser Stelle, Herrn Dr. Lichtenstein für Beratung zu § 44 sowie Herrn Dr. K. W. Wagner für Namhaftmachung von Literatur zu § 97 bestens zu danken.

Mein Kollege, Herr Dipl.-Ing. Feise, hat mich in dankenswerter Weise bei der Revision unterstützt.

Die Bildstöcke für die beschriebenen mathematischen Instrumente hat die Firma G. Coradi - Zürich zur Verfügung gestellt.

Und schließlich gebührt dem Herrn Verleger für die sorgfältige Herstellung der Figuren und die Ausstattung des Buches besondere Anerkennung.

Berlin-Siemensstadt, im September 1914.

Dr. W. Hort.

Inhaltsverzeichnis.

Erster Teil: Gewöhnliche Differentialgleichungen.

I. Einleitung.

II. Differentialgleichungen erster Ordnung.

III. Die Differentialgleichungen zweiter Ordnung.

IV. Differentialgleichungen höherer Ordnung. Simultane Differentialgleichungen.

V. Die Differenzengleichungen.

Seite

Zweiter Teil: Partielle Differentialgleichungen.

I. Einleitung.

II. Einfache partielle Differentialgleichungen aus verschiedenen Gebieten.

III. Die Differentialgleichung des Potentials.

Seite

IV. Die Differentialgleichungen der Bewegungen elastischer Körper.

V. Die Differentialgleichungen der Hydrodynamik.

VI. Die Differentialgleichungen der Elektrodynamik.

Erster Teil.

Gewöhnliche Differentialgleichungen.

I. Einleitung.

§ 1. Allgemeine Festsetzungen über Koordinaten und Funktionen.

Es gibt Lehrbücher der Differential- und Integralrechnung wie auch der Differentialgleichungen, in denen keine Figuren vorkommen. Dies ist möglich, weil geometrische Vorstellungen für den Aufbau der genannten Disziplinen nicht unbedingt erforderlich sind.

Zweifellos erleichtert jedoch der Gebrauch geometrischer Vorstellungen das Eindringen in unsere Aufgabe ungemein[1]).

Der Verständigung über diese Vorstellungen sollen die folgenden Vorbemerkungen dienen.

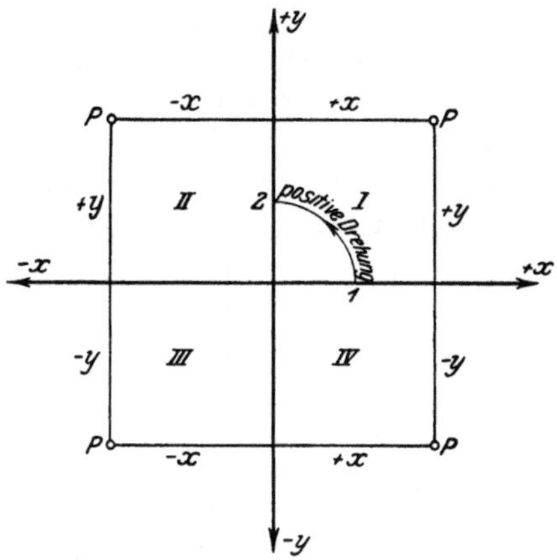

Fig. 1. Die vier Quadranten des Koordinatensystems.

I. Im rechtwinkligen Koordinatensystem gibt es folgende Richtungen (Fig. 1):

$$O + X = \text{Richtung der positiven } x\text{-Achse.}$$
$$O - X = \quad ,, \quad ,, \text{ negativen } x\text{-Achse.}$$
$$O + Y = \quad ,, \quad ,, \text{ positiven } y\text{-Achse.}$$
$$O - Y = \quad ,, \quad ,, \text{ negativen } y\text{-Achse.}$$

sowie die Quadranten I, II, III, IV.

Die Vorzeichen der Koordinaten eines Punktes sind im

I.	Quadranten:	+ +
II.	,,	— +
III.	,,	— —
IV.	,,	+ —

Der Pfeil 1—2 bezeichnet den positiven Umlaufsinn oder die positive Drehrichtung in der xy-Ebene.

II. Die Gleichung

$$y = f(x) \tag{1}$$

wird gelesen: Die Ordinate y ist eine Funktion der Abszisse x oder kürzer: y = Funktion x. Die Größen x und y heißen die Variabeln. x ist die unabhängige, y die abhängige Variabele. Die unabhängige Variabele nennt man auch das Argument der Funktion.

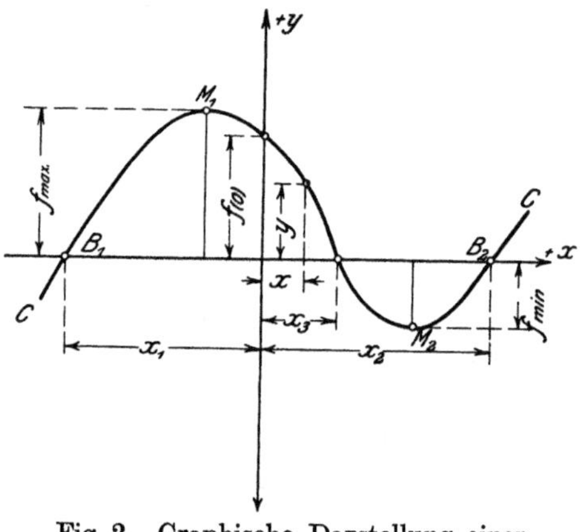

Fig. 2. Graphische Darstellung einer Funktion und ihrer Nullpunkte.

Die Funktion $y = f(x)$ wird in der xy-Ebene dargestellt durch die Kurve CC (Fig. 2). Man sagt auch: Die Kurve $y = f(x)$. Andererseits definiert jeder graphisch gegebene Linienzug CC eine Funktion y von x, die man auch analytisch festlegen kann.

Besondere Punkte der Kurve bzw. Werte der Funktion sind:

$f(o)$ ist derjenige Funktionswert, der sich ergibt, wenn in der Funktion $f(x)$ das Argument $x = o$ gesetzt wird. Graphisch ergibt sich der Schnittpunkt der Kurve mit der y-Achse. Ergibt ferner die Auflösung der Gleichung

$$f(x) = o \tag{2}$$

nach x einen oder mehrere Werte $x = x_1, x_2 \ldots\ldots$, so sind diese die Nullpunkte oder Nullstellen der Funktion. Graphisch erhält man die Schnittpunkte der Kurve mit der x-Achse. Diejenigen Werte x, für die der Funktionswert y unendlich wird, heißen die Pole der Funktion (Fig. 3). Die entsprechende Kurve hat in den Polen Asymptoten, die der y-Achse parallel sind.

Die Punkte M_1 und M_2, in denen die Kurve horizontale Tangenten hat, nennt man Extremalpunkte. Die zugehörigen Funktionswerte heißen Extreme der Funktion.

Es gibt zwei verschiedene Arten der Extreme: Maxima (M_1) und Minima (M_2), deren Kennzeichen später besprochen werden.

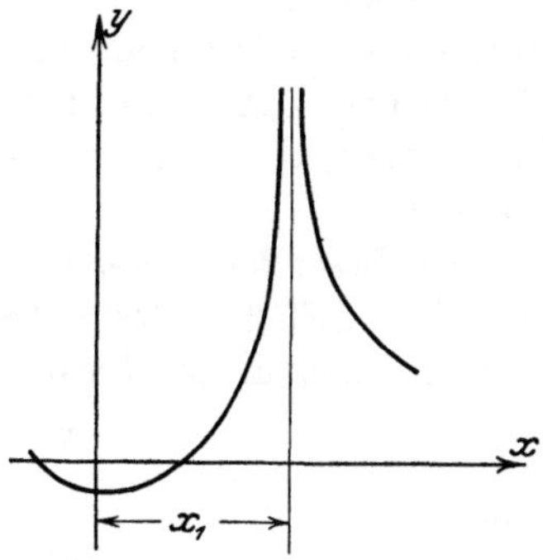

Fig. 3. Pol einer Funktion.

III. Die Funktionen $f(x)$ gliedert man in:

a) algebraische, b) transzendente.

a) Die ersteren sind solche Funktionen $f(x)$, die aus x durch eine „begrenzte Anzahl von Anwendungen der 4 Spezies und von Wurzelziehungen" gewonnen werden. Sie zerfallen in mehrere Unterabteilungen:

1. Rationale ganze Funktionen, z. B.

$$a_0 + a_1 x + a_2 x^2 + a_3 x^3 \tag{3}$$

2. Rationale gebrochene Funktionen, z. B.

$$\frac{a_0 + a_1 x + a_2 x^2 + a_3 x^3}{b_0 + b_1 x + b_2 x^2 + b_3 x^3}. \tag{4}$$

3. Irrationale Funktionen, z. B.

$$\sqrt{a_0 + a_1 x + a_2 x^2} \tag{5}$$

oder

$$a_0 + a_1 x^{\frac{1}{m}} + b_1 x^{\frac{1}{m+1}} \tag{6}$$

oder

$$\frac{1}{\sqrt[m]{b_0 + b_1 x + b_1 x^2}}. \tag{7}$$

b) Zu den transzendenten Funktionen gehören als einfachste Repräsentanten der Logarithmus $\lg x$, die Exponentialfunktion e^x, die Winkelfunktionen $\sin x$, $\cos x$, $\operatorname{tg} x$, $\cot x$, die Kreisfunktionen $\arcsin x$, $\arccos x$, $\operatorname{arctg} x$, $\operatorname{arccot} x$, die Hyperbelfunktionen $\sinh x$, $\cosh x$, $\operatorname{tgh} x$, $\coth x$, die auch mit $\mathfrak{Sin}\, x$, $\mathfrak{Cos}\, x$, $\mathfrak{Tg}\, x$, $\mathfrak{Cot}\, x$ bezeichnet werden.

Diesen reiht sich noch eine unbegrenzt große Zahl weiterer Formen an. Das gemeinsame Kennzeichen der transzendenten Funktionen kann zunächst nur negativ gegeben werden: Alle Funktionen, die weder rational noch irrational sind, sind transzendent.

IV. Besondere Arten der Darstellung von Funktionen $f(x)$ sind nun die unendlichen Summen und Produkte. Erstere schreibt man in der Form

$$y = \sum_n a_n f_n(x), \tag{8}$$

letztere

$$y = \prod_n a_n f_n(x). \tag{9}$$

Sowohl für die „Koeffizienten" a_n wie für die $f_n(x)$ müssen „Bildungsgesetze" vorgeschrieben sein. Beide Arten von Darstellungen, sowohl die Summen- wie die Produktdarstellung, sind wichtige Hilfsmittel zur numerischen Berechnung von Funktionen, besonders von transzendenten Funktionen.

V. a) Eine Größe y wird als Funktion von x auch definiert durch die Gleichung

$$f(x, y) = o \tag{10}$$

auch wenn diese nicht nach y auflösbar ist. Dies ist die nicht explizite oder unentwickelte Art der Darstellung der Funktion y von x.

b) Hierher gehört weiter die Parameterdarstellung einer funktionalen Abhängigkeit

$$\left.\begin{aligned} x &= \varphi(t) \\ y &= \psi(t) \end{aligned}\right\} \tag{11}$$

In diesen beiden Gleichungen braucht t nicht eliminierbar zu sein.

§ 2. Die graphische Summierung der Geraden y = a.

In der Figur 4 sei eine Gerade A im Abstande $+a$ von der Abszissenachse gezeichnet. Ihre Gleichung schreibt man

$$y = a. \tag{1}$$

Bei der Abszisse x ziehen wir eine Ordinate und berechnen den Inhalt des durch die Koordinatenachsen, die Gerade A und die Ordinate begrenzten Rechtecks:

$$F = ax \tag{2}$$

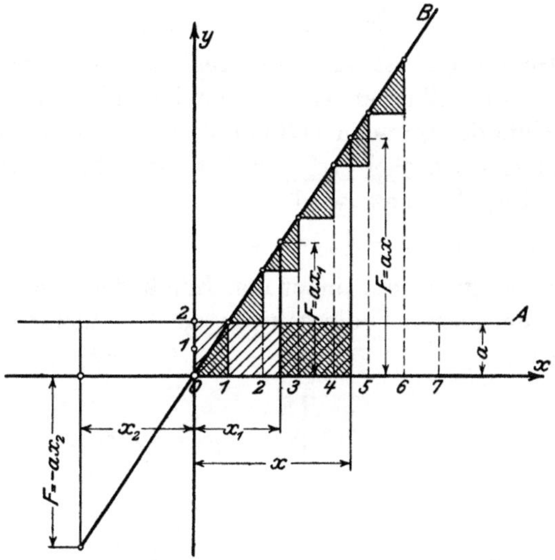

Fig. 4. Graphische Summierung der Geraden $y = a$.

Der Rechtecksinhalt verschwindet für $x = o$ und wächst mit x ins Unendliche. Für jeden Wert von x gibt es einen Wert des Rechtecksinhaltes. Der Rechtecksinhalt ist eine Funktion von x.

Diese Funktion soll durch eine Kurve $y = ax$ dargestellt werden in der Weise, daß die Zahlenwerte der Kurvenordinaten gleich den durch sie abgeschnittenen Rechtecksinhalten sind.

Wir bestimmen diese Kurve punktweise. Es werden für die Abszissen:

$$x = o, \frac{1}{2}, 1, 2, 3 \ldots .$$

die zugehörigen Rechtecksinhalte und damit die Ordinaten der gesuchten Kurve:

$$y = o, \frac{a}{2}, a, 2a, 3a \ldots .$$

Durch Auftragung dieser Werte ergibt sich die Gerade OB, die man sich auch entstanden denken kann durch fortgesetzte Addition der Ordinatenwerte der Geraden A

$$y = a$$

auf den Ordinaten durch die x-Achsenpunkte

$$x = 1, 2, 3, 4 \ldots\ldots$$

Die Gerade OB ist also das Ergebnis einer graphischen Summation. Wir nennen OB die Inhaltskurve.

Mit Hilfe der Geraden OB ergibt sich auch sofort der Inhalt des Rechtecks, welcher von zwei verschiedenen Ordinaten x, z. B. x und x_1, begrenzt wird:

$$F_{x-x_1} = F_x - F_{x_1} = ax - ax_1 = a\,(x - x_1) \tag{3}$$

Als Regel gilt: Man findet den Inhalt des Rechtecks, indem man von dem oberen Ordinatenwert der Inhaltskurve den untern subtrahiert.

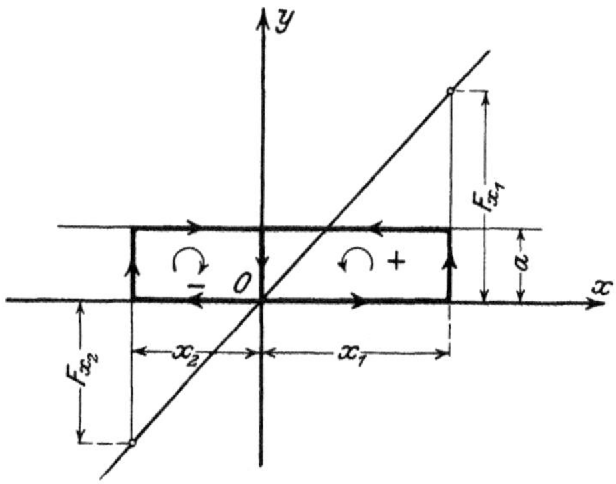

Fig. 5. Positiver und negativer Umlaufssinn.

Das bisher Entwickelte gilt auch bei Fortsetzung der Geraden A und OB in das Gebiet der Negativen x. Es handelt sich darum, den Inhalt des über der Abszisse $Ox_2 = -x_2$ stehenden Rechtecks graphisch aufzutragen. Dieses Rechteck unterscheidet sich, wie wir festsetzen, von dem inhaltlich gleich großen Rechteck über $+x_2$ durch das Vorzeichen.

Dies ergibt sich daraus, daß man verschiedene Umlaufsrichtungen erhält, wenn man die Umfänge durchläuft, von O beginnend und zuerst das Abszissenachsenstück des Umfanges zurücklegend. Der Umfang des Rechtecks über $+x_1$ wird demnach entgegengesetzt dem Uhrzeigersinne durchlaufen, der Umfang des Rechtecks über $+x_2$ im Sinne des Uhrzeigers. Wir setzen fest, daß Rechtecke der ersten Art positiv, der zweiten Art negativ gerechnet werden sollen (Fig. 5).

Hiermit ergibt sich, daß die Addition der links von der Ordinatenachse liegenden Ordinaten im Sinne der negativen y-Achse zu erfolgen hat. Die obigen Formeln lassen sich dann direkt übertragen. Es wird der Inhalt des Rechtecks zwischen den Ordinaten x_1 und x_2:

$$F_{x_1-x_2} = F_{x_1} - F_{x_2} = ax_1 - (-ax_2) = a(x_1 + x_2) \tag{4}$$

Es ergibt sich also eine positive Größe, was mit dem obigen nicht in Widerspruch steht. Denn mit der oben angeschriebenen Formel (4) haben wir den Inhalt des Rechtecks, von dem Abszissenpunkt $x = -x_2$ beginnend und nach Richtung der positiven x fortschreitend, bestimmt. Die oben festgesetzte Regel der Bestimmung des Vorzeichens mittels des Umlaufsinnes ergibt das positive Vorzeichen (Fig. 6).

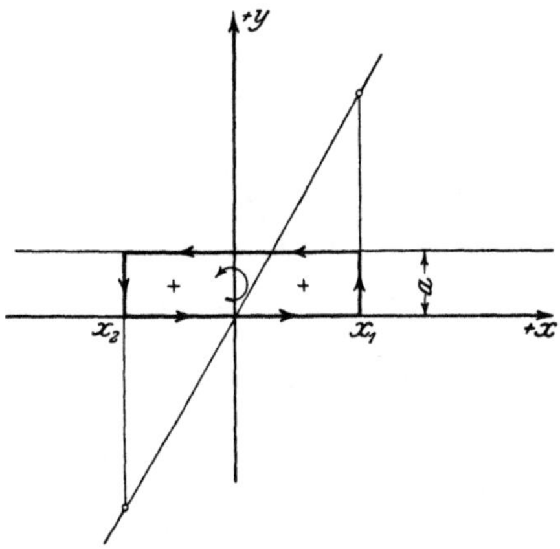

Fig. 6. Vorzeichenfestlegung des Flächeninhaltes.

Als oberer Wert gilt stets derjenige, dessen Ordinate das Rechteck nach der Richtung der positiven x hin begrenzt.

Oben wurde die graphische Addition im Anfangspunkte der Koordinaten begonnen. Man kann sie jedoch ebenso gut im Punkte

$$y = b \tag{5}$$

beginnen lassen. Die Rechteckinhalte werden hierbei

$$F_x = b + ax, \tag{6}$$

d. h. sie werden von der Ordinate durch

$$x_0 = -\frac{b}{a} \tag{7}$$

an gezählt. Der oben ausgesprochene Satz ändert sich hierbei nicht.

Denn es ist

$$F_x - F_{x_1} = (b + ax) - (b + ax_1) = a(x - x_1), \qquad (8)$$

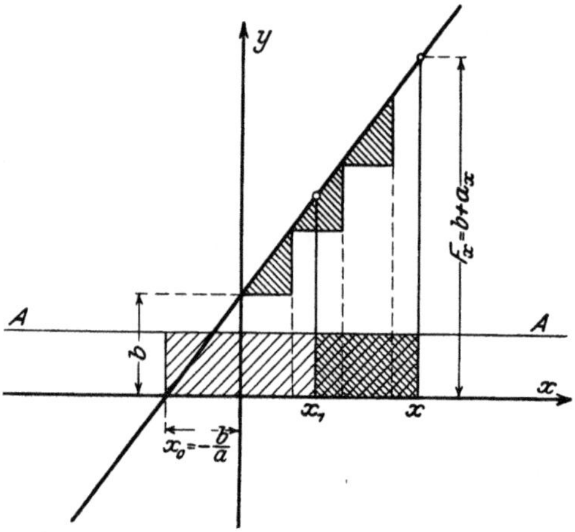

Fig. 7. Summierung mit verschiedenen Ausgangspunkten.

§ 3. Graphische Summierung der Geraden $y = a + b\,x$.

Als weitere Aufgabe soll der Inhalt der von der Geraden AA, der Abszissenachse und zwei Ordinaten y und y_1 begrenzten Trapeze bestimmt werden. Man bestimmt (Fig. 8) auf der Abszissenachse eine Anzahl von Punkten, die untereinander gleiche Abstände etwa $= 1$ haben. Dann trägt man die mittlere Höhe des Trapezes über 01 auf der Ordinate 1 ab; die Summe der mittleren Höhen der Trapeze über 01 und 12 auf der Ordinate 2 usw. Die Trapeze zwischen den Punkten O und C_2 sind negativ zu rechnen, die Trapeze zwischen C_2 und $-\infty$ wieder positiv, wie sich aus der oben geschaffenen Festsetzung des Umlaufsinnes ergibt. Die mittlere Höhe des Trapezes über $0 - 1$ ist also auf der Ordinate -1 in Richtung der negativen y-Achse abzutragen; ebenso die Summe der mittleren Höhen des Trapezes über $0 - 1$ und des Dreiecks über $-1 - 2$ auf der Ordinate -2. Der Inhalt des nun folgenden Dreiecks über $-2 - 3$ ist positiv zu rechnen und muß nach Richtung der positiven y-Achse aufgetragen werden. Auf diese Weise ergibt sich die Kurve CC, die I n h a l t s k u r v e der

Geraden AA. Auch hier gilt die Gleichung:

$$J_{x-x_1} = F_x - F_{x_1}$$

Auch hier ist es nicht erforderlich, den Anfangspunkt der Summation im Koordinaten-Nullpunkt zu wählen, jeder andere Punkt der y-Achse, z. B. $y = +b$, ist ebenso geeignet und liefert eine andere Kurve, die CC kongruent und in Richtung der positiven y-Achse um die Strecke $+b$ verschoben ist.

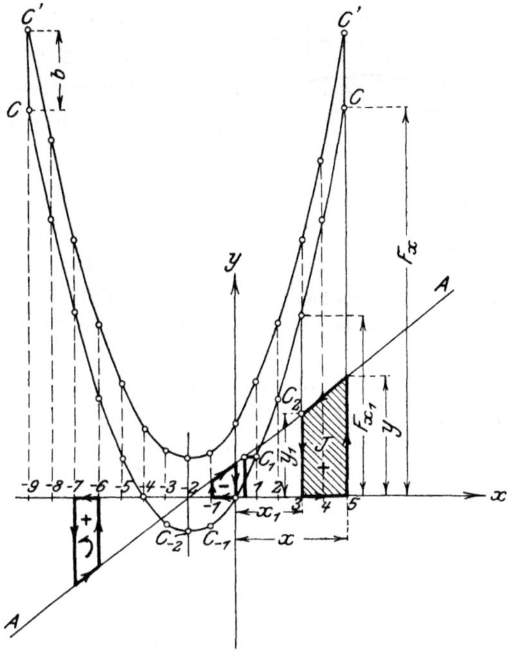

Fig. 8. Summierung der Geraden $y = a + b\,x$.

§ 4. Graphische Summierung einer beliebigen Kurve.

In der geschilderten Weise kann man die Bestimmung der Inhaltskurve für jeden graphisch gegebenen Linienzug vornehmen. Den gegebene Linienzug nennen wir die Grundkurve.

Man teilt wieder (Fig. 9) die zwischen der Kurve AA und der x-Achse befindliche Fläche durch Ordinaten gleichen Abstands in Trapeze bzw. Dreiecke. Zur Erreichung größerer Genauigkeit ist hier der Ordinatenabstand eventuell kleiner zu wählen als 1.

Natürlich sind dann die auf den Ordinaten abzutragenden mittleren Trapezhöhen auf die Basis 1 zu reduzieren. Man nennt dies Verfahren auch eine Quadratur.

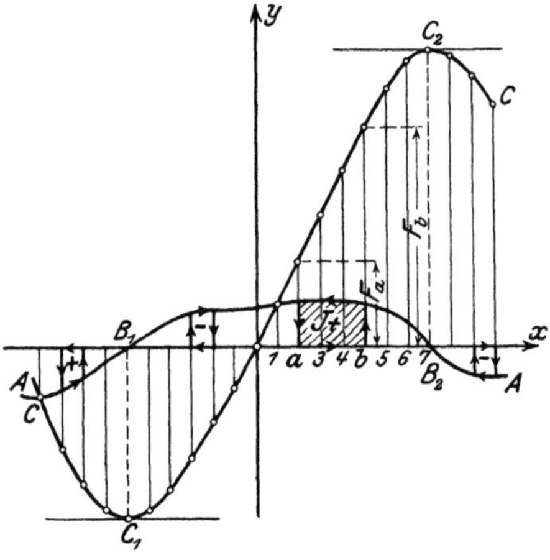

Fig. 9. Quadratur einer beliebigen graphisch gegebenen Kurve. Maximum und Minimum.

Es gibt unendlich viele Inhaltskurven, die unter sich kongruent sind und auseinander durch Verschiebung parallel zur y-Achse entstehen.

Auch hier gilt:

$$J_{b-a} = F_b - F_a \qquad (1)$$

Besondere Betrachtung verdienen die Punkte B_1 und B_2, in denen die Kurve AA die x-Achse schneidet. Wie sich aus der Entstehung der Kurve CC ohne weiteres ergibt, haben die zugehörigen Punkte C_1 und C_2 die Eigenschaft, daß hier die Kurve

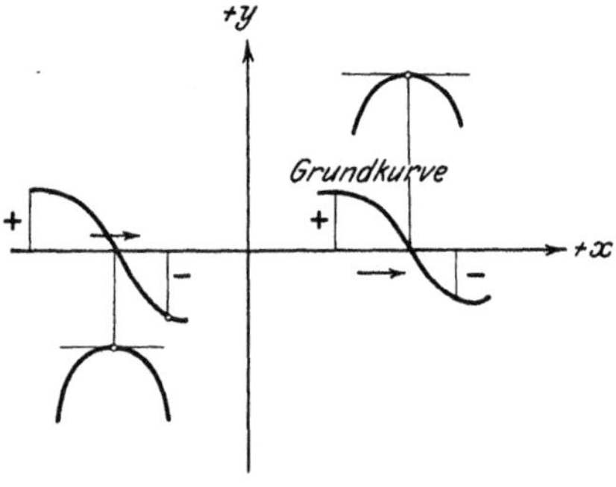

Fig. 10. Kennzeichen des Maximums.

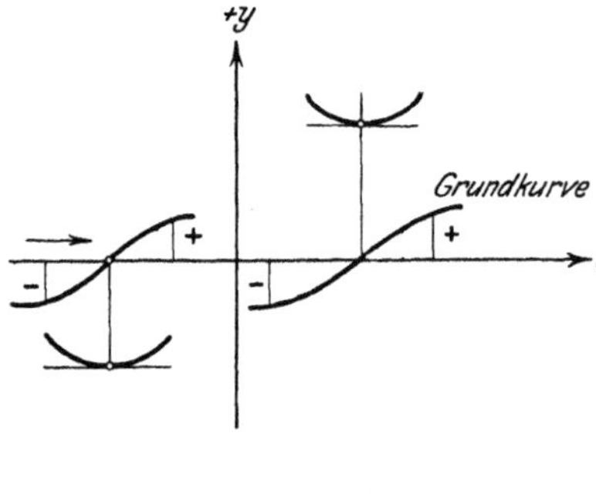

Fig. 11. Kennzeichen des Minimums.

CC umkehrt, daß sie hier eine horizontale Tangente hat. In den Punkten liegt insofern eine Verschiedenheit vor, als in C_1 die Tangente unterhalb der Kurve, in C_2 oberhalb liegt.

Man bezeichnet Punkte der ersten Art als Minima, der zweiten Art als Maxima. Ganz allgemein kennzeichnen sich Minima und Maxima dadurch, daß die Grundkurve hier die Abszissenachse schneidet und zwar in der Weise, daß sie beim Minimum (Fig. 11) von negativen Ordinatenwerten zu positiven übergeht, wenn man in Richtung wachsender Abszissen fortschreitet, und beim Maximum (Fig. 10) umgekehrt.

§ 5. Der Begriff des Integrals.

Wir haben oben in verschiedenen Fällen den Inhalt eines Flächenstückes berechnet, welches begrenzt war durch

1. ein Stück einer gegebenen Kurve

$$y = f(x) \tag{1}$$

2. zwei Ordinaten a und b ($b > a$),
3. die Abszissenachse.

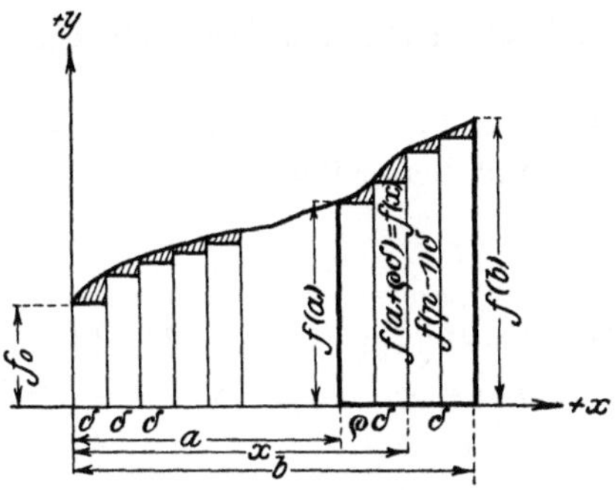

Fig. 12. Analytische Summation unendlich vieler Flächenelemente.

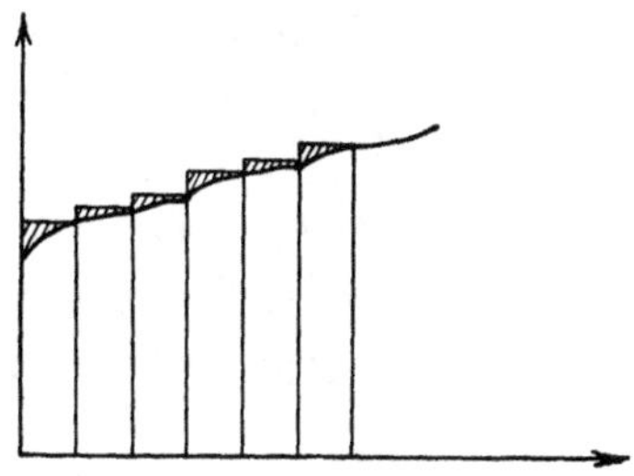

Fig. 13. Der Summationsfehler.

Wir berechneten dies Flächenstück J_{b-a} als Differenz zwischen den Ordinaten F_b und F_a der Kurve CC, die aus AA durch den „Summationsprozeß" gefunden war

$$J_{b-a} = F_b - F_a. \tag{2}$$

Dieser Prozeß bestand in einer Zerlegung der Flächenstücke in trapezförmige Streifen, deren mittlere Höhen graphisch addiert wurden.

Um nun den Summationsprozeß auch rechnerisch verfolgen zu können, wollen wir die Streifen nicht als Trapeze, sondern als

Rechtecke betrachten. Wir verfahren so etwas ungenauer, umgehen aber die Berechnung der mittleren Trapezhöhen. Der begangene Fehler besteht (s. Fig. 12) in der Vernachlässigung der schraffierten Dreiecke, wenn wir ansetzen:

$$\begin{aligned} F_b &= f(o)\delta + f(\delta)\delta + f\,(2\delta)\delta + \ldots\ldots\; f(\overline{p-1}\;\delta)\delta \\ p\delta &= b \\ F_a &= f(o)\delta + f(\delta)\delta + \ldots\ldots\ldots\; f(\overline{q-1}\;\delta)\delta \\ q\delta &= a \end{aligned} \tag{3}$$

Hier bedeutet δ den gewählten Ordinatenabstand; die einzelnen Glieder obiger Summen sind die Inhalte der kleinen Elementarrechtecke.

Wir würden diesen Fehler in entgegengesetzter Richtung begehen, wenn wir ansetzen:

$$F_b = f(\delta)\delta + f(2\delta)\delta + \ldots\ldots\ldots\; f(p\delta)\delta$$

und (4)

$$F_a = f(\delta)\delta + f(2\,\delta)\delta + \ldots\ldots\ldots\ldots + f(q\delta)\delta$$

womit offenbar F_b und F_a um die in Figur 13 schraffierten Dreiecke zu groß gefunden sind.

Wir bleiben aber bei den Formeln (3), da wir finden werden, daß der begangene Fehler überhaupt herausfällt.

Es folgt

$$\begin{aligned} J_{b-a} &= F_b - F_a = \\ &= [f\,(q\,\delta) + f\,[(q+1)\,\delta] + \ldots .\, f\{[q+p-q-1]\,\delta\}]\,\delta \\ &= [f\,(a) + f\,(a+\delta) + \ldots .\, f\{a + (n-1)\,\delta\}\,]\delta \end{aligned} \tag{5}$$

$$p - q = n,\; \delta = \frac{b-a}{n}$$

oder

$$F_b - F_a = \sum_{\rho=0}^{\rho=n-1} \delta f\,(a + \varrho\,\delta) = \sum_{x=a}^{x=a+(n-1)\delta} \delta f\,(x) = \sum_{x=a}^{x=b} \delta f\,(x)\,. \tag{6}$$

Da δ hier die Differenz von zwei benachbarten Werten von x bedeutet, kann man auch schreiben:

$$\delta = \varDelta x$$

und

$$F_b - F_a = \sum_{x=a}^{x=b} f\,(x)\,\varDelta x\,. \tag{7}$$

Diese Summationsformel geht über in die Integrationsformel

$$F_b - F_a = \int_a^b f(x)\, dx\,, \tag{8}$$

indem man den Ordinatenabstand $\delta = \Delta x$ sehr (unendlich) klein werden läßt, also das Flächenstück J_{b-a} aus sehr (unendlich) vielen sehr (unendlich) schmalen Rechtecksstreifen zusammensetzt, d. h. n sehr groß werden läßt und zur Kennzeichnung dieses Überganges das Differenzenzeichen Δ mit dem Differentialzeichen d und das Summenzeichen Σ mit dem Integralzeichen $\int$ vertauscht.

Man nennt den Ausdruck:

$$\int_a^b f(x)dx$$

das bestimmte Integral der Funktion $f(x)$ genommen zwischen den Grenzen a und b, oder über das Intervall von a bis b. Das Integral ist ein Symbol für den oben ausgeführten Summationsprozeß, dessen Ausführung im speziellen Fall nicht nötig ist, weil, wie im folgenden entwickelt wird, das Symbol sich bei speziellen Funktionen $f(x)$ in eine Rechenvorschrift verwandelt. Setzt man die obere Grenze $b = x$, so erhält man

$$J_{x-a} = F(x) - F(a) = \int_a^x f(x)dx \tag{9}$$

$F(x) - F(a)$ ist aber der Inhalt des Flächenstücks zwischen den Ordinaten a und x, d. h. bei festgewähltem a und veränderlichem x eine Funktion von x. Ersetzt man in dieser Gleichung $-F(a)$ durch den Buchstaben C, der eine Konstante bedeuten soll, so läßt man es dahingestellt, bei welcher Ordinate die Summation beginnen soll und man nennt den entstandenen Ausdruck $C + F(x)$ das unbestimmte Integral der Funktion $f(x)$. Man verzichtet in diesem Falle überhaupt auf die Angabe der Grenzen und schreibt

$$\int f(x)dx = C + F(x).$$

Hiermit begründet das Symbol $\int$ einen Zusammenhang zwischen den Funktionen $f(x)$ und $F(x)$, der im folgenden weiter erörtert wird.

§ 6. Berechnung eines bestimmten und eines unbestimmten Integrals.

Es soll im folgenden zunächst das bestimmte Integral der Funktion $y = f(x) = 0{,}75x$ berechnet werden, und zwar zwischen den Grenzen a und b.

Wir haben auf Grund der Gleichung

$$F(b) - F(a) = \left\{f(a) + f(a+\delta) + \dots f(a + \overline{n-1}\,\delta)\right\}\delta \quad (1)$$

im vorliegenden Falle zu schreiben:

$$\begin{aligned} F(b) - F(a) &= \left\{0{,}75a + 0{,}75(a+\delta) + \dots 0{,}75(a + \overline{n-1}\,\delta)\right\}\delta \\ &= n \cdot 0{,}75a\delta + 0{,}75(1 + 2 + 3 + \dots n-1)\delta^2 \quad (2) \\ &= 0{,}75\left\{n a \delta + (1 + 2 + 3 + \dots\dots n-1)\delta^2\right\}. \end{aligned}$$

Hier ist die Summe der arithmetischen Reihe

$$\Sigma_n = 1 + 2 + 3 + \dots\dots + n - 1$$

zu berechnen. Man findet

$$\Sigma_n = \frac{n(n-1)}{2} \quad (3)$$

[2]

und mithin wird

$$F(b) - F(a) = 0{,}75\left\{n a \delta + \frac{n(n-1)}{2}\delta^2\right\}. \quad (4)$$

Da aber

$$\delta = \frac{b-a}{n}$$

ist, so entsteht nunmehr die Gleichung

$$F(b) - F(a) = 0{,}75\left\{a(b-a) + \frac{1}{2}(b-a)^2\left(1 - \frac{1}{n}\right)\right\}. \quad (5)$$

Läßt man in dieser Formel nach Vorschrift des vorigen Paragraphen n unendlich groß, d. h. $\frac{1}{n}$ = Null werden, so geht sie in die Formel des bestimmten Integrals über:

$$\begin{aligned} F(b) - F(a) &= 0{,}75\left\{a(b-a) + \frac{1}{2}(b-a)^2\right\} \\ &= 0{,}75\,\frac{b^2 - a^2}{2} = 0{,}75 \cdot \frac{b^2}{2} - 0{,}75\,\frac{a^2}{2}. \quad (6) \end{aligned}$$

Ersetzt man hier die obere Grenze durch den Buchstaben x und die Glieder $F(a) - \frac{0{,}75 a^2}{2}$ durch die Constante C, so resultiert die Formel des unbestimmten Integrals:

$$F(x) = \int 0{,}75\, x\, dx = C + 0{,}75 \frac{x^2}{2}.$$

Hiermit haben wir für die spezielle Funktion $0{,}75\, x$ die Rechenvorschrift gefunden, die der Gebrauch des Symbols $\int dx$ einschließt. Auf analoge Weise kann man für jede Funktion die Rechenvorschrift ermitteln. Die angegebene Methode ist aber bei komplizierteren Funktionen viel zu umständlich, weshalb zunächst ein scheinbarer Umweg eingeschlagen wird, der aber die Bedeutung des Integrals in viel hellerem Lichte zeigen wird.

§ 7. Der Differenzen- und der Differentialquotient.

Wir wollen jetzt die erste Formel des § 6 für das Intervall von

$$a = x \text{ bis } b = x + \delta$$

anschreiben. Hierdurch erhalten wir folgende Formel

$$F(x + \delta) - F(x) = f(x) \cdot \delta.$$

Hier vertauschen wir jetzt das Zeichen δ mit dem Zeichen Δx und schreiben nach Division mit Δx

$$\frac{F(x + \Delta x) - F(x)}{\Delta x} = f(x).$$

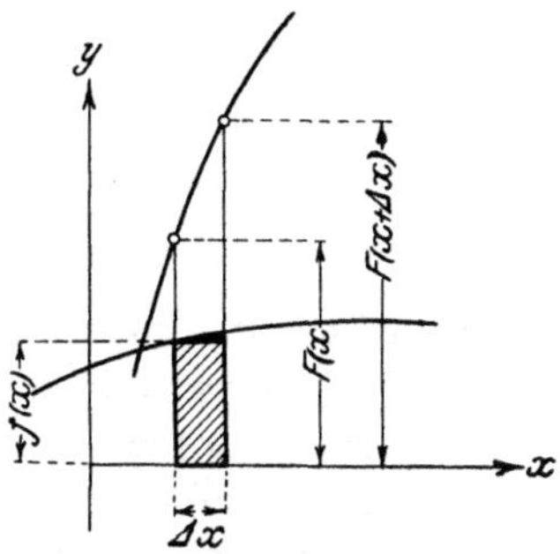

Fig. 14. Differentiation einer Kurve.

Diese Formel ist der analytische Ausdruck der Umkehrung des oben auseinandergesetzten Summationsprozesses, durch den die Integralkurve $F(x)$ aus der gegebenen Kurve $f(x)$ entwickelt wurde. Mit Hilfe dieser Formel kann man die Kurve $f(x)$ finden, wenn die Kurve $F(x)$ gegeben ist (Fig. 14).

Hat man es nun mit einer nicht graphisch oder tabellarisch, sondern in allgemeinen Zahlzeichen gegebenen Funktion $F(x)$ zu tun, so steht zwar nichts im Wege, zunächst $F(x)$ graphisch oder tabellarisch auszuwerten und dann $f(x)$ mit Hilfe der Formel

$$f(x) = \frac{F(x + \Delta x) - F(x)}{\Delta x}$$

graphisch oder tabellarisch zu ermitteln[2a]). Hierdurch würde es aber nicht möglich sein, $f(x)$ in allgemeinen Zahlzeichen zu erhalten, was für weitere Operationen mit dieser Funktion erforderlich ist. Um nun die Ableitung der Funktion aus $F(x)$ allgemein durchzuführen, rechnet man den Ausdruck

$$\frac{F(x + \Delta x) - F(x)}{\Delta x}$$

tatsächlich aus. Dies ist für jede Funktion möglich. Z. B. wählen wir

$$F(x) = a x^m.$$

Es wird

$$F(x + \Delta x) = a(x + \Delta x)^m =$$

$$a x^m + \binom{m}{1} x^{m-1} \Delta x + \binom{m}{2} x^{m-2} \Delta x^2 + \ldots\,)$$

$$F(x) = a x^m$$

$$F(x + \Delta x) - F(x) = a\left(m x^{m-1} \Delta x + \binom{m}{2} x^{m-2} \Delta x^2 + \ldots\right)$$

$$\frac{F(x + \Delta x) - F(x)}{\Delta x} = a\left(m x^{m-1} + \binom{m}{2} x^{m-2} \Delta x + \ldots\right)$$

$$f(x) = a\left(m x^{m-1} + \binom{m}{2} x^{m-2} \Delta x + \ldots\right).$$

In dieser Gestalt erinnert die Formel immer noch an das graphische oder tabellarische Verfahren, welches, wie wir gesehen haben, nur eine Annäherung darstellt, die um so größer wird, je kleiner Δx (bzw. oben δ) gewählt wurde.

Bei der Rechnung mit allgemeinen Zahlzeichen kommt es nun auf genaue Rechnung an, d. h. man muß hier Δx so klein als möglich wählen. Dieser Forderung werden wir sehr einfach gerecht, indem wir $\Delta x = 0$ wählen. Hiermit geht aber die Formel über in

$$f(x) = a m x^{m-1}.$$

da alle mit Δx behafteten Glieder Null werden (verschwinden).

Wir haben somit aus der Funktion $F(x) = ax^m$ die Funktion $f(x) = amx^{m-1}$ abgeleitet. Man nennt $f(x)$ geradezu die Ableitung von $F(x)$ und meint dabei stets die oben auseinandergesetzte Methode der Ableitung, mit der es möglich ist, zu jeder Funktion $F(x)$ die Ableitung $f(x)$ zu finden.

Um nun auch in der allgemeinen Formel

$$f(x) = \frac{F(x+\Delta x) - F(x)}{\Delta x}$$

einen Ausdruck für die Methode der Ableitung zu haben, die darin besteht, daß man die Differenz Δx unendlich klein werden läßt, schreibt man wie folgt:

$$f(x) = \lim_{\Delta x = 0} \frac{F(x+\Delta x) - F(x)}{\Delta x}$$

und liest: $f(x)$ ist gleich dem Grenzwert (limes = Grenze) des Quotienten

$$\frac{F(x+\Delta x) - F(x)}{\Delta x},$$

den man für unendlich klein werdendes Δx erhält. Oben haben wir bereits Δx als Differenz bezeichnet; nunmehr bemerken wir, daß auch

$$F(x+\Delta x) - F(x)$$

eine Differenz ist, so daß wir schreiben können

$$F(x+\Delta x) - F(x) = \Delta F(x).$$

Hiermit erhalten wir aber

$$f(x) = \lim_{\Delta x = 0} \frac{\Delta F(x)}{\Delta x}$$

und erkennen die Funktion $f(x)$ als den Grenzwert des Differenzenquotienten

$$\frac{\Delta F(x)}{\Delta x}$$

für unendlich abnehmendes Δx. Zur Vereinfachung der Ausdrucksweise wird nun stets der besondere Hinweis darauf, daß ein Grenzübergang vorliegt, fortgelassen und hierfür statt des

Differenzzeichens Δ das Differentialzeichen d eingeführt. Man schreibt also kurz

$$f(x) = \frac{dF(x)}{dx}$$

und liest: $f(x)$ ist der Differentialquotient von $F(x)$.

§ 8. Der Zusammenhang zwischen den Formeln des unbestimmten Integrals und des Differentialquotienten.

Das unbestimmte Integral der Funktion $f(x)$ lautete (§ 5)

$$\int f(x)\, dx = F(x) + C \tag{1}$$

Hier war die unbestimmte Konstante C beliebig wählbar; sie kann also auch = Null gesetzt werden.

Dagegen lautete der Differentialquotient der Funktion $F(x)$

$$f(x) = \frac{dF(x)}{dx} \tag{2}$$

Diese beiden Formeln stehen zueinander in der Beziehung der Umkehrung. Man erkennt dies, wenn man an der Formel (2) die durch Formel (1) angedeuteten Operationen vornimmt.

Zunächst folgt noch Multiplikation mit dx

$$f(x)\, dx = \frac{dF(x)}{dx} \cdot dx = dF(x) \tag{3}$$

Nunmehr ergibt die Integration

$$\int f(x)\, dx = \int dF(x) = F(x) + C \tag{4}$$

nach Formel (1). Das Integralzeichen $\int$ und das Differentialzeichen d heben also einander auf.

Ebenso gilt der Satz: Ist $f(x)$ der Differentialquotient einer Funktion $F(x)$, so ist $F(x) + C$ das unbestimmte Integral der Funktion $f(x)$.

Auf Grund dieses Satzes kann man indirekt unbestimmte Integrale

$$F(x) + C$$

ermitteln, indem man zunächst die Differentialquotienten gegebener Funktionen $F(x)$ bestimmt. Der im § 7 an der Funktion ax^m geschilderte Grenzübergang zwecks Gewinnung des Differentialquotienten ist nämlich stets leichter auszuführen als die Summation in § 6 zwecks Gewinnung des Integrals.

§ 9. Geometrische Betrachtungen über das Wesen des Differentialquotienten und Anwendungen.

1. Wir greifen zurück auf die Definition des Differenzenquotienten

$$\frac{\Delta y}{\Delta x} = \frac{F(x + \Delta x) - F(x)}{\Delta x}$$

und betrachten nebenstehende Figur 15, in welcher die Funktion $F(x)$ als Kurve

$$y = F(x)$$

aufgezeichnet ist. Der Punkt (x/y) ist mit 1 markiert, während der Punkt $(x + \Delta x/y + \Delta y)$ mit der Ziffer 2 bezeichnet ist. Unmittelbar aus der Figur ergibt sich, daß der Differenzenquotient $\frac{\Delta y}{\Delta x}$ gleich ist dem Tangens des Neigungswinkels der die Punkte 1 und 2 verbindenden Sekante gegen die x-Achse $\frac{\Delta y}{\Delta x} = \operatorname{tg} \sigma$. Wir drücken uns kürzer aus, wenn wir sagen: Der Differenzenquotient ist gleich dem Richtungstangens der Sekante.

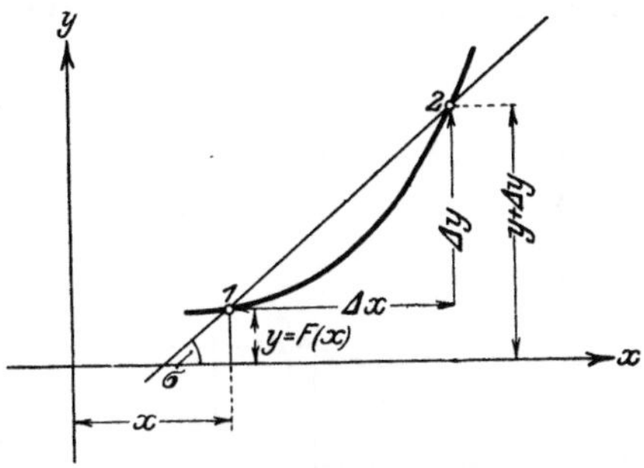

Fig. 15. Der Differenzenquotient ist gleich dem Richtungstangens der Sekante.

Führen wir nun den Grenzübergang

$$\lim_{\Delta x = 0} \frac{\Delta y}{\Delta x}$$

aus, so heißt dies am Bilde der Kurve verfolgt nichts anderes, als daß der Punkt 2 mit abnehmendem Δx immer mehr zum Punkte 1 hinwandert. Die Sekante 1—2 führt hierbei eine Drehung um den Punkt 1 aus, bis sie schließlich beim Zusammenfallen der Punkte 1—2 zur Tangente wird (s. Fig. 16). In diesem Augenblick ist aber auch der Grenzübergang vollendet, der Differenzenquotient ist in den Differentialquotienten übergegangen und

$$\frac{dy}{dx} = \lim_{\Delta x = 0} \frac{\Delta y}{\Delta x}$$

geworden. Hieraus aber ergibt sich sofort, daß der Differentialquotient auch dem Tangens des Neigungswinkels der Tangente sein muß

$$\frac{dy}{dx} = \operatorname{tg} \tau .$$

Wir sagen: Der Differentialquotient ist gleich dem Richtungstangens der Kurve. Hierbei liegt die Auffassung zugrunde, daß Kurve und Tangente im Berührungspunkte die gleiche Richtung haben.

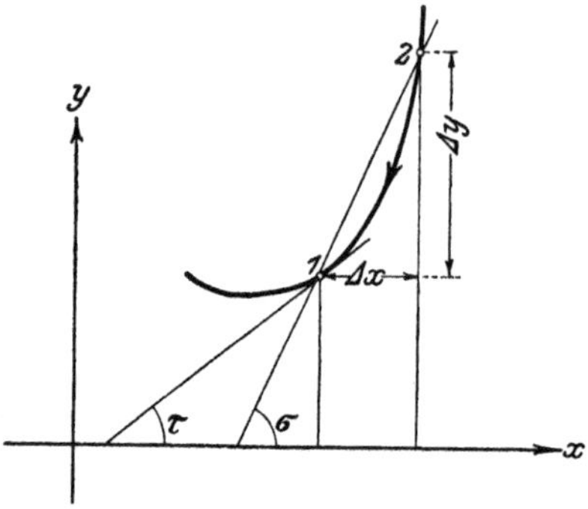

Fig. 16. Beim Übergang des Differenzenquotienten in den Differentialquotienten geht die Sekante in die Tangente über.

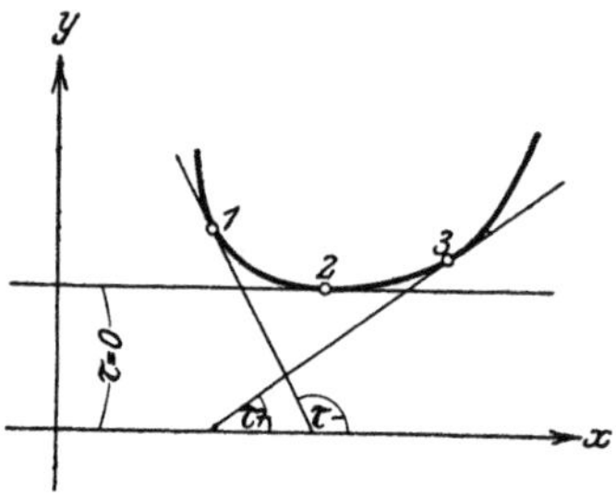

Fig. 17. Wenn der Differentialquotient mit wachsendem x von negativen Werten durch Null zu positiven Werten übergeht, liegt ein Minimum vor.

Wir benutzen die soeben festgestellte geometrische Deutung des Differentialquotienten zur erneuten Behandlung des schon früher gewonnenen Satzes über die Maxima und Minima. Die in der Figur 15 gezeichnete Kurve $F(x)$ ist gleichbedeutend mit der Summationskurve CC Fig. 9, während die dort gezeichnete Grundkurve AA nichts anderes ist als die graphische Auftragung des Differentialquotienten. Wir sehen, daß überall, wo der Differentialquotient $=$ Null wird, die Kurve $y = F(x)$ eine horizontale Tangente haben muß, da bei horizontalen Tangenten der Richtungstangens $=$ Null wird.

Ferner erkennen wir auch die Bedingung dafür, daß ein Minimum oder Maximum vorliegt. In der Fig. 17 gehen wir mit wachsender Abszisse x von dem Kurvenpunkte 1 zu 2 und 3. In 1 ist der Richtungstangens negativ, weil τ größer als $\pi/2$ ist; in 3 haben wir dagegen einen positiven Richtungstangens.

Liegt dagegen ein Maximum vor, dann geht der Richtungstangens der Kurve und damit der Differentialquotient von positiven Werten durch Null zu negativen Werten über (Fig. 18).

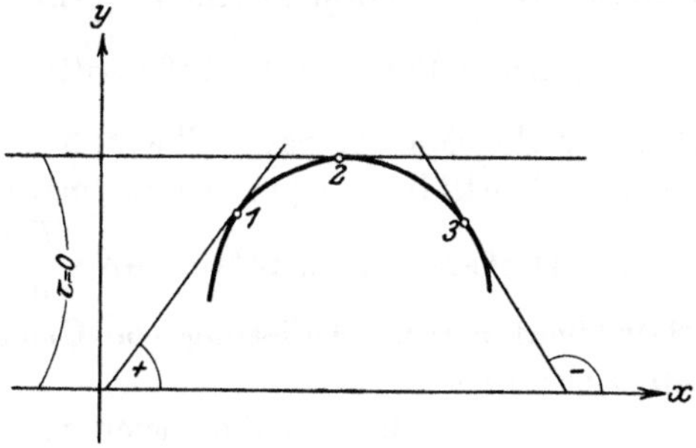

Fig. 18. Wenn der Differentialquotient mit wachsendem x von positiven zu negativen Werten übergeht, liegt ein Maximum vor.

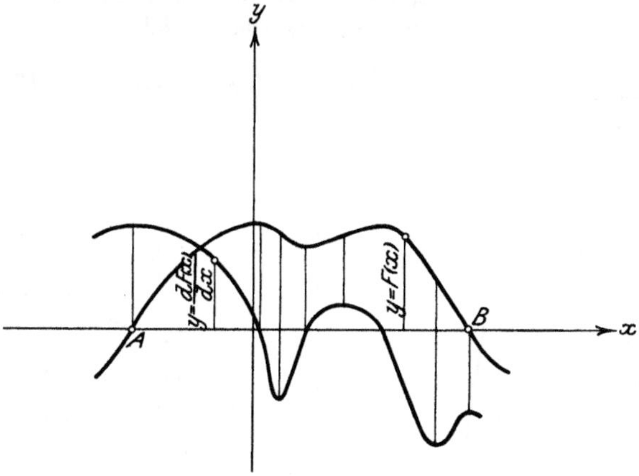

Fig. 19. Zwischen zwei Nullpunkten der Funktion $F(x)$ liegt mindestens ein Nullpunkt des Differentialquotienten $F'(x)$ (Satz v. Rolle).

Faßt man die beiden letzten Figuren gemeinsam ins Auge, so ergibt sich: Mit wachsendem x nimmt $F(x)$ zu (die Kurve steigt), solange der Differentialquotient $\frac{dy}{dx}$ positiv ist.

Mit wachsendem x nimmt $F(x)$ ab (die Kurve fällt), solange der Differentialquotient $\frac{dy}{dx}$ negativ ist.

2. Wir betrachten jetzt eine Kurve $y = F(x)$, die die Abszissenachse in den beiden Punkten A und B schneidet. Aus der Figur 19 ergibt sich ohne weiteres, daß zwischen diesen beiden Punkten die Kurve mindestens einmal horizontale Richtung haben muß. Da in diesen Punkten der Differentialquotient $\frac{dF(x)}{dx}$ verschwindet, so ergibt sich der Satz: Zwischen zwei Nullpunkten einer Funktion $F(x)$ liegt mindestens ein Nullpunkt des Differentialquotienten $\frac{dF(x)}{dx}$.

Dieser Satz dient bei der Auflösung von Gleichungen dazu, deren Wurzeln zu trennen.

Ist z. B. die Gleichung dritten Grades

$$y = -x^3 + 6{,}6\,x^2 - 13{,}2\,x + 7{,}6 = 0$$

gegeben, so findet man nach Differentiation aus der Gleichung

$$\frac{dy}{dx} = -3\,x^2 + 13{,}2\,x - 13{,}2 = 0$$

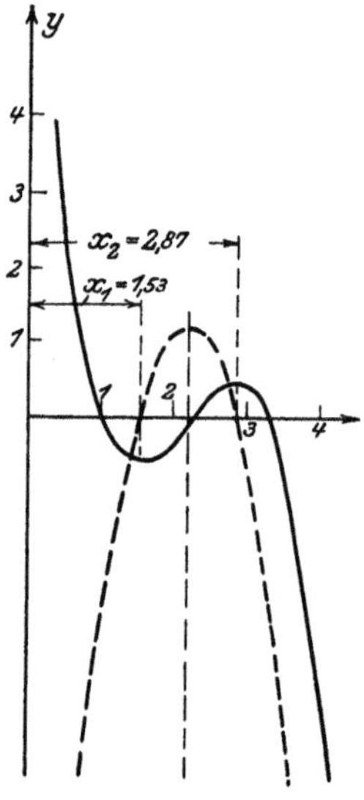

Fig. 20. Anwendung des Satzes von Rolle.

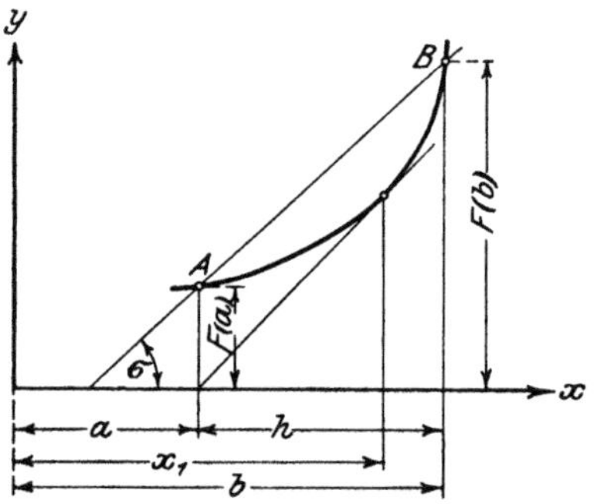

Fig. 21. Der Mittelwertsatz.

zwei Werte $x_1 = 1{,}53$

und $x_2 = 2{,}87$,

welche ein Minimum und ein Maximum bestimmen. Die Nullpunkte der Funktion y selbst sind

$$x = 1{,}0;\ 2{,}3;\ 3{,}3;$$

x_2 liegt also zwischen den Werten 2,3 und 3,3 (Fig. 20).

3. Wir betrachten jetzt zwei Funktionswerte $F(b)$ und $F(a)$, die wir durch die entsprechenden Kurvenpunkte A, B repräsentiert denken (Fig. 21). Zieht man die Sekante AB, so gilt

$$\operatorname{tg} \sigma = \frac{F(b) - F(a)}{b - a}.$$

Nun ist aus der Figur offensichtlich, daß man an das Kurvenstück AB mindestens eine zur Sekante parallele Tangente legen kann, und zwar im Punkte $[x_1/F(x_1)]$. In diesem Punkte gilt:

$$f(x_1) = F'(x_1) = \frac{F(b) - F(a)}{b - a}.$$

Setzt man hier $b - a = h$ und $x_1 = a + \vartheta h$, wo $0 < \vartheta < 1$, so folgt:

$$F(a + h) - F(a) = hF'(a + \vartheta h).$$

Diese Formel heißt der Mittelwertsatz, der für Inter- und Extrapolationen mit Vorteil benutzt wird.

§ 10. Geometrische Betrachtungen über das Wesen der Integralkurve.

Wir entschließen uns, die Kurve CC_1C_2C der Figur 9 die Integralkurve zur Kurve der Funktion $y = f(x)$ zu nennen. Abgesehen von der unbestimmten Integrationskonstanten ist dann die Gleichung der Integralkurve

$$y = F(x) = \int f(x)\,dx.$$

(Fig. 22).

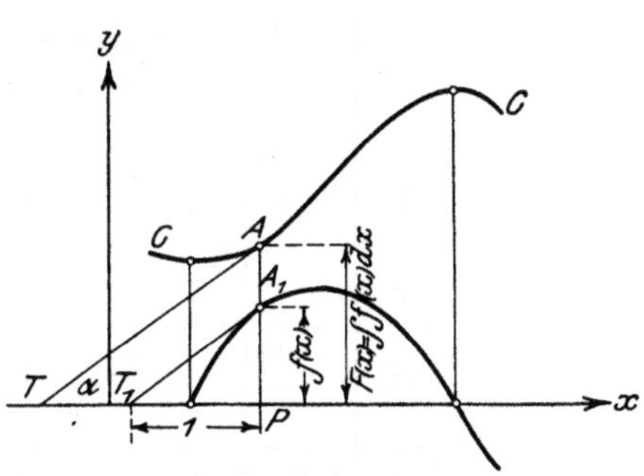

Fig. 22. Geometrische Eigenschaft der Integralkurve.

Ziehen wir an die Integralkurve CC in einem Punkte A die Tangente AT, so gilt für den Richtungstangens:

$$\operatorname{tg} \alpha = \frac{dF(x)}{dx} = f(x).$$

Trägt man andererseits von dem zu A gehörigen Abszissenachsenpunkte P die Längeneinheit $= PT_1$, ab, so ist die Verbindungslinie T_1A_1 parallel zu TA.

Aus diesen geometrischen Tatsachen ergibt sich ein einfaches Verfahren, aus der gegebenen Differentialkurve

$$y = f(x)$$

die Integralkurve

$$y = F(x)$$

angenähert herzustellen:

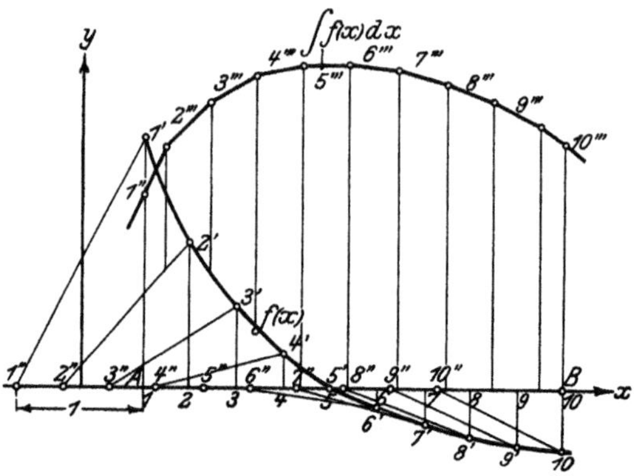

Fig. 23. Konstruktion der Integralkurve.

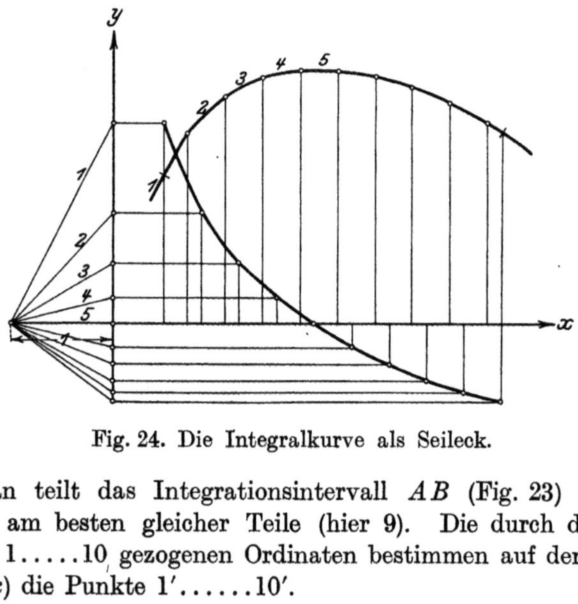

Fig. 24. Die Integralkurve als Seileck.

Man teilt das Integrationsintervall AB (Fig. 23) in eine Anzahl am besten gleicher Teile (hier 9). Die durch die Teilpunkte 1.....10 gezogenen Ordinaten bestimmen auf der Kurve $y = f(x)$ die Punkte 1'......10'.

Von den Punkten 1—10 trägt man die Längenheit auf der x-Achse wie gezeichnet ab, wodurch die Punkte 1″—10″ erhalten werden.

Zieht man jetzt zu den Verbindungslinien 1″ 1′...... 10″ 10′ Parallele 1‴—10‴, so, daß die aufeinanderfolgenden Parallelen sich auf den Mittellinien der Trapeze 1 2 — 2 3..........9 10 schneiden, so ist der Linienzug 1‴......10⁗ näherungsweise die Integralkurve $y = F(x)$

zu $y = f(x)$

Dieser Linienzug ist nichts anderes als ein mit dem Polabstand 1 gezeichnetes Seileck, dessen Kräfteplan erhalten wird, indem man die Differentiallinie auf die y-Achse projiziert. Vgl. Fig. 24.

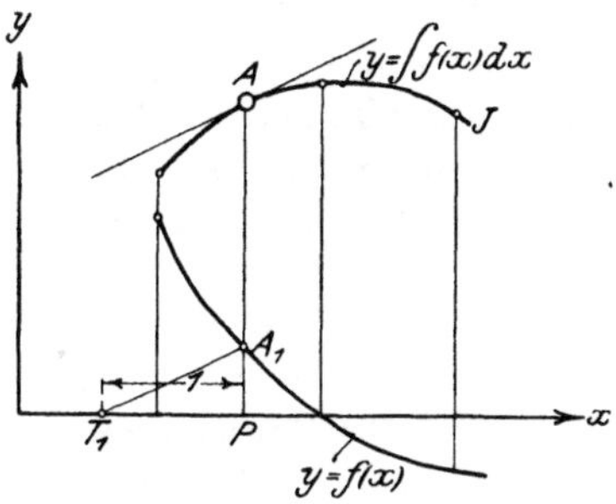

Fig. 25. Prinzip des Integraphen.

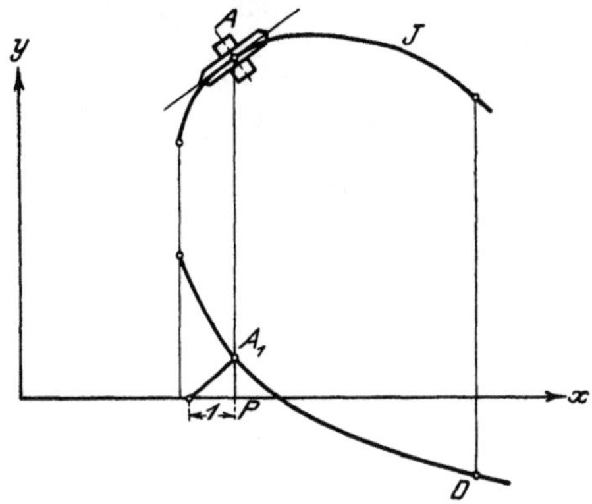

Fig. 26. Die Rolle als wesentliches Element des Integraphen.

§ 11. Die mechanische Herstellung der Integralkurve mittels des Integraphen von Abdank-Abakanowicz.

Den in § 10 behandelten Zusammenhang zwischen der Integralkurve und der Differenzialkurve hat Abdank-Abakanowicz 1882 zur Grundlage für die Konstruktion eines Instrumentes zum Aufzeichnen der Integralkurve gemacht.

Es handelt sich darum, eine kinematische Vorrichtung zu finden, vermöge deren ein Punkt A mit einem Punkte A_1, der eine Kurve D durchläuft, derart verknüpft ist, daß er eine Kurve J so beschreibt, daß deren Tangente in A parallel zur Richtlinie A_1T_1 ist (Fig. 25).

Das wichtigste Element dieser Vorrichtung ist die scharfkantige Rolle (Fig. 26), deren auf der Zeichenebene senkrechte Ebene stets parallel der Richtlinie $T_1 A_1$ gehalten wird. Sie beschreibt dann die Integralkurve.

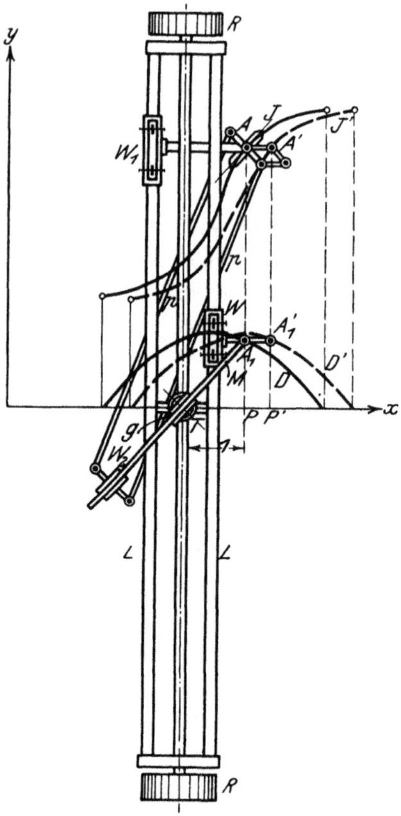

Fig. 27. Der Integraph von Abakanowicz-Coradi.

Nach vielen Zwischenkonstruktionen nach diesem Prinzip, die durch die Firma Coradi in Zürich geschaffen worden sind, liegt heute der Integraph in der nachstehend beschriebenen Form vor (Fig. 27)[3]).

Die Differentialkurve D wird von dem Fahrpunkt A_1 durchlaufen. Dieser ist angebracht an dem Wagen W, der auf einer Stange L des Instrumentrahmens in Richtung der Ordinatenachse verschieblich ist. Der Rahmen kann sich vermöge der Tragrollen RR in Richtung der x-Achse bewegen. Jeder Punkt des Wagens W durchläuft die Differentialkurve, wenn A_1 sie durchläuft.

Um eine, hier aber nicht notwendig durch A_1 gehende, zur Zeichenebene senkrechte Achse ist das Richtlineal M drehbar angeordnet. Dieses Lineal gleitet in einer Führungshülse g, die sich um eine ebenfalls zur Zeichenebene senkrechte Achse T_1 dreht. Der horizontal gemessene Abstand der Punkte T und A_1 ist gleich der Einheit des Zeichenmaßstabes und kann an den ausgeführten Instrumenten durch Einstellung verändert werden Dieser Abstand heißt die B a s i s des Apparates.

Die Richtung des Richtlineals wird nun von der auf diesem verschiebbaren Hülse W_2 (in Wirklichkeit als Wagen ausgebildet, der auf dem Richtlineal rollt) mittels des Parallelogramms pp der Integrierrolle A mitgeteilt, deren Ebene sich um eine von dem Integrierwagen W_1 getragene senkrechte Achse drehen kann.

Der Berührungspunkt von A mit der Zeichenebene beschreibt die Integralkurve J.

Bei den ausgeführten Instrumenten ist mit dem Wagen W ein Fahrstift A_1' und mit dem Integrierwagen eine Ziehfeder A' verbunden, deren Schreibrichtung der Rollenrichtung stets parallel gehalten wird.

Fig. 28. Der Integraph von Abakanowicz-Coradi.

§ 12. Instrumente zur mechanischen Herstellung spezieller bestimmter Integrale: Flächen- und Momentenplanimeter[4]).

In der Technik sind besonders diesjenigen bestimmten Integrale von Wichtigkeit, welche Flächeninhalte oder Momente darstellen.

I. Der Flächeninhalt eines gegebenen Kurvenzuges $y = f(x)$ findet sich als bestimmtes Integral

$$F = \int_0^a f(x)\,dx$$

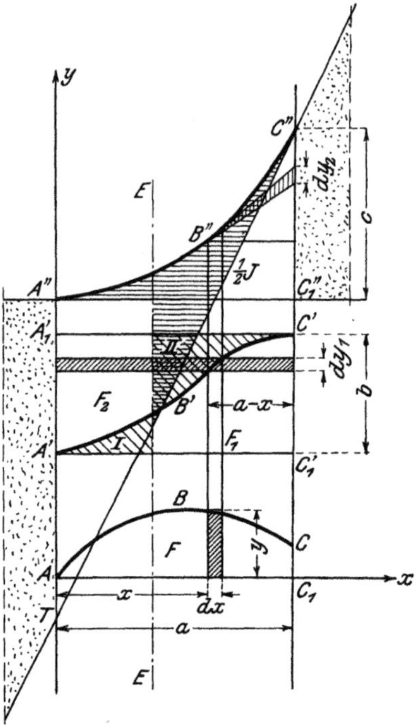

Fig. 29. Ermittlung von Flächeninhalten und statischen Momenten.

wenn die Figur durch ein Kurvenstück, die x-Achse und die Ordinaten durch A und C begrenzt ist (Fig. 29). Eine Befahrung der Kurve $A\,B\,C$ mit dem Integraphen liefert die Integralkurve $A'\,B'\,C'$, deren Endordinate $b = C'\,C_1'$ gleich dem Flächeninhalt

$$F = \int_0^a f(x)\,dx \tag{1}$$

ist.

II. Die Elemente dy_1 von $C'\,C_1'$ entsprechen den Elementen $y\,dx$ von F. Durch Multiplikation der Elemente dy_1 mit $a - x$ erhält man die Elemente

$$(a - x)\,dy_1 = (a - x)\,y\,dx$$

der Fläche F_1, die als Integral gefunden wird:

$$F_1 = \int_0^b (a - x)\,dy_1 = \int_0^a (a - x)\,y\,dx. \tag{2}$$

Dies letztere ist aber nichts anderes als das statische Moment der Fläche F in bezug auf die C-Achse. Überfährt man die Kurve $A'\,B'\,C'$ mit dem Integraphen, so so wird $A''\,B''\,C''$ die zweite Integralkurve zu $A\,B\,C$ und ihre Endordinate $c = C_1''\,C''$ liefert das statische Moment von F in bezug auf die C-Achse.

In analoger Weise wird:

$$F_2 = \int_0^b x\, dy_1 = \int_0^a x\, y\, dx \tag{3}$$

das statische Moment von F in bezug auf die AY-Achse. Soll das statische Moment in bezug auf eine beliebige zwischen AY und $C_1 C''$ gelegene Achse EE bestimmt werden, so hat man nur die Differenz der beiden schraffierten Flächen I und II zu bilden.

III. Für das Folgende ist zunächst eine Zwischenbetrachtung erforderlich.

In der Figur 30 sei $A_1 B_1 C_1$ die Integralkurve zu ABC. Dann ist, wie wir wissen, die Endordinate $C_1 \; C_1'$ gleich dem Flächeninhalt von $A\; B\; C\; D$. Jeder Elementarstreifen $y\, dx$ von $ABCD$ entspricht einem Streckenelement dy_1 von $C_1 C_1'$, welches gefunden wird, indem man dx zunächst rechtwinklig auf die Integralkurve und von da auf die C-Achse projiziert.

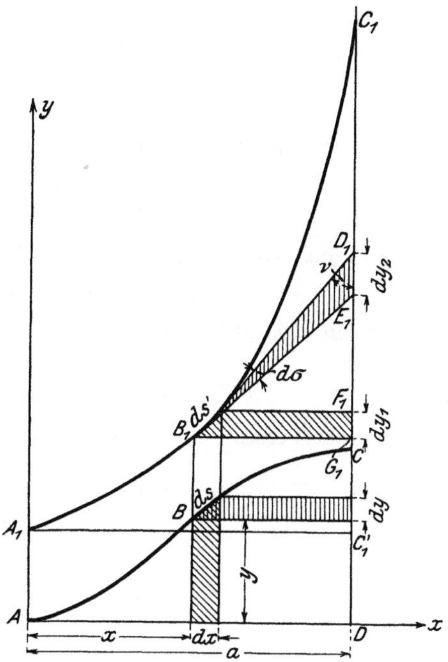

Fig. 30. Ermittlung der Trägheitsmomente.

Nun kann man aber die Fläche $A\,B\,C\,D$, statt aus vertikalen Elementen $y\, dx$, auch aus horizontalen Elementen $(a - x)\, dy$ zusammengesetzt denken. Welches sind nun die Streckenelemente von $C_1 C_1'$, welche den Streifen $(a - x)\, dy$ entsprechen?

Wir werden beweisen, daß man die Streckenelemente dy_2 erhält durch rechtwinklige Projektion von dy auf die Integralkurve (siehe Figur) und Herstellung der beiden Tangenten in den Endpunkten des so erhaltenen Integralkurvenelementes ds. Die Tangenten schneiden die C-Achse in D_1 und E_1; die Strecke $D_1 E_1$ ist das gesuchte Element dy_2.

Zum Beweise betrachten wir das Dreieck $B_1 D_1 E_1$, in welchem wir zunächst die beiden Winkel $d\sigma$ und ν bestimmen. Aus der geometrischen Eigenschaft der Integralkurve (§ 10) ergibt sich:

$$d\sigma = \operatorname{arccot} y - \operatorname{arccot} (y + dy)$$
$$= - \frac{d \operatorname{arccot} y}{dy} dy = \frac{1}{1 + y^2} dy \tag{4}$$

und

$$\nu = \operatorname{arccot} y. \tag{5}$$

Ferner findet man die Seite $B_1 E_1$ des Dreiecks $B_1 D_1 E_1$:

$$B_1 E_1 = \frac{a - x}{\sin \operatorname{arccot} y}.$$

Für das Dreieck gilt jetzt die Proportion:

$$B_1 E_1 : dy_2 = \sin \nu : \sin d\sigma$$

oder nach dy_2 aufgelöst:

$$dy_2 = \frac{a - x}{\sin^2 \operatorname{arccot} y} \cdot \frac{1}{1 + y^2} dy. \tag{6}$$

Nach einer bekannten Formel[5]) ist aber

$$\operatorname{arccot} y = \arcsin \frac{1}{\sqrt{1 + y^2}}. \tag{7}$$

Mithin

$$\sin^2 \operatorname{arccot} y = \frac{1}{1 + y^2}$$

und

$$dy_2 = (a - x)\, dy. \tag{8}$$

Hiermit ist bewiesen, daß das nach der obigen Vorschrift gefundene dy_2 gleich dem horizontalen Flächenelement $(a - x)\, dy$ ist.

IV. Kehren wir jetzt zur Figur 29 zurück, so finden wir, daß sich die Fläche $A'' B'' C'' C_1''$ der zweiten Integralkurve aus dreieckigen Elementen zusammensetzt, deren einzelnes den Wert hat:

$$\frac{1}{2} (a - x)\, dy_2 = \frac{1}{2} (a - x)^2\, dy_1 = \frac{1}{2} (a - x)^2 y\, dx. \tag{9}$$

Die gesamte Fläche wird demnach

$$\frac{1}{2}\int_0^a (a - x)^2\, y\, dx.$$

Dies ist aber nichts anderes als das halbe Trägheitsmoment $\frac{1}{2} J$ der Fläche $A\,B\,C\,C_1$ in bezug auf die C-Achse.

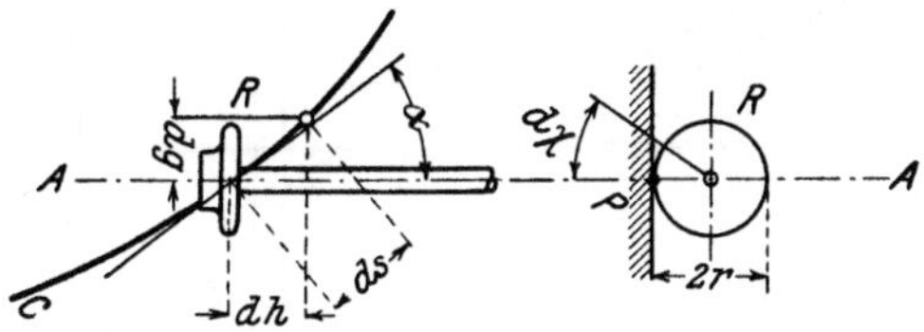

Fig. 31. Eigenschaft der gleitenden Rolle.

Das Trägheitsmoment in bezug auf die Achse $A\,Y$ ergibt sich analog als doppelter Inhalt der Fläche $A''\,C''\,T$, wo $C''\,T$ Tangente an die Kurve $A''\,B''\,C''$ in C'' ist. Für eine beliebige Achse $E\,E$ innerhalb a wird das Trägheitsmoment gleich dem doppelten Inhalt der horizontal schraffierten Fläche; für Achsen außerhalb a kommen die punktierten Stücke zu $A''\,B''\,C''\,C_1''$ bzw. zu $A''\,B''\,C''\,T$ hinzu.

V. Neben dem Integraphen gibt es noch einfachere Instrumente, welche gestatten, die Fläche, das statische Moment und das Trägheitsmoment einer gegebenen Figur zu bestimmen: die Planimeter.

Die Flächenplanimeter beruhen auf den Eigenschaften der gleitenden Rolle.

Wird eine Rolle R (Fig. 31) mit glattem Rand auf einer Kurve C, längs des kleinen Elementes ds, die Unterlage in P berührend, so geführt, daß ihre Achse $A\,A$ mit C den Winkel α bildet, so kann man diese Bewegung offenbar auch dadurch hervorbringen, daß man zunächst die Rolle in Richtung ihrer Achse um das Element dh und dann senkrecht zur Achse um das Element dg bewegt. Offenbar hat nur die letztere Bewegung eine Drehung der Rolle zur Folge, und zwar dreht sich die Rolle um den Winkel $d\chi$. Es ist (siehe Figur)

$$r\, d\chi = ds \sin \alpha. \tag{10}$$

Ein Planimeter, welches die gleitende Rolle benutzt, besteht aus einer Stange $A\,B$ von der Länge l, die in der Entfernung a auf der Verlängerung über B hinaus die Rolle R trägt (Fig. 32).

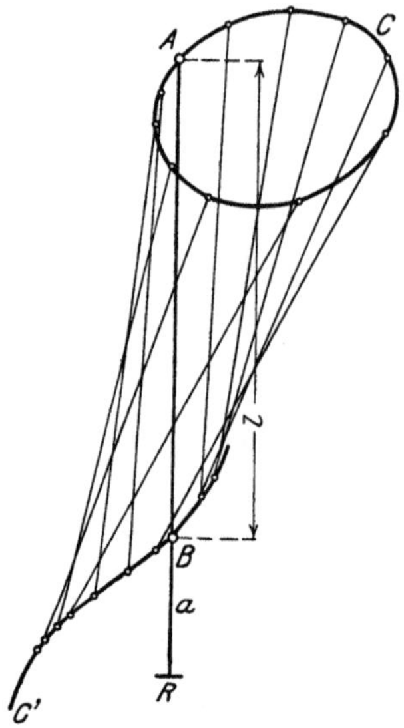

Fig. 32. Planimeter mit gleitender Rolle.

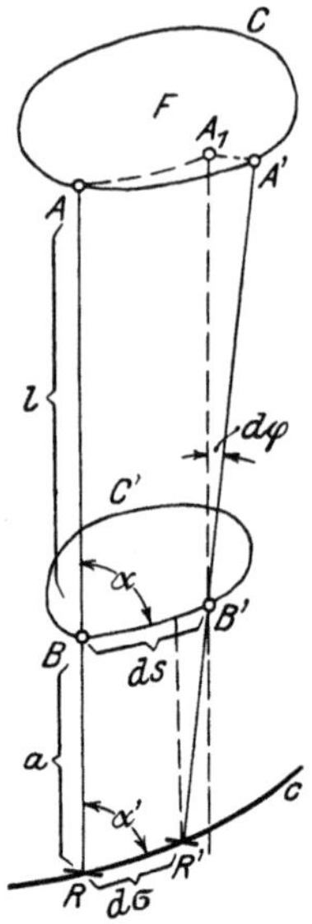

Fig. 33. Ableitung der Planimetergrundformel.

Dieses Instrument wird so benutzt, daß man den als Fahrstift ausgebildeten Punkt A die zu planimetrierende Kurve C durchlaufen läßt, während B gezwungen ist, auf einer gegebenen, zunächst beliebigen „Leit“-Kurve C' zu bleiben. Man sieht an der Figur, daß $A\,B$ eine Fläche beschreibt, die doppelt überdeckt ist, soweit nicht das von C umschlossene Areal in Frage kommt. Der doppelt überdeckte Teil ist aber gleich Null zu setzen, weil jedes Element desselben positiv und negativ beschrieben wird. Die von $A\,B$ beschriebene Fläche ist also nichts anderes als der Inhalt der Kurve C.

Wir betrachten nun eine Elementarverschiebung von $A\,B\,R$ nach $A'\,B'\,R'$ und berechnen das hierbei von $A\,B$ beschriebene Flächenelement $A\,A'\,B'\,B = dF$. Es ist (Fig. 33)

$$dF = l\,ds \sin\alpha + \frac{l^2}{2}\,d\varphi \qquad (11)$$

d. h. gleich dem Parallelogramm $A\,A_1\,B'\,B$ + Dreieck $A_1\,A'\,B'$. Inzwischen hat die Rolle R das Wegelement $d\sigma$ beschrieben, welches mit ds durch die Beziehung zusammenhängt:

$$ds \sin\alpha = d\sigma \sin\alpha' + a\,d\varphi. \tag{12}$$

Dies führt man in die Gleichung für dF ein und erhält:

$$dF = l\,d\sigma \sin\alpha' + \left(a\,l + \frac{l^2}{2}\right) d\varphi. \tag{13}$$

Hier ist aber $d\sigma \sin\alpha'$ nichts anderes als die zugehörige Bewegung eines Randpunktes der Rolle $= \mathrm{r}\,d\chi$, so daß sich ergibt

$$dF = l\,\mathrm{r}\,d\chi + \left(a\,l + \frac{l^2}{2}\right) d\varphi. \tag{14}$$

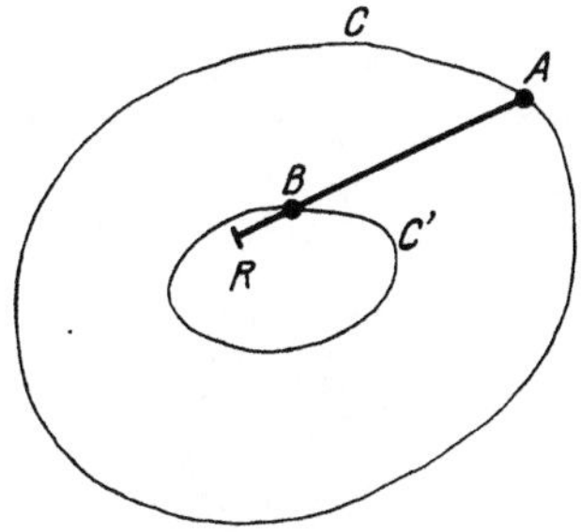

Fig. 34. Ganz umschlossene Leitkurve.

Beginnt man nun die Umfahrung mit den Anfangswerten χ_0 und φ_0, so wird man im allgemeinen nach Beendigung der Umfahrung der Figur an der Rolle den Winkel χ_1 ablesen, während die Anfangslage φ_0 der Stange $A\,B$ wieder dieselbe ist. Der Flächeninhalt ist dann

$$F = l\,\mathrm{r}\,(\chi_1 - \chi_0). \tag{15}$$

Umschließt jedoch die umfahrene Kurve C die Leitkurve C' ganz (Fig. 34), so wird $\varphi_1 = \varphi_0 + 2\pi$ und

$$F = l\,r\,(\chi_1 - \chi_0) + \left(a\,l + \frac{l^2}{2}\right) 2\pi \tag{16}$$

welche Größe gleich dem zwischen C und C' enthaltenen Areal ist. Soll der Inhalt F_C von C selbst gefunden werden, so ist noch $F_C{}'$ hinzuzuzählen:

$$F_C = l\,r\,(\chi_1 - \chi_0) + \left(a\,l + \frac{l^2}{2}\right) 2\pi + F_{C'}. \tag{17}$$

Die am meisten verwendete ausgeführte Planimeterform ist das Polarplanimeter (Fig. 35), bei welchem die Leit-Kurve C' ein Kreis ist. Der Kreis wird hergestellt, indem man B durch den Polararm $P\,B$ an den auf der Zeichenebene festliegenden Pol P heftet.

Die Figur 36 gibt das Kompensationsplanimeter der Firma Coradi-Zürich wieder.

VI. Planimeter, die als Leitkurve die gerade Linie benutzen, heißen Linearplanimeter.

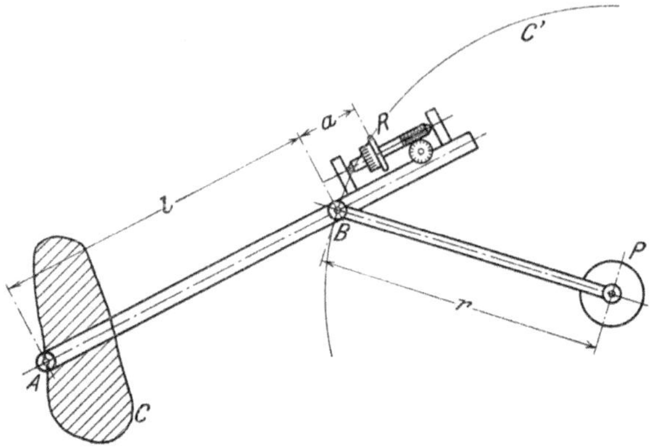

Fig. 35. Polarplanimeter.

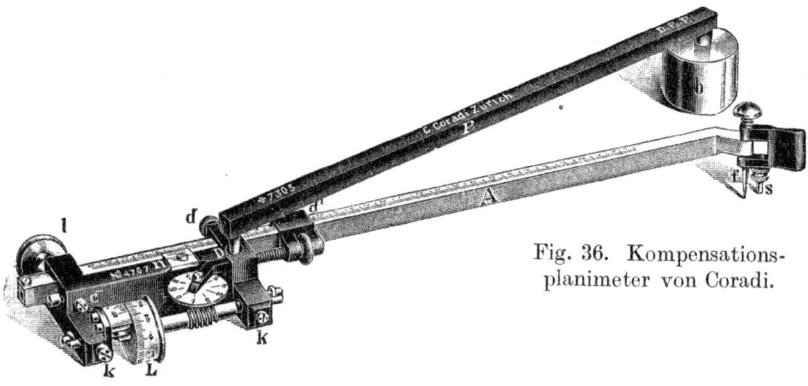

Fig. 36. Kompensationsplanimeter von Coradi.

Die geradlinige Bewegung von *B* wird hergestellt, indem *B* auf dem Gestell eines Wagens angebracht wird, der mit breiten geriffelten Rädern *L L* parallel mit sich selbst und geradlinig auf der Zeichenebene rollt (Fig. 37).

Vielfach verzichtet man darauf, die Rolle *R* die Zeichenebene berühren zu lassen. In diesem Falle ordnet man besondere Flächen an, in Berührung mit denen die Zählrolle ihre Bewegung ausführt.

Typisch für diese Art von Instrumenten ist das Kugelrollplanimeter von Coradi (Fig. 38).

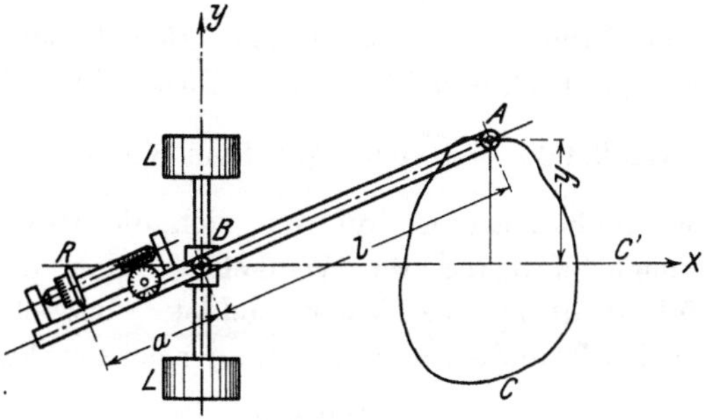

Fig. 37. Linearplanimeter.

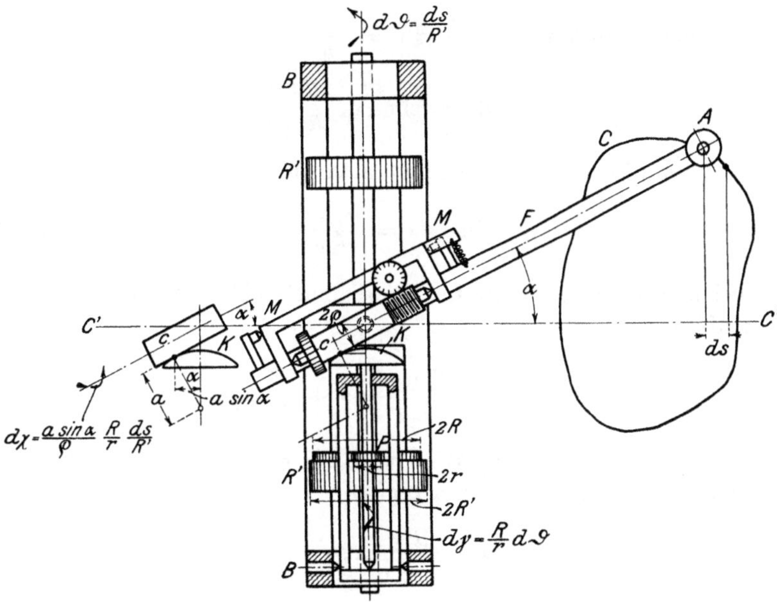

Fig. 38. Kugelrollplanimeter von Coradi.

Die Grundform Fig. 37 ist beibehalten. Das Wagengestell $B\,B$ rollt vermittels der geriffelten Räder R' R' auf der Zeichenebene. Durchläuft der Fahrstift das Kurvenelement ds', so rollt der Wagen um das Maß ds vorwärts. Dabei drehen sich die Räder (die durch eine in Spitzen gelagerte Achse verbunden sind) um den Winkel $d\vartheta = \frac{ds}{R'}$. Auf der Achse sitzt ein gezahntes Rad R, welches seine Drehung $d\vartheta$ durch den Trieb P auf das Kugelsegment K vom Radius a überträgt. Dieses durchläuft infolgedessen den Winkel $d\gamma = \frac{R}{r} d\vartheta$. Mit K in Kontakt steht der Zylinder c des Meßapparates, auf den sich die Drehung von K überträgt nach Maßgabe des Winkels α, den der Fahrarm mit der Fahrtrichtung des Wagens bildet. Bezeichnet $d\chi$ den Drehwinkel des Zylinders c, so hat man nach der Figur 38:

$$d\chi = \frac{a \sin \alpha}{\varrho} \frac{R}{\mathrm{r}} d\vartheta \tag{18}$$

und nach Einführung von $d\vartheta = \frac{ds}{R'}$

$$d\chi = \sin \alpha \, ds \frac{R}{R'} \frac{a}{\varrho r}$$

Aus dieser Gleichung leitet man ab

$$\sin \alpha \, ds = \frac{R' \varrho r}{R a} d\chi, \tag{19}$$

welchen Ausdruck man in die allgemeine Planimeterformel (11) einführt:

$a \sin \alpha$

$$dF = \frac{R' \varrho r l}{R a} d\chi + \frac{l^2}{2} d\varphi \tag{20}$$

woraus sich nach Integration und bei Rückkehr zu der anfänglichen Lage des Fahrarmes ergibt

$$F = \frac{R' \varrho r l}{R a} (\chi_1 - \chi_0). \tag{21}$$

Hier ist $\frac{R' \varrho r l}{R a}$ eine Instrument-Konstante und $\chi_1 - \chi_0$ die Ablesung des Meßrädchens. Fig. 39 gibt eine Ansicht des ausgeführten Instrumentes.

VII. Zur Ermittlung von statischen und Trägheitsmomenten geht man von folgender Betrachtung aus.

Es gilt (Fig. 40) für das statische Moment in bezug auf die x-Achse:

$$M_x = \frac{1}{2}\int y^2\,dx = \frac{1}{2}\int l^2 \sin^2 \alpha\,dx \tag{22}$$

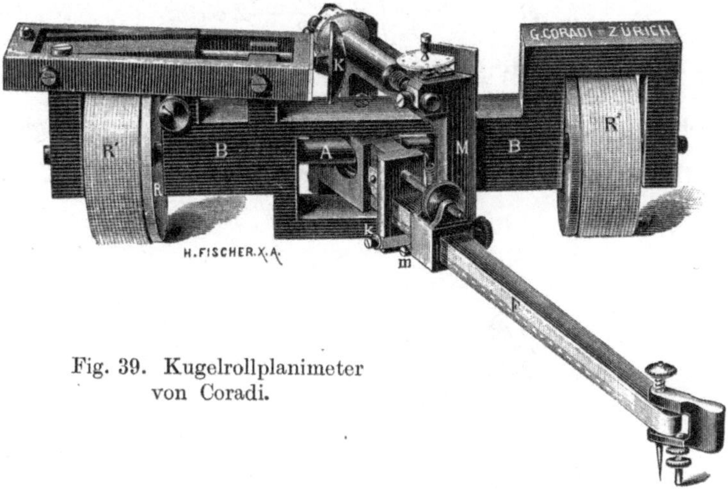

Fig. 39. Kugelrollplanimeter von Coradi.

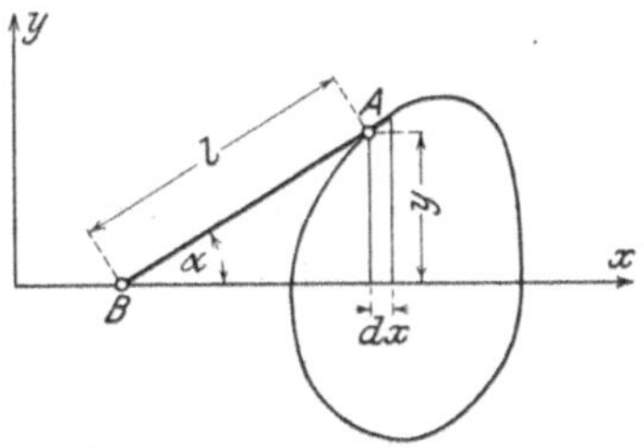

Fig. 40. Grundlage der Integratoren.

und für das Trägheitsmoment[6])

$$J_x = \frac{1}{3}\int y^3\,dx = \frac{1}{3}\int l^3 \sin^3 \alpha\,dx \tag{23}$$

Setzt man in (22)

$$\sin^2 \alpha = \frac{1}{2} - \frac{1}{2}\sin\left(\frac{\pi}{2} - 2\,\alpha\right) \tag{24}$$

so wird

$$M_x = \frac{l^2}{4}\int\left\{dx - \sin\left(\frac{\pi}{2} - 2\,\alpha\right)dx\right\}. \tag{25}$$

Betrachtet man hier l als Fahrarm eines Planimeters mit gleitender Rolle, so wird $\int dx$ nach Umfahrung der Figur (Rückkehr zur Anfangslage des Armes) = Null, während in dem übrig bleibenden Ausdruck

$$M_x = -\frac{l^2}{4}\int \sin\left(\frac{\pi}{2} - 2\,a\right) dx \tag{26}$$

das Integral die Winkelbewegung einer Rolle darstellt, deren Drehachse dauernd um das Maß $\frac{\pi}{2} - 2\,a$ zur x-Achse geneigt ist.

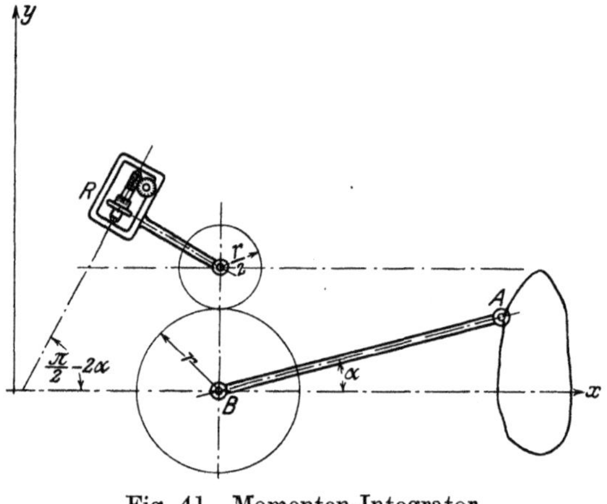

Fig. 41. Momenten-Integrator.

Bringt man mit dem Fahrarm $B\,A = l$ eine gleitende Rolle, etwa durch ein Zahnräderpaar der Radien r und $\frac{r}{2}$ nach der Figur 42 in Verbindung, so registriert die Rolle das Integral

$$\int \sin\left(\frac{\pi}{2} - 2\,a\right) dx = \chi_1'' - \chi_0'', \tag{27}$$

wo $\chi_1'' - \chi_0''$ die Meßrädchen-Ablesung ist, und liefert somit nach Formel (26) abgesehen vom Vorzeichen das statische Moment.

Das Trägheitsmoment

$$J_x = \frac{l^3}{3}\int \sin^3 a\, dx \tag{28}$$

entwickeln wir in:

$$J_x = \frac{l^3}{3}\int\left(\frac{3}{4}\sin\alpha - \frac{\sin 3\alpha}{4}\right)dx$$
$$= \frac{l^3}{12}\left(3\int\sin\alpha\,dx - \int\sin 3\alpha\,dx\right).$$

Hier ist

$$\int\sin\alpha\,dx = \chi_1' - \chi_0'$$

die Ablesung einer Meßrolle, deren Drehachse mit dem Fahrarm parallel bleibt (Fig. 42) (daher dem Flächeninhalt proportional), während

$$\int\sin 3\alpha\,dx = \chi_1''' - \chi_0'''$$

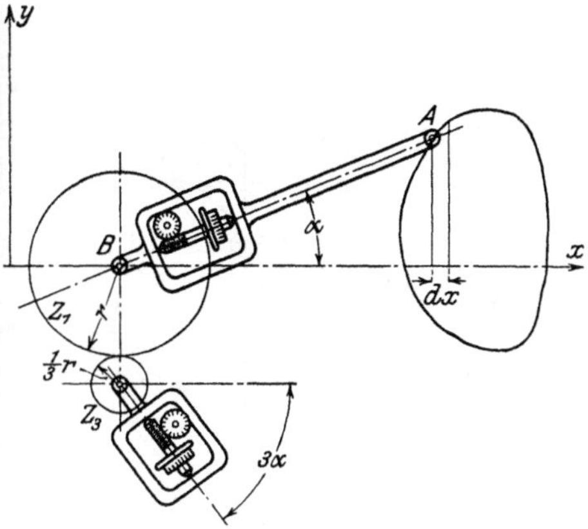

Fig. 42. Flächen- und Momenten-Integrator.

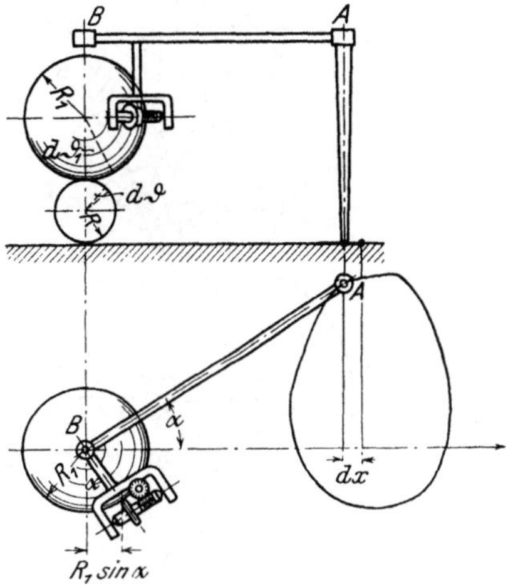

Fig. 43. Kugelroll-Integrator.

die Ablesung einer Meßrolle ist, deren Achse ständig den Winkel 3α mit dem Fahrarm einschließt. Einen derartigen Zusammenhang zwischen Fahrarm und Meßrollenbewegung kann man durch ein Zahnräder-Paar $Z_1 Z_3$ der Radien r und $\frac{1}{3} r$ nach Fig. 42 herstellen. Natürlich muß ebenso wie bei Fig. 41 dafür gesorgt werden, daß die Achsen der Zahnräder, die senkrecht zur Zeichenebene stehen, während der Integration in einer zur x-Achse senkrechten Ebene verbleiben.

Statt nun die Meßrollen auf dem Papier gleiten zu lassen, hat Hele-Shaw sie auf einer Kugel K gleitend angeordnet (Fig. 43).

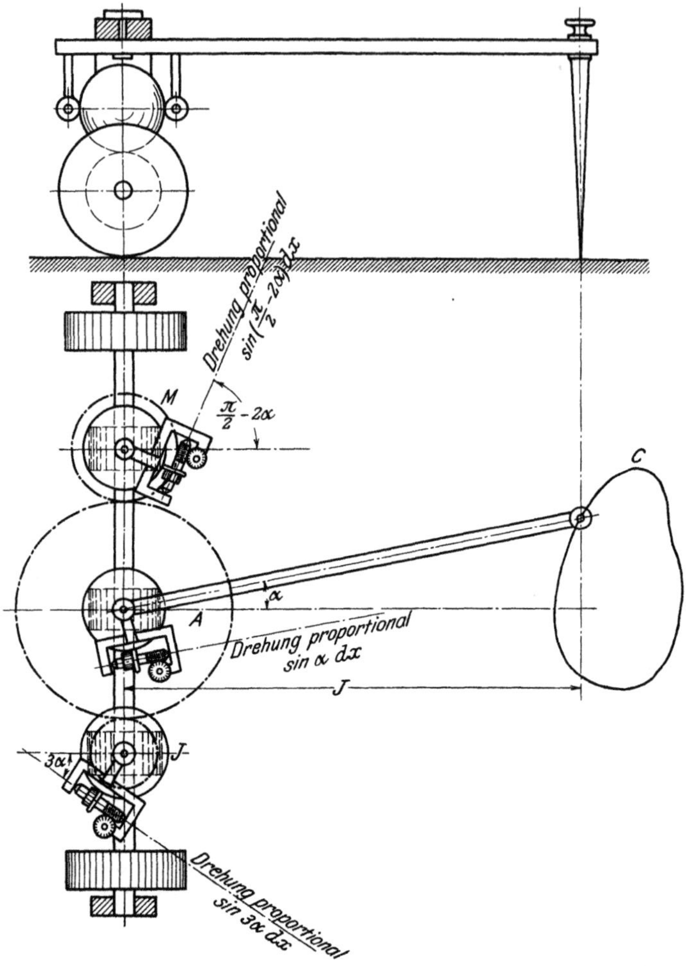

Fig. 44. Integrator für Flächen, statische und Trägheitsmomente nach Hele-Shaw.

Die Fortschreitung dx des Fahrstiftes wird durch die Rolle R auf die Kugel K übertragen und liefert eine Drehung dieser:

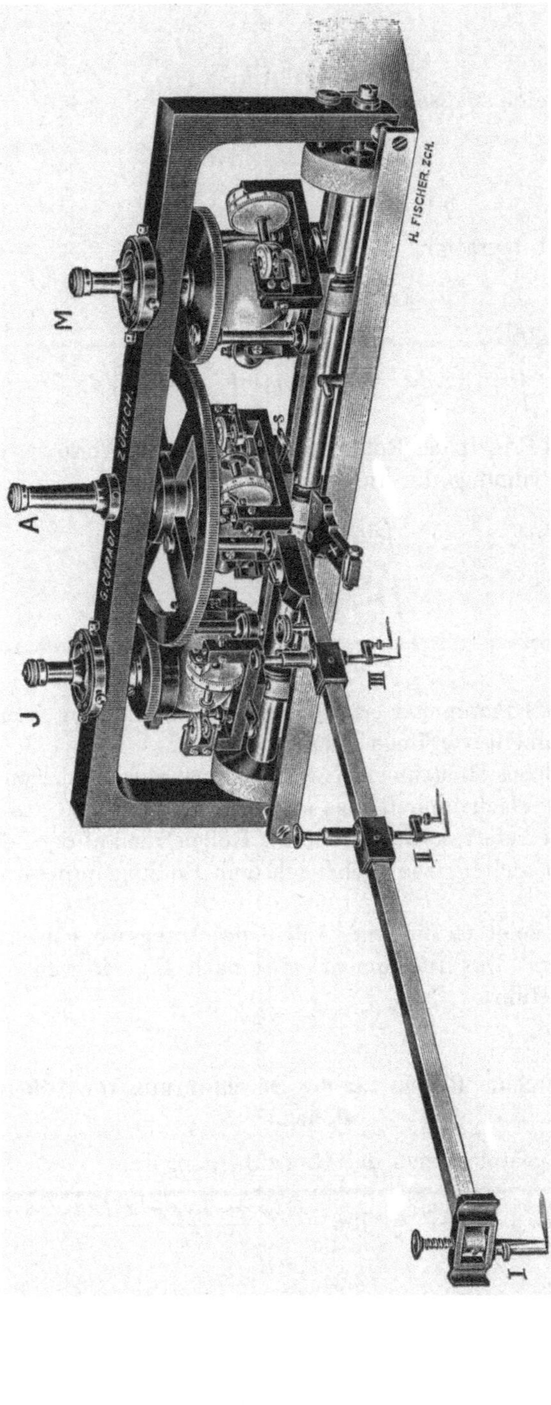

Fig. 45. Ausführung des Hele-Shaw Integrators durch Coradi.

$$d\vartheta_1 = \frac{dx}{R_1}$$

und damit eine Meßrollendrehung

$$d\chi = \frac{dx}{R_1} R_1 \sin \alpha$$

$$= dx \sin \alpha$$

bzw. nach Integration:

$$\chi_1 - \chi_0 = \int dx \sin \alpha$$

Für die Integrale

$$\int \sin 3\,\alpha\, dx \quad \text{und} \quad \int \sin\left(\frac{\pi}{2} - 2\,\alpha\right) dx$$

läßt sich das Prinzip der Rollkugel in der gleichen Weise anwenden.

Zur Gewinnung der Integrale

$$\int \sin \alpha\, dx$$

$$\int \sin\left(\frac{\pi}{2} - 2\,\alpha\right) dx$$

$$\int \sin 3\,\alpha\, dx$$

würden also 3 Planimeter erforderlich sein, die man in einem einzigen Instrument vereinigen kann.

Ein solches Instrument, welches aus einer einzigen Umfahrung den Flächeninhalt, das statische Moment und das Trägheitsmoment liefert, kann sowohl mit Rollen, die auf der Zeichenebene direkt gleiten, wie auch nach dem Rollkugelprinzip ausgeführt sein.

Fig. 44 zeigt Grund und Aufriß des Integrators nach H. S. Hele-Shaw. Das Instrument wird nach Fig. 45 von Coradi, Zürich ausgeführt.

§ 13. Allgemeine Regeln für die Durchführung von Differentiationen.

1. Wie gestaltet sich der Grenzübergang:

$$\frac{dy}{dx} = \frac{dF(x)}{dx} = \lim_{\Delta x = 0} \frac{F(x + \Delta x) - F(x)}{\Delta x},$$

wenn $F(x)$ einer Konstanten C gleich ist? Wir erhalten:

$$\frac{dy}{dx} = \frac{\Delta C}{\Delta x} = \lim_{\Delta x = 0} \frac{C - C}{\Delta x} = \lim_{\Delta x = 0} 0$$
$$= 0.$$

Ergebnis: Der Differentialquotient einer Konstanten ist Null.

2. $F(x)$ sei eine Summe von zwei Funktionen:

$$F(x) = \varphi(x) + \psi(x)$$

Bildung des Differenzenquotienten:

$$\frac{\Delta y}{\Delta x} = \frac{\Delta F(x)}{\Delta x} = \frac{\varphi(x + \Delta x) + \psi(x + \Delta x) - \varphi(x) - \psi(x)}{\Delta x}$$
$$= \frac{\varphi(x + \Delta x) - \varphi(x)}{\Delta x} + \frac{\psi(x + \Delta x) - \psi(x)}{\Delta x}.$$

Übergang zum Differentialquotienten:

$$\frac{dy}{dx} = \frac{d[\varphi(x) + \psi(x)]}{dx} =$$
$$= \lim_{\Delta x = 0} \left[\frac{\varphi(x + \Delta x) - \varphi(x)}{\Delta x} + \frac{\psi(x + \Delta x) - \psi(x)}{\Delta x}\right]$$
$$= \frac{d\varphi(x)}{dx} + \frac{d\psi(x)}{dx}.$$

Ergebnis: Der Differentialquotient einer Summe von Funktionen ist gleich der Summe der Differentialquotienten der einzelnen Funktionen.

3. $F(x)$ sei ein Produkt von zwei Funktionen:

$$y = F(x) = \varphi(x) \cdot \psi(x)$$

Bildung des Differenzen-Quotienten:

$$\frac{\Delta y}{\Delta x} = \frac{\Delta F(x)}{\Delta x} = \frac{\varphi(x + \Delta x) \cdot \psi(x + \Delta x) - \varphi(x) \cdot \psi(x)}{\Delta x}.$$

Wir subtrahieren und addieren im Zähler

$$\varphi(x)\,\psi(x + \Delta x)$$

und erhalten:

$$\frac{\Delta y}{\Delta x} = \frac{[\varphi(x + \Delta x) - \varphi(x)]\,\psi(x + \Delta x)}{\Delta x} +$$
$$\frac{\varphi(x)\,[\psi(x + \Delta x) - \psi(x)]}{\Delta x}.$$

Führen wir jetzt den Grenzübergang $\lim\limits_{\Delta x = 0}$ aus, so ergibt sich:

$$\lim_{\Delta x = 0} \frac{\varphi(x + \Delta x) - \varphi x}{\Delta x} = \frac{d\varphi(x)}{dx}$$

$$\lim_{\Delta x = 0} \psi(x + \Delta x) = \psi(x)$$

$$\lim_{\Delta x = 0} \frac{\psi(x + \Delta x) - \psi(x)}{\Delta x} = \frac{d\psi(x)}{dx};$$

und als Gesamtresultat:

$$\frac{dy}{dx} = \psi(x) \frac{d\varphi(x)}{dx} + \varphi(x) \frac{d\psi(x)}{dx},$$

d. h. der Differentialquotient des Produktes zweier Funktionen wird erhalten, indem man jede Funktion mit dem Differentialquotienten der anderen multipliziert und die erhaltenen beiden Produkte addiert.

4. $F(x)$ sei der Quotient zweier Funktionen

$$y = F(x) = \frac{\varphi(x)}{\psi(x)}.$$

Nach Bildung des Differenzenquotienten:

$$\frac{\Delta y}{\Delta x} = \frac{\Delta F(x)}{\Delta x} = \frac{\frac{\varphi(x + \Delta x)}{\psi(x + \Delta x)} - \frac{\varphi(x)}{\psi(x)}}{\Delta x}.$$

und kreuzweiser Multiplikation findet sich:

$$\frac{\Delta F(x)}{\Delta x} = \frac{\frac{\varphi(x + \Delta x)}{\Delta x} \cdot \psi(x) - \frac{\psi(x + \Delta x)}{\Delta x} \cdot \varphi(x)}{\psi(x + \Delta x) \cdot \psi(x + \Delta x)}.$$

Nach Subtraktion und Addition von:

$$\frac{\varphi(x)\psi(x)}{\Delta x}$$

im Zähler kommt:

$$\frac{\Delta F(x)}{\Delta x} = \frac{\frac{\varphi(x + \Delta x) - \varphi(x)}{\Delta x} \psi(x) - \frac{\psi(x + \Delta x) - \psi(x)}{\Delta x} \varphi(x)}{\psi(x + \Delta x)\psi(x)}.$$

Beim Grenzübergang erhält man dann:

$$\frac{dy}{dx} = \frac{d\left(\frac{\varphi(x)}{\psi(x)}\right)}{dx} = \frac{\frac{d\varphi(x)}{dx}\cdot\psi(x) - \frac{d\psi(x)}{dx}\varphi(x)}{\psi^2(x)}.$$

In Worten: Der Differentialquotient des Quotienten zweier Funktionen wird erhalten durch die Operation: Nenner mal Diff.-Qu. des Zählers minus Zähler mal Diff.-Qu. des Nenners, das Ganze dividiert durch das Quadrat des Nenners.

5. $F(x)$ sei die Funktion einer Funktion $\varphi(x)$

$$y = F[\varphi(x)].$$

Nach Bildung des Differenzenquotienten:

$$\frac{\Delta y}{\Delta x} = \frac{F[\varphi(x+\Delta x)] - F[\varphi(x)]}{\Delta x}.$$

Folgt Multiplikation mit:

$$\frac{\varphi(x+\Delta x) - \varphi(x)}{\varphi(x+\Delta x) - \varphi(x)}$$

und ergibt:

$$\frac{\Delta y}{\Delta x} = \frac{F[\varphi(x+\Delta x)] - F[\varphi(x)]}{\varphi(x+\Delta x) - \varphi(x)} \cdot \frac{\varphi(x+\Delta x) - \varphi(x)}{\Delta x}.$$

Setzen wir jetzt im ersten Quotienten:

$$\varphi(x) = z,$$

so wird:

$$\varphi(x+\Delta x) = z + \Delta z; \quad \varphi(x+\Delta x) - \varphi(x) = \Delta z$$

$$F[\varphi(x+\Delta x)] = F[z+\Delta z]; \quad F[\varphi(x)] = F[z]$$

und

$$\frac{\Delta y}{\Delta x} = \frac{F[z+\Delta z] - F(z)}{\Delta z} \cdot \frac{\varphi(x+\Delta x) - \varphi(x)}{\Delta x}$$

und nach Vornahme des Grenzüberganges ergibt sich

$$\frac{dy}{dx} = \frac{dF(z)}{dz} \cdot \frac{dz}{dx}.$$

Auf eine Einkleidung der Regel in Worte verzichten wir, da die Ausdrucksweise zu umständlich würde und geben lieber einige Beispiele.

a) $$y = F[\varphi(x)] = [a + bx^m]^3$$
$$y = F(z) = z^3;\ z = \varphi(x) = a + bx^m$$
$$\frac{dF(z)}{dz} = 3\,z^2 = 3\,[a + b\,x^m]^2$$
$$\frac{dz}{dx} = m\,b\,x^{m-1}$$
$$\frac{dy}{dx} = \frac{dF(z)}{dz} \cdot \frac{dz}{dx} = 3\,m\,b\,[a + b\,x^m]^2 \cdot x^{m-1}.$$

b) $$y = F[\varphi(x)] = \sqrt{\alpha + \beta x}$$
$$y = F(z) = \sqrt{z} = z^{\frac{1}{2}};\ z = \varphi(x) = \alpha + \beta x$$
$$\frac{dF(z)}{dz} = \frac{1}{2} z^{-\frac{1}{2}} = \frac{1}{2\sqrt{\alpha + \beta x}}\ ;\ \frac{dz}{dx} = \beta$$
$$\frac{dy}{dx} = \frac{dF(z)}{dz} \cdot \frac{dz}{dx} = \frac{\beta}{2\sqrt{\alpha + \beta x}}.$$

6. Differentiation der inversen Funktion. Aus $y = F(x)$ folge durch Auflösung
$$x = \Phi(y)$$

Die Differenzenquotienten sind:
$$\frac{\Delta y}{\Delta x} = \frac{\Delta F(x)}{\Delta x} = \frac{F(x + \Delta x) - F(x)}{\Delta x}$$
und
$$\frac{\Delta x}{\Delta y} = \frac{\Delta \Phi(y)}{\Delta y} = \frac{\Phi(y + \Delta y) - \Phi(y)}{\Delta y}.$$

Durch Multiplikation der beiden Gleichungen folgt:
$$\frac{\Delta y}{\Delta x} \cdot \frac{\Delta x}{\Delta y} = 1 = \frac{F(x + \Delta x) - F(x)}{\Delta x} \cdot \frac{\Phi(y + \Delta y) + \Phi(y)}{\Delta y}$$
und nach Übergang zur Grenze
$$1 = \frac{dF(x)}{dx} \cdot \frac{d\Phi(y)}{dy},$$
oder
$$\frac{dF(x)}{dx} = \frac{1}{\dfrac{d\Phi(y)}{dy}}.$$

In Worten: Das Produkt der Differenzialquotienten zweier zu einander inversen Funktionen ist = 1.

§ 14. Bestimmung des Differentialquotienten der einfachen Funktionen.

1. Differentiation der Sinusfunktion $y = \sin x$.

$$\frac{dy}{dx} = \frac{d\sin x}{dx} = \lim_{\Delta x = 0} \frac{\sin(x + \Delta x) - \sin x}{\Delta x} =$$

$$= \lim_{\Delta x = 0} \frac{\sin x \cos \Delta x + \cos x \sin \Delta x - \sin x}{\Delta x} \tag{1}$$

Hier wird mit abnehmendem Δx $\lim \cos \Delta x = 1$, mithin ist $\lim (\sin x \cos \Delta x - \sin x) = 0$. Es bleibt übrig:

$$\frac{dy}{dx} = \lim_{\Delta x = 0} \cos x \frac{\sin \Delta x}{\Delta x}.$$

Hier wird jedoch mit abnehmendem Δx der Quotient $\frac{\sin \Delta x}{\Delta x} = 1$, so daß sich das endgültige Resultat ergibt:

$$\frac{dy}{dx} = \frac{d\sin x}{dx} = +\cos x.$$

2. In analoger Weise führt man die Differentiation der Cosinusfunktion

$$y = \cos x \tag{2}$$

durch. Es resultiert:

$$\frac{dy}{dx} = \frac{d\cos x}{dx} = -\sin x.$$

3. Differentiation der Tangensfunktion

$$y = \operatorname{tg} x. \tag{3}$$

Wir erhalten:

$$\frac{dy}{dx} = \frac{d\operatorname{tg} x}{dx} = +\frac{1}{\cos^2 x}.$$

4. Die Arcussinusfunktion

$$y = \operatorname{arc}\sin x. \tag{4}$$

hat zum Differenzenquotienten

$$\frac{\Delta y}{\Delta x} = \frac{\arcsin(x + \Delta x) - \arcsin x}{\Delta x}.$$

Nun folgt aus (4):

$$x = \sin y$$

$$\sin(y + \Delta y) = x + \Delta x$$

$$\Delta x = \sin(y + \Delta y) - \sin y;$$

also ist

$$\frac{\Delta y}{\Delta x} = \frac{\Delta y}{\sin(y + \Delta y) - \sin y} = \frac{1}{\frac{\sin(y + \Delta y) - \sin y}{\Delta y}}.$$

Die Ausführung des Grenzübergangs liefert

$$\frac{dy}{dx} = \frac{1}{\cos y}$$

und wegen

$$\cos y = \sqrt{1 - \sin^2 y} = \sqrt{1 - x^2}$$

wird

$$\frac{dy}{dx} = \frac{d \arcsin x}{dx} = + \frac{1}{\sqrt{1 - x^2}}.$$

5. Die Arcuscosinusfunktion

$$y = \arccos x. \tag{5}$$

Da

$$\arccos x = \frac{\pi}{2} - \arcsin x$$

ist, haben wir

$$\frac{dy}{dx} = -\frac{d \arcsin x}{dx} = -\frac{1}{\sqrt{1 - x^2}}.$$

6. Die Arcustangensfunktion

$$y = \operatorname{arctg} x. \tag{6}$$

Wir bilden die inverse Funktion

$$x = \operatorname{tg} y$$

und differenzieren: nach (3)

$$\frac{dx}{dy} = \frac{1}{\cos^2 y}$$

$$\cos^2 y = \frac{\sin^2 y}{\operatorname{tg}^2 y} = \frac{1}{1 + \operatorname{tg}^2 y} = \frac{1}{1 + x^2}$$

$$\frac{dx}{dy} = 1 + x^2;$$

also

$$\frac{dy}{dx} = \frac{d \operatorname{arctg} x}{dx} = \frac{1}{1 + x^2}\,.$$

7. Die logarithmische Funktion

$$y = \lg x. \tag{7}$$

Nach Bildung der Differenzen-Quotienten

$$\frac{\Delta y}{\Delta x} = \frac{\lg(x + \Delta x) - \lg x}{\Delta x}$$

und folgender Umformung

$$\frac{\lg \dfrac{x + \Delta x}{x}}{\Delta x} = \frac{\lg\left(1 + \dfrac{\Delta x}{x}\right)}{\Delta x}$$

kann man mit $\dfrac{\Delta x}{x}$ multiplizieren, wenn man zugleich den Klammerausdruck $\left(1 + \dfrac{\Delta x}{x}\right)$ zur $\dfrac{x}{\Delta x}$ ten Potenz erhebt:

$$\frac{\Delta y}{\Delta x} = \frac{\Delta x}{x} \frac{\lg\left(1 + \dfrac{\Delta x}{x}\right)^{\frac{x}{\Delta x}}}{\Delta x}$$

$$= \frac{1}{x} \lg\left(1 + \frac{\Delta x}{x}\right)^{\frac{x}{\Delta x}}.$$

Beim Grenzübergang haben wir

$$\frac{dy}{dx} = \frac{d \lg x}{dx} = \lim_{\Delta x = 0} \frac{1}{x} \lg\left(1 + \frac{\Delta x}{x}\right)^{\frac{x}{\Delta x}}.$$

Der Grenzwert

$$\lim_{\Delta x = 0} \left(1 + \frac{\Delta x}{x}\right)^{\frac{x}{\Delta x}}$$

ist aber $= e$, der Basis der natürlichen Logarithmen [7]), und wir erhalten:

$$\frac{d \lg x}{dx} = \frac{1}{x} \lg e\,.$$

Verstehen wir auch hier unter $\lg x$ den natürlichen Logarithmus, so wird $\lg e = 1$ und

$$\frac{d \lg x}{dx} = \frac{1}{x}.$$

8. Die Exponentialfunktion

$$y = e^x \tag{8}$$

lautet nach Inversion:

$$x = \lg y.$$

Hieraus folgt:

$$\frac{dx}{dy} = \frac{1}{y} = \frac{1}{e^x}$$

und

$$\frac{dy}{dx} = \frac{d e^x}{dx} = e^x,$$

d. h. die Differentiation der Exponentialfunktion liefert wieder die Exponentialfunktion.

§ 15. Zusammenstellung der Grundformeln der Differentialrechnung.

1. Differentiation der Konstanten:

$$\frac{dC}{dx} = 0.$$

2. Diff. der Summe:

$$\frac{d[\varphi(x) + \psi(x)]}{dx} = \frac{d\varphi(x)}{dx} + \frac{d\psi(x)}{dx} = \varphi'(x) + \psi'(x).$$

3. Diff. des Produkts:

$$\frac{d[\varphi(x) \cdot \psi(x)]}{dx} = \varphi(x)\psi'(x) + \varphi'(x)\psi(x).$$

4. Diff. des Quotienten:

$$\frac{d\left(\dfrac{\varphi(x)}{\psi(x)}\right)}{dx} = \frac{\psi(x)\varphi'(x) - \psi'(x)\varphi(x)}{\psi^2(x)}.$$

5. Diff. der Funktion einer Funktion:

$$\frac{dF(z)}{dx}[z = \varphi(x)] = \frac{dF(z)}{dz} \cdot \frac{d\varphi(x)}{dx} = F'(z) \cdot \varphi'(x).$$

6. Die Differentialquotienten zu einander inverser Funktionen $\varphi(x)$ und $f(x)$: liefern miteinander multipliziert die Einheit:

$$\varphi'(x) \cdot f'(x) = 1.$$

7. Diff. der Potenz:

$$\frac{d a x^m}{dx} = a m x^{m-1}.$$

8. Diff. der Sinusfunktion:

$$\frac{d \sin x}{dx} = \cos x.$$

9. Diff. der Cosinusfunktion:

$$\frac{d \cos x}{dx} = -\sin x.$$

10. Diff. der Tangensfunktion:

$$\frac{d \operatorname{tg} x}{dx} = \frac{1}{\cos^2 x}.$$

11. Diff. der Cotangensfunktion:

$$\frac{d \cot x}{dx} = -\frac{1}{\sin^2 x}.$$

12. Diff. der Arcussinusfunktion:

$$\frac{d \arcsin x}{dx} = +\frac{1}{\sqrt{1-x^2}}.$$

13. Diff. der Arcuscosinusfunktion:

$$\frac{d \arccos x}{dx} = -\frac{1}{\sqrt{1-x^2}}.$$

14. Diff. der Arcustangensfunktion:

$$\frac{d \operatorname{arctg} x}{dx} = +\frac{1}{1+x^2}.$$

15. Diff. der Arcuscotangensfunktion:

$$\frac{d \operatorname{arccot} x}{dx} = -\frac{1}{1+x^2}.$$

16. Diff. der Logarithmusfunktion:

$$\frac{d \lg x}{dx} = \frac{1}{x}.$$

17. Diff. der Exponentialfunktion:

$$\frac{d e^x}{dx} = e^x.$$

II. Differentialgleichungen erster Ordnung.

§ 16. Differentialquotient und Differentialgleichung.

Allgemein heißt eine Gleichung zwischen Variabeln und ihren ersten Differentialquotienten Differentialgleichung erster Ordnung. Sind die Variabeln x, y, die Differentialquotienten $\frac{dy}{dx}$, so lautet die Form der Differentialgleichung allgemein

$$F\left(x, y, \frac{dy}{dx}\right) = 0. \tag{1}$$

Sehr einfache Differentialgleichungen dieser Art haben wir bereits kennen gelernt. Jede unserer Differentiationsformeln in § 15 ist eine Differentialgleichung. Man erkennt dies sofort, wenn man z. B. Formel (7) in § 15 folgendermaßen schreibt:

$$\frac{dy}{dx} - am\, x^{m-1} = 0. \tag{2}$$

Die „Lösung" dieser Differentialgleichung verlangt diejenige Funktion y von x anzugeben, deren erster Differentialquotient $= am\, x^{m-1}$ ist. Wir wissen, wie wir zu verfahren haben. Wir schreiben

$$dy = am\, x^{m-1}\, dx$$

und integrieren:

$$\begin{aligned} y &= C + \int am\, x^{m-1}\, dx \\ y &= C + a x^m \end{aligned} \tag{3}$$

Hier ist die Integrationskonstante C (die wir mit Rücksicht auf die Lehren vom unbestimmten Integral hinzugefügt haben) bemerkenswert. Unbestimmte Integrationskonstanten spielen bei der Lösung von Differentialgleichungen eine wichtige Rolle, wie wir noch sehen werden.

Vorläufig merken wir an, daß eine „Integralgleichung“ $y = C + ax^m$, die eine Integrationskonstante C enthält, das allgemeine Integral der Differentialgleichung heißt. Jede spezielle Wertfestsetzung für C liefert ein partikuläres Integral. Insbesondere ist also mit $C = 0$ $y = ax^m$ ein partikuläres Integral der Differentialgleichung (2).

Die Lösung der angeschriebenen Differentialgleichung war sehr einfach, und zwar in erster Linie deshalb, weil abgesehen von der Variabeln x nur der erste Differentialquotient der unbekannten Funktion y vorkam, mit anderen Worten, weil die Differentialgleichung von der ersten Ordnung war. Wir stellen fest, daß bei Differentialgleichungen folgender Form

$$\frac{dy}{dx} - f(x) = 0, \tag{4}$$

wo $f(x)$ eine beliebige Funktion von x sei, sich ohne weiteres durch eine „Quadratur“ das allgemeine Integral

$$y = C + \int f(x)\,dx \tag{5}$$

finden läßt.

Ebenso einfach ist die Lösung von Differentialgleichungen der Form

$$\frac{dy}{dx} - \varphi(y) = 0. \tag{6}$$

Wir schreiben

$$\frac{dy}{\varphi(y)} = dx \tag{7}$$

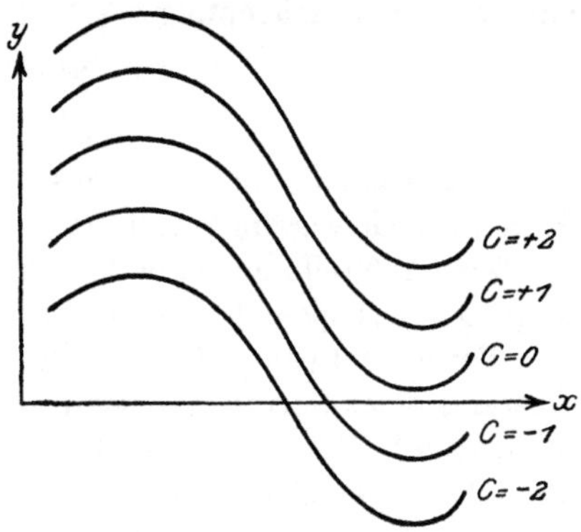

Fig. 46. Integralkurvenschar.

und finden das allgemeine Integral:

$$x = C + \int \frac{dy}{\varphi(y)}, \tag{8}$$

wo $\varphi(y)$ in y ebenfalls beliebig sein kann.

Dieses allgemeine Integral

$$y = C + \int f(x)\,dx \tag{9}$$

schreiben wir mit

$$\int f(x)\,dx = F(x)$$

wie folgt:

$$y = C + F(x). \tag{10}$$

Deuten wir diese Gleichung geometrisch in einem rechtwinkligen Koordinatensystem, so erhalten wir eine Mehrzahl von Kurven, und zwar für jede spezielle Auswahl von C eine Kurve.

Es entsteht so, wenn wir C alle Werte von $-\infty$ bis $+\infty$ durchlaufen lassen, eine Mannigfaltigkeit von Kurven (Fig. 46), die einander kongruent und gegeneinander in Richtung der y-Achse verschoben sind. Jedes Individuum der Mannigfaltigkeit oder Kurvenschar stellt ein partikuläres Integral der gegebenen Differentialgleichung dar.

§ 17. Anwendungsbeispiel: Die Spiegelkurve eines fließenden Gewässers. Angenäherte Integration einer Differentialgleichung.

Ein technisches Beispiel für Differentialgleichungen der letztgenannten Art bietet die Untersuchung der Staukurven, bei der eine Differentialgleichung

$$\frac{dy}{dx} \cdot \frac{y^3 - k^3}{y^3 - h^3} = J \tag{1}$$

für die Gestalt des Spiegels eines stationär ungleichförmig fließenden Gewässers resultiert.

Zur Aufstellung dieser Gleichung geht man aus von der Bewegung eines gleichförmig fließenden Gewässers [8]).

Bezeichnet (Fig. 47) x den auf der Gerinneachse gemessenen Abstand eines Gerinnequerschnittes AB von einem Anfangsquerschnitte OY, dann ist klar, daß bei der gleichförmigen Bewegung die Arbeit des fallenden Wassers zur Überwindung der Bewegungswiderstände dient. Bezeichnet F den Gerinnequerschnitt, U den Gerinneumfang, r den Profilradius, gegeben durch

$$r = \frac{F}{U}, \tag{2}$$

V die mittlere Wassergeschwindigkeit, γ das spezif. Gewicht, dann ist

$$A = \gamma r\, U V\, dz \tag{3}$$

die Gefällarbeit bei Durchströmung des Abschnitts dx. Die Reibungsarbeit R ist empirisch proportional dem benetzten Umfang U und dem Geschwindigkeitsquadrat V^2. Sie findet sich mit der Proportionalitätskonstante $\frac{\lambda}{2g}$

$$R = \frac{\lambda}{2g} U V^2 \cdot V\, dx. \tag{4}$$

Durch Gleichsetzung der beiden Arbeitsausdrücke (3) und (4) und Streichen der Größe VU ergibt sich, wenn nach geeigneter Wahl des Maßsystems $\gamma = 1$ gesetzt wird,

$$r \frac{dz}{dx} = \frac{\lambda}{2g} V^2. \tag{5}$$

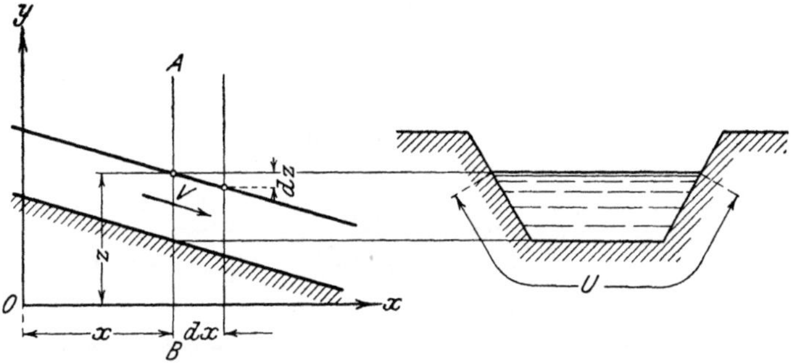

Fig. 47. Betrachtung einer gleichförmigen Wasserbewegung.

Bei gleichförmiger Bewegung wird nun V, r und $\frac{dz}{dx}$ längs der Gerinneachse konstant, und man kann mit

$$\frac{dz}{dx} = J \tag{6}$$

schreiben

$$r J = \frac{\lambda}{2g} V^2, \tag{7}$$

wo J das „Gefälle" des Gerinnes bedeutet. Hier wollen wir stets für $\frac{\lambda}{2g}$ den Eytelwein'schen Wert 0,00037 benutzen, wobei wir bemerken, daß es noch andere kompliziertere empirische Ausdrücke dafür gibt. Hierbei ist r in m, V in [msec^{-1}] einzusetzen; $\frac{\lambda}{2g}$ hat demnach die Dimension [$m^{-1} \cdot \sec^2$], also einer reziproken Beschleunigung.

Die Formel (7) wird z. B. bei der Berechnung vou Kanälen benutzt. Meistens ist die vom Kanal fortzuführende Wassermenge Q und das zur Verfügung stehende Gefälle J durch die Naturverhältnisse gegeben, die Breite b des Kanals durch den Bodenpreis nach oben begrenzt. Aus diesen Daten kann man mit (7) den erforderlichen Profil-Radius und damit die Gestalt des Gerinne-Querschnittes bestimmen. Hat man z. B. einen sehr breiten Kanal der Breite b, dann kann man den Profilradius gleich der Wassertiefe h und den Umfang statt der Breite setzen und es wird:

$$V = \frac{Q}{b\,h}$$

und

$$h\,J = \frac{\lambda}{2\,g} \frac{Q^2}{b^2 h^2}$$

oder

$$h^3 = \frac{\lambda\,Q^2}{2\,g\,b^2\,J}; \tag{8}$$

h ist also in diesem Falle die Wassertiefe.

Bei der gleichförmigen Bewegung ist J ein Maß sowohl des Spiegelgefälles wie des Sohlengefälles, da beide einander gleich sind. Wird nun eine gleichförmige Wasserbewegung dadurch gestört, daß man in das Gerinne ein Hindernis, etwa ein Wehr, einbaut, dann weichen Spiegelgefälle und Sohlengefälle der abgeänderten Wasserbewegung voneinander ab. Betrachten wir wieder zwei Gerinnequerschnitte AB und $A'B'$ im Abstande dx, dann haben wir die Spiegelkurve

$$z = f(x)$$

von der Sohlenkurve

$$s = \varphi(x)$$

zu unterscheiden (Fig. 48). $s = \varphi(x)$ ist eine im allgemeinen gegebene Funktion. Gesucht wird die Gleichung des Spiegels, und zwar bezogen auf die Sohle, d. h.

$$y = z - s = f(x) - \varphi(x),$$

also die Wassertiefe in Abhängigkeit von der Gerinnelänge x. Hierbei muß der Anfangspunkt für die Zählung der Länge x aus den besonderen Bedingungen der Aufgabe noch bestimmt werden.

Das nachfolgende Verfahren wird y direkt liefern, ohne vorherige Aufsuchung von $f(x)$.

Zur Gewinnung einer Gleichung für y gehen wir wieder von dem Satz ans, daß innerhalb des Intervalles dx die zur Verfügung stehende Gefällearbeit die Widerstandsverluste decken mß.

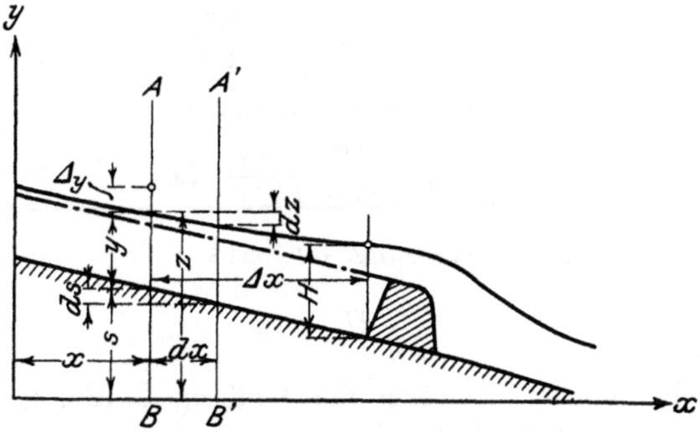

Fig. 48. Betrachtung einer ungleichförmigen Wasserbewegung.

Zur Verfügung steht die Arbeit Qdz, wo Q die sekundliche Wassermenge bedeutet. Diese Arbeit wird aber nicht ganz auf die Deckung des Widerstandsverlustes verwendet, da ein Teil dieser zwischen AB und $A'B'$ zur Veränderung der kinetischen Energie des strömenden Wasserquantums verbraucht wird. Das strömende Wasserquantum Q hat im Querschnitte AB die kinetische Energie

$$\frac{1}{2g} Q \cdot V^2;$$

im Querschnitte $A'B'$ dagegen

$$\frac{1}{2g} Q (V + dV)^2 .$$

Die Änderung beträgt demnach

$$+ \frac{1}{g} Q V \cdot \frac{dV}{dx} \cdot dx .$$

Setzen wir nun einen breiten Kanal rechteckigen Querschnittes voraus, dann gilt die Beziehung

$$Q = V \cdot b \cdot y,$$

d. h. die sekundliche Wassermenge ist gleich: Geschwindigkeit V mal Breite b mal Tiefe y und hieraus folgend:

$$V = \frac{Q}{b\,y}\,.$$

Es wird also:

$$\frac{dV}{dx} = -\frac{Q}{b\,y^2} \cdot \frac{dy}{dx}$$

und die Änderung der kinetischen Energie

$$-\frac{1}{g} \cdot Q \cdot \frac{Q^2}{b^2\,y^3} \cdot \frac{dy}{dx} \cdot dx\,.$$

Zur Deckung des Reibungsverlustes

$$\frac{\lambda}{2\,g}\, U\, V^3\, dx$$

oder, da bei breiten Kanälen der Umfang U annähernd gleich der Breite b gesetzt werden kann,

$$\frac{\lambda}{2\,g} \cdot \frac{Q^3}{b^2\,y^3}\, dx;$$

bleibt also von der Gefällearbeit $Q\,dz$ nur übrig:

$$Q\,dz - \frac{1}{g}\,Q\,V\,dV = Q\,dz + \frac{1}{g}\,\frac{Q^3}{b^2\,y^3}\,\frac{dy}{dx}\,dx\,. \tag{9}$$

Es entsteht also mit

$$\frac{dz}{dx} = \frac{ds}{dx} - \frac{dy}{dx}$$

die Differentialgleichung:

$$Q\left(\frac{ds}{dx} - \frac{dy}{dx}\right) + \frac{1}{g}\,\frac{Q^3}{b^2\,y^3}\,\frac{dy}{dx} = \frac{\lambda}{2\,g}\,\frac{Q^3}{b^2\,y^3} \tag{10}$$

oder nach beiderseitiger Hebung von Q und mit dem constanten Sohlengefälle

$$\frac{ds}{dx} = J$$

$$J - \frac{dy}{dx} - \frac{\lambda}{2\,g}\,\frac{Q^2}{b^2\,y^3} = -\frac{1}{g}\,\frac{Q^2}{b^2\,y^3}\,\frac{dy}{dx}\,. \tag{11}$$

Setzt man hier zur Abkürzung die Konstanten

$$\frac{\lambda}{2\,g}\,\frac{Q^2}{b^2\,J} = h^3$$

und

$$\frac{1}{g}\frac{Q^2}{b^2} = k^3,$$

ein, so entsteht einfacher

$$\frac{dy}{dx}(y^3 - k^3) = J(y^3 - h^3) \tag{12}$$

oder,

$$\frac{dy}{dx}\frac{y^3 - k^3}{y^3 - h^3} = +J, \tag{13}$$

d. h. die im Anfang des Paragraphen angeschriebene Gleichung.

Hier ist zunächst h mit der bereits oben festgestellten Wassertiefe bei gleichförmiger Strömung der Wassermenge Q auf dem Gefälle J identisch. k dagegen ist identisch mit der Wassertiefe der gleichförmigen Strömung in einem Kanal, für welchen

$$\frac{\lambda}{2J} = 1$$

gilt, d. h. für welchen das Gefälle J den Wert hat:

$$J = \frac{\lambda}{2} = 0{,}0036 = \sim 1:280.$$

Zwischen h und k besteht die Beziehung:

$$k = h\sqrt[3]{\frac{2J}{\lambda}}$$

Wir gehen nun über zur Integration der gefundenen Differentialgleichung. Es ergibt sich

$$Jx = C + \int \frac{y^3 - k^3}{y^3 - h^3}\,dy. \tag{14}$$

Dies ist die endliche Gleichung der Spiegelkurve. Um die unbestimmte Konstante C fortzuschaffen, muß man die Wassertiefe an irgendeiner Stelle kennen, z. B. H dicht an dem Einbau. Ist an dieser Stelle $x = A$, dann ergibt sich für C

$$J \cdot A - \left[\int \frac{y^3 - k^3}{y^3 - h^3}\,dy\right]_{y=H} = C$$

und als Spiegelgleichung:

$$J(x - A) = -\left[\int \frac{y^3 - k^3}{y^3 - h^3}\,dy\right]_{y=H} + \int \frac{y^3 - k^3}{y^3 - h^3}\,dy. \tag{15}$$

Ehe wir an die genaue Auswertung und Untersuchung dieses Integrals herangehen, wollen wir die gefundene Differentialgleichung

$$\frac{dy}{dx} = J \frac{y^3 - h^3}{y^3 - h^3}$$

zur angenäherten Bestimmung der Spiegelkurve benutzen.

Dies geschieht in der Weise, indem wir einen Punkt der Spiegelkurve z. B. dicht am Wehr festlegen durch Auswahl

$$y = H.$$

Hiermit ist bei $y = H$ der Differentialquotient

$$\left(\frac{dy}{dx}\right)_{y=H} = J \frac{H^3 - h^3}{H^3 - k^3} \tag{16}$$

festgelegt, und da die Spiegelkurve nur schwach gekrümmt ist, können wir annehmen, daß derselbe Wert des Differentialquotienten noch ein endliches Stück Δx stromauf gilt. Am Endpunkte dieses Stückes wird dann

$$\Delta y = + \Delta x \cdot J \frac{H^3 - h^3}{H^3 - k^3} \tag{17}$$

d. h. Δy ist die Änderung der Wassertiefe an dieser Stelle.

Ein Beispiel wird das Verfahren verdeutlichen. Es liege ein Kanal des Gefälles $J = 0{,}00037$ vor mit einer Wassergeschwindigkeit $V = 1{,}2$ m. Dann beträgt die Wassertiefe der gleichförmigen Strömung

$$h = \frac{\lambda}{2g} \frac{V^2}{J} = 0{,}00037 \frac{1{,}44}{0{,}00037} = \sim 1{,}44\,m$$

während man

$$k = h \sqrt[3]{\frac{2J}{\lambda}} = 1{,}44 \sqrt[3]{\frac{1}{10{,}03}} = 0{,}670$$

findet.

Stauen wir jetzt die gleichförmig dahinfließende Strömung an irgend einer Stelle auf $H = 1{,}8$ m auf, so ergibt sich folgende Gleichung für die Abnahme Δy der Wassertiefe in der Entfernung Δx vom Stau:

$$\Delta y = + \Delta x \cdot 0{,}00037 \frac{5{,}832 - 2{,}986}{5{,}832 - 0{,}301} = + \Delta x \cdot 0{,}00037 \cdot \frac{2{,}846}{5{,}531}$$
$$= + \Delta x \cdot 0{,}00019$$

d. h. in der Entfernung $\Delta x = -500$ m oberhalb hat sich die Stautiefe um $\Delta y = -0{,}095$ m $= -9{,}5$ cm geändert, d. h. sie ist kleiner geworden; sie beträgt $H = 1{,}705$. Berechnet man mit diesem H von neuem die obige Formel, so entsteht

$$\Delta y = +\Delta x \cdot 0{,}00037 \cdot \frac{4{,}913 - 2{,}986}{4{,}913 - 0{,}301} = +\Delta x \cdot 0{,}000155$$

womit man wieder mit $\Delta x = -500$ m stromauf die Tiefenab-nae hm

$$\Delta y = 0{,}077 \text{ m} = 7{,}7 \text{ cm}$$

findet. So rechnet man fort und gelangt zu immer geringeren Wassertiefen, ohne indessen die ursprüngliche Tiefe 1,44 m zu erreichen: der Stauspiegel schmiegt sich a s y m p t o t i s c h dem ursprünglichen Spiegel an. Vgl. Fig. 48.

Einen allgemeinen Überblick über die durch die Differentialgleichung in definierten Staukurven liefert die Durchführung der Integration und die genaue Diskussion der entstehenden Gleichung.

Es handelt sich also um die Auswertung des Integrals

$$J(x - A) = -\left[\int \frac{y^3 - k^3}{y^3 - h^3}\, dy\right]_{y = H} + \int \frac{y^3 - k^3}{y^3 - h^3}\, dy \qquad (18)$$

Zunächst ist identisch

$$\frac{y^3 - k^3}{y^3 - h^3} = 1 + \frac{h^3 - k^3}{y^3 - h^3}$$

Macht man jetzt die Substitutionen

$$y = h\eta, \; dy = h\, d\eta, \; \frac{H}{h} = \eta_H,$$

so folgt

$$J(x - A) =$$

$$-h \int\limits_{\frac{H}{h}} d\eta - \frac{h^3 - k^3}{h^2} \int\limits_{\frac{H}{h}} \frac{1}{\eta^3 - 1}\, d\eta + \int dy + \int \frac{(h^3 - k^3)\, h}{h^2 (\eta^3 - 1)}\, d\eta \qquad (19)$$

und nach Einführung der Abkürzung:

$$\xi = \frac{k}{h}$$

$$J(x - A) =$$

$$= (y - H) - h(1 - \xi^3)\left\{-\int\limits_{\frac{y}{h}} \frac{d\eta}{\eta^3 - 1} - \left(-\int\limits_{\frac{H}{h}} \frac{d\eta}{\eta^3 - 1}\right)\right\} \quad (20)$$

Hier ist eine Vereinfachung zu erzielen, wenn man den Punkt $x = A$, $y = H$ so wählt, daß er in den Anfangspunkt des Koordinatensystems fällt. Es resultiert dann als Gleichung:

$$J x = y - h(1 - \xi^3)\left\{\left(-\int\limits_{\eta = \frac{y}{h}} \frac{d\eta}{\eta^3 - 1}\right) - \left(-\int\limits_{\eta = 0} \frac{d\eta}{\eta^3 - 1}\right)\right\} \quad (21)$$

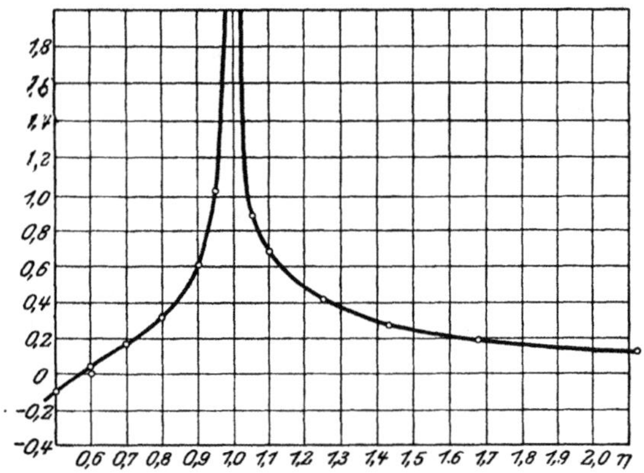

Fig. 49. Verlauf der Bresseschen Funktion $f(\eta)$.

In dieser letzten Formel bleibt noch die Berechnung des Integrals

$$-\int \frac{d\eta}{\eta^3 - 1}$$

übrig, welches man mit Hilfe der Partialbruchzerlegung[9])

$$-\frac{d\eta}{\eta^3 - 1} = -\frac{1}{3}\left(\frac{1}{\eta - 1} - \frac{\eta + 2}{\eta^2 + \eta + 1}\right) d\eta$$

findet

$$= \frac{1}{6}\left\{\lg n \frac{\eta^2 + \eta + 1}{(\eta - 1)^2} - 2\sqrt{3} \operatorname{arccot} \frac{2\eta + 1}{\sqrt{3}}\right\}. \quad (22)$$

Diese Funktion, die kurz mit $f(\eta)$ bezeichnet werde, hat Bresse[10]) tabellarisch berechnet.

Den ungefähren Verlauf der Funktion gibt von

$$\eta = 0{,}5 \text{ bis } \eta = 2{,}0$$

Fig. 49 wieder.

Die Funktion $f(y)$ hat folgende ausgezeichnete Werte

$$f(0) = -0{,}605, \; f(1) = \infty, \; f(\infty) = 0.$$

Es ist also

$$-\int\limits_{\eta=0} \frac{d\eta}{\eta^3 - 1} = -0{,}605$$

wonach die Formel (21) übergeht in:

$$J x = y - h(1 - \xi^3)\left[f(\eta) + 0{,}605\right]_{\eta = \frac{y}{h}}. \tag{23}$$

Diese Gleichung wird durch $x = 0$, $y = 0$, $\eta = 0$ befriedigt, also geht die durch sie dargestellte Kurve durch den Anfangspunkt des Koordinatensystems, wie soeben festgesetzt.

Ferner wird für $y = h$ die Gerinnelänge $x = \infty$, da $f(\eta)$ für $\eta = 1$ ∞ wird, d. h. die Kurve berührt asymptotisch die zur Kanalsohle im Abstande $y = h$ Parallele, d. h. den Spiegel der ungestörten Strömung.

Weiterhin folgt nach Differentiation der Gleichung[11]) (13):

$$J \frac{dx}{dy} = \frac{y^3 - k^3}{y^3 - h^3} = 1 + \frac{h^3 - k^3}{y^3 - h^3} \tag{13}$$

$$J \frac{d^2 x}{dy^2} = -3 \frac{h^3 - k^3}{(y^3 - h^3)^2} y^2. \tag{24}$$

Das Vorzeichen des zweiten Differentialquotienten $\frac{d^2x}{dy^2}$ ist maßgebend für Krümmung der Kurve. Ist $\frac{d^2x}{dy^2}$[12]) negativ, dann ist die Staukurve in Richtung des positiven x, also stromab, konvex. Das ist offenbar dann der Fall, wenn

$$h^3 - k^3 > 0$$

oder

$$h^3 - \lambda^3 h^3 > 0$$

oder

$$1 > \lambda^3.$$

In diesem Falle ist die Kurve überall konvex in Richtung der Strömung (Fig. 50).

Wasserläufe, bei denen die Bedingung $\lambda^3 > 1$ erfüllt ist, nennt man nach de Saint-Venants Vorgang Flüsse. Im Anfangspunkt A beginnt die Kurve mit unendlich schwacher Krümmung $\left(\frac{d^2x}{dy^2} = 0\right)$ und mit wachsendem y nimmt x zu. Mit

$$y = \lambda h = k$$

wird

$$\frac{dx}{dy} = \frac{y^3 - k^3}{y^3 - h^3} = 0,$$

d. h. die Kurve hat hier eine zur Kanalsohle senkrechte Tangente;

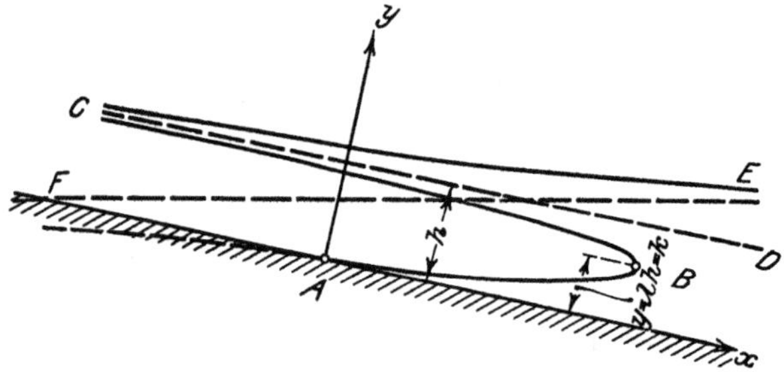

Fig. 50. Gestalt der Staukurve bei einem Fluß $h > k$.

dies findet im Punkte B statt. Hier kehrt die Kurve in Richtung des Oberlaufes um und nähert sich asymptotisch (wie oben nachgewiesen) der Spiegelkurve CD der ungestörten Strömung, der im Punkte $y = h$, $x = -\infty$ erreicht wird.

Für weiter wachsende $y > h$, $\eta > 1$ wird x wieder endlich; $\frac{dx}{dy}$ wird positiv und wächst bis zum Werte $\frac{dx}{dy} = \frac{1}{J}$ bei $y = +\infty$. Der entstehende Kurvenzug CE geht asymptotisch von der Geraden CD aus und nähert sich ebenfalls asymptotisch der Geraden FE, die die Gleichung besitzt:

$$Jx = y + 0{,}605\,(\lambda^3 - 1)h.$$

Soweit der Verlauf der Kurve oberhalb der Gerinnesohle. Ein Stück der Kurve liegt noch unterhalb der Gerinnesohle und ist in der Fig. 50 punktiert gezeichnet; es kommt für die Spiegelgestalt nicht in Betracht.

Ist dagegen die Bedingung

$$h^3 - k^3 < 0$$

oder

$$\lambda^3 > 1$$

erfüllt, dann bezeichnet man den Wasserlauf mit de Saint-Venant als Wildbach. Dann ist der zweite Differentialquotient

$$\frac{d^2 x}{dy^2} = -3 \frac{h^3 - k^3}{(y^3 - h^3)^2} y^2$$

überall positiv, die Staukurve also überall konkav in Richtung der Strömung. Es ergibt sich folgendes Kurvenbild (Fig. 51):

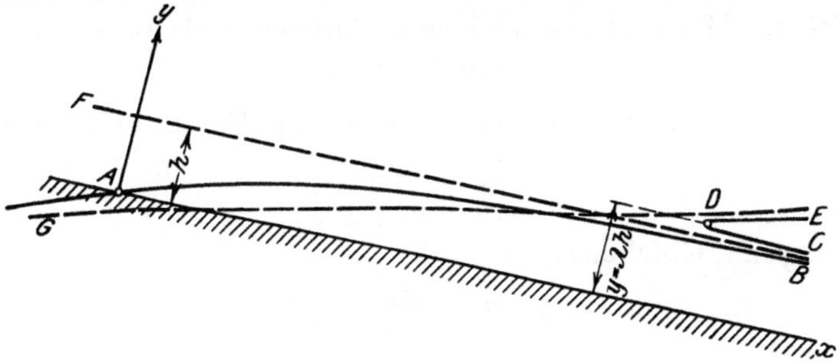

Fig. 51. Staukurvenverlauf bei einem Wildbach $h < k$.

Wieder beginnt die Kurve im Anfangspunkte A mit unendlich schwacher Krümmung $\left(\frac{d^2x}{dy^2} = 0;\ \text{Wendetangente}\right)$ und nähert sich mit positivem $\frac{dx}{dy}$ asymptotisch dem Spiegel der ungestörten Strömung, der mit $x = +\infty$, $y = h$, $\frac{dx}{dy} = \infty$ erreicht wird. Mit weiter wachsendem y wird $\frac{dx}{dy}$ negativ endlich, um bei $y = \lambda h$ zu verschwinden. Dies tritt ein im Punkte D, in welchem die Kurve eine zur Kanalsohle senkrechte Tangente hat. Gleichzeitig ist D ein Umkehrpunkt für die Kurve; mit $y > \lambda h$ wird $\frac{dx}{dy}$ positiv, um sich mit $x = \infty$, $y = \infty$ (welches Wertepaar die Kurve befriedigt) dem Werte $\frac{1}{J}$ zu nähern. Dieser Kurvenzweig (DE in der Figur) hat also ebenfalls eine Asymptote, deren Gleichung ist:

$$Jx = y + 0{,}605\,(\lambda^3 - 1)\,h.$$

Im Falle $\lambda^3 = 1$, wenn also weder ein Fluß noch ein Wildbach vorliegt, wird

$$\frac{dx}{dy} = \frac{1}{J}$$

d. h. der Spiegel ist überall eine horizontale Gerade, und zwar ist es die durch die Gleichung

$$Jx = y$$

gegebene.

§ 18. Integration bei allgemeineren Formen der Differentialgleichung. Trennung der Variabeln. Anwendungsbeispiel: Grundwasserspiegel.

Eine etwas kompliziertere Form der Differentialgleichung

$$F\left(x, y, \frac{dy}{dx}\right) = 0$$

ist folgende Gleichung:

$$\frac{\varphi(x)}{\psi(y)} + \frac{dy}{dx} = 0 \tag{1}$$

Auch hier findet sich leicht eine Gestalt der Gleichung, von der aus die Integration sofort vorgenommen werden kann. Man schreibt für (2) nach Multiplikation mit $\psi(y) \cdot dx$:

$$\varphi(x)dx + \psi(y)dy = 0 \tag{2}$$

Man nennt diese Umformung „Trennung der Variabeln" und hat sofort als allgemeines Integral von (3) die Gleichung:

$$\int\varphi(x)dx + \int\psi(y)dy + C = 0 \tag{3}$$

Die Integration einer Differentialgleichung gelingt immer, wenn sich die Trennung der Variabeln durchführen läßt. Hierher gehört auch die noch allgemeinere Form:

$$\varphi(x)\psi(y)dx + \varphi_1(x)\psi_1(y)dy = 0 \tag{4}$$

Hier gelangt man durch Division mit $\psi(y) \cdot \varphi_1(x)$ zur Trennung der Variabeln:

$$\frac{\varphi(x)}{\varphi_1(x)}dx + \frac{\psi_1(y)}{\psi(y)}dy = 0 \tag{5}$$

und zum allgemeinen Integral:

$$\int\frac{\varphi(x)}{\varphi_1(x)}dx + \int\frac{\psi_1(y)}{\psi(y)}dy + C = 0. \tag{6}$$

§ 19. Anwendungsbeispiel: Spiegelkurve des Grundwasserstromes in der Umgebung eines Brunnens.

Ein Beispiel möge das Verfahren der Trennung der Variabeln erläutern.

Es handele sich um die Ermittlung der Spiegelkurve des Grundwasserstromes in der Umgebung eines Brunnens.

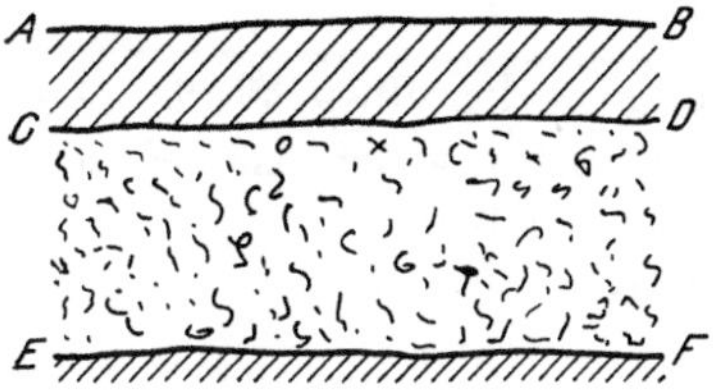

Fig. 52. Ungestörter Grundwasserstrom.

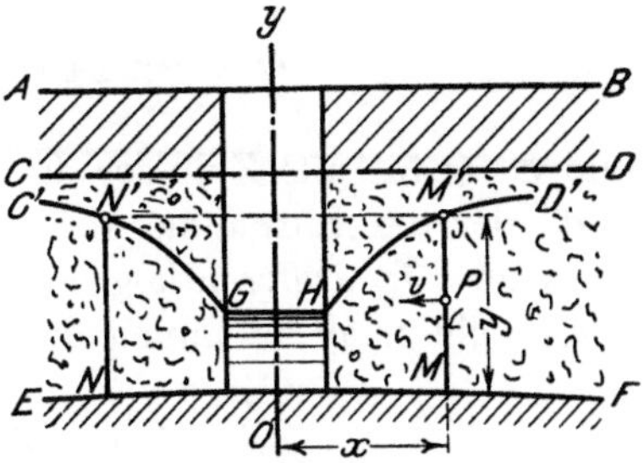

Fig. 53. Brunnen im Grundwasserstrom.

In der Figur 52 sei AB die Erdoberfläche, CD der Grundwasserspiegel vor Anlegung des Brunnens, EF eine den Grundwasserstrom nach unten begrenzende undurchlässige Schicht, etwa aus Ton bestehend.

Wird nun an irgendeiner Stelle ein Brunnenschacht etwa bis auf die undurchlässige Schicht EF getrieben und in diesem Schacht der Wasserspiegel durch Wasserentnahme auf dem Niveau GH gehalten, so senkt sich der Grundwasserspiegel in der Umgebung des Brunnens (Fig. 53). Die ursprünglich geradlinige Spiegelkurve CD geht in zwei gekrümmte Zweige $C'G$ und $D'H$über, die sich an den Wasserstand GH anschließen. Der Spiegel selbst ist eine Rotationsfläche um die Achse OY mit GC' oder HD' als erzeugender Meridianlinie.

Zur Ermittlung der Kurve $H'D$ benutzt man den durch die Erfahrung hinreichend gesicherten Satz, daß die Strömungsgeschwindigkeit v des Wassers in einem Punkte P des durchlässigen Sandkörpers dem Gefälle $\frac{dy}{dx}$ der Spiegelkurve in dem senkrecht über P liegenden Punkte M' proportional ist. Bezeichnet man die Proportionalitätskonstante mit k, so ist anzusetzen

$$v = k \frac{dy}{dx}. \tag{1}$$

Nunmehr ergibt sich das durch den Mantel des Zylinders

$$N' N M M'$$

radial nach innen strömende Wasserquantum

$$Q = 2\pi x y v = 2\pi x y k \frac{dy}{dx}, \tag{2}$$

und da Q für alle Zylinder des Radius x denselben Wert haben muß, der der Entnahme aus dem Brunnen gleich ist, so gibt (2) sofort die Differentialgleichung des Problems.
Diese geht nach Trennung der Variabeln über in

$$\frac{dx}{x} = \frac{2\pi k}{Q} y \, dy \tag{3}$$

und nach Integration in

$$\lg x = C + \frac{\pi k}{Q} y^2. \tag{4}$$

Die unbekannte Integrationskonstante ermittelt man leicht aus der Bedingung, daß die Spiegelkurve $D'H$ in den Brunnenspiegel GH übergehen muß. Wenn nämlich der Brunnendurchmesser $= 2r$ und die Wassertiefe im Brunnen $= h$ ist, dann muß für $x = r$ $y = h$ werden, d. h. es muß sein

$$\lg r = C + \frac{\pi k}{Q} h^2 \tag{5}$$

oder durch Auflösung nach C

$$C = \lg r - \frac{\pi k}{Q} h^2.$$

Führt man diesen Wert in die ursprüngliche Integralgleichung (4) ein, so ergibt sich

$$\lg \frac{x}{r} = \frac{\pi k}{Q} (y^2 - h^2), \tag{6}$$

womit wir in die Lage gesetzt sind, die Spiegelkurve zu berechnen [13]).

§ 20. Lineare Differentialgleichungen erster Ordnung. Bernoullis Substitutionsmethode.

Lineare Differentialgleichungen der Form

$$\frac{dy}{dx} + Xy + X_0 = 0\,, \tag{1}$$

wo X und X_0 Funktionen von x allein bezeichnen, kommen sehr häufig vor. Eine Methode zu ihrer Lösung stammt von Bernouilli. Sie besteht darin, daß man y als Produkt zweier Funktionen u und v von x zu erhalten sucht. Aus

$$y = uv \tag{2}$$

findet sich durch Differentiation

$$\frac{dy}{dx} = u\frac{dv}{dx} + v\frac{du}{dx}\,. \tag{3}$$

Setzt man die Formeln (2) und (3) in (1) ein, so folgt die neue Differentialgleichung

$$\left(\frac{du}{dx} + Xu\right)v + \left(u\frac{dv}{dx} + X_0\right) = 0 \tag{4}$$

Diese Differentialgleichung wird offenbar befriedigt, indem man die Klammerausdrücke einzeln = Null setzt, d. h. indem man die einfacheren Differentialgleichungen

$$\frac{du}{dx} + Xu = 0 \tag{5}$$

und

$$u\frac{dv}{dx} + X_0 = 0 \tag{6}$$

löst. Von diesen ist die erste (5) sehr einfach. Man hat

$$\frac{du}{u} = -X\,dx \tag{7}$$

und nach Integration mit Hinzufügung einer Konstanten C_0

$$\lg u = C_0 - \int X\,dx \tag{8}$$

oder

$$u = C_1 e^{-\int X\,dx} \tag{9}$$

wenn

$$C_1 = e^{C_0}$$

gesetzt wird.

Aus (6) ergibt sich aber

$$\frac{dv}{dx} = -\frac{X_0}{u} \tag{10}$$

oder mit (9)

$$dv = -\frac{1}{C_1} X_0 e^{\int X\,dx} \cdot dx \tag{11}$$

oder nach Integration (mit einer neuen Integrationskonstanten C_2)

$$v = C_2 - \frac{1}{C_1}\int X_0 e^{\int X\,dx} \cdot dx\,. \tag{12}$$

Kehren wir nun zum Ansatz (2) zurück, so findet sich durch Einsetzen von (9) und (12)

$$y = u\,v = e^{-\int X\,dx}\left(C - \int X_0 e^{\int X\,dx} \cdot dx\right) \tag{13}$$

wenn $C_1 C_2 = C$ gesetzt wird, oder

$$\int X_0 e^{\int X\,dx} dx + y\,e^{\int X\,dx} = C \tag{14}$$

§ 21. Anwendungsbeispiel: Entstehung eines Wechselstromes.

Eine Differentialgleichung der Form

$$\frac{dy}{dx} + X\,y + X_0 = 0 \tag{1}$$

tritt auf bei der Ermittlung des Wechselstromes, der in einem mit Selbstinduktion behafteten Leiter nach Anlegung einer Wechselstromspannung $\mathrm{E} = \mathrm{E}_0 \sin \omega t$ entsteht. Diese Differentialgleichung erhalten wir, indem wir E gleich der Summe des Ohmschen Spannungsabfalles $W J$ und des induktiven Spannungsabfalles $L\,\frac{dJ}{dt}$ setzen:

$$E = W\,J + L\frac{dJ}{dt} \tag{2}$$

Schreiben wir dies in der Form:

$$\frac{dJ}{dt} + \frac{W}{L}\,J - \frac{E}{L} = 0, \tag{3}$$

so finden wir die Gestalt von (1), wenn wir setzen

$$J = y; \quad t = x; \quad \frac{W}{L} = X; \quad -\frac{E}{L} = X_0;$$

allerdings ist $\frac{W}{L} = X$ hier eine Konstante. Unter Anwendung von Formel (13) § 20 ergibt sich sofort

$$J = e^{\int -\frac{W}{L} dt} \left(C - \int -\frac{E}{L} e^{\int \frac{W}{L} dt} \cdot dt \right)$$

$$= e^{-\frac{W}{L} t} \left(C + \frac{E_0}{L} \int e^{\frac{W}{L} t} \sin \omega t \, dt \right) \quad (4)$$

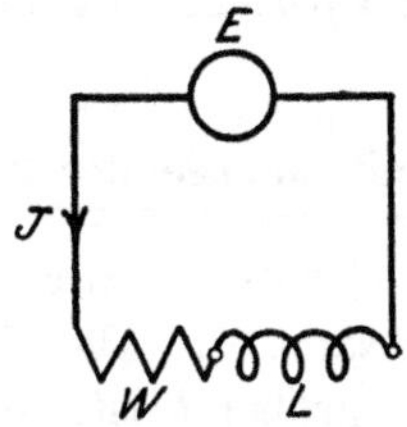

Fig. 54. Stromkreis mit Widerstand und Selbstinduktion.

Hier ist das Integral nach einer Integraltafel (z. B. Hütte 1908. I. S. 78.) zu bestimmen.

Wir erhalten

$$J = C e^{-\frac{W}{L} t} + \frac{E_0}{\sqrt{W^2 + \omega^2 L^2}} \cdot \sin(\omega t - \gamma) \quad (5)$$

wo für den Winkel γ gilt:

$$\operatorname{tg} \gamma = \frac{\omega L}{W} . \quad (6)$$

Die unbestimmte Konstante C bestimmt sich aus den „Anfangsbedingungen". Soll z. B. im Beginn des Einschaltens, zur Zeit $t = 0$, der Strom $J = 0$ sein, so hat man

$$0 = C + \frac{- E_0 \sin \gamma}{\sqrt{W^2 + \omega^2 L^2}}$$

oder

$$C = \frac{E_0 \omega L}{W^2 + \omega^2 L^2}, \quad (7)$$

folglich

$$J = \frac{E_0 \omega L}{W^2 + \omega^2 L^2} \cdot e^{-\frac{W}{L} t} + \frac{E_0}{\sqrt{W^2 + \omega^2 L^2}} \sin(\omega t - \gamma) \quad (8)$$

Die Stromstärke setzt sich also aus einem mit der Zeit „abklingenden" Teil

$$\frac{E_0 \omega L}{W^2 + \omega^2 L^2} e^{-\frac{W}{L} t}$$

und einem rein „periodischen“ Teil

$$\frac{E_0}{\sqrt{W^2 + \omega^2 L^2}} \sin(\omega t - \gamma)$$

zusammen.

Zunächst interessiert die Geschwindigkeit des Abklingens des ersten Teiles. Diese ist gegeben durch die Abnahme der Exponentialfunktion

$$e^{-\frac{W}{L}t} = e^{-bt}$$

mit wachsender Zeit.

Für $t = 0$ ist $e^{-\frac{W}{L}t} = 1$. Von diesem Wert nimmt e^{-bt} fort, gesetzt ab. Die Geschwindigkeit der Abnahme ist um so größer je größer b ist, je größer also der Widerstand W im Verhältnis zur Selbstinduktion ist. Mit $b = 1$ (Widerstand = Selbstinduktion) haben wir die gewöhnliche reziproke Exponentialfunktion e^{-t}, deren Werte in nachfolgender Tabelle bis $t = 5$ sec zusammengestellt sind.

t in sec	e—t	t in sec	e—t
0,0	0,0	3,5	0,0302
0,5	0,6065	4,0	0,0183
1,0	0,3679	4,5	0,0110
1,5	0,2232	5,0	0,0067
2,0	0,1353	5,5	0,0041
2,5	0,0818	6,0	0,0025
3,0	0,0498		

Diese kleine Tabelle ist mit dem Rechenschieber berechnet unter Benutzung der Reihenentwicklung

$$e^{-t} = 1 - \frac{t}{1!} + \frac{t^2}{2!} - \frac{t^3}{3!} + \frac{t^4}{4!} - \frac{t^5}{5!}.$$

Zuerst berechnet man $e^{-0,5}$ auf 4 Dezimalen wie folgt

$$\begin{array}{rlrl} 1,0 & = 1,0000; & -t & = -0,5000 \\ \frac{t^2}{2!} & = 0,1250; & -\frac{t^3}{3!} & = -0,0208 \\ \frac{t^4}{4!} & = 0.0026; & -\frac{t^5}{5!} & = -0,0003 \\ \hline & +1,1276 & & -0,5211 \end{array}$$

mithin:

$$e^{-0,5} = 0,6065;$$

ferner findet sich

$$e^{-1} = \frac{1}{2,7182} = 0,3679,$$

womit die beiden ersten Tabellenwerte festliegen. Alle übrigen finden sich aus diesen durch Multiplikation. Z. B. $e^{-2} = (0,3679)^2 = 0,1353$ und $e^{-2,5} = 0,1353 \times 0,6065 = 0,0818$.

Für $b = 2$ und $b = \frac{1}{2}$ findet man die Werte e^{-2t} und $e^{-\frac{1}{2}t}$ durch Quadrieren bzw. Radizieren der e^{-t}-Werte.

In Fig. 55 sind die errechneten Werte als Kurven zusammen getragen. Man erkennt, wie schon nach wenigen Sekunden die Funktion $e^{-\frac{W}{L}t}$ auf wenige Prozente ihres Anfangswertes „abgeklungen" ist, womit ihr Beitrag zum Momentanwert des Wechselstromes praktisch als verschwunden betrachtet werden kann.

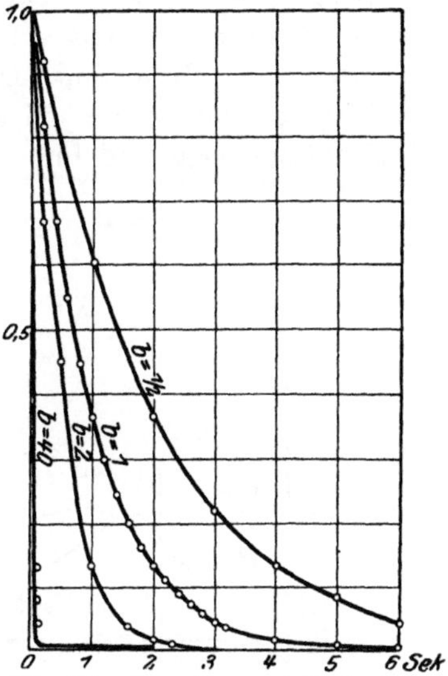

Fig. 55. Die Exponentialfunktion e^{-bt} für verschiedene Werte von b.

Es bleibt also jetzt noch übrig, den Wechselstrom

$$J = \frac{E_0}{\sqrt{W^2 + \omega^2 L^2}} \sin(\omega t - \gamma) = J_0 \sin(\omega t - \gamma)$$

zu betrachten. Die Konstanten, die hier auftreten, tragen folgende Benennungen:

E_0 = der größte Momentanwert der Spannung,

$J_0 = \frac{E_0}{\sqrt{W^2 + \omega^2 L^2}}$ = der größte Momentanwert des Stromes,

$\sqrt{W^2 + \omega^2 L^2}$ = die Impedanz oder der scheinbare Widerstand des Wechselstromkreises,

ωL = die **Reaktanz**,
$\omega = 2\nu\pi$ = die **Kreisfrequenz**,
ν = die **Frequenz**,
$\gamma = \operatorname{arctg}\frac{\omega L}{W}$ = die **Phasenverschiebung**.

Wichtig ist vor allem der Vergleich der beiden Funktionen $e = \sin\omega t$ und $i = \sin(\omega t - \gamma)$, die für den Verlauf von Spannung und Strom maßgebend sind. Die beiden Funktionen entsprechenden Kurven sind in Fig. 56 aufgetragen. Es ergibt sich, daß die Funktionswerte sind für

$$t = 0 : e = 0;\ i = -\sin\gamma$$

und für

$$t = \frac{\gamma}{\omega} : e = \sin\gamma;\ i = 0,$$

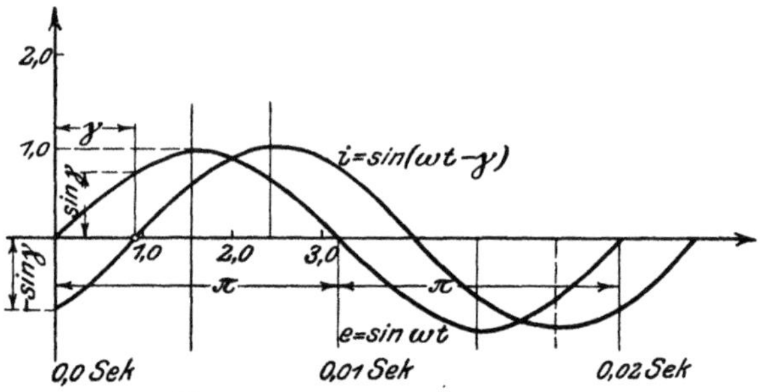

Fig. 56. Die Stromnacheilung.

woraus erhellt, daß die Stromsinuskurve i der der Spannungssinuskurve e **nacheilt**, und zwar im Kreismaß um den Winkel

$$\gamma = \operatorname{arctg}\frac{\omega L}{W},$$

im Zeitmaß um die Zeit

$$t = \frac{\gamma}{\omega}.$$

Man nennt γ die **Phasenverschiebung**.

Berechnung eines Beispiels:

Es sei die Spannung $E_0 = 500$ Volt.

Es sei die Selbstinduktion $L = 0{,}0858$ Henry.

Es sei der Widerstand $W = 3{,}43$ Ohm.
also $b = -40{,}0$.
Es sei die Frequenz $\nu = 50/\text{sec}$,
also die Kreisfrequenz $\omega = 2\pi\nu = 314$.
Es ergibt sich die Reaktanz $\omega L = 26{,}9$.
Mithin $\omega^2 L^2 + W^2 = 723 + 12$
und die Impedanz

$$\sqrt{W^2 + \omega^2 L^2} = 27{,}11,$$

also

$$J = \frac{E_0}{\sqrt{}} = 18{,}44 \text{ Amp},$$

$$tg\,\gamma = \frac{\omega L}{W} = \frac{26{,}9}{3{,}43} = 7{,}82$$

oder die Phasenverschiebung $\gamma \cong 82^0\,43'$.

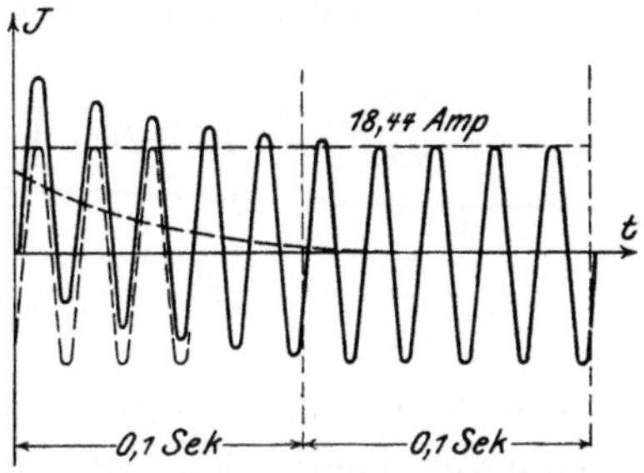

Fig. 57. Entstehung eines Wechselstromes.

Infolge des hohen Wertes $b = -40{,}0$ klingt das Glied

$$\frac{E_0 \omega L e^{-bt}}{W^2 + L^2 \omega^2},$$

welches zurzeit $t = 0$ den Wert 18,44 Amp hat, sehr schnell ab; bereits nach 0,1 sec ist es auf 0,018, nach 0,15 sec auf 0,0025 seines Anfangswertes gesunken, womit die volle Ausbildung des Wechselstromes beendet ist.

Es vergehen also nur wenige Stromwechsel, bis der Strom seinen regulären Wert J_0 erreicht hat. Die Fig. 57 stellt den Anfangsverlauf der Strombildung dar.

§ 22. Das singuläre Integral.

Im § 16 betrachteten wir eine Mannigfaltigkeit von Integralen einer gegebenen Differentialgleichung, die durch eine Kurvenschar graphisch dargestellt wurde.

Wir wollen die vorgelegte Differentialgleichung

$$F\left(x, y, \frac{dy}{dx}\right) = 0 \tag{1}$$

nun in der speziellen Form

$$\left(\frac{dy}{dx}\right)^2 + 2\,\varphi(x, y)\,\frac{dy}{dx} - \psi(x, y) = 0 \tag{2}$$

also in $\left(\frac{dy}{dx}\right)$ quadratisch annehmen.

Durch Auflösung nach $\frac{dy}{dx}$ ergibt sich

$$\left.\begin{aligned} \frac{dy}{dx} &= -\varphi(x, y) + \sqrt{\varphi^2(x, y) + \psi(x, y)} \\ \text{und} \qquad & \\ \frac{dy}{dx} &= -\varphi(x, y) - \sqrt{\psi^2(x, y) + \psi(x, y)} \end{aligned}\right\} \tag{3}$$

In jedem Punkt der $x \cdot y$-Ebene gibt es also zwei verschiedene Tangentenrichtungen (Fig. 58), mithin auch zwei verschiedene Kurven, die der gegebenen Differentialgleichung genügen.

Bezeichnen wir diese Kurven mit 1 bzw. 2 und sei

$$\Phi(x, y, C) = 0 \tag{4}$$

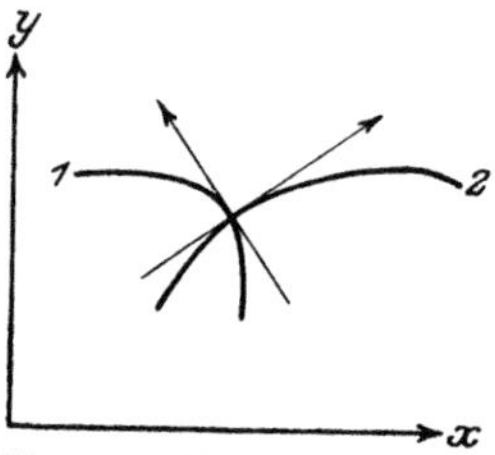

Fig. 58. Zwei getrennte Integralkurven.

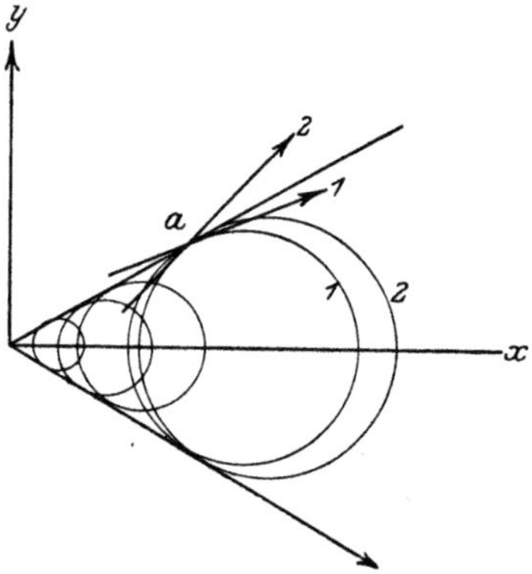

Fig 59 Aufeinanderfolgende Integralkurven.

das allgemeine Integral von (1), so ist

$$\Phi(x, y, C_1) = 0. \tag{5}$$

die Gleichung der Kurve 1 und

$$\Phi(x, y, C_2) = 0 \tag{6}$$

die Gleichung der Kurve 2. Die Werte C_1 und C_2 werden um einen endlichen Betrag voneinander verschieden sein, wenn die beiden Kurven 1 und 2 „weit" auseinander liegen.

Betrachten wir jedoch zwei solche Kurven, die unmittelbar aufeinander folgen, so werden die Beträge von C_1 und C_2 nicht mehr erheblich verschieden sein, so daß wir als Gleichungen der beiden konsekutiven Kurven 1 und 2 anschreiben können

$$\Phi(x, y, C) = 0$$

und

$$\Phi(x, y, C + dC) = 0.$$

Aus der Figur 59 ergibt sich ferner, daß auch die beiden Tangentenrichtungen in dem Schnittpunkte zweier „konsekutiven" Kurven nicht mehr sehr voneinander verschieden sind. Der Ort der Schnittpunkte der „konsekutiven" Kurven genügt demnach ebenfalls der Differentialgleichung (1).

Aus der analytischen Geometrie ist aber bekannt, daß der geometrische Ort der Schnittpunkte „konsekutiver" Individuen einer Kurvenschar die einhüllende Kurve der Schar ist. Bekanntlich[14]) erhält man die Gleichung der Einhüllenden durch Elimination des „Parameters" C aus

$$\left.\begin{aligned} &\Phi(x, y, C) = 0 \\ \text{und}\quad &\frac{\partial \Phi(x, y, C')}{\partial C'} = 0 \end{aligned}\right\} \qquad (7)$$

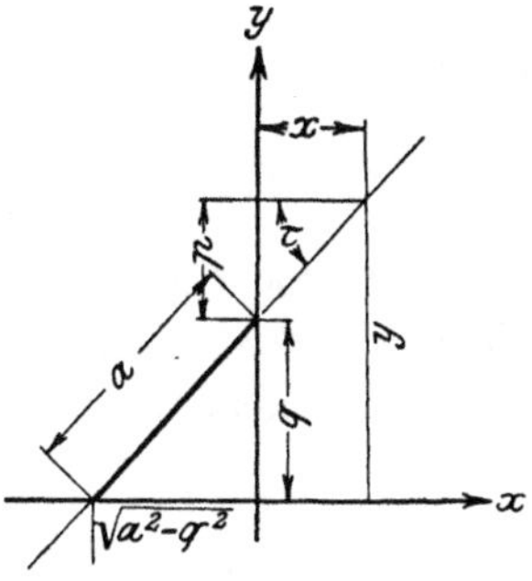

Fig. 60. Eigenschaft der Astroide.

Hieraus ergibt sich, daß ein Integral von (1) existieren kann welches keine willkürliche Konstante C enthält. Diese besondere Art des Integrals nennt man das singuläre. Ein solches existiert aber nur dann, wenn die gegebene Differentialgleichung (1) mindestens vom zweiten Grade in $\frac{dy}{dx}$ ist.

Man kann die Differentialgleichung einer Geraden aufstellen, die so liegt, daß die Koordinatenachsen auf ihr ein Stück von gegebener Länge a abschneiden (Fig. 60). Dies gelingt wie folgt:

Es ist

$$\frac{p}{x} = \operatorname{tg} \tau = \frac{dy}{dx}$$

oder

$$p = x \frac{dy}{dx}.$$

Ferner ist

$$q = y - p = y - x \frac{dy}{dx}$$

und

$$\frac{q}{\sqrt{a^2 - q^2}} = \frac{dy}{dx}.$$

Aus der letzten Gleichung folgt

$$q = \frac{a \frac{dy}{dx}}{\sqrt{1 - \left(\frac{dy}{dx}\right)^2}}$$

und hieraus durch Einsetzen in die vorletzte Gleichung

$$(y - x y') = \frac{a y'}{\sqrt{1 + y'^2}} \tag{8}$$

oder

$$y = x y' + \frac{a y'}{\sqrt{1 + y'^2}} \tag{9}$$

Dies ist die Differentialgleichung einer Geraden, welche der oben gestellten Forderung genügt.

Das allgemeine Integral dieser Differentialgleichung ist

$$y = x C + \frac{a C}{\sqrt{1 + C^2}} \tag{10}$$

wie sich durch Einsetzen von

$$y' = C$$

in (9) ohne weiteres ergibt.

Differenziert man (10) nach Vorschrift (7) nach C, so folgt

$$0 = x + a \frac{\sqrt{1 + C^2} - [C \cdot C : \sqrt{1 + C^2}]}{1 + C^2}$$

$$0 = x + a \frac{1}{(1 + C^2)\sqrt{1 + C^2}} \tag{11}$$

Setzt man (11) in (10) ein (zwecks Elimination von C), so findet sich

$$y = a \frac{C^3}{\sqrt{(1+C^2)^3}} \tag{12}$$

während aus (11) durch Auflösung nach C folgt

$$\left.\begin{aligned} C &= \left[\left(\frac{a}{x}\right)^{\frac{2}{3}} - 1\right]^{\frac{1}{2}} \\ \text{und} \quad \frac{1}{\sqrt{(1+C^2)^3}} &= \frac{x}{a} \end{aligned}\right\} \tag{13}$$

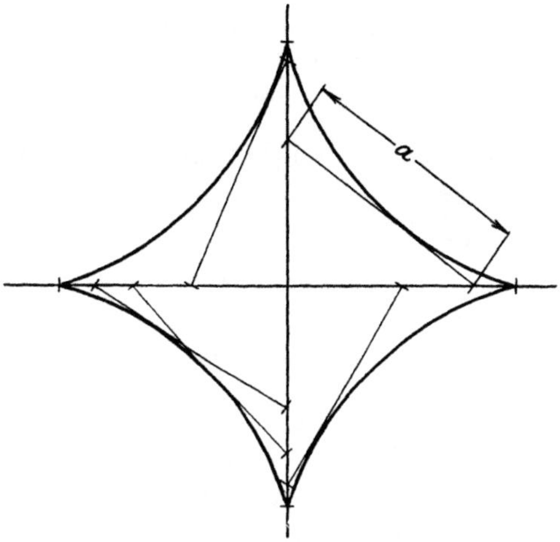

Fig. 61. Gestalt der Astroide.

Nach Einführung der Ergebnisse (13) in (12) folgt

$$y = x\left[\left(\frac{a}{x}\right)^{\frac{2}{3}} - 1\right]^{\frac{3}{2}} \tag{14}$$

woraus sich endgültig findet

$$x^{\frac{2}{3}} + y^{\frac{2}{3}} = a^{\frac{2}{3}} \tag{15}$$

als Gleichung der Einhüllenden und damit des singulären Integrales zu (g). Die so entstehende Kurve ist die Astroide. (Fig. 61.)

§ 23. Die Methode des integrierenden Faktors. [15])

I. Die Differentialgleichung (4) des § 18 kann man in der Form schreiben

$$f(x, y)dx + g(x, y)dy = 0. \tag{1}$$

Dieser Ausdruck hat die Form des totalen Differentials einer Funktion $F(x, y)$

$$dF = \frac{\partial F}{\partial x}dx + \frac{\partial F}{\partial y}dy \tag{2}$$

da sowohl $\frac{\partial F}{\partial x}$ wie $\frac{\partial F}{\partial y}$ zwei verschiedene Funktionen von x und y sind.

Nun ist der Ausdruck (1) ohne Zweifel mit (2) identisch, wenn

$$f(x, y) = \frac{\partial F}{\partial x} \quad \text{und} \quad g(x, y) = \frac{\partial F}{\partial y} \tag{3}$$

gilt. Die Bedingungen (3) bestehen aber dann, wenn

$$\frac{\partial f}{\partial y} = \frac{\partial^2 F}{\partial x\,\partial y} = \frac{\partial^2 F}{\partial y\,\partial x} = \frac{\partial g}{\partial x} \tag{4}$$

ist. Haben f und g die Eigenschaft (4), d. h.

$$\frac{\partial f}{\partial y} = \frac{\partial g}{\partial x}, \tag{4a}$$

so ist die Integrabilitätsbedingung für (1) erfüllt, und es existiert ein allgemeines Integral der Form

$$F(x, y) = C \tag{5}$$

wo C die willkürliche Integrationskonstante ist.

Zur Auffindung von F knüpfen wir an die Gleichung (3)

$$\frac{\partial F}{\partial x} = f(x, y)$$

an, die wir partiell in bezug auf x bei konstantem y integrieren können

$$F = \int f(x, y)\,dx + G(y) \tag{6}$$

Hier ist G die unbestimmte Integrationskonstante, die y, aber nicht x enthalten kann.

An der Gleichung (6) untersuchen wir, ob sie die Eigenschaft

$$\frac{\partial F}{\partial y} = g(x, y)$$

hat und finden

$$\frac{\partial F}{\partial y} = \int \frac{\partial f}{\partial y} dx + \frac{\partial G(y)}{\partial y} = g(x, y) \tag{7}$$

welche Gleichung zur Ermittlung von $G(y)$ führt

$$G(y) = \int\limits_y g(x, y)\, dy - \int\limits_y dy \int\limits_x \frac{\partial f}{\partial y} dx - C \tag{8}$$

Hier muß C eine wirkliche Konstante, d. h. frei von x und y sein, weil sonst die Gleichung (7) nicht bestünde.

Durch Einsetzen von (8) in (6) ergibt sich

$$F(x, y) = \int\limits_x f(x, y)\, dx + \int\limits_y g(x, y)\, dy - \int\limits_y dy \int\limits_x \frac{\partial f}{\partial y} dx - C$$

und mit bezug auf (5) das allgemeine Integral

$$\int\limits_x f(x, y)\, dx + \int\limits_y g(x, y)\, dy - \int\limits_y dy \int\limits_x \frac{\partial f}{\partial y} dx = 2\,C \tag{9}$$

Als Beispiel behandeln wir die Differentialgleichung

$$\left(x^m + 2\,x\,y^2 + \frac{1}{x}\right) dx + \left(y^n + 2\,x^2\,y + \frac{1}{y}\right) dy = 0 \tag{10}$$

bei der die Integrabilitätsbedingung erfüllt ist, denn es ist

$$\frac{\partial f}{\partial y} = \frac{\partial g}{\partial x} = 4\,x\,y\,.$$

Nunmehr führen wir die in (9) vorgeschriebenen Integrationen aus

$$\int\limits_x f(x, y)\, dx = \int \left(x^m + 2\,x\,y^2 + \frac{1}{x}\right) dx = \frac{x^{m+1}}{m+1} + x^2\,y^2 + \lg x$$

$$\int\limits_y g(x, y)\, dy = \int \left(y^n + 2\,x^2\,y^2 + \frac{1}{y}\right) dy = \frac{y^{n+1}}{n+1} + x^2\,y^2 + \lg y$$

$$\int\limits_y dy \int\limits_x \frac{\partial f}{\partial y} dx = \int\limits_y dy \int\limits_x 4\,x\,y\,dx = x^2\,y^2;$$

wonach sich das allgemeine Integral zusammensetzt

$$\frac{x^{m+1}}{m+1} + \frac{y^{n+1}}{n+1} + x^2\,y^2 + \lg x\,y = C \tag{11}$$

II. Ist die Integrabilitätsbedingung nicht erfüllt, so besteht immer die Möglichkeit, eine Funktion $J(x, y)$ derart zu bestimmen, daß

$$f(x, y)J(x, y)dx + g(x, y)J(x, y)dy = 0$$

ein totales Differential wird.

Es muß dann gelten

$$\frac{\partial(f \cdot J)}{\partial y} = \frac{\partial(g \cdot J)}{\partial x} \tag{12}$$

d. h. wir erhalten zur Bestimmung von J die partielle Differentialgleichung

$$f \cdot \frac{\partial J}{\partial y} - g\frac{\partial J}{\partial x} + \left(\frac{\partial f}{\partial y} - \frac{\partial g}{\partial x}\right) J = 0 \tag{13}$$

Die Integration dieser Gleichung verursacht meistens besondere Schwierigkeiten. Oft führt aber ein Weg zum Ziel, der von besonderen Voraussetzungen über die Gestalt der Funktion $J(x, y)$ ausgeht.

Nimmt man zunächst einmal an, daß J eine Funktion von x allein sei, so wird $\frac{\partial J}{\partial y} = 0$, und $\frac{\partial J}{\partial x}$ kann mit totalen Differentiationszeichen geschrieben werden. Gleichung (13) geht sodann über in

$$\frac{1}{J}\frac{dJ}{dx} = \frac{1}{g}\left(\frac{\partial f}{\partial y} - \frac{\partial g}{\partial x}\right) \tag{14}$$

oder

$$\frac{d \lg J}{dx} = \frac{1}{g}\left(\frac{\partial f}{\partial y} - \frac{\partial g}{\partial x}\right) \tag{15}$$

Unsere Annahme, daß J nur x enthalte, ist demnach richtig, wenn der Ausdruck

$$\frac{1}{g}\left(\frac{\partial f}{\partial y} - \frac{\partial g}{\partial x}\right)$$

nur die Variabele x enthält. Dann kann man ohne weiteres (15) integrieren

$$J = e^{\int \frac{1}{g}\left(\frac{\partial f}{\partial y} - \frac{\partial g}{\partial x}\right) dx} \tag{15a}$$

Dieser Fall liegt vor bei der Differentialgleichung des § 20, die wir jetzt in der Form schreiben

$$(Xy + X_0)dx + dy = 0 \tag{16}$$

$$f dx + g dy = 0,$$

d. h. es ist

$$f = Xy + X_0$$

$$g = 1$$

und der integrierende Faktor wird

$$J = e^{\int \frac{1}{g}\left(\frac{\partial f}{\partial y} - \frac{\partial g}{\partial x}\right) dx} = e^{\int X\, dx}$$

Demnach ist

$$(Xy + X_0)\, e^{\int X\, dx}\, dx + e^{\int X\, dx}\, dy = 0$$

ein totales Differential, und wir können nach Vorschrift (9) verfahren:

$$\int (f J)\, dx = y \int X e^{\int X\, dx}\, dx + \int X_0\, e^{\int X\, dx}\, dx$$

$$\int (g J)\, dy = e^{\int X\, dx} \cdot y$$

$$\int dy \int \frac{\partial (f J)}{\partial y}\, dx = y \int X e^{\int X\, dx}\, dx.$$

woraus sich das allgemeine Integral ergibt

$$\int X_0\, e^{\int X\, dx}\, dx + y\, e^{\int X\, dx} = C \tag{17}$$

in Übereinstimmung mit *Gl* (14) § 20.

Auf analoge Weise erhält man einen von x freien Faktor J, der nur y enthält, wenn

$$\frac{1}{f}\left(\frac{\partial g}{\partial x} - \frac{\partial f}{\partial y}\right)$$

von y frei ist. Dann lautet der integrierende Faktor

$$J = e^{\int \frac{1}{f}\left(\frac{\partial g}{\partial x} - \frac{\partial f}{\partial y}\right) \partial y.}$$

Es gibt noch einen dritten Fall, in welchem $J = X \,.\, Y$. d. h. gleich dem Produkt zweier Funktionen ist, die nur x bzw. y enthalten. Wir verweisen hierfür auf die ausführlicheren Lehrbücher der Differentialgleichungen[16]).

III. Die Differentialgleichungen zweiter Ordnung.

§ 24. Höhere Differentialquotienten. Lineare Differentialgleichungen zweiter Ordnung. Verschiedene Formen.

Ein Blick auf die in § 15 zusammengestellten Differentialformeln zeigt, daß der Differentialquotient der Funktionen $f(x)$ wieder eine Funktion von x ist, die allgemein mit $f'(x)$ bezeichnet wird. Aus

$$y = f(x) \tag{1}$$

folgt also

$$\frac{dy}{dx} = f'(x) = y' \tag{2}$$

Diese neue Funktion $f'(x)$ kann man natürlich nochmals differenzieren, wodurch man den zweiten Differentialquotienten von $f(x)$ erhält.

Man drückt diesen Vorgang des nochmaligen Differenzierens an der Formel (2) wie folgt aus

$$\frac{d\left(\frac{dy}{dx}\right)}{dx} = \frac{d f'(x)}{dx} = \frac{d\frac{df(x)}{dx}}{dx} = \frac{dy'}{dx} \tag{3}$$

oder

$$\frac{ddy}{dx \cdot dx} = \frac{df'(x)}{dx} = \frac{dd f(x)}{dx \cdot dx} = f''(x) = \frac{dy'}{dx} \tag{4}$$

oder mit der Abkürzung $dd = d^2$

$$\frac{d^2 y}{dx^2} = \frac{df'(x)}{dx} = \frac{d^2 f(x)}{dx^2} = f''(x) = y'' \tag{5}$$

Wiederholt man die Differentiation n-mal, so erhält man analog

$$\frac{d^3 y}{dx^3} = \frac{d^3 f(x)}{dx^3} = f'''(x) = y''' \tag{6}$$

und

$$\frac{d^n y}{dx^n} = \frac{d^n f(x)}{dx^n} = f^{(n)}(x) = y^{(n)} \tag{7}$$

Diese höheren Differentialquotienten sind mit den Variabeln x und y die Bausteine, aus denen sich die Differentialgleichungen, die wir nun betrachten wollen, zusammensetzen.

Analog § 10 schreiben wir nunmehr die Differentialgleichung zweiter Ordnung in allgemeiner Form an:

$$F\left(x, y, \frac{dy}{dx}, \frac{d^2y}{dx^2}\right) = 0 \tag{8}$$

Es ist dies also eine Gleichung, in welcher außer den Variablen x und y auch der erste und zweite Differentialquotient vorkommen. Die Integration von Gleichungen dieser Art ist wiederum mit einem beliebigen Grad von Annäherung möglich, wenn es gelingt, sie nach $\frac{d^2y}{dx^2}$ aufzulösen. Es sei also

$$\frac{dy^2}{dx^2} = f\left(x, y, \frac{dy}{dx}\right). \tag{9}$$

Durch diese Gleichung ist $\frac{d^2y}{dx^2}$ nach Festsetzung bestimmter Werte für $x, y, \frac{dy}{dx}$ gegeben. Denkt man sich die gesuchte Funktion $y = \varphi(x)$ als Kurve aufgetragen, so kann man nach Auswahl eines Punktes x_0y_0 und nach Festlegung der Tangente durch diesen mit y_0' den Radius des Krümmungskreises in x_0y_0 berechnen

$$\varrho_0 = \frac{\sqrt{(1 + y_0'^2)^3}}{y_0''}. \tag{10}$$

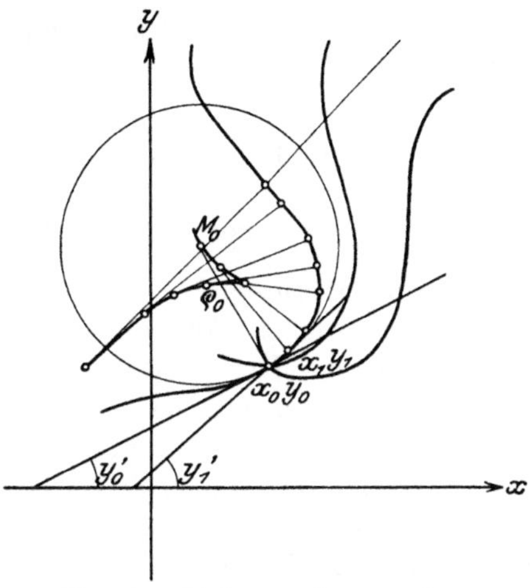

Fig. 62. Näherungslösung einer Differentialgleichung zweiter Ordnung mit Hilfe des Krümmungskreises.

Wird der Kreis mit dem Mittelpunkt M_0 gezeichnet, so kann man auf seinem Umfang dicht neben x_0y_0 einen neuen Punkt x_1y_1 aussuchen, dessen Richtungstangens y_1' aus der Figur bestimmt wird. Mit Hilfe der Gleichung 9 berechnet man den zweiten Differentialquotienten in x_1y_1

$$y_1'' = f(x_1, y_1, y'_1)$$

und damit den Krümmungsradius

$$\varrho_1 = \frac{\sqrt{(1 + y_1'^2)^3}}{y_1''}$$

des Kreises mit dem Mittelpunkte M_1. Fährt man in dieser Weise fort, so erhält man punktweise eine Kurve, für die in allen Punkten die Differentialgleichung 8 erfüllt ist.

Wie man sofort bemerkt, liefert nach Auswahl von $x_0 y_0$ jede Tangente durch diesen Punkt eine Kurve. Es gehen also durch $x_0 y_0$ unendlich viele Kurven, die der Differentialgleichung genügen.

Und ferner liefert jede Auswahl eines Punktes $x_0 y_0$ ein solches Kurvenbüschel.

Jede der so bestimmten Kurven stellt ein partikuläres Integral der gesuchten Differentialgleichung dar. Wählt man zwei beliebige partikuläre Integrale

$$y_1 = \varphi_1(x)$$

und

$$y_2 = \varphi_2(x)$$

aus, aber so, daß sie verschiedenen Kurvenbüscheln angehören, dann ist

$$y = C_1\varphi_1(x) + C_2\varphi_2(x)$$

das allgemeine Integral.

Durch geeignete Auswahl von C_1 und C_2 kann man jede der oben erhaltenen Kurven darstellen. [17])

Unter den unendlich vielen Differentialgleichungen, die nach Formel (1) möglich sind, interessieren uns nun in der theoretischen Naturbetrachtung zunächst gewisse speziellere Klassen. Zunächst sind vor allem wichtig wegen ihrer Anwendung die linearen Differentialgleichungen zweiter Ordnung im weiteren Sinne. Sie sind so benannt, weil die Differentialquotienten in ihnen nur linear vorkommen, während ihre Koeffizienten Funktionen der beiden Variablen sind.

$$P_0(x, y)\frac{d^2y}{dx^2} + P_1(x, y)\frac{dy}{dx} + P_2(x, y)\,y + P_3(x, y) = 0 \quad (11)$$

wo im dritten Gliede y als „nullter“ Differentialquotient zu betrachten ist.

Ein weiterer Schritt führt zu den linearen Differentialgleichungen im engeren Sinne, bei denen in den Funktionen P_0, P_1, P_2, P_3 nur noch die abhängige Variable x vorkommt.

$$P_0(x)\frac{d^2y}{dx^2} + P_1(x)\frac{dy}{dx} + P_2(x)\cdot y + P_3(x) = 0. \qquad (12)$$

Die linearen Differentialgleichungen im engeren Sinne sind in besonders hohem Maße Gegenstand der Forschung gewesen und wir werden ihnen bei einer großen Menge von Aufgaben der Mechanik begegnen.

Aller einfachster Natur und ebenfalls wegen der Anwendungen wichtig sind die linearen Differentialgleichungen mit konstanten Koeffizienten, die aus Formel (12) hervorgehen, wenn man die Funktionen P mit Konstanten a entsprechend gleichsetzt:

$$a_0\frac{d^2y}{dx^2} + a_1\frac{dy}{dx} + a_2 y + a_3 = 0. \qquad (13)$$

Diese Differentialgleichungen treten besonders in dem wichtigen Kapitel von den kleinen Schwingungen auf.

Wir gehen in den nächsten Paragraphen dazu über, einfachere Beispiele für die linearen Differentialgleichungen zu besprechen.

§ 25. Die Differentialgleichung der Seilkurve.

I. In Fig. 63 ist das Grundsätzliche einer Drahtseilhängebrücke gezeichnet. Zwei Drahtseile I und II sind über die Auf-

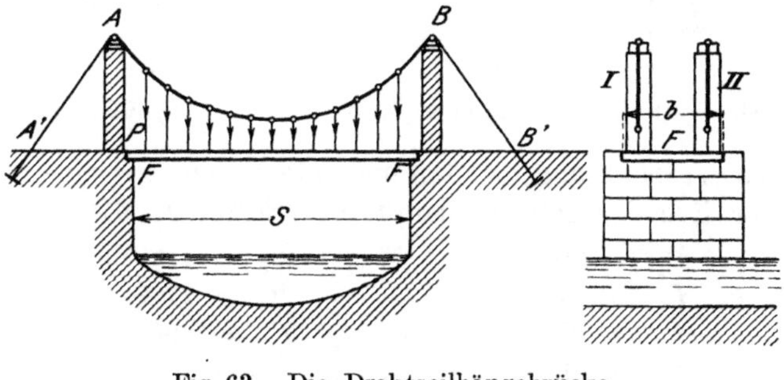

Fig. 63. Die Drahtseilhängebrücke.

lager A und B gespannt und bei A' und B' verankert. An ihnen sind eine Anzahl Hängesäulen 1 2 3 4 . . . . in gleichen Abständen befestigt, an deren unterem Ende die Fahrbahn FF aufgehängt wird.

Das Gewicht der Fahrbahn und der auf dieser befindlichen Brückennutzbelastung (Fahrzeuge, Menschen usw.) wird durch die Hängesäulen auf die Drahtseile und damit auf die Auflager AB und die Verankerungen $A'B'$ übertragen.

Für einen gegebene Spannweite s und Brückenbreite b wird das Gewicht der Fahrbahn f sowie die Nutzbelastung v als bekannt angenommen. Z. B. kann man für schwere städtische Straßenbrücken mit Pflasterung $f = 1300$ kg/qm für die Fahrbahn und $v = 400$ kg/qm für die Verkehrslast wählen. Beide Arten von Belastung werden über die Spannweite s gleichmäßig verteilt angenommen. Setzt man die Zahl der Hängesäulen einer Brückenseite gleich N, so wird durch jede dieser die Belastung $P = \frac{(f+v)s \cdot b}{2N}$ auf jedes der beiden Drahtseile übertragen. Es entsteht jetzt die Aufgabe, zwecke Berechnung der Stärke der Drahtseile, der Auflagerstützen AB sowie der Verankerungen $A'B'$ den Kraftverlauf in dem ganzen System zu ermitteln.

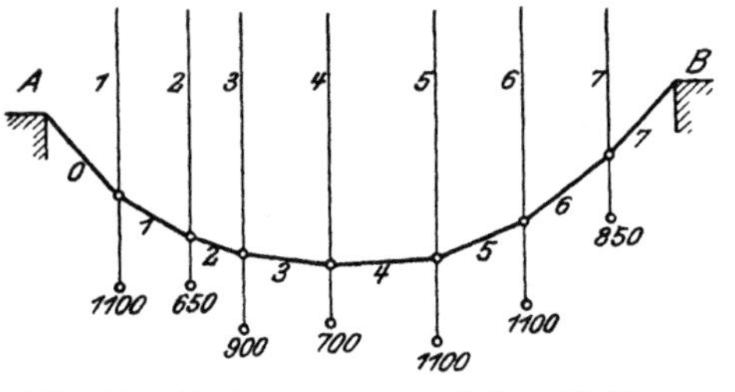

Fig. 64. System von parallelen Kräften.

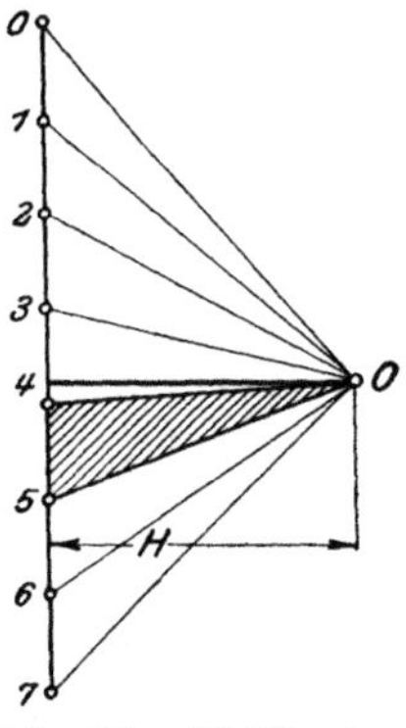

Fig. 65. Kräfteplan.

Zur Vorbereitung der Lösung untersuchen wir eine Anzahl in einer Ebene gegebener paralleler Kräfte (Fig. 64)

$P_1 = 1100$ kg	$P_5 = 1100$ kg
$P_2 = 650$ „	$P_6 = 1100$ „
$P_3 = 900$ „	$P_7 = 850$ „
$P_4 = 700$ „	

und versuchen eine Seilverbindung zwischen ihnen zu finden, die mit den Kräften ein Gleichgewichtssystem bildet.

Man trage die Kräfte der Größe (1 mm = 100 kg) und dem Sinne nach auf einer der gegebenen Kraftrichtung parallelen

Geraden auf (Fig. 45), wodurch man auf dieser die Punkte 0.......7 erhält.

Von einem beliebig gewählten Pole O ziehe man Gerade nach den Punkten 0—7, wodurch der Kräfteplan O—7—O entsteht.

Zu den 8 Geraden O—0 bis O—7 ziehe man 8 Parallele (Fig. 64), so daß sich stets zwei aufeinanderfolgende dieser auf einer der Kraftlinien P_1..........P_7 schneiden, wodurch das Seilpolygon 0—1—2—3—4—5—6—7 entsteht.

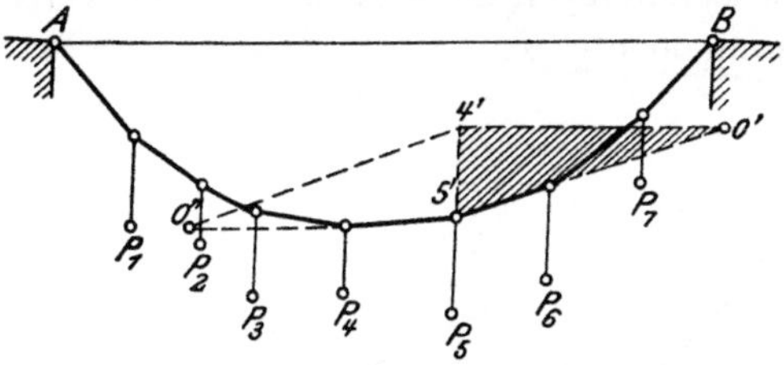

Fig. 66. Seilpolygon.

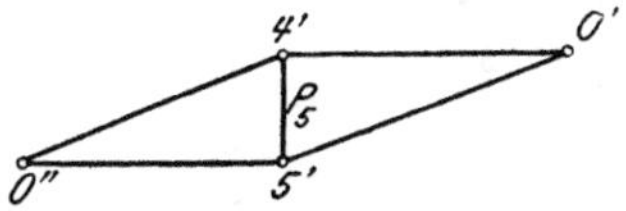

Fig. 67. Kräfteparallelogramm an einem Seileckpunkt.

Wir betrachten jetzt die Seiten des Seilpolygons als aus realen Seilstücken bestehend, deren erstes (0) und letztes (7) an zwei festen Punkten A und B angeknüpft sei (Fig. 66). In den Knotenpunkten denken wir uns die parallelen Kräfte P_1 .... bis P_7 angebracht, z. B. als angehängte Gewichte. Bekanntlich ist dann das System, d. h. die Spannungen zweier aneinanderstoßenden Seilstücke, mit der dazugehörigen Kraft im Gleichgewicht.

Die Spannungen der einzelnen Seilstücke können aus dem Kräfteplan entnommen werden; sie sind den Strahlen O—0 bis O—7 gleich, wenn diese in demselben Maßstab gemessen werden wie die Kräfte P_1..........P_7. Man erhält:

Spannung	0,0 = 4500 kg	0,4 = 3200 kg
	0,1 = 3800 ,,	0,5 = 3400 ,,
	0,2 = 3450 ,,	0,6 = 3900 ,,
	0,3 = 3200 ,,	0,7 = 4450 ,,

Für den Polygonpunkt 5 ist das Kräfteparallelogramm $0'4'5''0''$ gezeichnet Es ist die Seilspannung $0''5' = O4$ und $0'5' = O5$. (Fig. 66 und 67.)

Alle Seilspannungen haben die Eigenschaft, daß sie bei Zerlegung in vertikaler und horizontaler Richtung sämtlich gleiche Horizontalkomponenten H, in vorliegendem Falle 3150 kg, ergeben. Man nennt die Größe H den Horizontalzug des Seilpolygons. Diese Tatsache ergibt sich ohne weiteres aus Fig. 64 durch Zerlegung der Seilspannungen O—0 bis O—7 in eine Vertikal- und eine Horizontalkomponente H.

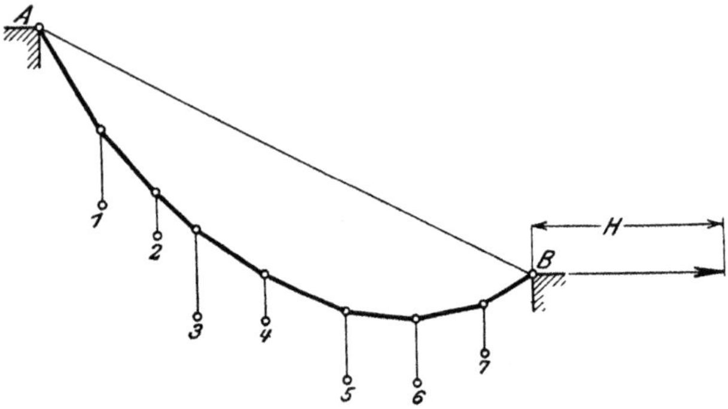

Fig. 68. Seilpolygon durch vorgeschriebene Auflagerpunkte.

Man nennt $AB = s$ die Spannweite des Seilpolygons.

Das Seilpolygon ist eindeutig bestimmt, wenn das Kräftesystem, die Auflager A und B und der Horizontalzug gegeben sind.

Je größer bei gegebenem Kräftesystem der Horizontalzug angenommen wird, desto flacher wird das Seilpolygon und desto größer die Spannungen in den einzelnen Seilstücken. Der Horizontalzug wird bestimmt durch den Abstand des Poles O von der Kraftlinie 0—7, Fig. 65.

Im übrigen ist die Wahl des Poles willkürlich und beeinflußt in erster Linie die Lage der Auflagerpunkte. Da diese aber gegeben sind, muß man die aus der Wahl des Poles sich ergebenden Auflagerpunkte den gegebenen anpassen. Ist z. B. verlangt, daß bei im übrigen ungeänderten Verhältnissen die Auflagerpunkte A und B die in Fig. 68 gegebene gegenseitige Lage haben, dann braucht man nur die vertikalen Abstände der Seilknotenpunkte von der Geraden AB Fig. 66 von der Geraden AB Fig. 68 nach unten abzutragen, um die verlangte Gestalt des Seilecks zu finden.

II. Wir kehren jetzt zur Hängebrücke Fig. 63 zurück. Die ganze Länge sei 40, die Breite 20 m. Wir nehmen $N = 20$ Hängesäulen an, so daß auf eine dieser die Belastung

$$P = \frac{1{,}7 \cdot 20 \cdot 40}{2 \cdot 20} t$$

$$= 1{,}7 \cdot 20\, t = 34\, t$$

entfällt.

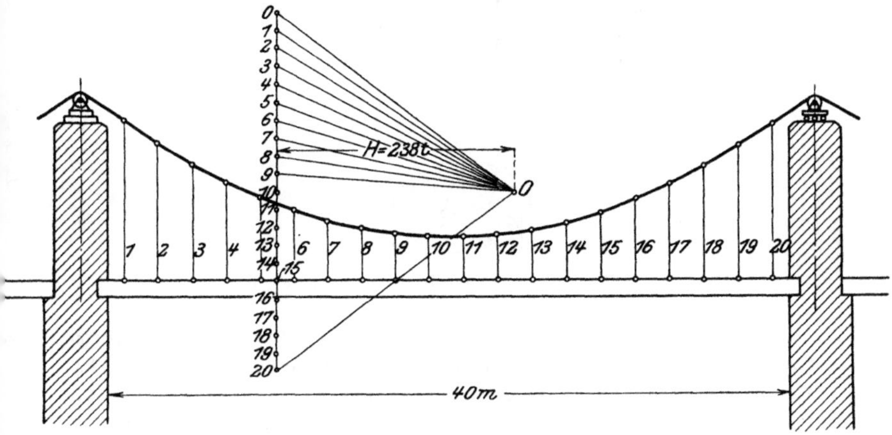

Fig. 69. Konstruktion der Gestalt des Drahtseils.

Diese 20 Belastungen P werden im Kräfteplan von 0 bis 20 aneinander getragen. Nach Wahl eines Poles O (mit einem Horizontalzug H, dessen Ermittelung weiter unten besprochen wird) zeichnet man, wie oben geschildert, das Seileck 0123.........20, welches sofort die gesuchte Gestalt des Brückenseiles ergibt, wenn man den Pol O symmetrisch zum Kräfteeck 0—20 gewählt hatte. Fig. 69.

Ein Blick auf die Figur zeigt, daß im vorliegenden Fall, infolge der großen Zahl zu berücksichtigender Kräfte P, das Seileck als Kurve erscheint. Dies würde noch mehr der Fall sein, wenn wir (was uns durchaus freisteht) eine noch größere Zahl von Hängesäulen angeordnet hätten; dann wäre die Verteilung der Brückenlast auf das Seil noch gleichmäßiger geworden: wir hätten die Seilkurve aus einer noch größeren Anzahl kleinerer Stücke zusammengesetzt.

III. Auf diese Weise gelangt man durch fortgesetzte Unterteilung der Belastung zum Begriff der stetigen Übertragung der Last auf das Seil.

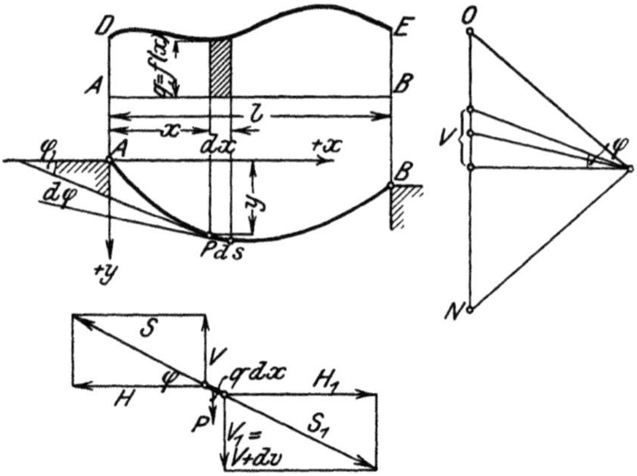

Fig 70. Seilkurve mit stetiger Belastung.

Hierbei kann man die Voraussetzung einer über die ganze Spannweite l gleichmäßigen Lastverteilung fallen lassen und eine beliebige ungleichmäßige Verteilung voraussetzen, die als Funktion $q = f(x)$ des Abstandes von einem Auflager gegeben sei, und zwar graphisch als sogenannte Belastungsfläche $ABED$ (Fig. 70). Auch in diesem Falle kann man einen Kräfteplan zeichnen, indem man die ganze Last $Q = \int_0^l f(x)\, dx$ als Vertikale ON aufträgt. Die Spannung in einem Punkte P des Seiles findet man, indem man in P eine Tangente und zu dieser eine Parallele durch den Pol des Kräfteplanes zieht. Diese Polwahl ist gleich der Seilspannung. Auch hier ergibt sich wieder, daß alle Seilspannungen dieselbe Horizontalkomponente haben.

Zur Gestalt der Seilkurve kann man auf rechnerischem Wege gelangen durch Einführung eines Koordinatensystems xy mit dem Auflagerpunkt A als Anfangspunkt; die Ordinaten y werden positiv nach unten gerechnet, die Abszissen x positiv nach rechts.

Wir betrachten ein unendlich kleines Stück ds der Seilkurve im Punkte, welches wir aus dem Seil herausgeschnitten denken.

Damit das Gleichgewicht des Stückchens weiterbesteht, müssen wir uns die von den fortgelassenen Seilstücken auf ds übertragenen Seilspannungen S nach links und S_1 nach rechts hinzudenken, neben der von der Belastungsfläche herrührenden kleinen vertikalen Belastung $q\,dx$. Zerlegt man die Spannungen S und S_1 in ihre horizontalen und vertikalen Komponenten, so kann man die Bedingungen für das Gleichgewicht des kleinen Seilstückes ds anschreiben. In horizontaler Richtung gilt:

$$H = H_1,$$

welche Gleichung wegen des überall gleichen Horizontalzuges erfüllt ist.

In vertikaler Richtung gilt:

$$V = q\,dx + V_1 \tag{1}$$

Da hier aber $V_1 = V + dV$ gesetzt werden kann, so folgt, nach beiderseitiger Weglassung von V:

$$dV = -q\,dx \tag{2}$$

Da nun, wie wir oben sahen, die Spannungen S tangential zur Seilkurve sind, so gilt

$$\frac{V}{H} = \operatorname{tg} \varphi = \frac{dy}{dx} \tag{3}$$

oder

$$V = H \frac{dy}{dx} \tag{4}$$

Hier kann man wegen der Konstanten H sofort differenzieren

$$dV = H\,d\left(\frac{dy}{dx}\right) = H \frac{d^2 y}{dx} \tag{5}$$

Setzt man das Ergebnis in Gl. (2) ein, so folgt:

$$H \frac{d^2 y}{dx} = -q\,dx$$

oder nach Division mit dx:

$$H \frac{d^2 y}{dx^2} = -q. \tag{6}$$

Dies ist die Differentialgleichung der Seilkurve.

Diese Differentialgleichung ist von der zweiten Ordnung wegen des darin vorkommenden Differentialquotienten $\frac{d^2 y}{dx^2}$, der von der zweiten Ordnung ist.

Jede Differentialgleichung hat ein allgemeines Integral, welches sich aus partikulären Integralen mit Hilfe unbestimmter Konstanten zusammensetzt. Jede Differentialgleichung hat unendlich viele partikuläre Integrale.

Im vorliegenden Fall einer Differentialgleichung zweiter Ordnung sind zwei voneinander unabhängige partikuläre Integrale erforderlich, um das allgemeine Integral aufzubauen. Setzen wir in (6) zunächst allgemein:

$$q = f(x) \tag{7}$$

so folgt durch eine erstmalige Integration der Differentialgleichung

$$H \frac{d^2 y}{d x^2} = - f(x) \tag{8}$$

zunächst

$$H \frac{dy}{dx} = C_1 - \int f(x)\, dy \tag{9}$$

und durch nochmalige Integration

$$H y = C_2 + \int C_1 dx - \int dx \int f(x) dx \tag{10}$$

oder

$$H y = C_2 + C_1 x - \int dx \int f(x) dx \tag{11}$$

Hier sind C_1 und C_2 die beiden unbestimmten Integrationskonstanten; jedes Wertpaar $C_1 C_2$ liefert ein partikuläres Integral.

Sonach gäbe es unendlich viele Seilkurven, die die Aufgabe lösen. Aus dieser Schar von Kurven hat man nun diejenige herauszusuchen, die sich den weiteren Bedingungen der Kurve anpaßt. Derartige Bedingungen können in erster Linie die Punkte festsetzen, durch welche die Seilkurve hindurchgehen soll. Wir wollen solche Bedingungen an einer besonderen Kurve studieren, die dem Fall entspricht, daß die Belastung q gleichmäßig über die Spannweite l verteilt ist. Es ist dann $f(x) = q =$ Const und damit nimmt das allgemeine Integral Gleichung (12) die Form an:

$$H y = C_2 + C_1 x - q \frac{x^2}{2}. \tag{12}$$

Da y eine quadratische Funktion von x ist, so wird die Seilkurve eine Parabel. Unsere weiteren Bedingungen sollen nun darin bestehen, 1) daß die Kurve durch den Anfangspunkt $x = y = 0$, d. h. durch den linken Auflagerpunkt gehen soll, und

2) daß der rechte Auflagerpunkt um die Strecke a tiefer als der linke liegen soll, d. h. die Kurve soll durch den Punkt $x = l$, $y = a$ gehen.

Aus der ersten Bedingung findet man:

$$0 = C_2 \tag{13}$$

aus der zweiten:

$$H a = C_1 l - q \frac{l^2}{2} \tag{14}$$

und hieraus:

$$C_1 = \frac{2 H a + q l^2}{2 l} \tag{15}$$

Jetzt kann man das partikuläre Integral, welches den gegebenen Bedingungen genügt, schreiben wie folgt:

$$H y = \frac{2 H a + q l^2}{2 l} x - \frac{q x^2}{2} \tag{16}$$

In dieser Gleichung tritt noch der Horizontalzug H auf, über den wir ebenfalls mit verfügen müssen. Wie wir oben sahen, hängt von dem Horizontalzug der Durchhang der Kurve ab. Dies kann man rechnerisch erkennen, wenn man in Gleichung (16) beide Auflager A und B in gleicher Höhe annimmt, d. h. $a = 0$ setzt. Dann ergibt sich:

$$H y = \frac{q l x}{2} - \frac{q x^2}{2} \tag{17}$$

Der Durchhang der Seilkurve findet sich aus dieser Gleichung für $x = \frac{l}{2}$ zu

$$y = f = \frac{1}{H}\left(\frac{q l^2}{4} - \frac{q l^2}{8}\right) = \frac{q l^2}{8 H} \tag{18}$$

Diese Gleichung dient dazu, bei gegebenem Durchhang f den erforderlichen Horizontalzug H zu berechnen.

IV. Das oben angegebene Verfahren der Konstruktion der Seilkurve kann man zur graphischen Integration der Differentialgleichung

$$H \frac{d^2 y}{d x^2} = f(x) \tag{19}$$

anwenden. In der Figur 71 sei die Funktion $f(x)$ graphisch durch die Kurve abc gegeben; es werden alle diejenigen Kurven verlangt, die der obengenannten Differentialgleichung genügen.

Das allgemeine Integral dieser Differentialgleichung lautete:

$$Hy = C_2 + C_1 x + \int dx \int f(x)\,dx \tag{20}$$

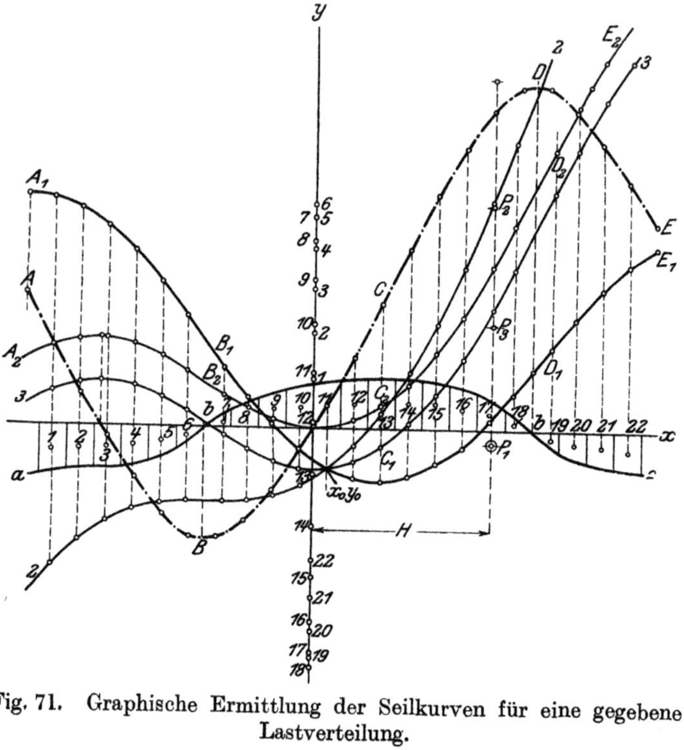

Fig. 71. Graphische Ermittlung der Seilkurven für eine gegebene Lastverteilung.

Wir nehmen jetzt einen festen Punkt $x_0\ y_0$ an und suchen die Gleichung aller Kurven, die durch diesen Punkt gehen und der Differentialgleichung genügen. Durch Einsetzen von x_0 und y_0 in (20) ergibt sich

$$Hy_0 = C_2 + C_1 x + A(x_0), \tag{21}$$

wo $A(x_0)$ der Wert des in (20) rechtsstehenden Integrals ist, den man nach Einsetzen von x_0 erhält. Löst man (21) nach C_2 auf, so ergibt sich:

$$C_2 = Hy_0 - A(x_0) - C_1 x_0. \tag{22}$$

Setzt man dies in Gl. (20) ein, so erhält man eine neue Integralgleichung, die nur noch eine Integrationskonstante C_1 enthält, nämlich:

$$Hy = Hy_0 - A(x_0) + C_1(x - x_0) + \int dx \int f(x)\,dx. \qquad (23)$$

Diese Gleichung ergibt für jeden Wert von C_1 eine Kurve, die durch $x_0\, y_0$ geht und der Differentialgleichung genügt; sie repräsentiert, wie man zu sagen pflegt, ein „Büschel" von Seilkurven, dessen Mittelpunkt $x_0 y_0$ ist.

Um eine Anzahl von Individuen dieses Büschels zu konstruieren, zerlegen wir die von der Kurve $y = f(x)$ und der x-Achse begrenzte Fläche durch Ordinaten des gleichen Abstandes „Eins" in eine Anzahl von „Elementarstreifen", deren Schwerpunkte man ermittelt. Die Streifen sind von 1 bis 22 gezählt. Dann trägt man die mittleren Ordinaten der Streifen auf der y-Achse (oder auf einer zu dieser Parallelen) von 0 beginnend auf, wobei negative Ordinaten in Richtung der positiven y-Achse aufgetragen werden. Nach Annahme eines Poles P_1 im Abstande H von der y-Achse konstruiert man punktweise die Seilkurve in der oben beschriebenen Weise, indem man beim Punkte $x_0 y_0$ beginnt und die Kurve nach rechts und links fortsetzt. So entstehe die Kurve $A_1 B_1 C_1 D_1 E_1$.

Jede Auswahl eines Poles oder, was dasselbe heißt, jede Festlegung der Tangente der Kurve im Punkte $x_0 y_0$ liefert eine Seilkurve. Die einzelnen Kurven verlaufen immer steiler, je steiler man diese Anfangstangente wählt; schließlich arten die Seilkurven in eine Gerade aus, die durch $x_0 y_0$ parallel zur y-Achse verläuft; dieser Fall entspricht dem Wert:

$$C_1 = \infty.$$

Zur Bestimmung der Integrationskonstanten für die anderen Individuen des Büschels greifen wir auf das erste Integral der gegebenen Differentialgleichung

$$H \frac{dy}{dx} = C_1 + \int f(x)\,dx \qquad (24)$$

zurück. Die Kurve

$$\eta = C_1 + \int f(x)\,dx, \qquad (25)$$

die dieses Integral repräsentiert und die Abhängigkeit der Tangentenneigungen der Seilkurven von den Werten der Abszissen wiedergibt, kann ebenfalls graphisch aus der Kurve abc gefunden werden.

Das Integral

$$\int f(x)\,dx$$

bedeutet, wie in § 5 dargelegt, den zwischen der Kruve *abc* und der x-Achse eingeschlossenen Flächeninhalt, der begrenzt ist durch irgendeine Anfangsordinate und die Ordinate der Abszisse x. Wir wählen die Anfangsordinate bei der Abszisse $x = 0$, d. h. wir lassen die Kurve

$$\eta = C_1 + \int f(x)\,dx$$

durch den Anfangspunkt des Koordinatensystems gehen. Die Konstante C_1 muß gleich 0 gesetzt werden, wie sich aus folgendem ergibt.

Die graphisch gegebene Kurve *abc* würde, wenn man sie analytisch darstellen wollte, eine Gestalt folgender Art haben

$$y = f(x) = a_0 + a_1 x + \ldots\ldots\ldots,$$

da sich jede Funktion im allgemeinen in eine Potenzreihe entwickeln läßt[18]).

Das Integral dieser Funktion, wenn man von der Konstanten absieht, lautet dann:

$$\int y\,dx = \int f(x)\,dx = a_0\,x + a_1\,\frac{x^2}{2} + \ldots\ldots \tag{26}$$

und mit der Integrationskonstanten

$$= C_1 + a_0 x + a_1 \frac{x^2}{2} + \ldots\ldots\,.$$

Da wir aber unsere Kurvenfläche von $x = 0$ an zählen wollen, also für $x = 0$ das Integral $\int y\,dx$ verschwinden soll, muß auch $C_1 = 0$ sein.

Zur graphischen Ermittlung der Kurve

$$\eta = \int f(x)\,dx$$

aus der Kurve *abc* addieren wir die mittleren Höhen der schon oben benutzten Elementarstreifen auf den jeweiligen Endordinaten der Streifen. Es entsteht so die Kurve *ABCDE*.

Bei der Ausführung der beschriebenen graphischen Summation ergibt sich wieder wie früher, daß die Kurve

$$\eta = \int f(x)\,dx$$

da Kulminationspunkte haben muß, wo die Kurve

$$y = f(x)$$

Nullpunkte hat. Nullpunkte der Kurve *abc* liegen vor in den Punkten *b*; entsprechend hat die Kurve *ABCDE* ihre Kulminationspunkte in *B* und *D*.

Durch Hinzufügung der Integrationskonstanten C_1 erhält man die Gesamtheit der ersten Integralkurven der Differentialgleichung

$$H\frac{d^2y}{dx^2} = f(x)$$

nämlich

$$\eta = H\frac{dy}{dx} = C_1 + \int f(x)\,dx\,.$$

Zu jedem Individuum dieser Kurvenschar, die durch Parallelverschiebung in Richtung der y-Achse aus *ABCDE* entsteht, gehören einfach unendlich viele Individuen der Schar der zweiten Integrale, aber nur ein Individuum, welches durch $x_0 y_0$ geht. Alle diese Kurven, die die ersten Integrale zu *ABCDE* sind, entstehen auseinander durch Parallelverschiebung. Um eine dieser Kurven zu bestimmen, z. B. 3—3—3—3, die die y-Achse mit horizontaler Tangente schneidet, legt man den Pol P_3 fest, indem man den einer horizontalen Tangente parallelen Polstrahl 10—P_3 zieht. Aus 3—3—3—3 wird die Kurve $A_2B_2C_2D_2E_2$ gewonnen durch Parallelverschiebung in Richtung der y-Achse; $A_2B_2C_2D_2E_2$ ist das durch den Nullpunkt mit horizontaler Tangente gehende Individuum und hat die Gleichung

$$y = \int dx \int f(x)\,dx$$

Die Konstruktion der Seilkurve zu $f(x)$ ist also gleichbedeutend mit der Herstellung der zweiten Integralkurve zu dieser Funktion[19]).

§ 26. Differentialgleichung der elastischen Linie.

Von derselben Form wie die Differentialgleichung der Seilkurve ist die technisch sehr wichtige Differentialgleichung der elastischen Linie.

Man versteht hierunter die Gestalt, die ein elastischer (im allgemeinen prismatischer) Stab unter Einfluß äußerer Kräfte annimmt.

Wir wollen nur ebene elastische Linien betrachten und setzen zunächst einen Balken der Länge l voraus, der an einem Ende eingespannt und am andern durch eine Kraft P auf Biegung beansprucht ist. Fig. 72.

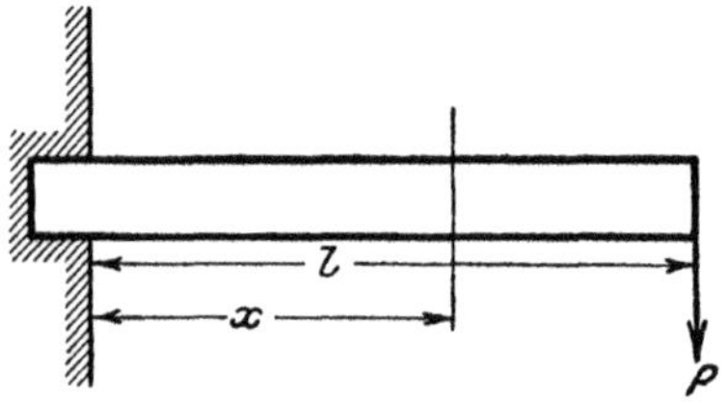

Fig. 72. Einseitig eingespannter Balken.

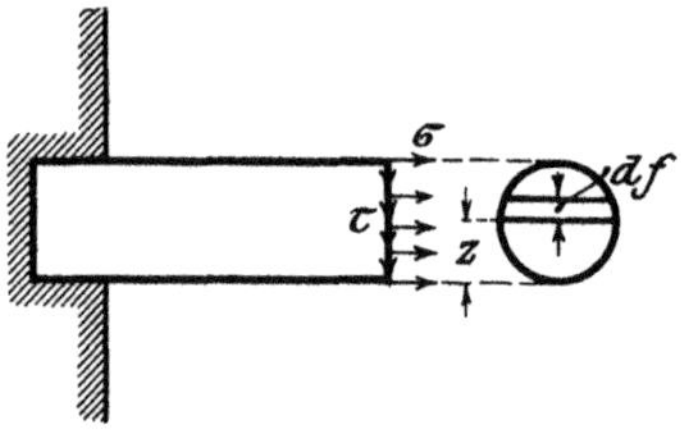

Fig. 73. Normalspannungen und Schulspannungen.

Wir untersuchen die Spannungsverhältnisse an einem Querschnitt in der Entfernung x vom eingespannten Ende.

Es treten, wenn wir uns das vordere Ende entfernt denken, die Normalspannungen σ über den Querschnitt auf, deren Resultierende

$$\int \sigma df = 0 \qquad (1)$$

verschwinden und deren Moment

$$\int z \sigma df = P(l - x) \qquad (2)$$

sein muß, wenn Gleichgewicht zwischen der beanspruchenden Kraft und den inneren Spannungen herrschen soll.

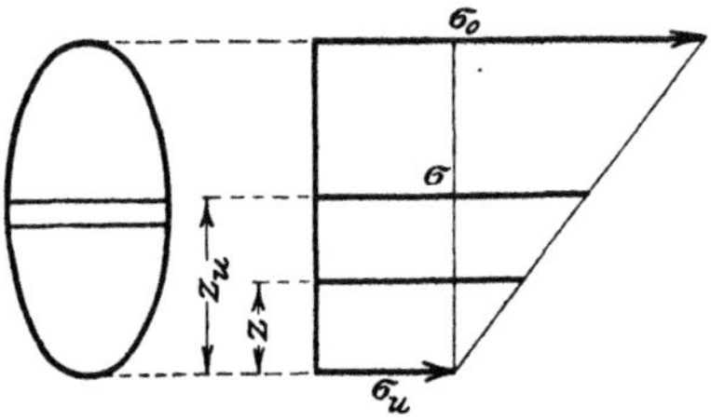

Fig. 74. Lineare Verteilung der Normalspannungen.

Streng genommen kommt noch die Gleichgewichtsbedingung gegen Verschiebung quer zur Balkenachse: $\int \tau\, df = P$ hinzu, doch wollen wir die Schubspannungen τ nicht betrachten (Fig. 73).

Nunmehr müssen Annahmen über die Verteilung der Spannungen über den Querschnitt gemacht werden. Die einfachste Annahme ist die einer linearen Verteilung (Fig. 74)

$$\sigma = \sigma_u + za,$$

womit sich auf Grund von Gleichung (1) eine Faserschicht im Balken $z = z_u = -\frac{\sigma_u}{a}$ ergibt, die spannungslos ist. Diese Faserschicht enthält die Balkenachse, welche die Schwerpunkte der Balkenquerschnitte verbindet. Die Spannung wird dann Druckspannung

$$\sigma = -\sigma_u \frac{z}{z_u} \tag{3a}$$

auf der unteren Hälfte der Balkenquerschnitte, Zugspannung

$$\sigma = +\sigma_o \frac{z}{z_o} \tag{3b}$$

auf der oberen Hälfte der Querschnitte.

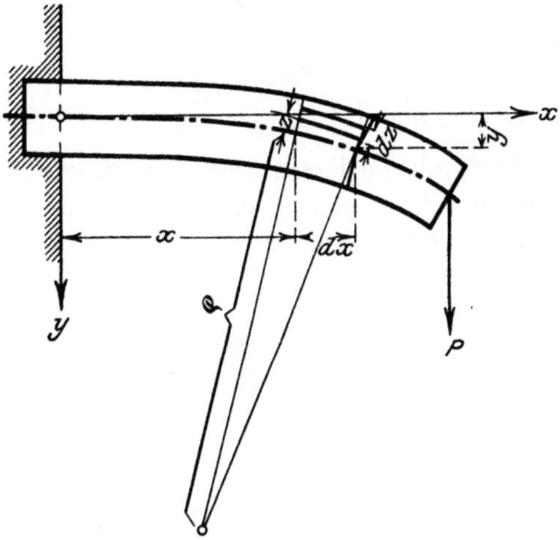

Fig. 75. Formänderung des einseitig eingespannten Balkens.

Gleichung (2) geht hiermit aber über in

$$\frac{\sigma_o}{z_o} \int z^2\, df = P \cdot (l - x)$$

oder, wenn $\int z^2\, df$, das Trägheitsmoment des Balkenquerschnitts, mit J bezeichnet wird:

$$\frac{\sigma_0}{z_0} \cdot J = \frac{P\,(l - x)}{J} \tag{4}$$

Wir betrachten jetzt die Formänderung des Balkens (Fig. 75). An der Stelle x liegt eine Krümmung der Mittellinie vor und wir nehmen an, daß die Balkenquerschnitte auch nach der Krümmung eben und zur Mittellinie senkrecht seien. Dann gilt nach der Figur, wenn

$$\Delta dx = \frac{\sigma\, dx}{E}$$

die Verlängerung einer im Abstand z von der Balkenachse liegenden Faser der Länge dx ist

$$\frac{\Delta dx}{z} = \frac{dx}{\varrho}$$

oder

$$\frac{\sigma}{z} = \frac{E}{\varrho} \tag{5}$$

und nach (4)

$$\frac{E}{\varrho} = \frac{P \cdot (l - x)}{J} \tag{6}$$

Ist nun y die durch die Beanspruchung erfolgte Senkung der Balkenachse unter die ursprüngliche horizontale Lage an der Stelle x, so ist der Ausdruck für den Krümmungsradius nach den Lehren der analytischen Geometrie [20])

$$\varrho = \frac{\left[1 + \left(\frac{dy}{dx}\right)^2\right]^{\frac{3}{2}}}{\frac{d^2y}{dx^2}} \tag{6a}$$

Weil aber die Biegungen innerhalb des Bereiches der elastischen Formänderungen nur klein ausfallen, kann man die Neigungen der Balkenachse gegen die x-Achse als klein voraussetzen und also $\frac{dy}{dx}$ vernachlässigen. Gleichung (6) wird dann angenähert:

$$\frac{d^2y}{dx^2} = \frac{1}{E \cdot J} \cdot P\,(l - x) \tag{7}$$

Diese Gleichung geht in diejenige der Seilkurve über, wenn $E \cdot J = H$ und $P(l - x) = f(x)$ gesetzt wird.

Handelt es sich um einen Balken auf zwei Stützen, der eine beliebig verteilte Last $f(x)$ trägt (Fig. 76), so kann man ebenfalls die Gl. (7) benutzen, indem man das Biegungsmoment an der Stelle $x = M_x$ setzt

$$E \cdot J \frac{d^2 y}{d x^2} = - M_x \tag{8}$$

wo das Minuszeichen deshalb steht, weil das positive Moment M_x eine negative Krümmung hervorbringt.

M_x ermittelt sich hier als das erste Seilpolygon zur Belastungsfläche:

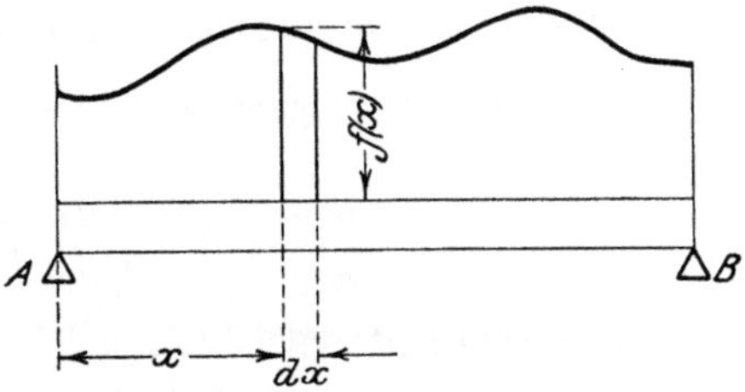

Fig. 76. Stetige Lastverteilung über einem Balken.

$$M_x = - \int dx \int f(x)\, dx \tag{9}$$

Die Lösung der Differentialgleichung der elastischen Linie verlangt also die Konstruktion der vierten Integralkurve zur Kurve $f(x)$ oder die Konstruktion des zweiten Seilpolygons entsprechend dem Ansatz:

$$E J \frac{d^4 y}{d x^4} = f(x) \tag{10}$$

Den Zusammenhang zwischen den verschiedenen Integralkurven zu $f(x)$ liefert folgende durch Figur 77 erläuterte Aufstellung.

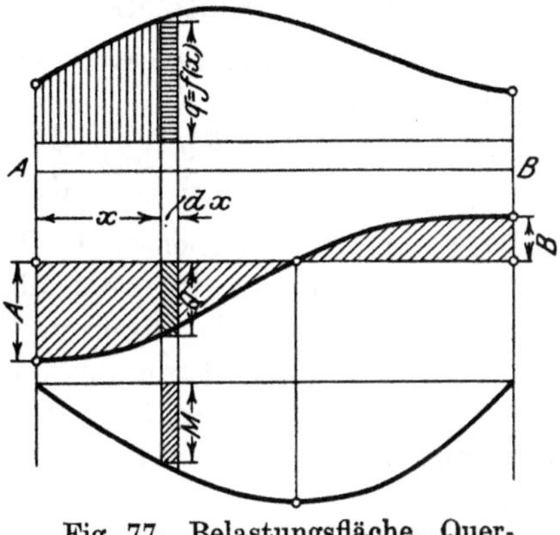

Fig. 77. Belastungsfläche, Querkraftfläche, Momentenfläche.

$q = f(x)$ ist die Belastungsfläche,

$Q = A - \int\limits_0^x q\, dx$, das erste Integral zu q, ist die Querkraftfläche,

$M = \int\limits_0^x Q\, dx$, das zweite Integral zu q, ist die Momentenfläche.

Es gelten also die Beziehungen:

$$\frac{dQ}{dx} = -q; \quad \frac{d^2 M}{dx^2} = -q\,.$$

Will man in dem Ausdruck für ϱ (6a) $\frac{dy}{dx}$ nicht vernachlässigen, so lautet die Differentialgleichung der elastischen Linie:

$$\frac{d^2 y}{dx^2} : \left[1 + \left(\frac{dy}{dx}\right)^2\right]^{\frac{3}{2}} = f(x) \tag{11}$$

Diese Differentialgleichung gehört zum nicht linearen Typus, sondern hat die allgemeine Form

$$F\left(\frac{d^2 y}{dx^2}, \frac{dy}{dx}\right) = f(x) \tag{12}$$

und wird im Anschluß an § 28 behandelt werden.

§ 27. Die lineare Differentialgleichung zweiter Ordnung mit konstanten Koeffizienten.

Eine äußerst wichtige Rolle spielt in der Technik die Differentialgleichung:

$$a\frac{d^2 y}{dx^2} + b\frac{dy}{dx} + c\,y = 0 \tag{1}$$

wo abc konstante Größen sind. Bekanntlich werden alle freien Schwingungsvorgänge, in erster Linie die eines Massenpunktes, durch diese Gleichung beschrieben. Es ist nämlich $a = m$ die Masse des Punktes, b die Dämpfungskonstante der Bewegung, c die Kraft, die den Punkt an die Mittelachse seiner Bewegung fesselt, y die Entfernung des Punktes von seiner Mittellage und $x = t$ die Zeit.

Zur Integration der Gleichung (1) substituieren wir zunächst

$$\left.\begin{aligned} &\frac{dy}{dx} = p \\ &\frac{d^2 y}{dx^2} = \frac{dp}{dx} = \frac{dp}{dy}\frac{dy}{dx} = \frac{dp}{dy}\cdot p \end{aligned}\right\} \tag{2}$$

und erhalten

$$a\,p\frac{dp}{dy} + b\,p + c\,y = 0 \tag{4}$$

In dieser Gleichung substituieren wir

$$p = v\,y,\quad \frac{dp}{dy} = v + y\,\frac{dv}{dy} \tag{5}$$

wo wir uns v als eine zu ermittelnde Funktion von y denken.

Wir erhalten nach Division mit y

$$a\,v\left(v + y\,\frac{dv}{dy}\right) + b\,v + c = 0 \tag{6}$$

oder anders geordnet

$$(a\,v^2 + b\,v + c) = -a\,y\,\frac{dv}{dy}\,. \tag{7}$$

Hier ist die Trennung der Variabeln möglich:

$$\frac{dy}{y} = -\,\frac{a\,v\,dv}{a\,v^2 + b\,v + c} \tag{8}$$

oder nach Division mit a im Nenner und Zähler der rechten Seite:

$$\frac{dy}{y} = -\,\frac{v\,dv}{\left(v^2 + \frac{b}{a}\,v + \frac{c}{a}\right)}\,. \tag{9}$$

Setzen wir hier:

$$\left(v^2 + \frac{b}{a}\,v + \frac{c}{a}\right) = (v - \alpha)\,(v - \beta) \tag{10}$$

wo

$$-(\alpha + \beta) = \frac{b}{a} \text{ und } \alpha\,\beta = \frac{c}{a}$$

sind, so kann man die rechte Seite von (9) in zwei Partialbrüche zerlegen und schreiben:

$$\frac{dy}{y} = -\,\frac{1}{\alpha - \beta}\left(\frac{\alpha}{v - \alpha} - \frac{\beta}{v - \beta}\right)dv \tag{11}$$

woraus man durch Integration erhält

$$\lg y^{\alpha - \beta} = \lg\,(v - \beta)^\beta - \lg\,(v - \alpha)^\alpha + \lg C \tag{12}$$

oder nach Beseitigung der Logarithmen

$$y^{\alpha - \beta} = C\,\frac{(v - \beta)^\beta}{(v - \alpha)^\alpha}\,. \tag{13}$$

Macht man in dieser Gleichung nach (5) die Restitution

$$v = \frac{p}{y},$$

so ergibt sich allgemeines Integral von Gl. (4)

$$1 = C\frac{(p - \beta y)^\beta}{(p - \alpha y)^\alpha}. \tag{14}$$

Diese Gleichung kann ersetzt werden durch die beiden anderen

$$\left.\begin{aligned} p - \alpha y &= A' \\ p - \beta y &= B' \end{aligned}\right\} \tag{15}$$

wenn man A' und B' so bestimmt, daß

$$C\frac{B'^\beta}{A'^\alpha} = 1 \tag{15a}$$

wird. Setzt man in (15) für p seinen Wert aus Gl. (2) $p = \frac{dy}{dx}$ ein, so findet man aus

$$\left.\begin{aligned} \frac{dy}{dx} &= \alpha\left(y + \frac{A'}{\alpha}\right) \\ \frac{dy}{dx} &= \beta\left(y + \frac{B'}{\beta}\right) \end{aligned}\right\} \tag{16}$$

die Integrale

$$\left.\begin{aligned} \lg\left(y + \frac{A'}{\alpha}\right) &= \alpha x + \lg A \\ \lg\left(y + \frac{B'}{\beta}\right) &= \beta x + \lg B \end{aligned}\right\} \tag{17}$$

die unter Benutzung der Exponentialfunktion übergehen in:

$$\left.\begin{aligned} y_1 &= -\frac{A'}{\alpha} + A e^{\alpha x} \\ y_2 &= -\frac{B'}{\beta} + B e^{\beta x} \end{aligned}\right\} \tag{18}$$

Da man nun A' und B' gleichzeitig = Null werden lassen kann, ohne die Gleichung (15a) zu verletzen, so stellen

$$\left.\begin{aligned} y_1 &= A e^{\alpha x} \\ y_2 &= B e^{\beta x} \end{aligned}\right\} \tag{19}$$

die beiden gesuchten partikulären Integrale von (1) dar, so daß das allgemeine Integral lautet:

$$y = A\,e^{\alpha x} + B\,e^{\beta x} \tag{20}$$

Hier müssen α und β Wurzeln der Gleichung

$$\mu^2 + \frac{b}{a}\mu + \frac{c}{a} = 0 \tag{21}$$

sein.

Die Wurzeln der Gleichung lauten:

$$\left.\begin{aligned} \alpha = \mu_1 &= -\frac{b}{2a} + \sqrt{\frac{b^2}{4a^2} - \frac{c}{a}} \\ \beta = \mu_2 &= -\frac{b}{2a} - \sqrt{\frac{b^2}{4a^2} - \frac{c}{a}} \end{aligned}\right\} \tag{22}$$

haben also die Form

$$\left.\begin{aligned} \alpha &= -\varrho + i\,\sigma \\ \beta &= -\varrho - i\,\sigma \end{aligned}\right\} \tag{23}$$

mit $\varrho = \dfrac{b}{2a}, \quad \sigma = \sqrt{\dfrac{c}{a} - \dfrac{b^2}{4a^2}}$

wo i die imaginäre Einheit bedeutet.

Das allgemeine Integral (20) nimmt nun die verschiedensten Formen an, je nach den Werten, die den Konstanten $a\,b\,c$ bzw. den Quotienten $\frac{b}{a}$ und $\frac{c}{a}$ beigelegt werden.

Wir setzen a zunächst stets als positiv voraus, was durch Zeichenwechsel jedenfalls erreicht werden kann. Dann ergibt sich, daß y im Falle eines negativen b mit x unendlich zunimmt. Ist b positiv, so kann y mit zunehmendem x nicht ins Unendliche wachsen, wenn nicht etwa c negativ wird. Negatives c läßt y ebenfalls unendlich groß werden.

I. Zunächst untersuchen wir näher den Fall

$$b = 0$$

Dann wird das allgemeine Integral (20)

$$y = A\,e^{+i\sigma x} + B\,e^{-i\sigma x} \tag{24}$$

Negatives c läßt y unendlich zunehmen (Fig. 78.), positives c verwandelt die Exponentialfunktion in die zyklometrische Funktion und (24) nimmt die Gestalt an (mit $A_0 = A + B$, $B_0 = (A - B)i$)

$$y = A_0 \sin \sigma x + B_0 \cos \sigma x \tag{25}$$

oder

$$y = A_1 \sin \sigma (x - x_0) \tag{26}$$

wo gilt

$$A_0 = A_1 \cos \sigma x_0 \qquad B_0 = -A_1 \sin \sigma x_0.$$

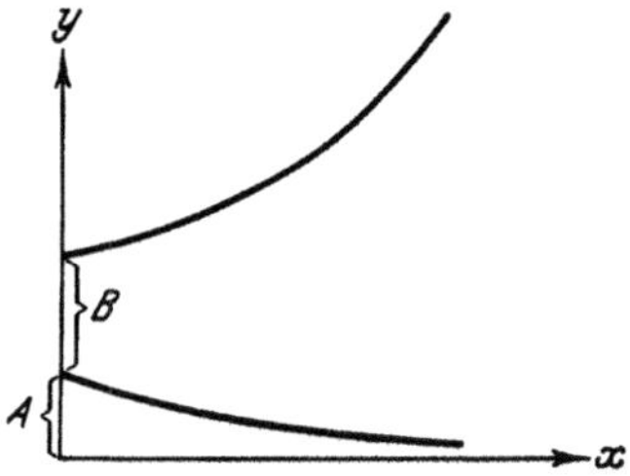

Fig 78. Uneigentlicher Schwingungsvorgang.

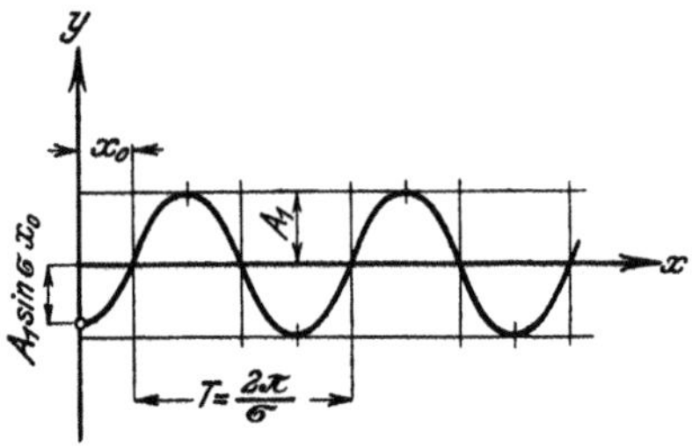

Fig 79. Reine Sinusschwingungen.

Wir erhalten also eine rein periodische Funktion;

A_1 heißt die Amplitude,

x_0 die Phasenverschiebung,

$T = \dfrac{2\pi}{\sigma}$ die Periode,

$n = \dfrac{\sigma}{2\pi}$ die Frequenz der Schwingung.

σ die Kreisfrequenz.

Die hiermit gegebene Bewegungsform ist in Fig. 79 dargestellt.

IIa. Ist die Größe $b < 0$, die Schwingung also mit Dämpfung behaftet, so bietet sich zunächst der Unterfall

$$\frac{c}{a} - \frac{b^2}{4a^2} > 0 \tag{27}$$

dar. Es stellt sich dann (20) in die Form:

$$y = A_1 e^{-\rho x} \sin \sigma (x - x_0) \tag{28}$$

mit

$$-A_1 \sin x_0 = A + B$$
$$A_1 \cos x_0 = (A - B)i.$$

Setzt man, ohne die Allgemeinheit zu beschränken, $x_0 = 0$, so kann man die Maxima und Minima von y aufsuchen mittelst des Ansatzes:

$$\frac{dy}{dx} = 0 = e^{-\rho x}(\sigma \cos \sigma x - \varrho \sin \sigma x) = 0 \tag{29}$$

Diese Gleichung hat unendlich viele positive Wurzeln:

$$\sigma x_k = \frac{\pi}{2} - \varphi + (k-1)\pi; \; k = 1, 2, 3 \ldots\ldots \tag{30}$$

wo

$$\operatorname{tg} \varphi = \frac{\varrho}{\sigma}$$

ist. Die zugehörigen Maximal- bzw. Minimalwerte von y sind:

$$y_k = A_1 e^{-\rho x_k} \cos \varphi,$$

woraus sich für die Differenz der Logarithmen zweier aufeinanderfolgender y ergibt:

$$lg(y_{k+1}) - lg(y_k) = -\varrho^{(x_{k+1} - x_k)}$$

$$= -\frac{\varrho}{\sigma}\pi. \tag{31}$$

Die logarithmische Differenz zweier aufeinanderfolgender Schwingungsweiten ist also konstant, man nennt die Größe

$$\frac{\varrho}{\sigma}\pi = \frac{b}{\sqrt{4\,ac - b^2}} \tag{32}$$

das logarithmische Dekrement der Schwingung.

Fig. 80 gibt ein Bild einer gedämpften Schwingung.

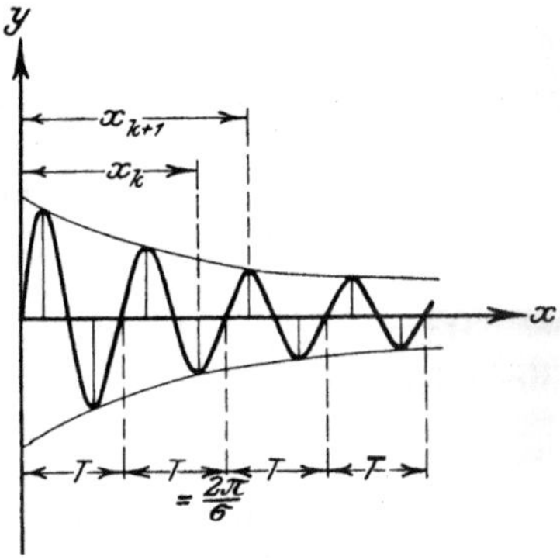

Fig. 80. Gedämpfte Schwingung.

$\frac{2\pi}{\sigma}$ ist wieder die Schwingungsdauer, sie ist größer als bei nicht vorhandener Dämpfung.

IIb. Ist
$$\frac{c}{a} - \frac{b^2}{4a^2} < 0,$$

dann wird das allgemeine Integral

$$y = e^{-\rho x}(A e^{+\sigma x} + B e^{-\sigma x}) \tag{33}$$

in welcher Formel $\sigma < \varrho$ ist. Jetzt kann weder y noch $\frac{dy}{dx}$ verschwinden, so lange A und B gleiche Vorzeichen haben. Es können also weder Nullpunkte noch Extreme vorkommen; y nähert sich mit wachsendem x asymptotisch dem Werte Null. (Fig. 81.)

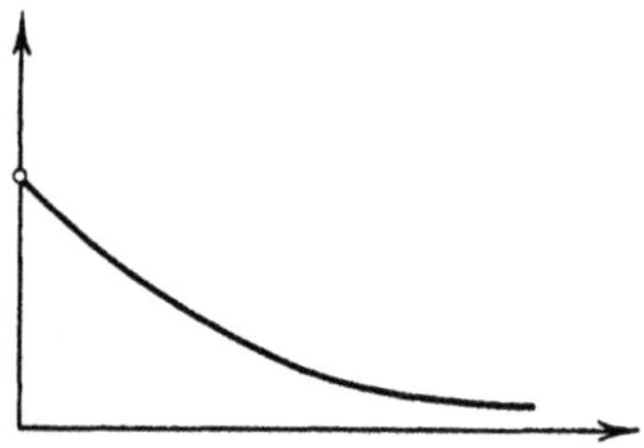

Fig. 81.

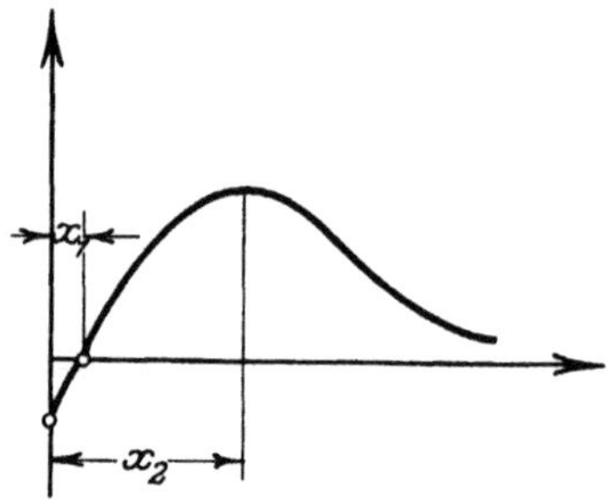

Fig. 82.

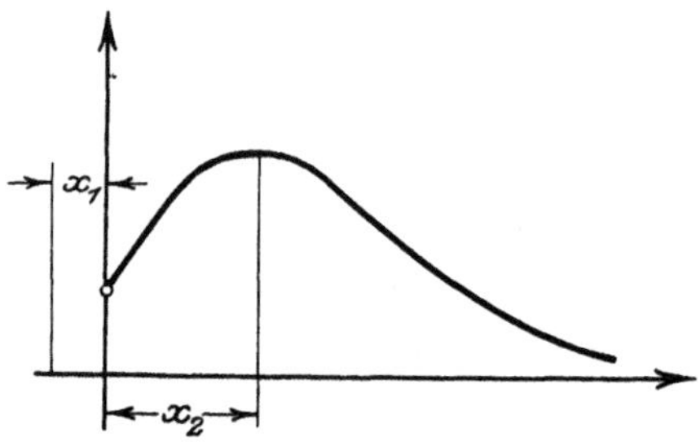

Fig. 83.

Fig. 81—83. Verschiedene Formen der aperiodischen Bewegung.

Haben jedoch A und B verschiedene Vorzeichen, so gibt es einen Nullpunkt:

$$x_1 = \frac{1}{2\sigma} lg \frac{B}{A},$$

der aber nur dann wirklich auftritt, wenn die Bewegung zur Zeit $x = 0$ nach dem Schwingungsmittelpunkt hin gerichtet war (Fig. 82).

Das Extrem liegt bei

$$x_2 = \frac{1}{2\sigma} lg \frac{(\varrho + \sigma) B}{(\varrho - \sigma) A}$$

und ist unter allen Umständen vorhanden. Nach Überschreitung des Extrems führt die Bewegung zur Mittellage zurück.

Diese Bewegungsform ist die aperiodische, von der in Fig. 81, 82, 83 die wichtigsten Formen dargestellt sind.

III. Der Fall $\sigma = 0$ bzw.

$$b^2 = 4\,ac$$

liefert zwei gleiche Wurzeln α und β und mithin das allgemeine Integral:

$$y = (A + Bx)e^{-\rho x}.$$

Diese Bewegung hat ebenfalls den Charakter IIb, je nachdem die Anfangsbedingungen bzw. die Werte A und B gewählt werden. Wir geben die möglichen Fälle in den nebenstehenden Figuren wieder.

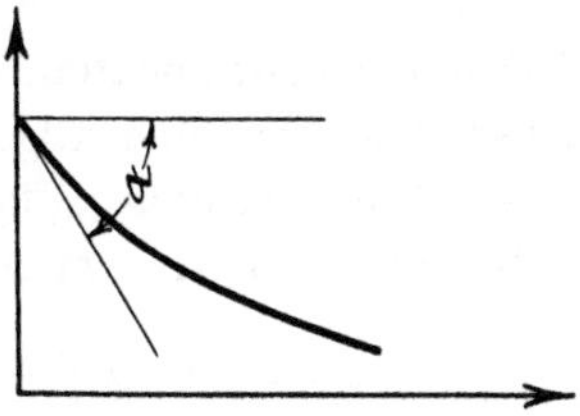

Fig. 84.

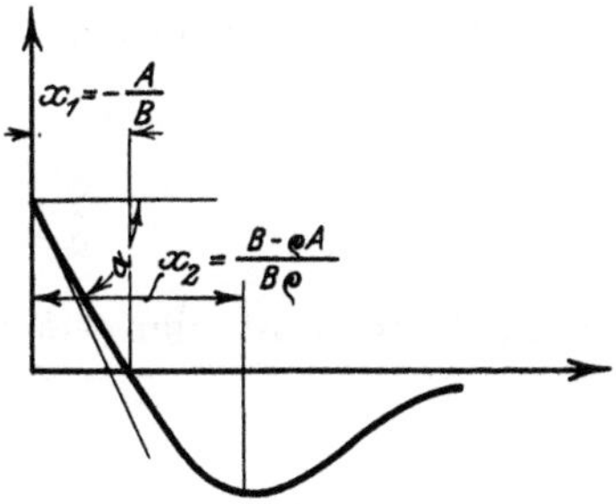

Fig. 85.

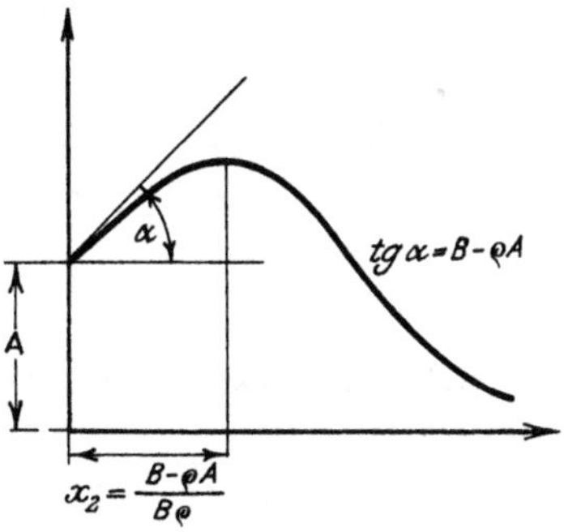

Fig. 86.

Fig. 84—86. Spezielle aperiodische Bewegungsformen.

Fig. 84: $A > 0$, $B - \rho A < 0$, $B > 0$

Fig. 85: $A > 0$, $B - \rho A < 0$, $B < 0$

Fig. 86: $A > 0$, $B - \rho A > 0$, $B > 0$

Über die Anwendung der Differentialgleichung

$$ay'' + by' + cy = 0$$

auf technische Probleme siehe W. Hort, Techn. Schwingungslehre, Springer 1910.

§ 28. Nichtlineare Differentialgleichungen zweiter Ordnung. Kettenlinie.

Unter den nicht linearen Differentialgleichungen II. O. gestatten zunächst diejenigen eine allgemeine Behandlung, in welchen nur der zweite und der erste Differentialquotient vorkommen, welche sich also an der Form erweisen

$$F\left(\frac{d^2 y}{dx}, \frac{dy}{dx}\right) = 0 \tag{1}$$

Gelingt es, diese Gleichung nach $\frac{d^2 y}{dx^2}$ aufzulösen, so daß also eine Gleichung der Form

$$\frac{d^2 y}{dx^2} = f\left(\frac{dy}{dx}\right) \tag{2}$$

entsteht, so wird eine erste Integration möglich, wenn man

$$\frac{dy}{dx} = p$$

substituiert. Es folgt dann statt (2)

$$\frac{dp}{dx} = f(p) \tag{3}$$

Dies ist eine Differentialgleichung erster Ordnung in welcher man nach Trennung der Variabeln schreiben kann

$$dx = \frac{dp}{f(p)} \tag{4}$$

und nach erstmaliger Integration

$$x = C_1 + \int \frac{dp}{f(p)} = C_1 + \varphi(p) \tag{5}$$

Gelingt es, diese Gleichung nach p aufzulösen, wodurch

$$p = \psi(x - C_1) \tag{6}$$

resultiere, so ist die zweite Integration möglich.

Man schreibt statt (6)

$$\frac{dy}{dx} = \psi(x - C_1) \tag{7}$$

und nach Trennung der Variabeln

$$dy = \psi(x - C_1)\,dx,$$

woraus sich das allgemeine Integral findet:

$$y = C_2 + \int \psi(x - C_1)\,dx.$$

Ein Beispiel für diese Art von Differentialgleichungen bietet die Kettenlinie.

§ 29. Die Kettenlinie.

Diese Kurve gehört zu den „Seilkurven".

Sie ist identisch mit der Gestalt eines an zwei Punkten aufgehängten Seiles, welches nur unter seinem Eigengewicht steht und welches keine Biegungssteifigkeit aufweist (annähernd bei einer Kette erfüllt). Fig. 87.

Wir betrachten wie bei der Seilkurve das Gleichgewicht eines Kurvenelementes ds und gelangen zu der Formel

$$V = \gamma ds + V_1 = dV + V_1, \tag{1}$$

in welcher γds das Eigengewicht des Kettenstückchens ds bedeutet.

Da ferner auch hier das Verhältnis zwischen der Vertikalkomponente V der Kettenspannung und dem Horizontalzug H gleich dem Tangens des Neigungswinkels oder

$$V = H\frac{dy}{dx} \tag{2}$$

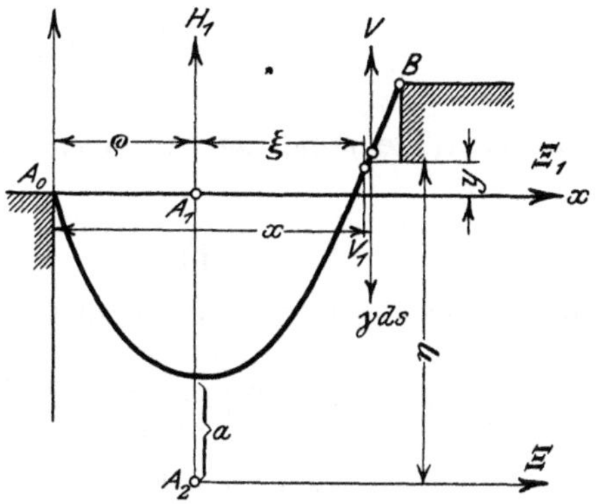

Fig. 87. Die Kettenlinie.

sein muß, so folgt als Differentialgleichung der Kettenlinie:

$$H\frac{d^2 y}{dx} = \gamma\, ds. \tag{3}$$

Schreibt man hier

$$H\,d\frac{dy}{dx} = +\gamma\, ds \tag{4}$$

so kann man sofort einmal integrieren

$$H\frac{dy}{dx} = C + \gamma s, \tag{5}$$

d. h. der *Richtungstangens* der Kurve ist der *Bogenlänge proportional*.

Zur Gewinnung des allgemeinen Integrals kehren wir zur Gleichung

$$H\frac{d^2y}{dx} = +\gamma\, ds$$

zurück, in welcher wir für

$$ds = \sqrt{dx^2 + dy^2}$$ [21)]

setzen. Nach Division mit dx folgt dann

$$H\frac{d^2y}{dx^2} = +\gamma\sqrt{1 + \left(\frac{dy}{dx}\right)^2}. \tag{6}$$

Nach Substitution von

$$\frac{dy}{dx} = p$$

ergibt sich hier

$$\frac{H}{\gamma}\frac{dp}{dx} = +\sqrt{1 + p^2} \tag{7}$$

und nach Trennung der Variabeln mit $\frac{H}{\gamma} = a$

$$a\frac{dp}{\sqrt{1 + p^2}} = +dx\,. \tag{8}$$

Nach erstmaliger Integration folgt:

$$a\int\frac{dp}{\sqrt{1 + p^2}} = C_1 + x \tag{9}$$

oder

$$a\lg\left(p + \sqrt{1 + p^2}\right) = C_1 + x. \tag{10}$$

Diese Gleichung läßt sich nach p auflösen. Es folgen aufeinander die Ansätze:

$$\left.\begin{aligned} p + \sqrt{1 + p^2} &= e^{\frac{C_1 + x}{a}}, \\ 1 + p^2 &= e^{2\frac{C_1 + x}{a}} - 2p\,e^{\frac{C_1 + x}{a}} + p^2 \\ p &= \frac{1}{2}\left(e^{\frac{C_1 + x}{a}} - e^{-\frac{C_1 + x}{a}}\right). \end{aligned}\right\} \tag{11}$$

Nach Restitution des für p gültigen Wertes kommt dann

$$\frac{dy}{dx} = \frac{1}{2}\left(e^{\frac{C_1+x}{a}} - e^{-\frac{C_1+x}{a}}\right). \tag{12}$$

Wir nehmen jetzt eine Transformation des Koordinatensystems vor, indem wir das Achsenkreuz um die Strecke $+\varrho$ in Richtung der positiven x-Achse parallel mit sich verschieben. Der Anfangspunkt A_0 rückt dadurch nach A_1. Die Koordinaten der Kurvenpunkte in bezug auf das neue System bezeichnen wir mit ξ_1 und η_1, und es gelten zwischen den alten und neuen Koordinaten die Beziehungen

$$x = \varrho + \xi_1$$
$$y = \eta_1$$

und zwischen den Differentialquotienten gilt:

$$\frac{dy}{dx} = \frac{d\eta_1}{d\xi_1};$$

hiermit geht aber die Formel (12) über in

$$\frac{d\eta_1}{d\xi_1} = \frac{1}{2}\left(e^{\frac{C_1+\rho+\xi_1}{a}} - e^{-\frac{C_1+\rho+\xi_1}{a}}\right). \tag{13}$$

Wir wollen nun festsetzen, daß die η_1-Achse die Kurve in einem Punkte mit horizontaler Tangente schneide, d. h. daß $\frac{d\eta_1}{d\xi_1} = 0$ werde für $\xi_1 = 0$. Dann muß sein

$$C_1 + \varrho + \xi_1 = 0,$$

d. h.

$$C_1 + \varrho = 0,$$

womit Formel (13) übergeht in:

$$\frac{d\eta_1}{d\xi_1} = \frac{1}{2}\left(e^{\frac{\xi_1}{a}} - e^{-\frac{\xi_1}{a}}\right). \tag{14}$$

Nunmehr kann man nochmals integrieren und erhält mit einer neuen unbestimmten Konstante C_2

$$\eta_1 = C_2 + \frac{a}{2}\left(e^{\frac{\xi_1}{a}} + e^{-\frac{\xi_1}{a}}\right).$$

Wir transformieren jetzt von neuem das Koordinatensystem, indem wir das Achsenkreuz um das Stück σ in Richtung der negativen η_1-Achse verschieben. Der Anfangspunkt rückt dadurch nach A. Die Koordinaten der Kurvenpunkte in bezug auf das neue System bezeichnen wir mit ξ und η, und es gelten die Beziehungen:

$$\xi = \xi_1$$
$$\eta = \sigma + \eta_1.$$

Zwischen den Differentialquotienten gilt

$$\frac{d\xi}{d\eta} = \frac{d\xi_1}{d\eta_1}$$

Die Formel (14) geht nun über in

$$\eta = \sigma + C_2 + \frac{a}{2}\left(e^{\frac{\xi}{a}} + e^{-\frac{\xi}{a}}\right). \tag{15}$$

Bestimmen wir jetzt, daß für

$$\xi = 0$$

sein soll:

$$\eta = a,$$

dann muß gelten:

$$\sigma + C_2 = 0,$$

mithin gilt als endgültige Gleichung der Kettenlinie

$$\eta = \frac{a}{2}\left(e^{\frac{\xi}{a}} + e^{-\frac{\xi}{a}}\right) \tag{16}$$

und für den Differentialquotienten

$$\frac{d\eta}{d\xi} = \frac{1}{2}\left(e^{\frac{\xi}{a}} - e^{-\frac{\xi}{a}}\right). \tag{17}$$

Für die beiden letzten Funktionen von ξ hat man kürzere Zeichen eingeführt. Es gilt

$$\left.\begin{aligned} \frac{1}{2}\left(e^{\frac{\xi}{a}} + e^{-\frac{\xi}{a}}\right) &= \mathfrak{Cos}\,\frac{\xi}{a} \\ \frac{1}{2}\left(e^{\frac{\xi}{a}} - e^{-\frac{\xi}{a}}\right) &= \mathfrak{Sin}\,\frac{\xi}{a}. \end{aligned}\right\} \tag{18}$$

Man überzeugt sich leicht von der Gültigkeit des Satzes

$$\mathfrak{Cos}^2 \frac{\xi}{a} - \mathfrak{Sin}^2 \frac{\xi}{a} = 1. \tag{19}$$

Um einige weitere Beziehungen abzuleiten, schreiben wir das Argument vorläufig kürzer $= x$.

Mittels der Identitäten

$$x = \frac{x+y}{2} + \frac{x-y}{2}$$

$$y = \frac{x+y}{2} - \frac{x-y}{2}$$

findet sich leicht

$$\left.\begin{aligned} \mathfrak{Sin}\, x + \mathfrak{Sin}\, y &= 2\, \mathfrak{Sin} \frac{x+y}{2} \mathfrak{Cos} \frac{x-y}{2} \\ \mathfrak{Cos}\, x + \mathfrak{Cos}\, y &= 2\, \mathfrak{Cos} \frac{x+y}{2} \mathfrak{Cos} \frac{x-y}{2} \\ \mathfrak{Sin}\, x - \mathfrak{Sin}\, y &= 2\, \mathfrak{Cos} \frac{x+y}{2} \mathfrak{Sin} \frac{x-y}{2} \\ \mathfrak{Cos}\, x - \mathfrak{Cos}\, y &= 2\, \mathfrak{Sin} \frac{x+y}{2} \mathfrak{Sin} \frac{x-y}{2}\,. \end{aligned}\right\} \tag{20}$$

Setzt man

$$\frac{x+y}{2} = \xi, \quad \frac{x-y}{2} = \eta$$

so wird

$$x = \xi + \eta, \ y = \xi - \eta,$$

und die Formeln lauten (nach Vertauschung von ξ mit x und η mit y):

$$\left.\begin{aligned} \mathfrak{Sin}\, x\, \mathfrak{Sin}\, y &= \frac{1}{2} \mathfrak{Cos}\,(x+y) - \frac{1}{2} \mathfrak{Cos}\,(x-y) \\ \mathfrak{Cos}\, x\, \mathfrak{Cos}\, y &= \frac{1}{2} \mathfrak{Cos}\,(x+y) + \frac{1}{2} \mathfrak{Cos}\,(x-y) \\ \mathfrak{Sin}\, x\, \mathfrak{Cos}\, y &= \frac{1}{2} \mathfrak{Sin}\,(x+y) + \frac{1}{2} \mathfrak{Sin}\,(x-y) \\ \mathfrak{Cos}\, x\, \mathfrak{Sin}\, y &= \frac{1}{2} \mathfrak{Sin}\,(x+y) - \frac{1}{2} \mathfrak{Sin}\,(x-y) \end{aligned}\right\} \tag{21}$$

Durch geeignetes Addieren und Subtrahieren je zweier dieser Formeln entsteht dann

$$\left.\begin{aligned} \mathfrak{Sin}\,(x \pm y) &= \mathfrak{Sin}\,x\;\mathfrak{Cos}\,y \pm \mathfrak{Cos}\,x\;\mathfrak{Sin}\,y \\ \mathfrak{Cos}\,(x \pm y) &= \mathfrak{Cos}\,x\;\mathfrak{Cos}\,y \pm \mathfrak{Sin}\,x\;\mathfrak{Sin}\,y. \end{aligned}\right\} \qquad (22)$$

Der Aufbau dieser Formeln erinnert an die Kreisfunktionen sin und cos; wir schreiben für das letzte Formelsystem analog an:

$$\sin(x \pm y) = \sin x\, \cos y \pm \cos x\, \sin y$$

$$\cos(x \pm y) = \cos x\, \cos y \pm \sin x\, \sin y.$$

Man nennt die Funktionen $\mathfrak{Sin}$ und $\mathfrak{Cos}$ den „hyperbolischen Sinus“ bzw. „Cosinus“. Diese Bezeichnung hat ihren Grund in folgendem geometrischen Zusammenhang:

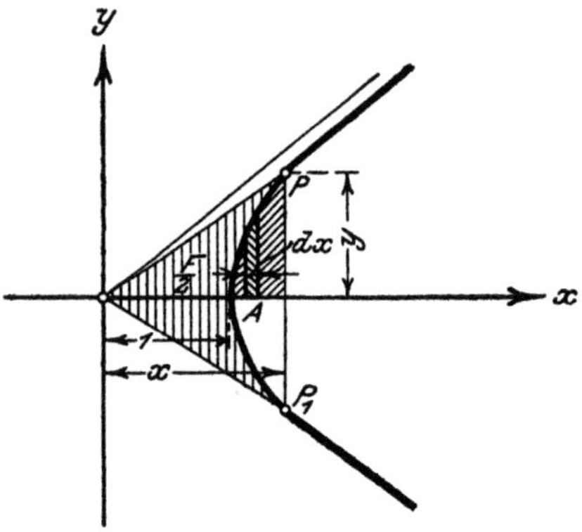

Fig. 88. Definition der Hyperbelfunktionen.

In der Figur 88 sei eine gleichseitige Hyperbel der Gleichung $x^2 - y^2 = 1$ gezeichnet. Dann ist die halbe Scheiteldistanz $OA = 1$. Wir berechnen nunmehr den Flächeninhalt F des Hyperbelsektors $OPAP_1$ ($PP_1 \perp OX$) in Abhängigkeit von der Abszisse x oder der Ordinate y des Punktes P. Aus der Figur liest man sofort ab:

$$\frac{F}{2} = \frac{xy}{2} - \int_1^x y\, dx. \qquad (23)$$

Nach der Hyperbelgleichung ist aber

$$y = \sqrt{x^2 - 1},$$

mithin

$$\frac{F}{2} = \frac{x\sqrt{x^2-1}}{2} - \int_1^x \sqrt{x^2-1}\, dx.$$

Der Wert des Integrals steht in jeder Formelsammlung, z. B. Hütte 20. A., S. 75. Es ist

$$\int_1^x \sqrt{x^2-1}\, dx = \frac{x}{2}\sqrt{x^2-1} - \frac{1}{2}\lg\left(x + \sqrt{x^2-1}\right).$$

also wird

$$F = \lg (x + \sqrt{x^2-1}). \qquad (24)$$

Diese Gleichung ist nach x auflösbar.

$$e^F = x + \sqrt{x^2 - 1}$$

$$e^{2F} - 2\,x e^F + x^2 = x^2 - 1$$

$$x = \frac{e^{2F} + 1}{2\,e^F} = \frac{1}{2}\left(e^F + e^{-F}\right). \qquad (25)$$

Führt man die Rechnung analog für y durch, so erhält man

$$y = \frac{1}{2}\,(e^F - e^{-F}). \qquad (25\text{a})$$

Durch diese beiden Formeln wird die Abhängigkeit der Abszisse x und der Ordinate y vom Hyperbelflächeninhalt statuiert.

Eine analoge Betrachtung führen wir am Kreise Fig. 89 aus

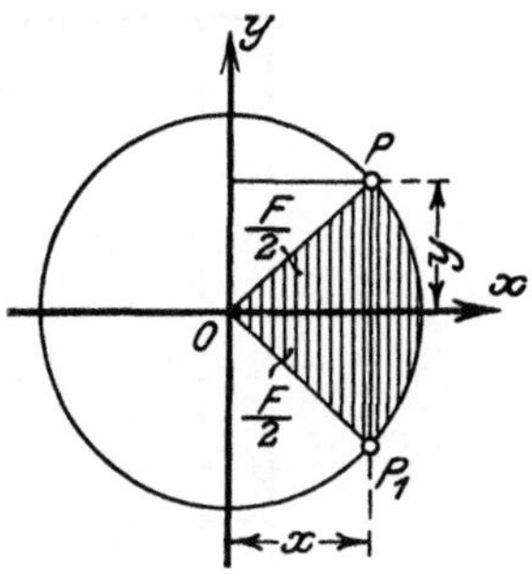

Fig. 89. Definition der Kreisfunktionen.

$$x^2 + y^2 = 1.$$

Es ist der halbe Flächeninhalt des Kreissektors

$$\frac{F}{2} = \frac{xy}{2} + \int_x^1 y\,dx \qquad (26)$$

$$= x\,\frac{\sqrt{1-x^2}}{2} + \int_x^1 \sqrt{1-x^2}\,dx.$$

Der Wert des Integrals findet sich in der Hütte an derselben Stelle

$$\int_x^1 \sqrt{1-x^2}\,dx = \frac{1}{2}\,(\arcsin 1 - \mathrm{x}\sqrt{1-x^2} - \arcsin x)$$

Hiermit wird aber

$$F = \arcsin 1 - \arcsin x = \arccos x \qquad (27)$$

und nach x aufgelöst

$$x = \cos F. \qquad (28)$$

Entsprechend ergibt sich für die Ordinate

$$y = \sin F. \tag{28a}$$

Diese beiden Formeln sind die Analoga zu den oben bei der Hyperbel abgeleiteten, und es bedarf keiner weiteren Begründung für die Abkürzung für (25) und (25a)

$$x = \mathfrak{Cof}\, F$$

und

$$y = \mathfrak{Sin}\, F.$$

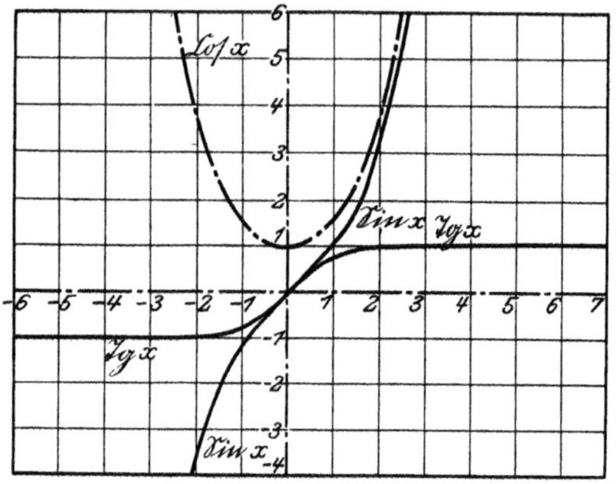

Fig. 90. Die drei Hyperbelfunktionen.

Wir kehren nunmehr zur Schreibweise $\mathfrak{Cof}\, x$ bzw. $\mathfrak{Sin}\, x$ zurück und bemerken, daß aus der Beziehung zur Exponentialfunktion e^x sofort eine Reihenwicklung für die beiden Funktionen folgt. Es ist

$$\left.\begin{aligned} \mathfrak{Cof}\, x &= 1 + \frac{x^2}{2!} + \frac{x^4}{4!} + \frac{x^6}{6!} + \ldots \\ \mathfrak{Sin}\, x &= x + \frac{x^3}{3!} + \frac{x^5}{5!} + \frac{x^7}{7!} + \ldots \end{aligned}\right\}^{22)} \tag{29}$$

Aus diesen Entwicklungen ergibt sich ohne weiteres

$$\left.\begin{aligned} \mathfrak{Cof}\,(-x) &= \mathfrak{Cof}\, x \\ \mathfrak{Sin}\,(-x) &= -\mathfrak{Sin}\, x, \end{aligned}\right\} \tag{30}$$

d. h. $\mathfrak{Cof}$ ist eine gerade Funktion, $\mathfrak{Sin}$ eine ungerade.

Ferner wird

$$\left.\begin{aligned} \mathfrak{Sin}\,0 &= 0;\ \mathfrak{Sin}\,\infty = \infty \\ \mathfrak{Cof}\,0 &= 1;\ \mathfrak{Cof}\,\infty = \infty. \end{aligned}\right\} \tag{31}$$

Den weiteren Verlauf entnimmt man am besten aus der Figur, die nach einer der Tafeln für diese Funktionen, der gezeichnet ist [23]).

Die Figur enthält noch die Funktion hyperbolischer Tangens, die definiert wird durch den Ansatz

$$\mathfrak{Tg}\,x = \frac{\mathfrak{Sin}\,x}{\mathfrak{Cof}\,x} = x - \frac{x^3}{3} + \frac{2\,x^5}{15} - \frac{17\,x^7}{315} + - \ldots. \tag{32}$$

Für die $\mathfrak{Tg}$-Funktion gelten analoge Additionsformeln wie für $\mathfrak{Sin}$ und $\mathfrak{Cof}$, die wir nicht besonders anschreiben.

Wir kehren nun zur Kettenlinie zurück. Für die Ordinate hatten wir gefunden

$$\eta = a\,\mathfrak{Cof}\,\frac{\xi}{a}$$

für den Richtungstangens

$$\frac{d\eta}{d\xi} = \mathfrak{Sin}\,\frac{\xi}{a}.$$

Ferner leiten wir aus der Formel (4)

$$H\,d\,\frac{d\eta}{d\xi} = \gamma\,ds$$

für die Bogenlänge S die Beziehung ab

$$S = a\,\frac{d\eta}{d\xi} = a\,\mathfrak{Sin}\,\frac{\xi}{a}.$$

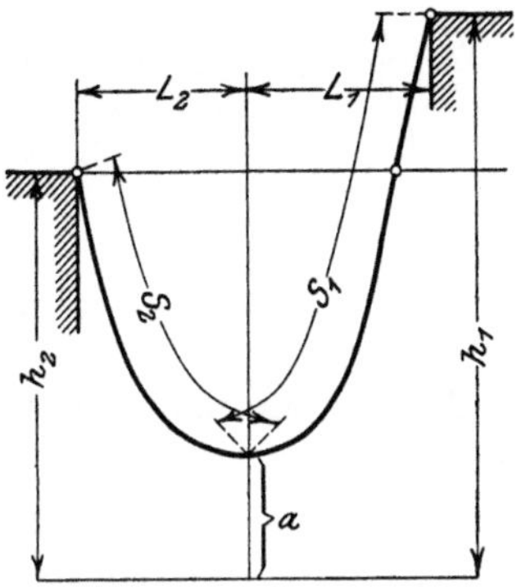

Fig. 91. Berechnung des Durchhangs einer gegebenen Kette.

Nunmehr können wir die Verhältnisse einer Kette der Länge $2S$ untersuchen, die zwischen zwei Punkten aufgehängt wird, die die Horizontalentfernung $L_1 + L_2 = 2L$ und die Vertikalentfernung $H_1 - H_2 = 2H$ haben.

Nach der Figur 91 schreiben wir an:

$$S_1 = a\,\mathfrak{Sin}\,\frac{L_1}{a},$$

$$S_2 = a\,\mathfrak{Sin}\,\frac{L_2}{a}$$

und

$$2\,S = S_1 + S_2 = a\left(\mathfrak{Sin}\,\frac{L_1}{a} + \mathfrak{Sin}\frac{L_2}{a}\right).$$

Hier sind L_1 und L_2 mit ihren absoluten Werten einzusetzen. Nach Formel (20) folgt

$$2\,S = 2\,a\,\mathfrak{Sin}\,\frac{L_1 + L_2}{2\,a}\,\mathfrak{Cos}\,\frac{L - L_2}{2\,a}.$$

$$S = a\,\mathfrak{Sin}\,\frac{L}{a}\,\mathfrak{Cos}\,\frac{L_1 - L_2}{2\,a}. \tag{33}$$

Ferner gilt

$$h_1 = a\,\mathfrak{Cos}\,\frac{L_1}{a},\quad h_2 = a\,\mathfrak{Cos}\,\frac{L_2}{a}$$

und durch Subtraktion

$$2\,H = h_1 - h_2 = a\left(\mathfrak{Cos}\,\frac{L_1}{a} - \mathfrak{Cos}\,\frac{L_2}{a}\right)$$

$$= 2\,a\,\mathfrak{Sin}\,\frac{L_1 + L_2}{2\,a}\cdot\mathfrak{Sin}\,\frac{L_1 + L_2}{2\,a}$$

$$H = a\,\mathfrak{Sin}\,\frac{L}{a}\cdot\mathfrak{Sin}\,\frac{L_1 + L_2}{2\,a} \tag{34}$$

Quadriert man jetzt Formel (33) und (34) und subtrahiert (34) von (33), folgt

$$S^2 - H^2 = a^2\,\mathfrak{Sin}^2\,\frac{L}{a}\left(\mathfrak{Cos}^2\,\frac{L_1 - L_2}{2\,a} - \mathfrak{Sin}^2\,\frac{L_1 - L_2}{2\,a}\right).$$

Der Klammerausdruck ist jedoch $= 1$, und so ergibt sich

$$a\,\mathfrak{Sin}\,\frac{L}{a} = \sqrt{S^2 - H^2}. \tag{35}$$

Schreibt man das Ergebnis in der Form

$$\frac{\mathfrak{Sin}\,\frac{L}{a}}{\frac{L}{a}} = \frac{\sqrt{S^2 - H^2}}{L} \tag{36}$$

so kann man bei gegebenem S, H, L diese Gleichung nach $\frac{L}{a}$ auflösen, was mit Hilfe der Tafeln oder der Kurven sehr leicht ist [24]).

Es sei z. B. die Kettenlänge $2S = 100$ m, die Entfernung $2L = 50$ m, die Höhendifferenz $2H = 20$ m. Dann ist

$$\frac{\sqrt{S^2 - H^2}}{L} = \frac{\sqrt{2500 - 100}}{25} = \frac{48{,}99}{25}.$$
$$= 1{,}96.$$

Die Beziehung

$$\frac{\mathfrak{Sin}\, x}{x} = 1{,}96$$

findet aber statt für $x = \frac{L}{a} = 2{,}15$, d. h. es ist

$$a = \frac{L}{2{,}15} = \frac{25}{2{,}15} = 11{,}6 \text{ m}.$$

Wiegt die Kette nun $\gamma = 20$ kg/lfd. m, so wird der Horizontalzug H

$$H = a \cdot \gamma = 232 \text{ kg}.$$

§ 30. Genaue Form der Differentialgleichung der elastischen Linie.

Die Gleichung (11) des § 26 kann ebenfalls nach der Methode des § 28 gelöst werden mittels der Substitution

$$\frac{dy}{dx} = p. \tag{1}$$

Wir erhalten hiermit

$$\frac{dp}{dx} : [1 + p^2]^{\frac{3}{2}} = f(x) \tag{2}$$

und nach Trennung der Variabeln p und x

$$\frac{dp}{(1 + p^2)^{\frac{3}{2}}} = f(x)\, dx. \tag{3}$$

Durch Integration folgt hieraus

$$\frac{p}{\sqrt{1 + p^2}} = \int f(x)\, dx + C_1. \tag{4}$$

Diese Gleichung kann man nach p auflösen

$$p = \frac{dy}{dx} = \frac{\int f(x)\,dx + C_1}{\sqrt{1 - [\int f(x)\,dx + C_1]^2}} \tag{5}$$

und nach nochmaliger Integration

$$y = \int \frac{\int f(x)\,dx + C_1}{\sqrt{1 - [\int f(x)\,dx + C_1]^2}}\,dx + C_2. \tag{6}$$

Im Falle des Ansatzes (7) § 26 mit

$$f(x) = \frac{1}{EJ} P(l - x) \tag{7}$$

findet man

$$p = \frac{\frac{P}{EJ}\left(lx - \frac{x^2}{2}\right) + C_1}{\sqrt{1 - \left[\frac{P^2}{E^2J^2}\left(lx - \frac{x^2}{2}\right)^2 + 2\frac{P}{EJ}\left(lx - \frac{x^2}{2}\right)C_1 + C_1^2\right]}} \tag{8}$$

aus der sich wegen der Bedingung

$$p = \frac{dy}{dx} = 0 \text{ für } x = 0$$

findet

$$0 = \frac{C_1}{\sqrt{1 - C_1^2}} \tag{9}$$

oder

$$C_1 = 0.$$

Mithin wird

$$\frac{dy}{dx} = \frac{\frac{P}{EJ}\left(lx - \frac{x^2}{2}\right)}{\sqrt{1 - \frac{P^2}{E^2J^2}\left(lx - \frac{x^2}{2}\right)^2}} \tag{10}$$

und

$$y = \int \frac{\frac{P}{EJ}\left(lx - \frac{x^2}{2}\right)}{\sqrt{1 - \frac{P^2}{E^2J^2}\left(lx - \frac{x^2}{2}\right)^2}}\,dx + C_2 \tag{11}$$

Dieses Integral kann man durch die Substitutionen

$$\left.\begin{aligned} \frac{P}{EJ}\left(lx-\frac{x^2}{2}\right) &= \xi \\ x &= l \pm \sqrt{l^2-\frac{2EJ}{P}\xi} \\ dx &= \mp\frac{\beta\,d\xi}{2\sqrt{\alpha-\beta\xi}} \\ \alpha = l^2,\ \beta &= \frac{2EJ}{P} \end{aligned}\right\} \tag{11a}$$

überführen in

$$y = -\int\frac{\beta\,\xi\,d\xi}{2\sqrt{1-\xi^2}\sqrt{\alpha-\beta\xi}} + C_2 \tag{12}$$

welches ein elliptisches Integral ist. Die Benutzung des genauen Wertes für die Krümmung der elastischen Linie führt also schon im einfachen Falle des einseitig eingespannten Balkens zu Verwickelungen, deren eingehendere Untersuchung uns hier zu weit führen würde.

§ 31. Eindimensionale Differentialgleichungen.

Beispiel: Formänderung eines dickwandigen Rohres nach Föppl.

Gibt man den Variabeln x und y bestimmte Dimensionen, die dann auch den Differentialen dx und dy zukommen, so kann man auch für jedes Glied einer Differentialgleichung eine bestimmte Dimension angeben.

Seien z. B. die Dimensionen von x und $y = 1$, so sind folgende weitere Dimensionen festzustellen:

$$\operatorname{Dim}\left[\frac{dy}{dx}\right] = 0;\ \operatorname{Dim}\left[m\,x^2\left(\frac{dy}{dx}\right)^2\right] = 2;$$

$$\operatorname{Dim}\left[\frac{d^2y}{dx^2}\right] = -1;\ \operatorname{Dim}\left[\sqrt{m\,x^2\left(\frac{dy}{dx}\right)^2 + y^2}\right] = 1,$$

wobei augenommen ist, daß m eine Zahl bedeutet. Untersucht man in dieser Weise alle Glieder einer gegebenen Differentialgleichung, und finden sich diese dabei sämtlich von gleicher Dimension, dann heißt die Differentialgleichung „eindimensional", wobei es vorkommen kann, daß man x und y verschiedene Dimensionen zuteilen muß, um Eindimensionalität zu erreichen.

Zunächst betrachten wir den Fall, in welchem sowohl x wie y von der ersten Dimension sind. Hier gelangt man zu einer Erniedrigung der Ordnung der vorgelegten Differentialgleichung, wenn man sowohl für x wie für y neue Variable ϑ und z einführt mit Hilfe der Substitutionsgleichungen

$$x = e^{\vartheta}; \; y = z \cdot e^{\vartheta}. \tag{1}$$

Hier folgt durch Differentiation

$$\frac{dy}{dx} = \frac{dy}{d\vartheta}\,\frac{d\vartheta}{dx} = \left(\frac{dz}{d\vartheta} \cdot e^{\vartheta} + z\,e^{\vartheta}\right)\frac{d\vartheta}{dx}. \tag{2}$$

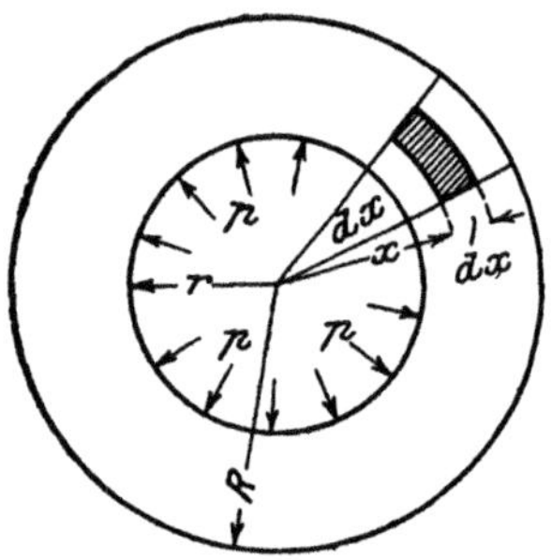

Fig. 92. Dickwandiges Rohr mit innerem Überdruck.

Da aber

$$\frac{dx}{d\vartheta} = e^{\vartheta} \tag{3}$$

und mithin

$$\frac{d\vartheta}{dx} = e^{-\vartheta} \tag{4}$$

ist, so ergibt sich

$$\frac{dy}{dx} = \frac{dz}{d\vartheta} + z. \tag{5}$$

Analog ergibt sich

$$\frac{d^2y}{dx^2} = \left(\frac{d^2z}{d\vartheta^2} + \frac{dz}{d\vartheta}\right) e^{-\vartheta}. \tag{6}$$

Mittels der Formeln (1), (5) und (6) kann man die Substitution bei eindimensionalen Differentialgleichungen zweiter Ordnung durchführen.

Wir betrachten die Differentialgleichung der Formänderung eines dickwandigen Rohres unter innerem Überdruck.

In der Figur 92 sei der Querschnitt des Rohres gezeichnet, wobei die Länge des Rohres = 1 gesetzt wird; Formänderungen in Richtung der Rohrachse bleiben von der Betrachtung ausgeschlossen.

Zur Grundlage der Untersuchung wird diejenige Verlängerung u gemacht, welche ein nach einem Punkte der Rohrwand gezogener Radius x unter Einfluß des Innendruckes p erfährt. Ist diese Verlängerung u als Funktion von x gefunden, dann ist es möglich, die spezifische Radialdehnung ε_r und die Tangentialdehnung ε_t zu berechnen. Letztere findet sich durch den Quotienten

$$\frac{\text{Verlängerung des Kreisumfangs}}{\text{Ursprünglicher Kreisumfang}} = \varepsilon_t = \frac{2\pi u}{2\pi x} = \frac{u}{x}. \tag{7}$$

Die Radialdehnung ergibt sich durch Betrachtung der Längenänderung, die eine radial gerichtete Elementarstrecke $AB = dx$ (siehe Figur 93) erfährt. Der Endpunkt A des Radius $x = MA$ verschob sich, wie oben festgesetzt, um die Strecke u. Dementsprechend verschiebt sich der Endpunkt B des Radius

$$x + dx = MB$$

um die Strecke $u + du$.

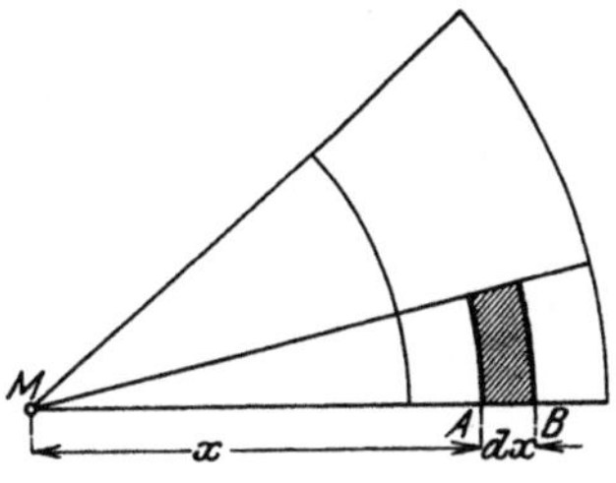

Fig. 93. Berechnung der Radialdehnung des Rohres.

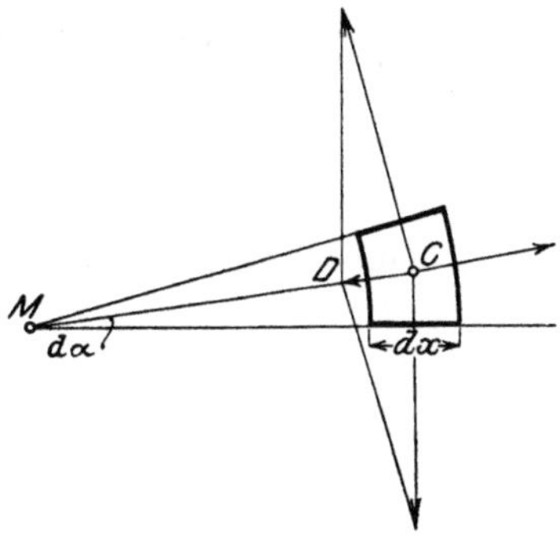

Fig. 94. Gleichgewicht der Spannungen an einem Element der Rohrwand.

Folglich verlängert sich das Element dx um den Betrag du, mithin ist die spezifische Radialdehnung an der betreffenden Stelle

$$\varepsilon_r = \frac{du}{dx}. \tag{8}$$

Zur Gewinnung eines weiteren Ansatzes betrachten wir nunmehr die gegenseitige Wirkung der Spannungen an einem Element der Rohrwand, welches, wie in der Figur 94 gezeichnet, herausgeschnitten sei.

Die in tangentialer Richtung angreifenden Spannungen σ_t sind auf beiden Seiten des Elementes gleich; die sich aus ihnen ergebenden Gesamtkräfte sind $\sigma_t \cdot dx$ und ihre Resultierende $CD = d\alpha \cdot \sigma_t \cdot dx$.

Die radial nach innen angreifende Spannung sei σ_r; die am Element angreifende entsprechende Gesamtkraft $= x\, d\alpha \cdot \sigma_r$. Auf der Außenseite des Elementes greift nun die Spannung $\sigma_r + d\sigma_r$ an; die ihr entsprechende Gesamtkraft ist

$$(\sigma_r + d\sigma_r)\,(x + dx) \cdot d\alpha.$$

Multipliziert man diesen Ausdruck aus, so findet sich

$$(\sigma_r x + x\, d\sigma_r + \sigma_r \cdot dx + d\sigma_r \cdot dx)\, d\alpha.$$

Hier wird das letzte Glied $d\sigma_r \cdot dx$ als klein gegen die übrigen vernachlässigt, und das zweite und dritte werden in

$$d(x\sigma_r)$$

zusammengezogen.

Nach diesen Festsetzungen ergibt sich als Resultierende der beiden Radialkräfte

$$d(x\sigma_r) \cdot d\alpha.$$

Zwischen dieser und der Resultierenden der Tangentialkräfte muß jedoch Gleichgewicht bestehen, woraus folgt

$$d\alpha \cdot \sigma_t \cdot dx = d(x\sigma_r) \cdot d\alpha.$$

Nach Hebung von $d\alpha$ und nach Division mit dx folgt

$$\sigma_t = \frac{d(x\,\sigma_r)}{dx} \tag{9}$$

Die Verbindung dieser Formel mit den oben entwickelten Dehnungen ε_t und ε_r verlangt die Heranziehung eines Elastizitätsgesetzes. Unter einem Elastizitätsgesetz verstehen wir eben eine Beziehung zwischen Spannungen und Dehnungen. Wir legen hier das Hookesche Gesetz zugrunde, welches in seiner allgemeineren Form für longitudinale und transversale Spannungen (Tangential- und Radialspannungen) lautet:

$$\varepsilon_t = \frac{1}{E}\left(\sigma_t - \frac{1}{\mathrm{m}}\sigma_r\right); \quad \varepsilon_r = \frac{1}{\mathrm{E}}\left(\sigma_r - \frac{1}{\mathrm{m}}\sigma_t\right), \tag{10}$$

wo E den Elastizitätsmodul und m das Verhältnis der Längsdehnung zur Querkontraktion bedeutet.

Diese beiden Gleichungen löst man nach σ_t und σ_r auf:

$$\sigma_t = \frac{m\,E}{m^2-1}(m\,\varepsilon_t + \varepsilon_r)\,; \quad \sigma_r = \frac{m\,E}{m^2-1}(m\,\varepsilon_r + \varepsilon_t) \tag{11}$$

und nun ist man in der Lage, die Dehnungen

$$\varepsilon_t = \frac{u}{x} \quad \text{und} \quad \varepsilon_r = \frac{du}{dx} \tag{12}$$

einzuführen. Es ergibt sich

$$\sigma_t = \frac{m\,E}{m^2-1}\left(m\,\frac{u}{x} + \frac{du}{dx}\right); \qquad \sigma_r = \frac{m\,E}{m^2-1}\left(m\,\frac{du}{dx} + \frac{u}{x}\right) \tag{13}$$

Diese Werte für σ_t und σ_r setzt man in Gleichung (9) ein, wodurch sich ergibt

$$\frac{m\,E}{m^2-1}\left(m\,\frac{u}{x} + \frac{du}{dx}\right) = \frac{d}{dx}\left[\frac{mE}{m^2-1}\,x\left(m\frac{du}{dx} + \frac{u}{x}\right)\right] \tag{14}$$

Dividiert man mit $\frac{mE}{m^2-1}$ und führt die Differentiation auf der rechten Seite aus, so resultiert die Differentialgleichung zweiter Ordnung[25])

$$\frac{d^2u}{dx^2} + \frac{1}{x}\,\frac{du}{dx} - \frac{u}{x^2} = 0 \tag{15}$$

Diese Differentialgleichung ist „eindimensional" in dem eingangs angegebenen Sinne.

Führen wir mit $u = y$ die Substitutionen (1), (5) und (6) aus, so vereinfacht sich die Gleichung zu

$$\frac{d^2z}{d\vartheta^2} + 2\,\frac{dz}{d\vartheta} = 0 \tag{16}$$

welche sich mit

$$\frac{dz}{d\vartheta} = p \tag{17}$$

vom ersten Grade erweist.

Wir haben also nur die Gleichung

$$\frac{dp}{d\vartheta} + 2p = 0 \tag{18}$$

zu integrieren, welche das allgemeine Integral

$$\vartheta = C_1 - \frac{1}{2}\lg p \tag{19}$$

oder

$$p = e^{2(C_1-\vartheta)} \tag{20}$$

ergibt.

Zur Ermittlung von z greifen wir jetzt auf Gleichung (17) zurück, indem wir den soeben ermittelten Wert von p einführen. Die Integration von

$$dz = e^{2(C_1-\vartheta)}\,d\vartheta \tag{21}$$

liefert mit einer zweiten Integrationskonstanten

$$z = C_2 - \frac{1}{2}\,e^{2(C_1-\vartheta)} \tag{22}$$

Aus (22) leiten wir nun das gesuchte Integral u ab wie folgt:

$$u = xz = x\left(C_2 - \frac{1}{2}\,e^{2(C_1-\theta)}\right) \tag{23}$$

Führen wir hier nun die Substitutionsgleichung (1) wieder ein mit

$$e^{\theta} = x \tag{24}$$

so ergibt sich als allgemeines Integral

$$u = x\left(C_2 - \frac{1}{2}\,\frac{e^{2C_1}}{x^2}\right) \tag{25}$$

und wenn man hier setzt

$$C_2 = A, \qquad -\frac{1}{2}\,e^{2C_1} = B$$

so wird

$$u = Ax + \frac{B}{x} \tag{26}$$

wo A und B die erforderlichen beiden Integrationskonstanten sind.

Zur Ermittlung dieser gehen wir auf die Gleichung (13) für σ_r zurück, in welche wir (26) einführen. Wir erhalten:

$$\begin{aligned}\sigma_r &= \frac{mE}{m^2-1}\left\{m\left(A - \frac{B}{x^2}\right) + A + \frac{B}{x^2}\right\}\\ &= \frac{mE}{m^2-1}\left\{A\,(m+1) - \frac{B}{x^2}\,(m-1)\right\}\\ &= \frac{mE}{m-1}\,A - \frac{mE}{m+1}\,\frac{B}{x^2}\end{aligned}$$

und mit

$$\frac{m E}{m-1} A = A_1, \quad \frac{m E}{m+1} B = B_1$$

$$\sigma_r = A_1 - \frac{B_1}{x^2}. \tag{27}$$

Zur Bestimmung von A_1 und B_1 führt jetzt die Bemerkung, daß für $x = r$, d. h. im Innern des Rohres, die Radialspannung gleich dem Überdruck p sein muß, der mit negativem Vorzeichen zu versehen ist, weil es sich um Druckspannung handelt.

Ferner muß für $x = R$, also außerhalb, die Radialspannung $=$ Null sein. Wir erhalten also die Bedingungsgleichungen

$$\text{für } x = r: -p = A_1 - \frac{B_1}{r^2}$$

$$\text{für } x = R: \quad 0 = A_1 - \frac{B_1}{R^2}$$

aus denen durch Auflösung nach A_1 bzw. B_1 folgt

$$A_1 = \frac{p r^2}{R^2 - r^2}$$

$$B_1 = \frac{p R^2 r^2}{R^2 - r^2}$$

wodurch sich dann die Formänderung u endgültig findet zu

$$u = p \cdot \frac{r^2}{m E (R^2 - r^2)} \left\{ (m-1) x + (m+1) \frac{R^2}{x} \right\} \tag{28}$$

§ 32. Einführung der Störungsfunktion. Kreisförmige Platte.

Die genauere Theorie der kreisförmigen gleichmäßig belasteten Platte führt (vgl. Föppl, Vorlesungen über technische Mechanik III) auf folgende Differentialgleichung

$$\frac{d^2 \varphi}{d x^2} + \frac{1}{x} \frac{d \varphi}{d x} - \frac{\varphi}{x^2} = - \frac{6 (m^2 - 1)}{m^2 E h^3} p x \tag{1}$$

wo bedeuten

φ die Winkel, die die Normalen der Plattenelemente nach der Biegung mit der Mittellinie bilden;

x der Abstand eines Plattenelementes von der Mitte;

$\frac{1}{m}$ die Poissonsche Konstante;
E den Elastizitätsmodul;
h die Plattendicke;
p den Druck, der auf die eine Plattenseite ausgeübt wird.

Setzen wir in (1) die rechte Seite vorläufig = Null, so erhalten wir

$$\frac{d^2\varphi}{dx^2} + \frac{1}{x}\frac{d\varphi}{dx} - \frac{\varphi}{x^2} = 0 \tag{2}$$

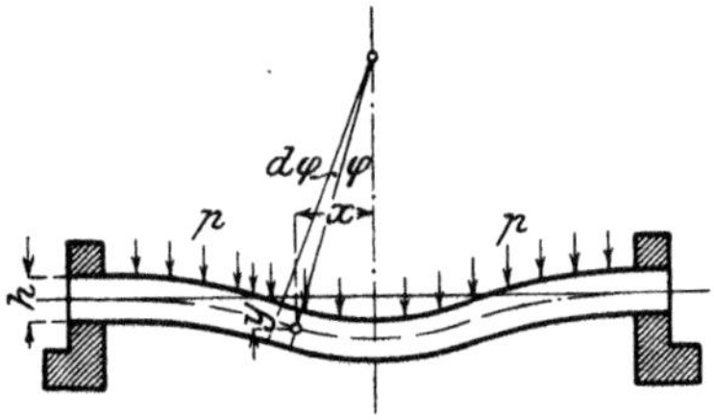

Fig. 95. Formänderung der kreisförmigen Platte.

Diese Differentialgleichung ist aber identisch mit Gleichung (15) des § 31 und hat demnach das allgemeine Integral

$$\varphi = A\,x + \frac{B}{x} \tag{3}$$

Um nun von hier aus zum allgemeinen Integral der Gleichung (1) zu gelangen, setzt man voraus, daß dieses dieselbe Form habe wie (3), nur mit dem Unterschied, daß A und B jetzt Funktionen von x sind, die man bestimmen muß.

Den durchzuführenden Prozeß nehmen wir sogleich an einer ziemlich allgemeinen Differentialgleichung zweiter Ordnung vor, nämlich

$$\frac{d^2y}{dx^2} + P_1(x)\frac{dy}{dx} + P_2(x)\,y = P_3(x) \tag{4}$$

(vgl. § 24), zu der

$$\frac{d^2y}{dx^2} + P_1(x)\frac{dy}{dx} + P_2(x)\,y = 0 \tag{5}$$

das Analogon zu (2) bildet.

Man nennt die Gleichung (5) die gegenüber (4) reduzierte Gleichung. Die auf der rechten Seite von (4) auftretende Funktion $P_3(x)$ heißt Störungsfunktion.

Es seien nun y_1 und y_2 zwei auf irgendeine Weise gefundene voneinander unabhängige partikuläre Lösungen von (5), mit deren Hilfe wir das allgemeine Integral von (4) in der Form ansetzen:

$$y = Q_1(x) y_1 + Q_2(x) y_2 \tag{6}$$

Die Differentiation dieses Ansatzes liefert

$$\frac{dy}{dx} = Q_1' y_1 + Q_1 y_1' + Q_2' y_2 + Q_2 y_2'. \tag{7}$$

Da Q_1 und Q_2 unbekannt sind, können wir für sie eine Bedingung willkürlich vorschreiben. Wir wählen als Bedingung den Ansatz

$$Q_1' y_1 + Q_2' y_2 = 0, \tag{8}$$

wodurch sich (7) vereinfacht zu

$$\frac{dy}{dx} = Q_1 y_1' + Q_2 y_2'. \tag{9}$$

Eine abermalige Differentiation liefert hier

$$\frac{d^2 y}{dx^2} = Q_1' y_1' + Q_1 y_1'' + Q_2' y_2' + Q_2 y_2''. \tag{10}$$

Nunmehr führen wir die Ausdrücke für $y, \frac{dy}{dx}, \frac{d^2 y}{dx^2}$ [Gleichung (6), (9), (10)] in Gleichung (4) ein und erhalten nach gehöriger Ordnung

$$Q_1(y_1'' + P_1 y_1' + P_2 y_1) + Q_2(y_2'' + P_1 y_2' + P_2 y_2) + y_1' Q_1' + y_2' Q_2' = P_3. \tag{11}$$

Da aber, wie vorausgesetzt, y_1 und y_2 der Gleichung (5) genügen, so bleibt von (11) nur übrig

$$y_1' Q_1' + y_2' Q_2' = P_3. \tag{12}$$

Diese Gleichung reicht im Verein mit Gleichung (8) aus zur Bestimmung von Q_1' und Q_2'. Man erhält durch gewöhnliche Auflösung dieser Gleichungen nach Q_1' und Q_2'

$$\left. \begin{aligned} Q_1' &= \frac{P_3 y_2}{y_2 y_1' - y_1 y_2'} \\ Q_2' &= \frac{P_3 y_1}{y_1 y_2' - y_2 y_1'}. \end{aligned} \right\} \tag{13}$$

Q_1 und Q_2 selber finden sich durch einfache Integration

$$\left. \begin{aligned} Q_1 &= \int \frac{y_2 P_3 \, dx}{y_2 y_1' - y_1 y_2'} + A \\ Q_2 &= \int \frac{y_1 P_3 \, dx}{y_1 y_2' - y_1' y_2} + B \end{aligned} \right| \tag{14}$$

so daß das allgemeine Integral von (4) lautet:

$$y = Q_1 y_1 + Q_2 y_2 + A y_1 + B y_2 \tag{15}$$

Nunmehr wenden wir die durch (14) gegebene Vorschrift der Abkürzung auf die Differentialgleichung (1) an. Es ist mit

$$\frac{6\,(m^2-1)}{m^2 E h^3}\, p = N$$

$$\left.\begin{aligned} P_3 &= -N x \\ \varphi_1 &= x \\ \varphi_2 &= \frac{1}{x} \end{aligned}\right\} \tag{16}$$

$$Q_1 = -N \int \frac{\frac{1}{x}\, x\, dx}{\frac{1}{x} - x\left(-\frac{1}{x^2}\right)} + A$$

$$= -\frac{N}{2}\int x\, dx + A$$

$$= -\frac{N x^2}{4} + A \tag{17}$$

$$Q_2 = -N \int \frac{x\, x\, dx}{-x\frac{1}{x^2} - \frac{1}{x}} + B$$

$$= +\frac{N}{2}\int x^3\, dx + B$$

$$= +\frac{N}{8}\, x^4 + B \tag{18}$$

Aus (17) und (18) setzt sich dann nach Vorschrift von (15) das allgemeine Integral zusammen

$$\varphi = -\frac{N x^3}{4} + \frac{N x^3}{8} + A x + \frac{B}{x}$$

oder

$$\varphi = -\frac{N x^3}{8} + A x + \frac{B}{x} \tag{19}$$

In der gleichen Weise behandelt man die ebenfalls bei Föppl

vorkommende Differentialgleichung der Platte für eine in der Mitte angreifende Last P:

$$\frac{d^2\varphi}{dx^2} + \frac{1}{x}\frac{dy}{dx} - \frac{\varphi}{x^2} = -\frac{P}{x} \tag{20}$$

Man findet

$$Q_1 = -\frac{P}{2}\int\frac{1}{x}\,dx + A$$

$$Q_2 = +\frac{P}{2}\int x\,dx + B$$

und

$$\varphi = -\frac{P}{2}x\lg x + \left(A + \frac{P}{4}\right)x + \frac{B}{x}$$

$$= -\frac{P}{2}x\lg x + A_1 x + \frac{B}{x} \tag{21}$$

§ 33. Runges Methode zur angenäherten Integration von Differentialgleichungen.

I. Im § 5 haben wir den Inhalt eines Flächenstückes bzw. den Wert eines bestimmten Integrals als die Summe der Inhalte der Elementarrechtecke angenähert dargestellt.

Wir hatten für den Flächeninhalt (Fig. 96) bzw. für das bestimmte Integral den Ausdruck

$$\int_a^x f(x)\,dx$$

gefunden, und es war (angenähert)

$$y = \int_a^x f(x)\,dx = \sum_{\rho=0}^{\rho=n-1} \delta\cdot f(a+\varrho\,\delta); \qquad n\,\delta = x - a \tag{1}$$

Wenn man nun bedenkt, daß der Integralbeziehung

$$y = \int_a^x f(x)\,dx \tag{2}$$

die Differentialbeziehung

$$dy = f(x)\,dx \tag{3}$$

zugrunde liegt, aus der man die Differentialgleichung erster Ordnung

$$\frac{dy}{dx} = f(x) \tag{4}$$

ableiten kann, so sieht man, daß man in dem Ansatz (1)

$$y = \sum_{\rho=0}^{\rho=n-1} \delta \cdot f(a + \varrho\,\delta) \tag{5}$$

eine Vorschrift für die angenäherte Integration der Differentialgleichung (4)

$$\frac{dy}{dx} = f(x) \tag{6}$$

besitzt.

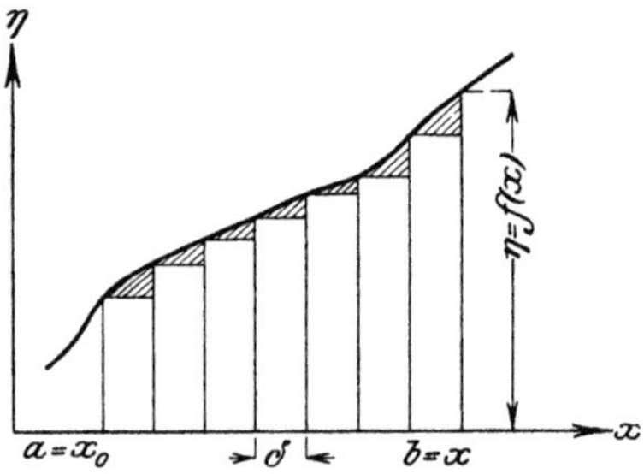

Fig. 96. Summierung einer Funktion.

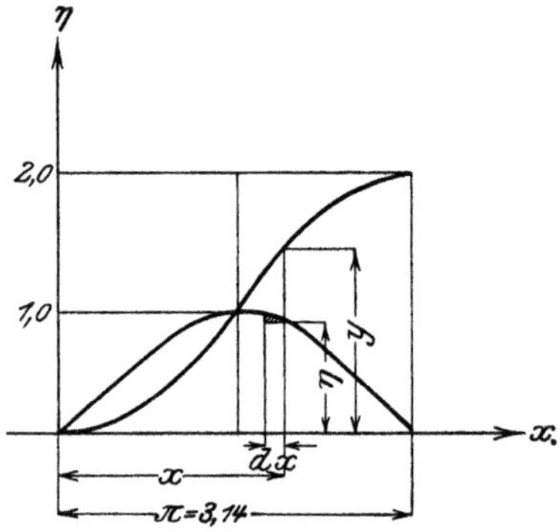

Fig. 97. Darstellung der Funktion $\sin x$ und $\int_0^x \sin x\,dx$.

Wir wollen die Genauigkeit des Verfahrens an dem Beispiel der Differentialgleichung

$$\frac{dy}{dx} = \sin x \tag{7}$$

prüfen. Da wir das allgemeine Integral dieser Differentialgleichung

$$y = C - \cos x \tag{8}$$

kennen, wird ein Vergleich möglich sein.

Wir tragen zunächst die Kurve

$$\eta = \frac{dy}{dx} = \sin x \tag{9}$$

graphisch auf (Fig. 97).

Zugleich fertigen wir uns eine kleine, von 10^0 zu 10^0 fortschreitende Tabelle an, wobei wir das Argument x in Bogenlängen des Kreises vom Radius 1 umrechnen.

Tabelle 2.

1	2	3	4	5	6	7	8
x		$\sin x$	y	x		$\sin x$	y
Winkel	Bogen			Winkel	Bogen		
0	0,000	0,000	0	100	1,745	0,985	1,259
10	0,175	0,174	0,030	110	1,920	0,940	1,423
20	0,349	0,342	0,090	120	2,094	0,866	1,574
30	0,524	0,500	0,178	130	2,269	0,766	1,708
40	0,698	0,643	0,291	140	2,448	0,643	1,821
50	0,873	0,766	0,425	150	2,618	0,500	1,909
60	1,047	0,866	0,576	160	2,793	0,342	1,969
70	1,222	0,940	0,740	170	2,967	0,174	1,999
80	1,396	0,985	0,912	180	3,142	0,000	1,999
90	1,571	1,000	1,087				

Wir bestimmen jetzt, daß für $a = x = 0 \; y = 0$ sein soll. Dann wird, da unsere Größe δ, d. h. das Argumentintervall, nach welchem wir fortschreiten, $= 2\pi \frac{10}{360} = 0{,}175$ ist, für die Integration über die ersten beiden Intervalle:

$$y = \int_0^{\frac{2}{9}\frac{\pi}{2}} \sin x \, dx = \sum_{\rho=0}^{\rho=1} \delta \sin \varrho \delta = \delta \sin 0 + \delta \sin \delta$$

$$= 0{,}174 \times 0{,}175 = 0{,}030,$$

und für die Integration über das Intervall $\frac{\pi}{2}$

$$y = \int_0^{\frac{\pi}{2}} \sin x \, dx = \sum_{\rho=0}^{\rho=8} \delta \sin \varrho \, \delta \tag{10}$$

$$= \delta \cdot \sin 0 + \delta \sin \delta + \delta \sin 2\delta + \delta \sin 3\delta + \delta \sin 4\delta + \delta \sin 5\delta + \delta \sin 6\,\delta + \delta \sin 7\,\delta + \delta \sin 8\,\delta.$$

Wir tragen die einzelnen sich für $\rho = 0$ bis $\rho = 8$ ergebenden Summen mit $\delta = 0{,}175$ in der Tabelle ein und gelangen bis zum Wert

$$y = \int_0^{\frac{\pi}{2}} \sin x\, dx = \sum_{\rho=0}^{\rho=8} \delta \sin \varrho\, \delta = 0{,}912 \tag{12}$$

Wir stellen fest, daß dieses Resultat um $-8{,}8\%$ falsch ist, denn der genaue Wert des Integrals

$$y = \int_0^{\frac{\pi}{2}} \sin x\, dx = \Big| 1 - \cos x \Big|_0^{\frac{\pi}{2}} \tag{13}$$

ist $= 1$.

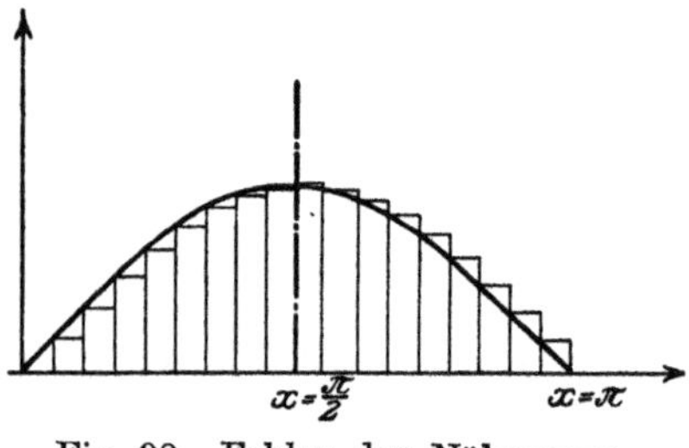

Fig. 98. Fehler der Näherungs-Integration.

Dies Ergebnis ist eine Folge der Tatsache, daß jedes der addierten kleinen Rechtecke etwas kleiner ist als das entsprechende Flächenelement. Aus der nebenstehenden Figur 98 ist der Sachverhalt klar ersichtlich. Natürlich ist jeder zwischen 0 und 0,912 liegende Wert von y entsprechend fehlerhaft.

Setzen wir die Summation über $x = \frac{\pi}{2}$ hinaus bis $x = \pi$ fort, so findet sich das Resultat

$$y = \int_0^{\pi} \sin x\, dx = \sum_{\rho=0}^{\rho=17} \delta \sin \varrho\, \delta = 1{,}999 \tag{14}$$

Dieser Wert kommt dem tatsächlichen $y = 2{,}0$ sehr nahe, was darin begründet ist, daß wir auf dem absteigenden Ast der Sinuskurve größere Rechtecke hinzufügen als die Flächenelementarstreifen sind, so daß die auf dem aufsteigenden Ast begangenen Fehler nahezu ausgeglichen werden. Die Figur 98 gibt hiervon ein Bild.

Trotz dieses Mangels hat Euler ein analoges Verfahren für die numerische Integration der allgemeinen Differentialgleichung

$$\frac{dy}{dx} = f(x, y) \tag{15}$$

angewendet. Er geht von einem Anfangswertepaar $x_0 y_0$, welches den Anfangsbedingungen entsprechend zu wählen ist, aus und berechnet dann die zu einer kleinen Änderung Δx gehörige Änderung

$$\Delta y = f(x_0, y_0) \Delta x \tag{16}$$

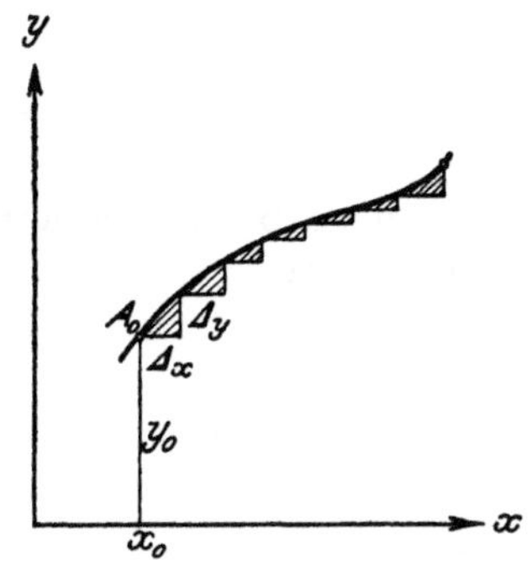

Fig. 99. Eulers näherungsweises Integrations-Verfahren.

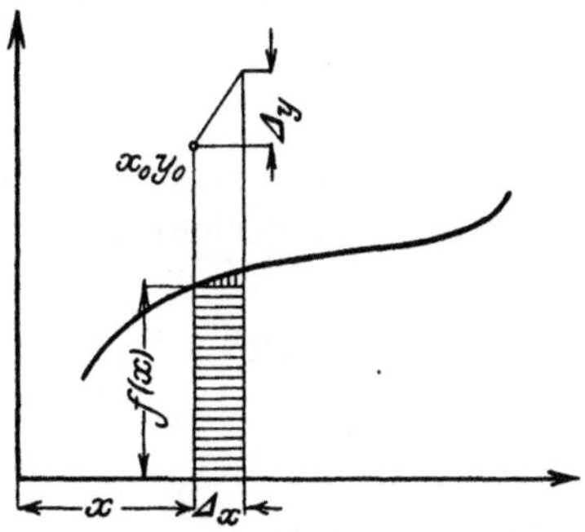

Fig. 100. Abschätzung der Fehler des Eulerschen Verfahrens.

Dann ist

$$x_1 = x_0 + \Delta x$$
$$y_1 = y_0 + \Delta y$$

ein neues Wertepaar. Auf diese Weise erhält man ins Graphische übertragen eine Reihe Punkte $A_0 A_1 \ldots$, die annähernd auf der durch $x_0 y_0$ gehenden partikulären Integralkurve der Differentialgleichung liegen. Fig. 99.

Die Bedeutung dieses Verfahrens wird sofort klar, wenn wir zunächst $f(x_0, y_0)$ von y unabhängig annehmen. Dann erhalten wir statt (16) die Gleichung

$$\Delta y = f(x_0) \Delta x \tag{16a}$$

Wir setzen also unter Vernachlässigung des kleinen senkrecht schraffierten Dreiecks (Fig. 100) Δy gleich dem horizontal schraffierten Rechteck, ganz analog wie bei der oben durchgeführten Näherungsintegration

$$y = \int_0^x \sin x\, dx$$

Aus der hierbei vorgenommenen Abschätzung ergibt sich, daß das Resultat des Verfahrens mit Fehlern behaftet ist, die größenordnungsgleich mit den Werten der Intervalle sind, die man zugrunde legt.

II. Um zu einem genaueren Verfahren zu gelangen, suchen wir zunächst den genauen Wert der Änderung Δy zu ermitteln, der sich ergibt nach Annahme einer Änderung Δx bei der vorgelegten Differentialgleichung

$$\frac{dy}{dx} = f(x, y) \tag{18}$$

Wir denken uns zunächst die Differentialgleichung exakt integriert und die Integralgleichung in der Form geschrieben

$$y = F(x) \tag{19}$$

was immer. möglich ist.

Aus (19) entwickelt man nun die Änderung Δy nach dem Satze von Maclaurin [26]):

$$\Delta y = F'(x)\,\Delta x + \frac{F''(x)}{1 \cdot 2}\,\Delta x^2 + \frac{F'''(x)}{1 \cdot 2 \cdot 3}\,\Delta x^3 + \dots\dots\dots \tag{20}$$

Hier ist aber nach (19) und (18)

$$F'(x) = \frac{dy}{dx} = f(x, y)$$

ferner ist

$$\begin{aligned} F''(x) = \frac{dF'(x)}{dx} = \frac{d}{dx} f(x, y) &= \frac{\partial f}{\partial x} + \frac{\partial f}{\partial y} \cdot \frac{dy}{dx} \qquad (21) \\ &= \frac{\partial f}{\partial x} + \frac{\partial f}{\partial y} \cdot f(x, y) \\ &= f_1 + f_2 f, \end{aligned}$$

wenn bedeutet

$$f = f(x, y)$$

$$f_1 = \frac{\partial f(x, y)}{\partial x}$$

$$f_2 = \frac{\partial f(x, y)}{\partial y},$$

und schließlich wird

$$F'''(x) = \frac{dF''(x)}{dx} = \frac{d}{dx}(f_1 + f_2 f) \tag{22}$$

$$= f_{11} + f_{12}f + f(f_{12} + f_{22}f) + f_2(f_1 + f_2 f)$$

$$= f_{11} + 2f_{12}f + f_{22}f^2 + f_2(f_1 + f_2 f).$$

Auf die höheren Glieder der Maclaurinschen Entwicklung verzichten wir.

Sonach resultiert für Δy die Entwicklung

$$\Delta y = f\,\Delta x + (f_1 + f_2 f)\frac{\Delta x^2}{1\cdot 2} + \{f_{11} + 2f_{12}f + f_{22}f^2$$

$$+ f_2(f_1 + f_2 f)\}\frac{\Delta x^3}{1\cdot 2\cdot 3} + \cdots. \tag{23}$$

Von Runge stammt ein Verfahren, welches gestattet, bei gegebenem Δx die Änderung Δy so genau zu berechnen, daß die Abweichungen vom wahren Wert (23) von der Größenordnung $\Delta^4 x$ werden.

Nach diesem Verfahren berechnet man zunächst (nach angenommenen $x_0 y_0$ und mit gegebenen Δx) folgende vorläufigen Näherungswerte von Δy:

$$\left.\begin{aligned} \Delta_1 y &= f\cdot\Delta x \\ \Delta_2 y &= f(x_0 + \Delta x,\ y_0 + f\Delta x)\Delta x \\ \Delta_3 y &= f\{x_0 + \Delta x,\ y_0 + f(x_0 + \Delta x, y_0 + f\Delta x)\Delta x\}\Delta x \end{aligned}\right\} \tag{24}$$

und hieraus als neuen Näherungswert

$$\Delta y = \frac{\Delta_1 y + \Delta_3 y}{2} \tag{25}$$

Wir wollen uns jetzt einen Überblick verschaffen, was diese Operation bedeutet. Zu diesem Zwecke nehmen wir f von y unabhängig an und finden

$$\Delta_3 y = f(x_0 + \Delta x)\Delta x$$

und

$$\Delta y = \frac{f(x_0) + f(x_0 + \Delta x)}{2}\Delta x \tag{27}$$

Zeichnen wir uns hiernach die zu Fig. 100 analoge Fig. 101, so finden wir, daß wir jetzt nur das kleine Kurvensegment $A_1 A_2$ vernachlässigt haben, während nach dem Verfahren (16a) das ganze Dreieck $A_1 A_2 B$ vernachlässigt worden wäre. Es wird also das Differential Δy als Sehnentrapez ermittelt.

Zur Prüfung der Genauigkeit ziehen wir wieder unsere Tabelle 2 heran, indem wir von je zwei aufeinander folgenden Werten der Kolumne 3 (welche ja die Funktionswerte $f(x_0)$, $f(x_0 + \Delta x)$, $f(x_0 + 2\Delta x) \ldots$ enthält) das arithmetische Mittel nehmen und in Kolumne 4 eintragen. Kolumne 5 gibt dann die Differenzen

$$\Delta y = \delta \cdot \frac{f(x_0) + f(x_0 + \Delta x)}{2}$$

usw., Kolumne 6 deren Summe, d. h. y, während Kolumne 7 den wirklichen Wert von $y = 1 - \cos x$ auf 5 Dezimalen gibt.

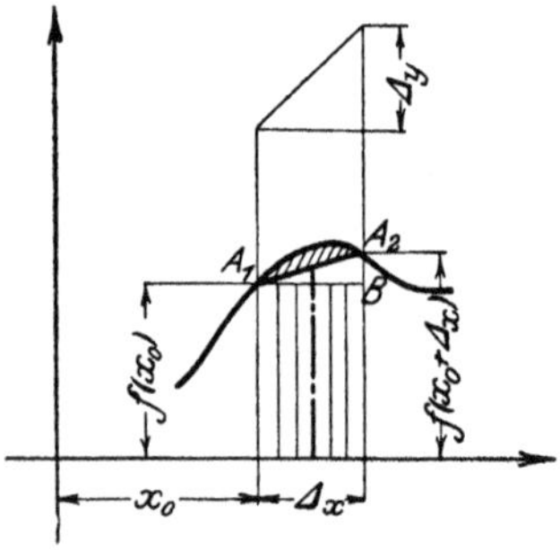

Fig. 101. Sehnentrapez-Näherung.

Tabelle 3.

1	2	3	4	5	6	7
x		$f(x)$	$\frac{f(x)+f(x+\Delta x)}{2}$	Δy	y	$y =$
Winkel	Bogen	$= \sin x$	$= f_1(x)$	$= f_1(x)\,\Delta x$	$= \Sigma\,\Delta y$	$1 - \cos x$
0	0,0	0,000	0,087	0,015	0,000	0,00000
10	0,175	0,174	0,258	0,045	0,015	0,01519
20	0,349	0,342	0,421	0,074	0,060	0,06031
30	0,524	0,500	0,572	0,100	0,134	0,13397
40	0,698	0,643	0,705	0,124	0,234	0,23396
50	0,873	0,766	0,816	0,143	0,358	0,35721
60	1,047	0,866	0,903	0,158	0,501	0,50000
70	1,222	0,940	0,963	0,168	0,659	0,65798
80	1,396	0,985	0,993	0,173	0,827	0,82635
90	1,571	1,000			1,000	1,00000

Die Übereinstimmung der Näherungswerte Kol. 6 und der wirklichen Werte Kol. 7 ist ausgezeichnet, wenn man die dreistellige Rechnung, die Abrundungen und die Benutzung eines Rechenschiebers von 13 cm Länge betrachtet. Die hierbei begangenen Ablesungsfehler sind schon so groß als die systematischen Fehler des Verfahrens, denn sie haben (zufällig) die letzteren beim Wert für $x = \frac{\pi}{2}$ gerade ungefähr ausgeglichen.

Um nun auch den Genauigkeitsgrad der Formel (25), welche nach Runge[27]) das Sehnentrapezverfahren auf den allgemeineren Fall überträgt, in welchem f außer von x auch von y abhängt, entwickeln wir die Formeln (24) nach dem Taylorschen Lehrsatze für zwei Variabeln und erhalten unter Fortlassung aller höheren Potenzen als Δx^3

$$\Delta_1 y = f \cdot \Delta x \qquad \text{(unverändert)}$$

$$\Delta_2 y = \Big[f + (f_1 \Delta x + f_2 \Delta_1 y) + \frac{1}{2}\{f_{11} \Delta x^2 + 2 f_{12} \Delta x \Delta_1 y + f_{22} \Delta_1 y^2\}\Big] \Delta x + \ldots\ldots$$

$$\left.\begin{aligned} &= f \Delta x + f_1 \Delta x^2 + f_2 f \Delta x^2 + \frac{1}{2}\{f_{11} \Delta x^3 + 2 f_{12} f \cdot \Delta x^3 + f_{22} f^2 \Delta x^3\} \\ &= f \Delta x + (f_1 + f f_2) \Delta x^2 + \frac{1}{2}\{f_{11} + 2 f f_{12} + f^2 f_{22}\} \Delta x^3 \end{aligned}\right\} \quad (24a)$$

$$\Delta_3 y = \Big[f + (f_1 \Delta x + f_2 \Delta_2 y) + \frac{1}{2}\{f_{11} \Delta x^2 + 2 f_{12} \Delta x \Delta_2 y + f_{22} \Delta_2 y^2\}\Big] \Delta x$$

$$= f \Delta x + (f_1 + f f_2) \Delta x^2 + \frac{1}{2}\{f_{11} + 2 f_{12} f + f_{22} f^2 + 2 f_2 (f_1 + f f_2)\} \Delta^3 x$$

und schließlich statt Formel (25)

$$\Delta y = \frac{\Delta_1 y + \Delta_3 y}{2} = f \Delta x + (f_1 + f_2 f) \frac{\Delta x^2}{2} + \{f_{11} + 2 f_{12} f + f_{22} f^2 + 2 f_2 (f_1 + f_2 f)\} \frac{\Delta^3 x}{4} \qquad (25a)$$

welche mit der genauen Entwicklung (23) in den beiden ersten Gliedern übereinstimmt. Diese Genauigkeit reicht für viele Zwecke aus. Um aber ein genähertes Δy zu finden, welches mit dem wirklichen auch in dem Gliede dritter Ordnung übereinstimmt, verfährt man wie folgt:

Man kann nämlich statt

$$\Delta y = f(x_0) \cdot \Delta x \quad \text{(Eulersche Näherung)}$$

oder statt:

$$\Delta y = \frac{f(x_0) + f(x_0 + \Delta x)}{2} \Delta x \quad \text{(Sehnentrapez-Näherung)}$$

für den elementaren Flächenstreifen auch einführen

$$\Delta y = f\left(x_0 + \frac{1}{2} \Delta x\right) \cdot \Delta x \tag{28}$$

d. h. das in der Fig. 102 schraffierte Rechteck. Dreht man dessen Seite $A_1 A_2$ um den Punkt P, so geht das Rechteck in ein inhaltsgleiches Trapez über, welches gegebenenfalls ein Tangententrapez wird, wenn nämlich die Gerade durch P die Kurve berührt. Man spricht dann von einem Näherungswert von Δy entsprechend dem Tangententrapez.

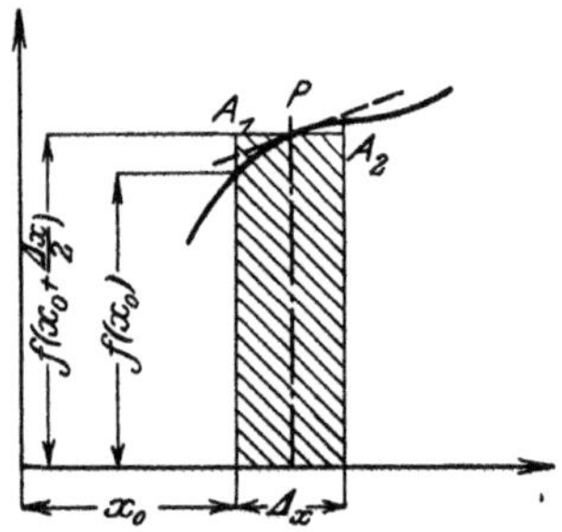

Fig. 102.

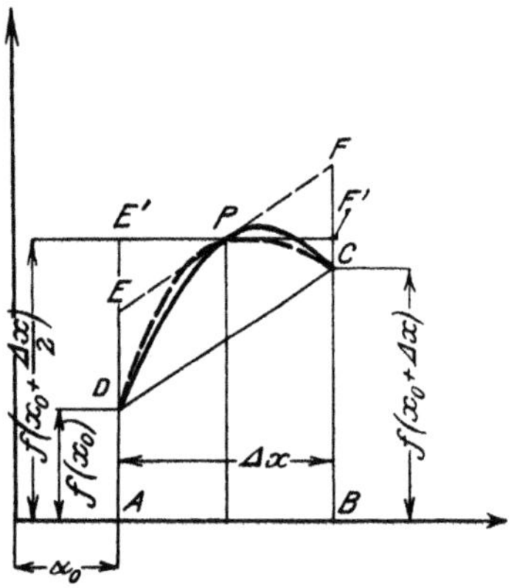

Fig. 103.

Auf zweivariabliges f übertragen gelangt man dann zu dem Ausdruck:

$$\Delta y = f\left(x_0 + \frac{1}{2} \Delta x, y_0 + \frac{1}{2} f \Delta x\right) \Delta x \tag{29}$$

der nach Taylor entwickelt liefert

$$\Delta y = f \Delta x + (f_1 + f_2 f) \frac{\Delta x^2}{2} + (f_{11} + 2 f_{12} f + f_{22} f^2) \frac{\Delta^3 x}{8} \tag{30}$$

Dieser Näherungswert stimmt mit dem genauen (23) ebenso wie (25a) in den ersten beiden Gliedern überein, im dritten aber nicht. Jedoch kann man durch Kombination von (30) und (25a) einen neuen Näherungswert Δy herstellen, der auch im dritten Gliede mit (23) übereinstimmt. Dies geschieht durch folgende Betrachtung:

In der Fig. 103 sei der von der gestrichelten Kurve DPC nach oben abgeschlossene Flächenstreifen die anzunähernde Größe Δy. Den durch das Sehnentrapez gegebenen Näherungswert Gleichung (27) $ABCD$ bezeichnen wir mit N_S, den durch das Tangententrapez Gleichung (28) gegebenen $ABF'E'$ bezeichnen wir mit N_T. Nunmehr ersetzen wir das Kurvenstück DPC durch einen durch dieselben Punkte gehenden Parabelbogen derart, daß die Parabeltangente in P der Sehne DC parallel ist und wir setzen das Parabelsegment DPC mit dem Kurvensegment DPC näherungsweise flächengleich. Da nun das Parallelogramm $DCFE$ mit dem Trapez $DCF'E'$ flächengleich ist und außerdem das Parabelsegment $\frac{2}{3}$ des Parallelogramms $DCFE$ beträgt, so gilt offenbar

$$\Delta y = N_T + \frac{1}{3}(N_S - N_T) \tag{31}$$

mit einer Genauigkeit, entsprechend der Abweichung des Parabelsegmentes DPC von dem Kurvensegment DPC. Formel (31) ist die bekannte Simpson'sche Regel, welche aus der Sehnentrapez- und der Tangententrapeznäherung einen Ansatz höherer Genauigkeit herleitet.

Führen wir jetzt, in dem wir uns nach Runge die Simpson'sche Regel auf das zweivariablige Gebiet übertragen in (31) ein

$$N_T = f \cdot \Delta x + (f_1 + f_2 f)\frac{\Delta x^2}{2} + (f_{11} + 2 f_{12} f + f_{12} f^2)\frac{\Delta x^3}{8}$$

$$N_S = f \Delta x + (f_1 + f_2 f)\frac{\Delta x^2}{2} + \Big\{f_{11} + 2 f_{12} f + f_{22} f^2 + 2 f_2 (f_1 + f_2 f)\Big\}\frac{\Delta x^3}{4}$$

so wird

$$\Delta y = f \Delta x + (f_1 + f_2 f)\frac{\Delta x^2}{1 \cdot 2} + \Big\{f_{11} + 2 f_{12} f + f_{22} f^2 + f_2 (f_1 + f_2 f)\Big\}\frac{\Delta x^3}{1 \cdot 2 \cdot 3} \tag{32}$$

also mit dem genauen Wert (23) auch im Gliede dritter Ordnung noch übereinstimmend.

Es ergibt sich demnach als ein bis auf Größen vierter Ordnung genauer Wert von Δy

$$\Delta y = f\left(x_0 + \frac{1}{2}\Delta x, y_0 + \frac{1}{2} f \cdot \Delta x\right)\Delta x +$$

$$\frac{1}{3}\left\{\frac{1}{2}\left(f[x_0 + \Delta x, y_0 + f(x_0 + \Delta x, y_0 + f\Delta x)\Delta x] + f\Delta x\right)\right.$$

$$\left. - f\left(x_0 + \frac{1}{2}\Delta x, y_0 + \frac{1}{2} f\Delta x\right)\Delta x\right\}. \qquad (33)$$

III. Zur Prüfung der Genauigkeit und zur Einübung der praktischen Ausführung des Verfahrens wenden wir dasselbe auf die Differential-Gleichung

$$\frac{dy}{dx} = \frac{2y}{x} = f(x, y). \qquad (34)$$

an. Wir wollen den Verlauf einer Integral-Kurve durch den Punkt

$$x_0 = 1{,}0, \quad y_0 = 0{,}2$$

von diesem Punkte beginnend in Richtung der positiven x verfolgen, wobei wir die Schritte $\Delta x = 0{,}2$ wählen.

Wir berechnen nach (24)

$$\Delta_1 y = f(x_0, y_0) \cdot \Delta x = \frac{2 \cdot 0{,}2}{1{,}0} \cdot 0{,}2 = 0{,}08$$

$$\Delta_2 y = f(x_0 + \Delta x, y_0 + f\Delta x)\Delta x = \frac{2 \cdot 0{,}28}{1{,}2} \cdot 0{,}2 = 0{,}0935$$

$$\Delta_3 y = f\{x_0 + \Delta x, y_0 + f(x_0 + \Delta x, y_0 + f\Delta x)\Delta x\}\Delta x$$

$$= \frac{2 \cdot 0{,}2935}{1{,}2} \cdot 0{,}2 = 0{,}098$$

$$\Delta y = \frac{\Delta_1 y + \Delta_3 y}{2} = 0{,}0890 = N_S.$$

Dies ist der dem Sehnentrapez entsprechende Näherungswert. Dem Tangententrapez entspricht nach (29)

$$\Delta y = f\left(x_0 + \frac{1}{2}\Delta x, y_0 + \frac{1}{2} f\Delta x\right)\Delta x = \frac{2 \cdot 0{,}24}{1{,}1} \cdot 0{,}2$$

$$= 0{,}0875 = N_T.$$

Bilden wir $\frac{1}{3}(N_S - N_T) = 0{,}0005$, so wird der dem Rungeschen Verfahren entsprechende Näherungswert

$$\varDelta y = N_T + \frac{1}{3}(N_S - N_T) = 0{,}0875 + 0{,}0005 = 0{,}088$$

und das neue Wertpaar wird

$$\underline{x_1 = 1{,}2, \quad y_1 = 0{,}288.}$$

Mit diesen Werten rechnen wir in der gleichen Weise von neuem:

$$\varDelta_1 y = \frac{2 \cdot 0{,}288}{1{,}2} \cdot 0{,}2 = 0{,}0965$$

$$\varDelta_2 y = \frac{2 \cdot 0{,}384}{1{,}4} \cdot 0{,}2 = 0{,}110$$

$$\varDelta_3 y = 2 \cdot \frac{0{,}398}{1{,}4} \cdot 0{,}2 = 0{,}1135$$

$$N_S = \frac{1}{2}(\varDelta_1 y + \varDelta_3 y) = 0{,}1050$$

$$N_T = 2 \cdot \frac{0{,}336}{1{,}3} = 0{,}1030$$

$$\frac{1}{3}(N_S - N_T) = 0{,}0007$$

$$\varDelta y = 0{,}1037$$

$$\underline{x_2 = 1{,}4, \quad y_2 = 0{,}392}$$

$$\varDelta_1 y = \frac{2 \cdot 0{,}392}{1{,}4} \cdot 0{,}2 = 0{,}112$$

$$\varDelta_2 y = \frac{2 \cdot 0{,}504}{1{,}6} \cdot 0{,}2 = 0{,}126$$

$$\varDelta_3 y = \frac{2 \cdot 0{,}518}{1{,}6} \cdot 0{,}2 = 0{,}129$$

$$N_S = 0{,}1215$$

$$N_T = 2 \cdot \frac{0{,}448}{1{,}5} = 0{,}1190$$

$$\frac{1}{3}(N_S - N_T) = 0{,}0008$$

$$\varDelta y = 0{,}1198$$

$$\underline{x_3 = 1{,}6, \quad y_3 = 0{,}512}$$

$$\Delta_1 y = \frac{2 \cdot 0{,}512}{1{,}6} \cdot 0{,}2 = 0{,}128$$

$$\Delta_2 y = \frac{2 \cdot 0{,}640}{1{,}8} \cdot 0{,}2 = 0{,}142$$

$$\Delta_3 y = \frac{2 \cdot 0{,}654}{1{,}8} \cdot 0{,}2 = 0{,}145$$

$$N_S = 0{,}1365$$

$$N_T = \frac{2 \cdot 0{,}576}{1{,}7} \cdot 0{,}2 = 0{,}1350$$

$$\frac{1}{3}(N_S - N_T) = 0{,}0005$$

$$\Delta y = 0{,}1355$$

$$\underline{x_4 = 1{,}8, \quad y_4 = 0{,}647}$$

$$\Delta_1 y = \frac{2 \cdot 0{,}647}{1{,}8} \cdot 0{,}2 = 0{,}145$$

$$\Delta_2 y = \frac{2 \cdot 0{,}792}{2{,}0} \cdot 0{,}2 = 0{,}158$$

$$\Delta_3 y = \frac{2 \cdot 0{,}805}{2{,}0} \cdot 0{,}2 = 0{,}161$$

$$N_S = 0{,}153$$

$$N_T = \frac{2 \cdot 0{,}719}{1{,}9} = 0{,}151$$

$$\frac{1}{3}(N_S - N_T) = 0{,}0007$$

$$\Delta y = 0{,}152$$

$$\underline{x_5 = 2{,}0, \quad y_5 = 0{,}799}$$

$$\Delta_1 y = \frac{2 \cdot 0{,}799}{2{,}0} \cdot 0{,}2 = 0{,}159$$

$$\Delta_2 y = \frac{2 \cdot 0{,}958}{2{,}2} \cdot 0{,}2 = 0{,}174$$

$$\Delta_3 y = \frac{2 \cdot 0{,}973}{2{,}2} \cdot 0{,}2 = 0{,}177$$

$$N_S = 0{,}168$$

$$N_T = \frac{2 \cdot 0{,}879}{2{,}1} \cdot 0{,}2 = 0{,}167$$

$$\frac{1}{3}(N_S - N_T) = 0{,}0003 \text{ vernachlässigt}$$

$$\Delta y = 0{,}167$$

$$\underline{x_6 = 2{,}2, \quad y_6 = 0{,}966.}$$

Wir haben jetzt außer $x_0\ y_0$ sechs weitere Punkte der Integralkurve gefunden. Diese lassen sich auch durch direkte Integration finden. Das allgemeine Integral von (34) ist, wie man sich leicht überzeugt,

$$y = C\,x^2 \tag{35}$$

Da für $x = 1{,}0$ die Ordinate $y = 0{,}2$ werden soll, so muß für die durch $x_0 = 1{,}0$ $y_0 = 0{,}2$ gehende Integralkurve

$$C = 0{,}2 \tag{36}$$

sein. Also wird die Gleichung der Integralkurve

$$y = 0{,}2\,x^2 \tag{37}$$

Nach dieser Formel kann man aber für alle Werte $x = 1{,}2$, 1,4, 1,6, 1,8, 2,0, 2,2 die zugehörigen y-Werte genau berechnen. Tabelle 4 enthält die genauen Werte mit den oben genähert berechneten zusammengestellt.

Tabelle 4.

x	y		Differenz a—b
	a genau	b genähert	
1,0	0,200	0,200	± 0,000
1,2	0,288	0,288	± 0,000
1,4	0,392	0,392	± 0,000
1,6	0,515	0,512	+ 0,003
1,8	0,644	0,647	— 0,003
2,0	0,800	0,799	+ 0,001
2,2	0,964	0,966	— 0,002

Die Genauigkeit ist eine vorzügliche; die Fehler sind positiv und negativ von gleicher Größe. Bei der Näherungsrechnung wurde ein Rechenschieber von 13 cm Länge angewendet.

§ 34. Anwendung der Rungeschen Methode auf die Untersuchung des Bewegungsverlaufes einer Einzylinderdampfmaschine.

Es ist bekannt, daß die Bewegung der Dampfmaschine auch im Beharrungszustande eine ungleichförmige ist.

Die Winkelgeschwindigkeit der Dampfmaschinenwelle ist periodisch veränderlich, und zwar ist die Periode der Veränderlichkeit die Umdrehungsdauer der Maschine.

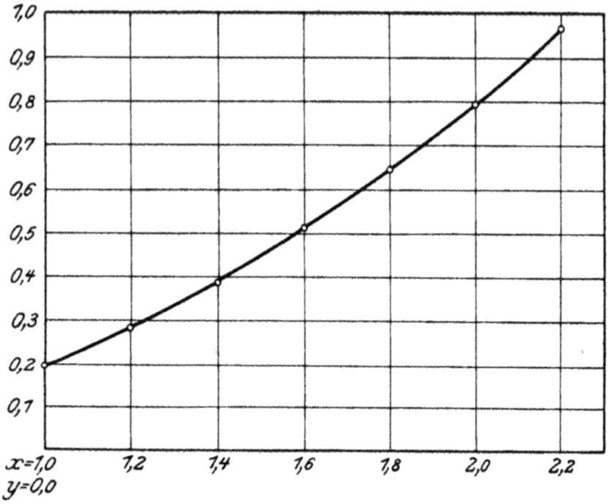

Fig. 104. Ergebnis einer Integration nach Runges Verfahren.

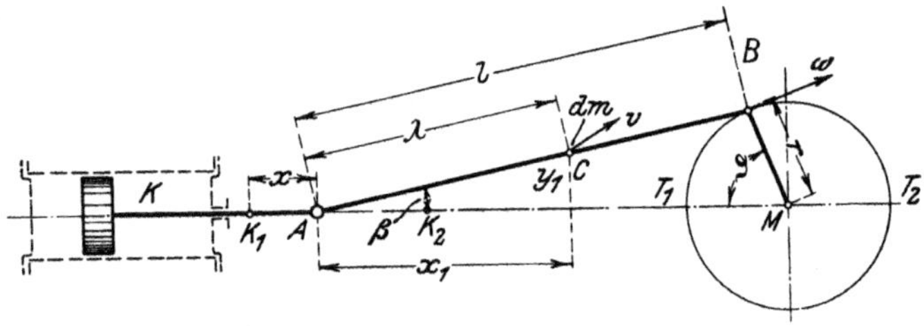

Fig. 105. Getriebe einer Einzylinder-Dampfmaschine.

Wenn es sich nun darum handelt, den Bewegungsverlauf der Maschine zu untersuchen, so handelt es sich darum, 1. die Veränderlichkeit der Winkelgeschwindigkeit der Welle innerhalb einer Umdrehung in Abhängigkeit vom Kurbelwinkel darzustellen und 2. die Abhängigkeit des Kurbelwinkels von der Zeit zu ermitteln.

Sehen wir vom Vorhandensein eines Regulators ab, so ist die Gestalt der Dampfmaschine durch Angabe des Kurbelwinkels ϑ bestimmt.

In der Figur 105 ist das Getriebe einer Einzylinder-Maschine gezeichnet. AB ist die Pleuelstange. Im Kreuzkopf A denken wir uns die Gesamtmasse M aller nur hin- und hergehenden Teile vereinigt (Kolben, Kolbenstange, Kreuzkopf), während alle nur rotierenden Teile (Schwungrad, Welle, Kurbelarm) im Trägheitsmoment Θ zusammengefaßt werden. Die Pleuelstange vollführt eine sowohl hin- und hergehende wie auch drehende Bewegung und muß getrennt von den übrigen Teilen behandelt werden.

Zur Aufstellung der Differentialgleichung der Bewegung der Maschine gibt es ein einfaches Verfahren, welches in wenigen Schritten zum Ziele führt, wenn man sich die Mühe nimmt, einen Begriff und eine Formel der analytischen Mechanik anzuwenden.

Der Begriff ist die kinetische Energie eines Massensystems, die wir mit L bezeichnen wollen. Für einen einzelnen Massenpunkt m, der sich mit der Geschwindigkeit v bewegt, ist bekanntlich:

$$L = \frac{1}{2} m v^2. \tag{1}$$

Ferner ist die kinetische Energie eines Massensystems die Summe der kinetischen Energien der einzelnen Massen.

Wir wollen nun das L für das gegebene Getriebe der Dampfmaschine bestimmen.

Zunächst ist für den Kreuzkopf und die in ihm vereinigt gedachten Massen

$$L = \frac{1}{2} M \left(\frac{dx}{dt}\right)^2 \tag{2}$$

wo $\frac{dx}{dt}$ die momentane Kreuzkopfgeschwindigkeit ist.

Ferner ist für die nur rotierenden Teile

$$L = \frac{1}{2} \Theta \omega^2 = \frac{1}{2} \Theta \left(\frac{d\vartheta}{dt}\right)^2 \tag{3}$$

wo $\omega = \frac{d\vartheta}{dt}$ die Winkelgeschwindigkeit der Dampfmaschine bedeutet.

Es bleibt jetzt noch übrig, die kinetische Energie der Pleuelstange zu suchen.

Alle Punkte dieser haben verschiedene Geschwindigkeiten v. Wir denken uns die Stange durch zu ihrer Längsachse senkrechte Schnitte in Massenelemente dm zerlegt. Die kinetische Energie eines Elementes ist

$$dL = \frac{1}{2} dm\, v^2. \tag{4}$$

Das betrachtete Element habe die Entfernung λ vom Kreuzkopf; dann sind seine Koordinaten in bezug auf die linke Totlage k_1 des Kreuzkopfes

$$\begin{aligned} x_1 &= x + \lambda \cos\beta \\ y_1 &= \lambda \sin\beta \end{aligned} \tag{5}$$

Hieraus ergibt sich aber

$$v^2 = \left(\frac{dx_1}{dt}\right)^2 + \left(\frac{dy_1}{dt}\right)^2 = \left(\frac{dx}{dt}\right)^2 + \lambda^2\left(\frac{d\beta}{dt}\right)^2 - 2\lambda \sin\beta \frac{dx}{dt}\frac{d\beta}{dt}. \tag{6}$$

Durch Einsetzen von (6) in (4) und Integration findet man

$$L = \frac{1}{2}\int v^2\, dm = \frac{1}{2}\left(\frac{dx}{dt}\right)^2 \int dm - \sin\beta \frac{dx}{dt}\frac{d\beta}{dt}\int \lambda\, dm + \frac{1}{2}\left(\frac{d\beta}{dt}\right)^2\int \lambda^2\, dm. \tag{7}$$

In dieser Formel nennen wir

$\int dm = M_1$ die Masse der Pleuelstange,

$\int \lambda\, dm = \mathfrak{M}_1$ das statische Moment der Pleuelstange bezogen auf den Kreuzkopf,

$\int \lambda^2\, dm = \Theta_1$ das Trägheitsmoment der Pleuelstange ebenfalls bezogen auf den Kreuzkopf.

Die kinetische Energie des ganzen Getriebes wird nunmehr

$$L = \frac{1}{2}(M + M_1)\left(\frac{dx}{dt}\right)^2 - \sin\beta\, \mathfrak{M}_1 \frac{dx}{dt}\frac{d\beta}{dt} + \frac{1}{2}\Theta_1\left(\frac{d\beta}{dt}\right)^2 + \frac{1}{2}\Theta\left(\frac{d\vartheta}{dt}\right)^2. \tag{8}$$

Führt man noch die Beziehungen

$$\begin{aligned} x &= r(1 - \cos\vartheta) + l(1 - \cos\beta) \\ \frac{dx}{dt} &= r\sin\vartheta\frac{d\vartheta}{dt} + l\sin\beta\frac{d\beta}{dt} \\ l\sin\beta &= r\sin\vartheta \\ l\cos\beta\frac{d\beta}{dt} &= r\cos\vartheta\frac{d\vartheta}{dt} \end{aligned} \tag{9}$$

ein, so verwandelt sich L in einen Ausdruck folgender Form:

$$L = \frac{1}{2}E(\vartheta)\left(\frac{d\vartheta}{dt}\right)^2 \tag{10}$$

wo $E(\vartheta)$ nur den Winkel ϑ als unabhängige Variable und im übrigen als Konstante die Massen und Trägheitsmomente der Systemteile enthält. Wir nennen $E(\vartheta)$ die Getriebefunktion.

Ausführlich geschrieben lautet $E(\vartheta)$

$$\begin{aligned} E(\vartheta) = \Theta &+ (M + M_1)r^2\sin^2\vartheta\left(1 + \frac{r}{l}\frac{\cos\vartheta}{\cos\beta}\right)^2 \\ &- 2\mathfrak{M}_1\frac{r^3}{l^2}\sin^2\vartheta\left(1 + \frac{r}{l}\frac{\cos\vartheta}{\cos\beta}\right)\frac{\cos\vartheta}{\cos\beta} \\ &+ \Theta_1\frac{r^2}{l^2}\frac{\cos^2\vartheta}{\cos^2\beta} \end{aligned} \tag{10}$$

wo natürlich noch $\sin\beta = \frac{r}{l}\sin\vartheta$ einzusetzen wäre.

Jetzt wenden wir auf L die oben in Aussicht gestellte Formel der analytischen Mechanik an, indem wir L in Zusammenhang mit den auf das Getriebe der Dampfmaschine wirkenden Kräften bringen. Diese Kräfte finden sich als Resultierende $r(T - W)$ des Tangentialmomentes $r \cdot T$ der Kolbenkraft und des Tangentialmomentes $r \cdot W$ des von der Dampfmaschine zu überwindenden Widerstandes, der als konstant vorausgesetzt wird, während T eine bekannte Funktion von ϑ ist. $r(T - W)$ findet sich leicht, wenn das Indikatordiagramm der Maschine gegeben ist. Es wird dann auch $r(T - W)$ eine bekannte Funktion von ϑ:

$$r(T - W) = F(\vartheta).$$

Der Zusammenhang zwischen L und $r(T - W)$ wird nun gegeben durch die Lagrangesche Differentialgleichung zweiter

Art. Diese ist der Ausdruck für folgenden ganz allgemein gültigen Satz:

Wenn L die kinetische Energie eines Massensystems ist, dessen Gestalt nur von einer Größe ϑ abhängt, und erfolgt die Bewegung des Systems unter Einfluß einer Kraft $r\,(T - W)$, die ebenfalls eine Funktion von ϑ sein soll, so gilt als Differentialgleichung für die Veränderlichkeit von ϑ

$$\frac{d}{dt}\,\frac{\partial L}{\partial \frac{d\vartheta}{dt}} - \frac{\partial L}{\partial \vartheta} = F(\vartheta) \tag{12}$$

In unserem Fall war aber

$$L = \frac{1}{2}\,E(\vartheta)\left(\frac{d\vartheta}{dt}\right)^2 \tag{13}$$

Hiermit wird

$$\left.\begin{aligned} \frac{\partial L}{\partial \frac{d\vartheta}{dt}} &= E(\vartheta)\,\frac{d\vartheta}{dt} \\ \frac{d}{dt}\,\frac{\partial L}{\partial \frac{d\vartheta}{dt}} &= E'(\vartheta)\cdot\left(\frac{d\vartheta}{dt}\right)^2 + E(\vartheta)\,\frac{d^2\vartheta}{dt^2} \\ \frac{\partial L}{\partial \vartheta} &= \frac{1}{2}\,E'(\vartheta)\left(\frac{d\vartheta}{dt}\right)^2 \end{aligned}\right\} \tag{14}$$

Die Formeln (14) in (12) eingesetzt liefern

$$E(\vartheta)\,\frac{d^2\vartheta}{dt^2} + \frac{1}{2}\,E'(\vartheta)\left(\frac{d\vartheta}{dt}\right)^2 = F(\vartheta) \tag{15}$$

Dies ist die Bewegungsgleichung der Dampfmaschine.

Wir untersuchen nunmehr eine Einzylinder-Dampfmaschine mit folgenden Daten [28]):

Kurbelradius $r = 0{,}3$ m
Pleuelstange $l = 1{,}5$ m
Gewicht aller rotierenden Teile 2780 kg
Trägheitsmoment aller rotierenden Teile $\Theta = 485$ kgm^2
Gewicht der hin- und hergehenden Teile 165 kg
Masse der hin- und hergehenden Teile $M = 17{,}0$ kg
Gewicht der Pleuelstange 65 kg
Masse der Pleuelstange $M_1 = \sim 7$ kg

Trägheitsmoment der Pleuelstange in bezug auf den Kreuzkopf

$$\Theta_1 = \frac{1}{3}\,\frac{65}{9{,}81} + 2{,}25 = \sim 5\,\mathrm{kgm}^2$$

Statisches Moment der Pleuelstange in bezug auf den Kreuzkopf

$$\mathfrak{M}_1 = \frac{1}{2}\,\frac{65}{9{,}81} + 1{,}5 = \sim 5\,\mathrm{kgm}$$

Hiermit geht $E(\vartheta)$ über in

$$\begin{aligned} E(\vartheta) = 485 &+ 2{,}15\sin^2\vartheta\left(1 + 0{,}2\,\frac{\cos\vartheta}{\cos\beta}\right)^2 \\ &- 0{,}12\sin^2\vartheta\left(1 + 0{,}2\,\frac{\cos\vartheta}{\cos\beta}\right)\frac{\cos\vartheta}{\cos\beta} \\ &+ 0{,}2\,\frac{\cos^2\vartheta}{\cos^2\beta} \end{aligned} \tag{16}$$

In diesem Ausdruck können wir die beiden letzten Glieder unbedenklich fortlassen, da ihre Werte gegenüber 485 zu klein sind.

Dagegen behalten wir das zweite Glied bei, ersetzen aber $\left(1 + 0{,}2\,\frac{\cos\vartheta}{\cos\beta}\right)^2$ durch $1 + 0{,}4\cos\vartheta$, d. h. wir vernachlässigen $0{,}04\left(\frac{\cos\vartheta}{\cos\beta}\right)^2$ gegen 1. Der Fehler beträgt nicht mehr als etwa 0,08 gegenüber 485.

Wir erhalten also (für $E(\vartheta)$ endgültig

$$E(\vartheta) = 485 + 2{,}15\sin^2\vartheta\,(1 + 0{,}4\cos\vartheta) \tag{17}$$

Hieraus ergibt sich dann die weitere in Gleichung (15) auftretende Größe

$$\frac{1}{2}E'(\vartheta) = 1{,}07\left\{\sin 2\vartheta + 0{,}4\,(\sin 2\vartheta\cos\vartheta - \sin^3\vartheta)\right\} \tag{18}$$

Die Berechnung dieser beiden Funktionen von ϑ ist für 36 Kurbelstellungen auf 3 Dezimalen in den nachfolgenden Tabellen 5 und 6 wiedergegeben. Die Tabelle setzt sich in leicht erkennbarer Weise über $\vartheta = 180^0$ bis $\vartheta = 360^0$ fort.

Tabelle 5. $E(\vartheta) = 485 \{1 + 0{,}00445 \sin^2 \vartheta \, (1 + 0{,}4 \cos \vartheta)\}$

1	2	3	4	5	6	7	8	9
ϑ	$\sin\vartheta$	$\sin^2\vartheta$	$\cos\vartheta$	$0{,}4\cos\vartheta$	$1 + 0{,}4\cos\vartheta$	$\sin^2\vartheta \times (1 + 0{,}4\cos\vartheta)$	$0{,}00445 \times [7]$	$E(\vartheta)$
0	0,000	0,000	+ 1,000	+ 0,400	+ 1,400	0,000	0,00000	485
10	0,174	0,030	+ 0,985	0,394	1,394	+ 0,042	0,00019	485
20	0,342	0,117	+ 0,940	0,376	1,376	0,160	0,00071	485
30	0,500	0,250	+ 0,866	0,346	1,346	0,336	0,00149	486
40	0,643	0,415	+ 0,766	0,306	1,306	0,540	0,00240	486
50	0,766	0,587	+ 0,643	0,258	1,258	0,737	0,00328	486
60	0,866	0,750	+ 0,500	0,200	1,200	0,900	0,00400	487
70	0,940	0,885	+ 0,342	0,137	1,137	0,005	0,00449	487
80	0,985	0,970	+ 0,174	+ 0,070	1,070	1,040	0,00465	487
90	1,000	1,000	0,000	0,000	1,000	1,000	0,00445	487
100	0,985	0,970	— 0,174	— 0,070	0,930	0,901	0,00401	487
110	0,940	0,885	— 0,342	0,137	0,863	0,763	0,00341	487
120	0,866	0,750	— 0,500	0,200	0,800	0,600	0,00267	486
130	0,766	0,587	— 0,643	0,258	0,742	0,436	0,00193	486
140	0,643	0,415	— 0,766	0,306	0,694	0,288	0,00128	486
150	0,500	0,250	— 0,866	0,346	0,654	0,164	0,00073	485
160	0,342	0,117	— 0,940	0,376	0,624	0,037	0,00032	485
170	0,174	0,030	— 0,985	0,394	0,606	0,018	0,00008	485
180	0,000	0,000	— 1,000	— 0,400	+ 0,600	0,000	0,00000	485

Zur besseren Übersicht gibt Fig. 106 die Funktion $E(\vartheta)$ graphisch wieder:

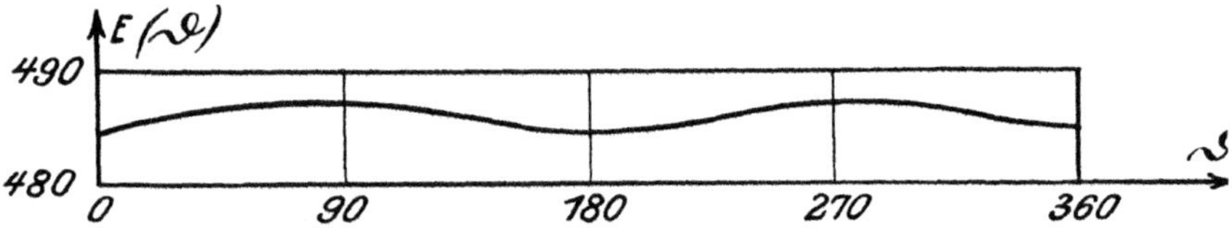

Fig. 106. Die Getriebefunktion E (ϑ).

$\frac{1}{2} E'(\vartheta)$ ist in Fig. 107 graphisch dargestellt:

Die zur Berechnung des Tangentialkraftmoments $F(\vartheta) = r(T - W)$ erforderlichen Daten gibt Tabelle 7, von der gleichfalls eine graphische Darstellung beigefügt wird.

Tabelle 6. $\frac{1}{2}E'(\vartheta) = 1{,}07 \left\{\sin 2\,\vartheta + 0{,}4\,(\sin 2\,\vartheta \cos \vartheta - \sin^3 \vartheta)\right\}$

1	2	3	4	5	6	7	8
ϑ	$\sin 2\,\vartheta$	$\sin 2\,\vartheta$ $\times \cos \vartheta$	$\sin^3 \vartheta$	[3—4]	0,4 × [3—4]	[2 + 6]	1,07 [7]
0	0,0	0,000	0,000	0,000	0,000	0,000	0,000
10	+ 0,342	+ 0,336	+0,005	+ 0,331	+ 0,132	+ 0,474	+ 0,506
20	0,643	0,605	0,040	+ 0,565	+ 0,226	+ 0,869	+ 0,927
30	0,866	0,749	0,125	+ 0,624	+ 0,250	+ 1,116	+ 1,190
40	0,985	0,753	0,267	+ 0,486	+ 0,194	+ 1,179	+ 1,259
50	0,985	0,633	0,449	+ 0,184	+ 0,074	+ 1,059	+ 7,130
60	0,866	0,433	0,649	+ 0,216	+ 0,086	+ 0,780	+ 0,832
70	0,643	0,220	0,831	— 0,611	— 0,244	+ 0,399	+ 0,426
80	0,342	0,059	0,954	— 0,895	— 0,358	+ 0,016	+ 0,017
90	0,000	0,000	1,000	— 1,000	— 0,400	— 0,400	— 0,428
100	— 0,342	+ 0,059	0,954	— 0,895	— 0,358	— 0,700	— 0,749
110	— 0,643	0,220	0,831	— 0,611	— 0,244	— 0,887	— 0,946
120	— 0,866	0,433	0,649	— 0,216	— 0,086	— 0,952	— 1,019
130	— 0,985	0,633	0,449	+ 0,184	+ 0,074	— 0,911	— 0,977
140	— 0,985	0,753	0,267	+ 0,486	+ 0,194	— 0,791	— 0,843
150	— 0,866	0,749	0,125	+ 0,624	+ 0,250	— 0,616	— 0,657
160	— 0,643	0,605	0,040	+ 0,565	+ 0,226	— 0,417	— 0,445
170	— 0,342	0,330	0,005	+ 0,331	+ 0,132	— 0,210	— 0,224
180	0,000	0,000	0,000	0,000	0,000	0,000	0,000

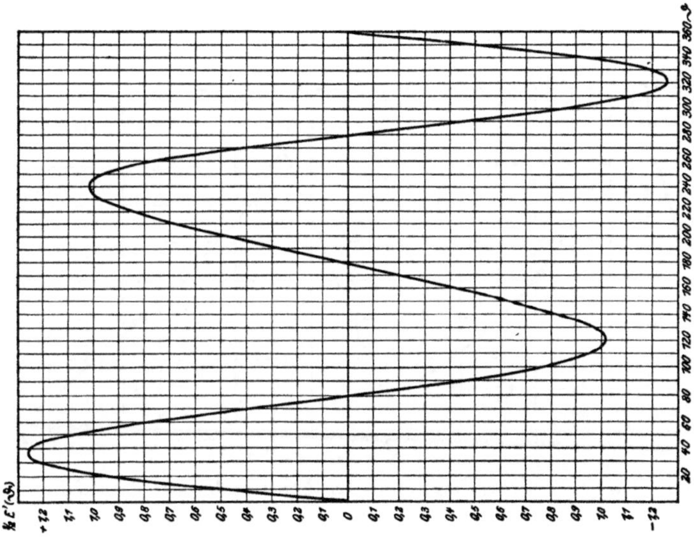

Fig. 107. Der halbe Differentialquotient $\frac{1}{2}E'(\vartheta)$ der Getriebefunktion.

Tabelle 7.

Dampf-Tangentialkraft T, Effektive Tangentialkraft $T - W$, Tangentialkraftmoment F $(\vartheta) = r\,(T - W)$, $W = 1056$ kg., $r = 0{,}3$ m.

Nr.	ϑ	T	$r(T-W)$	Nr.	ϑ	T	$r(T-W)$
0	0	0	— 316	18	180	0	— 325
1	10	610	— 142	19	190	400	— 205
2	20	1180	+ 29	20	200	800	— 85
3	30	1810	+ 218	21	210	1210	+ 38
4	40	2300	+ 365	22	220	1620	+ 161
Max	48	2600	+ 455	23	230	2040	+ 287
5	50	2530	+ 434	Max	235	2220	+ 341
6	60	2170	+ 326	24	240	2040	+ 287
7	70	1830	+ 224	25	250	1780	+ 209
8	80	1520	+ 131	26	260	1570	+ 146
9	90	1270	+ 56	27	270	1390	+ 92
10	100	1070	— 4	28	280	1220	+ 41
11	110	860	— 67	29	290	1060	— 7
12	120	710	— 112	30	300	900	— 55
13	130	570	— 166	31	310	750	— 100
14	140	440	— 193	32	320	600	— 145
15	150	320	— 229	33	330	460	— 187
16	160	200	— 265	34	340	290	— 248
17	170	100	— 295	35	350	150	— 280
18	180	0	— 325	36	360	0	— 325

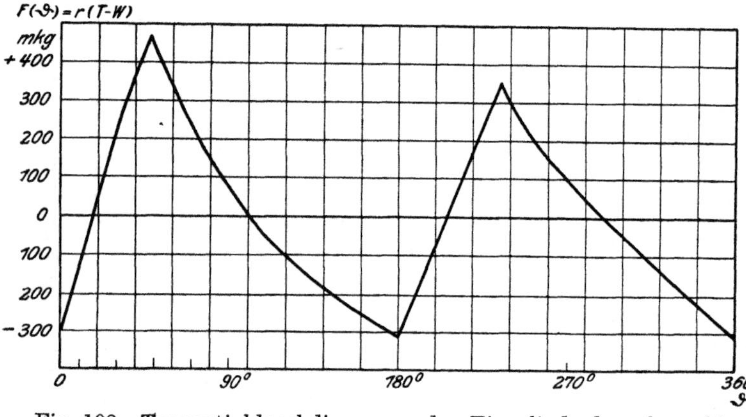

Fig. 108. Tangentialdruckdiagramm der Einzylinderdampfmaschine.

Zur Anwendung des Rungeschen Verfahrens auf die Gleichung (15)

$$E(\vartheta)\frac{d^2\vartheta}{dt^2}+\frac{1}{2}E'\left(\frac{d\vartheta}{dt}\right)^2=F(\vartheta) \tag{19}$$

setzen wir

$$\frac{d\vartheta}{dt}=\omega,\ \frac{d^2\vartheta}{dt^2}=\frac{d\omega}{dt}$$

wodurch an Stelle der einen Gleichung (19) die beiden Gleichungen (20) treten.

$$\left.\begin{aligned}\frac{d\omega}{dt}&=\frac{2F(\vartheta)-E'(\vartheta)\,\omega^2}{2E(\vartheta)}\\ \frac{d\vartheta}{dt}&=\omega\end{aligned}\right\} \tag{20}$$

Hier dividieren wir die erste Gleichung durch die zweite und bilden den reziproken Wert der zweiten, wodurch sich findet:

$$\left.\begin{aligned}\frac{d\omega}{d\vartheta}&=\frac{2F(\vartheta)-E'(\vartheta)\,\omega^2}{2\,\omega\,E(\vartheta)}\\ \frac{dt}{d\vartheta}&=\frac{1}{\omega}.\end{aligned}\right\} \tag{21}$$

Wir haben also ein System von zwei simultanen[28a]) Differentialgleichungen erster Ordnung, auf die Runge sein Verfahren besonders zugeschnitten hat. Bei Runge lauten die Gleichungen:

$$\left.\begin{aligned}\frac{dy}{dx}&=f(x,y,z)\\ \frac{dz}{dx}&=g(x,y,z)\end{aligned}\right\} \tag{21}$$

Aus diesen Gleichungen werden die Näherungen $\Delta_T y$ und $\Delta_T z$ nach dem Tangententrapez gebildet wie folgt:

$$\left.\begin{aligned}\Delta_T y&=f\left(x+\frac{1}{2}\Delta x, y+\frac{1}{2}f\,\Delta x, z+\frac{1}{2}g\,\Delta x\right)\Delta x\\ \Delta_T z&=g\left(x+\frac{1}{2}\Delta x, y+\frac{1}{2}f\,\Delta x, z+\frac{1}{2}g\,\Delta x\right)\Delta x\end{aligned}\right\} \tag{22}$$

Unsere zur (21) analogen Gleichungen werden einfacher, da $f(\vartheta,\omega,t)$ die Variabele t nicht enthält und da in $g(\vartheta,\omega,t)$ sogar ϑ und t fehlen. Wir erhalten also:

$$\left.\begin{aligned}\Delta_T\,\omega &= f\left(\vartheta + \frac{1}{2}\Delta\,\vartheta,\quad \omega + \frac{1}{2} f\,\Delta\,\vartheta\right)\Delta\,\vartheta\\ \Delta_T\,t &= \frac{1}{\omega + \frac{1}{2} f\,\Delta\,\vartheta}\cdot\Delta\,\vartheta\end{aligned}\right\} N_T \qquad (23)$$

Des weiteren bilden wir die Näherungen $\Delta_S\,\omega$ und $\Delta_S\,t$ nach dem Sehnentrapez durch folgende Wertreihen

$$\Delta_1\,\omega = f\,\Delta\vartheta,\quad \Delta_2\,\omega = f\,(\vartheta + \Delta\vartheta,\ \omega + \Delta_1\omega)$$

$$\left.\begin{aligned}\Delta_3\omega &= f(\vartheta + \Delta\,\vartheta, \omega + \Delta_2\,\omega)\\ \Delta_S\omega &= \frac{\Delta_1\,\omega + \Delta_3\,\omega}{2}\\ \Delta_1 t = \frac{\Delta\,\vartheta}{\omega},\quad \Delta_2 t &= \frac{\Delta\,\vartheta}{\omega + \Delta_1\,\omega},\quad \Delta_3 t = \frac{\Delta\,\vartheta}{\omega + \Delta_2\,\omega}\end{aligned}\right\} N_S \qquad (24)$$

$$\Delta_S t = \frac{\Delta_1 t + \Delta_3 t}{2}$$

bis auf die dritten Potenzen von $\Delta\vartheta$.

Und schließlich findet man die genauen Näherungen $\Delta_N\omega$ und $\Delta_N t$ durch Kombination der in (23) und (24) ermittelten Werte nach den Formeln:

$$\left.\begin{aligned}\Delta_N\,\omega &= \Delta_T\omega + \frac{1}{3}(\Delta_S\,\omega - \Delta_T\,\omega)\\ \Delta_N\,t &= \Delta_T t + \frac{1}{3}(\Delta_S\,t - \Delta_T\,t)\end{aligned}\right\} \qquad (25)$$

Die praktische Durchführung des Verfahrens macht erst die Aufstellung von Tabellen für

$$F\left(\vartheta + \frac{1}{2}\Delta\,\vartheta\right),\quad E\left(\vartheta + \frac{1}{2}\Delta\,\vartheta\right) \text{ und } E'\left(\vartheta + \frac{1}{2}\Delta\,\vartheta\right)$$

erforderlich, die leicht durch Abgreifen aus den Schaubildern für

$$F\,(\vartheta),\ E(\vartheta) \text{ und } E'(\vartheta)$$

gewonnen werden können.

Zur Rechnung legt man sich eine Tabelle an, die für die ersten 4 Schnitte im folgenden mitgeteilt ist:

Tabelle 8.

ϑ	$\vartheta + \frac{1}{2}\Delta\vartheta$	$2F(\vartheta)$	$2F\left(\vartheta + \frac{1}{2}\Delta\vartheta\right)$	$2E(\vartheta)$	$2E\left(\vartheta + \frac{1}{2}\Delta\vartheta\right)$	$E'\vartheta$	$E'\left(\vartheta + \frac{1}{2}\Delta\vartheta\right)$	$\Delta\omega$	ω	Δt
0		— 633		970		0,000			6,4300	
									132	
	5		— 455		970		+ 0,520	— 0,0132		0,0271
10		— 267		970		+ 1,012			6,4168	
									44	
	15		— 97		970		+ 1,460	— 0,0044		0,0272
20		+ 75		971		+ 1,854			6,4122	
									48	
	25		+ 257		971		+ 2,160	+ 0,0048		0,0272
30		+ 453		971		+ 2,380			6,4270	
									135	
	35		+ 583		971		+ 2,500	+ 0,0135		0,0271
40		+ 730		972		+ 2,518			6,4305	

Der einzelne Schritt der Integration ist $10^0 = \Delta\vartheta = \frac{2\pi}{360} =$ 0,175 gewählt werden.

Zur Einleitung der Rechnung nimmt man ω nahe der mittleren Winkelgeschwindigkeit ω_m der Maschine, die durch die Konstruktion festgelegt ist.

Hier sei $\omega_m = 6{,}430$.

Für jeden Rechnungsschritt gelten die Formeln:

$$\left.\begin{aligned} \Delta_1\omega &= \frac{2F(\vartheta) - E'(\vartheta)\,\omega^2}{\omega \cdot 2E(\vartheta)}\,\Delta\vartheta \\ \Delta_1 t &= \frac{\Delta\vartheta}{\omega} \end{aligned}\right\} \text{Eulersche Näherung}$$

$$\left.\begin{aligned} &\Delta_T\omega = \\ &\frac{2F\left(\vartheta + \frac{1}{2}\Delta\vartheta\right) - E'\left(\vartheta + \frac{1}{2}\Delta\vartheta\right)\left(\omega + \frac{1}{2}\Delta_1\omega\right)^2}{\left(\omega + \frac{1}{2}\Delta_1\omega\right)\cdot 2E\left(\vartheta + \frac{1}{2}\Delta\vartheta\right)}\cdot\Delta\vartheta \end{aligned}\right\} \begin{array}{c}\text{Tangenten-}\\ \text{Trapez-}\\ \text{Näherung}\end{array}$$

$$\Delta_T t = \frac{\Delta\vartheta}{\omega + \frac{1}{2}\Delta\omega}$$

Sehnen-Trapez-Näherung:

$$\Delta_2 \omega = \frac{2F(\vartheta + \Delta\vartheta) - E'(\vartheta + \Delta\vartheta)(\omega + \Delta_1\omega)^2}{(\omega + \Delta_1\omega)\cdot 2E(\vartheta + \Delta\vartheta)} \cdot \Delta\vartheta$$

$$\Delta_3 \omega = \frac{2F(\vartheta + \Delta\vartheta)' - E'(\vartheta + \Delta\vartheta)(\omega + \Delta_2\omega)^2}{(\omega + \Delta_2\omega)\cdot 2E(\vartheta + \Delta\vartheta)} \cdot \Delta\vartheta$$

$$\Delta_S \omega = \frac{1}{2}(\Delta_1\omega + \Delta_3\omega)$$

$$\Delta_2 t = \frac{\Delta\vartheta}{\omega + \Delta_1\omega}, \quad \Delta_3 t = \frac{\Delta\vartheta}{\omega + \Delta_2\omega}$$

$$\Delta_S t = \frac{1}{2}(\Delta_1 t + \Delta_3 t)$$

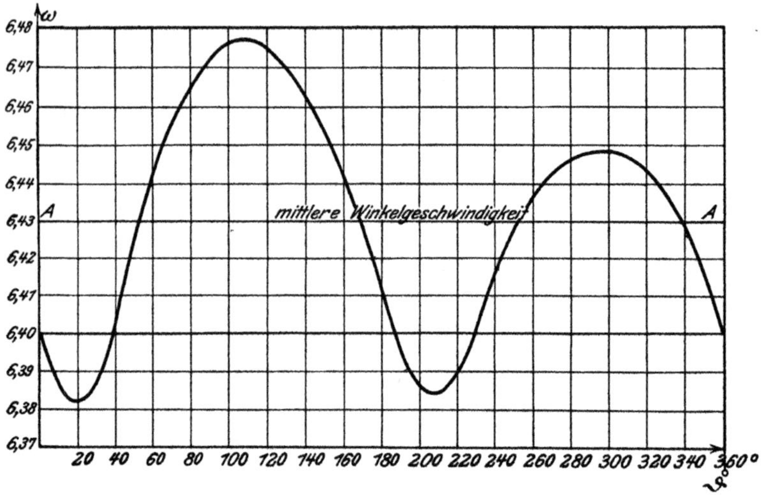

Fig. 109. Winkelgeschwindigkeit der Einzylinderdampfmaschine.

Simpsonsche Näherung nach Runge:

$$\Delta_N \omega = \Delta_T \omega + \frac{1}{3}(\Delta_S\omega - \Delta_T\omega)$$

$$\Delta_N t = \Delta_T t + \frac{1}{3}(\Delta_S t - \Delta_T t)$$

Der erste Schritt liefert:

$$\Delta_1 \omega = \frac{-633}{970 \cdot 6{,}43} \cdot 0{,}175 = -0{,}0176$$

$$\Delta_T \omega = \frac{-455 - 22}{970 \cdot 6{,}43} \cdot 0{,}175 = -0{,}0133$$

$$\Delta_2 \omega \sim \Delta_3 \omega = \frac{-267-42}{970 \cdot 6{,}43} \cdot 0{,}175 = -0{,}0086$$

$$\Delta_S \omega = -0{,}0131; \; \Delta_N \omega = -0{,}0132$$

Die für die einzelnen Schritte berechneten $\Delta_N \omega$ und ω sind in der Tabelle 8 eingetragen.

Das Ergebnis der gesamten Integration ist in Fig. 109 graphisch verzeichnet.

Es erübrigt jetzt nur noch, die mittlere Höhe dieser Kurve zu ermitteln und die so gewonnene Linie AA mit der mittleren Winkelgeschwindigkeit $\omega_m = 6{,}430$ zusammenfallen zu lassen.

Streng genommen müßte man jetzt die ganze Rechnung mit dem genannten Wert $\omega_0 = 6{,}40$ wiederholen. Bei der Geringfügigkeit der Differenz $\omega_m - \omega_0 = 0{,}03$ beträgt der Fehler, den wir mit der Beibehaltung der gefundenen Kurven begehen, nur etwa ½ v. H. Jedenfalls können wir (bis auf diesen Fehler) die größte Winkelgeschwindigkeit der Maschine mit

$$\omega_{\max} = 6{,}477$$

und die kleinste mit

$$\omega_{\min} = 6{,}382$$

bestimmen.

§ 35. Mechanische Integration linearer Differentialgleichungen.

Die linearen Differentialgleichungen erster und zweiter Ordnung mit konstanten Koeffizienten und Störungsfunktion lassen sich mechanisch integrieren.

I. Betrachten wir zunächst etwa die Gleichung (2) § 21

$$\frac{L}{W} \frac{dJ}{dt} + J = \frac{E}{W} \tag{1}$$

so hat man mit $\frac{L}{W} = a$ und $\frac{E}{W} = f(t)$ die Form der Gleichung mit Störungsfunktion

$$a \frac{dJ}{dt} + J = f(t) \tag{2}$$

Diese Gleichung wird nach folgendem Prinzip mechanisch integriert:

Eine scharfkantige Rolle R (Fig. 110) ist so mit einem Fahrstift F verbunden, daß 1. die Rollenebene stets durch F geht und 2. der in Richtung der Abcissenaxe gemessene Abstand von F und dem Berührungspunkt A der Rolle $= a$ ist, während F die im Koordinatensystem J, t gezeichnete Kurve $f(t)$ durchläuft. Wie sich aus der Figur ergibt, durchläuft A dann eine Kurve, für deren Ordinaten J die Beziehung gilt:

$$\frac{f(t) - J}{a} = \frac{dJ}{dt},$$

$$f(t) = J + a\frac{dJ}{dt}.$$

Dies ist aber unsere gegebene Differentialgleichung.

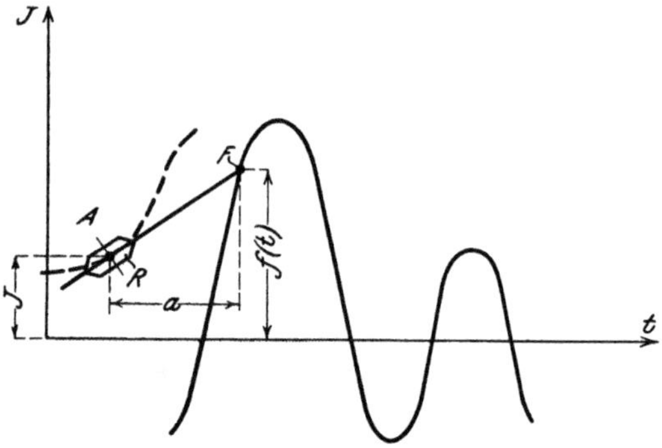

Fig. 110. Mechanische Integration einer linearen Differentialgleichung erster Ordnung.

Um im übrigen den Verlauf von J zu dem von $f(t)$ in die richtige zeitliche Beziehung zu setzen, muß die J-Kurve parallel mit sich um die Strecke a in der Richtung der positiven t verschoben werden [29]).

Die Ausführung des Verfahrens besorgt ein integraphenähnliches Instrument (Fig. 111):

Auf den Wangen eines parallel zur t-Achse verschieblichen Lauf-Rahmens $L\,L$ bewegen sich zwei Wagen W und W_1, die den Punkt F bzw. die Rolle R tragen. Die gewünschte Führung von R wird bewirkt durch das Lineal p, welches, in der Führung s gleitend, den um die vertikale Achse $A\,A$ drehbaren Rollenrahmen

$r\,r$ in der verlangten Richtung erhält. Die Kurve $f(t)$ wird von dem Fahrstift F' durchlaufen, die Kurve J durch die Schreibfeder S' beschrieben, die ihre zur Rollenebene parallele Führung durch das Parallelogramm $r\,r\,r'\,r'$ erhält.

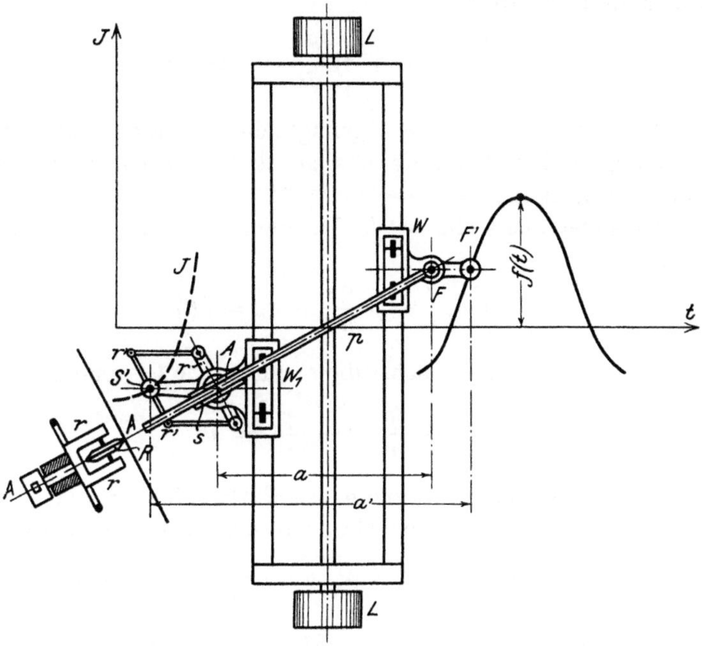

Fig. 111. Mechanischer Integrator für lineare Differentialgleichungen mit konstanten Koeffizienten.

II. Um zur Integration der nicht homogenen linearen Differentialgleichung zweiter Ordnung mit konstanten Koeffizienten zu gelangen, üben wir das beschriebene Verfahren nochmals auf die Kurve J (Fig. 110) aus, aber mit einer anderen Instrumentkonstanten a. Diese sei jetzt b. Es resultiert eine neue Kurve, deren Ordinaten z seien und welche die Differentialgleichung hat

$$z + b\frac{dz}{dt} = J \tag{3}$$

Differentiert man diese Formel:

$$\frac{dz}{dt} + b\frac{d^2 z}{dt^2} = \frac{dJ}{dt} \tag{4}$$

und setzt (3) und (4) in (2) ein, so kommt:

$$a\frac{dz}{dt} + ab\frac{d^2 z}{dt^2} + z + b\frac{dz}{dt} = f(t) \tag{5}$$

oder anders geordnet:

$$ab\frac{d^2 z}{dt^2} + (a+b)\frac{dz}{dt} + z = f(t) \tag{6}$$

Man sieht, die Kurve z genügt einer linearen Differentialgleichung zweiter Ordnung mit konstanten Koeffizienten und Störungsfunktion.

Ist andererseits eine solche Differentialgleichung etwa in der Form

$$m\frac{d^2 z}{dt^2} + \beta\frac{dz}{dt} + cz = f(t) \tag{7}$$

gegeben, so hat man zunächst die quadratische Gleichung:

$$\mu^2 + \frac{\beta}{m}\mu + \frac{c}{m} = 0 \tag{8}$$

zu lösen, deren Wurzeln μ_1 und μ_2 seien. Dann führt man das oben beschriebene Verfahren zunächst mit der Instrumentkonstante $a = \frac{1}{\mu_1}$ an der Kurve $f(t)$ aus, welchen Prozeß man mit der Instrumentkonstante $b = \frac{1}{\mu_2}$ an der so erhaltenen Zwischenkurve wiederholt.

Zu bemerken ist hierbei, daß das Verfahren nur bei reellen μ_1 und μ_2 ausführbar ist, also im wesentlichen nur bei aperiodisch gedämpften Schwingungsvorgängen.

III. Zur mechanischen Integration der homogenen Differentialgleichung mit nicht konstanten Koeffizienten

$$\frac{d^2 u}{dt^2} + P\frac{du}{dx} - Qu = 0 \tag{9}$$

hat Lord Kelvin das Prinzip eines Apparates angegeben[30]).

Zunächst multipliziert man (9) mit:

$$e^{\int P\,dx}$$

und kann dann statt (9) schreiben:

$$\frac{d}{dx}\left\{e^{\int P\,dx}\frac{du}{dx}\right\} - Q\,e^{\int P\,dx}\,u = 0 \tag{10}$$

Führt man hier eine neue unabhängige Variabele z ein durch die Substitution:

$$dz = Q\,e^{\int P\,dx}\,dx \tag{11}$$

so geht (10) über in:

$$\frac{d}{dz}\left\{Q\,e^{2\int P\,dx}\frac{du}{dz}\right\} - u = 0 \tag{12}$$

Hier ist $Q\,e^{2\int P\,dx}$ eine Funktion von x und vermöge (11) auch von z. Als solche bezeichnen wir sie mit $\frac{1}{U}$:

$$\frac{1}{U} = Q\,e^{2\int P\,dx}. \tag{13}$$

wonach wir einfach erhalten:

$$\frac{d}{dz}\left(\frac{1}{U}\frac{du}{dz}\right) = u \tag{14}$$

An diese Gleichung knüpft Lord Kelvin an und konstruiert einen Integrator nach folgendem Prinzip (Fig. 112). Auf zwei gleichen Scheiben S_1 und S_2, die sich um vertikale Achsen drehen können, rollen längs einem Durchmesser $= a_1\,a_1$ bzw. $a_2\,a_2$ je eine Kugel K_1 bzw. K_2. Die Durchmesser $a_1\,a_1$ und $a_2\,a_2$ sind parallel.

Zu den Durchmessern parallel ist über jeder Scheibe, diese nicht berührend, ein Zylinder C_1 bzw. C_2 angeordnet, der mit der zugehörigen Kugel K_1 bzw. K_2 in Kontakt steht.

Die Kugeln sind in Käfige eingeschlossen, durch deren Bewegung sie längs der Durchmesser verschoben werden können. Die Kugeln stützen sich gegen die Käfige durch kleine Rollen ab, die möglichst reibungslos laufen.

Es ist ersichtlich, daß etwaige Drehungen der Scheiben sich vermöge der Kugeln auf die Zylinder übertragen, nach Maßgabe des Abstandes der Kugeln von den Scheibenmittelpunkten.

Die Übertragung wird vermittelt durch die Reibung zwischen den Kugeln und Scheiben bzw. Zylindern.

Jetzt verbindet man den Käfig der Kugel K_1 mit der Achse des Zylinders C_2 durch eine Schnurübertragung so, daß die Verschiebung der Kugel K_1 der Verschiebung eines Punktes des Zylinderumfangs gleich sein muß. Dieselbe Verbindung führt man aus zwischen der Kugel K_2 und dem Zylinder C_1.

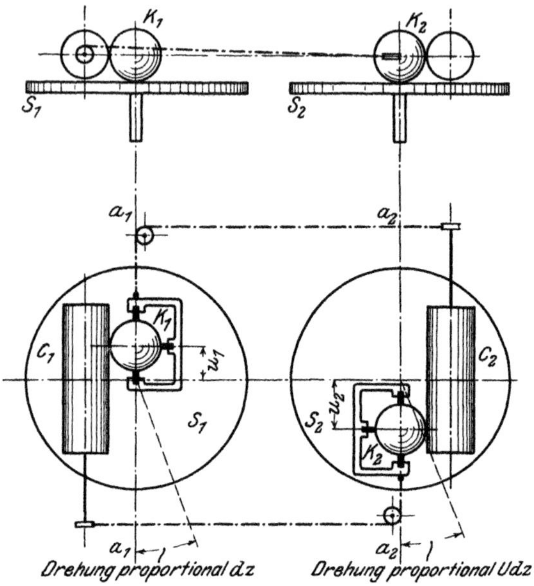

Fig. 112. Lord Kelvins Integrator für lineare Differentialgleichungen.

Dreht man jetzt die Scheibe S_1 proportional $d\,z$, die Scheibe S_2 proportional $U\,d\,z$, so wird die Verschiebung u der Kugel K_1 aus ihrer Mittellage in Abhängigkeit von z der Differentialgleichung

$$\frac{d}{dz}\left\{\frac{1}{U}\frac{du}{dz}\right\} = u \tag{15}$$

genügen.

Beweis: Es seien in einem beliebigen Augenblicke u_1 bzw. u_2 die Abweichnungen der beiden Kugeln von ihrer Mittellage. Dreht man jetzt die Scheibe S_1 proportional $d\,z$, so durchläuft jeder Punkt des Zylinders C_1 den Bogen $u_1\,d\,z$. Analog durchläuft C_2, wenn die Achse von S_2 um $U\,dz$ gedreht wird, den Bogen $u_2\,U\,dz$. Durch die Schnurverbindungen werden aber dauernd die Beziehungen aufrecht erhalten:

$$u_1\,dz = du_2 \quad \text{und} \quad u_2 U\,dz = du_1 \tag{16}$$

Eliminiert man hier u_2, so kommt:

$$\frac{d}{dz}\left(\frac{1}{U}\frac{du_1}{dz}\right) = u_1 \tag{17}$$

d. h. die mechanisch zu integrierende Differentialgleichung.

Es bleibt nur noch übrig, die Bewegung u_1 der Kugel K_1 in Abhängigkeit von z automatisch aufzuzeichnen, worüber wir uns hier nicht verbreiten wollen.

Bemerkenswert ist, daß man die mechanische Lösung der Differentialgleichung (15) den Anfangsbedingungen anpassen kann. Seien u_1 und u_2 die für $z = z_0$ eingestellten Kugelabstände, so hat man für $z = z_0$:

$$u = u_1 \quad \text{und} \quad \frac{du}{dz} = u_2\,U,$$

d. h. durch die Auswahl von u_1 und u_2 kann man die Lösung den für $z = z_0$ gegebenen Werten u_0 und $\left|\frac{du}{dz}\right|_0$ anpassen.

Alle vorstehend geschilderten Operationen von der Transformation der Gleichung (9) an bis zur Operation mit dem Kelvinschen Integrator lassen sich zumindest graphisch durchführen. Er ergibt sich also die Möglichkeit, der Differentialgleichung (9) auf mechanischem Wege beizukommen, während ihre analytische Integration auf elementarem Wege gar nicht möglich ist. Nur durch die Hilfsmittel der Funktionentheorie kann man sich im allgemeinen Falle einen Überblick über die Eigenschaften ihres Integrals verschaffen.

§ 36. Die Pendelgleichung. Elliptische Funktionen.

Die Bewegung des mathematischen Pendels, d. h. eines schweren Punktes, der mittels eines starren, masselos gedachten Stabes aufgehängt ist, in einer Vertikalebene, ist wichtig als Grundlage der Betrachtung komplizierterer Schwingungsvorgänge und zur Einführung in die Lehre von den elliptischen Funktionen, die eine weitgehende naturwissenschaftliche Bedeutung haben.

I. Zur Bewegungsgleichung gelangt man leicht wie folgt: Der Massenpunkt m am Stab der Länge l (Fig. 113) steht unter dem Einfluß zweier Kräfte:

1. der eigenen Massenträgheit,

2. derjenigen Komponente der Schwerkraft mg, welche eine Änderung der durch den Winkel α gegebenen Lage des Pendels herbeiführen kann. Alle anderen Kräfte, wie die zur Bahn normale Komponente der Schwerkraft und die Zentrifugalkraft, kommen für die Bewegung nicht in Frage, da ihre Summe durch die Stabspannung aufgehoben wird. Für die Massenträgheit haben wir den Ansatz: Masse mal Beschleunigung $= m \cdot l \cdot \frac{d^2\alpha}{dt^2}$; für die Tangentialkomponente der Schwerkraft gilt: $mg \sin\alpha$. Beide Kräfte werden durch die Newtonsche Gleichung: die bewegende Kraft ist gleich der Massenträgheit, miteinander verbunden, wobei noch zu berücksichtigen ist, daß $mg \sin\alpha$ den Winkel α zu verkleinern sucht und deshalb negativ einzuführen ist. Wir schreiben also:

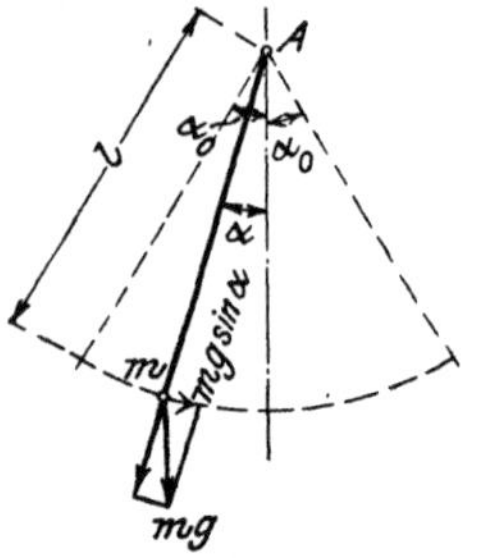

Fig. 113. Das mathematische Pendel.

$$m\,l\,\frac{d^2\alpha}{dt^2} = -mg\sin\alpha \tag{1}$$

und nach Division mit $l\,m$ und Umstellung der rechten Seite

$$\frac{d^2\alpha}{dt^2} + \frac{g}{l}\sin\alpha = 0. \tag{2}$$

Für gewöhnlich integriert man nicht diese Differentialgleichung, sondern eine andere, die aus jener folgt durch die Annahme, daß es sich um eine Schwingung mit nur kleinen Ausschlägen handele, für die man den Sinus mit dem Bogen vertauschen kann, für die also gilt:

$$\alpha = \sin\alpha.$$

Unter dieser Annahme erhält man die Differentialgleichung:

$$\frac{d^2\alpha}{dt^2} + \frac{l}{g}\alpha = 0. \tag{4}$$

Diese Differentialgleichung ist ein Spezialfall der in § 27 behandelten Schwingungsgleichung und hat das allgemeine Integral:

$$\alpha = A \sin \sqrt{\frac{g}{l}}\, t \cdot + B \cos \sqrt{\frac{g}{l}} \cdot t, \tag{5}$$

woraus sich für die Anfangs- und Grenzbedingungen

$$\left.\begin{array}{ll} t = 0 & \alpha = 0 \\ \dfrac{d\alpha}{dt} = 0 & \alpha = \alpha_0 \end{array}\right\} \tag{6}$$

d. h. für eine Schwingung mit dem größten Ausschlag oder der Amplitude α_0 findet: $B = 0$, $A = \alpha_0$

$$\alpha = \alpha_0 \sin \sqrt{\frac{g}{l}} \cdot t. \tag{7}$$

Aus dieser Gleichung erkennt man, daß der Ausschlag immer wieder $= \alpha$ wird, wenn man das Argument $\left(\sqrt{\frac{g}{l}}\right) \cdot t$ der Sinusfunktion um ganze Vielfache von 2π vermehrt, also für:

$$\sqrt{\frac{g}{l}} \cdot t + 2\pi, \quad \sqrt{\frac{g}{l}} \cdot t + 4\pi \ldots, \quad \sqrt{\frac{g}{l}} \cdot t + m\, 2\pi \ldots \tag{8}$$

Mathematisch drückt man diese Tatsache durch die Aussage aus: die Sinusfunktion hat die Periode 2π. Statt $\sqrt{\frac{g}{l}} \cdot t$ um 2π zu vermehren, kann man auch t um $T = 2\pi \sqrt{\frac{l}{g}}$ vermehren, wodurch wir den Begriff der Schwingungsdauer und den Satz gewinnen, daß die Winkel α sich nach Verlauf der Zeit

$$T = 2\pi \sqrt{\frac{l}{g}} \tag{9}$$

reproduzieren, unabhängig von der Größe der Amplitude α_0.

II. Dieser letzte Satz gilt aber nur unter der Voraussetzung kleiner Ausschläge, die wir anfangs machten. Wollen wir auf diese Voraussetzung verzichten und die genaue Bewegung untersuchen für beliebige Amplituden α_0, so müssen wir auf die Gleichung

$$\frac{d^2\alpha}{dt^2} + \frac{l}{g} \sin \alpha = 0 \tag{10}$$

zurückgreifen. Um diese Differentialgleichung zu lösen, multiplizieren wir zunächst mit

$$2\frac{d\alpha}{dt}$$

und finden

$$\frac{d}{dt}\left(\frac{d\alpha}{dt}\right)^2 + \frac{2g}{l}\frac{d\alpha}{dt}\sin\alpha = 0. \tag{11}$$

Hieraus ergibt sich nach Division mit dt

$$\left(\frac{d\alpha}{dt}\right)^2 = C + \frac{2g}{l}\cos\alpha. \tag{12}$$

Die Integrationskonstante C bestimmen wir durch die Festsetzung, daß die Amplitude gleich α_0 sei, daß also für

$$\alpha = \alpha_0 \quad \frac{d\alpha}{dt} = 0$$

sein soll, d. h. es muß sein:

$$C = -\frac{2g}{l}\cos\alpha_0 \tag{13}$$

Hieraus findet sich

$$\frac{d\alpha}{dt} = \sqrt{\frac{2g}{l}}\cdot\sqrt{\cos\alpha - \cos\alpha_0}. \tag{14}$$

oder nach Trennung der Variabeln:

$$dt = \sqrt{\frac{l}{2g}}\cdot\frac{d\alpha}{\sqrt{\cos\alpha - \cos\alpha_0}}. \tag{15}$$

Hier können wir sofort integrieren

$$t = \sqrt{\frac{l}{2g}}\int\frac{d\alpha}{\sqrt{\cos\alpha - \cos\alpha_0}} \tag{16}$$

und wenn wir das Integral von 0 bis α nehmen, so haben wir der weiteren Bedingung

$$t = 0, \qquad \alpha = 0$$

genügt:

$$t = \sqrt{\frac{l}{2g}}\int_0^\alpha\frac{d\alpha}{\sqrt{\cos\alpha - \cos\alpha_0}}. \tag{17}$$

In dieser Formel ersetzt man jetzt

$$\cos\alpha \text{ durch } 1-2\sin^2\frac{\alpha}{2} \tag{18}$$

und

$$\cos\alpha_0 \quad ,, \quad 1-2\sin^2\frac{\alpha_0}{2},$$

wodurch sich findet:

$$t=\frac{1}{2}\sqrt{\frac{l}{g}}\int\limits_0^{\alpha}\frac{d\alpha}{\sqrt{\sin^2\frac{\alpha_0}{2}-\sin^2\frac{\alpha}{2}}}. \tag{19}$$

Setzt man hier ein:

$$\left.\begin{aligned} k&=\sin\frac{\alpha_0}{2} \\ \sin\frac{\alpha}{2}=k\sin\vartheta,\ \cos\frac{\alpha}{2}&=\sqrt{1-\sin^2\frac{\alpha}{2}}=\sqrt{1-k^2\sin^2\vartheta} \\ &\text{und, aus der letzteren Formel durch Differentiation folgend,} \\ d\alpha=2k\frac{\cos\vartheta}{\cos\frac{\alpha}{2}}d\vartheta&=\frac{2k\cos\vartheta\,d\vartheta}{\sqrt{1-k^2\sin^2\vartheta}} \end{aligned}\right\} \tag{20}$$

so resultiert:

$$t=\sqrt{\frac{l}{g}}\int\limits_0^{\vartheta}\frac{d\vartheta}{\sqrt{1-k^2\sin^2\vartheta}}. \tag{21}$$

Denkt man sich das Integral ausgeführt und

$$\vartheta=\arcsin\frac{\sin\frac{\alpha}{2}}{\sin\frac{\alpha_0}{2}} \tag{22}$$

eingesetzt, so hat man offenbar die Zeit t als Funktion des Ausschlagwinkels α gefunden und kann umgekehrt durch Auflösung nach α den Ausschlagwinkel als Funktion der Zeit finden.

Nun ist weder das Integral

$$\int\limits_0^{\vartheta}\frac{d\vartheta}{\sqrt{1-k^2\sin^2\vartheta}} \tag{23}$$

durch die bekannten elementaren Funktionen ausdrückbar, noch viel weniger kann man die Gleichung

$$t = \sqrt{\frac{l}{g}} \int_0^{\vartheta} \frac{d\vartheta}{\sqrt{1 - k^2 \sin^2 \vartheta}} \tag{24}$$

nach ϑ auflösen.

Man hat deshalb für das Integral ein besonderes Funktionszeichen eingeführt:

$$\int_0^{\vartheta} \frac{d\vartheta}{\sqrt{1 - k^2 \sin^2 \vartheta}} = F(k, \vartheta) \tag{25}$$

und man nennt diese neue Funktion $F(k, \vartheta)$ elliptisches Integral erster Gattung des Argumentes ϑ und des Moduls k.

Des weiteren hat man die Werte dieses Integrals, die offenbar von der Größe k und dem Winkel ϑ abhängen, berechnet und in Tafeln zusammengetragen. Diese Tafeln haben zwei Eingänge: einen für den Winkel ϑ und einen zweiten für den Modul k. Für gewöhnlich geht man nicht direkt von den Werten des Moduls k aus, sondern man erinnert sich, daß

$$k = \sin \frac{\alpha_0}{2} \tag{26}$$

ist. Man läßt also das Argument des zweiten Eingangs ebenfalls nach Winkelintervallen fortschreiten.

Solche Tafeln des elliptischen Integrals erster Gattung enthält z. B. das Werk: Jahnke & Emde, Funktionentafeln, Teubner, 1908.

Unter Benutzung dieser Tafeln gestaltet sich die genauere Untersuchung eines Pendelvorganges wie folgt.

Es handelt sich darum, für jeden Zeitpunkt t die Lage des Pendelpunktes m anzugeben.

Die größte Ausweichung α_0 sei $= 30^0$, die Pendellänge so gewählt, daß

$$\sqrt{\frac{l}{g}} = 1$$

ist.

Zunächst liefern die Gleichungen (24) und (25) einen Zusammenhang zwischen der gesuchten Zeit t und dem Winkel ϑ:

$$t = F(k, \vartheta). \tag{26}$$

Der Modul k ist hier gleich $\sin \frac{\alpha_0}{2} = \sin 15^0$, der Winkel ϑ aber hängt mit dem Ausschlagwinkel α durch die Gleichung zusammen:

$$\vartheta = \arcsin \frac{\sin \frac{\alpha}{2}}{\sin \frac{\alpha_0}{2}}, \tag{27}$$

wo $\sin \frac{\alpha_0}{2} = 0{,}2588$ ist. Mittels dieser Gleichung findet man zu jedem Werte von α den zugehörigen Wert ϑ und mittels dieses Winkels ϑ findet man aus der Tafel den zugehörigen Wert des elliptischen Integrals $F(k, \vartheta)$ und damit die Zeit t, die verstreicht, bis das Pendel aus seiner Mittelstellung den Ausschlagwinkel α erreicht hat.

Wir tragen den Rechnungsgang in einer kleinen Tafel zusammen.

Tabelle 9.

1	2	3	4	5	6	7
α^0	$\frac{\alpha}{2}$	$\sin \frac{\alpha}{2}$	$\sin \frac{\alpha}{2} : \sin \frac{\alpha_0}{2}$	$\vartheta =$ arc sin (4)	$F(k, \vartheta)$	t
2°	1°	0,0175	0,0675	4°	0,0698	0,07 sec
4	2	0,0349	0,1345	7°	0,1222	0,12
6	3	0,0523	0,2020	11°	0,1924	0,19
8	4	0,0698	0,7700	15°	0,2620	0,26
10	5	0,0872	0,3370	19°	0,3320	0,33
12	6	0,1045	0,4040	23°	0,4021	0,40
14	7	0,1219	0,4680	27°	0,4724	0,47
16	8	0,1392	0,5400	33°	0,5780	0,58
18	9	0,1564	0,6100	37°	0,6486	0,65
20	10	0,1737	0,6700	42°	0,7370	0,74
22	11	0,1908	0,7370	47,5°	0,8347	0,83
24	12	0,2079	0,8050	53°	0,9326	0,93
26	13	0,2250	0,8700	60,5°	1,0067	0,07
28	14	0,2419	0,9350	69°	1,2193	1,22
30	15	0,2588	1,0000	90°	1,5981	1,60

Trägt man in einem rechtwinkligen Koordinatensystem die Werte t der Kolumne 7 als Abszissen auf, die Werte α der Kolumne 1 als Ordinaten, so erhält man den Verlauf der Bewegung während des ersten Viertels der Schwingungsdauer.

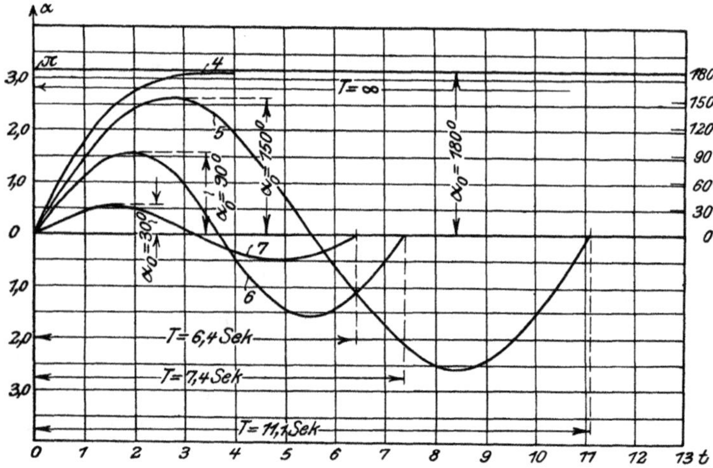

Fig. 114. Bewegung des Pendels $\sqrt{\frac{l}{g}} = 1$ für Amplituden α_0 von 0 bis π bei verschiedenen maximalen Bahngeschwindigkeiten.
$V_4 = 19{,}6$ m/sec. $V_5 = 18{,}9$ m/sec. $V_6 = 13{,}8$ m/sec. $V_7 = 8{,}1$ m/sec.

Die erhaltene Kurve unterscheidet sich nicht wesentlich von derjenigen, die man erhalten hätte, wenn man das angenäherte Resultat (Gleichung 7) mit

$$\alpha = 30^0 \sin t$$

graphisch aufgetragen hätte.

Die Verschiedenheit ist nur daran erkennbar, daß der vierte Teil der Schwingungsdauer im genauen Fall gleich 1,60 sec, im angenäherten = 1,57 sec ist, entsprechend ganzen Schwingungsdauern von 6,40 sec bzw. 6,28 sec.

Die Unterschiede werden umso merklicher, je größer die Amplituden α_0 gewählt werden. Die Schwingungsdauern wachsen immer mehr und für $\alpha_0 = 180^0$ entnimmt man aus der Tafel bei Jahnke und Emde mit $\frac{\alpha}{2} = 90^0$ und $\vartheta = 90^0$ $(k = 1)$ den Wert $F(k, \vartheta) = \infty$, d. h. die Viertelschwingungsdauer ist unendlich. Das Pendel, welches den tiefsten Punkt seiner Bahn mit einer solchen Geschwindigkeit durchläuft, daß der größte Ausschlagwinkel 180^0 betragen würde, erreicht diesen Ausschlagwinkel nie (vgl. Fig. 115 und Fig. 114, Nr. 4).

III. Den durch das elliptische Integral Gleichung (25)

$$t\sqrt{\frac{g}{l}} = u = F(k, \vartheta)$$

gegebenen Zusammenhang zwischen u und ϑ kann man sich auch so vorstellen, daß man ϑ als Funktion von u betrachtet. Es wäre also die zu $u = F(k, \vartheta)$ inverse Funktion zu bilden. Wie schon bemerkt, sind die elementaren Funktionen hierfür nicht verwendbar, und wir müssen zu einem weiteren Funktionszeichen „am“ greifen, welches wir Amplitude lesen. Wir haben also:

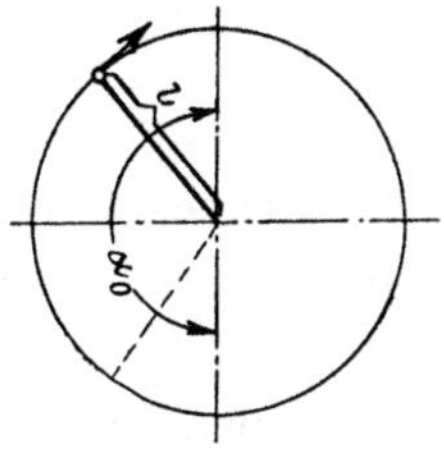

Fig. 115. Bewegung eines Pendels mit der Amplitude π.

$$\vartheta = \operatorname{am}(u, k) = \operatorname{am}\left(t\sqrt{\frac{g}{l}}, k\right). \tag{28}$$

Aus der Definition des elliptischen Integrals $u = F(k, \vartheta)$ folgt

$$0 = F(k, 0)$$

Es wird also:

$$0 = \operatorname{am}(0, k)$$

Das bis $\vartheta = \frac{\pi}{2}$ ausgedehnte elliptische Integral bezeichnet man mit K

$$K = \int_0^{\frac{\pi}{2}} \frac{d\vartheta}{\sqrt{1 - k^2 \sin^2 \vartheta}} = F\left(k, \frac{\pi}{2}\right).$$

Wir haben also:

$$K = F\left(k, \frac{\pi}{2}\right)$$

und umgekehrt:

$$\frac{\pi}{2} = \operatorname{am}(K, k).$$

Weiter gilt:

$$2\,K = F\,(k, \pi),$$ [30.1]

$$\pi = \mathrm{am}\,(2\,K,\,k)$$

und:

$$\frac{3\pi}{2} = \mathrm{am}\,(3\,K,\,k),$$

$$2\pi = \mathrm{am}\,(4\,K,\,k).$$

Greifen wir jetzt auf die Gleichungen (20) zurück, laut welchen gilt

$$\alpha = 2\arcsin\,(k\,sin\,\vartheta),$$

so hat man sofort mit (28)

$$\alpha = 2\arcsin\,[k\sin\mathrm{am}\,(u,\,k)] \qquad (29)$$

$$= 2\arcsin\left[k\sin\mathrm{am}\left(t\sqrt{\frac{g}{l}},\,k\right)\right]. \qquad (30)$$

In dieser Formel betrachtet man „sin am" als neues einheitliches Funktionszeichen und liest sin am u mit Sinusamplitude u.

Mit der Funktion Sinusamplitude haben wir die eigentlichen elliptischen Funktionen eingeführt, wie sie zuerst von Legendre betrachtet wurden.

Für unsere Zwecke merken wir zunächst an, daß man die Funktion „sin am u" als Reihe darstellen kann, wie folgt:

$$\sin\mathrm{am}\,u = u - \frac{1+k^2}{6}u^3 + \frac{1+14\,k^2+k^4}{120}u^5 - + \ldots \qquad (31)$$ [31]

Hiermit geht unsere zweite Fomel (30) für den Pendelausschlag α über in:

$$\alpha = 2\arcsin\left\{\sin\frac{\alpha_0}{2}\left(t\sqrt{\frac{g}{l}} - \frac{1+k^2}{6}\left(t\sqrt{\frac{g}{l}}\right)^3 + \frac{1+14\,k^2+k^4}{120}\left(t\sqrt{\frac{g}{l}}\right)^5 - + \ldots\right)\right\}$$

Betrachtet man jetzt nur kleine Ausschläge, so kann man in der Reihenentwicklung die Potenzen von k vernachlässigen, und die Reihe geht über in:

$$t\sqrt{\frac{g}{l}} - \frac{1}{1\cdot2\cdot3}\left(t\sqrt{\frac{g}{l}}\right)^3 + \frac{1}{1\cdot2\cdot3\cdot4\cdot5}\cdot\left(t\sqrt{\frac{g}{l}}\right)^5 - + \ldots .$$ [32]

d. h. in:

$$\sin t \sqrt{\frac{g}{l}}\,.$$

Entwickelt man jetzt in

$$\alpha = 2 \arcsin \left\{ \sin \frac{\alpha_0}{2} \sin t \sqrt{\frac{g}{l}} \right\}$$

die Funktion arcsin in eine Reihe, so folgt:

$$\alpha = 2 \left\{ \sin \frac{\alpha_0}{2} \sin t \sqrt{\frac{g}{l}} + \frac{\left(\sin \frac{\alpha_0}{2}\right)^3}{2 \cdot 3} \left(\sin t \sqrt{\frac{g}{l}}\right)^3 + \ldots \right\}$$ [33)]

d. h. mit Vernachlässigung der höheren Glieder und mit der Bemerkung, daß man für kleine Winkel $\frac{\alpha_0}{2}$ den Sinus mit dem Bogen vertauschen kann:

$$\alpha = \alpha_0 \sin t \sqrt{\frac{g}{l}}.$$

somit der Nachweis geführt ist, daß das angenäherte Resultat (7) aus dem genauen Resultat (30) durch die Substitution

$$\sin \frac{\alpha_0}{2} = \frac{\alpha_0}{2} = \text{kleine Größe}$$

abgeleitet werden kann.

IV. Für endliche Winkel $\alpha_0 < \frac{\pi}{2}$ gestaltet sich der Verlauf der Bewegung

$$\alpha = 2 \arcsin \left\{ \sin \frac{\alpha^0}{2} \sin \operatorname{am} \left(t \sqrt{\frac{g}{l}}, k \right) \right\}$$

wie folgt:

$t = 0$, $\operatorname{am}(0, k) = 0$, $\sin\operatorname{am}(0, k) = 0$, $\alpha = 0$

$t = K\sqrt{\frac{l}{g}}$, $\operatorname{am}(K, k) = \frac{\pi}{2}$, $\sin\operatorname{am}(K, k) = 1$, $\alpha = \alpha_0$

$t = 2K\sqrt{\frac{l}{g}}$, $\operatorname{am}(2K, k) = \pi$, $\sin\operatorname{am}(2K, k) = 0$, $\alpha = 0$

$t = 3K\sqrt{\frac{l}{g}}$, $\operatorname{am}(3K, k) = \frac{3\pi}{2}$, $\sin\operatorname{am}(3K, k) = -1$, $\alpha = -\alpha_0$

$$t = 4K\sqrt{\frac{l}{g}}, \quad \operatorname{am}(4K, k) = 2\pi, \quad \sin\operatorname{am}(4K, k) = 0, \quad \alpha = 0.$$

Mithin ist eine Schwingung nach Verlauf der Zeit

$$t = T = 4K\sqrt{\frac{l}{g}}$$

vollendet.

Es interessiert jetzt noch, diejenige Winkelgeschwindigkeit $\frac{d\alpha}{dt}$ zu wissen, mit der das Pendel die Mittellage passieren muß, um den Ausschlagwinkel α_0 zu erreichen. Diese Winkelgeschwindigkeit kann man aus (30) ableiten, wenn man sich die Differentiationsformel der Funktion Sinusamplitude wie folgt anmerkt:

$$\frac{d \operatorname{sinam} u}{du} = \operatorname{cosam} u \cdot \varDelta\operatorname{am} u \qquad (32)$$ [34])

Hier sind $\operatorname{cosam} u$ und $\varDelta\operatorname{am} u$ zwei neue elliptische Funktionen Cosinusamplitude u und Deltaamplitude u, die mit $\operatorname{sinam} u$ wie folgt zusammenhängen:

$$\left.\begin{aligned} \operatorname{cosam}^2 u &= 1 - \operatorname{sinam}^2 u \\ \Delta\operatorname{am}^2 u &= 1 - k^2 \operatorname{sinam}^2 u \end{aligned}\right\} \qquad (33)$$

Führen wir jetzt an (30) die Differentiation nach der Zeit aus, so wird

$$\frac{d\alpha}{dt} = 2\,\frac{k \cdot \operatorname{cosam}\left(t\sqrt{\frac{g}{l}}, k\right)\varDelta\operatorname{am}\left(t\sqrt{\frac{g}{l}}, k\right)}{\sqrt{1 - k^2 \operatorname{sinam}^2\left(t\sqrt{\frac{g}{l}}, k\right)}}\sqrt{\frac{g}{l}}$$

$$= 2k\sqrt{\frac{g}{l}}\operatorname{cosam}\left(t\sqrt{\frac{g}{l}}, k\right) \qquad (34)$$

Für t = 0 ist hier zu setzen:

$$\operatorname{sinam} t\sqrt{\frac{g}{l}} = 0$$

$$\left.\begin{aligned} \operatorname{cosam} t\sqrt{\frac{g}{l}} &= 1 \\ \varDelta\operatorname{am} t\sqrt{\frac{g}{l}} &= 1 \end{aligned}\right\} \text{ vgl. Formel (33)}$$

wodurch wird:

$$\text{für } t = 0: \frac{d\alpha}{dt} = 2\sqrt{\frac{g}{l}}\sin\frac{\alpha_0}{2} = 2\,k\sqrt{\frac{g}{l}}$$

Dies Ergebnis kann man auch unmittelbar aus der Arbeitsgleichung der Pendelbewegung ableiten (Fig. 116):

$$m\,g\,h = mg\,2\,(1 - \cos\alpha_0) = \frac{1}{2}\,m\,l^2\left[\frac{d\alpha}{dt}\right]^2$$

woraus folgt:

$$\left[\frac{d\alpha}{dt}\right]_0 = 2\sqrt{\frac{g}{l}}\cdot\sqrt{\frac{1-\cos\alpha_0}{2}}$$

$$= 2\sqrt{\frac{g}{l}}\sin\frac{\alpha_0}{2}$$

oder nach Einführung von $k = \sin\frac{\alpha_0}{2}$

$$\left[\frac{d\alpha}{dt}\right]_0 = l\,k\sqrt{\frac{g}{l}}\,. \qquad (36)$$

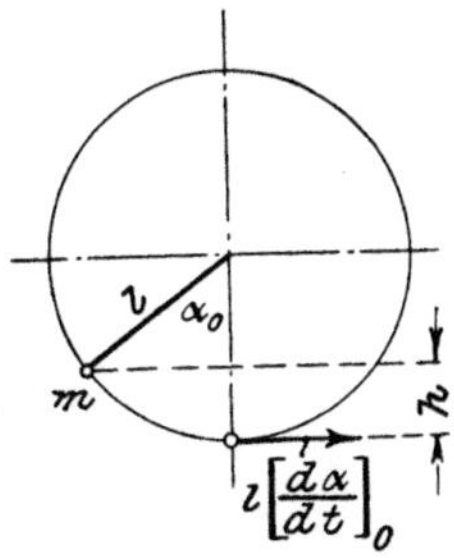

Fig. 116. Bewegung eines Pendels mit Amplituden $< \pi$.

Nach Multiplikation mit l erhalten wir die maximale Bahngeschwindigkeit:

$$V = 2\,k\sqrt{g\,l}.$$

Mit $k = 1$ wird $\left[\frac{d\alpha}{dt}\right]_0$ zu derjenigen Anfangswinkelgeschwindigkeit $2\sqrt{\frac{g}{l}}$, welche gerade hinreicht, um den Massenpunkt m bis zum höchsten Punkte seiner Bahn zu bringen, den er allerdings asymptotisch erreicht.

Um nun die Bewegung zu untersuchen, die das Pendel vollführt, wenn die Bahngeschwindigkeit des Punktes m im tiefsten Punkte der Bahn

$$V = l\left[\frac{d\alpha}{dt}\right]_0$$

größer wird als

$$2\,l\sqrt{\frac{g}{l}} = \sqrt{4\,g\,l},$$

knüpfen wir wieder an Gleichung (12) an

$$\left(\frac{d\alpha}{dt}\right)^2 = C + \frac{2g}{l}\cos\alpha \tag{37}$$

Wir multiplizieren hier mit l^2 und erhalten

$$l^2\left(\frac{d\alpha}{dt}\right)^2 = C\,l^2 + 2g\,l\cos\alpha$$

Hier bestimmen wir die Konstante C so, daß für $\alpha = o$, d. h. im tiefsten Punkte der Bahn die Bahngeschwindigkeit

$$l^2\left(\frac{d\alpha}{dt}\right)^2 = V^2$$

wird. Es findet sich

$$C = \frac{V^2 - 2\,g\,l}{l^2}$$

Die Gleichung (38) geht hiermit über in:

$$l^2\left(\frac{d\alpha}{dt}\right)^2 = V^2 - 2\,g\,l + 2\,g\,l\cos\alpha. \tag{39}$$

Hier wird für $\cos\alpha = \pi$, d. h. im höchsten Punkte der Bahn das Bahngeschwindigkeitsquadrat

$$l^2\left(\frac{d\alpha}{dt}\right)^2 = V^2 - 4\,g\,l. \tag{40}$$

Damit $l\,\dfrac{d\alpha}{dt}$ reell wird, muß

$$V > \sqrt{4\,g\,l} \tag{41}$$

gewählt werden, welche Voraussetzung im folgenden stets gelten soll. Die Bedingung (41) kann man auch in die mechanisch anschaulichere Form kleiden,

$$\frac{V^2}{2g} > 2\,l, \tag{42}$$

d. h. die Geschwindigkeitshöhe $\dfrac{V^2}{2\,g}$ soll größer sein als der Durchmesser des vom Pendel beschriebenen Kreises.

Die Differentialgleichung (39) formen wir jetzt um in

$$l\frac{d\alpha}{dt} = \sqrt{V^2 - 2\,g\,l}\,\sqrt{1 + \frac{2\,g\,l}{V^2 - 2\,g\,l}\cos\alpha},$$

aus der durch Umstellung und Integration folgt:

$$t = \frac{l}{\sqrt{V^2 - 2gl}} \int_0^\alpha \frac{d\alpha}{\sqrt{1 + \frac{2gl}{V^2 - 2gl} \cos\alpha}}. \tag{43}$$

Hier substituieren wir

$$\cos\alpha = 1 - 2\sin^2\frac{\alpha}{2}$$

und dividieren unter der Wurzel mit $\frac{V^2}{V^2 - 2gl}$, womit folgt:

$$t = \frac{l}{V} \int_0^\alpha \frac{d\alpha}{\sqrt{1 - \frac{4gl}{V^2} \sin^2\frac{\alpha}{2}}}. \tag{44}$$

Setzen wir hier noch

$$\frac{\alpha}{2} = \vartheta \quad \text{und} \quad \frac{4gl}{V^2} = k^2, \tag{45}$$

wo k^2 zufolge (41) < 1 ist, so kommt:

$$t = \frac{2l}{V} \int_0^\vartheta \frac{d\vartheta}{\sqrt{1 - k^2\sin^2\vartheta}}. \tag{46}$$

Hier ist

$$\int_0^\vartheta \frac{d\vartheta}{\sqrt{1 - k^2\sin^2\vartheta}}$$

wieder unser elliptisches Integral erster Gattung. Es folgt durch Auflösung von (46) nach ϑ

$$\vartheta = \operatorname{am}\frac{V}{2l}t$$

und nach (45)

$$\alpha = 2\operatorname{am}\frac{V}{2l}t. \tag{47}$$

Im vorliegenden Fall ergibt sich der Pendelwinkel α unmittelbar als Amplitudenfunktion. Diese soll hier noch etwas eingehender betrachtet werden.

Zunächst schreiben wir mit (45)

$$\alpha = 2 \operatorname{am}\left(\frac{1}{k}\sqrt{\frac{g}{l}}\, t,\, k\right) \tag{48}$$

Die Tafel bei Jahnke und Emde, S. 54—59, liefert wieder für jedes k den Zusammenhang zwischen ϑ und $\frac{1}{k}\sqrt{\frac{g}{l}}\, t$ und damit auch zwischen α und $\frac{1}{k}\sqrt{\frac{g}{l}}\, t$. Zu jedem in Sekunden gegebenen t berechnet man $\frac{1}{k}\sqrt{\frac{g}{l}}\, t$ und sucht zu dem gefundenen Wert in der durch $\alpha = \arcsin k$ gegebenen Kolumne den Winkel φ auf, der bei uns α heißt.

Für unser Beispiel $\sqrt{\frac{g}{l}} = 1$ erhalten wir mit $k = 0{,}2588$, $\alpha = 15^0$ eine Kurve, die mit $t = 0$, $\alpha = 0$ beginnt und mit $t = k \cdot 1{,}5981 = 0{,}415$, $\alpha = \pi$ endet.

Hiermit wäre erst die Hälfte eines ganzen Umschwungs erledigt. Die Werte für die zweite Hälfte liefert die Tafel nicht direkt; um sie zu finden, stellen wir folgende Betrachtungen an.

Zunächst dehnen wir im elliptischen Integral

$$\int_0^{\vartheta} \frac{d\vartheta}{\sqrt{1 - k^2 \sin^2 \vartheta}}$$

die Integration bis $\vartheta = \frac{\pi}{2}$ aus, so wird das entstehende Integral

$$K = \int_0^{\frac{\pi}{2}} \frac{d\vartheta}{\sqrt{1 - k^2 \sin^2 \vartheta}} \tag{49}$$

als vollständiges elliptisches Integral bezeichnet. Zufolge der Definition der Amplitudenfunktion ergibt sich hieraus

$$\vartheta = \frac{\pi}{2} = \operatorname{am}(K, k) \tag{50}$$

oder

$$\alpha = \pi = 2 \operatorname{am}(K, k).$$

In unserem Fall steht die Größe K zu der Zeit t, die erforderlich ist zur Zurücklegung des Pendelwinkels $\alpha = \pi$, in der Beziehung

$$t = \frac{2\,l}{V} \cdot K = k \cdot K, \tag{51}$$

wie sich aus Gleichung (46) ergibt. Es würde also $k \cdot K$ die halbe Schwingungsdauer sein im Fall $\sqrt{\frac{g}{l}} = 1$. Im allgemeinen Falle wird die halbe Schwingungsdauer

$$k\,K\sqrt{\frac{l}{g}}\,.$$

Zur Untersuchung des Bewegungsverlaufes über $\alpha = \pi$, $t = K\,k$ hinaus greifen wir auf die Funktion „Sinusamplitude u" zurück

$$x = \text{sinam}\,(u, k). \tag{52}$$

Von dieser Funktion wissen wir bis jetzt folgende Werte

$$\begin{aligned} u &= 0, \quad \text{am}\,(0, k) = 0, \qquad x = \sin \text{am}\,(0,\ k) = 0 \\ u &= K, \quad \text{am}\,(K, k) = \frac{\pi}{2}, \quad x = \sin \text{am}\,(K, k) = 1 \end{aligned} \tag{53}$$

Ferner notieren wir uns folgende Eigenschaft der Funktion:

$$\text{sinam}\,(u + K, k) = \frac{\cos \text{am}\,(u, k)}{\Delta\ \text{am}\,(u, k)} \tag{54}$$ [35])

sowie

$$\left.\begin{aligned} \text{cosam}\,(u, k) &= \text{cosam}\,(-u, k) \\ \Delta\ \ \text{am}\,(u, k) &= \Delta\ \ \text{am}\,(-u, k). \end{aligned}\right\} \tag{55}$$

Jetzt folgt sofort:

$$\text{sinam}\,(u + K, k) = \text{sinam}\,(-u + K, k). \tag{56}$$

Wir bezeichnen den Winkel:

$$\text{am}\,(u + K, k) \text{ mit } \frac{\pi}{2} + \delta_1 \tag{57}$$

und

$$\text{am}\,(-u + K, k) \text{ mit } \frac{\pi}{2} - \delta_2 \tag{58}$$

$$|\delta_1 - \delta_2| < \frac{\pi}{2}\,.$$

Da aber aus

$$\sin\left(\frac{\pi}{2} + \delta_1\right) = \sin\left(\frac{\pi}{2} - \delta_2\right)$$

folgt:

$$\delta_1 = \delta_2,$$

so ist:

$$\operatorname{am}(u + K, k) + \operatorname{am}(-u + K, k) = \pi \tag{59}$$

oder

$$\operatorname{am}(u + K, k) = \pi - \operatorname{am}(-u + K, k). \tag{60}$$

Mittels dieser Formel kann man in der Tafel bei J. u. E. die Amplitudenfunktion auch für Argumentwerte über K ableiten. Insbesondere ergibt sich:

$$\operatorname{am}(2K, k) = \pi,$$

woraus sich für die Pendelbewegung findet

$$\alpha = 2\pi = 2\operatorname{am}\left(\frac{1}{k}\sqrt{\frac{g}{l}}\cdot T, k\right)$$

wo T die ganze Schwingungsdauer

$$T = 2Kk\sqrt{\frac{l}{g}}$$

bedeutet. Hiermit geht aber unsere Formel (48) über in:

$$\alpha = 2\operatorname{am}\left(\frac{2K}{T}t, k\right),$$

welche für alle Werte von t gilt.

In der Fig. 117, Kurve 1 ist die Vervollständigung des Kurvenverlaufes von $\alpha = \pi$ bis $\alpha = 2\pi$ hiernach gezeichnet.

Zeichnet man den Bewegungsverlauf für größere Werte von k

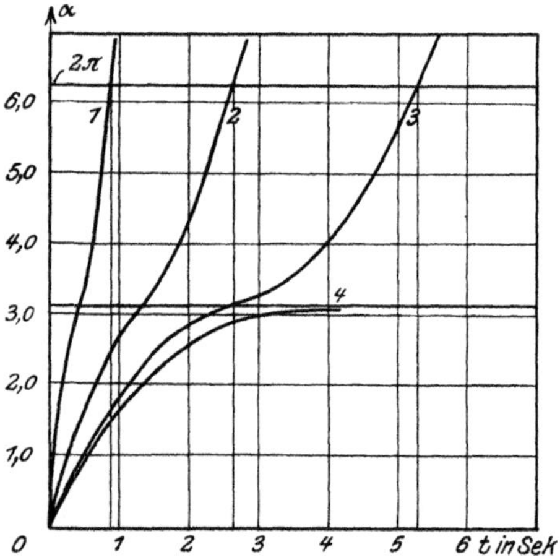

Fig. 117. Bewegung des Pendels.

$\sqrt{\frac{l}{g}} = 1$ bei ganzen Umläufen für verschiedene maximale Bahngeschwindigkeiten.

$V_1 = 76$ m/sec. $V_3 = 20$ m/sec.
$V_2 = 28$ m/sec. $V_4 = 19{,}6$ m/sec.

entsprechend kleineren maximalen Bahngeschwindigkeiten $V = \frac{2l}{k}$, so wird die Schwingungsdauer T größer. Siehe Fig. 117.

Für $k = 1$ tritt eine ausgeartete Bewegung ein.

Das elliptische Integral

$$u = \int_0^\vartheta \frac{d\vartheta}{\sqrt{1 - k^2 \sin^2 \vartheta}}$$

geht über in

$$u = \int_0^\vartheta \frac{d\vartheta}{\cos \vartheta}$$

und

$$\vartheta = \operatorname{am}(u, k) \text{ in } \operatorname{am}(u, 1) = 2 \operatorname{arctg}(e^u) - \frac{\pi}{2}.$$

Für diese letztere Funktion hat man eine besondere Benennung und ein besonderes Zeichen eingeführt. Sie heißt Hyperbelamplitude u = $\mathfrak{Amp}\,(u)$.

$$\vartheta = \mathfrak{Amp}\,(u).$$

Im Falle unseres Pendels haben wir

$$\alpha = 2\,\mathfrak{Amp}\left(t\sqrt{\frac{g}{l}}\right).$$

Diese Bewegung wird auch erhalten, wenn man in Gleichung (30) k in den Wert 1 übergehen läßt. Es folgt:

$$\alpha = 2 \arcsin \operatorname{sinam}\left(t\sqrt{\frac{g}{l}}, 1\right)$$

und durch Vergleich von Formel (31) dieses § mit (32) § (29)

$$\alpha = 2 \arcsin \mathfrak{Tg}\left(t\sqrt{\frac{g}{l}}\right).$$

Hier ist die Funktion $\mathfrak{Tg}$ die hyperbolische Tangentenfunktion. Wir können also die Beziehung anschreiben

$$\mathfrak{Amp}\,(u) = \arcsin \mathfrak{Tg}\,(u).$$

Auch für die Funktion $\mathfrak{Amp}\,(u)$ gibt es Tafeln, vgl. J. u. E., S. 16 ff.

Für den Verlauf der Winkelgeschwindigkeit haben wir im Falle $V < 2\sqrt{gl}$ schon unter Nr. (34)

$$\frac{da}{dt} = \frac{V}{l} \operatorname{cosam}\left(t\sqrt{\frac{g}{l}}, k\right) = \frac{V}{l} \operatorname{cosam}\left(\frac{4K}{T} t, k\right)$$

gefunden.

Im Falle $V > 2\sqrt{gl}$ ist zu setzen:

$$\frac{da}{dt} = 2\frac{d}{dt} \operatorname{am}\left(\frac{1}{k}\sqrt{\frac{g}{l}} t, k,\right)$$

$$= 2 \cdot \frac{1}{k}\sqrt{\frac{g}{l}}\, \Delta \operatorname{am}\left(\frac{1}{k}\sqrt{\frac{g}{l}}\, t, k\right) = \frac{V}{l} \Delta \operatorname{am}\left(\frac{2K}{T} t, k\right)$$

da für die Amplitudenfunktion die Differentiationsformel

$$\frac{d}{dt} \operatorname{am}(u, k) = \Delta \operatorname{am}(u, k)$$

gilt.

Für die beiden Funktionen $\cos \operatorname{am}(u, k)$ und $\Delta \operatorname{am}(u, k)$ gelten folgende Wertsysteme:

Tabelle 10.

u	$\operatorname{cosam}(u, k)$	$\Delta \operatorname{am}(u, k)$	$\operatorname{sinam}(u, k)$
0	1	1	0
K	0	$\sqrt{1-k^2}$	1
$2K$	-1	1	0
$3K$	0	$\sqrt{1-k^2}$	-1
$4K$	1	1	0

die sich aus den für $\operatorname{sinam}(u, k)$ gegebenen Werten finden, wenn man die Beziehungen berücksichtigt:

$$\operatorname{cosam}(u, k) = \sqrt{1 - \sin^2 \operatorname{am}(u, k)};$$

$$\Delta \operatorname{am}(u, k) = \sqrt{1 - k^2 \sin^2 \operatorname{am}(u, k)}.$$

Wir können jetzt für jedes k die drei Funktionen $\operatorname{sinam}(u, k)$, $\operatorname{cosam}(u, k)$, $\Delta\operatorname{am}(u, k)$ aufzeichnen: (Fig. 118).

Die Größe K berechnet sich

$$= \frac{\pi}{2}\left(1 + \left(\frac{1}{2}\right)^2 k^2 + \left(\frac{1 \cdot 3}{2 \cdot 4}\right)^2 k^4 + \left(\frac{1 \cdot 3 \cdot 5}{2 \cdot 4 \cdot 6}\right)^2 k^6 + - \ldots.\right)$$

Mit abnehmendem k nähert sich

sinam (u, k) der Funktion $\sin u$,
cosam (u, k) „ „ $\cos u$,
Δam (u, k) „ „ 1.

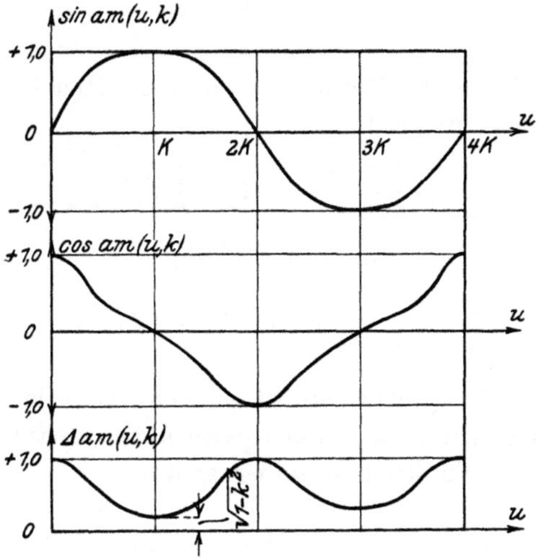

Fig. 118. Die 3 elliptischen Funktionen.

Mit wachsendem k (bis $k = 1$) nähert sich

sinam (u, k) der Funktion $\mathfrak{Tg}\,(u)$,
cosam (u, k), Δam (u, k) „ „ $1 : \mathfrak{Cof}\,(u)$

IV. Differentialgleichungen höherer Ordnung. Simultane Differentialgleichungen.

§ 37. Differentialgleichungen n-ter Ordnung.

Die allgemeine Form der Differentialgleichung n-ter Ordnung lautet analog § 24:

$$F\left(x, y, \frac{dy}{dx}, \frac{d^2 y}{dx^2}, \ldots, \frac{d^{n-1} y}{dx^{n-1}}, \frac{d^n y}{dx^n}\right) = 0 \qquad (1)$$

Es gibt keine Methoden, durch die man eine solche Differentialgleichung in jedem Fall integrieren könnte; nur für bestimmte besondere Formen von (1) sind Integrationsmethoden bekannt.

I. Der einfachste Fall ist der, wenn (1) sich in der Form darstellt

$$\frac{d^n y}{dx^n} - X = 0, \tag{2}$$

in welcher X nur die Variable x enthält. Hier kann man ohne weiteres einmal integrieren

$$\frac{d^{n-1} y}{dx^{n-1}} = A_1 + \int X\,dx. \tag{3}$$

Eine nochmalige Integration liefert

$$\frac{d^{n-2} y}{dx^{n-2}} = A_2 + A_1 x + \int dx \int X\,dx$$

Mit jeder Integration erniedrigt sich die Ordnung des Differentialquotienten auf der linken Seite um eine Einheit, bis man schließlich zur Funktion y selber gelangt:

$$y = A_n + A_{n-1} x + A_{n-2} \frac{x^2}{1 \cdot 2} + \ldots + A_2 \frac{x^{n-2}}{(n-2)!} + A_1 \frac{x^{n-1}}{(n-1)!} + \int dx \int dx \ldots \int X\,dx. \tag{4}$$

Dies ist das allgemeine Integral von (2).

II. Sehr einfach ist auch die Differentialgleichung

$$\frac{d^n y}{dx^n} = Y, \tag{5}$$

wenn y nur die Variable y enthält. Diese Gleichung kann aber nur für $n = 1$ und $n = 2$ integriert werden.

Zu

$$\frac{dy}{dx} = Y$$

lautet das allgemeine Integral:

$$\int \frac{dy}{Y} = x + A. \tag{6}$$

Im Falle

$$\frac{d^2 y}{dx^2} = Y \tag{7}$$

setzt man

$$\frac{dy}{dx} = p$$

und hat

$$\frac{dp}{dx} = Y$$

oder

$$\left.\begin{aligned} \frac{dp}{dy} \cdot \frac{dy}{dx} &= Y \\ dp \cdot p &= Y\,dy. \end{aligned}\right\} \tag{8}$$

Hier sind die Variabeln getrennt und man kann integrieren

$$\frac{1}{2} p^2 = \frac{B}{2} + \int Y\,dy \tag{9}$$

Nach Ausziehung der Quadratwurzel ergibt sich

$$\frac{dy}{dx} = \sqrt{B + 2\int Y\,dy} \tag{10}$$

und das allgemeine Integral:

$$x = A + \int \frac{dy}{\sqrt{B + 2\int Y\,dx}}. \tag{11}$$

III. Die nächst einfachen Fälle umfassen die Formen von (1), in denen nur der höchste Differentialquotient und der um 1 oder 2 Einheiten niedrigere vorkommen, d. h. um die Formen:

$$\left.\begin{aligned} F\left(\frac{d^{n-2}y}{dx^{n-2}}, \frac{d^{n-1}y}{dx^{n-1}}, \frac{d^n y}{dx^n}\right) &= 0 \\ F\left(\frac{d^{n-2}y}{dx^{n-2}}, \frac{d^n y}{dx^n}\right) &= 0 \\ F\left(\frac{d^{n-1}y}{dx^{n-1}}, \frac{d^n y}{dx^n}\right) &= 0 \end{aligned}\right\} \tag{12}$$

Diese Typen lassen sich durch die Substitution

$$\frac{d^{n-2}y}{dx^{n-2}} = z \text{ resp } \frac{d^{n-1}y}{dx^{n-1}} = z \tag{12a}$$

auf die Differentialgleichungen zweiter bzw. erster Ordnung zurückzuführen:

$$\left.\begin{aligned} F\left(z\,,\frac{dz}{dx}\,,\frac{d^2z}{dx^2}\right) &= 0 \\ F\left(z\,,\frac{d^2z}{dx^2}\right) &= 0 \\ F\left(z\,,\frac{dz}{dx}\right) &= 0 \end{aligned}\right\} \tag{13}$$

Bei den Gleichungen 13a und 13b führt die weitere Substitution

$$\frac{dz}{dx} = p \tag{14}$$

zu einer Erniedrigung der Ordnung um einen Grad. Es folgt aus (14)

$$\frac{d^2z}{dx^2} = \frac{dp}{dz}\cdot\frac{dz}{dx} = p\,\frac{dp}{dz}$$

und somit als Differentialgleichung:

$$F\left(z, p, p\,\frac{dp}{dz}\right) = 0 \tag{15}$$

Dies ist eine Differentialgleichung erster Ordnung, die integriert werden kann. Man erhalte als erstes Integral

$$p = f\,(z, C_1), \tag{16}$$

wo C_1 eine Integrationskonstante ist. Schreibt man jetzt für p wieder $\frac{dz}{dx}$, so entsteht aus (16) die Differentialgleichung:

$$\frac{dz}{dx} = f\,(z, C_1) \tag{17}$$

zwischen z und x, welche nach Trennung der Variabeln mit einer neuen Konstanten C_2 liefert

$$x = C_2 + \int \frac{dz}{f\,(z, C_1)} \tag{18}$$

Führt man jetzt das Differential

$$dx = \frac{dz}{f\,(z, C_1)} \tag{19}$$

in die Gleichung (12) ein, so folgt

$$\frac{d^{n-2}y}{dz^{n-2}} = z : [f\,(z, C_1)]^{n-2} \tag{20}$$

Diese Differentialgleichung ist durch n Quadraturen lösbar, und man findet

$$=C_n + C_{n-1}z + \ldots + \frac{C_3}{(n-3)!} z^{n-3} + \int dz \ldots \int dz \int z\, dz : [f(z, C_1)]^{n-2} \qquad (21)$$

Durch Elimination von z aus den Gleichungen (18) und (21) würde man zum allgemeinen Integral gelangen, welches die Konstanten $C_1\, C_2 \ldots\ldots C_n$, d. h. n willkürliche Parameter enthalten würde, wie es sein muß. Statt der oft umständlichen Elimination ist es vorzuziehen, die Parameterdarstellung der Kurve, wie sie durch die Gleichung (18) und (21) gegeben ist, beizubehalten und aus ihr die erforderlichen Schlüsse auf die Eigenschaften der Integralkurven zu ziehen.

§ 38. Lineare Differentialgleichungen n-ter Ordnung.

Eine besonders wichtige Klasse von Differentialgleichungen n-ter Ordnung, für welche allgemeinere Integrationsmethoden bekannt sind, wird gebildet von den linearen Differentialgleichungen:

$$X_0 \frac{d^n y}{dx^n} + X_1 \frac{d^{n-1} y}{dx^{n-1}} + \ldots + X_{n-1} \frac{dy}{dx} + X_n y = X \qquad (1)$$

Hier sollen die Funktionen X nur die unabhängige Veränderliche x enthalten.

I. Ist y_1 ein partikuläres Integral von (1) und Y eine noch zu bestimmende Funktion von x, so liefert der Ansatz

$$y = y_1 + Y \qquad (2)$$

in (1) eingesetzt:

$$\sum_{k=0}^{k=n} X_{n-k} \frac{d^k y_1}{dx^k} + \sum_{k=0}^{k=n} X_{n-k} \frac{d^k Y}{dx^k} = X \qquad (3)$$

Hiervon bleibt aber nur der zweite Teil übrig, weil y_1 Gleichung (1) erfüllt:

$$\sum_{k=0}^{k=n} X_{n-k} \frac{d^k Y}{dx^k} = 0$$

d. h. die Funktion Y hat der Differentialgleichung:

$$X_0 \frac{d^n Y}{dx^n} + X_1 \frac{d^{n-1} Y}{dx^{n-1}} + \ldots\ldots X_{n-1} \frac{dY}{dx} + X_n Y = 0 \qquad (4)$$

zu genügen, wenn Gleichung (2) die Differentialgleichung (1) befriedigen soll.

Y ist daher das allgemeine Integral von (4), enthält also n willkürliche Konstante. Mithin enthält auch (2) n willkürliche Konstante und ist daher das allgemeine Integral von (1). Man hat also den Satz:

Das allgemeine Integral der linearen Differentialgleichung erster Ordnung (1) setzt sich zusammen aus einem beliebigen partikulären Integral dieser Differentialgleichung und dem allgemeinen Integral der Differentialgleichung (4). Letzter nennt man die reduzierte lineare Differentialgleichung, während (1) die vollständige lineare Differentialgleichung n-ter Ordnung genannt wird.

II. Zur Aufsuchung des allgemeinen Integrals von (1) hat man zunächst das allgemeine Integral von (4) zu suchen. Hierbei kann oft mit Vorteil der Satz benutzt werden: Kennt man ein oder mehrere partikuläre Integrale von (4), so läßt sich die Ordnung dieser Differentialgleichung um soviel Einheiten erniedrigen, als Integrale bekannt sind.

Es sei zunächst y_1 ein partikuläres Integral von (4). Wir versuchen weitere Integrale in der Form

$$y = u\,y_1 \tag{5}$$

zu gewinnen, bei welcher die unbekannte Funktion u nur die Variable x enthalte. Wir differenzieren (5) n mal und erhalten die Differentialquotienten:

$$\left.\begin{aligned}
y' &= u\,y_1' + \frac{du}{dx}\,y_1 \\
y'' &= u\,y_1'' + 2\,\frac{du}{dx}\,y_1' + y_1\,\frac{d^2u}{dx^2} \\
&\cdots\cdots\cdots\cdots\cdots\cdots\cdots\cdots \\
&\cdots\cdots\cdots\cdots\cdots\cdots\cdots\cdots \\
\frac{d^n y}{dx^n} &= u\,y_1^{(n)} + n\,\frac{du}{dx}\,y_1^{(n-1)} + \frac{n\,(n-1)}{1\cdot 2}\,\frac{d^2u}{dx^2}\,y_1^{(n-2)} + \dots \\
&\quad \dots + n\,\frac{d^{n-1}u}{dx^{n-1}}\,y_1' + \frac{d^n u}{dx^n}\,y_1.
\end{aligned}\right\} \tag{6}$$

Setzen wir diese Werte sowie (5) in (4) ein und fassen einerseits die Glieder zusammen, welche die Differentialquotienten von u enthalten und ordnen wir nach diesen Differentialquotienten, während wir andererseits ein Glied mit u selbst bilden, so kommt:

$$\Xi_0 \frac{d^n u}{dx^n} + \Xi_1 \cdot \frac{d^{n-1} u}{dx^{n-1}} + \ldots + \Xi_{n-1} \frac{du}{dx} \tag{7}$$

$$+ u\left(X_0 \frac{d^n y_1}{dx^n} + X_1 \frac{d^{n-1} y}{dx^{n-1}} + \ldots\ldots X_{n-1} \frac{dy_1}{dx} + X_n y_1\right) = 0.$$

Hier setzen sich die Funktionen Ξ aus den Differentialquotienten von y_1 und den X zusammen, sind also bekannte Funktionen von x. Z. B. ist:

$$\begin{aligned} \Xi_0 &= y_1 X_0 \\ \Xi_1 &= y_1 X_1 + n y_1' X_0 \\ &\ldots\ldots\ldots\ldots \\ &\ldots\ldots\ldots\ldots \\ \Xi_{n-1} &= y_1 X_{n-1} + 2 y_1' X_{n-2} + \ldots\ldots + n y_1^{(n-1)} X_0. \end{aligned} \tag{8}$$

Von (7) bleibt aber nur die erste Zeile übrig, weil die zweite vermöge (4) verschwindet, und wir erhalten mit $\frac{du}{dx} = v$ tatsächlich eine neue Differentialgleichung, deren Ordnung um 1 erniedrigt ist:

$$\Xi_0 \frac{d^{n-1} v}{dx^{n-1}} + \Xi_1 \frac{d^{n-2} v}{dx^{n-2}} + \ldots\ldots + \Xi_{n-2} \frac{dv}{dx} + \Xi_{n-1} v = 0. \tag{8}$$

Durch Integration findet sich mit $n - 1$ partikulären Integralen $v_1 \ldots\ldots v_{n-1}$

$$v = C_1 v_1 + C_2 v_2 + \ldots . C_{n-1} v_{n-1} \tag{9}$$

und mit

$$v = \frac{du}{dx}$$

durch nochmalige Integration

$$u = C_1 \int v_1\, dx + C_2 \int v_2\, dx + C_{n-1} \int v_{n-1}\, dx + C_n,$$

und schließlich, wenn man auf (5) zurückgreift:

$$y = C_1 y_1 \int v_1 \, dx + C_2 y_1 \int v_2 \, dx + \ldots + C_{n-1} y_1 \int v_{n-1} \, dx + C_n y_1. \tag{10}$$

Dies ist das allgemeine Integral zur Gleichung (4).

III. Als Beispiel zur Einübung des Verfahrens diene die Differentialgleichung:

$$(x^2 - 2x + 2) \frac{d^3 y}{d x^3} - x^2 \frac{d^2 y}{d x^2} + 2x \frac{dy}{dx} - 2y = 0. \tag{11}$$

Hier sieht man sofort, daß $y_1 = x$ ein partikuläres Integral ist. Nach Vorschrift von (5) führen wir jetzt den Ansatz

$$y = u x \tag{12}$$

in die Differenzialgleichung (11) ein.

Durch successive Differentiation gewinnen wir:

$$\left.\begin{aligned} y' &= u + x u' \\ y'' &= 2u' + x u'' \\ y''' &= 3u'' + x u''' \end{aligned}\right\} \tag{13}$$

Nach Einführung dieser Werte in (11) entsteht:

$$u''' x (x^2 - 2x + 2) + u'' [3(x^2 - 2x + 2) - x^3] = 0, \tag{14}$$

welche Differentialgleichung mit

$$u'' = v \tag{14}$$

und nach Division mit $x(x^2 - 2x + 2)$ übergeht in:

$$\frac{dv}{dx} + v \left(\frac{3}{x} - \frac{x^2}{x^2 - 2x + 2} \right) = 0. \tag{15}$$

Die Integration liefert

$$= \lg v = \lg C_3 - 3 \lg x + \int \frac{x^2 \, dx}{x^2 - 2x + 2}. \tag{16}$$

Das Integral rechter Hand berechnet sich nach Ausführung der Substitution

$$x - 1 = \xi$$

zu:

$$\int \frac{(\xi + 1)^2 \, d\xi}{\xi^2 + 1} = \lg (\xi^2 + 1) + \xi + \operatorname{arctg} \xi + \operatorname{arctg} \frac{1}{\xi}$$

oder nach Rückgang zu x:

$$\lg (x^2 - 2x + 2) + \lg e^{x-1} + \lg e^{\operatorname{arctg} \frac{1}{x-1} + \operatorname{arctg}(x-1)}$$

Das letzte Glied rechts erweist sich als Konstante, die mit — lg e in lg C_3 einzurechnen ist, so daß nach Beseitigung des Logarithmus wird:

$$v = C_3 \frac{(x^2 - 2x + 2)\, e^x}{x^3}. \tag{17}$$

Zur Gewinnung von u hat man zu setzen

$$u' = C_2 + \int v\, dx = C_2 + C_3 \frac{e^x (x - 1)}{x^2} \tag{18}$$

und

$$u = C_1 + C_2 x + C_3 \int \frac{e^x (x - 1)}{x^2}\, dx = C_1 + C_2 x + C_3 \frac{e^x}{x}. \tag{19}$$

Demnach wird das allgemeine Integral von (11)

$$y = u\, y_1 = u\, x = C_1 x + C_2 x^2 + C_3 e^x. \tag{20}$$

§ 39. Die Variation der Konstanten.

I. Hat man auf irgend eine Weise das allgemeine Integral der reduzierten Differentialgleichung gefunden, so ist das allgemeine Integral der vollständigen Differentialgleichung nach dem Verfahren der Variation der Konstanten zu ermitteln.

Es liege also das allgemeine Integral der Differentialgleichung (4) § 38 in folgender Form vor

$$y = \sum_{i=1}^{i=n} C_i\, y_i\, . \tag{1}$$

In diesem Ansatz wollen wir die Konstanten C_i jetzt als Funktionen von x ansehen und untersuchen, ob und unter welchen Umständen der so modifizierte Ansatz das allgemeine Integral der Differentialgleichung (1) in § 38 wird.

Zur Ausführung dieses Vorhabens ist Gleichung (1) $(n - 1)$ mal zu differenzieren

$$y' = \sum_1^n C_i\, y_i' + \sum_1^n C_i'\, y_i \tag{2}$$

wobei wir bei jeder Differentiation den Teil, der die Differentialquotienten der C_i enthält, gleich Null setzen, was erlaubt ist, weil wir über die C_i verfügen dürfen. So entsteht

$$y' = \sum_1^n C_i y_i' \tag{3}$$

und

$$\sum_1^n C_i' y_i = 0 \tag{3a}$$

und so fort:

$$y'' = \sum_1^n C_i y_i'' \tag{4}$$

$$\sum_1^n C_i' y_i' = 0 \tag{4a}$$

. . . .

. . . .

$$y^{(n-1)} = \sum_1^n C_i y_i^{(n-1)} \tag{5}$$

$$\sum_1^n C_i' y_i^{(n-2)} = 0. \tag{5a}$$

Entwickeln wir nun noch den n-ten Differentialquotienten

$$y^{(n)} = \sum_1^n C_i y_i^{(n)} + \sum_1^n C_i' y_i^{(n-1)}, \tag{6}$$

ohne den zweiten Teil zu annullieren, so gewinnen wir durch Einführung der Gleichungen (3), (4) und (5) in (1) eine neue Gleichung

$$\sum_{i=1}^{i=n} C_i \sum_{k=0}^{k=n} X_k y_i^{(n-k)} + \sum_1^n C_i' y_i^{(n-1)} = X. \tag{7}$$

Da aber alle y_i der Gleichung

$$\sum_{k=0}^{k=n} X_k y_i^{(n-k)} = 0,$$

d. h. der reduzierten Differentialgleichung genügen, so bleibt von (7) nur übrig:

$$\sum_1^n C_i' y_i^{(n-1)} = X, \tag{8}$$

welche mit den $(n-1)$-Gleichungen 3a, 4a und 5a zur Ermittlung der n Größen C_i', d. h. der ersten Differentialquotienten der unbekannten Funktionen C_i dienen kann. Die C_i ermitteln sich als Funktionen von x, die wir mit $\vartheta_i(x)$ bezeichnen:

$$C_i' = \vartheta_i(x), \qquad i = 1 \ldots\ldots n; \tag{9}$$

durch deren Integration wird C_i selbst erhalten:

$$C_i = A_i + \int \vartheta_i(x)\,dx. \tag{10}$$

Nach Einführung in (1) ergibt sich somit das allgemeine Integral der vollständigen Differentialgleichung:

$$y = \sum_1^n A_i y_i + \sum_1^n y_i \int \vartheta_i(x)\,dy. \tag{11}$$

Hiermit wird auch die Angabe von § 38 bestätigt, nach welcher das allgemeine Integral der vollständigen Gleichung sich findet, als Summe des allgemeinen Integrals der reduzierten Gleichung und eines partikulären Integrals der vollständigen Gleichung.

$$\sum_1^n y_i \int \vartheta_i(x)\,dx$$

ist dieses partikuläre Integral.

II. Sei jetzt die vollständige Gleichung

$$(x^2 - 2x + 2)\frac{d^3y}{dx^3} - x^2\frac{d^2y}{dx^2} + 2x\frac{dy}{dx} - 2y = f(x), \tag{12}$$

so lautet das Gleichungssystem zur Bestimmung der C_i':

$$\left.\begin{aligned} C_1'x + C_2'x^2 + C_3'e^x &= 0 \\ C_1' + 2C_2'x + C_3'e^x &= 0 \\ 2C_2' + C_3'e^x &= f(x), \end{aligned}\right\} \tag{13}$$

aus welchem sich findet

$$\left.\begin{aligned} C_1' &= \frac{f(x)}{x^2 - 2x + 2}(x^2 - 2x) \\ C_2' &= \frac{f(x)}{x^2 - 2x + 2}(1 - x) \\ C_3' &= \frac{f(x)}{x^2 - 2x + 2}\frac{x^2}{e^x} \end{aligned}\right\} \tag{14}$$

und somit das allgemeine Integral:

$$y = A_1 x + A_2 + x^2 + A_3 c^x$$
$$+ x \int \frac{f(x)(x^2 - 2x)\,dx}{x^2 - 2x + 2} + x^2 \int \frac{f(x)(1 - x)\,dx}{x^2 - 2x + 2}$$
$$+ e^x \int \frac{f(x)\,x^2 e^{-x}\,dx}{x^2 - 2x + 2}. \tag{15}$$

Die Summe der drei Integrale

$$y_1 = x\int + x^2\int + e^x \int \tag{16}$$

ist ein partikuläres Integral von (12).

§ 40. Die lineare Differentialgleichung n-ter Ordnung mit konstanten Koeffizienten.

Die Differentialgleichung

$$X_0 \frac{d^n y}{dx^n} + X_1 \frac{d^{n-1} y}{dx^{n-1}} + \ldots + X_{n-1} \frac{dy}{dx} + X_n y = X \tag{1}$$

spielt bei wichtigen Aufgaben der wissenschaftlichen Technik eine Rolle, besonders in dem Falle, wenn die Koeffizienten $X_0 \ldots X_n$ als konstant angesehen werden können. Wir schreiben dann statt (1):

$$\sum_{i=0}^{i=n} a_i\, y^{(n-i)} = X. \tag{2}$$

Für den Fall $n = 2$ ist diese Gleichung bereits in § 27 behandelt worden. Es ergaben sich partikuläre Integrale der Form:

$$y = e^{\mu x}, \tag{3}$$

die wir auch hier zugrunde legen wollen.

I. Wir bilden n Differentialquotienten von (3):

$$y^{(n-i)} = \mu^{n-i} e^{\mu x},\ i = 0 \ldots\ldots n, \tag{4}$$

die wir in die zu (2) gehörige reduzierte Differentialgleichung

$$\sum_{=)}^{i=n} a_i\; y^{(n-i)} = 0 \tag{5}$$

einsetzen mit dem Ergebnis:

$$e^{\mu x} \sum_{i=o}^{i=n} a_i \mu^{n-i} = 0. \tag{6}$$

Nach Division mit $e^{\mu x}$ erweist sich (6) als eine Gleichung n-ten Grades zur Bestimmung der Exponenten μ:

$$a_0 \mu^n + a_1 \mu^{n-1} + \dots + a_{n-1} \mu + a_n = 0. \tag{7}$$

Diese Gleichung liefere n verschiedene Wurzeln $\mu_1 \dots \mu_n$ (die auch zum Teil complex sein können). Mit ihnen baut sich das allmeine Integral von (5) auf in der Form:

$$y = \sum_1^n C_i \, e^{\mu_i x}. \tag{8}$$

II. Ist eine von den Wurzeln etwa μ_1 komplex,

$$\mu_1 = \alpha + \beta i,$$

so muß es noch eine zweite zu ihr konjugierte Wurzel, etwa μ_2 geben:

$$\mu_2 = \alpha - \beta i.$$

Das allgemeine Integral lautet dann:

$$y = C_1 e^{(\alpha + \beta i) x} + C_2 e^{(\alpha - \beta i) x} + \sum_3^n C_i e^{\mu_i x}, \tag{9}$$

Hier entwickelt man:

$$e^{(\alpha + \beta i) x} = e^{\alpha x} (\cos \beta x + i \sin \beta x)$$
$$e^{(\alpha - \beta i) x} = e^{\alpha x} (\cos \beta x - i \sin \beta x)$$

und erhält durch Einsetzen in (9):

$$y = [(C_1 + C_2) \cos \beta x + i (C_1 - C_2) \sin \beta x] e^{\alpha x} + \sum_3^n C_i \cdot e^{\mu_i x} \tag{10}$$

oder mit den neuen Integrationskonstanten:

$$C_1 + C_2 = A$$
$$i(C_1 - C_2) = B$$

$$y = (A \cos \beta x + B \sin \beta x) e^{\alpha x} + \sum_3^n C_i e^{\mu_i x} \tag{11}$$

III. Sind ferner mehrere Wurzeln μ_i einander gleich, etwa $\mu_3 = \mu_2 = \mu_1$, so gewinnt man das allgemeine Integral durch einen

Grenzübergang. Zunächst sieht man von der Gleichheit ab und setzt:

$$\mu_2 = \mu_1 + g, \quad \mu_3 = \mu_1 + h,$$

wo g und h als kleine Größen zu denken sind.

Die zugehörigen Exponentialgrößen entwickelt man in Reihen wie folgt:

$$e^{\mu_2 x} = e^{(\mu_1 + g)x} = e^{\mu_1 x} \cdot \left(1 + gx + \frac{g^2 x^2}{1 \cdot 2} + \cdots\cdots\right)$$

$$e^{\mu_3 x} = e^{(\mu_1 + h)x} = e^{\mu_1 x} \left(1 + hx + \frac{h^2 x^2}{1 \cdot 2} + \cdots\cdots\right),$$

womit das allgemeine Integral (8) wird:

$$y = (C_1 + C_2 + C_3)\, e^{\mu_1 x} + (C_2 g + C_3 h)\, x\, e^{\mu_1 x} \tag{12}$$

$$+ \frac{1}{2}(g^2 C_2 + h^2 C_3)\, x^2 e^{\mu_1 x} + \frac{1}{1 \cdot 2 \cdot 3}(g^3 C_2 + h^3 C_3)\, x^3 e^{\mu_1 x}$$

$$+ \cdots\cdots + \sum_{i=4}^{i=n} C_i e^{\mu_i x}$$

Hier muß man g und h gegen Null konvergieren lassen, um die Gleichheit der drei Wurzeln μ_1, μ_2, μ_3 zu gewinnen. Damit nun die mit C_2 und C_3 behafteten Glieder nicht verschwinden, so muß man diese Größen C_2 und C_3 so unendlich werden lassen, daß $C_2 g + C_3 h$ sowohl wie $g^2 C_2 + h^2 C_3$ endlich bleiben, während C_1 so mit C_2 und C_3 entgegengesetzt unendlich werden muß, daß auch $C_1 + C_2 + C_3$ endlich bleibt. Diese drei Bedingungen bezüglich C_1, C_2, C_3 sind erfüllbar, weil dies willkürliche Größen sind. Die Glieder mit $g^3 C_2$ usw. verschwinden dann mit konvergierendem g und h als klein von höherer Ordnung, und wir erhalten mit neuen Konstanten:

$$A_1 = C_1 + C_2 + C_3, \quad A_2 = \lim\,(C_2 g + C_3 h),$$

$$A_3 = \frac{1}{2} \lim\,(C_2 g^2 + C_3 h^2),$$

den Ansatz

$$y = (A_1 + A_2 x + A_3 x^2)\, e^{\mu_1 x} + \sum_{i=4}^{i=n} C_i e^{\mu_i x} \tag{13}$$

IV. Liegen mehrere gleiche komplexe Wurzeln vor:

$$\mu_1 = \mu_2 = \alpha + \beta i,$$
$$\mu_3 = \mu_4 = \alpha - \beta i,$$

so sind die beiden Verfahren, die zu Gleichung (11) und (13) führen, zu kombinieren. Man erhält in diesem Falle:

$$y = \left\{(A_1 + B_1 x) \cos \beta x + (A_2 + B_2 x) \sin \beta x\right\} e^{\alpha x} + \sum_{i=5}^{i=n} C_i e^{\mu_i x} \quad (14)$$

Sind noch mehr gleiche bzw. komplex gleiche Wurzeln vorhanden, so sind die entwickelten Verfahren entsprechend anzuwenden [36]).

§ 41. Anwendungsbeispiele: Föppls Differentialgleichung der Formänderung einer Eisenbahnschwelle auf nachgiebiger Unterlage; Formänderung der Wandung eines Wasserbehälters [37]).

Die Biegung einer Eisenbahnschwelle und die Verteilung des Druckes zwischen Schwellenunterfläche und Bettung kann bestimmt werden, wenn man eine Annahme über den Zusammenhang

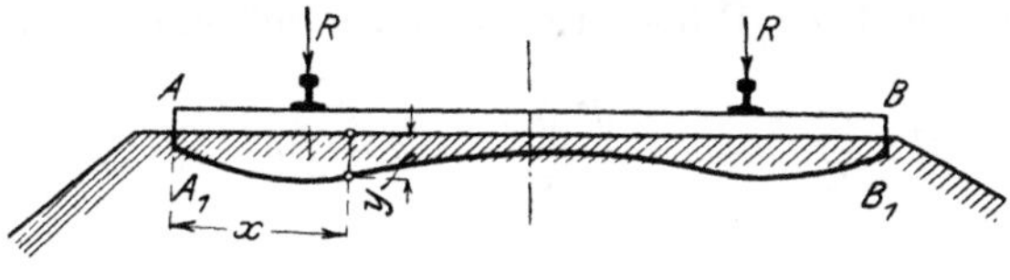

Fig. 119. Eisenbahnschwelle auf nachgiebiger Unterlage.

zwischen der Senkung eines Schwellenpunktes und dem Druck an der betreffenden Stelle macht. Die Unterkante der ursprünglich geraden Schwelle $A B$ werde unter Einfluß der (Fig. 119.) Raddrucke $R R$ in die Kurve $A_1 B_1$ deformiert und in die Bettung eingedrückt. Die Eindrückung habe an der Stelle x den Wert y.

Man nimmt nun an, daß infolge der Einsenkung bei x ein Druck p zwischen Schwelle und Bettung entsteht, der proportional y ist. Man setzt

$$p = k y$$

und nennt die Konstante k die Bettungsziffer.

Nach dieser Festsetzung wollen wir die Schwelle etwas allgemeiner durch eine stetig verteilte Last $q = f(x)$ belastet denken. (Fig. 120). Unter deren Einfluß entsteht eine Kurve der Einsenkung y, deren Abhängigkeit von x zu bestimmen ist. Die Einsenkungen y liefern eine zu q entgegengesetzte Belastungsfläche $-ky$, für welche zunächst gilt:

$$\int_0^l f(x)\,dx = -k\int_0^l y\,dx. \tag{1}$$

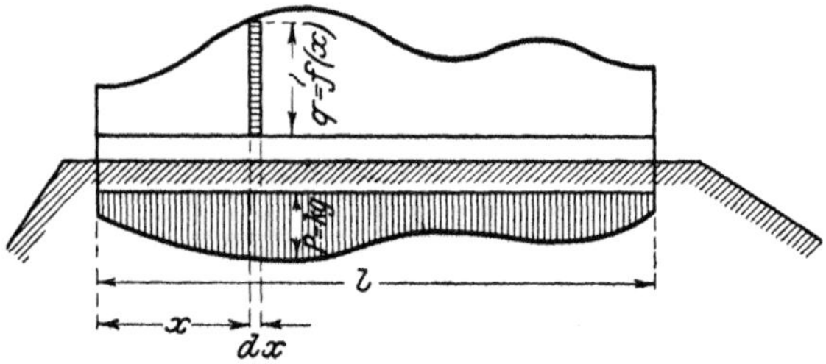

Fig. 120. Eisenbahnschwelle mit kontinuierlich verteilter Belastung auf nachgiebiger Unterlage.

Ferner liefert die elastische Differentialgleichung (8) in § 26 nach zweimaliger Differentiation noch folgenden Ansatz:

$$EJ\frac{d^4 y}{dx^4} = -\frac{d^2 M_x}{dx^2} = q - ky = f(x) - ky \tag{2}$$

oder

$$EJ\frac{d^4 y}{dx^4} + ky = f(x). \tag{3}$$

Dies ist eine nicht reduzierte Differentialgleichung vierter Ordnung mit konstanten Koeffizienten. Zunächst betrachten wir die reduzierte Gleichung

$$\frac{d^4 y}{dx^4} + \frac{k}{EJ}\,y = 0. \tag{4}$$

Der nach Vorschrift von Gleichung (7) § 40 gebildete Ansatz

$$\mu^4 + \frac{k}{EJ} = 0 \tag{5}$$

liefert vier Wurzeln:

$$\mu_1 = \left(\cos\frac{\pi}{4} + i\sin\frac{\pi}{4}\right)\sqrt[4]{\frac{k}{EJ}}\,;\; \mu_2 = \left(\cos\frac{\pi}{4} - i\sin\frac{\pi}{4}\right)\sqrt[4]{\frac{k}{EJ}}$$

$$\mu_3 = \left(\cos\frac{3\pi}{4} + i\sin\frac{3\pi}{4}\right)\sqrt[4]{\frac{k}{EJ}}\,;\; \mu_4 = \left(\cos\frac{3\pi}{4} - i\sin\frac{3\pi}{4}\right)\sqrt[4]{\frac{k}{EJ}}$$

bzw.

$$\left.\begin{array}{ll} \mu_1 = (1+i)\sqrt[4]{\dfrac{k}{4EJ}} & \mu_2 = (1-i)\sqrt[4]{\dfrac{k}{4EJ}} \\ \mu_3 = (-1+i)\sqrt[4]{\dfrac{k}{4EJ}} & \mu_4 = (-1-i)\sqrt[4]{\dfrac{k}{4EJ}} \end{array}\right\} \qquad (6)$$

Mit

$$\sqrt[4]{\frac{k}{4EJ}} = a$$

ergibt sich jetzt das allgemeine Integral

$$y = (A_1\cos ax + B_1\sin ax)\,e^{ax} + (A_2\cos ax + B_2\sin ax)\,e^{-ax} \qquad (7)$$

Zur Behandlung der vollständigen Gleichung (3) greift man auf die Variation der Konstanten zurück.

Zur Bestimmung der 4 Konstanten A_1, B_1 und A_2, B_2 dient die Bemerkung, daß aus den Enden der Schwelle sowohl das Moment

$$M = -EJ\frac{d^2y}{dx^2}$$

wie auch die Querkraft

$$Q = \frac{dM}{dx} = -EJ\frac{d^3y}{dx^3}$$

verschwinden muß. Wir haben also 4 Gleichungen zur Bestimmung von A_1, B_1, A_2, B_2:

$$\left[\frac{d^2y}{dx^2}\right]_{x=0} = 0, \quad \left[\frac{d^2y}{dx^2}\right]_{x=l} = 0$$

$$\left[\frac{d^3y}{dx^3}\right]_{x=0} = 0, \quad \left[\frac{d^3y}{dx^3}\right]_{x=l} = 0$$

welche hinreichend sind.

II. Dieselbe Differentialgleichung (3.), jedoch mit einer einfacheren Störungsfunktion tritt auf bei der Formänderung der Wandung eines Wasserbehälters, falls der Wandungsquerschnitt ein Rechteck ist[38]).

Unter der Voraussetzung, daß die Wanddicke D klein im Verhältnis zum mittleren Radius R sei, untersuchen wir die Formänderung der dem Radius R entsprechenden Zylinderfläche, deren einzelne Punkte durch die Koordinaten x und φ bestimmt werden. Die diesen Koordinaten entsprechenden elastischen Verschiebungen seien ξ und σ, während η die radiale Verschiebung der Punkte x, φ aus der spannungsfreien Lage bezeichnet.

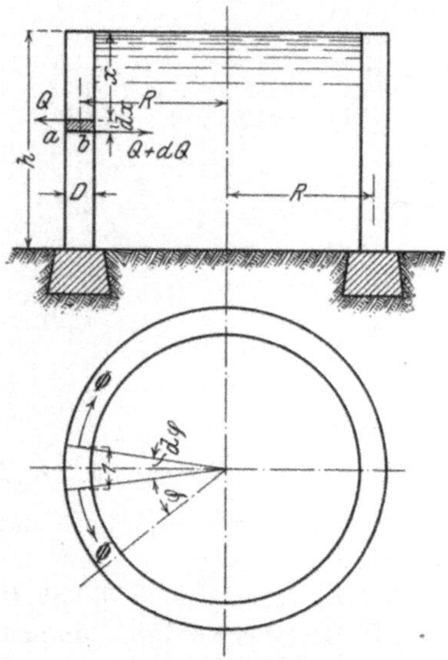

Fig. 121. Zur Formänderung der Wandung eines Wasserbehälters.

Für unsere Zwecke wollen wir von den Verschiebungen ξ absehen, da sie als klein betrachtet werden können, und wir wollen nur die Kräfte, die das Wandelement in horizontaler Richtung beeinflussen, betrachten. Diese Kräfte sind (Fig. 121):

1. die resultierende Querkraft dQ,
2. die Resultierende der Ringspannungen $\Phi\, D\, dx\, d\varphi$,
3. der Wasserdruck $\gamma\, x\, R\, dx\, d\varphi$.

Für die Kräfte gilt die Gleichgewichtsbeziehung:

$$dQ = \gamma\, x\, R\, dx\, d\varphi - \Phi\, D\, dx\, d\varphi \tag{8}$$

Hier bedeutet γ das Gewicht der Raumeinheit Wasser, während $\Phi = \frac{\eta E}{R}$ ist. $\left(\text{Produkt aus dem Elastizitätsmodul in die spezifische Dehnung } \frac{\eta}{R}.\right)$

Beachtet man nun die bekannte Beziehung zwischen Querkraft Q und Biegungsmoment M

$$Q = \frac{dM}{dx} \tag{9}$$

und die Beziehung zwischen Biegungsmoment M und der Krümmung $\frac{d^2\eta}{dx^2}$ des Meridianschnittes der Behälterwand:

$$M = \frac{E D^3}{12} R\, d\varphi \frac{d^2\eta}{dx^2} \tag{10}$$

so ergibt sich neuerlich (nach Division mit $R\, d\varphi$):

$$\frac{E D^3}{12} \frac{d^4\eta}{dx^4} = \gamma\, x - \frac{D\eta\, E}{R^2} \tag{11}$$

oder:

$$\frac{d^4\eta}{dx^4} + \eta \frac{12}{D^2 R^2} = x \frac{12\,\gamma}{E D^3} \tag{12}$$

Diese Gleichung formt man noch zweckmäßig durch die Substitutionen

$$x = h\, x_1$$

$$\eta = D\, \eta_1$$

in:

$$\frac{d^4\eta_1}{dx_1^4} + \eta_1 \frac{12\, h^4}{D^2 R^2} = x_1 \frac{12\,\gamma\, h^5}{E D^3} \tag{13}$$

woraus noch die Abkürzungen

$$\frac{12\, h^4}{D^2 R^2} = k^4$$

$$\frac{12\, h^5 \gamma}{E D^3} = l^4$$

liefern:

$$\frac{d^4\eta_1}{dx_1^4} + k^4 \eta_1 = l^4 x_1 \tag{15}$$

Das allgemeine Integral der zu (15) gehörigen reduzierten Gleichung

$$\frac{d^4\eta_1}{dx_1^4} + k^4 \eta_1 = 0 \tag{15a}$$

lautet, wenn man in Gl. (7) statt der Exponentialfunktionen die hyperbolischen einführt und $\alpha = \frac{k}{\sqrt{2}}$ setzt:

$$\eta_1 = C_1 \cos\frac{k}{\sqrt{2}} x_1 \operatorname{Cof}\frac{k}{\sqrt{2}} x_1 + C_2 \sin\frac{k}{\sqrt{2}} x_1 \operatorname{Cof}\frac{k}{\sqrt{2}} x_1$$
$$+ C_3 \cos\frac{k}{\sqrt{2}} x_1 \operatorname{Sin}\frac{k}{\sqrt{2}} x_1 + C_4 \sin\frac{k}{\sqrt{2}} x_1 \operatorname{Sin}\frac{k}{\sqrt{2}} x_1 \qquad (16)$$

Um nun das allgemeine Integral von (15) zu finden, haben wir zu (16) ein beliebiges partikuläres Integral dieser Gleichung zu addieren. Der bloße Augenschein lehrt, daß

$$\eta_1 = \frac{l^4}{k^4} x_1$$

ein solches Integral ist, wie sich durch Einsetzen in (15) sofort ergibt. Also ist

$$\eta_1 = \frac{l^4}{k^4} x_1 + C_1 \cos\frac{k}{\sqrt{2}} x_1 \operatorname{Cof}\frac{k}{\sqrt{2}} x_1 + C_2 \sin\frac{k}{\sqrt{2}} x_1 \operatorname{Cof}\frac{k}{\sqrt{2}} x_1$$
$$+ C_3 \cos\frac{k}{\sqrt{2}} + \operatorname{Sin}\frac{k}{\sqrt{2}} x_1 + C_4 \sin\frac{k}{\sqrt{2}} x_1 \operatorname{Sin}\frac{k}{\sqrt{2}} x_1 \qquad (17)$$

das gesuchte allgemeine Integral.

Wenn man will, kann man auch auf (15) die Substitution:

$$\eta_1 = \frac{l^4}{k^4} x_1 + u \qquad (17\text{a})$$

anwenden, wodurch die homogene Differentialgleichung

$$\frac{d^4 u}{d x_1^{\,4}} + k^4 u = 0 \qquad (18)$$

entsteht, welche das allgemeine Integral (16) hat. Nach Substitution von (17 a) kcmmt man dann wieder auf (17)[39]).

§ 42. Integration durch Reihen.

I. Vorbemerkung.

Ist es nicht möglich, auf einem der bisher geschilderten Wege das allgemeine Integral einer Differentialgleichung

$$F\left(x, y, \frac{dy}{dx}, \ \ldots \frac{d^n y}{dt^n}\right) = 0 \qquad (1)$$

zu gewinnen, so bleibt noch die Methode der Reihenentwickelung.

Man geht hierzu von dem Satz aus, daß, wenn

$$y = f(x) \tag{2}$$

ein Integral von (1) ist, dieses sich nach den Sätzen von Taylor oder Maclaurin[40]) in eine Potenzreihe entwickeln lassen muß. Entweder hat man nach Taylor

$$y = f(x_0) + f'(x_0)\frac{x - x_0}{1} + f''(x_0)\frac{(x - x_0)^2}{1 - 2} + \ldots$$

$$= \sum_{k=0}^{\infty} f^{(k)}(x_0)\frac{(x - x_0)^k}{k!} \tag{3}$$

oder nach Maclaurin mit $x_0 = 0$:

$$y = f(0) + f'(0)\frac{x}{1} + f''(0)\frac{x^2}{1 \cdot 2} + \ldots$$

$$= \sum_{k=0}^{\infty} f^{(k)}(0)\frac{x^k}{k!} \tag{4}$$

Es handelt sich jetzt darum, die Größen $f^{(k)}(x_0)$ bzw. $f^{(k)}(0)$ aus der gegebenen Differentialgleichung (1) zu finden.

Löst man die Gleichung (1) nach dem höchsten vorkommenden Differentialquotienten $\frac{d^n y}{dx^n}$ auf:

$$\frac{d^n y}{dx^n} = \varphi(x, y, y', \ldots . y^{(n-1)}) \tag{5}$$

so kann man mit:

$$\frac{d^k y}{dx^k} = f^{(k)}(x) \qquad k \geqq n \tag{6}$$

die höheren Koeffizienten in (3) oder (4) mittels sukzessiver Differentation durch die n niedrigsten Koeffizienten $f^{(k)}(x_0)$ bzw. $f^{(k)}(0)$ $(k < n)$ ausdrücken. Die letzteren bleiben unbestimmt und man erhält mit

$$f^{(k)}(x_0) = C_k \qquad k = 0, 1, \ldots \ldots n - 1$$

im Falle (3) das allgemeine Integral:

$$y = C_0 + C_1 \frac{x - x_0}{1} + C_2 \frac{(x - x_0)^2}{1 \cdot 2} + \ldots + C_{n-1} \frac{(x - x_0)^{n-1}}{(n-1)!}$$

$$+ \varphi(x, C_0, C_1, \ldots C_{n-1}) \frac{(x - x_0)^n}{n!} + \ldots\ldots \tag{7}$$

Ist z. B. die Differentialgleichung

$$\frac{d^2 y}{d x^2} + x y = 0 \tag{8}$$

gegeben, so liefert, wenn man festsetzt, daß für $x = 0$ $y = C_0$ und $\frac{dy}{dx} = C_1$ sein soll, die sukzessive Differentiation folgende Werte:

$$\begin{aligned}
\frac{d^2 y}{d x^2} &= -x y = 0 \\
\frac{d^3 y}{d x^3} &= -x y' - y = -1\, C_0 \\
y^{(4)} &= -2 y' - x y'' = -2\, C_1 \\
y^{(5)} &= -3 y'' - x y''' = 0 \\
y^{(6)} &= -4 y''' - x y^{(4)} = +1 \cdot 4 \cdot C_0 \\
y^{(7)} &= -5 y^{(4)} - x y^{(5)} = +2 \cdot 5\, C_1 \\
y^{(8)} &= -6 y^{(5)} - x y^{(6)} = 0 \\
y^{(9)} &= -7 y^{(6)} - x y^{(7)} = -1 \cdot 4 \cdot 7 \cdot C_0 \\
y^{(10)} &= = 8 y^{(7)} - x y^{(8)} = -2 \cdot 5 \cdot 8 \cdot C_1
\end{aligned}$$

mit denen der Maclaurinsche Ansatz ergibt:

$$y = C_0 + C_1 x - C_0 \frac{1}{3!} x^3 - C_1 \frac{2}{4!} x^4 + C_0 \frac{1 \cdot 4}{6!} x^6 + C_1 \frac{2 \cdot 5}{7!} x^7$$

$$- C_0 \frac{1 \cdot 4 \cdot 7}{9!} x^9 - C_1 \cdot \frac{2 \cdot 5 \cdot 8}{10!} x^{10} + \ldots$$

oder nach Zusammenfassung der mit C_0 bzw. C_1 multiplizierten Teile

$$\left.\begin{aligned}
y &= C_0 \left\{ 1 - \frac{1}{3!} x^3 + \frac{1 \cdot 4}{6!} x^6 - \frac{1 \cdot 4 \cdot 7}{9!} x^9 + \ldots \right\} \\
&+ C x_1 \left\{ 1 - \frac{2}{4!} x^3 + \frac{2 \cdot 5}{7!} x^6 - \frac{2 \cdot 5 \cdot 8}{10!} x^9 + \ldots \right\}
\end{aligned}\right\} \tag{9}$$

welcher Ausdruck das allgemeine Integral von (9) darstellt, falls die eingeklammerten Reihen konvergent sind.

II. Das unter I beschriebene Verfahren, welches bei linearen Differentialgleichungen immer anwendbar ist, ist insofern ungünstig, als es das Bildungsgesetz der Reihenentwicklung nicht immer leicht erkennen läßt.

Die Bildung der Koeffizienten übersieht man leichter, wenn man von einem allgemeinen Reihenansatz ausgeht, mit dem man die gegebene Differentialgleichung zu befriedigen versucht. Diese Methode gestattet zugleich, auch lineare Differentialgleichungen mit allgemeinen Koeffizienten der Form:

$$P_n(x)\frac{d^n y}{dx^n} + P_{n-1}(x)\frac{d^{n-1} y}{dx^{n-1}} + \ldots P_1(x)\frac{dy}{dx} + P_0(x)y = 0 \quad (10)$$

zu behandeln, die wir in Summenform schreiben:

$$\sum_{k=0}^{n} P_k(x)\frac{d^{(k)} y}{dx^k} = 0 \quad (11\,\mathrm{a})$$

Von den Koeffizienten $P_k(x)$ setzen wir voraus, daß sie sich in Taylorsche Reihen entwickeln lassen:

$$P_k(x) = \frac{p_{k0}}{(x-a)^{\mu_k}} + \frac{p_{k1}}{(x-a)^{\mu_k - 1}} + \ldots\ldots \quad (12)$$

oder in Summenform:

$$P_k(x) = \sum_{\lambda=0}^{\infty} \frac{p_{k\lambda}}{(x-a)^{\mu_k - \lambda}} \quad (12\,\mathrm{a})$$

wo der Exponent der Anfangspotenz μ_k eine endliche ganze Zahl sein soll.

Unter Zusammenfassung von (11 a) und (12 a) schreibt sich unsere Differentialgleichung jetzt:

$$\sum_{k=0}^{n} \sum_{\lambda=0}^{\infty} p_{k\lambda}(x-a)^{-\mu_k + \lambda} \frac{d^k y}{dx^k} = 0 \quad (11\,\mathrm{b})$$

Diesen Ausdruck multiplizieren wir mit einer solchen Potenz $(x-a)^t$, daß die Gliederkoeffizienten $P_k(x)$ die Form annehmen:

$$P_k(x) = (x-a)^k \left\{p_{k0} + p_{k1}(x-a) + p_{k2}(x-a)^2 + \ldots\ldots\right\}.$$

Dies ist immer möglich. Es kann indessen bei einigen Gliedern vorkommen, daß die Entwicklung der $\{\}$ Klammer mit einer

Potenz von $x - a$ beginnt; jedoch soll dies nicht bei allen Gliedern der Differentialgleichung vorkommen.

Statt (11 b) haben wir dann folgende Gestalt der gegebenen Differentialgleichung:

$$\sum_{k=0}^{n} \sum_{\lambda=0}^{\infty} (x - a)^k p_{k\lambda} (x - a)^\lambda \frac{d^k y}{dx^k} = 0 \tag{11c}$$

Die Gleichungsgestalt heißt die Frobenius'sche Normalform [41]).

Wir versuchen nun, dieser Differentialgleichung durch eine Potenzreihe:

$$y = (x - a)^\rho \sum_{\nu=0}^{\infty} a_\nu (x - a)^\nu \tag{13}$$

zu genügen, die mit einem noch zu bestimmenden Anfangsexponenten ϱ beginnt und in welcher das Bildungsgesetz des Koeffizienten a_ν zu ermitteln ist.

Wir berechnen aus (13) die successiven Differentialquotienten $y'\, y'' \,.....\, y^{(k)}\, y^{(n)}$ wie folgt:

$$y' = \sum_{\nu=0}^{\infty} (\nu + \varrho)\, a_\nu (x - a)^{\nu+\rho-1}$$

$$y'' = \sum_{\nu=0}^{\infty} (\nu + \varrho)(\nu + \varrho - 1)\, a_\nu (x - a)^{\nu+\rho-2}$$

$$y^{(k)} = \sum_{\nu=0}^{\infty} (\nu + \varrho)(\nu + \varrho - 1) \ldots (\nu + \varrho - k + 1)\, a_\nu (x - a)^{\nu+\rho-k},$$

die wir in (11 c) eintragen, unter Benutzung der Abkürzung:

$$(\nu + \varrho)(\nu + \varrho - 1) \ldots .. (\nu + \varrho - k + 1) = \begin{bmatrix} \nu + \varrho \\ k \end{bmatrix}$$

wobei wir beachten daß:

$$\begin{bmatrix} \nu + \varrho \\ 1 \end{bmatrix} = \nu + \varrho \quad \text{und} \quad \begin{bmatrix} \nu + \varrho \\ 0 \end{bmatrix} = 1$$

ist.

Durch die Eintragung schreibt sich jetzt (11 c)

$$\sum_{k=0}^{n} \sum_{\lambda=0}^{\infty} \sum_{\nu=0}^{\infty} p_{k\lambda} (x - a)^\lambda \begin{bmatrix} \nu + \varrho \\ k \end{bmatrix} a_\nu (x - a)^{\nu+\rho} = 0$$

oder anders geordnet:

$$\sum_{k=0}^{n}\sum_{\lambda=0}^{\infty}\sum_{\nu=0}^{\infty} p_{k\lambda}\, a_\nu \begin{bmatrix} \nu+\varrho \\ k \end{bmatrix} (x-a)^{\nu+\rho+\lambda} = 0 \tag{14}$$

Hier kann man $(x-a)^\rho$ vor die Summe setzen und andererseits $\nu+\lambda = s$ und $\lambda = s-\nu$ substituieren. Durch diese letztere Maßnahme wird festgesetzt, daß ν nie größer als s werden kann, weil sonst Koeffizienten $p_{k\lambda}$ mit negativen Indizes vorkommen würden, was nach Ansatz (12) ausgeschlossen ist. Somit wird die Summe (14):

$$(x-a)^\rho \sum_{s=0}^{\infty}\sum_{\nu=0}^{s}\sum_{k=0}^{n} p_{k,\, s-\nu} \begin{bmatrix} \nu+\varrho \\ k \end{bmatrix} a_\nu (x-a)^s = 0 \tag{15}$$

Diese nach Potenzen von $(x-a)$ fortschreitende Reihe kann aber nur dann für jedes x verschwinden, wenn die Koeffizienten der einzelnen Potenzen sämtlich = Null sind, d. h. wenn

gilt
$$\sum_{\nu=0}^{s}\sum_{k=0}^{n} p_{k,\, s-\nu} \begin{bmatrix} \nu+\varrho \\ k \end{bmatrix} a_\nu = 0 \tag{16}$$

Diese Doppelsumme ist anzusetzen für alle Werte $s = i = 0, 1, 2, 3, \ldots\ldots$ Die einzelnen Glieder sind Produkte des unbestimmten Koeffizienten a_ν mit Faktoren:

$$\sum_{k=0}^{n} p_{k,\, i-\nu} \begin{bmatrix} \nu+\varrho \\ k \end{bmatrix} = \tag{17}$$

$$p_{0,i-\nu} + p_{1,i-\nu}(\nu+\varrho) + p_{2,\,i-\nu}(\nu+\varrho)(\nu+\varrho-1) + \ldots\ldots + p_{n,i-\nu}(\nu+\varrho)(\nu+\varrho-1)\ldots\ldots(\nu+\varrho-n+1).$$

Setzen wir jetzt:

$$p_{0i} + p_{1i}\varrho + p_{2i}(\varrho-1) + \ldots\ldots + p_{n,i}\varrho(\varrho-1)\ldots(\varrho-n+1) = f_i(\varrho),$$

so ergeben sich folgende Spezialausdrücke:

$$\left.\begin{aligned}
\text{für } i=0:\ f_0(\varrho) &= p_{00} + p_{10}\varrho + p_{20}\varrho(\varrho-1) + \ldots\ldots \\
&\quad \ldots\ldots + p_{n0}\varrho(\varrho-1)\ldots\ldots(\varrho-n+1) \\
i=1:\ f_1(\varrho) &= p_{01} + p_{11}\varrho + p_{21}\varrho(\varrho-1) + \ldots\ldots \\
&\quad \ldots\ldots + p_{n1}\varrho(\varrho-1)\ldots\ldots(\varrho-n+1) \\
i=2:\ f_2(\varrho) &= p_{02} + p_{12}\varrho + p_{22}\varrho(\varrho-1) + \ldots\ldots \\
&\ldots\ldots\ldots\ldots\ldots\ldots\ldots\ldots\ldots\ldots
\end{aligned}\right\} \text{17a)}$$

Die Summe (17) schreibt sich aber hiernach:

$$\sum_{k=0}^{n} p_{k,\,i-\nu} \begin{bmatrix} \nu + \varrho \\ k \end{bmatrix} = f_{i-\nu}(\varrho + \nu) \tag{18}$$

und die Gleichung (16):

$$\sum_{\nu=0}^{\nu=i} f_{i-\nu}(\varrho + \nu)\, a_\nu = 0, \tag{19}$$

welche anzuschreiben ist für i = 0, 1, 2, 3. . . . . . . Somit entspringen folgende Gleichungen:

$$\left.\begin{array}{l} f_0(\varrho)\, a_0 = 0 \\ f_1(\varrho)\, a_0 + f_0(\varrho + 1)\, a_1 = 0 \\ f_2(\varrho)\, a_0 + f_1(\varrho + 1)\, a, \; + f_0(\varrho + 2)\, a_2 = 0 \\ \ldots\ldots\ldots\ldots\ldots\ldots\ldots\ldots\ldots \\ f_\nu(\varrho)\, a_0 + f_{(\nu - i)}(\varrho + 1)\, a, \; + \ldots\ldots + f_0(\varrho + \nu)\, a_\nu = 0 \end{array}\right\} \tag{20}$$

Dieses Gleichungssystem dient zur rekurrierenden Berechnung der Koeffizienten a_ν in der folgenden Weise.

Zunächst liefert die Bedingung:

$$f_0(\varrho)\, a_0 = 0,$$

da a_0 nicht verschwinden darf, soll anders die Entwicklung (13) mit der Potenz $(x - a)^\varrho$ anfangen, die Gleichung

$$f_0(\varrho) = p_{00} + p_{10}\,\varrho + p_{20}\,\varrho(\varrho - 1) + \ldots\ldots$$
$$+ p_{n0}\,\varrho(\varrho - 1) \ldots\ldots (\varrho - n + 1) \tag{21}$$

für ϱ, welche vom nten Grade ist.

Liefert diese n verschiedene Wurzeln $\varrho_1 \ldots\ldots \varrho_n$, so entsprechen diesen n verschiedene Potenzreihenentwicklungen (13), deren Koeffizienten a_ν sich mit unbestimmt bleibenden a_0 aus (20) berechnen lassen. Die Formel (21), die somit für die Integration der vorgelegten Differentialgleichung von grundlegender Bedeutung ist, heißt nach Fuchs „determinierende Fundamentalgleichung“[42]). Hat sie n verschiedene Wurzeln, dann erhält man nach Berechnung der Koeffizienten a_ν aus (20) n partikuläre Integrale in Gestalt von Potenzreihenentwicklungen. Diese n Integrale sind, wie man beweisen kann, voneinander linear unabhängig und liefern daher mit unbestimmten Faktoren multipliziert und addiert das allgemeine Integral der Differentialgleichung (10). Die Gesamtheit dieser Integrale heißt deshalb ein Fundamentalsystem[43]) der Differentialgleichung.

§ 43. Anwendung der Integration durch Reihen auf ein Beispiel.

Hat die Wand des Behälters in § 41 keinen rechteckigen Querschnitt, sondern ist die Wanddicke D eine Funktion des Abstandes x vom oberen Rande des Behälters, (Fig. 122) so bleiben zunächst die Formeln (8), (9), (10) des § 41 dieselben. Bei der

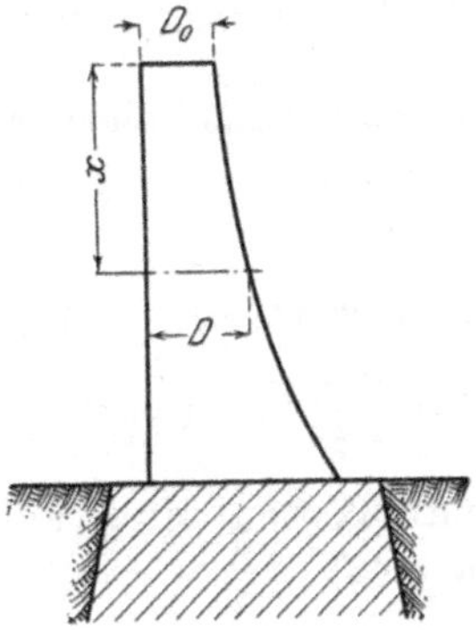

Fig. 122. Wasserbehälter mit parabolischem Wandquerschnitt.

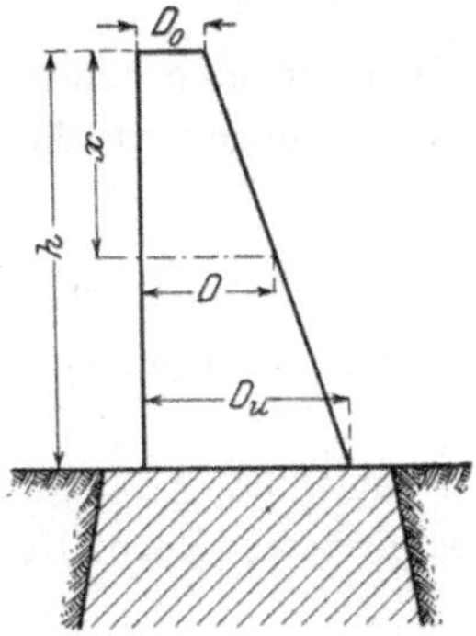

Fig. 123. Wasserbehälter mit trapezförmigem Wandquerschnitt.

Ausführung der Differentiation nach x (in Gl. (11)) hat man indessen zu beachten, daß D von x abhängt, und muß man schreiben:

$$\frac{E}{12}\frac{d^2}{dx^2}\left(D^3\frac{d^2\eta}{dx^2}\right)=\gamma\, x-\frac{D\eta\, E}{R^2} \tag{1}$$

Setzen wir hier speziell trapezförmigen Querschnitt voraus (Fig. 123):

$$D=D_0\,(1+\alpha\,\xi); \qquad \xi=\frac{x}{h}\,,\ \alpha=\frac{D_u-D_0}{h}$$

so geht (1) über in:

$$\frac{d^2}{h^2\,d\,\xi^2}\left[D_0{}^3\,(1+\alpha\,\xi)^3\,\frac{d^2\,\eta}{h^2\,d\xi^2}\right] + \frac{12\,\eta\,D_0\,(1+\alpha\,\xi)}{R^2}-\frac{12\,\gamma\,h\,\xi}{E}=0 \tag{2}$$

oder mit

$$\frac{12\,h^4}{D_0^2\,R^2} = \varkappa$$

$$\frac{12\,\gamma\,h^5}{E\,D_0^3} = \lambda$$

in:

$$\frac{d^2}{d^2\,\xi^2}\left[(1+\alpha\,\xi)^3\,\frac{d^2\,\eta}{d\,\xi^2}\right] + \varkappa\,\eta\,(1+\alpha\,\xi) - \lambda\,\xi = 0 \qquad (3)$$

Dies ist eine nicht homogen lineare Differentialgleichung, die wir homogen machen durch den Ansatz

$$\lambda\,\xi = 0.$$

Durch Ausführung der Differentiationen erhalten wir jetzt:

$$(1+\alpha\,\xi)^2\,\frac{d^4\,\eta}{d\,\xi^4} + 6\,\alpha\,(1+\alpha\,\xi)\,\frac{d^3\,\eta}{d\,\xi^3} + 6\,\alpha^2\,\frac{d^2\,\eta}{d\,\xi^2} + \varkappa\,\eta = 0 \qquad (4)$$

Diese Gleichung bringen wir durch Multiplikation mit ξ^4 auf die Frobenius'sche Normalform (11 c) des § 42:

$$\xi^4\,(1 + 2\,\alpha\,\xi + \alpha^2\,\xi^2)\,\frac{d^4\eta}{d\,\xi^4} + \xi^3\,(6\,\alpha\,\xi + 6\,\alpha^2\,\xi^2)\,\frac{d^3\,\eta}{d\,\xi^3}$$
$$+ \xi^2\cdot 6\,\alpha^2\,\xi^2\,\frac{d^2\,\eta}{d\,\xi^2} + \varkappa\,\xi^4\,\eta = 0 \qquad (5)$$

Aus dieser Form schreiben wir zunächst die Koeffizienten $p_{k\lambda}$ hin:

$$\left.\begin{array}{lllll}
p_{40} = 1 & p_{41} = 2\,\alpha & p_{42} = \alpha^2 & p_{43} = 0 & \ldots\ldots\ldots \\
p_{30} = 0 & p_{31} = 6\,\alpha & p_{32} = 6\alpha^2 & p_{33} = 0 & \ldots\ldots\ldots \\
p_{20} = 0 & p_{21} = 0 & p_{22} = 6\alpha^2 & p_{23} = 0 & \ldots\ldots\ldots \\
p_{10} = 0 & p_{11} = 0 & p_{12} = 0 & p_{13} = 0 & \ldots\ldots\ldots \\
p_{00} = 0 & p_{01} = 0 & p_{02} = 0 & p_{03} = 0 & p_{04} = \varkappa
\end{array}\right\} \qquad (6)$$

Mit diesen Werten finden sich die Größen $f_i\,(\varrho)$:

$$\left.\begin{array}{l}
f_0\,(\varrho) = \varrho\,(\varrho-1)\,(\varrho-2)\,(\varrho-3) \\
f_1\,(\varrho) = 6\,\alpha\,\varrho\cdot(\varrho-1)\,(\varrho-2) + 2\,\alpha\,\varrho\,(\varrho-1)\,(\varrho-2)\,(\varrho-3) \\
\qquad\qquad = 2\,\alpha\,\varrho^2\,(\varrho-1)\,(\varrho-2) \\
f_2\,(\varrho) = \alpha^2[6\,\varrho\,(\varrho-1) + 6\,\varrho\,(\varrho-1)\,(\varrho-2) \\
\qquad\qquad + \varrho\,(\varrho-1)\,(\varrho-2)\,(\varrho-3)] = \alpha^2\,\varrho^2\,(\varrho-1)\,(\varrho+1) \\
f_3\,(\varrho) = 0 \\
f_4\,(\varrho) = \varkappa \\
f_5\,(\varrho) = 0 \quad f_6\,(\varrho) = 0\,\ldots\ldots\ldots\ldots\ldots
\end{array}\right\} \qquad (7)$$

Mit diesen Größen wird das rekurrierende Gleichungssystem (20) § 42 aufgestellt und aus diesem die Koeffizienten $a_0 a_1 \ldots\ldots$ berechnet.

Man erhält mit unbestimmt bleibenden a_0:

$$a_1 = -a_0 \cdot 2\alpha \frac{\varrho}{\varrho+1} \qquad a_2 = +a_0 3\alpha^2 \frac{\varrho}{\varrho+2}$$

$$a_3 = -a_0 \cdot 4\alpha^3 \frac{\varrho}{\varrho+3}$$

$$a_4 = +a_0 \left(5\alpha^4 \frac{\varrho}{\varrho+4} - \frac{\varkappa}{(\varrho+1)(\varrho+2)(\varrho+3)(\varrho+4)}\right)$$

$$a_5 = -a_0 \left(6\alpha^5 \frac{\varrho}{\varrho+5} - \frac{4\varkappa\alpha(\varrho+2)}{(\varrho+1)(\varrho+2)(\varrho+3)(\varrho+4)\varrho+5)}\right)$$

$$a_6 = +a_0 \left(7\alpha^6 \frac{\varrho}{\varrho+6} - \frac{4\varkappa\alpha^2(\varrho^2+11\varrho+15)}{(\varrho+1)(\varrho+2)(\varrho+3)(\varrho+4)(\varrho+5)(\varrho+6)}\right) \text{ usw.}$$

Setzt man hier ϱ der Reihe nach gleich den sich aus der determinierenden Gleichung ergebenden Werten 0, 1, 2, 3, so finden sich nach Ansatz (13) § 42 vier verschiedene Reihen für η, die 4 voneinander unabhängige partikuläre Integrale (ein Fundamentalsystem) der Differentialgleichung (5) darstellen. Das allgemeine Integral wird damit:

$$\eta = A\left\{1 - \frac{\varkappa}{1\cdot 2\cdot 3\cdot 4}\cdot\xi^4 + \cdots\cdots\right\}$$

$$+ B\xi\left\{1 - \alpha\xi + \alpha^2\xi^2 - \alpha^3\xi^3 + \left(\alpha^4 - \frac{\varkappa}{2\cdot 3\cdot 4\cdot 5}\right)\xi^4 - \left(\alpha^5 - \frac{12\varkappa\alpha}{2\cdot 3\cdot 4\cdot 5\cdot 6}\right)\xi^5 + \cdots\cdots\right\}$$

$$+ C\xi^2\left\{1 - \frac{4}{3}\alpha\xi + \frac{6}{4}\alpha^2\xi^2 - \frac{8}{5}\alpha^3\xi^3 + \left(\frac{10}{6}\alpha^4 - \frac{\varkappa}{3\cdot 4\cdot 5\cdot 6}\right)\xi^4\cdots\cdots\right\}$$

$$+ D\xi^3\left\{1 - \frac{6}{4}\alpha\xi + \frac{9}{5}\alpha^2\xi^2 - \frac{12}{6}\alpha^3\xi^3 + \cdots\cdots\right\},$$

wo A, B, C, D die unbestimmten Konstanten sind, die aus den Grenzbedingungen zu berechnen sind.

§ 44. Aufsuchung des Fundamentalsystems, falls die Wurzeln der determinierenden Gleichung nicht sämtlich verschieden sind.

I. Das Verfahren des § 42 ist nicht in vollem Umfange anwendbar, wenn die determinierende Gleichung mehrfache Wurzeln hat, oder wenn die Differenzen einiger Wurzeln ganze Zahlen sind.

Der Fall mehrfacher Wurzeln reduziert offenbar die Zahl der unabhängigen partikulären Integrale, während im Falle ganzzahliger Wurzeldifferenzen die Koeffizienten a_ν teilweise unendlich werden, wie sich aus folgendem Ansatz für diese Koeffizienten ergibt:

$$a_\nu = \frac{a_0\,\Delta_\nu(\varrho)}{f_0(\varrho+1)\cdot f_0(\varrho+2)\cdot\dots\cdot f_0(\varrho+\nu)} \tag{1}$$

Gibt es ganzzahlige Wurzeldifferenzen, so können offenbar im Nenner von (1) Größen $f_0(\varrho+m)$ auftreten, die den Nenner zum Verschwinden bringen und a_ν also unendlich machen.

Die Größe $\Delta_\nu(\varrho)$ ist gegeben durch folgende Determinante:

$$\Delta_\nu(\varrho) = (-1)^\nu \begin{vmatrix} f_1(\varrho+\nu-1) & f_2(\varrho+\nu)-2 & \dots\dots & f_{\nu-1}(\varrho+1) & f_\nu(\varrho) \\ f_0(\varrho+\nu-1) & f_1(\varrho+\nu)-2 & \dots\dots & f_{\nu-2}(\varrho+1) & f_{\nu-1}(\varrho) \\ 0 & f_0(\varrho+\nu)-2 & \dots\dots & f_{\nu-3}(\varrho+1) & f_{\nu-2}(\varrho) \\ \dots & \dots & \dots & \dots & \dots \\ 0 & 0 & \dots\dots & f_0(\varrho+1) & f_1(\varrho) \end{vmatrix} \tag{2}$$

Die Richtigkeit dieses Ansatzes kann man leicht an dem niedrigsten Koeffizienten a_ν der rekurrierenden Entwicklung (20) § 42 verifizieren. Es ist z. B.:

$$\left.\begin{aligned} a_1 &= \frac{a_0\,\Delta_1(\varrho)}{f_0(\varrho+1)} = -a_0\,\frac{f_1(\varrho)}{f_0(\varrho+1)} \\ a_2 &= a_0\,\frac{\Delta_2(\varrho)}{f_0(\varrho+1)\,f_0(\varrho+2)} = a_0\frac{f_1(\varrho)\,f_1(\varrho+1)-f_0(\varrho+1)\,f_2(\varrho)}{f_0(\varrho+1)\,f_0(\varrho+2)} \end{aligned}\right\} \tag{3}$$

usw.

Die im Absatz 1 gedachten Möglichkeiten betr. die Wurzeln, lassen sich in einer gemeinsamen Ausdrucksweise fassen, wenn man sagt, daß unter den Wurzeln solche vorkommen, deren Differenz entweder ganzzahlig oder Null ist. Alle Wurzeln, die diese Eigenschaft haben, fassen wir in einer Wurzelgruppe[44]) zusammen. Es sei ϱ_0 die größte Wurzel der Gruppe. Die weiteren Wurzeln seien $\varrho_1\, \varrho_2 \cdots\cdots \varrho_\mu$, so daß $\mu + 1$ Wurzeln zur Gruppe gehören. Diese Wurzeln seien nach ihrer Größe geordnet, so daß gilt:

$$\varrho_a \geqq \varrho_{a+1}.$$

Zunächst findet man ohne weiteres ein partikuläres Integral durch den Ansatz (13) § 42, wenn die a_ν dem Gleichungssystem (20) § 42 genügen und $\rho = \varrho_0$ gesetzt wird:

$$y_{(0)} = (x - a)^{\rho_0} \sum_{\nu=0}^{\infty} a_\nu (x - a)^\nu \tag{4}$$

Aus diesem partikulären Integral leitet man das zur Wurzel $\varrho_\varkappa$ der Gruppe gehörige ab durch den Ansatz:

$$y_{(\varkappa)} = \frac{\partial^\varkappa}{\partial \varrho^\varkappa} \left[(x - a)^\rho \sum_{\nu=0}^{\infty} a_\nu (x - a)^\nu \right]_{\rho = \rho_\varkappa} \tag{5}$$

Wir sehen davon ab, für diesen Ansatz einen Beweis zu geben, und verweisen dieserhalb auf die Literatur.

Die Formel (5) kann man durch Ausführung der $\varkappa$-fachen Differentation noch etwas ausgestalten:

$$\begin{aligned} y_{(\varkappa)} = (x - a)^{\rho_\varkappa} \sum_{\nu=0}^{\infty} \Bigg[& \frac{\partial^\varkappa a_\nu}{\partial \varrho^\varkappa} + \varkappa \frac{\partial^{\varkappa-1} a_\nu}{\partial \varrho^{\varkappa-1}} \lg (x - a) \\ & + \frac{\varkappa(\varkappa - 1)}{1 \cdot 2} \frac{\partial^{\varkappa-2} a_\nu}{\partial \varrho^{\varkappa-2}} \lg^2 (x - a) \\ & + \frac{\varkappa(\varkappa - 1)(\varkappa - 2)}{1 \cdot 2 \cdot 3} \frac{\partial^{\varkappa-3} a_\nu}{\partial \varrho^{\varkappa-3}} \lg^3 (x - a) + \cdots\cdots \\ & + a_\nu \lg^\varkappa (x - a) \Bigg]_{\rho = \rho_\varkappa} x^\nu \end{aligned} \tag{6}$$

Es treten also im Falle mehrfacher oder sich durch ganze Zahlen unterscheidender Wurzeln der determinierenden Gleichung die partikulären Integrale als logarithmenbehaftete auf.

Die Bedingung dafür, daß das zur Wurzel $\varrho = \varrho_\varkappa$ gehörende Integral nicht logarithmenbehaftet ist, liegt in dem Erfülltsein der Gleichungen:

$$\left.\begin{aligned}
\Delta_\nu(\varrho) &= 0 \text{ für } \nu = \varrho_{\varkappa-1} - \varrho_\varkappa; \quad \varrho = \varrho_\varkappa \\
\frac{\partial \Delta_\nu(\varrho)}{\partial \varrho} &= 0 \text{ für } \nu = \varrho_{\varkappa-2} - \varrho_\varkappa; \quad \varrho = \varrho_\varkappa \\
\frac{\partial^2 \Delta_\nu(\varrho)}{\partial \varrho^2} &= 0 \text{ für } \nu = \varrho_{\varkappa-3} - \varrho_\varkappa; \quad \varrho = \varrho_\varkappa \\
&\cdots\cdots\cdots\cdots\cdots\cdots \\
\frac{\partial^{\varkappa-1} \Delta_\nu(\varrho)}{\partial \varrho^{\varkappa-1}} &= 0 \text{ für } \nu = \varrho_0 - \varrho_\varkappa; \quad \varrho = \varrho_\varkappa
\end{aligned}\right\} \qquad (6\text{a})$$

Ist eine einzige dieser Gleichungen nicht erfüllt, dann ist das zu $\varrho = \varrho_\varkappa$ gehörige Integral logarithmenbehaftet.

II. Um ein Beispiel zu geben, greifen wir zurück auf Fig. 122, § 43 und setzen jetzt den Querschnitt der Behälterwand als Dreieck voraus (Fig. 124). Dann geht die Differentialgleichung für die Verschiebungen η über in:

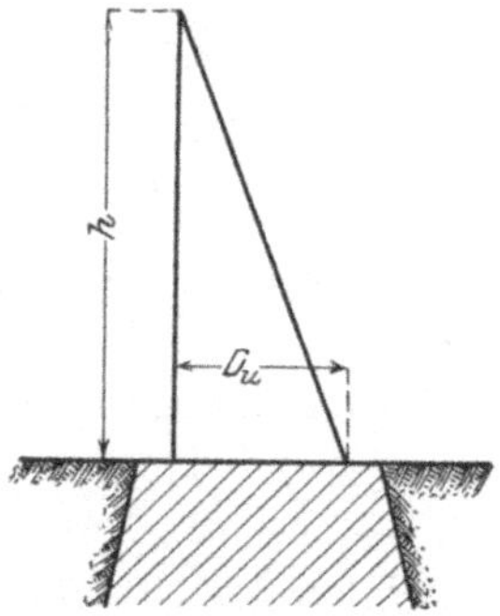

Fig. 124. Wasserbehälter mit dreieckigem Wandquerschnitt.

$$\frac{d^2}{d\xi^2}\left[\xi^2 \frac{d^2\eta}{d\xi^2}\right] + \varkappa\,\eta\,\xi - \lambda\,\xi = 0 \qquad (7)$$

mit:

$$\varkappa = \frac{12\,h^4}{D_u^2\,R^2}$$

$$\lambda = \frac{12\,h^5\,\gamma}{D_u^3\,E}.$$

Die Gleichung (7) bringt man durch die Substitution:

$$\eta = u + \frac{\lambda}{\varkappa}$$

auf die Form:

$$\frac{d^2}{d\xi^2}\left[\xi^3 \frac{d^2u}{\xi\, s^2}\right] + \varkappa\, u\, \xi = 0. \qquad (8)$$

Durch Ausführung der Differentiation entsteht die Differentialgleichung:

$$\xi^3 \frac{d^4u}{d\xi^4} + 6\,\xi^2 \frac{d^3u}{d\xi^3} + 6\,\xi \frac{d^2u}{d\xi^2} + \varkappa\,\xi\,u = 0. \qquad (9)$$

Bringen wir die Gleichung (9) nach Gleichung (11 c) § 42 auf die Frobeniussche Normalform, so entsteht:

$$\xi^4 \frac{d^4 u}{d\xi^4} + \xi^3 \cdot 6 \frac{d^3 u}{d\xi^3} + \xi^2 \cdot 6 \frac{d^2 u}{d\xi^2} + \varkappa \xi^2 u = 0 \tag{10}$$

Hiernach schreiben sich die Koeffizienten $p_{\chi\lambda}$ der Normalform an wie folgt:

$$\left.\begin{array}{l} p_{40} = 1;\ p_{41} = 0;\ p_{42} = 0;\ p_{43} = 0;\ p_{44} = 0 \\ p_{30} = 6;\ p_{31} = 0;\ p_{32} = 0;\ p_{33} = 0;\ p_{34} = 0 \\ p_{20} = 6;\ p_{21} = 0;\ p_{22} = 0;\ p_{23} = 0;\ p_{24} = 0 \\ p_{10} = 0;\ p_{11} = 0;\ p_{12} = 0;\ p_{13} = 0;\ p_{14} = 0 \\ p_{00} = 0;\ p_{01} = 0;\ p_{02} = \varkappa;\ p_{03} = 0;\ p_{04} = 0 \end{array}\right\} \tag{11}$$

Nach Vorschrift von (17a) § 42 finden sich hieraus folgende Ausdrücke für die Größen $f_i(\varrho)$, die für die Koeffizienten a_ν der Reihenentwickelung bestimmend sind:

$$\left.\begin{array}{l} f_0(\varrho) = 6\varrho(\varrho-1) + 6(\varrho-1)(\varrho-2) + \varrho(\varrho-1)(\varrho-2(\varrho-3) \\ \quad = \varrho^2(\varrho-1)(\varrho+1) \end{array}\right\} \tag{12}$$

$$f_1(\varrho) = 0;\quad f_2(\varrho) = \varkappa;\quad f_3(\varrho) = f_4(\varrho) = \ldots\ldots = 0.$$

Die determinierende Gleichung

$$f_0(\varrho) = \varrho^2(\varrho-1)(\varrho+1) = 0 \tag{13}$$

liefert jetzt folgendes Wurzelsystem:

$$\left.\begin{array}{l} \varrho_0 = 1 \\ \varrho_1 = 0 \\ \varrho_2 = 0 \\ \varrho_3 = -1 \end{array}\right\} \tag{14}$$

d. h. alle Wurzeln bilden im Sinne unserer Definition eine Wurzelgruppe.

Zunächst liefert $\varrho = \varrho_0 = 1$ eine logarithmenfreie Entwickelung

$$u = \xi \sum_{\nu=0}^{\nu=\infty} a_\nu \xi^\nu \tag{15}$$

in welcher sich die Koeffizienten a_ν durch die Ansätze (1) und (2) § 44 bestimmen. a_0 ist eine willkürliche Konstante, über die wir verfügen können. Ohne die Verfügungsmöglichkeit vorläufig zu beschränken, setzen wir

$$a_0 = C \cdot f_0(\varrho+1) f_0(\varrho+2) \ldots\ldots f_0(\varrho+\varepsilon) \tag{16}$$

wo wir $\varepsilon = \varrho_0 - \varrho_\mu = \varrho_0 - \varrho_3 = 2$ im vorliegenden Falle zu nehmen haben. Dann wird

$$a_\nu = \frac{C\,\Delta_\nu(\varrho)}{f_0(\varrho+3)\,f_0(\varrho+4)\ldots f_0(\varrho+\nu)} \tag{17}$$

Der Zweck des Ansatzes (16) wird jetzt klar: kein a_ν kann für irgend ein $\varrho = \varrho_\mu$ ($\mu = 0, 1, 2, 3$) unendlich werden, was vorher der Fall war.

Nunmehr richten wir unser Augenmerk auf die Determinanten $\Delta_\nu(\varrho)$. Wir schreiben ausführlich [mit Beachtung der $f_i(\varrho)$-Werte) unter (12)

$$\Delta_\nu(\varrho) = (-1)^\nu \begin{vmatrix} 0 & \varkappa & 0 & \ldots \\ f_0(\varrho+\nu-1) & 0 & \varkappa & \ldots \\ 0 & f_0(\varrho+\nu-2) & 0 & \ldots \\ 0 & 0 & f_0(\varrho+\nu-3) & \ldots \\ \ldots & \ldots & \ldots & \ldots \end{vmatrix} \tag{18}$$

In der ersten Zeile steht nur das eine Element $\varkappa$; es liegt nahe, dieses vor die Determinante zu setzen, und es findet sich nach einem sehr bekannten Satze der Determinantenlehre (z. B. Hütte, 1908. I, S. 49):

$$\Delta_\nu(\varrho) = (-1)^\nu(-1)\,\varkappa \begin{vmatrix} f_0(\varrho+\nu-1) & \varkappa & 0 \ldots \\ 0 & 0 & \varkappa \ldots \\ 0 & f_0(\varrho+\nu-3) & 0 \ldots \\ \ldots & \ldots & \ldots \\ \ldots & \ldots & \ldots \end{vmatrix} \tag{19}$$

Hier kann man offenbar wieder das alleinige Element der ersten Kolonne $f_0(\varrho+\nu-1)$ heraussetzen, und man erhält:

$$\Delta_\nu(\varrho) = (-1)^\nu(-1)\,\varkappa\, f_0(\varrho+\nu-1) \begin{vmatrix} 0 & \varkappa & 0 \ldots \\ f_0(\varrho+\nu-3 & 0 & \varkappa \ldots \\ & f_0(\varrho+\nu-4) & 0 \ldots \\ \ldots & \ldots & \ldots \end{vmatrix} \tag{20}$$

Jetzt hat die Determinante wieder die Gestalt (18), und man sieht sofort, daß der bisherige Prozeß fortgeführt werden kann: durch Heraussetzen von $-\varkappa \cdot f_0[\varrho + \nu - (2i+1)]$; $i = 0, 1, 2, \ldots$ wird die übrigbleibende Determinante der beiden obersten Zeilen und der beiden linken Kolonnen beraubt. Wie sich aus (2) § 44 ergibt, hat die Determinante $\Delta_\nu(\varrho)$ ν Zeilen und ν Kolonnen. Offenbar kommt es jetzt darauf an, ob ν gerade oder ungerade ist. Setzen wir im ersten Fall $\nu = 2\mu$, so kann man den Prozeß des Heraussetzens von $-\varkappa f_0[\varrho+\nu-(2i+1)]$ zunächst $(\mu-1)$-mal ausführen, so daß sich ergibt

$$\underset{\nu=2\mu}{\Delta_\nu(\varrho)} = (-1)^{2\mu}(-1)^{\mu-1}\varkappa^{\mu-1}\cdot f_0(\varrho+\nu-1)\cdot f_0(\varrho+\nu-3)\ldots$$
$$f_0(\varrho+2\mu-(2\mu-3))\begin{vmatrix} 0 & \varkappa \\ f_0(\varrho+1) & 0 \end{vmatrix} \tag{21}$$

Daß wir in $\begin{vmatrix} 0 & \varkappa \\ f_0(\varrho+1) & 0 \end{vmatrix}$ tatsächlich die Restdeterminante vor uns haben, ergibt sich aus der Betrachtung von (2) § 44.

Die Restdeterminante hat aber den Wert

$$-\varkappa f_0(\varrho+1)$$

so daß sich für $\Delta_\nu(\varrho)$ endgültig findet

$$\underset{\nu=2\mu}{\Delta_\nu(\varrho)} = (-1)^\mu \varkappa^\mu f_0(\varrho+1)\cdot\cdots f_0(\varrho+2\mu-1) \tag{22}$$

Ist dagegen ν ungerade, so wird die Restdeterminante:

$$\begin{vmatrix} 0 & \varkappa & 0 \\ f_0(\varrho+2) & 0 & \varkappa \\ 0 & f_0(\varrho+1) & 0 \end{vmatrix} = -\varkappa\begin{vmatrix} f_0(\varrho+2) & \varkappa \\ 0 & 0 \end{vmatrix} \equiv 0.$$

Mithin ist $\Delta_\nu(\varrho)$ für alle ungeraden ν Null. Jetzt können wir Näheres über die Koeffizienten a_ν in (15) aussagen. Man hat

$$\underset{\nu=2\mu}{a_\nu} = \frac{C f_0(\varrho+1)(-1)^\mu\varkappa^\mu}{f_0(\varrho+4)\ldots . f_0(\varrho+2\mu)} \tag{23}$$

und wegen

$$a_0 = C f_0(\varrho+1) f_0(\varrho+2) \text{ [vgl. (16)]}$$

als Reihenentwickelung:

$$u = C f_0(\varrho+1)\xi^\varrho\Big\{(\varrho+1)(\varrho+2)^2(\varrho+3) - \varkappa\xi^2$$
$$+\frac{\varkappa^2\xi^4}{(\varrho+3)(\varrho+4)^2(\varrho+5)}$$
$$-\frac{\varkappa^3\xi^6}{(\varrho+3)(\varrho+4)^2(\varrho+5)^2(\varrho+6)^2(\varrho+7)} + \ldots\Big\} \tag{24}$$

Für den Wert in der Klammer schreiben wir

$$G(\xi,\varrho)$$

und es gilt demnach für $\varrho=\varrho_1=1$ die Reihe

$$\underset{\rho=\rho_0=1}{u} = C\cdot f_0(\varrho+1)\,\xi\, G(\xi,1) \tag{25}$$

als partikuläres Integral, welches die Gestalt

$$u(\varrho_0) = \xi \left\{ 1 - \frac{2\varkappa\xi^2}{3!\,4!} + \frac{2\varkappa^2\xi^4}{5!\,6!} - \frac{2\varkappa^3\xi^6}{7!\,8!} + \cdots \right\}^{45)} \quad (26)$$

annimmt, sobald man $(\varrho + 1)(\varrho + 2)^2(\varrho + 3)$ aus der Klammer heraussetzt und zur willkürlichen Integrationskonstanten $C f_0(\varrho + 1)$ hinzufügt.

Die Frage nach drei anderen partikulären Integralen erfordert zunächst die Diskussion der Bedingungen (6a) der Logarithmenfreiheit. Ist das Integral $u(\varrho_1)$ logarithmenbehaftet? Wir bilden (vgl. 6a):

$$\nu = \varrho_0 - \varrho_1 = 1 \quad (27)$$

und setzen:

$$\Delta_\nu(\varrho) = \Delta_1(\varrho) = (-1)\, f_1(\varrho)$$

$f_1(\varrho)$ ist aber 0 (vgl. 12); also kommen in dem zu $\varrho_1 = 0$ gehörigen partikulären Integral keine Logarithmen vor.

Gehen wir dazu über, das Integral $u(\varrho_2)$ in der gleichen Weise zu untersuchen

Wir bilden:

$$\left.\begin{aligned} \nu &= \varrho_1 - \varrho_2 = 0 \\ \nu &= \varrho_0 - \varrho_2 = 1 \end{aligned}\right.$$

und setzen

$$\left.\begin{aligned} \Delta_0(\varrho) &= (-1)^0 \cdot 1 \\ \frac{\partial \Delta_1(\varrho)}{\partial \varrho} &= -\frac{\partial f_1(\varrho)}{\partial \varrho} \end{aligned}\right\} \quad (28)$$

Hier verschwindet $\Delta_0(\varrho)$ nicht für $\varrho = \varrho_2$, also ist $u(\varrho_2)$ sicher ein logarithmenbehaftetes Integral.

Schließlich ergeben sich für $u(\varrho_3)$ die analogen Ansätze:

$$\begin{aligned} \nu &= \varrho_2 - \varrho_3 = 1 \\ \nu &= \varrho_1 - \varrho_3 = 1 \\ \nu &= \varrho_0 - \varrho_3 = 2 \end{aligned}$$

und mit diesen die Determinanten

$$\left.\begin{aligned} \Delta_1(\varrho) &= -f_1(\varrho) \\ \frac{\partial \Delta_1(\varrho)}{\partial y} &= -\frac{\partial f_1(\varrho)}{\partial \varrho} \\ \frac{\partial^2 \Delta_2(\varrho)}{\partial \varrho^2} &= \frac{\partial^2}{\partial \varrho^2} \begin{vmatrix} 0 & \varkappa \\ f_0(\varrho+1) & 0 \end{vmatrix} = -\frac{\partial^2}{\partial \varrho^2} k(\varrho+1)\varrho(\varrho+2) \\ &= -\varkappa(12\varrho^2 + 24\varrho + 10). \end{aligned}\right\} \quad (29)$$

Hier verschwinden für $\varrho = \varrho_3 = -1$ nur

$$\Delta_1(\varrho) \text{ und } \frac{\partial}{\partial \varrho} \Delta_1(\varrho)$$

dagegen wird

$$\frac{\partial^2 \Delta_2(\varrho)}{\partial \varrho^2}$$

für $\varrho = -1$ gleich $2\varkappa$; es verschwindet nicht, folglich ist auch $u(\varrho_3)$ logarithmenbehaftet. Zur Entwickelung der 3 Integrale $u(\varrho_1)$, $u(\varrho_2)$ und $u(\varrho_3)$ selbst greifen wir zurück auf den Ansatz für u

$$u = C f_0(\varrho + 1)\,\xi^\rho\, G(\xi, \varrho) \tag{30}$$

Von hier aus bilden wir

$$\left.\begin{aligned} u(\varrho_1) &= C \frac{\partial}{\partial \varrho} [f_0(\varrho + 1)\,\xi^\rho\, G(\xi, \varrho)]_{\rho = \rho_1 = 0} \\ &= C \Big[f_0(\varrho + 1)\,\xi^\rho \Big\{ \lg \xi \cdot + \mathrm{G}(\xi, \varrho) \frac{\partial G(\xi, \varrho)}{\partial \varrho} \Big\} \\ &\quad + \frac{\partial f_0(\varrho + 1)}{\partial \varrho} \cdot \xi^\rho\, G(\xi, \varrho) \Big]_{\rho = 0} \end{aligned}\right\} \tag{31}$$

Da $f_0(\varrho + 1)$ für $\varrho = 0$ verschwindet und

$$\frac{\partial f_0(\varrho + 1)}{\partial \varrho} = 2$$

wird, so bleibt übrig (nicht mit Logarithmen behaftet, wie vorausgesagt):

$$u(\varrho_1) = 2\,C\,[G(\xi, \varrho)]_{\rho = 0} \tag{32}$$

d. h. unter Fortlassung der Konstanten $2\,C$ die Reihe und Absonderung eines Faktors $1 \cdot 2 \cdot 2 \cdot 3$

$$u(\varrho_1) = 1 - \frac{k\,\xi^2}{2!\,3!} + \frac{k^2\,\xi^4}{4!\,5!} - \frac{k^3\,\xi^6}{6!\,7!} + \dots \tag{33}$$ [45])

Zur Gewinnung von $u(\varrho_2)$ hat man zu bilden:

$$\begin{aligned} u(\varrho_2) &= C \frac{\partial^2}{\partial \varrho^2} [f_0(\varrho + 1)\,\xi^\rho\, G(\xi, \varrho)]_{\rho = 0} \\ &= C \Big[\xi^\rho\, G(\xi, \varrho) \Big\{ \frac{\partial^2}{\partial \varrho^2} f_0(\varrho + 1) + 2 \lg \xi \frac{\partial}{\partial \varrho} f_0(\varrho + 1) \\ &\quad + \lg^2 \xi\, f_0(\varrho + 1) \Big\} \end{aligned}$$

$$+ 2\,\xi^{\rho}\,\frac{\partial G(\xi,\varrho)}{\partial \varrho}\left\{\frac{\partial}{\partial \varrho} f_0(\varrho+1) + \lg\xi\, f_0(\varrho+1)\right\}$$

$$\left. + \xi^{\rho}\,\frac{\partial^2 G(\xi,\varrho)}{\partial \varrho^2} f_0(\varrho+1)\right]_{\rho=0}.$$

Mit

$$[f_0(\varrho+1)]_{\rho=0} = 0; \quad \left[\frac{\partial}{\partial\varrho} f_0(\varrho+1)\right]_{\rho=0} = 2;$$

$$\left[\frac{\partial^2}{\partial\varrho^2} f_0(\varrho+1)\right]_{\rho=0} = 10$$

erhält man:

$$u(\varrho_2) = C\left\{(10 + 4\lg\xi)\,[G(\xi,\varrho)]_{\rho=0} + 4\left[\frac{\partial}{\partial\varrho} G(\xi,\varrho)\right]_{\rho=0}\right\} \quad (34)$$

Zur Ansetzung von $u(\varrho_3)$ schreiben wir

$$u(\varrho_3) = C\left[\frac{\partial^3}{\partial\varrho^3}\{f_0(\varrho+1)\,\xi^{\rho}\,G(\xi,\varrho)\}\right]_{\rho=-1}$$

und finden:

$$u(\varrho_3) = -6\,C\,\xi^{-1}\left\{\left[\frac{\partial G(\xi,\varrho)}{\partial\varrho}\right]_{\rho=-1} + \Big[G(\xi,\varrho)\Big]_{\rho=-1}\lg\xi\right\} \quad (35)$$

weil

$$f_0(\varrho+1), \quad \frac{\partial f_0(\varrho+1)}{\partial\varrho}, \quad \frac{\partial^3 f_0(\varrho+1)}{\partial\varrho^3}$$

für $\varrho = -1$ verschwinden und

$$\left[\frac{\partial^2 f_0(\varrho+1)}{\partial\varrho^2}\right]_{\rho=-1} = -2$$

wird.

Für das allgemeine Integral findet sich

$$\left.\begin{aligned} u(\xi) = {} & A\,\xi\,[G(\xi,\varrho)]_{\rho=1} + B\,[G(\xi,\varrho)]_{\rho=0} \\ & + C\left\{\lg\xi\Big[G(\xi,\varrho)\Big]_{\rho=0} + \left[\frac{\partial}{\partial\varrho} G(\xi,\varrho)\right]_{\rho=0}\right\} \\ & + D\,\xi^{-1}\left\{\lg\xi\Big[G(\xi,\varrho)\Big]_{\rho=-1} + \left[\frac{\partial}{\partial\varrho} G(\xi,\varrho)\right]_{\rho=-1}\right\} \end{aligned}\right\} \quad (36)$$

Die Gestalt der durch die eckigen Klammern dargestellten Reihen kann, soweit sie oben nicht schon angegeben sind, leicht berechnet werden.

§ 45. Simultane gewöhnliche Differentialgleichungen im allgemeinen. Systeme erster Ordnung.

I. Wir haben bisher nur solche gewöhnliche Differentialgleichungen betrachtet, bei denen eine abhängige und eine unabhängige Variable vorkamen.

Kommen mehr als eine abhängige Variable, z. B. x_1 und x_2 und deren Differentialquotienten, in einer Differentialgleichung vor:

$$F\left(x_1, x_2, \frac{dx_1}{dy}, \frac{dx_2}{dy} \cdots\cdots\right) = 0 \tag{1}$$

so ist diese Gleichung zur Bestimmung weder von x_1 noch von x_2 hinreichend. Es muß noch eine zweite Gleichung hinzukommen, etwa

$$G\left(x_1, x_2, \frac{dx_1}{dy}, \frac{dx_2}{dy} \cdots\cdots\right) = 0 \tag{2}$$

Zwei in dieser Weise zusammengehörige Gleichungen nennt man ein System von simultanen Differentialgleichungen.

Die Zahl der Gleichungen eines Systems muß stets gleich der Zahl der abhängigen Variablen sein.

II. Zunächst betrachten wir ein simultanes System von n Differentialgleichungen erster Ordnung in der Form:

$$\frac{dx_i}{dy} = f_{1i}(x_1, x_2, \ldots\ldots x_n, y); \quad i = 1, 2, \ldots . n \tag{3}$$

Durch Differentiation dieser Gleichungen nach y ergibt sich:

$$\frac{d^2 x_i}{dy^2} = \sum_{\varkappa=1}^{\varkappa=n} \frac{\partial f_{1i}}{\partial x_\varkappa} \cdot \frac{dx_\varkappa}{dy}; \quad i = 1, 2, \ldots n_i \tag{4}$$

Hier sind die $\frac{\partial f_{1i}}{\partial x_\varkappa}$ aus (3) ermittelbare Funktionen von $x_1, x_2, \ldots x_n, y$, mithin sind die rechten Seiten von (4) ebensolche Funktionen, daß man die Differentialquotienten $\frac{dx_\varkappa}{dy}$ aus (3) einsetzen kann.

Wir schreiben

$$\frac{d^2 x_i}{dy^2} = f_{2i}(x_1, x_2, \ldots\ldots a_n, x, y); \; i = 1, 2, 3 \ldots n \tag{5}$$

Fahren wir in derselben Weise fort, so erhalten wir sämtliche Differentialquotienten $\frac{d^\varkappa x_i}{dy_\varkappa}$ in der Gestalt

$$\frac{d^\varkappa x_i}{d y_\varkappa} = f_{\varkappa i}(x_1, x_2, \ldots\ldots x_n, y); \quad \begin{matrix} i = 1, 2, 3 \ldots\ldots n \\ \varkappa = 1, 2, 3 \ldots\ldots n \end{matrix} \tag{6}$$

Aus jedem System von n-Gleichungen:

$$\frac{d^\varkappa x_i}{d y_\varkappa} = f_{\varkappa i}(x_1, x_1, \ldots\ldots x_n, y); \quad \varkappa = 1, 2, 3 \ldots\ldots n \tag{7}$$

kann man nun folgende n — 1-Variabeln eliminieren:

$$x_1, x_2, \ldots\ldots x_{i-1}, x_{i-2}, \ldots\ldots x_n,$$

wodurch eine Gleichung entsteht, die nur noch enthält: x_i y, und die n ersten Differentialquotienten von x_i nach y:

$$\frac{d^\varkappa x_i}{d y^\varkappa} \quad \varkappa = 1 \ldots\ldots n.$$

Es ist dies also eine Differentialgleichung erster Ordnung zwischen x_i und y:

$$F_i\left(y, x_i, \frac{dx_i}{dy}, \frac{d^2 x_i}{dy^2}, \ldots \frac{d^n x_i}{dy^n}\right) = 0 \tag{8}$$

In analoger Weise kann man auch für die übrigen abhängigen Variabeln

$$x_1 \ldots\ldots x_{i-1}\, x_{i-2} \ldots\ldots x_n$$

Differentialgleichungen nter Ordnung aufstellen, aus denen die Variabeln nach den früher angegebenen Methoden bestimmt werden können.

Es handelt sich also um einen Eliminationsprozeß, der die Herstellung einer Differentialgleichung höherer Ordnung mit nur einer abhängigen Variabeln zum Ziel hat.

III. Einfaches Beispiel.

Das simultane System laute:

$$\left.\begin{aligned} \frac{dx_1}{dy} + 8\,x_1 + 9\,x_2 = 0 \\ \frac{dx_2}{dy} - 7\,x_1 + 3\,x_2 = 0 \end{aligned}\right\} \tag{9}$$

Differentiert man die erste Gleichung nach y, so kommt:

$$\frac{d^2 x_1}{dy^2} = -8\frac{dx_1}{dy} - 9\frac{dx_2}{dy} \tag{10}$$

Setzt man hier für $\frac{dx_1}{dy}$ und $\frac{dx_2}{dy}$ ihre Werte aus (9) ein, so kommt:

$$\frac{d^2 x_1}{dy^2} = 8(8x_1 + 9x_2) - 9(7x_1 - 3x_2)$$

oder

$$\frac{d^2 x_1}{dy^2} = x_1 + 99 x_2 \tag{11}$$

Eliminiert man aus (11) und (9 a) die Variable x_2, so kommt:

$$\frac{d^2 x_1}{dy^2} + 11 \frac{dx_1}{dy} + 87 x_1 = 0 \tag{12}$$

Diese Differentialgleichung wird aber allgemein integriert durch den Ansatz:

$$x_1 = A e^{\lambda_1 y} + B e^{\lambda_2 y} \tag{13}$$

wo λ_1 und λ_2 die Wurzeln der Gleichung zweiten Grades sind:

$$\lambda^2 + 11\lambda + 87 = 0 \tag{14}$$

Für x_2 erhält man auf analogem Wege

$$x_2 = A e^{\mu_1 y} + B e^{\mu_2 y} \tag{15}$$

wo μ_1 und μ_2 als Wurzeln von

$$7\mu^2 + 67\mu + 529 = 0 \tag{16}$$

zu bestimmen sind.

IV. Ist das gegebene simultane System nicht erster, sondern höherer (etwa m-ter) Ordnung in bezug auf die Differentialquotienten, so kann man es auf ein System erster Ordnung zurückführen. Das System sei gegeben durch:

$$\frac{dx_i^m}{dy^m} = f_i(x_1, x_2, \cdots\cdot x_n, x_1', x_2', \cdots x_n', \cdots,$$
$$x_1^{(m-1)}, x_2^{(m-1)} \cdots\cdot x_n^{(m-1)}, y); \quad i = 1, 2 \cdots\cdot n \tag{1}$$

Setzt man hier:

$$\left.\begin{aligned} &\frac{dx_i}{dy} = x_i', \quad \frac{dx_i'}{dy} = x_i'', \quad \cdots \quad \frac{dx_i^{(m-2)}}{dy} = x_i^{(m-1)}; \; \mathrm{i} = 1 \ldots \mathrm{n} \\ &\frac{dx_i^{(m-1)}}{dy} = f_1(x_i \cdots\cdot x_n, x_1' \cdots\cdot x_n, \cdots\cdot x_1^{(m-1)} \cdots\cdot x_n^{(m-1)}, y), \end{aligned}\right\} \tag{2}$$

so haben wir für die m mal n abhängigen Variabeln:

$$x_i, \; x_i', \cdots\cdot x_i^{(m-1)}; \quad \mathrm{i} = 1 \cdots\cdot n$$

die m mal n Gleichungen (2) des Systems erster Ordnung, welches wie unter II behandelt wird.

§ 46. Ein Beispiel simultaner Differentialgleichungen mit konstanten Koeffizienten: Dampfmaschine mit Regulator[46]).

I. Die simultanen Differentialgleichungen spielen in der Dynamik eine wichtige Rolle, wenn, was äußerst häufig der Fall ist, die Bewegung des untersuchten Systems durch mehrere Variabeln bestimmt ist. Dann verlangt die Lösung der dynamischen Aufgabe, daß sämtliche Variabeln in ihrer Abhängigkeit von der Zeit t bestimmt werden. Es wird sich also um die Aufstellung von soviel Differentialgleichungen handeln, als abhängige Variabele vorhanden sind. Und da in jeder Gleichung im allgemeinen mehrere Variabeln vorkommen werden, so wird es sich um ein simultanes System handeln.

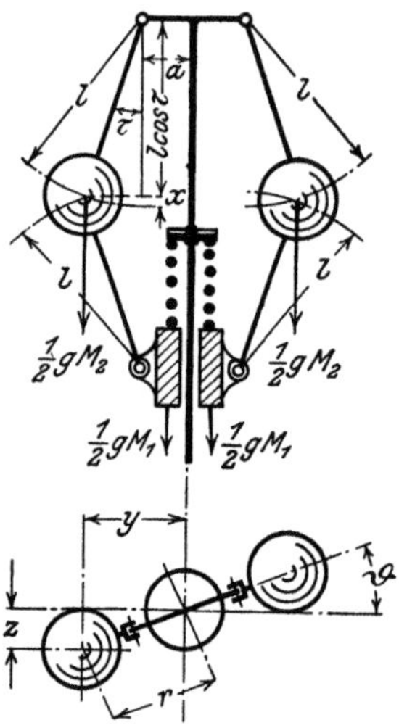

Fig. 125. Regulator.

II. Ein oft behandeltes und technisch wichtiges Beispiel ist das Zusammenwirken einer Dampfmaschine mit ihrem Regulator.

Zuvörderst stellen wir die kinetische Energie L des ganzen aus Dampfmaschine und Regulator bestehenden Systemes auf. Den von der Dampfmaschine herrührenden Teil fanden wir bereits in § 34:

$$L_D = \frac{1}{2} E(\vartheta)\left(\frac{d\vartheta}{dt}\right)^2 \tag{1}$$

Für den Regulator leiten wir die Energie L_R im folgenden ab. Es handele sich um einen gewöhnlichen Federgewichtsregulator nach Fig. 125.

L_R setzt sich zusammen aus den kinetischen Energien der Schwungkugeln und des Muffengewichts. Die Wirkungen der Gestängemassen denken wir uns durch geeignete Zuschläge zu den Massen der Kugeln bzw. des Muffengewichtes berücksichtigt. Ferner denken wir uns die von $\frac{d\vartheta}{dt}$ herrührende Rotationsenergie des Muffengewichtes bei dem rotierenden Teil der Dampfmaschine berücksichtigt.

Ein Schwungkugelmittelpunkt hat die Koordinaten:

$$\begin{aligned} x &= l\,(1 - \cos\tau) \\ y &= (a + l \sin\tau)\cos\vartheta \\ z &= (a + l \sin\tau)\sin\vartheta \end{aligned} \tag{2}$$

Der Mittelpunkt der Muffe hat die Kordinate

$$x = 2\,l\,(1 - \cos\tau), \tag{3}$$

wobei x gerechnet ist von der bei $\tau = 0$ eintretenden Systemlage. Durch Differentiation nach der Zeit, Quadieren und Addieren findet man das Geschwindigkeitsquadrat für die Schwungkugeln:

$$v^2 = \left(\frac{dx}{dt}\right)^2 + \left(\frac{dy}{dt}\right)^2 + \left(\frac{dz}{dt}\right)^2 = l^2\left(\frac{d\tau}{dt}\right)^2 + (a + l\sin\tau)^2\left(\frac{d\vartheta}{dt}\right)^2 \tag{4}$$

und für die Muffe:

$$v^2 = \left(\frac{dx}{dt}\right)^2 = 4\,l^2 \sin^2\tau\left(\frac{d\tau}{dt}\right)^2 \tag{5}$$

Nunmehr findet sich:

$$L_R = \frac{1}{2}\left[\left\{l^2\left(\frac{d\tau}{dt}\right)^2 + (a + l\sin\tau)^2\left(\frac{d\vartheta}{dt}\right)^2\right\}M_2 + 4\,l^2\sin^2\tau\left(\frac{d\tau}{dt}\right)^2 M_1\right] \tag{6}$$

Die Gesamtenergie des Systems: Dampfmaschine-Regulator ist jetzt

$$L = L_D + L_R \tag{7}$$

Zur Gewinnung der Bewegungsgleichungen führt man die im § 34 unter (12) angegebenen Differentiationen an L sowohl für die Variabele ϑ wie für τ aus und erhält als linke Seiten der Bewegungsgleichungen

$$\frac{d}{dt}\frac{\partial L}{\partial \frac{d\vartheta}{dt}} - \frac{\partial L}{\partial \vartheta} \tag{8}$$

bzw.

$$\frac{d}{dt}\frac{\partial L}{\partial \frac{d\tau}{dt}} - \frac{\partial L}{\partial \tau} \tag{9}$$

Die rechten Seiten der Gleichungen werden wieder durch die Kräfte gebildet, die die Koordinaten ϑ bzw. τ beeinflussen.

Bezüglich ϑ ist uns bereits

$$F(\vartheta) = r(T - W) \tag{10}$$

als beeinflussende Kraft bekannt.

Für das Weitere ist zunächst über die Abhängigkeit der Kraft $F(\vartheta)$ vom Regulatorausschlag τ Verfügung zu treffen. Der Regulator wirkt ein auf das Dampfdruckmoment rT, dessen mittleren Wert rT_m er ändert. Mit steigendem Regulator nimmt T_m ab und umgekehrt. Diese Abhängigkeit fixiert man durch die Gleichung:

$$rT_m = r(T_0 - k\tau)$$

Um den Wert rT_m oszilliert das Dampfdruckmoment entsprechend

$$rT = r(T_0 - k\tau) + rT(\vartheta)$$

Für das Weitere sehen wir jedoch vom Einfluß der Oszillationen ab und schreiben

$$r(T - W) = r(T_0 - k\tau - W)$$

Für τ ermitteln wir die Kräfte, die auf das Schwungkugelsystem nebst Muffe einwirken.

Zunächst haben wir den Einfluß der Momente der Gewichte M_1 und M_2 mit

$$(M_2 + 2M_1)\, g\, l \sin\tau \tag{11}$$

und desjenigen der Feder mit

$$f\, l\, (1 - \cos\tau) \sin\tau \tag{12}$$

zu berücksichtigen. Hierzu kommt noch die Wirkung der Ölbremse, deren an der Muffe angreifende Bremskraft wir proportional der Bewegungsgeschwindigkeit

$$2l \sin\tau \frac{d\tau}{dt}$$

der Muffe mit

$$R \sin\tau \frac{d\tau}{dt} \tag{13}$$

ansetzen.

Auf die Schwungkugeln reduziert, ergibt sich das Moment der Bremskraft:

$$2lB \sin^2\tau \frac{d\tau}{dt} \tag{14}$$

Alle am Regulatorsystem angreifenden Kräfte sind negativ auf der rechten Seite anzusetzen, weil sie dem Wachsen von τ entgegenwirken.

Aus Vorstehendem resultieren die Bewegungsgleichungen:

$$L(\vartheta)\frac{d^2\vartheta}{dt^2} + \frac{1}{2}L'(\vartheta)\left(\frac{d\vartheta}{dt}\right)^2 = r\,(T_0 - k\tau - W) \tag{15}$$

und

$$l^2(M_2 + 4M_1\sin^2\tau)\frac{d^2\tau}{dt^2} + 4\,l^2 M_1 \sin\tau\cos\tau\left(\frac{d\tau}{dt}\right)^2$$

$$- l\,M_2(a + l\sin\tau)\cos\tau\left(\frac{d\vartheta}{dt}\right)^2 = -(M_2 + 2\,M_1)gl\sin\tau$$

$$- f\,l\,(1 - \cos\tau)\sin\tau - 2\,l\,B\sin^2\tau\,\frac{d\tau}{dt} \tag{16}$$

Dies ist ein simultanes Differentialgleichungssystem mit 2 abhängigen Variabeln ϑ und τ und einer unabhängigen Variabeln t.

Die Natur der Aufgabe gestattet einige weitere Vereinfachungen, deren Berechtigung man durch zahlenmäßige Abschätzung nachweisen kann, worauf wir hier allerdings nicht eingehen. Zunächst vernachlässigen wir in $L(\vartheta)$ alle Glieder die nicht das Schwungrad der Maschine als Faktor enthalten, womit Gleichung (15) übergeht in

$$\Theta\frac{d^2\vartheta}{dt^2} = r\,(T_0 - k\tau - W) \tag{17}$$

Weiter formen wir Gleichung (16) auf kleine Schwingungen um, d. h. wir setzen:

$$\left.\begin{aligned} \tau &= \tau_0 + \eta \\ \frac{d\vartheta}{dt} &= \omega_0 + \omega \end{aligned}\right\} \tag{18}$$

und vernachlässigen alle Glieder, welche Produkte von η und ω bzw. ihrer Differentialquotienten enthalten. Wir behandeln also nur kleine Ausschläge τ des Regulators von einer Anfangslage τ_0 aus gerechnet und ebenso nur kleine Schwankungen ω einer Anfangswinkelgeschwindigkeit ω_0 der Maschine.

Ferner lesen wir aus (16) für einen Beharrungszustand

$$\tau_0 = \text{const}: \quad \frac{d\tau}{dt} = 0, \quad \frac{d^2\tau}{dt^2} = 0$$

die Beziehung ab:

$$l\, M_2 (a + l \sin \tau_0) \cos \tau_0 \omega_0^2 = (M_2 + 2\, M_1)\, g\, l \sin \tau_0 + f\, l\, (1 - \cos \tau_0) \sin \tau_0 \qquad (19)$$

Mit diesen Festsetzungen und nach Einführung der Abkürzungen:

$$\left.\begin{aligned} m &= l^2 (M_2 + 4\, M_1 \sin^2 \tau_0) \\ b &= 2\, B\, l \sin^2 \tau_0 \\ c &= f\, l\, [(1 - \cos \tau_0) \cos \tau_0 + \sin^2 \tau_0] \\ &\quad + (M_2 + 2\, M_1)\, g\, l \cos \tau_0 - l^2 M_2 \cos \tau_0 \omega_0^2 \end{aligned}\right\} \quad (20)$$

$$\varkappa = 2\, l\, M_2\, (a + l \sin \tau_0)\, \omega_0$$

erhalten wir statt der Gleichungen (16) und (17):

$$\left.\begin{aligned} &\text{a)} \quad m \frac{d^2 \eta}{dt^2} + b \frac{d\eta}{dt} + c\, \eta = \varkappa\, \omega \\ &\text{b)} \quad \frac{\Theta}{r} \frac{d\omega}{dt} = -k\, \eta + T_0 - k\, \tau_0 - W \end{aligned}\right\} \quad (21)$$

Aus diesen beiden Gleichungen eliminieren wir ω, indem wir 21a differentiieren:

$$\frac{d\omega}{dt} = \frac{1}{\varkappa} \left(m \frac{d^3 \eta}{dt^3} + b \frac{d^2 \eta}{dt^2} + c \frac{d\eta}{dt} \right)$$

welchen Wert wir in 21b einführen:

$$m \frac{d^3 \eta}{dt^3} + b \frac{d^2 \eta}{dt^2} + c \frac{d\eta}{dt} + \frac{k\, r\, \varkappa}{\Theta}\, \eta = r\, \varkappa \frac{(T_0 - k\tau_0 - W)}{\Theta} \qquad (22)$$

Aus dem simultanen System haben wir jetzt eine einzige lineare Gleichung 3. Ordnung mit konstanten Koeffizienten erhalten, die nach § 40 weiter behandelt wird.

§ 47. Die Zentralbewegung als Beispiel eines Systems nichtlinearer simultaner Differentialgleichungen.

Unter Zentralbewegungen im allgemeinen versteht man alle diejenigen Bewegungsvorgänge, bei denen ein Körper dem Einfluß einer nach einem bestimmten Punkte (der nicht fest zu sein braucht) gerichteten Kraft unterworfen ist, deren Größe eine Funktion der Entfernung des Körpers vom Punkte ist.

Speziell versteht man unter Zentralbewegungen die Vorgänge, die unter Einfluß des Gravitationsgesetzes erfolgen.

Zwei Himmelskörper der Massen M (Sonne) und m (Planet) (Fig. 126) ziehen sich mit einer Kraft

$$K = k^2 \frac{M\,m}{r^2} \tag{1}$$

gegenseitig an, deren Richtung mit dem Radiusvektor r zusammenfällt. k ist die Gaußsche Attraktionskonstante [47]).

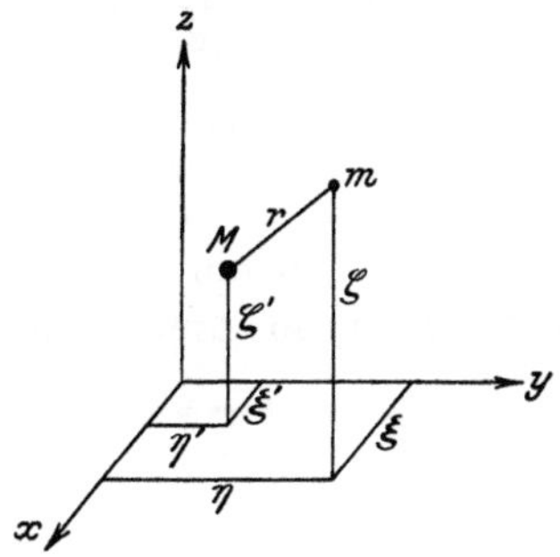

Fig. 126. Zur Anziehung zweier Himmelskörper.

Die nach den Koordinatenachsen genommenen Komponenten dieser Kraft bezüglich der Sonne sind:

$$k^2 \frac{m\,M}{r^3}(\xi - \xi'), \quad k^2 \frac{m\,M}{r^3}(\eta - \eta'), \quad k^2 \frac{m\,M}{r^3}(\zeta - \zeta'), \tag{2}$$

so daß sich für M die drei Bewegungsgleichungen ergeben:

$$\begin{aligned} M \frac{d^2 \xi'}{dt^2} &= k^2 \frac{m\,M}{r^3}(\xi - \xi') \\ M \frac{d^2 \eta'}{dt^2} &= k^2 \frac{m\,M}{r^3}(\eta - \eta') \\ M \frac{d^2 \zeta'}{dt^2} &= k^2 \frac{m\,M}{r^3}(\zeta - \zeta') \end{aligned} \tag{3}$$

Analog ergeben sich für m die Gleichungen:

$$\begin{aligned} m \frac{d^2 \xi}{dt^2} &= -k^2 \frac{m\,M}{r^3}(\xi - \xi') \\ m \frac{d^2 \eta}{dt^2} &= -k^2 \frac{m\,M}{r^3}(\eta - \eta') \\ m \frac{d^2 \zeta}{dt^2} &= -k^2 \frac{m\,M}{r^3}(\zeta - \zeta') \end{aligned} \tag{4}$$

Dividiert man die Gleichungen (3) durch M, (4) durch m und zieht (3) von (4) ab, so kommt:

$$\begin{aligned} \frac{d^2(\xi-\xi')}{dt^2} &= -\frac{k^2}{r^3}(m+M)(\xi-\xi') \\ \frac{d^2(\eta-\eta')}{dt^2} &= -\frac{k^2}{r^3}(m+M)(\eta-\eta') \\ \frac{d^2(\zeta-\zeta')}{dt^2} &= -\frac{k^2}{r^3}(m+M)(\zeta-\zeta') \end{aligned} \tag{5}$$

Will man nur die Relativbewegung von m in bezug auf M betrachten, so kann man setzen:

$$\begin{aligned} \xi-\xi' &= x \\ \eta-\eta' &= y \\ \zeta-\zeta' &= z \end{aligned}$$

und erhält:

$$\begin{aligned} \frac{d^2x}{dt^2} + \frac{k^2}{r^3}(m+M)x &= 0 \\ \frac{d^2y}{dt^2} + \frac{k^2}{r^3}(m+M)y &= 0 \\ \frac{d^2z}{dt^2} + \frac{k^2}{r^3}(m+M)z &= 0 \end{aligned} \tag{6}$$

wo:

$$r = \sqrt{x^2+y^2+z^2} \tag{7}$$

zu setzen ist.

Das simultane System (6) behandeln wir nun wie folgt.

Aus den beiden ersten Gleichungen eliminiert man je das zweite Glied durch Multiplikation der Gleichungen mit $-y$ bzw. $+x$ und Addition, so daß sich findet:

$$x\frac{d^2y}{dt^2} - y\frac{d^2x}{dt^2} = 0 \tag{8}$$

Die linke Seite ist aber gleich mit

$$\frac{d}{dt}\left(x\frac{dy}{dt} - y\frac{dx}{dt}\right) = 0 \tag{9}$$

woraus sich mit einer Integrationskonstanten k_1 ergibt:

$$x\frac{dy}{dt} - y\frac{dx}{dt} = k_1 \tag{10}$$

Analog ergeben sich für y und z bzw. z und x die Ansätze

$$\left.\begin{aligned} y\frac{dz}{dt} - z\frac{dy}{dt} &= k_2 \\ z\frac{dx}{dt} - x\frac{dz}{dt} &= k_3 \end{aligned}\right\} \tag{10}$$

Multipliziert man die Gleichungen (10) der Reihe nach mit z, x, y und addiert, so findet man:

$$k_1 z + k_2 x + k_3 y = 0 \tag{11}$$

d. h. der Planet m bewegt sich so um die Sonne M, daß er stets in der durch den Sonnenmittelpunkt gehenden Bahnebene E

$$k_1 z + k_2 x + k_3 y = 0$$

bleibt. Die Lage der Ebene ist nur von 2 Konstanten abhängig, wie sich durch Division mit k_1 sofort ergibt:

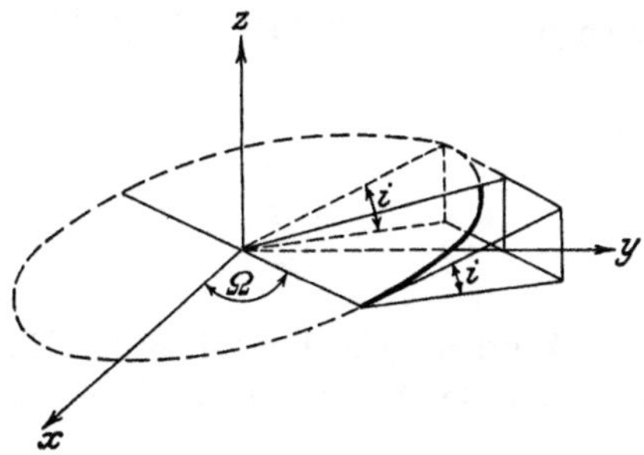

Fig. 127. Lage der Bahnebene eines Planeten.

$$z + \frac{k_2}{k_1} x + \frac{k_3}{k_1} y = 0 \tag{12}$$

Setzt man $z = 0$, so erhält man

$$C_1 x + C_2 y = 0 \tag{13}$$

als Gleichung der Schnittlinie von E mit der $x\,y$-Ebene. Hier ist:

$$\frac{y}{x} = -\frac{C_1}{C_2} = \operatorname{tg} \Omega \tag{14}$$

die Tangente des „aufsteigenden Knotens" Ω der Planetenbahn. S. Fig. 127.

Des weiteren ist der Kosinus des Neigungswinkels i der Planetenbahn gegen die $x\,y$-Ebene nach einem Satze der analytischen Geometrie [48])

$$\cos i = \frac{1}{\sqrt{C_1^2 + C_2^2 + 1}}$$

und mithin:

$$\operatorname{tg} i = \sqrt{C_1^2 + C_2^2} \tag{15}$$

Durch Angabe von Ω und i wird die Lage der Bahnebene im Raum bestimmt. Diese beiden Größen beziehen sich auf die Ebene des Himmelsäquators (oben die $x\,y$-Ebene), in welcher der aufsteigende Knoten Ω von der Richtung des Frühlingspunktes aus (oben die Richtung $o\,x$) in positivem Sinne gemessen wird.

Lassen wir nun für die Weiterbetrachtung die Bahnebene mit der $x\,y$-Ebene zusammenfallen, wobei die x-Achse mit der Knotenlinie der Planetenbahn identisch sein soll, so bleiben als Gleichungen zur Bestimmung der Bahngestalt und der Planetenbewegung in der Bahn noch übrig:

$$\left.\begin{aligned} \frac{d^2x}{dt^2} + \frac{k^2}{r^3}(M+m)\,x = 0 \\ \frac{d^2y}{dt^2} + \frac{k^2}{r^3}(M+m)\,y = 0 \end{aligned}\right\} \tag{16}$$

Wenden wir hier dieselbe Elimination an, die oben zur Gleichung (8) führte, so erhalten wir wieder

$$x\frac{d^2y}{dt^2} - y\frac{d^2x}{dt^2} = \frac{d}{dt}\left(x\frac{dy}{dt} - y\frac{dx}{dt}\right) = 0 \tag{17}$$

oder nach Integration:

$$x\frac{dy}{dt} - y\frac{dx}{dt} = 2\,A \tag{18}$$

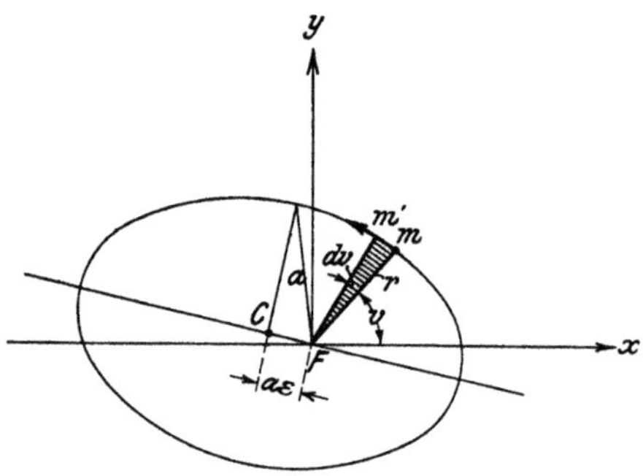

Fig. 128. Zum zweiten Keplerschen Gesetz.

Diese Gleichung formen wir auf Polarkoordinaten

$$\left.\begin{aligned} x &= r\cos v \\ y &= r\sin v \end{aligned}\right\} \tag{19}$$

(r = Radiusvektor, v = Amplitude des Planeten (Fig. 128) um, wodurch wir statt (18) erhalten:

$$r^2\frac{dv}{dt} = 2\,A \tag{20}$$

Hier ist nun $r^2\,dv$ der doppelte Inhalt des Dreiecks $F\,m\,m'$, d. h. gleich der doppelten vom Radiusvektor r in dem Zeitelement dt beschriebenen Fläche. Dies ist der Ausdruck des 2. Keplerschen Gesetzes: Der Radiusvektor eines Planeten beschreibt in gleichen Zeiten gleiche Zwischenräume.

Des weiteren transformieren wir nun auch die Gleichungen (16) auf Polarkoordinaten und erhalten die Ansätze:

$$\left.\begin{aligned}&\left[\frac{d^2r}{dt^2}-r\left(\frac{dv}{dt}\right)^2\right]\cos v-\left[\frac{d}{dt}\left(r\frac{dv}{dt}\right)+\frac{dr}{dt}\frac{dv}{dt}\right]\sin v\\&\qquad+\frac{k^2}{r^2}(M+m)\cos v=0\\&\left[\frac{d^2r}{dt^2}-r\left(\frac{dv}{dt}\right)^2\right]\sin v+\left[\frac{d}{dt}\left(r\frac{dv}{dt}\right)+\frac{dr}{dt}\frac{dv}{dt}\right]\cos v\\&\qquad+\frac{k^2}{r^2}(M+m)\sin v=0\end{aligned}\right\}\tag{21}$$

die nach Multiplikation mit $\cos v$ bzw. $\sin v$ und nach Addition liefern:

$$\frac{d^2r}{dt^2}-r\left(\frac{dv}{dt}\right)^2=-\frac{k^2(M+m)}{r^2}\tag{22}$$

Die Radialbeschleunigung $\frac{d^2r}{dt^2}$ formt man nun wie folgt um:

$$\begin{aligned}\frac{d^2r}{dt^2}&=\frac{d}{dt}\left(\frac{dr}{dv}\cdot\frac{dv}{dt}\right)=\frac{d^2r}{dv^2}\cdot\left(\frac{dv}{dt}\right)^2+\left(\frac{dr}{dv}\right)^2\cdot\frac{d^2v}{dt^2}\cdot\frac{dv}{dr}\\&=\frac{d^2r}{dv^2}\cdot\left(\frac{dv}{dt}\right)^2+\left(\frac{dr}{dv}\right)^2\cdot\frac{d}{dr}\left(\frac{dv}{dt}\right)\cdot\frac{dv}{dt}\end{aligned}\tag{23}$$

Aus Gleichung (20) ist jetzt zu entnehmen:

$$\frac{dv}{dt}=\frac{2A}{r^2};\quad\left(\frac{dv}{dt}\right)^2=\frac{4A^2}{r^4};\quad\frac{d}{dr}\left(\frac{dv}{dt}\right)=-\frac{4A}{r^3}\tag{24}$$

und in (23) einzusetzen:

$$\frac{d^2r}{dt^2}=\frac{4A^2}{r^2}\left[\frac{1}{r^2}\frac{d^2r}{dv^2}-\frac{2}{r^3}\left(\frac{dr}{dv}\right)^2\right]\tag{25}$$

Der in der eckigen Klammer stehende Ausdruck ist aber nichts anderes als $-\dfrac{d^2\left(\dfrac{1}{r}\right)}{d v^2}$, womit (22) sich in die Form stellt:

$$\frac{d^2\left(\dfrac{1}{r}\right)}{d v^2} + \frac{1}{r} = \frac{k^2 (M+m)}{4 A^2} \tag{26}$$

Wir haben demnach eine Differentialgleichung 2. Ordnung für $\frac{1}{r}$, deren allgemeines Integral lautet:

$$\frac{1}{r} = \frac{k^2 (M+m)}{4 A^2} + B \cos v + C \sin v \tag{27}$$

Dies ist die Brennpunktsgleichung eines Kegelschnittes, (erstes Keplersches Gesetz), dessen Brennpunktsordinate (Parameter)

$$p = \frac{4 A^2}{k^2 (M+m)} \tag{28}$$

ist.

Setzen wir den Kegelschnitt als Ellipse der Halbachse a und b voraus, so können wir zunächst über die Integrationskonstante A Verfügung treffen.

Diese Konstante A hat die Bedeutung des Flächeninhaltes der Planetenbahn $\pi\, a b$ dividiert durch die Umlaufszeit T

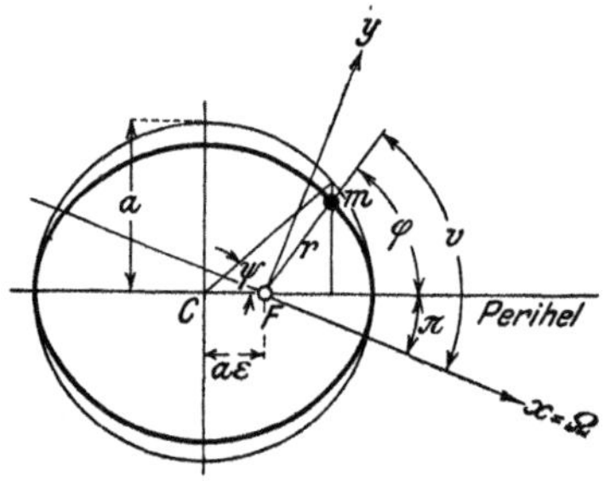

Fig. 129. Zur Definition der wahren Anomalie und des Perihelwinkels eines Planeten.

$$A = \frac{\pi\, a b}{T} \tag{29}$$

wie sich ohne weiteres durch Integration der Gleichung (20) ergibt.

Für gewöhnlich führt man noch die Exzentrizität ε ein durch die Beziehung

$$C F = a\, \varepsilon \quad \text{(Fig. 129)} \tag{30}$$

womit sich die halbe kleine Achse ergibt

$$b = a\sqrt{1-\varepsilon^2} \tag{31}$$

und mithin

$$A = \frac{\pi a^2 \sqrt{1 - \varepsilon^2}}{T} \tag{32}$$

wird.

Andererseits hat man aber auch als Eigenschaft der Ellipse

$$p = a (1 - \varepsilon^2)\text{ [49]} \tag{33}$$

womit sich die Beziehung findet:

$$a (1 - \varepsilon^2) = \frac{4 \pi^2 a^4 (1 - \varepsilon^2)}{T^2 k^2 (M + m)} \tag{34}$$

Hieraus leitet man die Beziehung ab:

$$\frac{T^2}{a^3} = \frac{4 \pi^2}{k^2 (M + m)} \tag{35}$$

d. h. den Ausdruck des dritten Keplerschen Gesetzes, nach welchem sich die Quadrate der Umlaufszeiten zweier Planeten wie die dritten Potenzen der großen Achsen verhalten, indem man die Planetmassen m gegenüber der Sonnenmasse M als verschwindend ansieht.

Die Kegelschnittsgleichung (27) vereinfacht man noch, indem man statt des Winkels v, der von der x-Achse bzw. der Knotenlinie ausgerechnet wird, einen anderen Winkel φ einführt, den man vom kürzesten Radiusvektor der Ellipse zu zählen anfängt.

Der Bahnpunkt mit kürzestem Radiusvektor heißt Perihel und der Winkel φ wird eingeführt durch $v = \pi + \varphi$, wo lt. Fig. 129 π der Winkel zwischen dem kürzesten Radiusvektor und der Knotenlinie ist.

Wir schreiben jetzt Gl. 27 für das Perihel an, in welchem gilt:

$$\left.\begin{aligned} & r = a (1 - \varepsilon); \quad v = \pi \\ & \frac{d\left(\frac{1}{r}\right)}{dv} = 0 \end{aligned}\right\} \tag{37}$$

aus welchen Bedingungen zwei Gleichungen erwachsen:

$$\left.\begin{aligned} \frac{1}{a (1 - \varepsilon)} &= \frac{1}{a (1 - \varepsilon^2)} + B \cos \pi + C \sin \pi \\ 0 &= - B \sin \pi + C \cos \pi \end{aligned}\right\} \tag{38}$$

Diese beiden Gleichungen dienen zur Bestimmung der Integrationskonstanten B und C:

$$B = \frac{\varepsilon}{a(1-\varepsilon^2)}\cos\pi;\; C = \frac{\varepsilon}{a(1-\varepsilon^2)}\sin\pi \tag{39}$$

womit sich jetzt (27) in folgender Gestalt schreibt:

$$r = \frac{a(1-\varepsilon^2)}{1+\varepsilon\cos(v-\pi)} = \frac{a(1-\varepsilon^2)}{1+\varepsilon\cos\varphi} \tag{40}$$

Der Winkel φ heißt die wahre Anomalie des Planeten.

Somit haben wir für die 3 Integrationskonstanten A, B, C drei andere Konstanten eingeführt, nämlich die halbe große Achse a, die Exzentrizität ε und den Winkelabstand π des Perihels von der Knotenlinie. Der Zusammenhang der Konstanten A, B, C mit a, ε, π wird gegeben durch die Gleichungen:

$$\left.\begin{aligned} A &= \frac{\sqrt{a(1-\varepsilon^2)}}{2}\, k\sqrt{M+m} \\ B &= \frac{\varepsilon}{a(1-\varepsilon^2)}\cos\pi \\ C &= \frac{\varepsilon}{a(1-\varepsilon^2)}\sin\pi \end{aligned}\right\} \tag{41}$$

Zur Bestimmung des Ortes des Planeten in der Bahn ist nun noch erforderlich, daß wir einen Zusammenhang zwischen dem Ort und der Zeit ermitteln. Wir greifen zurück auf Gleichung (22), indem wir $\left(\frac{dv}{dt}\right)^2 = \frac{4A^2}{r^4}$ setzen:

$$\frac{d^2r}{dt^2} = \frac{4A^2}{r^3} - \frac{k^2(M+m)}{r^2} = f(r) \tag{42}$$

Diese Differentialgleichung hat das allgemeine Integral (vgl. § 37 (11))

$$t = C_2 + \int \frac{dr}{\sqrt{C_1 + 2\int f(r)\,dr}} \tag{43}$$

woraus sich ableitet

$$\left(mit\ f(r) = \frac{4A^2}{r^3} - \frac{k^2(M+m)}{r^2}\right)$$

$$t = C_2 + \int \frac{r\,dr}{\sqrt{2k^2r(M+m) + C_1r^2 - 4A^2}} \tag{44}$$

Hier liegt es nahe, den Ausdruck unter der Wurzel nach Absonderung von $\frac{k^2(M+m)}{a}$ quadratisch zu machen, d. h. ihn in die Form zu bringen

$$\frac{k^2(M+m)}{a}\left\{\mu-(\nu-r)^2\right\}$$

wo μ und ν zu bestimmen sind.

Man hat:

$$k^2\frac{M+m}{a}(\mu-\nu^2)=-4A^2=-a(1-\varepsilon^2)k^2(M+m)$$

$$2k^2\frac{M+m}{a}\nu r=2k^2(M+m)r$$

$$k^2\frac{M+m}{a}r^2=C_1 r^2$$

woraus sich findet:

$$\nu=a;\mu=a^2\varepsilon^2;C_1=k^2\frac{M+m}{a}$$

Damit wird aber (44):

$$\mathrm{t}=\mathrm{C}_2+\int\frac{r\,dr}{\sqrt{\frac{k^2(M+m)}{a}\left\{a^2\varepsilon^2-(a-v)^2\right\}}}\tag{45}$$

C_1 ist also keine neue Konstante; sie ist bereits durch die Gestalt des Kegelschnittes bestimmt.

Zur weiteren Vereinfachung führt man nun einen Winkel ψ ein, der die exzentrische Anomalie des Planeten heißt und lt. Fig. 130 definiert ist. Aus der Figur liest man die Beziehung ab

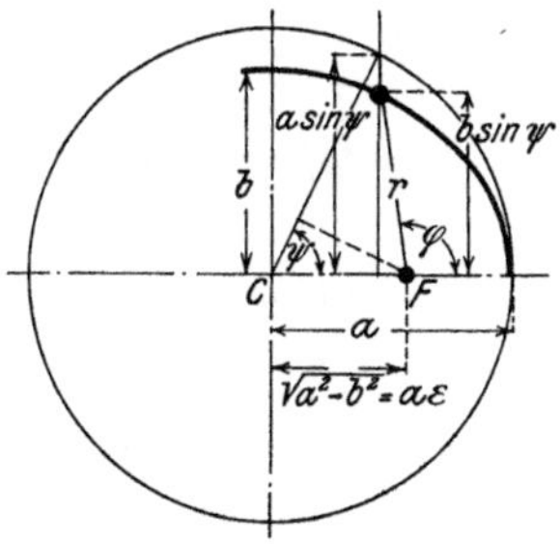

Fig. 130. Zusammenhang zwischen der wahren und exzentrischen Anomalie eines Planeten.

$$r^2=(a\varepsilon-a\cos\psi)^2+a^2(1-\varepsilon^2)\sin^2\psi$$

oder nach einiger Umformung:

$$r=a(1-\varepsilon\cos\psi)\tag{46}$$

Das Integral (45) wird hiermit:

$$t=C_2+\int\sqrt{\frac{a^3}{k^2(M+m)}}(1-\varepsilon\cos\psi)\,d\psi\tag{47}$$

oder wenn man den Winkel ψ zur Zeit $t = t_0$ den Wert ψ_0 besitzen läßt

$$t - t_0 = \sqrt{\frac{a^3}{k^2 (M + m)}} \left\{ (\psi - \varepsilon \sin \psi) - (\psi_0 - \varepsilon \sin \psi_0) \right\} \tag{48}$$

Zwischen der wahren Anomalie φ und der exzentrischen Anomalie ψ besteht aber bei der Ellipse die Gleichung:

$$\left.\begin{aligned} \operatorname{tg} \frac{1}{2} \varphi &= \sqrt{\frac{1+\varepsilon}{1-\varepsilon}} \operatorname{tg} \frac{1}{2} \psi \\ \text{oder} \qquad & \\ \operatorname{tg} \frac{1}{2} \psi &= \sqrt{\frac{1-\varepsilon}{1+\varepsilon}} \operatorname{tg} \frac{1}{2} \varphi \end{aligned}\right\} \tag{49}$$

Die angeführten Formeln reichen hin, um die Elemente einer Planetenbahn zu bestimmen, wenn Ω und i bekannt sind. Dann genügt es, wenn in der Bahnebene zwei Planetenorte $r_1\, v_1$ und $r_2\, v_2$ nebst den Beobachtungszeiten t_1 und t_2 gegeben sind.

Zu bestimmen sind: halbe große Achse a, Exzentrizität ε, Perihelwinkel π und Zeit des Periheldurchgangs t_0. Man hat folgende Gleichungen:

$$\left.\begin{aligned} r_1 &= \frac{a(1-\varepsilon^2)}{1+\varepsilon \cos (v_1 - \pi)} \\ r_2 &= \frac{a(1-\varepsilon^2)}{1+\varepsilon \cos (v_2 - \pi)} \\ \psi_1 - \varepsilon \sin \psi_1 &= (t_1 - t_0) \sqrt{\frac{k^2 (M+m)}{a^3}} \\ \psi_2 - \varepsilon \sin \psi_2 &= (t_2 - t_0) \sqrt{\frac{h^2 (M+m)}{a^3}} \\ v_1 - \pi &= 2 \operatorname{arctg} \left\{ \sqrt{\frac{1+\varepsilon}{1-\varepsilon}} \operatorname{tg} \frac{1}{2} \psi_1 \right\} \\ v_2 - \pi &= 2 \operatorname{arctg} \left\{ \sqrt{\frac{1+\varepsilon}{1-\varepsilon}} \operatorname{tg} \frac{1}{2} \psi_2 \right\} \end{aligned}\right\} \tag{50}$$

Für die Auflösung dieser 6 Gleichungen nach den 6 Unbekannten: a, ε, t_0, π, ψ_1, ψ_2 haben Gauß und Andere Methoden angegeben.

i, Ω, a, ε, π, t_0 sind die sechs Bahnelemente, die die Bewegung des Planeten vollständig bestimmen.

V. Die Differenzengleichungen.

§ 48. Definition linearer Differenzengleichungen.

In § 5 ist der Begriff der Differenz $\Delta F(x)$ einer Funktion $F(x)$ eingeführt worden durch den Ansatz

$$\Delta F(x) = F(x + \Delta x) - F(x) \tag{1}$$

Dem Zwecke des § 5 entsprechend war die Differenz Δx mit der Eigenschaft der Variabilität ausgestattet, was notwendig war, weil wir damals vom Begriff der Differenz zum Differential gelangen wollen.

In den nächsten Betrachtungen wollen wir aber mit unveränderlichen Differenzen operieren, weshalb wir das Zeichen Δx mit dem Buchstaben h vertauschen.

Wir schreiben also die Differenz einer Funktion $F(x)$:

$$\Delta F(x) = F(x + h) - F(x) \tag{2}$$

Natürlich ist $\Delta F(x)$ eine Funktion von (x)

$$f(x) = F(x + h) - F(x) \tag{3}$$

Meistens erteilt man h den speziellen Wert 1. Für diesen Fall hat man z. B. bei der Funktion $F(x) = x^4$:

$F(0) = 0$, $F(1) = 1$, $F(2) = 16$, $F(3) = 81$, $F(4) = 256$, $F(5) = 625$,
$\Delta F(0) = 1$, $\Delta F(1) = 15$, $\Delta F(2) = 65$, $\Delta F(3) = 175$, $\Delta F(4) = 369$.

Man nennt $\Delta F(x)$ die *erste* Differenz von $F(x)$. Analog nennt man

$$\begin{aligned} \Delta F(x+h) - \Delta F(x) &= \Delta_2 F(x) \text{ die zweite Differenz.} \\ \Delta_2 F(x+h) - \Delta_2 F(x) &= \Delta_3 F(x) \text{ die dritte Differenz} \\ &\text{usf.} \end{aligned} \tag{4}$$

In dem Beispiel ist:

$\Delta_2 F(0) = 14$	$\Delta_3 F(0) = 36$	$\Delta_4 F(0) = 24$	$\Delta_5 F(0) = 0$
$\Delta_2 F(1) = 50$	$\Delta_3 F(1) = 60$	$\Delta_4 F(1) = 24$	
$\Delta_2 F(2) = 110$	$\Delta_3 F(2) = 84$		
$\Delta_2 F(3) = 194$			

Es ist nun möglich, eine unbekannte Funktion $F(x)$ durch eine *Differenzengleichung* zu bestimmen. Eine solche Gleichung enthält die unbekannte Funktion, deren Differenzen bis zu einer gewissen Ordnung und außerdem die unabhängige Variable x.

Die Ordnung der höchsten vorkommenden Differenz bestimmt die Ordnung der Differenzengleichung. Die allgemeine Form einer solchen würde also sein:

$$\Phi\,(x,\ F\,(x),\ \varDelta F\,(x),\ \varDelta_2 F\,(x)\ \ldots\ \varDelta_n F\,(x)) = 0 \tag{5}$$

Setzt man hier für $\varDelta_k F\,(x)$ seinen aus (3) und (4) folgenden Wert für $h = 1$ ein:

$$\begin{aligned}\varDelta\ &= F\,(x+1) - F\,(x)\\ \varDelta_2 &= F\,(x+2) - 2\,F\,(x+1) + F\,(x)\\ \varDelta_3 &= F\,(x+3) - 3\,F\,(x+2) + 3\,F\,(x-1) - F\,(x)\end{aligned}$$

usw., und setzt man

$$F\,(x+k) = y_{x+k},$$

so geht (5) über in

$$\Psi\,(x, y_x, y_{x+1}, y_{x+2} \cdot\cdot\cdot\cdot\cdot y_{x+n}) = 0, \tag{6}$$

in welcher Gestalt Differenzen gar nicht mehr erkennbar sind; trotzdem nennt man auch (6) eine Differenzengleichung.

Die Gleichungen (6) teilt man nun ganz analog den Differentialgleichungen ein. Besonders wichtig sind die linearen Differenzengleichungen

$$y_x P_0(x) + y_{x+1} P_1(x) + y_{x+2} P_2(x) + \cdots y_{x+n} P_n(x) = Q(x), \tag{7}$$

welche vollständig heißen, falls $Q\,(x)$ nicht identisch verschwindet. Ist dieses der Fall, so heißen sie homogen. Die Differenzengleichungen haben partikuläre Lösungen und allgemeine Lösungen, über welche analoge Sätze wie bei den Differentialgleichungen existieren. Kennt man die allgemeine Lösung einer homogenen Gleichung, so läßt sich die Lösung der vollständigen Gleichung durch ein der Methode der Variation der Konstanten ähnliches Verfahren entwickeln.

Als Beispiel betrachteten wir die homogene Differenzengleichung:

$$y_{x+1} + (a + b\,x)\,y_x = 0. \tag{8}$$

Die allgemeine Lösung ist:

$$y_x = (-1)^{x-p} \prod_{k=1}^{k=x-p} [a + b\,(x-k)]. \tag{9}$$

Hier ist $p + 1 < x$ zu wählen, p ist die willkürliche Integrationskonstante. Aus (9) folgt:

$$y_{x+1} = (-1)^{x-p+1} \prod_{k=1}^{k=x-p} [a + b(x - k + 1)]. \qquad (10)$$

Multipliziert man (9) mit $(a + b\,x)$ und addiert zu (10), so resultiert identisch Null, womit (9) als allgemeine Lösung von (8) erwiesen ist[50]).

§ 49. Die linearen Differenzengleichungen mit konstanten Koeffizienten.

Technisch wichtig sind die linearen Differenzengleichungen mit konstanten Koeffizienten, d. h. solche Differenzengleichungen, bei denen die $P_k(x)$ [siehe Gleichung (7) § 48] Konstante sind. Es ist also:

$$y_x a_0 + y_{x+1} a_1 + \ldots\ldots + y_{x+n} a_n = 0 \qquad (1)$$

die allgemeine Form einer homogenen linearen Differenzengleichung mit konstanten Koeffizienten.

Ohne Beweis schreiben wir als Haupttatsache an: Die allgemeine Lösung von (1) lautet:

$$y_x = C_1 \lambda_1^x + C_2 \lambda_2^x + \ldots\ldots C_n \lambda_n^x; \qquad (2)$$

wenn $\lambda_1 \ldots\ldots \lambda_n$ die Wurzeln der Gleichung n-ten Grades sind:

$$\lambda^n a_n + \lambda^{n-1} a_{n-1} + \ldots\ldots \lambda a_1 + a_0 = 0. \qquad (3)$$

Der Ansatz (2) modifiziert sich etwas, wenn die Wurzeln zum Teil gleich oder komplex sind. Werden z. B. k Wurzeln einander gleich

$$\lambda_1 = \lambda_2 = \lambda_3 = \ldots \lambda_k,$$

während die $n - k$ übrigen voneinander und von λ_1 verschieden sind, so ist

$$\begin{aligned} y_x = {} & C_1' \lambda_1^x + C_2' x \lambda_1^{x-1} + C_3' x(x-1) \lambda_1^{x-2} + \ldots\ldots \\ & + C_k' x(x-1)(x-2) \ldots\ldots (x-k+2) \lambda_1^{x-k+1} \\ & + C_{k+1} \lambda_{k+1} + \ldots\ldots + C_n \lambda_n^x \end{aligned} \qquad (4)$$

die allgemeine Lösung.

Sind k Paare gleicher komplexer Wurzeln vorhanden:

$$\lambda_1 = \lambda_3 = \lambda_5 \ldots\ldots\ldots \lambda_{2k-1} = r(\cos\alpha + i\sin\alpha)$$

$$\lambda_2 = \lambda_4 = \lambda_6 = \ldots\ldots \lambda_{2k} = r(\cos\alpha - i\sin\alpha)$$

so ist

$$\begin{aligned} y_x = & (C_1' + C_2' x + \ldots\ldots + C_k' x^{k-1}) r^x \cos x\alpha \\ & + (C_1'' + C_2'' x + \ldots\ldots + C_k'' x^{k-1}) r^x \sin x\alpha \\ & + C_{2k+1} x_{k+1} + \ldots\ldots + C_n \lambda_n^x \end{aligned} \tag{5}$$

die allgemeine Lösung.

Jedenfalls sind n willkürliche Konstanten C vorhanden, die sich bestimmen lassen, wenn n Werte y_x gegeben sind für bestimmte Werte der Variabeln x; z. B. $y_0, y_1, \ldots. y_n$ für $x = 0$, $x = 1, \ldots. x = n$. Dann liefert sowohl (3) wie (4) und (5) ein System von n Gleichungen zur Bestimmung der Konstanten C

§ 50. Anwendung der linearen Differenzengleichungen mit konstanten Koeffizienten.

I. Eine einfache Anwendung liefert zunächst die Theorie des kontinuierlichen Balkens. Bekanntlich gilt für die Stützenmomente M eines kontinuierlichen Trägers, der in jedem Feld gleichmäßig belastet ist, die Clapeyronsche Gleichung[51]):

$$\begin{aligned} 6EJ\left(\frac{y_{k+1}-y_k}{l_k} + \frac{y_{k+1}-y_{k+2}}{l_{k+1}}\right) = & M_k l_k + 2M_{k+1}(l_k + l_{k+1}) \\ & + M_{k+1}\cdot l_{k+1} + {}^1/_4(q_k l_k^3 + q_{k+1} l_{k+1}^3) \end{aligned} \tag{1}$$

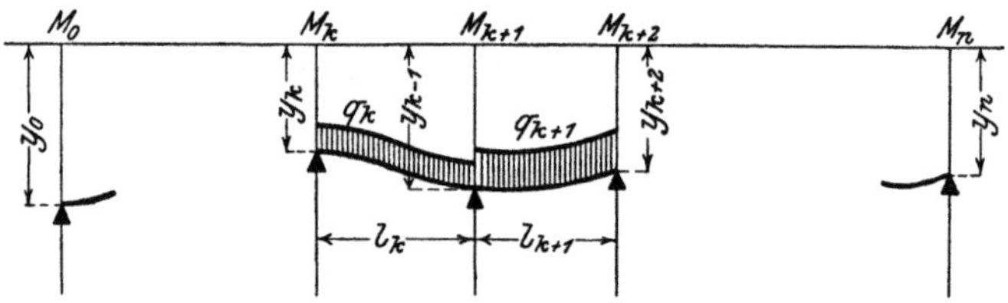

Fig. 131. Kontinuierlicher Balken auf mehreren Stützen.

Sind die Stützen alle gleich hoch, die Stützenentfernungen alle gleich groß $= l$ und die Belastungen q_k ebenfalls in allen Feldern gleich q, so wird aus (1):

$$M_k + 4M_{k+1} + M_{k+2} = -\frac{1}{2} q l^2 \tag{2}$$

Die zu dieser Gleichung gehörige homogene Differenzengleichung

$$M_k + 4\,M_{k+1} + M_{k+2} = 0 \tag{3}$$

liefert, vermöge der charakteristischen Gleichung

$$\lambda^2 + 4\,\lambda + 1 = 0 \tag{4}$$

die allgemeine Lösung

$$M_k = C_1 \lambda_1^k + C_2 \lambda_2^k \tag{5}$$

wo λ_1 und λ_2 die Wurzeln von (4) sind.

Offenbar ist nun

$$M_k = C_1 \lambda_1^k + C_2 \lambda_2^k - \frac{q\,l^2}{12} \tag{6}$$

die allgemeine Lösung von (2), wie sich durch Verifikation ergibt. Die Konstanten C_1 und C_2 bestimmen sich aus den Bedingungen, daß an den Enden des Balkens die Stützenmomente null sein müssen, d. h. aus

$$\left.\begin{aligned} M_0 &= C_1 + C_2 - \frac{q\,l^2}{12} = 0 \\ M_n &= C_1 \lambda_1^n + C_2 \lambda_2^n - \frac{q\,l^2}{12} = 0 \end{aligned}\right\} \tag{7}$$

Aus diesen Gleichungen berechnen sich

$$\left.\begin{aligned} C_1 &= -\frac{q\,l^2}{12}\,\frac{\lambda_2^n - 1}{\lambda_1^n - \lambda_2^n} \\ C_2 &= +\frac{q\,l^2}{12}\,\frac{\lambda_1^n - 1}{\lambda_1^n - \lambda_2^n} \end{aligned}\right\} \tag{8}$$

und hiermit:

$$M_k = -\frac{q\,l^2}{12}\left\{1 + \frac{\lambda_2^n - 1}{\lambda_1^n - \lambda_2^n}\,\lambda_1^k - \frac{\lambda_1^n - 1}{\lambda_1^n - \lambda_2^n}\,\lambda_2^k\right\} \tag{9}$$

Nach dieser Formel können die Stützenmomente des durchlaufenden Trägers auf S. 470, Bd. I der Hütte (1908) berechnet werden.

II. Ebenfalls auf eine lineare Differenzengleichung mit konstanten Koeffizienten führt die Untersuchung der Schwingungsbewegung einer Kette von Massenpunkten.

n Punkte der Masse m seien durch unausdehnbare Fäden der Länge l miteinander verbunden; die ganze Kette sei dann mit gleichfalls unausdehnbaren Stücken von der Länge l an den Punkten A und B festgemacht und stehe unter der Spannung T. Nun werde die Kette aus ihrer in Fig. 132 gezeichneten Mittellage herausgebracht, indem den einzelnen Massenpunkten die Ordinaten $\overline{y}_1 \ldots\ldots\ldots \overline{y}_n$ erteilt werden. So entstehe die Gestalt Fig. 133.

Es wird vorausgesetzt, daß die Verschiebungen y_k klein seien gegen die Fadenlänge l.

Zur Zeit $t = 0$ werde die deformierte Kette (ohne Anstoßen der Massenpunkte) sich selbst überlassen, und es soll die nun beginnende Bewegung untersucht werden.

Fig. 132. Kette von Massenpunkten in der Ruhelage.

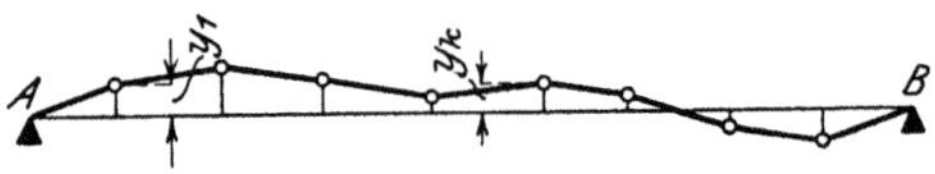

Fig. 133. Bewegungsform der Kette von Massenpunkten.

Offenbar ist die Bewegung festgelegt, wenn wir für jeden Massenpunkt seine Entfernung y_k von der Gleichgewichtslage in Abhängigkeit von der Zeit t kennen. Wir stellen die Differentialgleichung für die Bewegung des $k$ten Massenpunktes auf (Fig. 134):

$$m \frac{d^2 y_k}{dt^2} = T \frac{y_{k+1} - y_k}{l} - T \frac{y_k - y_{k-1}}{l}. \tag{1}$$

Weil die y klein sind gegen l, kann die Fadenspannung T als konstant angesehen und ihre Vertikalkomponenten den Ordinatendifferenzen zweier benachbarter Punkte proportional gesetzt werden.

Unter Absonderung von $\frac{T}{l} = c^2$ schreibt sich (1)

$$m \frac{d^2 y_k}{dt^2} = c^2 (y_{k+1} - 2\, y_k + y_{k-1}). \tag{2}$$

Wir versuchen, ob eine periodische Lösung

$$y_k = \sum L_{kp} \sin (2\, p \pi t + \omega_p) \tag{3}$$

der Differentialgleichung genügt, wo wir über die Wahl von p später Entscheidung zu treffen haben.

Wir erhalten zunächst:

$$\frac{d^2 y_k}{dt^2} = -4\,p^2\pi^2 \sum L_{kp} \sin(2\pi p t + \omega_p), \tag{4}$$

was in (2) eingesetzt folgendes System von Differenzengleichungen liefert:

$$L_{p,k+1} - 2\,L_{p,k} + L_{p,k-1} = -\frac{4\,p^2\pi^2}{c^2} L_{p,k} \tag{5}$$

$$p = 0 \ldots\ldots\ldots\ldots \infty$$
$$k = 1 \ldots\ldots\ldots\ldots n.$$

denen die $L_{p,k}$ zu genügen haben.

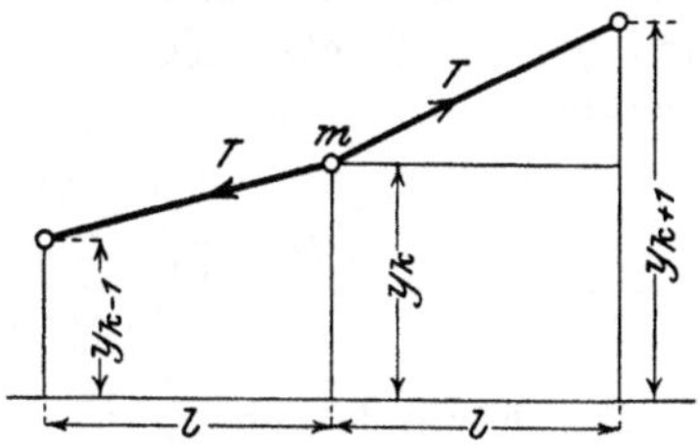

Fig. 134. Zur Bewegungsgleichung eines Kettenpunktes.

Man kann die Differenzengleichungen in der Form

$$L_{p,k} + \left(\frac{4\,p^2\pi^2}{c^2} - 2\right) L_{p,k+1} + L_{p,k+2} = 0 \tag{6}$$

$$p = 0 \ldots\ldots\ldots \infty$$
$$k = 0 \ldots\ldots\ldots n-1$$

schreiben, deren allgemeine Lösung nach § 49 (2) ist:

$$L_{pk} = C_{p1}\,\lambda_{p1}^k + C_{p2}\,\lambda_{p2}^k, \tag{7}$$

wenn λ_{p1} und λ_{p2} die Wurzeln der quadratischen Gleichung

$$\lambda_p^2 + \lambda_p\left(\frac{4\,p^2\pi^2}{c^2} - 2\right) + 1 = 0 \tag{8}$$

sind.

Durch Auflösung dieser Gleichung erhält man:

$$\lambda\,p_2^1 = 1 - \frac{2\,p^2\pi^2}{c^2} \pm \frac{2\,p\pi}{c}\sqrt{\frac{p^2\pi^2}{c^2} - 1},$$

die man mit

$$p\,\frac{\pi}{c} = \sin\vartheta$$

schreiben kann

$$\lambda\,p_2^1 = \cos 2\,\vartheta \pm i \sin 2\,\vartheta \tag{9}$$

wobei vorausgesetzt wird, daß $\frac{p\,\pi}{c} < |\,1\,|$ bleibt. Daß das der Fall ist, wird weiter unten bewiesen.

Zunächst bemerken wir, daß sich mit (7) die allgemeine Lösung schreibt:

$$y_k = \sum_p \left\{C_{p1}\lambda_{p1}^k + C_{p2}\lambda_{p2}^k\right\} \sin(2\,p\,\pi\,t + \omega_p), \tag{10}$$

in welcher Formel auch die beiden festen Punkte A und B enthalten sind, wenn man $k = 0$ und $k = n + 1$ sowie $y_0 = 0$ und $y_{n+1} = 0$ setzt. Diese „Randbedingungen" liefern die Ansätze:

$$C_{p\,1} + C_{p\,2} = 0 \tag{10a}$$

$$C_{p\,1}\lambda_{p\,1}^{n+1} + C_{p\,2}\lambda_{p\,2}^{n+1} = 0 \tag{10b}$$

$$\lambda_{p\,1}^{n+1} = \lambda_{p\,2}^{n+1} \tag{10c}$$

Die letzte Gleichung wird aber nur erfüllt für $p = 0$ und $p = \pm\frac{c}{\pi}$, wie sich aus Gleichung (8) sofort ergibt.

Zwischen diesen Werten muß p stets enthalten sein, d. h. es muß gelten

$$p\frac{\pi}{c} < |1|,$$

womit die Zulässigkeit von (9) erwiesen ist.

Führt man nun (9) in (10c) ein, so folgt:

$$(\cos 2\,\vartheta + i\sin 2\,\vartheta)^{n+1} = (\cos 2\,\vartheta - i\sin 2\,\vartheta)^{n+1}$$

und hieraus

$$\sin 2\,(n+1)\,\vartheta = 0,$$

d. h.

$$2\,(n+1)\,\vartheta = \nu\pi$$

oder

$$\vartheta = \frac{\nu\pi}{2\,(n+1)}.$$

Für $\nu = 0$ haben wir hier wieder $\vartheta = 0$ und $p = 0$.

Für $\nu = n + 1$ haben wir hier wieder $\vartheta = \frac{\pi}{2}$ und $p = \frac{c}{\pi}$, d. h. die Punkte A und B. Wenn wir daher ν die ganzen Zahlen von 1 bis n durch laufenlassen, so erhalten wir gerade alle Massenpunkte. Nun führen wir (9) in (10) ein und erhalten, unter Berücksichtigung von (10a) mit $C_p = i\,(C_{p\,1} - C_{p\,1})$:

$$y_k = \sum_p C_p \sin 2\,k\,\vartheta \cdot \sin(2\,p\,\pi\,t + \omega_p) \tag{11}$$

oder nach Einsetzung von

$$p = \frac{c}{\pi} \sin \frac{\nu \pi}{2(n+1)} \text{ und } \vartheta = \frac{\nu \pi}{2(n+1)}:$$

$$y_k = \sum_{\nu=1}^{\nu=n} \left\{ A_\nu \sin \frac{\nu k \pi}{n+1} \cdot \sin\left(2\, c\, t \sin \frac{\nu \pi}{2(n+1)}\right) \right.$$

$$\left. + B_\nu \sin \frac{\nu k \pi}{n+1} \cdot \cos\left(2\, c\, t \sin \frac{\nu \pi}{2(n+1)}\right) \right\} \tag{12}$$

Zur Bestimmung der $2n$ Koeffizienten A_ν und B_ν haben wir die $2n$ Gleichungen:

$$\left.\begin{aligned} \overline{y_k} &= \sum_{\nu=1}^{\nu=n} B_\nu \sin \frac{\nu k \pi}{n+1} \\ \text{und} & \\ \frac{d\, y_k}{dt} &= 0 = \sum_{\nu=1}^{\nu=n} A_\nu \cdot 2\, c \sin \frac{\nu \pi}{2(n+1)} \cdot \sin \frac{\nu k \pi}{n+1} \end{aligned}\right\} k = 1 \ldots n \tag{13}$$

d. h. den Ausdruck der Anfangsbedingungen der Bewegung[52]).

Zweiter Teil.

Partielle Differentialgleichungen.

I. Einleitung.

§ 51. Die Funktionen mehrerer Variabeln.

In den bisherigen Untersuchungen handelte es sich lediglich um die funktionale Abhängigkeit einer oder mehrerer abhängiger Variabeln von einer unabhängigen Variabeln.

Nun sind aber auch funktionale Beziehungen möglich, bei denen eine Variable z von zwei unabhängig voneinander veränderlichen Größen x und y abhängt. Das Symbol für eine solche Abhängigkeit ist die Gleichung:

$$z = f(x, y) \tag{1}$$

Die Änderung Δz einer derartig bestimmten Größe z hängt nun, ebenso wie die Größe selbst, von x und y, von den beiden Änderungen Δx und Δy der unabhängigen Variabeln gleichzeitig ab.

Ändert man also, von einem Anfangswertpaar $x_0\, y_0$ ausgehend, die unabhängigen Variabeln um Δx und Δy ab, so erhält man in

$$f(x_0 + \Delta x, y_0 + \Delta y) - f(x_0, y_0)$$

die totale Änderung Δz von z:

$$\Delta z = f(x_0 + \Delta x, y_0 + \Delta y) - f(x_0, y_0). \tag{2}$$

Würde man dagegen nur die eine Variable x ändern, während y konstant $= y_0$ bleibt, so würde man in

$$f(x_3 + \Delta x, y_0) - f(x_0, y_0).$$

die partielle Änderung von z nach x erhalten

$$\Delta z_{(x)} = f(x_0 + \Delta x, y_0) - f(x_0, y_0). \tag{3}$$

Analog heißt

$$\Delta z_{(y)} = f(x_0, y_0 + \Delta y) - f(x_0, y_0) \tag{4}$$

die partielle Änderung von z nach y.

Ein Beispiel für eine derartige Abhängigkeit bietet die Zustandsgleichung der vollkommenen Gase:

$$10000\, p\, V = G\, R\, T.$$

Diese Gleichung gilt für eine der Gewichtseinheit gleiche Menge G eines Gases in kg, wenn p in kg/qcm, V in cbm, T in absoluten Celsiusgraden gemessen wird; die Gaskonstante R hat für Luft den Wert 29,26.

Diese Gleichung ist z. B. erfüllt bei der Gewichtsmenge $G = 1{,}188$ kg für:

$$p = 1 \text{ kg/qm},$$
$$V = 1 \text{ cbm},$$
$$T = 288 \text{ entspr. } 15^0 \text{ C}.$$

Wir wollen nun die Änderung des Druckes p verfolgen, wenn wir das Volumen V und die Temperatur T ändern.

Zunächst schreiben wir:

$$p = \frac{1{,}188 \cdot 29{,}26 \cdot T}{10\,000\, V}$$
$$= 0{,}00\,348 \frac{T}{V}$$

Nun ändern wir V um $\Delta V = 0{,}1$ cbm, d. h. wir gestatten dem Gas, den Raum 1,1 cbm einzunehmen, sorgen aber dafür, daß die Temperatur T konstant $= 288$ bleibt. Dann wird

$$\Delta p_{(V)} = 0{,}00\,348 \frac{288}{1{,}1} - 0{,}00\,348 \frac{288}{1{,}0}$$
$$= 0{,}91 - 1{,}0$$
$$= -0{,}09 \text{ kg/cm}$$

Ändern wir aber nun die Temperatur T, indem wir das Gas um 50^0 erwärmen, wobei wir das Volumen 1 cbm beibehalten, dann wird

$$\Delta p_{(T)} = 0{,}00\,348 \frac{338}{1{,}0} - 0{,}00\,348 \frac{288}{1{,}0}$$
$$= 1{,}18 - 1{,}0$$
$$= +0{,}18 \text{ kg/cm}$$

Werden beide Änderungen gleichzeitig vorgenommen, so wird die totale Änderung von p

$$\Delta p = 0{,}00\,348\,\frac{338}{1{,}1} - 0{,}00\,348\,\frac{288}{1{,}0}$$

$$= 1{,}07 - 1{,}0$$

$$= +\,0{,}07\ \mathrm{kg/cm}$$

Sämtliche Druckänderungen sind verschieden, es soll nun ein Zusammenhang zwischen ihnen gefunden werden.

II. Wir greifen zurück auf die Definition der totalen Änderung

$$\Delta z = f(x_0 + \Delta x, y_0 + \Delta y) - f(x_0, y_0).$$

Diese schreiben wir in der Form

$$\Delta z = \frac{f(x_0 + \Delta x, y_0 + \Delta y) - f(x_0, y_0 + \Delta y)}{\Delta x}\,\Delta x$$

$$+ \frac{f(x_0, y_0 + \Delta y) - f(x_0, y_0)}{\Delta y}\,\Delta y$$

uud untersuchen, was aus dieser Formel wird, wenn wir Δx und Δy gegen Null abnehmen lassen.

Offenbar ist zunächst

$$\frac{f(x_0 + \Delta x, y_0 + \Delta y) - f(x_0, y_0 + \Delta y)}{\Delta x}$$

ein Differenzenquotient, der so gebildet ist, als ob wir bei der Funktion $\mathrm{f}(x, y)$ bei konstantem $y = y_0 + \Delta y$ von $x = x_0$ zu $x = x_0 + \Delta x$ übergehen.

Nun haben wir in § 9 den Mittelwertsatz abgeleitet:

$$F(a + h) - F(a) = h\,F'(a + \vartheta h).$$

Wenden wir diesen Satz mit: $F = \mathrm{f}$, $a = x_0$, $h = \Delta x$ auf unseren Differenzenquotienten an, so findet man

$$\frac{f(x_0 + \Delta x, y_0 + \Delta y) - f(x_0, y_0 + \Delta y)}{\Delta x}$$

$$= f'_x(x_0 + \vartheta\,\Delta x, y_0 + \Delta y)$$

Analog wird

$$\frac{f(x_0, y_0 + \Delta y) - f(x_0, y_0)}{\Delta y}$$

$$= f'_y(x_0, y_0 + \vartheta\,\Delta y).$$

Bei nun folgender Ausführung aber des Grenzüberganges, der von Δz auf dz führt, wird:

$$\lim \Delta x = dx, \qquad \lim \Delta y = dy,$$

so daß entspringt:

$$\lim \Delta z = dz = \lim f_x'(x_0 + \vartheta \Delta x, y_0 + \Delta y)\Delta x + \lim f_y'(x_0, y_0 + \vartheta \Delta y)\Delta y$$

oder:

$$dz = f_x' dx + f_y' dy = \frac{\partial f}{\partial x} dx + \frac{\partial f}{\partial y} dy$$

Hier heißen $\frac{\partial f}{\partial x}$ und $\frac{\partial f}{\partial y}$ die ersten partiellen Differentialquotienten der Funktion $f(x, y)$ nach x bzw. y.

Beispiel: Es sei:

$$z = \mathrm{f}(x, y) = a x \sin y + b y \sin x.$$

Dann ist:

$$\frac{\partial z}{\partial x} = \frac{\partial f}{\partial x} = a \sin y + b y \cos x$$

$$\frac{\partial z}{\partial y} = \frac{\partial f}{\partial y} = a x \cos y + b \sin x.$$

III. Zur geometrischen Veranschaulichung der Bedeutung der ersten partiellen Differentialquotienten diene folgendes.

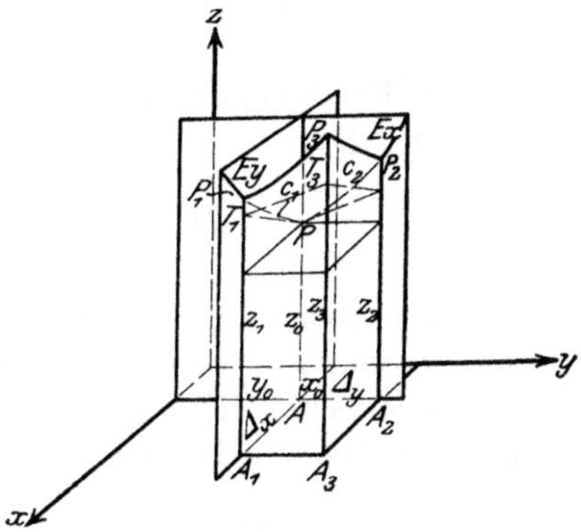

Fig. 135. Geometrische Veranschaulichung der partiellen Differenzenquotienten.

Eine Gleichung $z = f(x, y)$ stellt, wenn man zusammengehörige Werte $x\, y\, z$ als Koordinaten eines Punktes in einem Koordinatensystem $X\, Y\, Z$ deutet, eine Fläche dar. In der Fig. 135 sei P ein zu den Koordinatenwerten $x_0\, y_0\, z_0$ gehöriger Punkt. Legen wir durch diesen zwei zur x- bzw. y-Achse senkrechte Ebenen E_x bzw. E_y, so wird die Fläche

$$z = f(x, y),$$

von diesen in Kurven:

$$z = f(x_0, y), \qquad \text{bzw.}$$
$$z = f(x, y_0)$$

geschnitten, in welchen Gleichungen x_0 bzw. y_0 Konstanten sind.

Erteilt man jetzt den Koordinaten x_0 und y_0 Zuwüchse Δx bzw. Δy, so gelangt man auf den Kurven zu weiteren Flächenpunkten P_1 bzw. P_2. Die Ordinaten dieser Punkte z_1 und z_2 werden von den Tangenten der Kurven c_1 und c_2 in den Punkten T_1 bzw. T_2 geschnitten, so daß gilt:

$$A_1 T_1 = z_0 + \left.\frac{\partial f}{\partial x}\right|_{x_0 y_0} \Delta x$$
$$A_2 T_2 = z_0 + \left.\frac{\partial f}{\partial y}\right|_{x_0 y_0} \Delta y$$

wo die angeschriebenen Zeiger $x_0\, y_0$ bedeuten sollen, daß die partiellen Differentialquotienten im Punkte P zu bilden sind.

Die Ebene der drei Punkte $T_1\, P\, T_2$ (die Tangentialebene der Fläche im Punkte P) schneidet nun die Ordinate z_3, so daß gilt:

$$A_3 T_3 = z_3 = z_0 + \left.\frac{\partial f}{\partial x}\right|_{x_0 y_0} \Delta x + \left.\frac{\partial f}{\partial y}\right|_{x_0 y_0} \Delta y$$

Diese Beziehung ist der geometrische Ausdruck für den oben gefundenen Satz:

$$dz = \frac{\partial f}{\partial x} dx + \frac{\partial f}{\partial y} dy .$$

IV. Wie oben ausgeführt, sind die ersten partiellen Differentialquotienten von $f(x, y)$ wieder Funktionen von x und y. Man kann sie also weiter differenzieren und gelangt so zu den zweiten partiellen Differentialquotienten:

$$\frac{\partial^2 f}{\partial x^2}, \quad \frac{\partial^2 f}{\partial x\, \partial y}, \quad \frac{\partial^2 f}{\partial y^2}, \quad \frac{\partial^2 f}{\partial y\, \partial x}$$

Es ist nun ein wichtiger Satz, den wir ohne Beweis anführen, daß stets

$$\frac{\partial^2 f}{\partial x\, \partial y} = \frac{\partial^2 f}{\partial y\, \partial x}$$

ist. Die Reihenfolge der Differentiationen ist also gleichgültig. Bei dem obigen Beispiel hat man:

$$\frac{\partial^2 f}{\partial x^2} = -b\,y \quad \sin x$$

$$\frac{\partial^2 f}{\partial x \partial y} = a \cos y + b \cos x = \frac{\partial^2 f}{\partial y \partial x}$$

$$\frac{\partial^2 f}{\partial^2 y} = -b\,x \quad \sin y\,.$$

In analoger Weise gelangt man weiter zum Begriff der dritten Differentialquotienten

$$\frac{\partial^3 f}{\partial x^3}, \qquad \frac{\partial^3 f}{\partial x^2 \partial y}, \qquad \frac{\partial^3 f}{\partial x \partial y^2}, \qquad \frac{\partial^3 f}{\partial y^3}.$$

Beispiel:

$$\frac{\partial^3 f}{\partial x^3} = -b\,y \quad \cos x; \quad \frac{\partial^3 f}{\partial x^2 \partial y} = -b \quad \sin x$$

$$\frac{\partial^3 f}{\partial y^3} = -b\,x \quad \cos y; \quad \frac{\partial^3 f}{\partial x \partial y^2} = -b \quad \sin y$$

§ 52. Die partiellen Differentialgleichungen im allgemeinen.

I. Die unabhängigen Variabeln x, y, die abhängige Variable z und die partiellen Differentialquotienten

$$\frac{\partial z}{\partial x}, \; \frac{\partial z}{\partial y}, \; \frac{\partial^2 z}{\partial x^2}, \; \frac{\partial^2 z}{\partial x \partial y}, \; \frac{\partial^2 z}{\partial y^2}$$

usw. sind nebst Konstanten die Bausteine, aus denen sich die partielle Differentialgleichung aufbaut, in Gestalt einer Gleichung zwischen diesen Größen:

$$F\left(x, y, z, \frac{\partial z}{\partial x}, \frac{\partial z}{\partial y}, \frac{\partial^2 z}{\partial x^2}, \; \ldots\ldots a, b, c \ldots\right) = 0.$$

Das wesentliche Kennzeichen der partiellen Differentialgleichung ist nun, daß stets mehr als eine unabhängige Variabele vorhanden ist, gegenüber den gewöhnlichen Differentialgleichungen, bei denen nur eine unabhängige Variabele vorhanden war. Bei den partiellen Differentialgleichungen kann die Zahl der unabhängigen Variabeln beliebig sein.

II. Sind mehr als eine abhängige Variabele, z. B. z_1 und z_2, vorhanden, so muß für jede eine Gleichung der obigen Form vorhanden sein, etwa

$$F_1\left(x, y, z_1, z_2, \frac{\partial z_1}{\partial x}, \frac{\partial z_2}{\partial x}, \frac{\partial z_1}{\partial y}, \frac{\partial z_2}{\partial y} \ldots\ldots\right) = 0$$

$$F_2(x, y, z_1 z_2, \ldots\ldots) = 0$$

Man gelangt so zu dem Begriff der simultanen partiellen Differentialgleichungen.

III. Die partiellen Differentialgleichungen teilt man ein nach den Ordnungen der in ihnen vorkommenden höchsten partiellen Differentialquotienten, z. B. die partielle Differentialgleichung

$$(x^2 + y^2)\frac{\partial z}{\partial x} + (x^2 - y^2)\frac{\partial z}{\partial y} + z = 0$$

ist von der ersten Ordnung, dagegen

$$\frac{\partial^2 z}{\partial x \partial y} + z = 0$$

von der zweiten Ordnung.

Ferner teilt man sie ein nach dem Grade, den die von Wurzeln und Brüchen befreite Gleichung hinsichtlich der Produkte der abhängigen Variabeln und der Differentialquotienten annimmt. Die beiden oben angeschriebenen Gleichungen sind vom ersten Grade oder linear, dagegen ist

$$z\frac{\partial^2 z}{\partial x \partial y} + \left(\frac{\partial z}{\partial x}\right)^2 + \left(\frac{\partial z}{\partial y}\right)^2 = 0$$

quadratisch oder vom zweiten Grade (außerdem von der zweiten Ordnung).

VI. Für das folgende führen wir noch die Abkürzungen ein.

$$\frac{\partial z}{\partial x} = p, \quad \frac{\partial z}{\partial y} = q, \quad \frac{\partial^2 z}{\partial x^2} = r, \quad \frac{\partial^2 z}{\partial x \partial y} = s, \quad \frac{\partial^2 z}{\partial y^2} = t$$

Die Integration einer gegebenen partiellen Differentialgleichung

$$F(x, y, z, p, y, r, s, t) = 0$$

verlangt die Aufsuchung einer Gleichung

$$f(x, y, z) = 0$$

derart, daß etwa nach Auflösung dieser Gleichung nach

$$z = \varphi(x, y)$$

durch Einsetzen von $\varphi, \frac{\partial\varphi}{\partial x}, \frac{\partial\varphi}{\partial y}$ usw. in F dies zu einer Identität wird.

Wir wollen z. B. die Gleichung

$$\varphi\left(\frac{\sin x}{\sin z}, \frac{\sin y}{\sin z}\right) = 0 = \varphi(u, v) \tag{1}$$

wo φ eine beliebige Funktion von

$$u = \frac{\sin x}{\sin z} \quad \text{und} \quad v = \frac{\sin y}{\sin z}$$

sein soll, als ein Integral der partiellen Differentialgleichung

$$\frac{\partial z}{\partial x}\operatorname{tg} x + \frac{\partial z}{\partial y}\operatorname{tg} y = \operatorname{tg} z \tag{2}$$

identifizieren.

Zunächst bilden wir das totale Differential als Summe der partiellen Differentiale

$$d\varphi = \frac{\partial\varphi}{\partial z}dz + \frac{\partial\varphi}{\partial x}\partial x + \frac{\partial\varphi}{\partial y}dy.$$

Da $\varphi = 0$ ist, muß auch $d\varphi = 0$ sein; wir haben also

$$\frac{\partial\varphi}{\partial z}dz + \frac{\partial\varphi}{\partial x}dx + \frac{\partial\varphi}{\partial y}dy = 0 \tag{3}$$

Jetzt bilden wir:

$$\left.\begin{aligned} \frac{\partial\varphi}{\partial z} &= \left(\frac{\partial\varphi}{\partial u}\cdot\frac{\partial u}{\partial z} + \frac{\partial\varphi}{\partial v}\,\frac{\partial v}{\partial z}\right)dz \\ &= -\left(\frac{\partial\varphi}{\partial u}\sin x + \frac{\partial\varphi}{\partial v}\sin y\right)\frac{\cos z}{\sin^2 z}dz \\ \frac{\partial\varphi}{\partial x} &= \left(\frac{\partial\varphi}{\partial u}\cdot\frac{\partial u}{\partial x} + \frac{\partial\varphi}{\partial v}\,\frac{\partial v}{\partial x}\right)dx = \frac{\partial\varphi}{\partial u}\,\frac{\cos x}{\sin z}dx \\ \frac{\partial\varphi}{\partial y} &= \left(\frac{\partial\varphi}{\partial u}\cdot\frac{\partial u}{\partial y} + \frac{\partial\varphi}{\partial v}\,\frac{\partial v}{\partial y}\right)dy = \frac{\partial\varphi}{\partial v}\,\frac{\cos y}{\sin z}dy \end{aligned}\right\} \tag{4}$$

Nun ist zu berücksichtigen, daß vermöge

$$\varphi = 0$$

die Variabele z von x und y abhängt; es ist also:

$$dz = \frac{\partial z}{\partial x} dx + \frac{\partial z}{\partial y} dy \tag{5}$$

Setzen wir jetzt (4) und (5) in (3) ein, so ergibt sich:

$$\left[\frac{\partial \varphi}{\partial u} \frac{\cos x}{\sin z} - \left(\frac{\partial \varphi}{\partial u} \sin x + \frac{\partial \varphi}{\partial v} \sin y\right) \frac{\cos z}{\sin^2 z} \frac{\partial z}{\partial x}\right] dx$$
$$+ \left[\frac{\partial \varphi}{\partial v} \frac{\cos y}{\sin z} - \left(\frac{\partial \varphi}{\partial u} \sin x + \frac{\partial \varphi}{\partial v} \sin y\right) \frac{\cos z}{\sin^2 z} \frac{\partial z}{\partial y}\right] dy = 0$$

In dieser Gleichung sind aber die beiden Differentiale dx und dy beliebig wählbar, da x und y die unabhängigen Variabeln sind. Damit trotzdem die Gleichung erfüllt wird, muß jeder der Ausdrücke in den eckigen Klammern für sich verschwinden. Es muß also sein:

$$\left.\begin{aligned} \frac{\partial \varphi}{\partial u} \frac{\cos x}{\sin z} - \left(\frac{\partial \varphi}{\partial u} \sin x + \frac{\partial \varphi}{\partial v} \sin y\right) \frac{\cos z}{\sin^2 z} \frac{\partial z}{\partial x} = 0 \\ \frac{\partial \varphi}{\partial u} \frac{\cos y}{\sin z} - \left(\frac{\partial \varphi}{\partial u} \sin \mathrm{x} + \frac{\partial \varphi}{\partial v} \sin y\right) \frac{\cos z}{\sin^2 z} \frac{\partial z}{\partial y} = 0 \end{aligned}\right\} \tag{6}$$

Diese Gleichungen dienen zur Berechnung von $\frac{\partial z}{\partial x}$ und $\frac{\partial z}{\partial y}$, nämlich:

$$\frac{\partial z}{\partial x} = \frac{\frac{\partial \varphi}{\partial u} \cos x \operatorname{tg} z}{\frac{\partial \varphi}{\partial u} \sin x + \frac{\partial \varphi}{\partial v} \sin y}$$

$$\frac{\partial z}{\partial y} = \frac{\frac{\partial \varphi}{\partial v} \cos y \operatorname{tg} z}{\frac{\partial \varphi}{\partial u} \sin x + \frac{\partial \varphi}{\partial v} \sin y}$$

Setzt man diese Werte in die Differentialgleichung (2) ein, so geht deren linke Seite über in tg z, und die Gleichung ist also identisch erfüllt. Gleichung (1) ist demnach in der Tat ein Integral von (2).

§ 53. Die Arten der Integrale partieller Differentialgleichungen im allgemeinen.

I. Bei den gewöhnlichen Differentialgleichungen hatten wir als Formen, in denen Integrale auftreten können, erkannt:

das partikuläre Integral,
das allgemeine Integral,
das singuläre Integral.

Es war ein wichtiger Satz der, daß sich das allgemeine Integral einer Differentialgleichung $n$ter Ordnung aus n voneinander unabhängigen partikulären Integralen mit n unbestimmten Konstanten zusammensetzt. Das singuläre Integral war geometrisch als einhüllende Kurve oder Fläche sämtlicher Individuen der durch das allgemeine Integral definierten Mannigfaltigkeit erkannt.

II. Zunächst wollen wir nun untersuchen, welche Bedeutung ein mit unbestimmten Koeffizienten behaftetes Integral im Gebiete der partiellen Differentialgleichungen erster Ordnung hat. Das Integral laute:

$$F\,(u, x, y, z,\; C_1, C_2, C_3, C_4 \ldots .) = 0. \tag{1}$$

Es sei u die abhängige, $x\,y\,z$ die unabhängigen Variabeln, $C_1\,C_2\,C_3\,C_4 \ldots$ die unbestimmten Konstanten, über deren Zahl wir zunächst keine Voraussetzung machen.

Jetzt differentiieren wir F nach $x\,y\,z$ und erhalten die Gleichung:

$$dF = \left(\frac{\partial F}{\partial u}\cdot\frac{\partial u}{\partial x} + \frac{\partial F}{\partial x}\right) dx + \left(\frac{\partial F}{\partial u}\frac{\partial u}{\partial y} + \frac{\partial F}{\partial y}\right) dy + \left(\frac{\partial F}{\partial u}\cdot\frac{\partial u}{\partial z} + \frac{\partial F}{\partial z}\right) dz \tag{2}$$

welche wegen der Willkürlichkeit von dx, dy, dz in die drei Gleichungen zerfällt:

$$\begin{aligned}
\frac{\partial F}{\partial u}\frac{\partial u}{\partial x} + \frac{\partial F}{\partial x} &= 0\\
\frac{\partial F}{\partial u}\frac{\partial u}{\partial y} + \frac{\partial F}{\partial y} &= 0\\
\frac{\partial F}{\partial u}\frac{\partial u}{\partial z} + \frac{\partial F}{\partial z} &= 0
\end{aligned} \tag{3}$$

Die 4 Gleichungen (1) und (3) sind hinreichend, um drei von den willkürlichen Konstanten C, etwa C_1, C_2, C_3, zu eliminieren Wir nehmen nun an, daß nur diese drei vorkommen, und erhalten als Resultat der Elimination eine Gleichung:

$$\varphi\left(u, x, y, z, \frac{\partial u}{\partial x}, \frac{\partial u}{\partial y}, \frac{\partial u}{\partial z}\right) = 0 \tag{4}$$

d. h. eine partielle Differentialgleichung erster Ordnung. Die Gleichung (1) genügt ihr und ist deshalb eine Lösung, wenn nur die drei Constanten C_1, C_3, C_3, vorkommen. Wir nennen (1) das vollständige Integral von (4) und definieren: Ein vollständiges Integral einer Differentialgleichung erster Ordnung ist eine solche die Differentialgleichung befriedigende Beziehung zwischen den Variabeln, die ebensoviel willkürliche Konstante enthält, als unabhängige Variabele vorhanden sind.

III. Beispiel: Es ist zu verifizieren, daß das vollständige Integral von

$$a\left(\frac{\partial z}{\partial x} + \frac{\partial z}{\partial y}\right) = z \tag{5}$$

lautet:

$$z = C_1\, e^{\frac{y}{a} + C_2(x-y)}$$

Durch Differentiation von (6) findet man:

$$\frac{\partial z}{\partial x} = C_1 C_2\, e^{\frac{y}{a} + C_2(x-y)} = C_2 z$$

$$\frac{\partial z}{\partial y} = C_1\left(\frac{1}{a} - C_2\right) e^{\frac{y}{a} + C_2(x-y)} = \left(\frac{1}{a} - C_2\right) z,$$

woraus sich (5) ergibt.

IV. Wir wollen jetzt in der Integralbeziehung (1)

$$F(u,\ x,\ y,\ z,\ C_1,\ C_2,\ C_3) = 0$$

die willkürlichen Größen $C_1\, C_2\, C_3$ nicht mehr von $x\, y\, z$ unabliängig annehmen. Der unter II durchgeführte Eliminationsprozeß hefert dann dasselbe Resultat, nämlich die Differentialgleichung (4), wenn die drei Gleichungen (3) formal dieselben bleiben, trotzdem $C_1\, C_2\, C_3$ Funktionen von $x\, y\, z$ sind. Die Bedingung hierfür leiten wir ab.

Offenbar schreibt sich das Differential dF, wenn $C_1\,C_2\,C_3$ die Variabeln $x\,y\,z$ enthalten, wie folgt:

$$\begin{aligned} dF = & \left(\frac{\partial F}{\partial u}\frac{\partial u}{\partial x} + \frac{\partial F}{\partial x} + \sum_i \frac{\partial F}{\partial C_i}\frac{\partial C_i}{\partial x}\right) dx + \\ & \left(\frac{\partial F}{\partial u}\frac{du}{dy} + \frac{\partial F}{\partial y} + \sum_i \frac{\partial F}{\partial C_i}\frac{\partial C_i}{\partial y}\right) dy + \\ & \left(\frac{\partial F}{\partial u}\frac{\partial u}{\partial z} + \frac{\partial F}{\partial z} + \sum_i \frac{\partial F}{\partial C_i}\frac{\partial C_i}{\partial z}\right) dz \\ & i = 1, 2, 3 \end{aligned} \tag{7}$$

Ohne die hieraus sich ergebenden Gleichungen (3) besonders hinzuzuschreiben, übersehen wir sofort, daß diese Formeln ungeändert bleiben, sobald die Gleichungen erfüllt sind:

$$\begin{aligned} \frac{\partial F}{\partial C_1}\frac{\partial C_1}{\partial x} + \frac{\partial F}{\partial C_2}\frac{\partial C_2}{\partial x} + \frac{\partial F}{\partial C_3}\frac{\partial C_3}{\partial x} &= 0 \\ \frac{\partial F}{\partial C_1}\frac{\partial C_1}{\partial y} + \frac{\partial F}{\partial C_2}\frac{\partial C_2}{\partial y} + \frac{\partial F}{\partial C_3}\cdot\frac{\partial C_3}{\partial y} &= 0 \\ \frac{\partial F}{\partial C_1}\frac{\partial C_1}{\partial z} + \frac{\partial F}{\partial C_2}\frac{\partial C_2}{\partial z} + \frac{\partial F}{\partial C_3}\cdot\frac{\partial C_3}{\partial z} &= 0 \end{aligned} \tag{8}$$

Dieses Gleichungssystem ist offensichtlich erfüllt durch

$$\frac{\partial F}{\partial C_1} = 0 \qquad \frac{\partial F}{\partial C_2} = 0 \qquad \frac{\partial F}{\partial C_3} = 0 \tag{9}$$

vorausgesetzt, daß die Koeffizientendeterminante

$$\Delta = \begin{vmatrix} \frac{\partial C_1}{\partial x} & \frac{\partial C_2}{\partial x} & \frac{\partial C_3}{\partial x} \\ \frac{\partial C_1}{\partial y} & \frac{\partial C_2}{\partial y} & \frac{\partial C_3}{\partial y} \\ \frac{\partial C_1}{\partial z} & \frac{\partial C_2}{\partial z} & \frac{\partial C_3}{\partial z} \end{vmatrix} \tag{10}$$

von Null verschieden ist.

Die Gleichungen (9) bieten jetzt Gelegenheit, C_1 C_2 C_3 durch gewöhnliche Auflösung zu bestimmen, wodurch wir diese Größen in u, x, y, z ausgedrückt erhalten, so daß nach Einsetzen in (1) das vollständige Integral übergeht in eine Ausdruck, der keine willkürlichen Konstanten mehr enthält. Dieser neue Ausdruck, der der Differentialgleichung (4) ebenfalls genügt, heißt das singuläre Integral.

Wir definieren: das singuläre Integral ist eine solche Beziehung zwischen den Veränderlichen, die keine willkürlichen Konstanten enthält und den gegebenen Differentialgleichungen genügt. Das Integral kann aber nicht durch spezielle Auswahl der willkürlichen Konstanten des vollständigen Integrals erhalten werden.

V. Beispiel: Gegeben ist die Differentialgleichung

$$\Phi\left(x, y, z \frac{\partial z}{\partial x}, \frac{\partial z}{\partial y}\right) = x\frac{\partial z}{\partial x} + y\frac{\partial z}{\partial x} + \frac{\partial z}{\partial x}\cdot\frac{\partial z}{\partial y} - z = 0 \tag{11}$$

Man verifiziert leicht:

$$F = a x + by + ab - z = 0 \tag{12}$$

als das vollständige Integral mit:

$$\frac{\partial z}{\partial x} = a, \quad \frac{\partial z}{\partial y} = b$$

Bilden wir jetzt analog (9)

$$\frac{\partial F}{\partial a} = x + b = 0 \tag{13}$$

$$\frac{\partial F}{\partial b} = y + a = 0$$

woraus sich $a = -y$, $b = -x$ ermitteln, so findet sich nach Einsetzen in (12):

$$x y + z = 0 \tag{14}$$

als das singuläre Integral, welches keine willkürlichen Konstanten enthält. Die Gleichungen (13) sind zulässig, weil die Determinante Δ (vgl. 10), die sich hier auf:

$$\begin{vmatrix} \frac{\partial a}{\partial x} & \frac{\partial b}{\partial x} \\ \frac{\partial a}{\partial y} & \frac{\partial b}{\partial y} \end{vmatrix} = \begin{vmatrix} 0 & -1 \\ -1 & 0 \end{vmatrix} = -1$$

zusammenzieht, von Null verschieden ist.

VI. Das Gleichungssystem (8) wird noch auf eine andere Weise erfüllt, abgesehen von dem Ansatz (9). Löst man nämlich die in

$$\frac{\partial F}{\partial C_1}, \quad \frac{\partial F}{\partial C_2}, \quad \frac{\partial F}{\partial C_3}$$

linearen Gleichungen (8) nach diesen Größen auf, so erhält man:

$$\left.\begin{aligned} \Delta \cdot \frac{\partial F}{\partial C_1} &= \begin{vmatrix} 0 & \frac{\partial C_2}{\partial x} & \frac{\partial C_3}{\partial x} \\ 0 & \frac{\partial C_2}{\partial y} & \frac{\partial C_3}{\partial y} \\ 0 & \frac{\partial C_2}{\partial z} & \frac{\partial C_3}{\partial z} \end{vmatrix} = 0 \\ \Delta \cdot \frac{\partial F}{\partial C_2} &= \begin{vmatrix} \frac{\partial C_1}{\partial x} & 0 & \frac{\partial C_3}{\partial x} \\ \frac{\partial C_1}{\partial y} & 0 & \frac{\partial C_3}{\partial y} \\ \frac{\partial C_1}{\partial t} & 0 & \frac{\partial C_3}{\partial z} \end{vmatrix} = 0 \\ \Delta \cdot \frac{\partial F}{\partial C_3} &= \begin{vmatrix} \frac{\partial C_1}{\partial x} & \frac{\partial C_2}{\partial x} & 0 \\ \frac{\partial C_1}{\partial y} & \frac{\partial C_2}{\partial y} & 0 \\ \frac{\partial C_1}{\partial z} & \frac{\partial C_2}{\partial z} & 0 \end{vmatrix} = 0 \end{aligned}\right\} \tag{15}$$

die erfüllt werden durch

$$\Delta = 0. \tag{16}$$

Nach einem bekannten Satz ist dies aber die Bedingung dafür, daß $C_1\, C_2\, C_3$ als Funktionen von $x\, y\, z$ nicht unabhängig voneinander sind, daß eine Funktion

$$\varphi\,(C_1, C_2, C_3)$$

existiert, die nach Einsetzen der Funktionsausdrücke für $C_1\, C_2\, C_3$ identisch verschwindet:

$$\varphi\,(C_1, C_2, C_3) = 0 \text{ [53]}. \tag{17}$$

Setzen wir etwa

$$C_3 = \chi\,(C_1, C_2) \tag{18}$$

willkürlich an, so wird (17) erfüllt. Differentiieren wir jetzt (1) und (18) nach den willkürlichen Konstanten, so kommt:

$$\left.\begin{aligned} &\frac{\partial F}{\partial C_1} dC_1 + \frac{\partial F}{\partial C_2} dC_2 + \frac{\partial F}{\partial C_3} dC_3 = 0 \\ \text{und} \\ &dC_3 = \frac{\partial \chi}{\partial C_1} dC_1 + \frac{\partial \chi}{\partial C_2} dC_2 \end{aligned}\right\} \tag{19}$$

aus deren Verein sich ergibt:

$$\left(\frac{dF}{\partial C_1} + \frac{\partial F}{\partial C_3}\frac{\partial \chi}{\partial C_1}\right) dC_1 + \left(\frac{\partial F}{\partial C_2} + \frac{\partial F}{\partial C_3}\frac{\partial \chi}{\partial C_2}\right) dC_2 = 0 \tag{20}$$

woraus wiederum, wegen der unabhängigenWählbarkeit von dC_1 und dC_2 folgt:

$$\left.\begin{aligned} \frac{\partial F}{\partial C_1} + \frac{\partial F}{\partial C_3}\frac{\partial \chi}{\partial C_1} &= 0 \\ \frac{\partial F}{\partial C_2} + \frac{\partial F}{\partial C_3}\frac{\partial \chi}{\partial C_2} &= 0. \end{aligned}\right\} \tag{21}$$

Wir haben jetzt drei Gleichungen: (18) und (21), die zur Berechnung von $C_1\, C_2\, C_3$ als Funktionen von $x\, y\, z$ hinreichen. Durch Einführung der gefundenen Größen in (1) wird in das Integral eine willkürliche Funktion χ zweier voneinander unabhängiger Funktionen hineingebracht. Man nennt die solchergestalt entstehende Lösung das allgemeine Integral. Es enthält keine willkürlichen Konstanten, sondern eine oder mehrere willkürliche Funktionen der unabhängigen Variabeln.

VII. Beispiel. Man verifiziert leicht, daß z

$$F = C_1 \log x + (1 - C_1) \log y + C_2 - \log z = 0 \tag{22}$$

das vollständige Integral von

$$z = x\frac{\partial z}{\partial x} + y\frac{\partial z}{\partial y} \tag{23}$$

ist.

Nach Vorschrift von (18) setzen wir willkürlich an

$$C_2 = \chi(C_1) \tag{24}$$

(das vollständige Integral enthält hier nur 2 willkürliche Konstante, da wir nur 2 unabhängige Variabele x und y haben) und nach Vorschrift von (21) bilden wir:

$$\frac{\partial F}{\partial C_1} + \frac{\partial F}{\partial C_2}\frac{\partial x}{\partial C_1} = \log x - \log y + \chi'(C_1) = 0 \tag{25}$$

woraus sich findet

$$C_1 = \vartheta\left(\frac{y}{x}\right) \tag{26}$$

Ebenso wird C_2 eine willkürliche Funktinn von $\dfrac{y}{x}$ und nach Einsetzen in (22) und nach Beseitigung der Logarithmen ergibt sich:

$$y\psi\left(\frac{y}{x}\right) - z = 0 \tag{27}$$

als das allgemeine Integral von (23). Denn es ist:

$$x\frac{\partial z}{\partial x} = -\frac{y^2}{x}\psi'\left(\frac{y}{x}\right)$$

$$y\frac{\partial z}{\partial y} = +\frac{y^2}{x}\psi'\left(\frac{y}{x}\right) + y\psi\left(\frac{y}{x}\right)$$

also nach Addition:

$$x\frac{\partial z}{\partial x} + y\frac{\partial z}{\partial y} = y\psi\left(\frac{y}{x}\right) = z$$

w. z. b. w.

VIII. Es gibt eine weit entwickelte Theorie, die gestattet, für eine gegebene partielle Differentialgleichung das vollständige, das allgemeine und das singuläre Integral aufzufinden. Am vollkommensten sind die Integrationsverfahren ausgebildet für die allgemeinen Differentialgleichungen erster Ordnung und die linearen Differentialgleichungen zweiter Ordnung.

Bei den partiellen Differentialgleichungen, die bei physikalischen Aufgaben auftreten, liegt nun der Schwerpunkt nicht in der Bestimmung dieser Integrale, sondern in der Ermittlung der Grenzbedingungen, den die Integralfunktionen zu genügen haben.

Die Wege, die man hierzu einschlägt, sind bis zu einem gewissen Grade allgemein angegeben; vor allem aber tritt die Aufsuchung der der oben angeführten Integrale sehr in den Hintergrund, weshalb wir auf die allgemeinen Integrationstheorien partieller Differentialgleichungen nicht weiter eingehen. Wir werden vielmehr im folgenden die verschiedenen Gruppen partieller „physikalischer" Differentialgleichungen, mit den einfachsten beginnend, behandeln und dabei an geeigneten Stellen allgemeinere Betrachtungen über die Methoden einflechten[54]).

II. Einfache partielle Differentialgleichungen aus verschiedenen Gebieten.

§ 54. Differentialgleichung der schwingenden Saite.

I. Eine Saite von der Länge l (Fig. 136) sei mit ihren Endpunkten in zwei Punkten $A\,B$ der x-Achse befestigt. In der Ruhelage fällt sie dann mit der x-Achse zusammen; ihre Anfangsspannung sei P, und wir betrachten nur solche Auslenkungen y der Saite aus der Ruhelage, daß die Spannung stets $= P$ bleibt. Außerdem seien die Auslenkungen eben und erfolgen nur in der xy-Ebene.

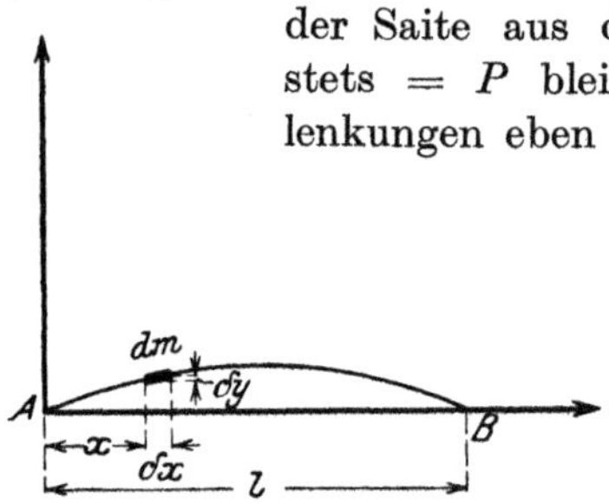

Fig. 136. Schwingende Saite.

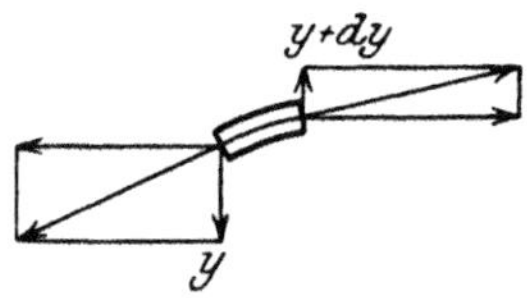

Fig. 136a. Kräfte an einem Saitenelement.

Nun betrachten wir ein Saitenelement dm. In seinen Endpunkten x und $x + \partial x$ ziehen wir Tangenten an die Saite, deren Neigungswinkel α bzw. α' seien, welche Winkel wegen der Kleinheit der Auslenkungen y ebenfalls klein sind. Dann ist die y-Komponente der Spannung P im Punkte x

$$Y = -P \sin \alpha,$$

im Punkte $x + \partial x$

$$Y + \partial Y = +P \sin \alpha'.$$

Nun ist aber:

$$\sin\alpha = \frac{\partial y}{\partial x}$$

$$\sin\alpha' = \frac{\partial y}{\partial x} + \frac{\partial^2 y}{\partial x^2}\,dx\,.$$

Mit diesen Formeln ergibt sich als resultierende auf das Saitenelement *dm* wirkende Transversalkraft

$$+\,P\,\frac{\partial^2 y}{\partial x^2}\,dx$$

die nach dem Grundgesetz der Mechanik mit der am Massenelement angreifenden Trägheitskraft $dm\,\frac{\partial^2 y}{\partial t^2}$ gleich zu setzen ist, wenn die Bewegungsgleichung gesucht wird:

$$dm\,\frac{\partial^2 y}{\partial t^2} = P\,\frac{\partial^2 y}{\partial x^2}\,dx \qquad (1)$$

Bezeichnet jetzt p das Gewicht der ganzen Saite, dann ist die Masse

$$dm = \frac{p}{g}\,\frac{dx}{l}$$

wo g die Beschleunigung der Schwere bedeutet.

Die Gleichung (1) geht hiermit über in:

$$\frac{\partial^2 y}{\partial t^2} = \frac{P\,g^2}{p}\,\frac{\partial^2 y}{\partial x^2} \qquad (2)$$

und mit

$$\frac{P\,g^2}{p} = a^2$$

in

$$\frac{\partial^2 y}{\partial t^2} = a^2\,\frac{\partial^2 y}{\partial x^2} \qquad (3)$$

Dies ist die Gleichung der ebenen Transversalschwingungen einer gespannten Saite, die durch die Namen d'Alembert, Euler, Daniell Bernoulli berühmt geworden ist[55]).

Die Aufgabe, die sich uns bietet, ist nun folgende:

Es ist eine Funktion y von x und t

$$y = F\,(x, t)$$

zu suchen, die

1. die obige Gleichung (3) befriedigt,
2. die Eigenschaft hat, daß für $x = 0$ und $x = l$ $y = 0$ wird,

$$0 = F(0, t),$$
$$0 = F(l, t),$$

3. zur Zeit $t = 0$ eine gegebene Gestalt $f(x)$ annimmt

$$f(x) = F(x, 0),$$

4. deren Differentialquotient zur Zeit $t = 0$ eine gegebene Gestalt annimmt:

$$g(x) = \frac{\partial F(x, 0)}{\partial t}$$

Die Bedingung 2. heißt die Grenzbedingung und bedeutet das Festliegen der Saitenendpunkte.

3. und 4. heißen die Anfangsbedingungen, und 3. bedeutet, daß im Anfang, d. h. zur Zeit $t = 0$ die Saite eine gegebene Gestalt haben soll, z. B. durch einen Stift S zur Seite gezogen sei (Fig. 137). Der Stift wird zur Zeit $t = 0$ fortgenommen, worauf die Schwingung beginnt. 4. bedeutet, daß zur Zeit $t = 0$ alle Punkte der Saite eine gegebene Geschwindigkeit haben sollen. Z. B. können alle Punkte zur Zeit $t = 0$ in Ruhe sein, wie in dem eben angeführten Beispiel der seitlichen Anfangsauslenkung mittels des Stiftes.

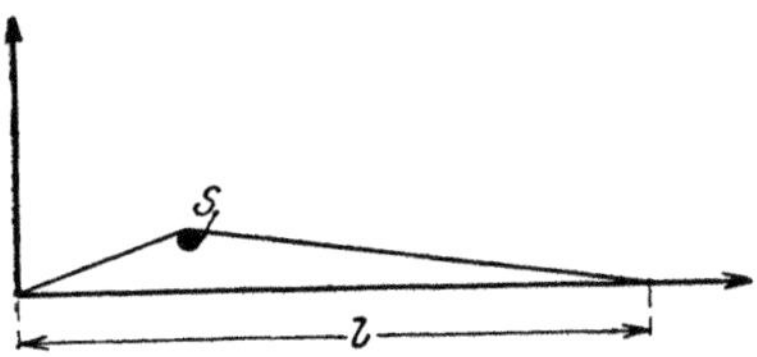

Fig. 137. Spezielle Anfangsgestalt einer Saite.

Zunächst suchen wir eine Funktion nach Vorschrift von 1) und wir setzen eine solche als partikuläres Integral zunächst in der Form an

$$y = X \cdot T \tag{4}$$

wo X bzw. T Funktionen von x t bzw. t allein bedeuten.

Durch Differentiation ergibt sich

$$\frac{\partial^2 y}{\partial t^2} = X \frac{d^2 T}{dt^2}$$

$$\frac{\partial^2 y}{\partial x^2} = T \frac{d^2 X}{dx^2}$$

und nach dem Einsetzen in (3)

$$\frac{1}{T}\frac{d^2 T}{dt^2} = \frac{a^2}{X}\frac{d^2 X}{dx^2} \tag{5}$$

Diese Gleichung wird erfüllt, wenn wir beide Seiten einer und derselben Konstanten, z. B. $-k^2$ gleich setzen, wodurch folgende beiden Ansätze resultieren:

$$\left.\begin{aligned}\frac{d^2 T}{dt^2} &= -k^2 T \\ \frac{d^2 X}{dx^2} &= -\frac{k^2}{a^2} X\end{aligned}\right\} \tag{6}$$

Partikuläre Integrale dieser beiden gewöhnlichen Differentialgleichungen sind

$$\begin{aligned}T &= \cos k t, \quad \sin k t \\ X &= \cos\frac{k}{a}x, \quad \sin\frac{k}{a}x\end{aligned} \tag{7}$$

wovon man sich durch Einsetzen in 6) ohne weiteres überzeugt. Von diesen Funktionen scheidet $\cos\frac{k}{a}x$ aus, weil dieser Ausdruck für x = 0 nicht Null wird, wie unter 2. vorgeschrieben. Damit aber $\sin\frac{k}{a}$ x für x = l verschwindet, muß $k l = a n \pi$ sein wo n eine ganze Zahl ist. Die Gleichung $k l = a n \pi$ heißet die Periodengleichung; sie ergibt sich stets aus den Grenzbedingungen.

Wir haben jetzt zwei partikuläre Lösungen für (3), nämlich:

$$\sin\frac{n\pi}{l}x \cos\frac{a n \pi}{l}t$$

und (8)

$$\sin\frac{n\pi}{l}x \sin\frac{a n \pi}{l}t$$

Beide Lösungen fassen wir mit zwei unbestimmten Konstanten A_n und B_n zusammen in

$$y = \sin\frac{n\pi}{l}x\left(A_n \cos\frac{a n \pi}{l}t + B_n \sin\frac{a n \pi}{l}t\right) \tag{9}$$

oder, wenn wir setzen

$$A_n = C_n \cos \frac{a n \pi}{l} \tau_n$$

$$B_n = C_n \sin \frac{a n \pi}{l} \tau_n$$

$$y = C_n \sin \frac{n \pi}{l} x \cdot \cos \frac{a n \pi}{l} (t - \tau_n) \tag{10}$$

Wir erhalten also einen S c h w i n g u n g s v o r g a n g, d. h. einen in Bezug auf die Zeit p e r i o d i s c h e n Vorgang. Die Schwingungsdauer ist:

$$T_n = \frac{2 l}{a n} \tag{11}$$

die Schwingungszahl:

$$Z_n = \frac{a n}{2 l} \tag{12}$$

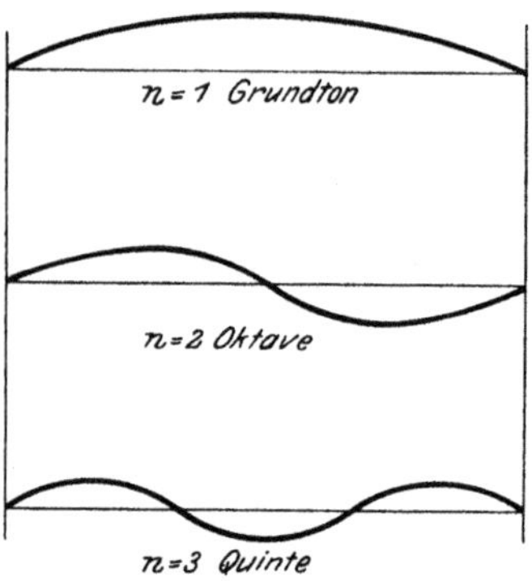

Fig. 138. Verschiedene Schwingungsformen.

Die Saite ist fähig, jede durch eine ganze Zahl n gekennzeichnete Bewegung auszuführen.

Ist $n = 1$, so schwingt die Saite im G r u n d t o n, bei $n = 2$ in der O k t a v e des Grundtons, bei $n = 3$ mit der Quinte der Oktave. Welche Schwingung die Saite wirklich ausführt, hängt von den Anfangsbedingungen ab.

Z. B. wird sie nur im Grundton schwingen, wenn sie zur Zeit t = o die erste in Fig. 138 gezeichnete Gestalt hatte und ihre Punkte sämtlich in Ruhe waren.

II. Ist aber die Anfangsgestalt eine andere, so werden außer dem Grundton auch die O b e r t ö n e auftreten, d. h. die Gesamtschwingung wird sich durch Übereinanderlagerung der Einzelschwingungen ausdrücken:

$$y = \sum_n \left(A_n \cos n \frac{\pi a t}{l} + B_n \sin n \frac{\pi a t}{l} \right) \sin n \frac{\pi x}{l} \tag{13}$$

Hier entspringt nun die Aufgabe, die unbestimmten Koeffizienten $A_n\, B_n$ aus den A n f a n g s b e d i n g u n g e n (3) und (4) zu bestimmen.

Aus (3) ergibt sich für t = o

$$y_{t=0} = \sum_{n=0}^{\infty} A_n \sin \frac{n \pi x}{l} = f(x) \tag{14}$$

während aus (4) resultiert:

$$\frac{\partial y}{\partial t}_{t=0} = \sum_{n=0}^{\infty} B_n \cdot \frac{n \pi a}{l} \sin \cdot \frac{n \pi}{l} x = g(x) \tag{15}$$

Hier sind g(x) und f(x) im Intervall von 0 bis l willkürlich vorgegebene Funktionen und (14) und (15) verlangen, diese Funktionen in Reihen von Winkelfunktionen zu entwickeln, die nach Vielfachen von $\frac{\pi x}{l}$ fortschreiten.

Bekanntlich hat Fourier diese Aufgabe gelöst. Er multiplizierte die Gleichung (14) mit $\sin m \frac{\pi x}{l} dx$ und integrierte zwischen 0 und l. Dann findet sich:

$$\int_0^l f(x) \sin \frac{m \pi x}{l} dx = \sum_{n=0}^{\infty} \int_0^l A_n \sin \frac{n \pi x}{l} \sin \frac{m \pi x}{l} dx \tag{16}$$

Auf der rechten Seite dieser Gleichung wird aber

$$\int_0^l \sin \frac{n \pi x}{l} \sin \frac{m \pi x}{l} dx = 0 \tag{17}$$

bei allen Gliedern, bei denen $n \gtrless m$ ist. Wird aber $n = m$, so findet sich:

$$\int_0^l \sin \frac{n \pi x}{l} \cdot \sin \frac{n \pi x}{l} dx = \frac{l}{2} \tag{18}$$

Der Beweis für die beiden Behauptungen (17) und (18) findet sich wie folgt:

Zunächst ist

$$\int_0^l \sin \frac{n \pi x}{l} \sin \frac{m \pi x}{l} dx$$

$$= \frac{1}{2} \int_0^l \cos \frac{(n-m) \pi x}{l} dx - \frac{1}{2} \int_0^l \cos (n+m) \frac{\pi x}{l} dx \tag{19}$$

Das zweite Integral rechts stellt aber die Fläche dar, die von der Kurve

$$y = \cos(n + m)\frac{\pi x}{l}$$

und den Ordinaten $x = 0$ und $x = l$ eingeschlossen wird. Ist $n + m$ gerade, so hat die Kurve den in Fig. 139 gezeichneten Verlauf.

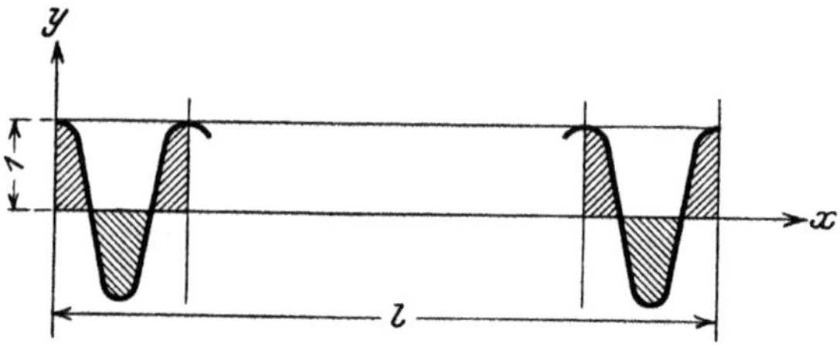

Fig. 139. $\int\limits_0^l \cos(n + m)\frac{\pi x}{l}\,dx$. $n + m$ gerade.

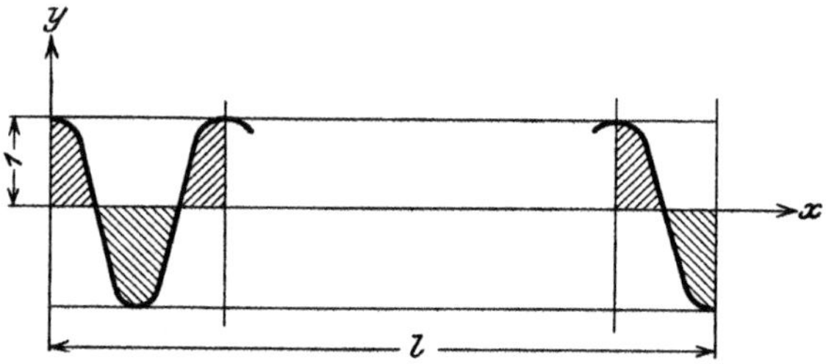

Fig. 140. $\int\limits_0^l \cos(n + m)\frac{\pi x}{l}\,dx$. $n + m$ ungerade.

Man erkennt ohne weiteres, daß die Fläche der Kurve = Null ist.

Ist aber $n + m$ ungerade, so hat die Kurve das Aussehen Fig. 140.

Der Flächeninhalt verschwindet gleichfalls.

Das Integral

$$\int\limits_0^l \cos(n - m)\frac{\pi}{l}x\,dx\,,$$

welches für $n \gtrless m$ nach dem Vorhergehenden gleichfalls verschwindet, reduziert sich für $n = m$ auf

$$\int_0^l dx$$

d. h. auf den Wert l. Es bleibt also in der Tat nur $\frac{l}{2}$ als Integralwert für (18) übrig.

Hiermit findet sich also aus (16)

$$A_n = \frac{2}{l} \int_0^l f(x) \sin \frac{n \pi x}{l} dx \tag{20}$$

und analog aus (15):

$$B_n = \frac{2}{a \pi n} \int_0^l g(x) \sin \frac{n \pi x}{l} d x$$

Hiermit ist die Reihe (13) und damit die Bewegung der Saite festgelegt.

§ 55. Rechnerische Ermittlung der Fourierschen Koeffizienten.

Wir wollen jetzt, etwas verallgemeinernd, die Funktion $f(x)$ der Periode 2π in eine sowohl nach Cosinus- wie nach Sinusfunktionen fortschreitende Reihe entwickeln:

$$f(x) = a_0 + \sum_{n=1}^{\infty} (A_n \cos n x + B_n \sin n x) \tag{1}$$

Wiederum schlagen wir das Verfahren der Multiplikation mit $\cos m x \, dx$ resp. $\sin m x \, dx$ ein und erhalten nach Integration zwischen 0 und 2π:

$$\left.\begin{aligned} A_n &= \frac{1}{\pi} \int_0^{+2\pi} f(x) \cos n x \, dx \\ B_n &= \frac{1}{\pi} \int_0^{+2\pi} f(x) \sin n x \, dx \end{aligned}\right\} \tag{2}$$

welche Formeln auch noch für $n = o$ gelten, falls man

$$a_0 = \frac{A_0}{2} = \frac{1}{2\pi}\int_0^{2\pi} f(x)\,dx \tag{3}$$

setzt.

Damit ist die Reihenentwicklung (1) festgelegt.

Es handelt sich jetzt um die Bestimmung der Koeffizienten A_n und B_n. Man nennt diese Aufgabe: **Harmonische Analyse der Funktion** $f(x)$. (Fig. 141).

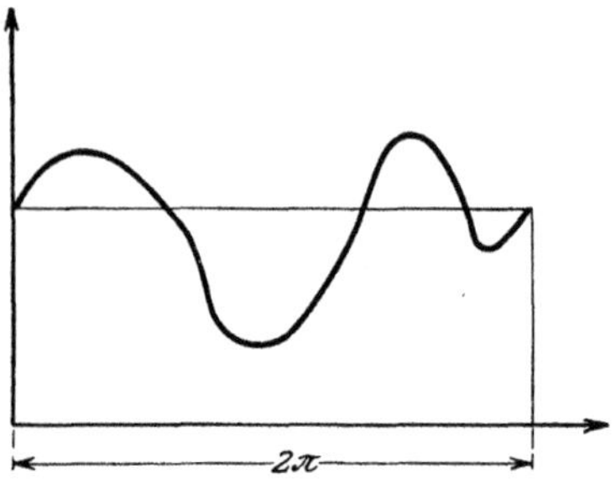

Fig. 141. Funktion der Periode 2π.

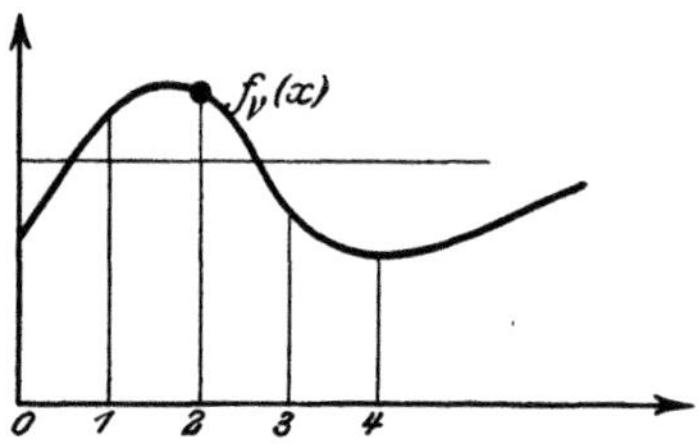

Fig. 142. Zur rechnerischen harmonischen Analyse.

Zunächst geben wir ein rechnerisches Verfahren an.

Das Intervall 0 bis $2\pi = 0$ bis 360^0 wird in $2m = 24$ gleiche Teile geteilt.

Die den Abszissen

$$x = \frac{2\pi}{2m} \ldots\ldots \frac{2\pi}{2m}\nu$$

entsprechenden Funktionswerte von $f(x)$ werden mit $f_\nu(x)$ bezeichnet: $\nu = 1,2 \ldots 2m$. Ferner bilden wir alle Kurven:

$$\cos n x \text{ und } \sin n x$$

und berechnen ebenfalls deren Werte für die Abszissen

$$\frac{2\pi}{2m}, \frac{2\pi}{2m} 2 \ldots\ldots \frac{2\pi}{2m}\nu, \ldots 2\pi$$

d. h.

$$\left.\begin{aligned} \cos_\nu n x &= \cos n \frac{2\pi}{2m} \nu \\ \text{und} \qquad & \\ \sin_\nu n x &= \sin n \frac{2\pi}{2m} \nu \end{aligned}\right\} \quad \nu = 1,2 \ldots\ldots 2m$$

Diese Werte sind einer trigonometrischen Tafel zu entnehmen. Für $2m = 24$ haben wir folgende Tabellen:

$$\cos n \frac{2\pi}{24} \cdot \nu$$

Tabelle 11.

n / ν	1	2	3	4	5
0	+ 1,000	+ 1,000	+ 1,000	+ 1,000	+ 1,000
1	+ 0,966	+ 0,866	+ 0,707	+ 0,500	+ 0,259
2	+ 0,866	+ 0,500	0,000	— 0,500	— 0,866
3	+ 0,707	0,000	— 0,707	— 1,000	— 0,707
4	+ 0,500	— 0,500	— 1,000	— 0,500	+ 0,500
5	+ 0,259	— 0,866	— 0,707	+ 0,500	+ 0,966
6	0,000	— 1,000	0,000	+ 1,000	0,000
7	— 0,259	— 0,866	+ 0,707	+ 0,500	— 0,966
8	— 0,500	— 0,500	+ 1,000	— 0,500	— 0,500
9	— 7,700	0,000	+ 0,707	— 1,000	+ 0,707
10	— 0,866	+ 0,500	0,000	— 0,500	+ 0,866
11	— 0,966	+ 0,866	— 0,707	+ 0,500	— 0,259
12	— 1,000	+ 1,000	— 1,000	+ 1,000	— 1,000
13	— 0,966	+ 0,866	— 0,707	+ 0,500	— 0,259
14	— 0,866	+ 0,500	0,000	— 0,500	+ 0,866
15	— 0,707	0,000	+ 0,707	— 1,000	+ 0,707
16	— 0,500	— 0,500	+ 1,000	— 0,500	— 0,500
17	— 0,259	— 0,866	+ 0,707	+ 0,500	— 0,966
18	0,000	— 1,000	0,000	+ 1,000	0,000
19	+ 0,259	— 0,866	— 0,707	+ 0,500	+ 0,966
20	+ 0,500	— 0,500	— 1,000	— 0,500	+ 0,500
21	+ 0,707	0,000	— 0,707	— 1,000	— 0,707
22	+ 0,866	+ 0,500	0,000	— 0,500	— 0,866
23	+ 0,966	+ 0,860	+ 0,707	+ 0,500	+ 0,259
24	+ 1,000	+ 1,000	+ 1,000	+ 1,000	+ 1,000

$$\sin n \frac{2\pi}{24} \nu$$

Tabelle 12.

n / ν	1	2	3	4	5
0	0,000	0,000	0,000	0,000	0,000
1	+ 0,259	+ 0,500	+ 0,707	+ 0,866	+ 0,966
2	+ 0,500	+ 0,866	+ 1,000	+ 0,866	+ 0,500
3	+ 0,707	+ 1,000	+ 0,707	0,000	— 0,707
4	+ 0,866	+ 0,866	0,000	— 0,866	— 0,866
5	+ 0,966	+ 0,500	— 0,707	— 0,866	+ 0,259
6	+ 1,000	0,000	— 1,000	0,000	+ 1,000
7	+ 0,966	— 0,500	— 0,707	+ 0,866	+ 0,259
8	+ 0,866	— 0,866	0,000	+ 0,866	— 0,866
9	+ 0,707	— 1,000	+ 0,707	0,000	— 0,707
10	+ 0,500	— 0,866	+ 1,000	— 0,866	+ 0,500
11	+ 0,259	— 0,500	+ 0,707	— 0,866	+ 0,966
12	0,000	0,000	0,000	0,000	0,000
13	— 0,259	+ 0,500	— 0,707	+ 0,866	— 0,966
14	— 0,500	+ 0,866	— 1,000	+ 0,866	— 0,500
15	— 0,707	+ 1,000	— 0,707	0,000	+ 0,707
16	— 0,866	+ 0,866	0,000	— 0,866	+ 0,866
17	— 0,966	+ 0,500	+ 0,707	— 0,866	— 0,259
18	— 1,000	0,000	+ 1,000	0,000	— 1,000
19	— 0,966	— 0,500	+ 0,707	+ 0,866	— 0,259
20	— 0,866	— 0,866	0,000	+ 0,866	+ 0,866
21	— 0,707	— 1,000	— 0,707	0,000	+ 0,707
22	— 0,500	— 0,866	— 1,000	— 0,866	— 0,500
23	— 0,259	— 0,500	— 0,707	— 0,866	— 0,966
24	0,000	0,000	0,000	0,000	0,000

Mit diesen cos- resp. sin-Werten sind die $f_\nu(x)$-Werte zu multiplizieren und man erhält:

$$A_n = \frac{1}{m} \sum_{\nu=1}^{24} f_\nu(x) \cos_\nu(n\,x)$$

$$B_n = \frac{1}{m} \sum_{\nu=1}^{24} f_\nu(x) \sin_\nu(n\,x).$$

§ 56. Mechanisches Verfahren zur Bestimmung der Fourierschen Koeffizienten.

Ist eine Funktion $f(x)$ über einer Basis $2c$, Fig. 143, gegeben: so lauten die Fourierschen Koeffizienten

$$\left.\begin{aligned} A_n &= \frac{1}{c}\int\limits_0^{2c} f(x)\cos n\frac{\pi}{c}x\,dx \\ B_n &= \frac{1}{c}\int\limits_0^{2c} f(x)\sin n\frac{\pi}{c}x\,dx \end{aligned}\right\} \qquad (1)$$

die für $c = \pi$ wieder in die Formeln (2) § 55 übergehen.

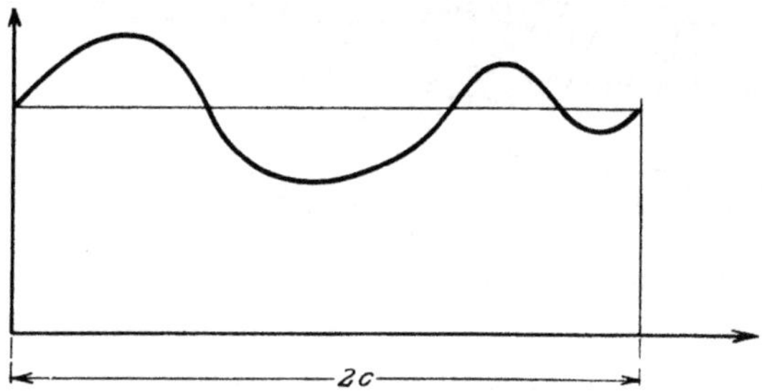

Fig. 143. Funktion der Periode $2c$.

Diese Integrale kann man mittels des Henrici-Coradischen Analysators bestimmen.

Zunächst werden beide Integrale durch partielle Integration umgeformt[56]):

$$A_n = \frac{1}{c}\left[f(x)\frac{c}{n\pi}\sin\frac{\pi n}{c}x\right]_0^{2c} - \frac{1}{c}\int\limits_0^{2c}\frac{c}{n\pi}\sin\frac{n\pi}{c}x\,df(x)$$

oder, da der Wert der eckigen Klammern verschwindet:

$$\left.\begin{aligned} A_n &= -\frac{1}{n\pi}\int_0^{2c}\sin\frac{n\pi}{c}x\,df(x) \\ \text{und analog:} \qquad & \\ B_n &= +\frac{1}{n\pi}\int_0^{2c}\cos\frac{n\pi}{c}x\,df(x) \end{aligned}\right\} \qquad (2)$$

Für die Ausführung dieser Integrationen ist der genannte Analysator eingerichtet.

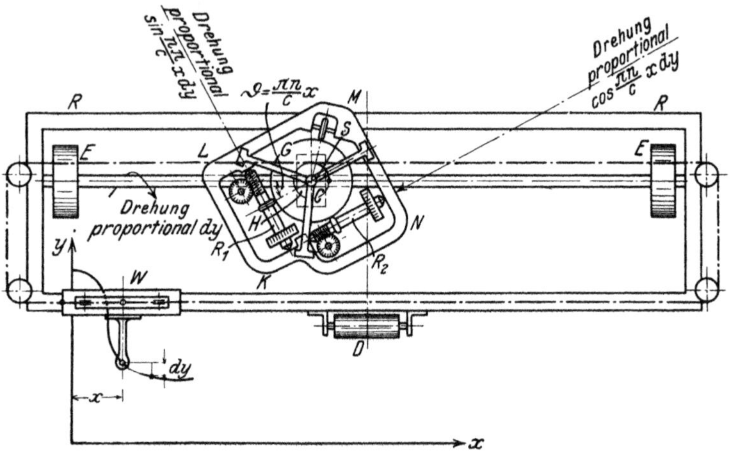

Fig. 144. Konstruktion des Henrici-Coradischen Analysators.

Ein Rahmen $R\,R$ (Fig. 144) wird von drei Rollen $E\,E$ und D getragen und so auf die Ebene $x\,y$ gesetzt, daß die Achse $E\,E$ parallel zur x-Achse steht. Der Rahmen kann dann nur parallel der y-Achse verschoben werden.

Auf dem Rahmen sitzt, parallel zur x-Achse verschieblich der Wagen W, der den Fahrstift F trägt. Wird der Fahrstift an einer zu analysierenden Kurve entlang geführt, so verschiebt sich der Wagen W proportional dx, der Rahmen R proportional dy. Die Bewegung des Wagens, die durch Anschläge auf einen Bereich $2\,c$ beschränkt ist, wird mittels eines Silberdrahtes durch Rollenübertragung zur Scheibe H geleitet. Die Übertragung ist so eingerichtet, daß sich H n mal mit seiner senkrechten Spindel S dreht, wenn der Wagen einmal die Basis $2\,c$ durchläuft.

Fest mit der Spindel S verbunden ist der Integrierapparat $K\ L\ M\ N$, der durch einen etwa quadratischen Rahmen gebildet wird, in welchem zwei Meßrädchen $R_1\ R_2$ zueinander achsensenkrecht gelagert sind. Der Integrierapparat dreht sich also um den Winkel $\vartheta = n\,\frac{\pi}{c}\,x$ um die Achse S.

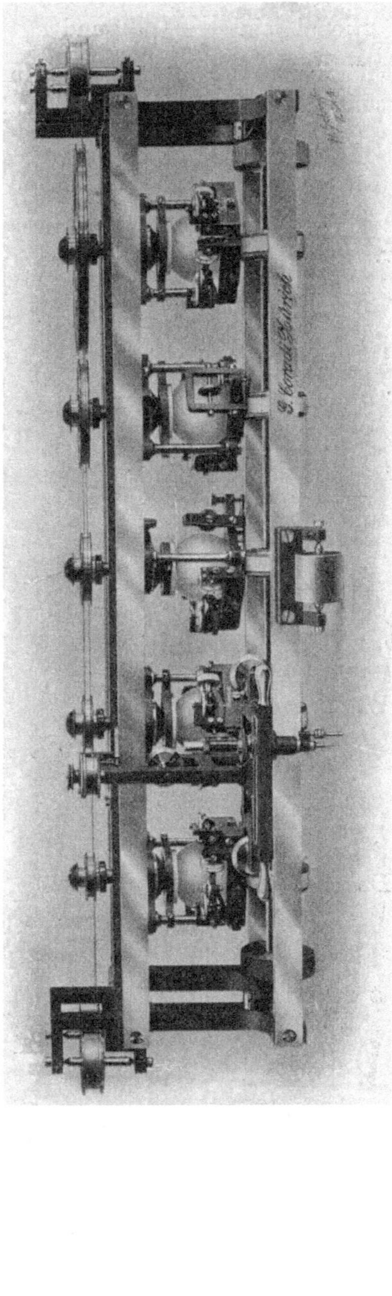

Fig. 145. Ansicht des Henrici-Coradischen Analysators.

Die Bewegung des Rahmens überträgt sich proportional $dy = df(x)$ auf eine zylindrische Scheibe C, die auf der Achse $E\ E$ befestigt ist, und wird von hier durch eine Glaskugel G weitergeleitet, die sich auf C stützt und innerhalb des Integrierapparates so gelagert ist, daß sie die beiden Meßrädchen R_1 und R_2 in zwei Punkten ihres größten Horizontalkreises berührt.

Die Kugel G dreht sich vermöge der Reibung mit C stets um ihren zur x-Achse parallelen Durchmesser, und zwar proportional $d\,y$. Diese Bewegung überträgt sich auf die beiden Meßrädchen R_1

und R_2, und zwar nach Maßgabe der Drehung ϑ des Integrierapparates. Wie aus der Figur unmittelbar ersichtlich, dreht sich R_1 proportional $\sin \frac{n \pi x}{c} \cdot dy$ und R_2 proportional $\cos \frac{n \pi x}{c} \cdot d\, y$. Durchläuft der Fahrstift die ganze Kurve, so sind die Meßrädchen-Ablesungen a_1 und a_2 proportional mit:

$$\int_0^{2c} \sin \frac{n \pi x}{c} \cdot dy$$

bezw.

$$\int_0^{2c} \cos \frac{n \pi x}{c} \cdot dy,$$

d. h.

$$a_1 = p_1 \int_0^{2c} \sin \frac{n \pi x}{c}\, dy$$

$$a_2 = p_2 \int_0^{2c} \cos \frac{n \pi x}{c}\, dy,$$

wo p_1 und p_2 von den Abmessungen des Instrumentes abhängige Konstante sind.

Wir haben also:

$$A_n = -\frac{1}{n \pi} \frac{a_1}{p_1}$$

$$B_n = +\frac{1}{n \pi} \frac{a_2}{p_2}.$$

Da nun am Instrument p_1 und p_2 so gewählt sind, daß

$$p_1 \pi = -1$$

$$p_2 \pi = +1,$$

so hat man unmittelbar:

$$A_n = \frac{a_1}{n}$$

$$B_n = \frac{a_2}{n}.$$

Trägt das Instrument für $n = 1, 2, 3$ mehrere Integrierapparate so kann man mit einer einzigen Umfahrung der Figur sämtliche Koeffizienten $A\ B$ bestimmen bis auf $\frac{A_0}{2}$, welches als Höhe des der Kurvenfläche inhaltgleichen Rechteckes durch ein Planimeter bestimmt wird. Einen Apparat dieser Art zeigt Fig. 145.[56a])

§ 57 Die Differentialgleichung der Stabschwingungen. Biegungsschwingungen.

Ein Stab kann drei Arten von Schwingungen ausführen: Längsschwingungen, Drehungsschwingungen, Biegungsschwingungen.

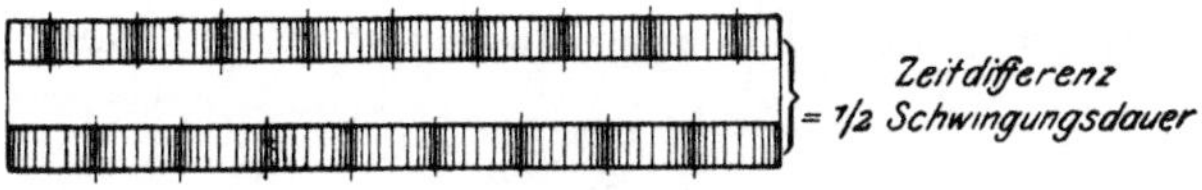

Fig. 146. Längsschwingungen.

I. Bei der Längsschwingung bewegen sich alle Stabteile parallel zur Stabachse. Zusammendrückungen und Dehnungen des Stabmateriales folgen räumlich und zeitlich aufeinander Fig. 146.

Zur Aufstellung der Bewegungsgleichung gehen wir aus von einem horizontal eingespannten Stab und betrachten ein Element $a\,b$ der kleinen axialen Abmessung dx Fig. 147.

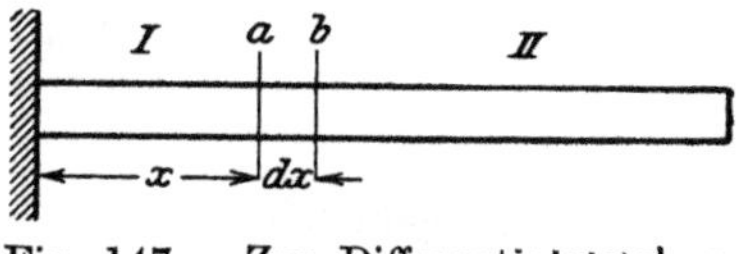

Fig. 147. Zur Differentialgleichung der Längsschwingungen.

Die beiden Begrenzungsebenen a und b bewegen sich periodisch und es sei u die Größe der Verschiebung. u wird im allgemeinen eine Funktion der Stabkoordinate x und der Zeit t sein:

$$u = f(x, t) \tag{1}$$

Wäre x in f nicht enthalten, so würde sich der Stab als starres Ganzes bewegen. Gleichung (1) setzt aber (elastische) Verschiebungen der einzelnen Stabquerschnitte q gegeneinander voraus. Verschiebt sich a um u, b um $u + \partial u$, so ist ∂u die Änderung des

Abstandes von a und b, d.h. von ∂x. Mithin ist die von a auf den Stabteil I übertragene Spannung:

$$E \frac{\partial u}{\partial x},$$

wo E der Elastizitätsmodul ist.

Von Querschnitt b wird hingegen auf den Stabteil II die Spannung übertragen:

$$E \frac{\partial u}{\partial x} + E \frac{\partial}{\partial x}\left(\frac{\partial u}{\partial x}\right) dx.$$

Beide Spannungen sind, am Element $a\,b$ angreifend, einander entgegengesetzt und ihre Resultierende muß dem kinetischen Widerstand (Trägheitswiderstand) des Elements gleich sein. Letzterer lautet, bei einer Stabmasse M und Länge L:

$$\frac{M}{L} \frac{\partial^2 u}{\partial t^2} dx,$$

womit sich als Bewegungsgleichung ergibt:

$$q\,E \frac{\partial^2 u}{\partial x^2} = \frac{M}{L} \frac{\partial^2 u}{\partial t^2}. \tag{2}$$

Setzt man hier noch:

$$\frac{M}{L \cdot q} = \varrho = \text{Dichte des Stabmaterials}$$

so wird einfacher:

$$E \frac{\partial^2 u}{\partial x^2} = \varrho \frac{\partial^2 u}{\partial t^2} \tag{3}$$

die Bewegungsgleichung, die besonders deshalb bemerkenswert ist, weil der Bewegungsvorgang von den Stababmessungen unabhängig ist.

Mit $\frac{\varrho}{E} = a^2$ ergibt sich wieder die Form der Schwingungsgleichung der Seite, zu deren Behandlung auf 54 verwiesen sei.

II. Bei den Drehungsschwingungen, z. B. eines zylindrischen Stabes wird die Bewegung am besten durch die Aufzeichnung einer Mantellinie auf der Abwicklung des Stabes charakterisiert.

Ist der Querschnitt x um den Winkel ϑ aus seiner Mittellage verdreht (Fig. 148), der Querschnitt $x + \partial x$ um $\vartheta + \partial\vartheta$, so ist $\frac{\partial\vartheta}{\partial x}$ die mittlere Verdrehung des Elements ∂x. Die Torsionsspannungsmomente sind, wenn Θ das Querschnittsträgheitsmoment des Stabes und G den Schubmodul bedeuten,

$$-G\,\Theta\frac{\partial\vartheta}{\partial x} \text{ und } + G\,\Theta\left(\frac{\partial\vartheta}{\partial x} + \frac{\partial^2\vartheta}{\partial x^2}dx\right),$$

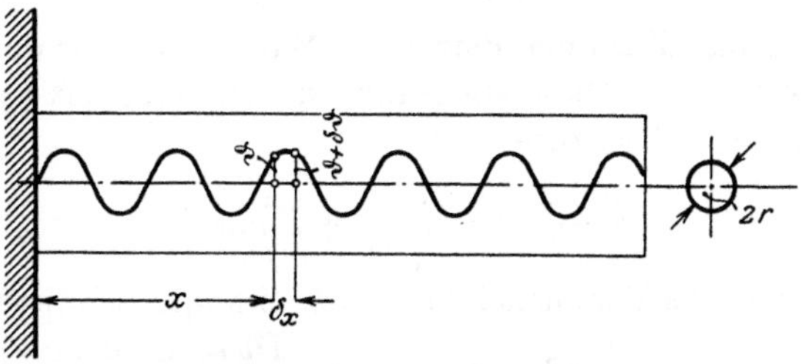

Fig. 148. Torsionsschwingungen.

deren Resultierende sich mit dem Moment der kinetischen Trägheit $\varrho\,\Theta\frac{\partial^2\vartheta}{\partial t^2}dx$ des Elements x zur Gleichung

$$G\,\Theta\frac{\partial^2\vartheta}{\partial x^2}dx = \varrho\,\Theta\,dx\frac{\partial^2\vartheta}{\partial t^2}$$

zusammensetzt, die sich nach Forthebung von $\Theta\,d\,x$ auf

$$G\frac{\partial^2\vartheta}{\partial x^2} = \varrho\frac{\partial^2\vartheta}{\partial t^2} \qquad (4)$$

reduziert. Mit

$$\frac{\varrho}{G} = a^2$$

ergibt sich wieder die Saitengleichung:

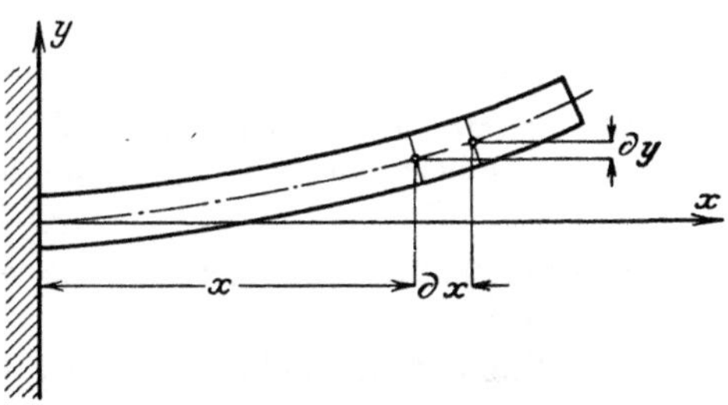

Fig. 149. Zur Differentialgleichung der Biegungsschwingungen.

$$\frac{\partial^2\vartheta}{\partial x^2} = a^2\frac{\partial^2\vartheta}{\partial t^2} \qquad (5)$$

III. Biegungsschwingungen eines geraden Stabes.

Der Stab sei an einem Ende im Nullpunkt des Koordinatensystems so eingespannt, daß seine Achse mit der x-Achse in der Ruhelage zusammenfällt Fig. 149.

An den Enden eines Längenelementes wirken quer zur Längsachse die Schubkräfte $-S$ und $+S+\frac{\partial S}{\partial x}dx$, deren Resultierende sich mit einer etwa vorhandenen Massenkraft $Y\,dx$ zu

$$\frac{\partial S}{\partial x}dx + Y\,dx$$

zusammensetzt; Y sei der Betrag der Massenkraft für die Längeneinheit des Stabes. Diese Querkraft ist dem Trägheitswiderstand des Elementes gleichzusetzen:

$$\varrho q \frac{\partial^2 y}{\partial t^2} dx = \left(\frac{\partial S}{\partial x} + Y\right) dx, \tag{7}$$

wo ϱ die Masse der Volumeneinheit, q den Stabquerschnitt bedeutet.

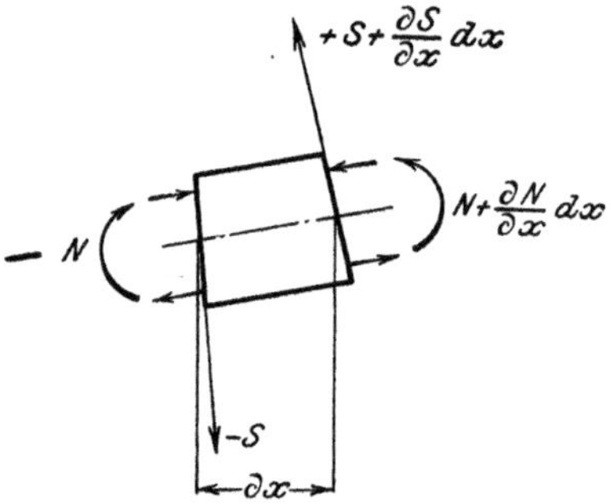

Fig. 150. Kräfte und Momente am Stabelement.

Diese Gleichung, die sich durch Division mit $d\,x$ auf

$$\varrho q \frac{\partial^2 y}{\partial t^2} = \frac{\partial S}{\partial x} + Y \tag{8}$$

vereinfacht, beherrscht die reine Translationsbewegung der Stabelemente quer in Richtung der y-Achse.

Außer der Translationsbewegung führt aber jedes Element dx noch eine Drehbewegung in der xy-Ebene aus unter Wirkung der Schub- und Normalspannungsmomente sowie etwaiger äußerer Massenkraftmomente.

Das Moment der Schubspannung ist $+S\,d\,x$. Die an den beiden Enden angreifenden Momente der Normalspannungen sind

$$-N \text{ und } + N + \frac{\partial N}{\partial x} dx\,;$$

ein etwaiges äußeres Moment, dessen Betrag für die Längseinheit M sei, liefert den Anteil

$$+ M\,d\,x.$$

Die Resultierende sämtlicher Momente ist:

$$\left(S + \frac{\partial N}{\partial x} + M\right) dx.$$

Diese Resultierende ist dem rotatorischen Trägheitswiderstand des Elementes gleich zu setzen, der sich als Produkt der Winkelbeschleunigung und des Trägheitsmomentes des Elementes dx ergibt. Der Winkel der Elementachse mit der x-Achse ist $\frac{\partial y}{\partial x}$, mithin die Winkelbeschleunigung

$$\frac{\partial}{\partial t^2}\left(\frac{\partial y}{\partial x}\right).$$

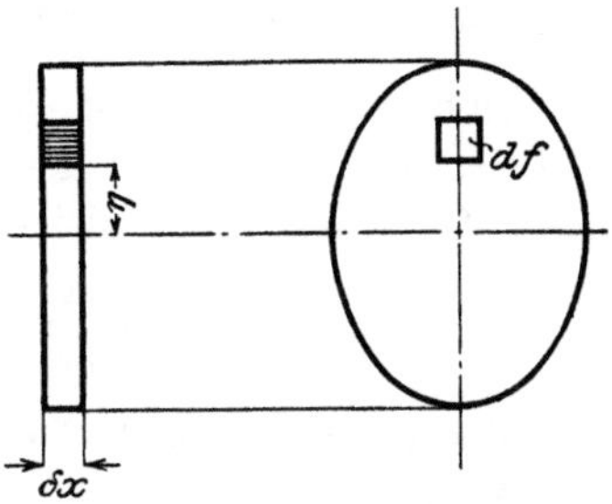

Fig. 151. Zum Trägheitsmoment eines Stabquerschnittes.

Das Trägheitsmoment ist lt. Figur 151:

$$\begin{aligned} \Theta &= \int \eta^2 \, dm \\ dm &= dx\, df \cdot \varrho \\ \Theta &= dx\, \varrho \int \eta^2 \, df \\ &= \varrho\, dx \cdot J, \end{aligned}$$

wo J das Trägheitsmoment des Stabquerschnittes bedeutet.

Demnach ergibt sich als Drehungsgleichung (nach Wegheben von $d\,x$)

$$\varrho\, J \frac{\partial}{\partial t^2}\left(\frac{\partial y}{\partial x}\right) = \left(S + \frac{\partial N}{\partial x} + M\right). \tag{9}$$

Nach den Lehren der Elastizitätstheorie ist aber für kleine Biegungsbeträge (und nur um solche handelt es sich hier) das Moment der Normalspannungen N stets gleich dem Produkt aus Elastizitätsmodul, Querschnittsträgheitsmoment, Krümmung, also

$$N = E \cdot J \cdot \frac{\partial^2 y}{\partial x^2} \tag{10}$$

wodurch (9) übergeht in

$$\varrho\, J \frac{\partial^2}{\partial t^2}\left(\frac{\partial y}{\partial x}\right) = S + E \cdot J \cdot \frac{\partial}{\partial x}\left(\frac{\partial^2 y}{\partial x^2}\right) + M. \tag{11}$$

Nach nochmaliger Differentiation nach x kann man schreiben:

$$\varrho J \frac{\partial^4 y}{\partial x^2 \partial t^2} = \frac{\partial S}{\partial x} + E J \frac{\partial^4 y}{\partial x^4} + \frac{\partial M}{\partial x}. \tag{12}$$

Setzt man hier aus (1)

$$\frac{\partial S}{\partial x} = \varrho q \frac{\partial^2 y}{\partial t^2} - Y$$

ein, so kommt:

$$\varrho q \frac{\partial^2 y}{\partial t^2} + E J \frac{\partial^4 y}{\partial x^4} = \varrho J \frac{\partial^4 y}{\partial x^2 \partial t^2} + Y - \frac{\partial M}{\partial x}. \tag{13}$$

Sind weder Massenkräfte noch Massenmomente vorhanden, und vernachlässigt man die rotatorische Trägheit gegenüber der translatorischen, so resultiert mit

$$\varrho q \frac{\partial^2 y}{\partial t^2} + E J \frac{\partial^4 y}{\partial x^4} = 0 \tag{14}$$

die Gleichung für die freien Schwingungen des Stabes.

Nach Ansetzung eines partikulären Integrales in der Form

$$y = X T, \tag{15}$$

wo X und T Funktion von x bzw. t allein sind, ergibt sich durch Differentiation

$$\varrho q \frac{X d^2 T}{d t^2} + E J T \frac{d^4 X}{d x^4} = 0 \tag{16}$$

und nach Division mit $X T$

$$\varrho q \frac{d^2 T}{d t^2} \frac{1}{T} = - \frac{E J}{X} \frac{d^4 X}{d x^4}. \tag{17}$$

Setzt man beide Seiten dieser Gleichung einer und derselben negativen Konstanten $-\varrho q k^2$ gleich, so erscheinen folgende gewöhnlichen Differentialgleichungen:

$$\left.\begin{aligned} \frac{d^2 T}{d t^2} + k^2 T &= 0 \\ \frac{d^4 X}{d x^4} - \frac{\varrho q k^2}{E J} X &= 0. \end{aligned}\right\} \tag{18}$$

Gleichung 18a hat die beiden partikulären Integrale

$$\cos k t \quad \text{und} \quad \sin k t,$$

aus denen sich das allgemeine Integral

$$T = a\cos kt + b\sin kt \tag{19}$$

findet. Gleichung 18 b dagegen hat 4 partikuläre Lösungen, die sich mit

$$\frac{\varrho q k^2}{EJ} = \frac{m^4}{l^4}$$

finden:

$$e^{-\frac{mx}{l}},\quad e^{+\frac{mx}{l}},\quad e^{-\frac{imx}{l}},\quad e^{+\frac{imx}{l}}.$$

Mit 4 unbestimmten Konstanten $A_1\, A_2\, A_3\, A_0$ ergibt sich das allgemeine Integral:

$$X = A_1 e^{-\frac{mx}{l}} + A_2 e^{+\frac{mx}{l}} + A_3 e^{-\frac{imx}{l}} + A_4 e^{+\frac{imx}{l}}$$

welches unter Benutzung zyklometrischer und hyperbolischer Kosinus- und Sinusfunktionen übergeht in:

$$X = A\cos\frac{mx}{l} + B\sin\frac{mx}{l} + C\,\mathfrak{Cof}\,\frac{mx}{l} + D\,\mathfrak{Sin}\,\frac{mx}{l}. \tag{20}$$

Das Produkt in (19) und (20) ist also eine Lösung von (14)

$$y = (a\cos kt + b\sin kt)\left(A\cos\frac{mx}{l} + B\sin\frac{mx}{l}\right.$$
$$\left. + C\,\mathfrak{Cof}\,\frac{mx}{l} + D\,\mathfrak{Sin}\,\frac{mx}{l}\right). \tag{21}$$

Die Art der Einspannung des Stabes ist maßgebend für die Größe m.

IV. Im Falle des einseitig eingespannten Stabes muß für

$$x = 0 \quad y = 0 \quad \text{und}\ \frac{\partial y}{\partial x} = 0$$

sein, d. h.

$$A + C = 0$$
$$B + D = 0,$$

womit zu schreiben ist:

$$y = (a\cos kt + b\sin kt)\left[A\left(\cos\frac{mx}{l} - \mathfrak{Cof}\,\frac{mx}{l}\right)\right.$$
$$\left. + B\left(\sin\frac{mx}{l} - \mathfrak{Sin}\,\frac{mx}{l}\right)\right]. \tag{22}$$

Am freien Ende $x = l$ müssen ferner die Bedingungen erfüllt sein:

Es ist kein Normalspannungsmoment vorhanden:

$$\frac{\partial^2 y}{\partial x^2} = 0\,.$$

Es ist keine Schubkraft vorhanden:

$$\frac{\partial^3 y}{\partial x^3} = 0\,.$$

Beide Bedingungen ergeben auf Hand von (21):

$$A\,(+\cos m + \mathfrak{Cof}\, m) + B\,(+\sin m + \mathfrak{Sin}\, m) = 0$$

und

$$A\,(-\sin m + \mathfrak{Sin}\, m) + B\,(\cos m + \mathfrak{Cof}\, m) = 0$$

Diese Gleichungen sind erfüllt, sobald gilt:

$$\frac{\sin m + \mathfrak{Sin}\, m}{\cos m + \mathfrak{Cof}\, m} = \frac{\cos m + \mathfrak{Cof}\, m}{-\sin m + \mathfrak{Sin}\, m}$$

oder nach Multiplikation

$$-\sin^2 m + \mathfrak{Sin}^2 m = \cos^2 m + 2\cos m\, \mathfrak{Cof}\, m + \mathfrak{Cof}^2 m$$

oder

$$2\cos m\, \mathfrak{Cof}\, m + 1 + 1 = 0$$

$$\cos m\, \mathfrak{Cof}\, m + 1 = 0. \qquad (23)$$

Diese Gleichung heißt die Periodengleichung. Alle Werte m, die die Gleichung befriedigen, liefern vermöge

$$\frac{\varrho\, q\, k^2}{E\, J} = \frac{m^4}{l^4}$$

eine Reihe von Werten k_i, $i = 1, 2, 3 \ldots\ldots$, von denen jeder ein partikuläres Integral:

$$y_{k_i} = (a_{k_i} \cos kt + b_{k_i} \sin kt) \Big[(\sin m_i + \mathfrak{Sin}\, m_i) \left(\cos \frac{m_i x}{l} - \mathfrak{Cof}\, \frac{m_i x}{l}\right) - (\cos m_i + \mathfrak{Cof}\, m_i) \left(\sin \frac{m_i x}{l} - \mathfrak{Sin}\, \frac{m_i x}{l}\right) \Big]$$

ergibt, welches die Gleichung (6) befriedigt und den Bedingungen an den Enden des Stabes genügt. Natürlich ist auch die unendliche Reihe

$$y = \sum_i y_{k_i}$$

eine Lösung der Differentialgleichung (14), die man wieder den Anfangsbedingungen zur Zeit $t = 0$

$$y = f(x)$$
$$\frac{\partial y}{\partial t} = g(x)$$

mit Hilfe Fourierscher Entwicklungen anpassen kann.

V. Ist der Stab an beiden Enden eingespannt, so gilt sowohl für $x = 0$ wie $x = l$

$$y = 0 \text{ und } \frac{\partial y}{\partial x} = 0,$$

woraus sich dieselbe Periodengleichung

$$\cos m \,\mathfrak{Cof}\, m + 1 = 0$$

und die Gleichung für y findet.

$$y = (a \cos kt + b \sin kt)\left[(\sin m - \mathfrak{Sin}\, m)\left(\cos\frac{m x}{l} - \mathfrak{Cof}\,\frac{m x}{l}\right)\right.$$
$$\left. - (\cos m - \mathfrak{Cof}\, m)\left(\sin\frac{m x}{l} - \mathfrak{Sin}\,\frac{m x}{l}\right)\right].$$

VI. Für den Fall, daß beide Stabenden frei sind, gilt sowohl für $x = 0$ wie für $x = l$

$$\frac{\partial^2 y}{\partial x^2} = 0 \quad \text{und} \quad \frac{\partial^3 y}{\partial x^3} = 0,$$

woraus sich die Periodengleichung $\cos m.\ \mathrm{Cos}\ m = 1$ ergibt.

Der Ausdruck für y, der leicht zu finden ist, ist weiter unten angegeben.

Die Auflösung der Periodengleichung nach m erfolgt am besten durch graphische Auftragung der Produkte $\cos m \,\mathfrak{Cof}\, m$ in Abhängigkeit von m. Indessen hat bereits Lord Rayleigh [57]) die Werte von m für die tiefsten Töne berechnet:

für den einseitig eingeklemmten Stab	$m_1 = 1{,}875$	für den beiderseitig freien Stab	$m_1 = 9{,}730$
	$m_2 = 4{,}695$		$m_2 = 7{,}853$
	$m_3 = 7{,}855$		$m_3 = 10{,}996$
	$m_4 = 10{,}996$		$m_4 = 14{,}137$
	. . . .		. . . .

mittelst deren sich die Schwingungszahlen

$$n_i = \frac{1}{T_i} = \frac{k_i}{2\pi} = \frac{m_i^2}{2\pi l^2}\sqrt{\frac{EJ}{\varrho q}}$$

berechnen lassen.

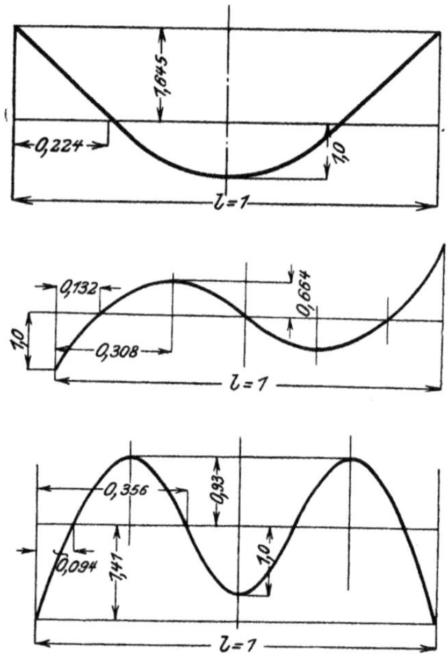

Fig. 152—154. Einfache Schwingungsformen eines Stabes.

VII. Mit dieser Formel kann man die Eigenschwingungen von hohen Türmen (z. B. Leuchttürmen) berechnen, die sich etwa wie Stäbe eines eingespannten und eines freien Endes verhalten.

Die Turmhöhe sei 50 m, der äußere Durchmesser 7,5, der innere 4,0. Dann ist der Querschnitt $q = 31{,}4$ [m²], das äquatoriale Trägheitsmoment 142 [m⁴]. Nimmt man weiter den Elastizitätsmodul des Mauerwerks $= 36\,0000\,[\mathrm{kg\,cm^{-2}}]$ $= 344\,000\,000\,[\mathrm{g\,sec^{-2}\,cm^{-1}}]$ und die Dichte $\varrho = 2{,}3$ $[\mathrm{g \cdot cm^{-3}}]$ so ergibt sich $\sqrt{\frac{E}{\varrho}}$, die Schallgeschwindigkeit im Mauerwerk, $= 3870\,[\mathrm{m\,sec^{-1}}]$.

Mit diesen Werten ergibt sich längste mögliche Schwingungsdauer der Turmes

$$T_1 = \frac{2\pi l^2}{m_1^2}\sqrt{\frac{\varrho}{E}\cdot\frac{q}{J}}$$

$$= \frac{2\pi\cdot 50^2}{1\cdot 875^2}\,\frac{1}{38{,}70}\sqrt{\frac{31{,}4}{142}}$$

$$= 0{,}55\,[\mathrm{sec}]$$

Messungen der Schwingungsdauer des französischen Leuchtturmes Planier (54 m Höhe) ergaben eine Schwingungsdauer von 0,55 sec, was eine gute Übereinstimmung mit der theoretischen Voraussagung bedeutet[58].

VIII. Die Gestalt des schwingenden Stabes hat besonderes Interesse mit Rücksicht auf die Anwendung im folgenden Paragraphen, vor allem, für den Fall, daß beide Enden frei sind.

Es handelt sich um die Aufzeichnung der Funktion:

$$y = (\cos m - \mathfrak{Cof}\, m)\left(\cos\frac{m\,x}{l} + \mathfrak{Cof}\,\frac{m\,x}{l}x\right)$$
$$+ (\sin m + \mathfrak{Sin}\, m)\left(\sin\frac{m\,x}{l} + \mathfrak{Sin}\,\frac{m\,x}{l}\right)$$

für die verschiedenen Werte m_i... Wir entnehmen die Gestalten für m_1 m_2 m_3 aus Rayleigh. Aus diesen drei Werten entspringen Stabschwingungsformen mit 2, 3 und 4 Knotenpunkten, deren Lage nebst den Verhältnissen der maximalen Stabausschläge in den Figuren 152—154 für die Stablänge $l = 1$ angegeben sind.

§ 58. Schiffsschwingungen.

Die Erfahrung hat gezeigt, daß ein Schiff elastische Schwingungen ausführen kann, die mit denen eines elastischen Stabes große Änlichkeit haben.

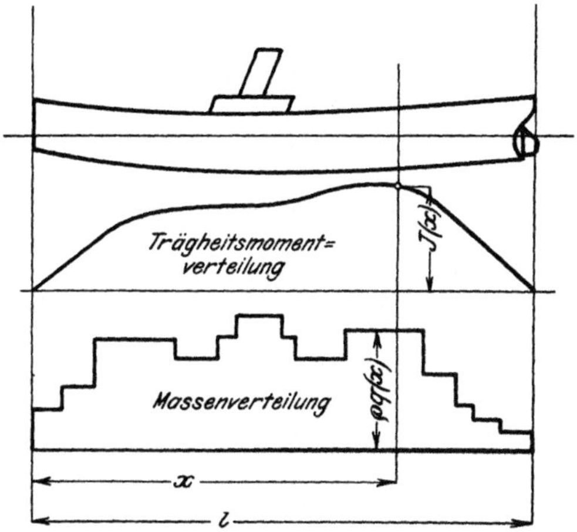

Fig. 155. Schiffskörper als schwingungsfähiges System.

Betrachten wir ein Schiff als elastischen Stab, so muß man vor allem von der Prismenform absehen und die Contanz von J und $\varrho\, q\,(x)$ längs der Schiffsachse autgeben. Es muß vielmehr das Schiff als ein Stab betrachtet werden, der zwar eine gerade die Schwerpunkte der Querschnitte verbindende Achse hat, bei dem aber sowohl das Trägheitsmoment J wie die Masse pro Längeneinheit $\varrho\, q\,(x)$ längs der Achse variieren. Schematisch stellen sich die Verhältnisse in der Figur 155 dar, bei der die in der Massenverteilung auffallenden Unregelmäßigkeiten vom vorderen Laderaum, Kesseln, Maschinen herrühren.

Wie nun auch die Verteilung der Trägheitsmomente und der Massen sein möge, stets läßt sich die Differentialgleichung für den nicht prismatischen Stab in der gleichen Weise ableiten, wie in § 57 geschehen.

Knüpfen wir an Gl. (2) an und vernachlässigen wir wie vorhin die rotatorische Trägheit

$$\varrho \mathrm{J} \frac{\partial}{\partial t^2}\left(\frac{\partial y}{\partial x}\right)$$

und setzen wir äußere Momente M nicht voraus, so schreibt sich diese Gleichung nach Differentiation nach x:

$$\frac{\partial S}{\partial x} + \frac{\partial^2 N}{\partial x^2} = 0 \tag{1}$$

Hier setzen wir aus (8) ein

$$\frac{\partial S}{\partial x} = \varrho\, q\,(x) \frac{\partial^2 y}{\partial t^2}$$

(bei nicht vorhandenen äußeren Kräften Y)
und aus (10)

$$\frac{\partial^2 N}{\partial x^2} = E \frac{\partial^2}{\partial x^2}\left(J\,(x) \frac{\partial^2 y}{\partial x^2}\right),$$

womit die Differentialgleichung

$$\varrho\, q\,(x) \frac{\partial^2 y}{\partial t^2} + E \frac{\partial^2}{\partial x^2}\left(J\,(x) \frac{\partial^2 y}{\partial x^2}\right) = 0 \tag{2}$$

entspringt.

Versuchen wir hier wieder wie üblich eine partikuläre Lösung der Form

$$y = X\,T$$

so findet sich nach Division mit $X\,T$

$$\varrho\, q\,(x) \frac{1}{T} \frac{d^2 T}{X\, t^2} = -E \frac{1}{X} \frac{d^2}{d\,x^2}\left(\mathrm{J}\,(x) \frac{d^2 X}{d\,x^2}\right) \tag{3}$$

Diese Differentialgleichung zerfällt in zwei Gleichungen, die nur t resp. x enthalten, wenn wir beide Seiten der Größe

$$-\,k^2\, \varrho\, q\,(x)$$

gleichsetzen. Dann entsteht für t:

$$\frac{d^2 T}{d t^2} + k^2 T = 0 \tag{4a}$$

und für x:

$$\frac{d^2}{d x^2}\left(J(x)\frac{d^2 X}{d x^2}\right) = \frac{k^2 \varrho\, q(x)}{E} X, \tag{4b}$$

die nach Division mit dem mittleren Trägheitsmoment J_0 und nach Einführung der mittleren Dichte ϱ_0 und des mittleren Querschnitts q_0 übergeht in:

$$\frac{d^2}{d x^2}\left(\frac{J(x)}{J_0}\frac{d^2 y}{d x^2}\right) = \frac{k^2 \varrho_0 q_0}{E J_0}\left[\frac{\varrho\, q(x)}{\varrho_0 q_0}\right] X \cdot \tag{4c}$$

Die Gleichung 4 *c* müßte nun ebenso behandelt werden wie Gl (18b) § 57; es wäre das allgemeine Integral und die Bestimmung der Periodenkoeffizienten k erforderlich. Da das allgemeine Integral in geschlossener Form nicht angebbar ist, muß man die Lösung der Aufgabe auf anderem Wege versuchen. Hierzu schreiben wir zunächst:

$$\frac{J(x)}{J_0}\frac{d^2 X}{d x^2} = p \tag{5}$$

und

$$\frac{d^2 p}{d x^2} = \frac{k^2 \varrho_0 q_0}{E J_0}\left[\frac{\varrho\, q(x)}{\varrho_0 q_0}\right] X \tag{6}$$

Hier würde p als Funktion von x sich sofort als Seilkurve zu

$$\frac{k^2 \varrho_0 q_0}{E J_0}\left[\frac{\varrho\, q(x)}{\varrho_0 q_0}\right] X$$

finden lassen, wenn X als Funktion von x und die Größe k bekannt wären, und dann könnte man nach

$$\frac{d^2 X}{d x^2} = \frac{p}{J(x) : J_0}$$

X als Seilpolygon zu $\dfrac{p}{J(x) : J_0}$ bestimmen. Der Prozeß der beiden Seilkurven muß also von X wieder auf X führen. Dies bietet einen Fingerzeig für das Lösungsverfahren nach Fig. 156. Man hat zunächst für X eine der Schwingungsformen des prismatischen Stabes, z. B. die mit 2 Knotenpunkten des Rayleighschen Wertes m_1, anzunehmen (Kurve I), wobei jedoch die Mittellage des Stabes

$A\,A$ so zu legen ist, daß in bezug auf diese Linie

$$\int_0^l \frac{\varrho\, q\,(x)}{\varrho_0\, q_0}\, X\, d\, x = 0$$

wird.

Zu dieser Kurve II als Belastungsflächekonstruiere man mit dem Polabstand 1 die Seilkurve p. (III).

Zu $\dfrac{p}{J\,(x) : J_0}$ Kurve (IV) als Belastungsfläche konstruiert man mit demselben Polabstand, die Seilkurve X' (V), für die man wieder die Null-Linie so zu legen hat, daß

$$\int_0^l \frac{\varrho\, q\,(x)}{\varrho_0\, q_0}\, X'\, dx = 0$$

wird (Kurve VI).

Kurve II und VI werden nun nicht identisch werden können, man kann aber verlangen, daß beide Kurven einander ähnlich werden, und man hat das Verfahren so lange fortzusetzen, bis durch die zweimalige Seilkurvenoperation die Kurve X in die ordinatenproportionale Kurve X' verwandelt ist, was nach einigen Schritten erreicht sein wird. Ist dann m das Verhältnis der Ordinaten $\dfrac{X'}{X}$, so hat man für die Bestimmung von k die Gleichung:

$$\frac{k^2\, \varrho_0\, q_0}{E\, J_0} = \frac{1}{m}$$

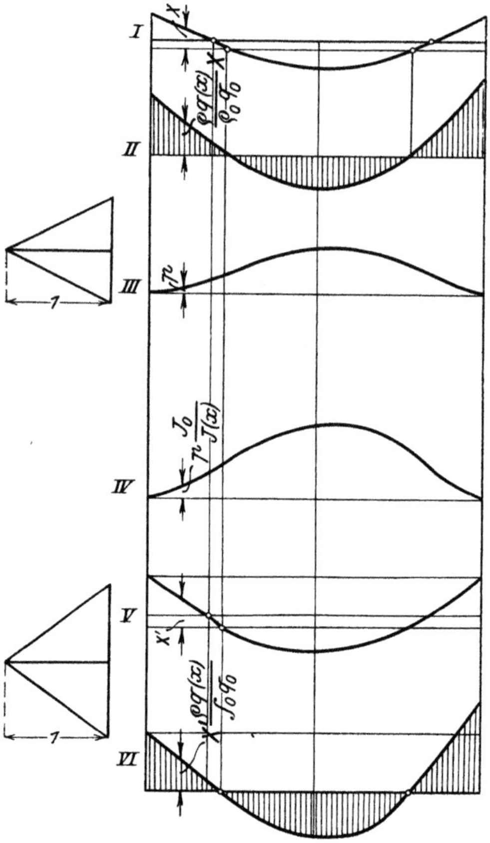

Fig. 156. Näherungsweise Bestimmung der Schwingungsgestalt eines Stabes.

welche besagt, daß X' und X identisch werden, wenn man einen der beiden Polabstände

$$= \frac{k^2 \varrho_0 q_0}{E J_0}$$

macht. Hiermit wird aber

$$k = \sqrt{\frac{E J_0}{m \varrho_0 q_0}}$$

So ergibt sich schließlich die Schwingungszahl

$$n = \frac{k}{2\pi}$$

Dies Verfahren liefert bei der Untersuchung von Stäben mit wohldefinierter Elastizität genügende Resultate; es zeitigt aber bei der Anwendung auf Schiffe nicht immer richtige Ergebnisse, weil ein Schiff keinen Elastizitätsmodul hat, der als reine Materialgröße bestimmbar ist. Bei einem Schiff ist vielmehr die Größe E eine nicht zu ermittelnde Funktion der technischen Ausführung des Systems[59]).

§ 59. Differentialgleichung der Membranschwingungen.

Eine Membran sei in der xy-Ebene längs einer Randkurve C, mit einer überall konstanten Zugspannung P ausgespannt (Fig. 157). Ausweichungen der Membran aus der xy-Ebene werden mit z bezeichnet. Dann ist die translatorische Trägheit eines Membranelementes df bei einer überall konstanten Massendichte ϱ:

$$\varrho \, df \frac{\partial^2 z}{\partial t^2} \tag{1}$$

Diese Trägheit muß der Summe der am Element angreifenden Zugkräfte gleich sein.

Da die Zugspannung P auf die Längeneinheit entfällt, so greifen an den 4 Seiten des Flächenelementes $df = dx\,dy$ die Kräfte $\pm P\,dy$ bzw. $\pm P\,dx$ an Fig. 158. Die Resultierende der beiden Kräfte $\pm P\,dy$ ist aber:

$$= + P \frac{\partial^2 z}{\partial x^2} dy\,dx \tag{2}$$

und von $\pm P\,dx$

$$= + P \frac{\partial^2 z}{\partial y^2} dx\,dy \tag{3}$$

aus denselben Gründen, die in § 54 auseinandergesetzt sind.

Es ergibt sich hieraus die Differentialgleichung:

$$\frac{\partial^2 z}{\partial t^2} = a^2 \left(\frac{\partial^2 z}{\partial x^2} + \frac{\partial^2 z}{\partial y^2} \right) \tag{4}$$

mit

$$a^2 = \frac{P}{\varrho}.$$

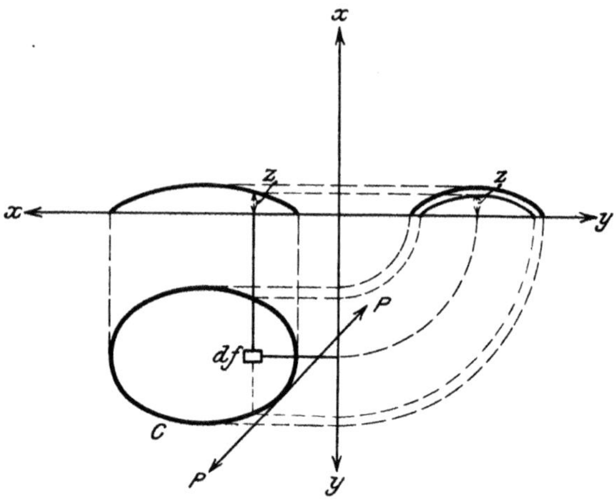

Fig. 157. Zur Differentialgleichung der Membranschwingungen.

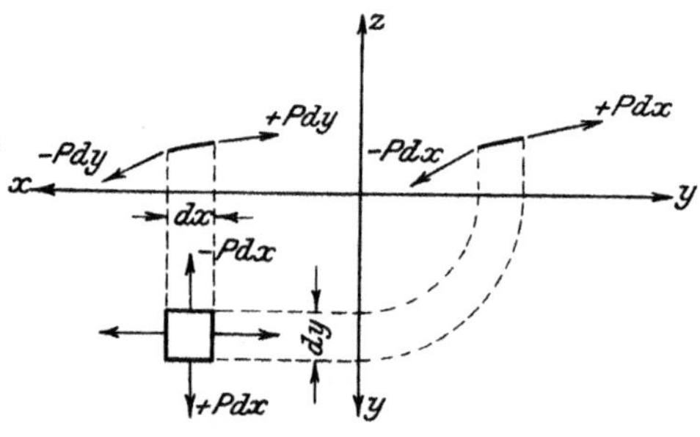

Fig. 158. Kräfte am Membranelement.

Die Methode des partikulären Integralansatzes

$$z = \mathrm{Z}\,\mathrm{T} \tag{5}$$

liefert

$$\frac{1}{T}\frac{d^2 T}{dt^2} = a^2 \frac{1}{Z} \left(\frac{\partial^2 Z}{\partial x^2} + \frac{\partial^2 Z}{\partial y^2} \right) \tag{6}$$

Diese Differentialgleichung spaltet sich durch Gleichsetzung beider Seiten mit $-(k_1^2 + k_2^2)\,a^2$ in zwei einfachere Differentialgleichungen

$$\frac{d^2 T}{dt^2} + (k_1^2 + k_2^2)\,a^2\,T = 0 \tag{7}$$

und

$$\frac{\partial^2 Z}{\partial x^2} + \frac{\partial^2 Z}{\partial y^2} + (k_1^2 + k_2^2)\,Z = 0 \tag{8}$$

wo k_1 und k_2 zunächst unbestimmt sind.

Die Differentialgleichung (8) kann weiter gespalten werden durch den Ansatz

$$Z = X\,Y$$

in

$$\frac{d^2 X}{dx^2} + k_1^2\,X = 0 \tag{9}$$

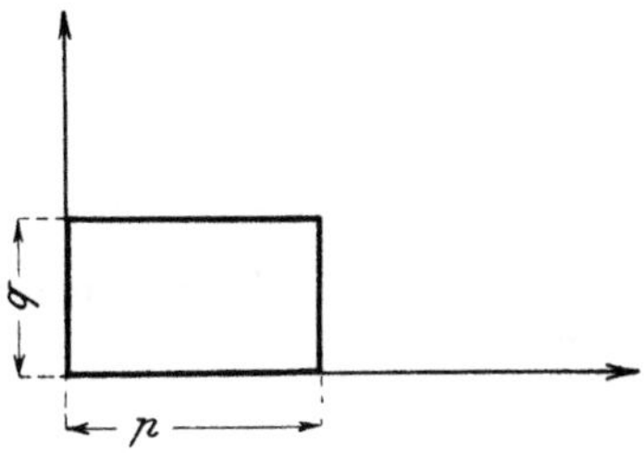

Fig. 159. Rechteckige Membran.

und

$$\frac{d^2 Y}{dy^2} + k_2^2\,Y = 0 \tag{10}$$

Für (9) haben wir die partikulären Lösungen $\sin k_1 x$ und $\cos k_1 x$ für (10) bzw.

$$\sin k_2 y \text{ und } \cos k_2 y.$$

Für die weitere Behandlung sind spezielle Berandungen der Membran zugrunde zu legen.

a) Ist die Basisfigur erstlich ein Rechteck der Seiten p und q, welches, wie Fig. 159 gezeichnet, in der xy-Ebene liegt, dann kann für Z nur das Produkt

$$Z = \sin k_1 x \cdot \sin k_2 y$$

in Betracht kommen, weil z und damit Z sowohl längs der x-Achse wie der y-Achse verschwinden müssen.

Damit aber auch z und also Z für $x = p$ und $y = q$, also längs der beiden nicht in die Achsen fallenden Rechteckseiten verschwinden, so muß

$$k_1 = \frac{m\pi}{p}$$

$$k_2 = \frac{n\pi}{q}$$

gesetzt werden, wo m und n ganze Zahlen sind.

Wir haben also für Z die Lösung

$$Z = \sin\frac{m\pi x}{p}\cdot\sin\frac{n\pi y}{q} \tag{11}$$

wo m und n an die Bedingung

$$k^2 = \pi\sqrt{\frac{m^2}{p^2}+\frac{n^2}{q^2}} = k_1{}^2 + k_2{}^2 \tag{12}$$

gebunden sind.

Da aber das allgemeine Integral von (7) lautet

$$T = A\cos akt + B\sin akt, \tag{13}$$

so wird

$$z = (A\cos akt + B\sin akt)\sin\frac{m\pi x}{p}\sin\frac{n\pi y}{p} \tag{14}$$

eine Lösung von (4).

Hier ist wieder $\frac{2\pi}{ak}$ eine Schwingungsdauer, die für jedes Paar ganzer Zahlen m, n einen bestimmten Wert T_{mn} hat. Die Auswahl $m = 1$, $n = 1$ ergibt den Grundton der Membran. Die allgemeine Bewegung dieser kennzeichnet sich demnach als Übereinanderlagerung der Grund- und Oberschwingungen, welche Tatsache durch den Reihenansatz ausgesprochen wird.

$$z = \sum_{m,n}^{1,\infty}\left(A_{mn}\cos\frac{2\pi t}{T_{mn}} + B_{mn}\sin\frac{2\pi t}{T_{mn}}\right)\sin\frac{m\pi x}{p}\sin\frac{n\pi y}{q} \tag{15}$$

Die Anfangsbedingungen sind dann wieder in der Form gegeben

$$\left.\begin{aligned} z &= f(x, y) \\ \frac{\partial z}{\partial t} &= \varphi(x, y) \end{aligned}\right\}\ \textit{für}\ t = 0$$

mittels welcher Bedingungen sich die Koeffizienten A_{mn} und B_{mn} als Fouriersche Doppelintegrale darstellen

$$A_{mn} = \frac{4}{pq} \int_0^p \int_0^q f(x, y) \sin m \frac{\pi x}{p} \sin n \frac{\pi y}{q} \, dx \, dy$$

$$B_{mn} = \frac{2 T_{mn}}{\pi p q} \int_0^p \int_0^q g(x, y) \sin m \frac{\pi x}{q} \sin \frac{n \pi y}{q} \, dx \, dy$$

Somit gestaltet sich die Untersuchung ganz analog der Bewegung der gespannten Saite. Den Knotenpunkten dieser entsprechen die Knotenlinien der Membran; wenn aber bei jeder Saite Knotenpunkte vorkommen, so gibt es bei den rechteckigen Membranen nur dann Knotenlinien, wenn sich die reziproken Seitenquadrate wie zwei ganze Zahlen verhalten.

$$\frac{1}{p^2} : \frac{1}{q^2} = \frac{1}{\alpha} : \frac{1}{\beta}$$

b) Die einfachste rechteckige Membran, die diese Bedingung erfüllt, ist das Quadrat.

Die einzelne Schwingung ist hier

$$z = \left(A_{mn} \cos \frac{2\pi t}{T_{mn}} + B_{mn} \sin \frac{2\pi t}{T_{mn}}\right) \sin \frac{m\pi x}{p} \cdot \sin \frac{n\pi y}{q}$$

welcher Ausdruck mit dem Ansatz

$$A_{mn} = M_{mn} \sin \delta_{mn} \,;\, B_{mn} = M_{mn} \cos \delta_{mn}$$

übergeht in:

$$z = M_{mn} \left(\sin \frac{2\pi t}{T_{mn}} + \delta_{mn}\right) \sin \frac{m\pi x}{p} \cdot \sin \frac{n\pi q}{p}$$

Man sieht, daß alle Geraden

$$x = \frac{p}{m} \text{ und } y = \frac{q}{n}$$

dauernd in Ruhe sind, sobald die Membran nur die eine m, n-Schwingung ausführt.

Sollen aber bei gleichzeitiger Anwesenheit mehrerer einfacher Schwingungen Knotenlinien vorkommen, so ist dies nur möglich, wenn alle diese so beschaffen sind, daß man den Faktor

$$\sin \left(\frac{2\pi t}{T_{mn}} + \delta_{mn}\right)$$

absondern kann;

d. h. es muß

$$T_{m,n} = \frac{2\,p\,q}{a\sqrt{q^2\,m^2 + p^2\,n^2}}$$

für alle Unterschwingungen denselben Wert haben, und alle Schwingungen müssen dieselbe Phase δ_{mn} haben. Die erstere Bedingung ist beim Quadrat erfüllt, wenn wir die m und n so wählen, daß die Quadratsumme $m^2 + n^2$ eine ganze Zahl wird. Die Phasengleichheit ist Sache der Anfangsbedingungen und muß durch diese als erfüllt angesehen werden.

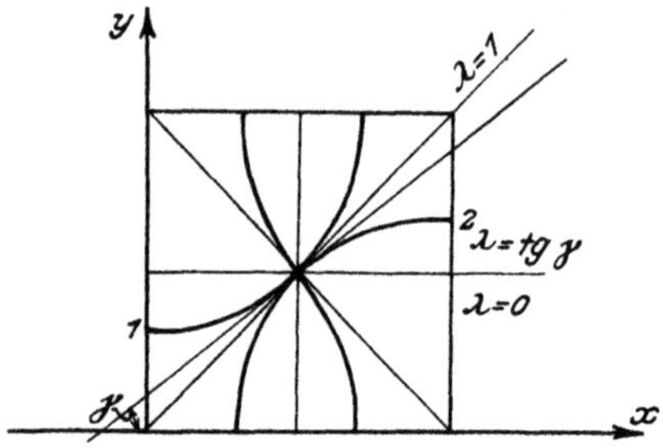

Fig. 160. Quadratische Membran; Knotenlinien.

Zunächst liefert

$$m = 1 \qquad n = 1$$

eine Schwingung mit Knotenlinien; die Knotenlinien sind aber der Rand des Quadrates, was selbstverständlich ist.

Ferner liefert $m^2 + n^2 = 5$:

$$m = 1 \qquad n = 2$$
$$m = 2 \qquad m = 1$$

zwei Schwingungen, die beim Quadrate $p = q = \pi$ die Membranform liefern

$$M_{1,2} \sin x \sin 2\,y + M_{2,1} \sin 2\,\mathrm{x} \sin y,$$

deren Knotenlinien die Gleichung haben

$$M_{1,2} \sin x \sin 2\,y + M_{2,1} \sin 2\,x \sin y = 0.$$

Entwickelt man sin 2 y und sin 2 x, so kann man sin x sin y absondern, und es bleibt als Knotenliniengleichung überig

$$M_{1,2} \cos y + M_{2,1} \cos x = 0.$$

$M_{1,2}$ und $M_{2,1}$ werden durch die Anfangsbedingungen festgelegt; ihr Verhältnis $-\lambda$ bestimmt den Charakter der Knotenlinie

$$\cos y = \lambda \cos x$$

bzw.

$$y = \operatorname{arc} \cos (\lambda \cos x).$$

Es genügt, λ von 1 bis 0 variieren zu lassen, um alle möglichen Knotenlinien zu erhalten (Fig. 160). Für $\lambda = 0$ entsteht die Parallele zur x-Achse

$$y = \frac{\pi}{2},$$

für $\lambda = 1$ die Diagonale des Quadrats

$$y = x,$$

für dazwischenliegende Werte entstehen Kurven vom Charakter 1,2 in der Figur 160.

Verwickeltere Knotenlinien ergibt:

$$m^2 + n^2 = 10,$$

worüber Riemann: Die partiellen Differentialgleichungen der mathematischen Physik, Bd. II, S. 259 nachzulesen ist.

§ 60. Runde Membran. Besselsche Funktionen.

Ist die Basisfigur ein Kreis vom Radius P, so hat man die Differentialgleichung (8) § 59 auf Polarkoordinaten zu transformieren, d. h. statt der rechtwinkligen Koordinaten x, y die Polarkoordinaten r, φ einzuführen Fig. 161.

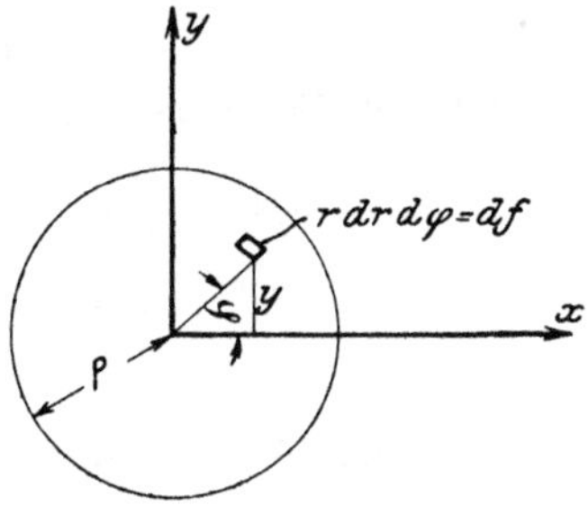

Fig. 161. Runde Membran.

Zwischen x, y und r, φ bestehen bekanntlich folgende Gleichungen

$$x = r\cos\varphi,$$
$$y = r\sin\varphi.$$

Durch Differentiation erhält man

$$\left.\begin{aligned} \partial x &= \partial r\,\cos\varphi - r\sin\varphi\partial\varphi \\ 0 &= \partial r\,\sin\varphi + r\cos\varphi\partial\varphi \end{aligned}\right\} \begin{array}{c}\text{partielle Änderung von } x\\ \text{bei konstantem } y,\end{array}$$

woraus sich berechnet:

$$\frac{\partial r}{\partial x} = \cos\varphi, \quad \frac{\partial\varphi}{\partial x} = -\frac{\sin\varphi}{r} \tag{1}$$

Diese Formeln dienen zur Ermittlung der ersten partiellen Ableitung $\frac{\partial Z}{\partial x}$ von Z nach y in Abhängigkeit von den Differentialquotienten

$$\frac{\partial Z}{\partial r} \quad \text{und} \quad \frac{\partial Z}{\partial \varphi}.$$

Es ist zunächst

$$\frac{\partial Z}{\partial x} = \frac{\partial Z}{\partial r}\frac{\partial r}{\partial x} + \frac{\partial Z}{\partial \varphi}\frac{\partial \varphi}{\partial x}$$

$$\frac{\partial Z}{\partial x} = \frac{\partial Z}{\partial r}\cos\varphi - \frac{\partial Z}{\partial \varphi}\frac{\sin\varphi}{r}.$$

Eine zweite Differentiation nach x liefert

$$\frac{\partial^2 Z}{\partial x^2} = \frac{\partial}{\partial r}\left(\frac{\partial Z}{\partial r}\cos\varphi - \frac{\partial Z}{\partial \varphi}\frac{\sin\varphi}{r}\right)\frac{\partial r}{\partial x}$$
$$+ \frac{\partial}{\partial \varphi}\left(\frac{\partial Z}{\partial r}\cos\varphi - \frac{\partial Z}{\partial \varphi}\frac{\sin\varphi}{r}\right)\frac{\partial \varphi}{\partial x}$$

oder nach Ausführung der Operationen

$$\frac{\partial}{\partial r} \quad \text{und} \quad \frac{\partial}{\partial \varphi}$$

und unter Berücksichtigung von (1):

$$\frac{\partial^2 Z}{\partial x^2} = \cos^2\varphi\frac{\partial^2 Z}{\partial r^2} - 2\frac{\sin\varphi\cos\varphi}{r}\frac{\partial^2 Z}{\partial r\,\partial \varphi} + \frac{\sin^2\varphi}{r^2}\frac{\partial^2 Z}{\partial \varphi^2}$$
$$+ \frac{\sin^2}{r}\frac{\partial Z}{\partial r} + 2\frac{\sin\varphi\cos\varphi}{r^2}\frac{\partial Z}{\partial \varphi} \tag{2}$$

Auf analoge Weise findet man:

$$\left.\begin{aligned}\frac{\partial r}{\partial y} &= \sin\varphi\\ \frac{\partial \varphi}{\partial y} &= \frac{\cos\varphi}{r}\end{aligned}\right\} \tag{3}$$

und

$$\left.\begin{aligned}\frac{\partial^2 Z}{\partial y^2} = \sin^2\varphi\frac{\partial^2 Z}{\partial r^2} + 2\frac{\sin\varphi\cos\varphi}{r}\frac{\partial^2 Z}{\partial r\,\partial \varphi} + \frac{\cos^2\varphi}{r^2}\frac{\partial^2 Z}{\partial \varphi^2}\\ + \frac{\cos^2\varphi}{r}\frac{\partial Z}{\partial r} - 2\frac{\sin\varphi\cos\varphi}{r^2}\frac{\partial Z}{\partial \varphi}\end{aligned}\right\} \tag{4}$$

Die Addition der beiden Gleichungen (3) u. (4) zu $k^2 Z$ liefert

$$\frac{\partial^2 Z}{\partial x^2} + \frac{\partial^2 Z}{\partial y^2} + k^2 Z = \frac{\partial^2 Z}{\partial r^2} + \frac{1}{r^2}\frac{\partial^2 Z}{\partial \varphi^2} + \frac{1}{r}\frac{\partial Z}{\partial r} + k^2 Z$$

Die Polarkoordinaten-Form der Differentialgleichung (8) lautet demnach

$$\frac{\partial^2 Z}{\partial r^2} + \frac{1}{r^2}\frac{\partial^2 Z}{\partial \varphi^2} + \frac{1}{r}\frac{\partial Z}{\partial r} + k^2 Z = 0 \tag{5}$$

Hier wird wieder ein partikuläres Integral der Form

$$Z = R \cdot \Phi, \tag{6}$$

wo R nur r, Φ nur φ enthält, angesetzt. Dann geht (5) über in die Differentialgleichung:

$$\frac{1}{R}\frac{d^2 R}{dr^2} + \frac{1}{rR}\frac{dR}{dr} + k^2 = -\frac{1}{r^2}\frac{1}{\Phi}\frac{d^2\Phi}{d\varphi^2}$$

die sich durch Gleichsetzung der beiden Seiten mit $\frac{m^2}{r^2}$ in die beiden Gleichungen spaltet:

$$\left.\begin{aligned} \frac{d^2\Phi}{d\varphi^2} + m^2\Phi = 0 \\ \frac{d^2 R}{dr^2} + \frac{1}{r} + \frac{dR}{dr}\left(k^2 - \frac{m^2}{r^2}\right) R = 0 \end{aligned}\right\} \tag{7}$$

Wenden wir uns zunächst der zweiten Gleichung zu, so wollen wir gleich vorausschicken, daß sie sich nicht durch einfache Funktionen von x (ganze oder gebrochene, oder elementare transscendente) lösen läßt. Deshalb versuchen wir sofort, durch die Methode der Potenzreihenentwicklung ein partikuläres Integral R_1 zu finden und setzen an:

$$R_1 = \sum_{i=1}^{\infty} A_i (kr)^{\lambda_i} \tag{8}$$

Dann wird:

$$\frac{dR_1}{d(kr)} = \sum_{i=1}^{\infty} A_i \lambda_i (kr)^{\lambda_i - 1} \tag{9}$$

und:

$$\frac{d^2 R_1}{d(kr)^2} = \sum_{i=1}^{\infty} A_i \lambda_i (\lambda_i - 1)(kr)^{\lambda_i - 2} \tag{10}$$

Durch Einführung von (8), (9) und (10) in die aus (7) durch Multiplikation mit $k^2 r^2$ abgeleitete Gleichung:

$$k^2 r^2 \frac{d^2 R}{d(kr)^2} + (kr) \frac{dR}{d(kr)} + (k^2 r^2 - m^2) R = 0 \tag{11}$$

erhalten wir:

$$\sum_1^\infty A_i \left\{[\lambda_i (\lambda_i - 1) + \lambda_i - m^2] (kr)^{\lambda_i} + (kr)^{\lambda_i + 2}\right\} = 0 \tag{12}$$

Damit diese Gleichung befriedigt werden kann, müssen die Exponenten λ_i so gewählt werden, daß die Differenz zwei aufeinanderfolgender $+ 2$ wird. Ist also λ_1 der niedrigste Exponent, so wird

$$\lambda_i = \lambda_1 + 2(i - 1).$$

Damit wird aber die Reihe (12)

$$\left.\begin{aligned} 0 = A_1 (\lambda_1 - m^2)(kr)^{\lambda_1} &+ A_2 \left\{(\lambda_1 + 2)^2 - m^2\right\} (kr)^{\lambda_1 + 2} \\ &+ A_1 (kr)^{\lambda_1 + 2} + \ldots\ldots \\ \ldots\ldots + A_i \left\{[\lambda_1 + 2(i-1)]^2 - m^2\right\} &(kr)^{\lambda_1 + 2(i-1)} + \ldots \\ + A_{i-1} (kr)^{\lambda_1 + 2(i-1)} & \end{aligned}\right\} \tag{13}$$

Jetzt ist die Vergleichung der Glieder mit gleich hohen Potenzen möglich und wir erhalten als Bedingung für das Verschwinden der Entwicklung:

$$\left.\begin{aligned} \lambda_1^2 &= m^2 \\ A_1 + A_2 \left\{(\lambda_1 + 2)^2 - m^2\right\} &= 0 \\ A_{i-1} + A_i \left\{[\lambda_1 + 2(i-1)]^2 - m^2\right\} &= 0 \end{aligned}\right\} \tag{14}$$

wo $\lambda_1 = + m$ oder $- m$ gefunden wird und wobei A_1 unbestimmt bleibt. A_1 ist die unbestimmte Integrationskonstante, aus der sich die höheren Koeffizienten rekurrierend berechnen

$$\left.\begin{aligned} A_2 &= - \frac{A_1}{2 \cdot 2 \cdot 1 (\lambda_1 + 1)} \\ A_3 &= - \frac{A_2}{2 \cdot 2 \cdot 2 (\lambda_1 + 2)} \\ A_{i+1} &= - \frac{A_i}{2 \cdot 2 \cdot i (\lambda_1 + i)} \end{aligned}\right\} \tag{15}$$

Jeder der Werte $\lambda_1 = \pm m$ liefert eine Reihenentwicklung, von denen diejenige für $\lambda_1 = + m$ lautet

$$R_1(k\,r) =$$

$$A_1\,(kr)^m\left[1-\frac{(k\,r)^2}{2^2\,(m+1)}+\frac{(k\,x)^4}{(2\cdot 2)^2\cdot 2!\,(m+1)\,(m+2)}\right.$$

$$\left.-\frac{(k\,x)^6}{(2\cdot 2)^3\,3!\,(m+1)\,(m+2)\,(m+3)}+\ldots\ldots\right] \tag{16}$$

Gibt man der unbestimmten Konstanten den speziellen Wert:

$$A_1 = \frac{1}{2^m\cdot m!}$$

so nennt man die entstehende Funktion eine Besselsche Funktion erster Art, die in mathematischen Schriften mit $J_m\,(kr)$ bezeichnet wird. Setzen wir für den Augenblick

$$kr = x,$$

so hat man demnach die Definitionsgleichung:

$$J_m(x) = \tag{17}$$

$$\frac{x^m}{2^m\cdot m!}\left[1-\frac{x^2}{2^2\,(m+1)}+\frac{x^4}{(2\cdot 2)^2\cdot 2!\,(m+1)\,(m+2)}-\ldots\ldots\right]$$

für die Besselsche Funktion $m$ter Ordnung.

Die Zahl m wird hier positiv, ganz oder nicht ganz vorausgesetzt.

Die Reihe konvergiert für endliche Werte von x; der Wert der Reihe ist $= 0$ für $x = 0$, mit Annahme der Funktion $J_0(x)$, welche für $x = 0$ den Wert 1 annimmt.

Besonders wichtig ist der Fall, daß m eine ganze Zahl ist; doch soll hierüber erst später Weiteres auseinandergesetzt werden.

Vorerst ist der zweite Fall zu behandeln, daß nämlich

$$\lambda_1 = -m,$$

d. h. gleich einer negativen Zahl wird, die wir zunächst als nicht ganz voraussetzen. In diesem Fall ändert sich in der Entwicklung (16) nur das Vorzeichen der Zahl m und wir erhalten als zweites die gegebene Differentialgleichung befriedigendes partikuläres Integral:

$$R_2\,(kr) = \tag{18}$$

$$B_1\,(kr)^{-m}\left[1-\frac{(kr)^2}{2\cdot 2\,(-m+1)}+\frac{(kr)^4}{(2\cdot 2)^2\cdot 2!\,(-m+1)\,(-m+2)}-\right]$$

Dementsprechend für (17)

$$J_{-m}(x) = \tag{19}$$

$$\frac{x^{-m}}{2^{-m}(-m)}\left[1 - \frac{x^2}{2\cdot 2(-m+1)} + \frac{x^4}{(2\cdot 2)^2\cdot 2!(-m+1)(-m+2)} - \right]$$

und man hat als allgemeines Integral für (7b)

$$\begin{aligned} R &= R_1(kr) + R_2(kr) \\ &= A_1 J_m(kr) + B_1 J_{-m}(kr) \end{aligned} \tag{20}$$

bzw. für die aus (11) durch die Substitution $x = kr$ hervorgehende Besselsche Differentialgleichung:

$$x^2 \frac{d^2 J}{dx^2} + x\frac{dJ}{dx} + (x^2 - m^2) J = 0 \tag{21}$$

das allgemeine Integral

$$J = A_1 J_m(x) + B_1 J_{-m}(x). \tag{22}$$

Das Integral $J_{-m}(x)$ konvergiert gleichfalls, wird aber für $x = 0$ unendlich. $J_m(x)$ und $J_{-m}(x)$ sind aber nur dann voneinanderunabhängig, und J ist nur dann das allgemeine Integral, wenn m nicht ganz ist.

Ist dagegen m eine ganze positive Zahl, so schreiben wir zunächst (17) bzw. (19) in den Formen

$$J_{+m}(x) = \sum_{i=0}^{\infty} \frac{(-1)^i}{i!(m+i)!}\left(\frac{x}{2}\right)^{m+2i} \tag{23}$$

$$J_{-m}(x) = \sum_{i=0}^{\infty} \frac{(-1)^i}{i!(-m+i)!}\left(\frac{x}{2}\right)^{-m+2} \tag{24}$$

In der Formel (24) werden aber alle Ausdrücke $\frac{1}{(-m+i)!} = 0$, so lange $i \leqq m-1$ ist, d. h. in (24) verschwinden, die ersten m-Glieder und wir erhalten

$$\begin{aligned} J_{-m}(x) = \frac{(-1)^m}{m!}\left(\frac{x}{2}\right)^m - \frac{(-1)^m}{(m+1)!\,1!}\left(\frac{x}{2}\right)^{m+2} \\ + \frac{(-1)^m}{(m+2)!\,2!}\left(\frac{x}{2}\right)^{m+4} \end{aligned} \tag{25}$$

oder in Summenform

$$J_{-m}(x) = (-1)^m \sum \frac{(-1)^i}{i\,!\,(m+i)\,!}\left(\frac{x}{2}\right)^{m+2i}, \tag{26}$$

d. h. nach Vergleichung mit (23):

$$J_{-m}(x) = (-1)^m J_{+m}(x)$$

d. h. im Falle m eine ganze Zahl ist, sind $J_{+m}(x)$ und $J_{-m}(x)$ nicht mehr voneinander unabhängig und (22) ist demnach nicht mehr das allgemeine Integral von (21).

Wir unterlassen es hier, das zweite partikuläre Integral im Falle eines ganzen m zu ermitteln, da dieses Integral, weil es für $x = 0$ unendlich wird, bei der kreisförmigen Membran außer Ansatz bleiben muß, weil in diesem Falle nur eine Funktion, die für x = 0 verschwindet, gebraucht werden kann. Daß übrigens bei der runden Membran m ganz sein muß, ergibt sich aus der ersten Differentialgleichung (7), deren allgemeines Integral ist:

$$\Phi = A \cos m\varphi + B \sin m\varphi. \tag{27}$$

Diese Funktion muß die Periode 2π haben, was nur möglich ist, wenn m als ganze Zahl angenommen wird.

Wir erhalten also als Lösung der Differentialgleichung (5) das Produkt $R\,\Phi$, d. h. den Ausdruck

$$Z = (A_2 \cos m\varphi + B_2 \sin m\varphi)\, J_m(kr) \tag{28}$$

und als partikuläres Integral für

$$\frac{\partial^2 z}{\partial r^2} + \frac{1}{r^2}\frac{\partial^2 z}{\partial \varphi^2} + \frac{1}{r}\frac{\partial z}{\partial r} = \frac{1}{a^2}\frac{\partial^2 z}{\partial t^2}. \tag{29}$$

welches die aus (4) § 59 folgende Form der Differentialgleichung der runden Membran ist

$$z = T R \Phi$$

$$= (A_1 \cos akt + B_1 \sin akt)(A_2 \cos m\varphi + B_2 \sin m\varphi)\, J_m(kr). \tag{30}$$

Dieser Ausdruck soll am Rande der Membran für $r = P$ verschwinden, d. h. es muß sein

$$J_m(kP) = 0. \tag{31}$$

Um die Wurzeln dieser Gleichung übersehen zu können, muß der Gesamtverlauf der Funktion $J_m(x)$ näher betrachtet werden.

Hierzu ziehen wir die Reihenentwicklung heran und finden für die niedrigsten Werte von m:

$$J_0(x) = 1 - \frac{x^2}{2 \cdot 2} + \frac{x^4}{2 \cdot 4 \cdot 2 \cdot 4} - \frac{x^6}{2 \cdot 4 \cdot 6 \cdot 2 \cdot 4 \cdot 6} + \frac{x^8}{2 \cdot 4 \cdot 6 \cdot 8 \cdot 2 \cdot 4 \cdot 6 \cdot 8}$$

$$J_1(x) = \frac{x}{2}\left\{1 - \frac{x^2}{2 \cdot 4} + \frac{x^4}{2 \cdot 4 \cdot 4 \cdot 6} - \frac{x^6}{2 \cdot 4 \cdot 6 \cdot 4 \cdot 6 \cdot 8} + \frac{x^8}{2 \cdot 4 \cdot 6 \cdot 8 \cdot 4 \cdot 6 \cdot 8 \cdot 10} - \cdot\right.$$

Hieraus ergibt sich:

$$J_0(0) = 1,$$

$$J_1(0) = 0.$$

Ferner ist

$$J_m(0) = 0,$$

wie sich aus der allgemeinen Reihenentwicklung ergibt.

Mit Hilfe der Reihenentwickelungen sind Tafeln für die Funktionen $J_m(x)$ berechnet worden, von denen im nachstehenden ein Auszug gegeben ist.

Tabelle 13. Besselsche Funktionen.

	$J_0(x)$	$J_1(x)$	$J_2(x)$	$J_3(x)$	$J_4(x)$	$J_5(x)$	$J_{10}(x)$
0	+ 1,00	0,00	0,00	0,00	0,00	+ 0,00	+ 0,00
1	+ 0,77	+ 0,44	+ 0,11	+ 0,02	0,00	+ 0,00	+ 0,00
2	+ 0,22	+ 0,58	+ 0,35	+ 0,13	+ 0,03	+ 0,00	+ 0,00
3	— 0,26	+ 0,34	+ 0,49	+ 0,31	+ 0,13	+ 0,04	+ 0,00
4	— 0,40	— 0,07	+ 0,36	+ 0,43	+ 0,28	+ 0,13	+ 0,00
5	— 0,18	— 0,33	+ 0,05	+ 0,36	+ 0,39	+ 0,26	+ 0,00
6	+ 0,15	— 0,28	— 0,24	+ 0,11	+ 0,36	+ 0,36	+ 0,01
7	+ 0,30	0,00	— 0,30	— 0,17	+ 0,16	+ 0,35	+ 0,02
8	+ 0,17	+ 0,23	— 0,11	— 0,29	— 0,10	+ 0,19	+ 0,06
		0,27					
9	— 0,09	+ 0,25	+ 0,14	— 0,18	— 0,27	— 0,06	+ 0,12
10	— 0,25	+ 0,04	+ 0,25	+ 0,06	— 0,22	— 0,23	+ 0,21
11	— 0,17	— 0,18	+ 0,14	+ 0,23	—0,02	—0,24	—2,08
12	+ 0,05	— 0,22	— 0,08	+ 0,20	+ 0,18	— 0,07	+ 0,30
13	+ 0,21	— 0,07	— 0,22	+ 0,00	+ 0,22	+ 0,13	+ 0,23
14	+ 0,17	+ 0,14	+ 0,15	— 0,18	+ 0,08	+ 0,22	+ 0,09
15	— 0,01	+ 0,20	+ 0,04	— 0,19	— 0,12	+ 0,13	— 0,09

In Fig. 162 und 163 sind die Gestalten der Besselschen Funktionen der Ordnungen 0 und 1 resp. 3 und 4 dargestellt.

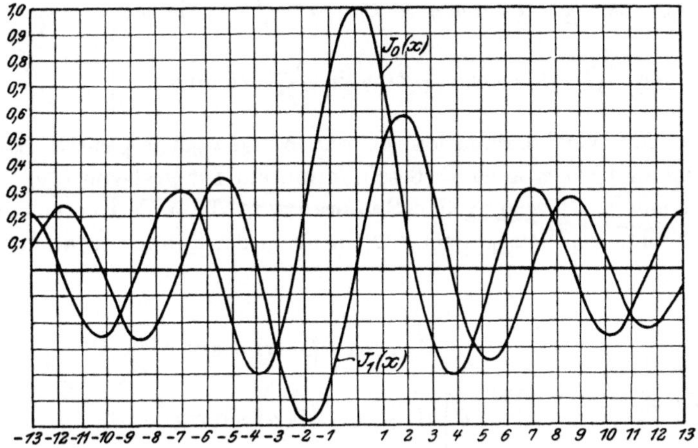

Fig. 162. Gestalt der Besselschen Funktionen $J_0(x)$ uud $J_1(x)$.

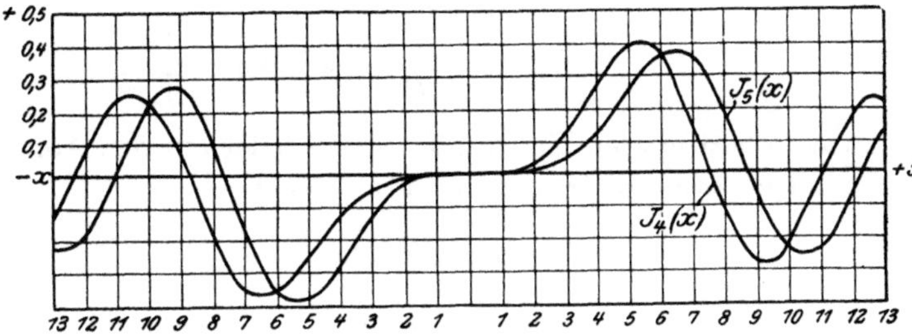

Fig. 163. Gestalt der Besselschen Funktionen $J_4(x)$ und $J_5(x)$.

Die Funktionen $J_m(x)$ haben sämtlich unendlich viele Nullstellen, d. h. die Gleichung

$$J_m(x) = 0$$

gibt unendlich viele Lösungen. Bezeichnet man diese Lösungen mit

$$k_{mi}, \; i = 1, 2 \, \ldots\ldots\ldots \infty,$$

so hat man nach Gleichung (31) für k unendlich viele Werte:

$$k = \frac{k_{mi}}{P}, \quad i = 1, 2, 3 \ldots\ldots \infty,$$

und wenn man die beiden Klammern in (30) ausmultipliziert, so ist

$$z = \left.\begin{aligned} &A_{m\,i}\cos\frac{k_{m\,i}}{P}\,at\cos m\,\varphi + B_{m\,i}\cos\frac{k_{m\,i}}{P}\,at\sin m\,\varphi \\ &+ C_{m\,i}\sin\frac{k_{m\,i}}{P}\,at\cos m\,\varphi + D_{m\,i}\sin\frac{k_{m\,i}}{P}\,at\sin m\,\varphi \end{aligned}\right\} J_m\left(\frac{k_{m\,i}}{P}\,r\right) \tag{32}$$

für jede Wertkombination, bei der m und i ganze positive Zahlen sind und wo m auch $= 0$ sein kann, ein Integral von (29). Die allgemeine Bewegung der Membran wird dann als Übereinanderlagerung der Bewegungen (32) in Form der Summe erhalten:

$$z = \sum_{m=0}^{\infty}\sum_{i=1}^{\infty} J_m\left(\frac{k_{m\,i}\,r}{P}\right)\left\{\begin{aligned} &A_{m\,i}\cos\frac{k_{m\,i}}{P}\,at\cos m\,\varphi + \\ &B_{m\,i}\cos\frac{k_{m\,i}}{P}\,at\sin m\,\varphi + \\ &C_{m\,i}\sin\frac{k_{m\,i}}{P}\,at\cos m\,\varphi + \\ &D_{m\,i}\sin\frac{k_{m\,i}}{P}\,at\sin m\,\varphi \end{aligned}\right\} \tag{33}$$

Die unbestimmten Konstanten sind wieder aus den Anfangsbedingungen zu bestimmen. Es sei für $t = 0$

und
$$z = f(\varphi, r) \tag{34}$$
$$\frac{\partial z}{\partial t} = g(\varphi, r). \tag{35}$$

Führen wir die Bedingung (34) in (33) ein, so wird für $t = 0$

$$f(r, \varphi) = \sum_{m=0}^{\infty}\sum_{i=1}^{\infty} J_m\left(\frac{k_{m\,i}\,r}{P}\right)(A_{mi}\cos m\,\varphi + B_{mi}\sin m\,\varphi), \tag{36}$$

Multipliziert man diese Gleichung zunächst mit $\cos m\varphi d\varphi$ und integriert von 0 bis 2π, so bleibt nur noch übrig:

$$\frac{1}{\pi}\int_0^{2\pi} f(r, \varphi)\cos m\,\varphi\,d\varphi = \sum_{i=1}^{\infty} A_{m\,i} J_m\left(\frac{k_{m\,i}}{P}\,r\right) \tag{37}$$

und nach Multiplikation mit $\sin m\varphi d\varphi$ und Integration in derselben Weise:

$$\frac{1}{\pi}\int_0^{2\pi} f(r\cdot\varphi)\sin m\,\varphi\,d\,\varphi = \sum_{i=1}^{\infty} B_{mi} J_m\left(\frac{k_{m\,i}\,r}{P}\right) \tag{38}$$

Zur weiteren Berechnung multiplizieren wir Gleichung (37) bzw. (38) mit

$$J_m\left(\frac{k_{m\,i}\,r}{P}\right) dr$$

und integrieren von 0 bis P. Benutzen wir hierbei die beiden Sätze:

$$\int_0^P J_m\left(\frac{k_{m\,i}\,r}{P}\right)\cdot J_m\left(\frac{k_{m\,j}\,r}{P}\right) r\,dr = 0 \tag{39}$$

wenn i von j verschieden ist, und

$$\int_0^P \left[J_m\left(\frac{k_{m\,i}\,r}{P}\right)\right]^2 r\,dr = \frac{1}{2}\left[J_{m+1}\;(k_{m\,i})\right]^2, \tag{40}$$

die in den Lehrbüchern der Besselschen Funktionen bewiesen werden, so erhalten wir das Resultat[60]:

$$A_{mi} = \frac{2}{\pi\,[J_{m+1}\,(k_{m\,i})]^2}\int_0^P\int_0^{2\pi} f\,(r,\varphi)\,J_m\left(\frac{k_{m\,i}\,r}{P}\right)\cos m\,\varphi\,r\,dr\,d\varphi \tag{41}$$

$$B_{mi} = \frac{2}{\pi\,[J_{m+1}\,(k_{m\,i})]^2}\int_0^P\int_0^{2\pi} f\,(r,\varphi)\,J_m\left(\frac{k_{m\,i}\,r}{P}\right)\sin m\,\varphi\,r\,dr\,d\varphi. \tag{42}$$

Für die Konstanten C_{mi} und D_{mi} folgt in analoger Weise:

$$C_{mi} = \frac{P}{a\,k_{m\,i}}\,\frac{2}{\pi\,[J_{m+1}\,(k_{m\,i})]^2}$$

$$\int_0^P\int_0^{2\pi} g\,(r,\varphi)\,J_m\left(\frac{k_{m\,i}\,r}{P}\right)\cos m\,\varphi\,r\,dr\,d\varphi \tag{43}$$

$$D_{mi} = \frac{P}{a\,k_{mi}} \, \frac{2}{\pi\,[J_{m+1}(k_{mi})]^2}$$

$$\int_0^P \int_0^{2\pi} g\,(r,\,\varphi)\, J_m\left(\frac{k_{mi}\,r}{P}\right) \sin m\,\varphi\, r\, dr\, d\varphi, \tag{44}$$

wodurch die Gestalt der Membran für jede beliebige Zeit t bestimmt ist. Auf die Untersuchung der Knotenlinien gehen wir hier nicht näher ein, sondern verweisen auf Riemann, Partielle Differential-Gleichungen, Braunschweig, 1900.

§ 61. Wärmeleitung.

Aus der Erfahrung wissen wir, daß sich die Temperatur T einer Platte der Dicke δ, deren beide Seiten auf den konstanten Temperaturen T_a und T_b gehalten werden, nach genügend langer Zeit längs der Plattendicke linear abnehmend einstellt. Es gilt dann (siehe Fig. 164):

$$\frac{T_a - T_b}{\delta} = \frac{T_a - T}{x}$$

$$T = T_a - \frac{x}{\delta}(T_a - T_b) \tag{1}$$

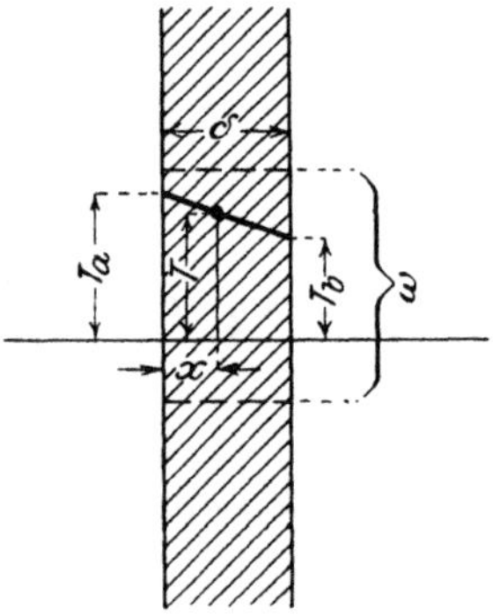

Fig. 164. Stationäre Wärmeströmung durch eine Platte.

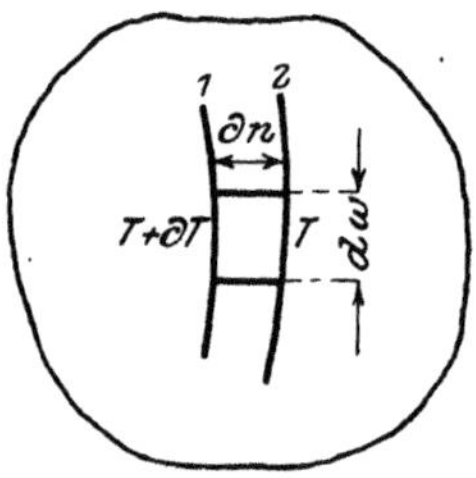

Fig. 165. Zur Differentialgleichung der Wärmeleitung in einem Körper.

Ferner wissen wir, daß in diesem Falle von dem Medium, welches die höhere Temperatur T_a aufrecht erhält, Wärme durch die Platte an das Medium der niedrigeren Temperatur T_b übergeht. Die Menge der Wärme Q ist proportional der Zeit t, der Temperaturdifferenz T_a—T_b, der Oberfläche ω, an der der

Eintritt bzw. Austritt erfolgt, und umgekehrt proportional der Plattendicke δ:

$$Q = k \frac{T_a - T_b}{\delta} \omega t \tag{2}$$

Der Proportionalitätsfaktor k heißt die Wärmeleitfähigkeit des Plattenmaterials, den wir im folgenden stets als konstant voraussetzen. Man nennt den geschilderten Vorgang: stationäre Wärmeleitung.

Die Formel (2) wenden wir nun an auf ein kleines Raumelement im Innern eines Körpers. Das Raumelement sei ein kleiner Zylinder der Grundfläche $d\omega$, der zwischen den Schichten 1, 2 des Abstandes ∂n liegt (Fig. 165). An den Grundflächen mögen die Temperaturen $T + \partial T$ und T herrschen. Dann wird für ein Zeitelement dt der Wärmedurchgang durch die Schicht 1—2 in Richtung der Zylinderachse:

$$dQ = -k \frac{\partial T}{\partial n} d\omega\, dt \tag{3}$$

wo das Minuszeichen andeutet, daß der Wärmedurchgang in Richtung der abnehmenden T erfolgt.

Wir sehen jetzt davon ab, die Temperatur T in einem Raumpunkte als konstant zu betrachten; sie sei eine Funktion der Zeit.

Ändert sich nun T an einem Punkte um $+\partial T$, so muß erfahrungsmäßig das Raumelement an der betreffenden Stelle, welches $d\tau$ heißen möge und dessen Masse $\varrho\, d\tau$ sei (ϱ = Massendichtigkeit), eine Wärmeinhaltsvermehrung dQ erfahren haben, die sich für die Zeiteinheit wie folgt berechnet:

$$dQ = c\varrho\, d\tau\, \partial T \text{ [61]}. \tag{4}$$

Dieser Ansatz gilt unabhängig davon, auf welche Weise der Wärmezuwachs in $d\tau$ entsteht.

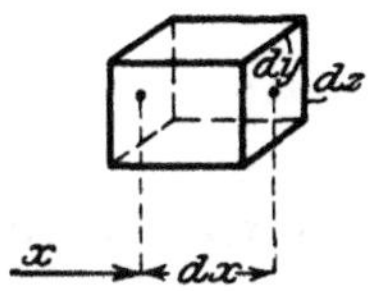

Fig. 165a. Raumelement $dx\ dy\ dz$.

Wir setzen nun voraus, daß der Wärmezuwachs dadurch entsteht, daß mehr Wärme in ein Raumelement einströmt als ausströmt, wie dies bei der nichtstationären Wärmeleitung der Fall ist.

Ist das Raumelement ein Würfel (Fig. 165 a)

$$d\tau = dx\, dy\, dz$$

so sind die 3 Wärmeströmungen in Richtung der x, y, z-Achse zu unterscheiden:

$$\left.\begin{aligned} dQ_x &= -k\frac{\partial T}{\partial x}\,dy\,dz\,\partial t \\ dQ_y &= -k\frac{\partial T}{\partial y}\,dx\,dz\,\partial t \\ dQ_z &= -k\frac{\partial T}{\partial z}\,dx\,dy\,\partial t \end{aligned}\right\} \tag{5}$$

Die Differentiale dieser 3 Größen, genommen nach den Achsen, stellen die durch Leitung im Raumelement sich anhäufenden oder aus ihm verschwindenden Wärmebeträge dar, falls der Vorgang nicht stationär ist. Diese Beträge sind:

$$\left.\begin{aligned} \partial dQ_x &= k\frac{\partial^2 T}{\partial x}\,dy\,dz\,\partial t \\ \partial dQ_y &= k\frac{\partial^2 T}{\partial y}\,dx\,dz\,\partial t \\ \partial dQ_z &= k\frac{\partial^2 T}{\partial z}\,dx\,dy\,\partial t \end{aligned}\right\} \tag{6}$$

deren Summe mit der Vermehrung des Wärmeinhalts nach (4) gleichzusetzen ist:

$$c\varrho\,d\tau\,\partial T = k\left(\frac{\partial^2 T}{\partial x^2} + \frac{\partial^2 T}{\partial y^2} + \frac{\partial^2 T}{\partial z^2}\right)dx\,dy\,dz\,\partial t \tag{7}$$

aus welcher Formel, nach Hebung mit $d\tau = dx\,dy\,dz$ und nach Division mit ∂t, hervorgeht:

$$c\varrho\frac{\partial T}{\partial t} = k\left(\frac{\partial^2 T}{\partial x^2} + \frac{\partial^2 T}{\partial y^2} + \frac{\partial^2 T}{\partial z^2}\right) \tag{8}$$

oder mit der Abkürzung $\dfrac{k}{c\varrho} = a^2$

$$\frac{\partial T}{\partial t} = a^2\left(\frac{\partial^2 T}{\partial x^2} + \frac{\partial^2 T}{\partial y^2} + \frac{\partial^2 T}{\partial z^2}\right) \tag{9}$$

Dies ist die allgemeine Differentialgleichung für die nicht-stationäre Wärmeleitung. Mit $\dfrac{\partial T}{\partial t} = 0$ erhalten wir für die stationäre Leitung

$$\frac{\partial^2 T}{\partial x^2} + \frac{\partial^2 T}{\partial y^2} + \frac{\partial^2 T}{\partial z^2} = 0 \tag{10}$$

welche Gleichung uns später sehr eingehend beschäftigen wird; vorderhand befassen wir uns mit Gleichung (9).

§ 62. Wärmeleitung in einem Stab mit Anfangstemperaturverteilung.

Für einen Stab der Länge l längs der x-Achse, dessen Oberfläche wärmeundurchlässig sei, kann, wenn die Stabquerschnittsdimension klein im Verhältnis zur Länge ist, die Temperatur als unabhängig von y und z angesehen werden, so daß gilt:

$$\frac{\partial T}{\partial t} = a^2 \frac{\partial^2 T}{\partial x^2} \tag{1}$$

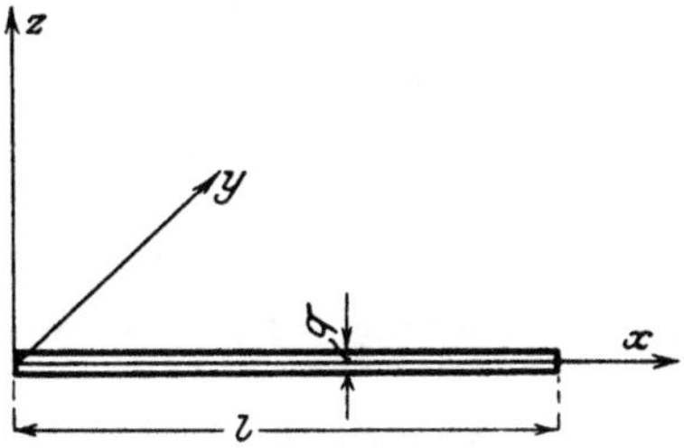

Fig. 166. Zur Wärmeleitung in einem Stabe.

Die Integration dieser Gleichung verlangt, die Temperatur als Funktion von t und x so zu bestimmen, daß $T\,(t, x)$ der Gleichung (1) genügt, und daß die Nebenbedingungen erfüllt werden:

$$\left.\begin{aligned} &\text{für } t = 0, \; T(0,x) = f(x) \quad &(2\text{a})\\ &\;\,,, \;\; x = 0, \; T(t,0) = 0 \quad &(2\text{b})\\ &\;\,,, \;\; x = l, \; T(t,l) = \mathrm{T} \quad &(2\text{c}) \end{aligned}\right\}$$

Es soll also zur Zeit $t = 0$ im Stab eine bestimmte Temperaturverteilung $f(x)$ vorhanden sein, und es sollen auf die Stabenden die Temperaturen 0 und T einwirken. Man nennt die Bedingung 2a „Anfangsbedingung", 2b und 2c „Oberflächenbedingungen".

Diese Aufgabe zerlegen wir in 2 einfachere, indem wir T als Summe von 2 Funktionen $T_1 + T_2$ betrachten, die sämtlich der Differentialgleichung (1) genügen, aber verschiedene Nebenbedingungen erfüllen, welche lauten:

$$\text{I. für } T_1\text{: } T_1(0,x) = f(x),\; T_1(t,0) = 0,\; T_1(t,l) = 0 \tag{4}$$

$$\text{II. für } T_2\text{: } T_2(0,x) = 0,\quad T_2(t,0) = 0,\; T_2(t,l) = \mathrm{T} \tag{5}$$

I. Der Differentialgleichung (1) genügt als partikuläre Lösung

$$T_1 = e^{-\lambda^2 a^2 t} \sin \lambda x \tag{6}$$

Diese Lösung befriedigt die zweite Bedingung (4):

$$T_1(t, 0) = 0$$

ohne weiteres, die dritte Bedingung (4):

$$T_1(t, l) = 0$$

jedoch mit $\lambda = \frac{n\pi}{l}$, wo n eine ganze Zahl ist. T_1 erhält also die Gestalt:

$$T_1 = e^{-\frac{n^2 \pi^2}{l^2} a^2 t} \sin \frac{n\pi}{l} x \tag{7}$$

Ebenso wie (7) genügt auch die Summe

$$T_1 = \sum_{n=1}^{\infty} A_n e^{-\frac{n^2 \pi^2}{l^2} a^2 t} \sin \frac{n\pi}{l} x \tag{8}$$

der Differentialgleichung (1), wo die A_n unbestimmte Konstante sind.

Nunmehr ist die Lösung (8) der Bedingung

$$T_1(0, x) = f(x) \tag{9}$$

anzupassen. Aus (8) und (9) ergibt sich

$$T_1(0, x) = \sum_{n=1}^{\infty} A_n \sin \frac{n \pi x}{l} = f(x) \tag{10}$$

Es handelt sich also wieder um die schon in § 54 gelöste Aufgabe der Entwickelung einer Funktion $f(x)$ in eine Fouriersche Reihe. Wir entnehmen diesem Paragraph Formel (20) (indem wir x mit α vertauschen):

$$A_n = \frac{2}{l} \int_0^l f(\alpha) \sin \frac{n \pi \alpha}{l} \, d\alpha$$

und finden:

$$T_1 = \frac{2}{l} \sum_{n=1}^{\infty} e^{-\frac{n^2 \pi^2}{l^2} a^2 t} \sin \frac{n \pi x}{l} \int_0^l f(\alpha) \sin \frac{n \pi \alpha}{l} \, d\alpha \tag{11}$$

Um hiernach ein Beispiel zu berechnen, sei ein Kupferstab von $l = 100$ cm Länge gegeben. Zurzeit $t = 0$ sei die Temperaturverteilung

$$f(x) = T_0 \sin \frac{2\pi x}{l} \quad \text{mit } T_0 = 50^0\, C$$

gegeben (Fig. 167). Die Temperatur ist also längs der Stabachse sinusförmig verteilt. Für Kupfer haben wir nun folgende Konstanten:

$$K = 0{,}9\,[\mathrm{cal\,cm^{-1}\,sec^{+1}}]$$
$$c = 0{,}094\,[\mathrm{cal\,g^{-1}}]$$
$$\varrho = 8{,}9\,[\mathrm{g\,cm^{-3}}]$$

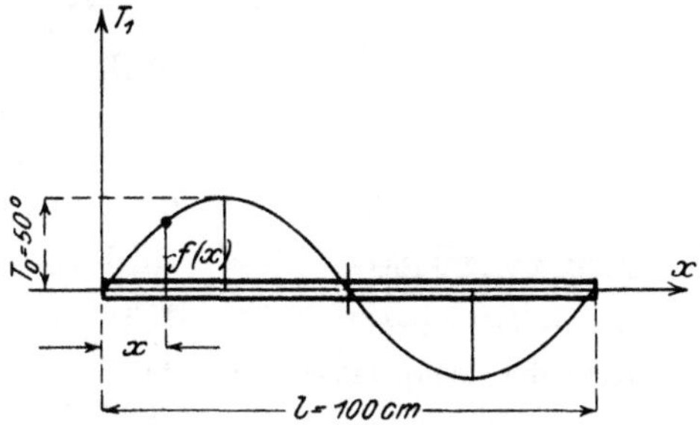

Fig. 167. Sinusförmige Temperaturverteilung längs eines Stabes.

Hiernach ergibt sich

$$a^2 = \frac{K}{c \cdot \varrho} \cong 1{,}1\,[\mathrm{cm^2\,sec^{-1}}]$$

Für das Integral in Formel (11) finden wir

$$T_0 \int_0^l \sin \frac{2\pi\alpha}{l} \cdot \sin \frac{2\pi\alpha}{l}\, d\alpha = T_0 \frac{l}{2}\,.$$

da n nur $= 2$ genommen zu werden braucht, weil für alle $n \lessgtr 2$ der Integralwert verschwindet.

Die Temperatur selbst wird damit:

$$T_1 = T_0\, e^{-\frac{4\pi^2}{10\,000} a^2 t} \sin \frac{2\pi x}{l}$$

$$= 50^0 \cdot e^{-0{,}004\, t} \sin \frac{2\pi x}{l}$$

Hiernach sinkt die Maximaltemperatur der Stabachse nach ca. 500 Sekunden auf 0,135 ihres Anfangswertes 50^0 herab, weil

$$e^{-0{,}004 \cdot 500} = e^{-2} = 0{,}135 \text{ ist}$$

Die sinusförmige Verteilung längs des Stabes wird durch die Abkühlung nicht gestört.

§ 63. Berücksichtigung der Oberflächenbedingung.

Gab § 62 ein Beispiel für das Verschwinden der Anfangsbedingung mit der Zeit, so wollen wir nunmehr das Eindringen einer Oberflächenbedingung in das Innere eines Stabes untersuchen. Wir wollen die Änderung der Temperatur eines Stabes (Fig. 168) untersuchen, der zurzeit $t = 0$ überall die Temperatur $\mathrm{T} = 0$ hatte. Plötzlich wird an seinem Ende $x = l$ die Temperatur T, d. h. die Oberflächenbedingung $T(t, l) = \mathrm{T}$ hergestellt. Wie verteilt sich nun die Temperatur längs des Stabes? Offenbar dringt die Temperatur T allmählich in den Stab ein gemäß den Kurven 1, 2, 3, bis sich nach unendlich langer Zeit die Verteilung

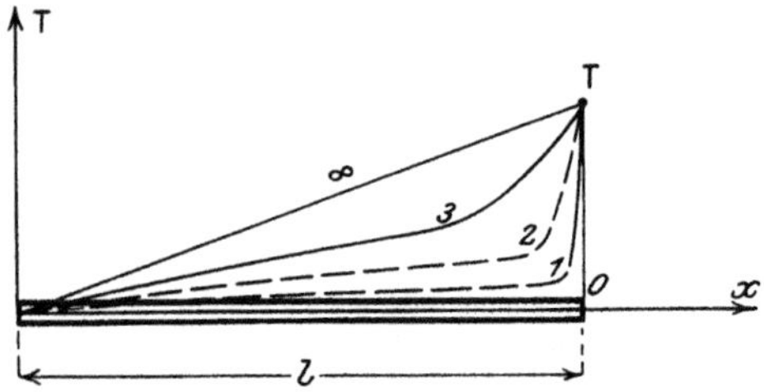

Fig. 168. Eindringen der Temperatur vom Ende des Stabes her.

$$T_2 = \mathrm{T} \cdot \frac{x}{l} \tag{1}$$

einstellt.

Diese Verteilung genügt in der Tat der Differentialgleichung

$$\frac{\partial T}{\partial t} = a^2 \frac{\partial^2 T}{\partial x^2} \tag{2}$$

und außerdem den Bedingungen:

$$x = 0,\; T(t, 0) = 0 \tag{2a}$$

$$x = l,\; T(t, l) = \mathrm{T} \tag{2b}$$

Sie genügt aber nicht der Bedingung

$$t = 0,\; T(0, x) = 0 \tag{2c}$$

Dieser Bedingung muß aber nach der Aufgabestellung auch genügt werden. Wir erreichen dies, indem wir zu (1) eine Funktion von t und x: $T_1(t, x)$ hinzufügen, die die Differentialgleichung (2) befriedigt und

$$\text{für } t = 0 \text{ den Wert } T_1(0,x) = -\mathrm{T}\frac{x}{l}$$

$$\text{für } x = l \text{ den Wert } T_1(t,l) = 0$$

annimmt. Dann werden wir sicher haben:

$$\text{für } t = 0,\; T(0,x) = T_2(0,x) + T_1(0,x) = 0$$

d. h. die fehlende Bedingung ist erfüllt.

Die gesuchte Funktion $T_1(t,x)$ hat demnach denselben Bedingungen zu genügen wie die Funktion T_1 in § 62, wenn wir die zu erfüllende Anfangstemperaturverteilung längs des Stabes

$$f(x) = -\mathrm{T}\frac{x}{l}$$

setzen. Wir schreiben ohne weiteres nach Formel (11) des § 62 an

$$T_1(t,x) = \frac{2}{l}\sum_{n=1}^{\infty} e^{-\frac{n^2\pi^2}{l^2}a^2 t} \sin\frac{n\pi x}{l}\int_0^l -\frac{\mathrm{T}\,a}{l}\sin\frac{n\pi a}{l}\,da \quad (3)$$

oder nach Vorziehung der Konstanten aus dem Integral:

$$T_1(t,x) = -\frac{2\,\mathrm{T}}{l^2}\sum e^{-\frac{n^2\pi^2}{l^2}a^2 t}\sin\frac{n\pi x}{l}\int_0^l a\sin\frac{n\pi a}{l}\,da \quad (4)$$

Die Ausführung des Integrals geschieht mittels der teilweisen Integration (Hütte S. 72) und liefert zunächst mit

$$a = u,\; \sin\frac{n\pi a}{l}\,da = dv$$

$$\int u\,dv = u\,v - \int v\,du = -\frac{a\,l}{n\pi}\cos\frac{n\pi a}{l} + \frac{l^2}{n^2\pi^2}\sin\frac{n\pi a}{l}$$

und nach Einführung der Grenzen 0 und l endgültig:

$$\int_0^l u\,dv = -\frac{l^2}{n\pi}\cos n\pi = (-1)^{n+1}\frac{l^2}{n\pi} \quad (4a)$$

womit die Formel (4) übergeht in:

$$T_1(t,x) = \frac{2\,\mathrm{T}}{\pi}\sum_{n=1}^{\infty}\frac{(-1)^n}{n}\,l^{-\frac{n^2\pi^2}{l^2}a^2 t}\sin\frac{n\pi x}{l} \quad (5)$$

woraus sich zusammen mit

$$T_\infty = \mathrm{T}\,\frac{x}{l}$$

ergibt:

$$T(t,x) = T_2(t,x) + T_1(t,x)$$

$$= \mathrm{T}\left(\frac{x}{l} + \frac{2}{\pi}\sum_{n=1}^{\infty}\frac{(-1)^n}{n}\,e^{-\frac{n^2\pi^2}{l^2}a^2 t}\sin\frac{n\pi x}{l}\right) \tag{6}$$

Für $t \cong \infty$ verschwindet die Summe in der Klammer, so daß $T(\infty, x) = \mathrm{T}\,\frac{x}{l}$ übrig bleibt. Für endliche Werte von t, z. B. $t = 1000$ Sec wird, wenn nur das erste Glied ($n = 1$) der Summe beibehalten wird, mit den Konstanten des Beispiels in § 62

$$T(t,x) = \mathrm{T}\left(\frac{x}{l} - \frac{2}{\pi}\,e^{-1}\sin\frac{\pi x}{l}\right) \tag{7}$$

d. h. eine Temperaturverteilung, die tatsächlich ihrem Charakter nach der in Fig. 168 durch den Linienzug 3 angedeuteten Gestalt entspricht. Die höheren Glieder ändern nichts an dem Charakter der Verteilung.

Für $t = 0$ geht aber die unendliche Summe über in $\frac{\pi x}{2l}$ und damit wird die Temperatur

$$T(0,x) = 0$$

entsprechend Bedingung (2c). Daß aber

$$-\frac{\pi x}{2l} = \sum_{n=1}^{\infty}\frac{(-1)^n}{n}\sin\frac{n\pi x}{l}$$

ist, beweist man, indem man $-\frac{\pi x}{l}$ nach § 54 in eine Fouriersche Reihe entwickelt. Es wird

$$f(x) = -\frac{\pi x}{2l} = \sum_{n=0}^{\infty} A_n \sin\frac{n\pi x}{l}$$

wenn

$$A_n = -\frac{2}{l}\int_0^l \frac{\pi a}{2l}\sin\frac{n\pi a}{l}\,da = -\frac{\pi}{l^2}\int_0^l a\sin\frac{n\pi a}{l}\,da$$

ist. Der Integralwert ist aber nach (4a) dieses Paragraphen

$$= \frac{(-1)^{n+1}}{n} \frac{l^2}{\pi},$$

mithin wird:

$$A_n = \frac{(-1)^{n+2}}{n}$$

und demnach:

$$-\frac{\pi x}{2l} = \sum_{n=1}^{\infty} \frac{(-1)^n}{n} \sin \frac{n \pi x}{l} \cdot \text{w. z. b. w.}$$

§ 64. Wärmeleitung in einem Stabe bei veränderlicher Stabendtemperatur.

Wir unterziehen nunmehr den Verlauf der Funktion:

$$\vartheta(x, t) = \left\{ \frac{x}{l} + \frac{2}{\pi} \sum_{n=1}^{\infty} \frac{(-1)^n}{n} e^{-\frac{n^2 \pi^2}{l^2} a^2 t} \sin \frac{n \pi x}{l} \right\} \tag{1}$$

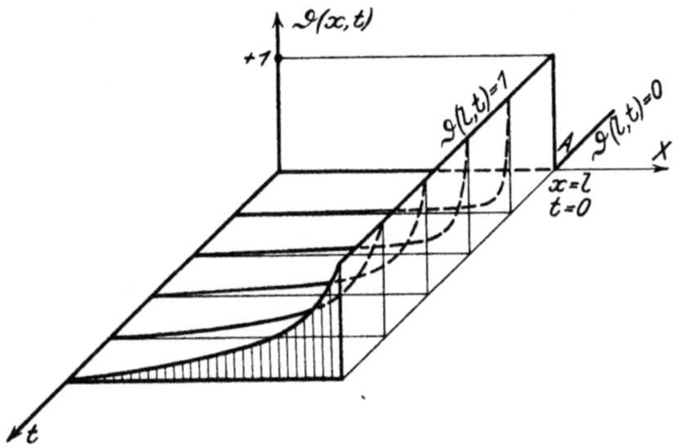

Fig. 169. Temperaturverteilung in einem Stabe bei constanter Endtemperatur.

in Formel (6) des § 63 einer genaueren Betrachtung. Wir haben:

$$\left.\begin{aligned} &\text{für } x = 0 \text{ wird } \vartheta(0, t) = 0 \\ &\quad x = l \quad ,, \quad \vartheta(l, t) = 1 \text{ wenn } t > 0 \\ &\quad x = l \quad ,, \quad \vartheta(l, t) = 0 \text{ wenn } t < 0 \end{aligned}\right\} \tag{1a}$$

Bei $t = 0$ macht also die Funktion $\vartheta\,(l, t)$ einen Sprung vom Wert 0 auf den Wert 1.

Fig. 169 gibt ein ungefähres Bild des Funktionsverlaufes.

Wir benutzen nun $\vartheta\,(x, t)$, um zunächst Wärmeleitungsvorgänge darzustellen, bei denen die Temperatur T_1 im Stabpunkte $x = l$ nur während eines kurzen Zeitintervalles Δt konstant

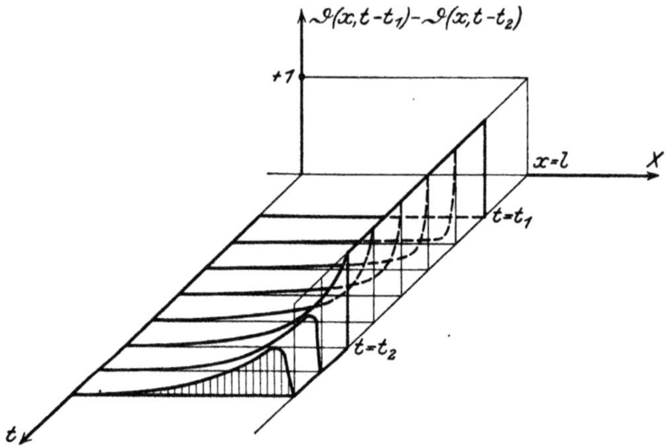

Fig. 170. **Temperaturverteilung bei diskontinuierlich veränderlicher Endtemperatur.**

ist. Es werde also zur Zeit $= t_1$ am Stabende die Temperatur T_1 hergestellt, die zur Zeit t_2 wieder Null werde (Fig. 170). Es ist dann

$$t_2 - t_1 = \Delta t$$

und wir haben als Temperatur an einer beliebigen Stelle x des Stabes

$$T_1\,(x, t) = T_1\,[\vartheta\,(x, t - t_1) - \vartheta\,(x, t - t_2)] \tag{2}$$

Nach (1a) gilt:

$$\left.\begin{array}{lll}
\text{für} & t = t_1 \text{ wird } \vartheta\,(l, t - t_1) & = 0 \text{ und } \vartheta\,(l, t - t_2) = 0 \\
\text{mithin} & \qquad\qquad T_1\,(l, t) & = 0 \\
\text{für} & t_2 > t > t_1 \text{ wird } \vartheta\,(l, t - t_1) & = 1 \text{ und } \vartheta\,(l, t - t_2) = 0 \\
\text{mithin} & \qquad\qquad T_1\,(l, t) & = T_1 \\
\text{für} & t > t_2 \text{ wird } \vartheta\,(l, t - t_1) & = 1 \text{ und } \vartheta\,(l, t - t_2) = 1 \\
\text{mithin} & \qquad\qquad T_1\,(l, t) & = 0
\end{array}\right\} \tag{2a}$$

Also ist tatsächlich $T_1(l, t) = T_1$ von $t = t_1$ bis $t = t_2$, d. h. während des Zeitintervalles Δt.

Lassen wir jetzt auf die Periode $t_2 - t_1 = \Delta t$ eine gleichlange Periode $\Delta t = t_3 - t_2$ folgen, während welcher die konstante Temperatur T_2 am Stabende herrsche, dann stellt sich im Stabe eine Temperaturverteilung

$$T_2(x, t) = T_2[\vartheta(x, t - t_2) - \vartheta(x, t - t_3)] \tag{3}$$

ein, die sich über $T_1(x, t)$ überlagert.

In analoger Weise kann man n Zeitintervalle aufeinander folgen lassen, und man hat als Temperatur (Übereinanderlagerung aller n Zustände $T_\nu(x, t)$, $\nu = 1, 2, 3 \ldots . n$) die Summe

$$T(x, t) = \sum_{\nu=1}^{\nu=n} T_\nu[\vartheta(x, t - t_\nu) - \vartheta(x, t - t_{\nu+1})] \tag{4}$$

Hier schreiben wir nun mit $t_\nu = t_{\nu+1} - \Delta t$ und nach Multiplikation der einzelnen Glieder der Summe mit $\frac{\Delta t}{\Delta t}$:

$$T(x, t) = \sum_{\nu=1}^{\nu=n} T_\nu \frac{\vartheta(x, t - t_{\nu+1} + \Delta t) - \vartheta(x, t - t_{\nu+1})}{\Delta t} \Delta t \tag{5}$$

Der Bruch ist aber nach § 51 nichts anderes als der partielle Differentialquotient

$$\frac{\partial \vartheta(x, t - t_{\nu+1})}{\partial t}$$

wenn wir zur Grenze für abnehmende Δt übergehen.

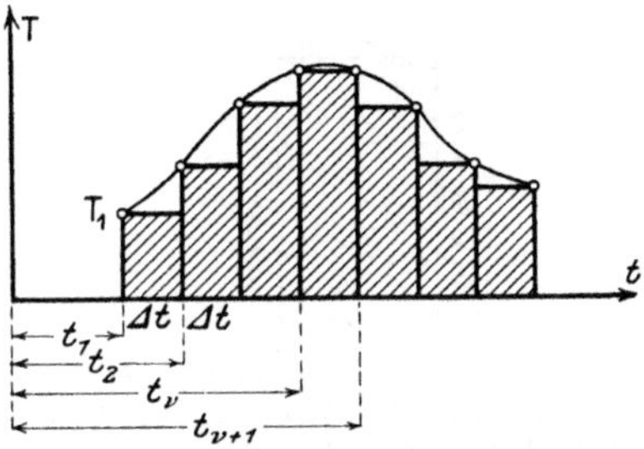

Fig. 171. Kontinuierlich veränderliche Temperatur.

Gleichzeitig betrachtet man die Werte T_ν nunmehr als stetig ineinander übergehend (Fig. 171), indem man ihnen eine zeitliche stetige Veränderlichkeit durch den Ansatz

$$T_\nu = \varphi(t_\nu) \tag{6}$$

zuteilt.

Wir erhalten dann die Formel

$$T(x, t) = \sum_{\nu=1}^{\nu=n} \varphi(t_\nu) \frac{\partial \vartheta(x, t - t_{\nu+1})}{\partial t} \Delta t \tag{7}$$

Wegen des verschwindenden Δt kann man nunmehr statt des

Zeigers $\nu + 1$ den Zeiger ν setzen und die Summe als Integral der Intergrationsvariabelen t_ν ($\Delta t = dt_\nu$) auffassen, welches von 0 bis t zu nehmen ist. Es wird also

$$T(x,t) = \int_0^t \varphi(t_\nu) \frac{\partial \vartheta(x, t - t_\nu)}{\partial t} dt_\nu \tag{8}$$

Dies ist also die Temperaturverteilung im Stab, wenn sich die Endtemperatur nach der Zeitfunktion $\varphi(t_\nu)$ ändert. Die Funktion $\vartheta(x, t)$ ist dabei durch Formel (1) definiert[63]).

§ 65. Anwendung auf die Wärmebewegung in den Wandungen des Dampfmaschinenzylinders.

Ein Stab der Länge l ohne Wärmeabgabe in radialer Richtung ist nur denkbar als Teil einer Wand der Dicke l, wenn die Temperaturen auf beiden Seiten der Wand in größeren Bereichen konstant sind. Ein solcher Fall liegt vor z. B. beim Deckel eines Dampfmaschinenzylinders, der genau genug als Platte der Dicke l betrachtet werden kann (Fig. 172).

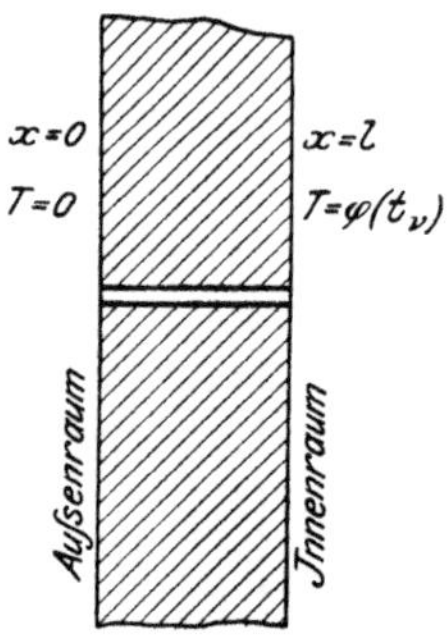

Fig. 172. Grenzbedingung zur Temperaturverteilung in der Wandung eines Dampfmaschinenzylinders.

$T = \varphi(t_\nu)$ sei die durch die variierende Dampftemperatur gegebene, mit der Maschinenumlaufzeit gleichperiodische Temperatur der Innenwand; die Außentemperatur (Luft des Maschinenhauses) sei dauernd $= 0$. Der Einfachheit halber nehmen wir $\varphi(t_\nu) = \cos \frac{2\pi}{\Theta} t_\nu$ an, wo Θ die Maschinenperiode bedeutet. Kompliziertere Ausdrücke für $\varphi(t_\nu)$ bieten nichts prinzipiell Neues.

Für die Temperaturverteilung in der Wand haben wir jetzt nach Formel (8) und (1) des vorigen Paragraphen:

$$T(x,t) = -\frac{2\pi a^2}{l^2} \sum_{n=1}^{n=\infty} (-1)^n n \sin \frac{n\pi x}{l} \int_0^t e^{-\frac{n^2\pi^2 a^2}{l^2}(t - t_\nu)} \cos \frac{2\pi}{\Theta} t_\nu \, dt_\nu \quad (1$$

Gebraucht man hier vorläufig die Abkürzungen:

$$\frac{n^2 \pi^2 a^2}{l^2} = \alpha; \quad \frac{2\pi}{\Theta} = \beta \tag{1a}$$

so wird:

$$T(x, t) = -\frac{2\pi a^2}{l^2} \sum_{n=1}^{n=\infty} (-1)^n n \sin \frac{n \pi x}{l} e^{-\alpha t} \int_0^t e^{\alpha t_\nu} \cos \beta t_\nu dt_\nu \tag{2}$$

Das hier vorkommende Integral ermittelt sich leicht nach Hütte, S. 78:

$$\int_0^t e^{\alpha t_\nu} \cos \beta t_\nu \, dt_\nu = \frac{\alpha \cos \beta t + \beta \sin \beta t}{\alpha^2 + \beta^2} e^{\alpha t} - \frac{\alpha}{\alpha^2 + \beta^2} \tag{3}$$

Setzen wir dies in Formel (2) ein und beschränken wir uns auf die Untersuchung des nach sehr langer Zeit eintretenden rein periodischen Zustandes, so wird:

$$T(x, t) = -2\pi \frac{a^2}{l^2} \sum_{n=1}^{\infty} (-1)^n n \sin \frac{n \pi x}{l} \frac{\alpha \cos \beta t + \beta \sin \beta t}{\alpha^2 + \beta^2} \tag{4}$$

Setzt man hier den Wert für α aus (1a) wieder ein, so hat man mit einigen leicht zu übersehenden Umformungen $\left(\xi = \frac{\beta^2 l^4}{\pi^4 a^4}\right)$:

$$T(x, t) = \cos \beta t \cdot \frac{2}{\pi} \sum_{n=1}^{\infty} \frac{(-1)^{n+1}}{n\left(1 + \frac{\xi}{n^4}\right)} \sin \frac{n \pi x}{l}$$

$$+ \sin \beta t \cdot \frac{2}{\pi^3} \frac{l^2}{a^2} \sum_{n=1}^{\infty} \frac{(-1)^{n+1}}{n^3\left(1 + \frac{\xi}{n^4}\right)} \sin \frac{n \pi x}{l}.$$

Setzen wir hier kurz für die Faktoren von $\cos \beta t$ bzw. $\sin \beta t$, welche Funktionen von x sind, $\mu(x)$ bzw. $\nu(x)$, so kann man kürzer schreiben:

$$T(x, t) = \mu(x) \cos \beta t + \nu(x) \sin \beta t$$

oder auch

$$T(x, t) = \sqrt{\mu^2(x) + \nu^2(x)} \cdot \cos(\beta t - \varphi)$$

wo zu setzen ist

$$\varphi = \operatorname{arctg} \frac{\nu(x)}{\mu(x)}.$$

Es wird für

$$x = l:\ \mu(x) = 1,\ \nu(x) = 0,\ T(x,t) = \cos\beta t,\ \varphi = 0$$

$$x = 0:\ \mu(x) = 0,\ \nu(x) = 0,\ T(x,t) = 0.$$

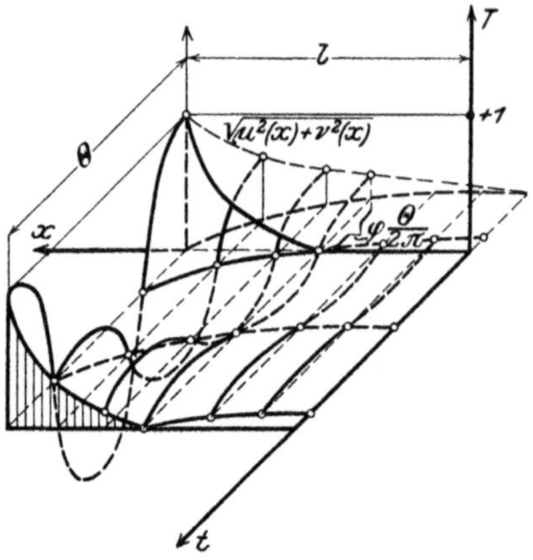
Fig. 173. Temperaturverteilung in der Wandung eines Dampfmaschinenzylinders.

Die Wandtemperatur nimmt also von innen nach außen nach dem Gesetze $\sqrt{\mu^2(x) + \nu^2(x)}$ von $x = l$ bis $x = 0$ ab, während die Phasennacheilung φ der Temperaturschwankung hinter der Schwankung $\cos\beta t$ von innen nach außen zunimmt.

Fig. 173 gibt ein ungefähres Bild der Temperaturverteilung [64]).

§ 66. Stationäre ebene Bewegung einer inkompressibelen Flüssigkeit.

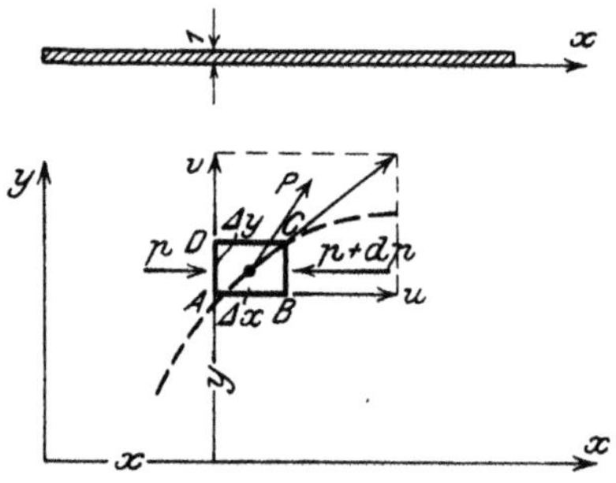
Fig. 174. Gleichgewicht eines Flüssigkeitselementes.

I. Aufstellung der Bewegungsgleichungen.

Wir betrachten eine auf einer Ebene sich bewegendeFlüssigkeitsschicht der Dicke 1 (Fig. 174).

Zunächst untersuchen wir den Gleichgewichtszustand eines am Orte $A = (x,y)$ befindlichen Flüssigkeitselementes $\Delta x\, \Delta y$ der Dichte ϱ, welches unter Einfluß des Flüssigkeitsdruckes p und der am Element angreifenden äußeren massenproportionalen Kraft $P\varrho\Delta x\Delta y$ steht. Letztere zerlegen wir in ihre Komponenten $X\varrho\Delta x\Delta y$ und $Y\varrho\Delta x\Delta y$.

Folgende Kräfte kommen in Ansatz, die wegen des Gleichgewichts für sich verschwinden müssen:

Parallel der x-Achse:

$$p\,\Delta y - \left(p + \frac{\partial p}{\partial x}\Delta x\right)\Delta y + X\varrho\,\Delta x\,\Delta y = 0$$

Parallel der y-Achse:

$$p\,\Delta x - \left(p + \frac{\partial p}{\partial y}\Delta y\right)\Delta x + Y\varrho\,\Delta x\,\Delta y = 0$$

oder kürzer:

$$\left.\begin{aligned} X - \frac{1}{\varrho}\frac{\partial p}{\partial x} &= 0 \\ Y - \frac{1}{\varrho}\frac{\partial p}{\partial y} &= 0 \end{aligned}\right\} \qquad (1)$$

Ist die Flüssigkeit nicht im Gleichgewicht, sondern in Bewegung, so äußert sich dies durch Beschleunigungen der einzelnen Flüssigkeitselemente, denen Massenkräfte entsprechen. Sind $u = \frac{dx}{dt}$ und $v = \frac{dy}{dt}$ die am Orte (x, y) vorhandenen Geschwindigkeiten, so sind $\frac{du}{dt}$ und $\frac{dv}{dt}$ die Beschleunigungen, aus denen sich die Massenkräfte:

$$\varrho\,\Delta x\,\Delta y\frac{du}{dt} \text{ und } \varrho\,\Delta x\,\Delta y\frac{dv}{dt}$$

ergeben. Diese müssen wieder mit den Kräften (1) zwei Gleichungen ergeben:

$$\left.\begin{aligned} \frac{du}{dt} &= X - \frac{1}{\varrho}\frac{\partial p}{\partial x} \\ \frac{dv}{dt} &= Y - \frac{1}{\varrho}\frac{\partial p}{\partial y} \end{aligned}\right\} \qquad (2)$$

Da u und v im allgemeinen Funktionen von x, y, t sein werden, so hat man:

$$du = \frac{\partial u}{\partial x}dx + \frac{\partial u}{\partial y}dy + \frac{\partial u}{\partial t}dt$$

$$dv = \frac{\partial v}{\partial x}dx + \frac{\partial v}{\partial y}dy + \frac{\partial v}{\partial t}dt$$

und nach Division mit dt, unter Einsetzung von

$$\frac{dx}{dt} = u \quad \frac{dy}{dt} = v:$$

$$\frac{du}{dt} = u\frac{\partial u}{\partial x} + v\frac{\partial u}{\partial y} + \frac{\partial u}{\partial t}$$

$$\frac{dv}{dt} = u\frac{\partial v}{\partial x} + v\frac{\partial v}{\partial y} + \frac{\partial v}{\partial t}$$

Hiermit schreibt sich dann das Gleichungssystem (2):

$$\left.\begin{aligned} u\frac{\partial u}{\partial x} + v\frac{\partial u}{\partial y} + \frac{\partial u}{\partial t} &= X - \frac{1}{\varrho}\frac{\partial p}{\partial x} \\ u\frac{\partial v}{\partial x} + v\frac{\partial v}{\partial y} + \frac{\partial v}{\partial t} &= Y - \frac{1}{\varrho}\frac{\partial p}{\partial y} \end{aligned}\right\} \qquad (3)$$

Neben u und v ist hier auch p zu bestimmen; es muß noch eine Gleichung hinzukommen. Diese fehlende Gleichung hat auszusagen, daß die Dichtenänderung $\frac{\partial \varrho}{\partial t} dt$ im Elemente $\Delta x \Delta y$ entsprechen muß der durch das Zu- bzw. Abströmen hervorgerufenen Änderung der in $\Delta x \Delta y$ befindlichen Flüssigkeitsmenge. Der Dichtenänderung $\frac{\partial \varrho}{\partial t} dt$ entspricht die „Füllungsänderung" $\frac{\partial \varrho}{\partial t} dt \Delta x \Delta y$ des Elementes $\Delta x \Delta y$.

Zuströmung und Abströmung in Richtung der x- bzw. y-Achse regeln sich nach den Beträgen:

$$\Delta y\, \varrho\, u\, dt - \Delta y\left(\varrho\, u + \frac{\partial(\varrho\, u)}{\partial x}\Delta x\right)dt$$

bzw.

$$\Delta x\, \varrho\, v\, dt - \Delta x\left(\varrho\, v + \frac{\partial(\varrho v)}{\partial y}\Delta y\right)dt$$

so daß sich die Mengenänderung

$$-\left(\frac{\partial(\varrho\, u)}{\partial x} + \frac{\partial(\varrho\, v)}{\partial y}\right)\Delta x \Delta y\, dt$$

ergibt. Diese muß gleich der „Füllungsänderung" sein:

$$\frac{\partial \varrho}{\partial t}\Delta x \Delta y\, dt = -\left(\frac{\partial(\varrho u)}{\partial x} + \frac{\partial(\varrho\, v)}{\partial y}\right)\Delta x \Delta y\, dt$$

woraus sich die Kontinuitätsgleichung

$$\frac{\partial \varrho}{\partial t} + \frac{\partial(\varrho u)}{\partial x} + \frac{\partial(\varrho v)}{\partial y} = 0 \tag{4}$$

findet.

Die Frage der Verschiebung des Flüssigkeitselementes $\Delta x \Delta y$ ist mit Vorstehendem erledigt. Wir forschen nunmehr etwaigen Drehungen nach.

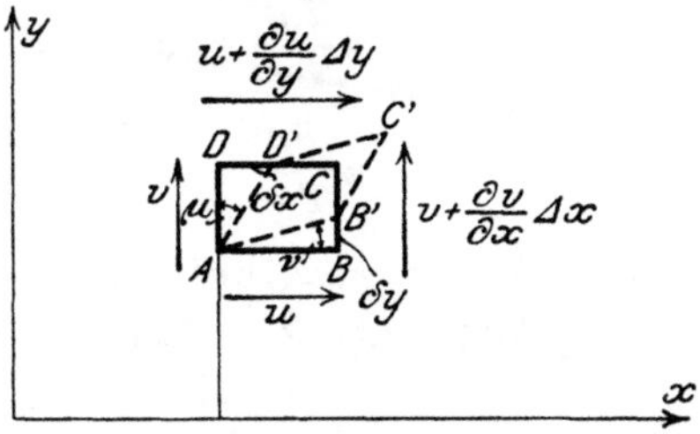

Fig. 175. Drehung eines Flüssigkeitselementes.

Die Eckpunkte BCD des Elementes verschieben sich nach Fig. 175 relativ zu A in die Lage $B'C'D'$ während des Zeitelementes dt, vermöge der Verschiedenheit der Geschwindigkeiten, die in gegenüberliegenden Seiten des Rechtecks $ABCD$ stattfinden. Aus der Figur lesen wir diese Verschiebungen ab:

$$\left.\begin{aligned} BB' &= \delta y = \frac{\partial v}{\partial x}\Delta x\, dt \\ DD' &= \delta x = \frac{\partial u}{\partial y}\Delta y\, dt \end{aligned}\right\} \tag{5}$$

Entsprechend drehen sich die Seiten AB bzw. AD um A durch die Winkel:

$$\nu = \frac{\delta y}{\Delta x} \text{ bzw. } \mu = \frac{\delta x}{\Delta y} \tag{6}$$

Durch den Ansatz (5) findet man:

$$\nu = \frac{\partial v}{\partial x} dt, \quad \mu = \frac{\partial u}{\partial y} dt \tag{7}$$

Die mittlere positive Drehung des Elementes wird dann

$$dx = \frac{\nu - \mu}{2} = \frac{1}{2}\left(\frac{\partial v}{\partial x} - \frac{\partial u}{\partial y}\right) dt$$

oder hieraus die Winkelgeschwindigkeit der Drehung:

$$\omega = \frac{dx}{dt} = \frac{1}{2}\left(\frac{\partial v}{\partial x} - \frac{\partial u}{\partial y}\right) \tag{8}$$

II. Ansatz für die ebene stationäre Bewegung einer inkompressibelen wirbelfreien Flüssigkeit.

a) Stationär heißt eine Bewegung, wenn an einem gegebenen Orte der Bewegungszustand von der Zeit unabhängig ist. Die Gleichungen (3) schreiben wir also (weil $\frac{\partial u}{\partial t}$ und $\frac{\partial v}{\partial t}$ verschwinden):

$$\left.\begin{aligned} u\frac{\partial u}{\partial x} + v\frac{\partial u}{\partial y} &= X - \frac{1}{\varrho}\frac{\partial p}{\partial x} \\ u\frac{\partial v}{\partial x} + v\frac{\partial v}{\partial y} &= Y - \frac{1}{\varrho}\frac{\partial p}{\partial y} \end{aligned}\right\} \tag{8}$$

b) Inkompressibel heißt eine Flüssigkeit, wenn die Dichte ϱ konstant ist. Dann reduziert sich Gleichung (4) auf

$$\frac{\partial u}{\partial x} + \frac{\partial v}{\partial y} = 0 \tag{9}$$

c) Wirbelfrei heißt die Bewegung, wenn keine Drehungen stattfinden, d. h. wenn nach Gleichung (8) gilt:

$$\frac{\partial v}{\partial x} - \frac{\partial u}{\partial y} = 0 \tag{10}$$

Die beiden simultanen partiellen Differentialgleichungen (9) und (10) werden nun gelöst durch den Ansatz:

$$u = \frac{\partial \Phi(x, y)}{\partial x}, \quad v = \frac{\partial \Phi(x, y)}{\partial y} \tag{11}$$

wo $\Phi(x,y)$ der aus (9) resultierenden Differentialgleichung

$$\frac{\partial^2 \Phi}{\partial x^2} + \frac{\partial^2 \Phi}{\partial y^2} = 0 \tag{12}$$

zu genügen hat. Daß hiermit auch (10) erfüllt ist, ergibt sich sofort aus:

$$\frac{\partial v}{\partial x} = \frac{\partial^2 \Phi}{\partial y \partial x} = \frac{\partial u}{\partial y} = \frac{\partial^2 \Phi}{\partial x \partial y}$$

weil

$$\frac{\partial^2 \Phi}{\partial y \partial x} = \frac{\partial^2 \Phi}{\partial x \partial y}$$

eine Grundtatsache der Differentialrechnung ist.

Die Funktion $\Phi(x,y)$ wird das Geschwindigkeitspotential der Flüssigkeitsbewegung genannt.

Die Gleichung

$$\Phi(x,y) = C \tag{13}$$

stellt für jeden Wert von C eine Kurve dar, längs deren das Potential konstant ist. Zieht man an die Kurve im Punkte A eine Tangente (Fig. 176), so wird deren Richtungstangens:

$$\operatorname{tg}\tau = \frac{dy}{dx} = -\frac{\dfrac{\partial\Phi}{\partial x}}{\dfrac{\partial\Phi}{\partial y}} \tag{14}$$

Andererseits ist aber die Richtung der durch (11) gegebenen Strömungsgeschwindigkeit

$$\operatorname{tg}\tau_1 = \frac{v}{u} = \frac{\dfrac{\partial\Phi}{\partial y}}{\dfrac{\partial\Phi}{\partial x}} \tag{15}$$

Aus (14) und (15) resultiert aber

$$\operatorname{tg}\tau \cdot \operatorname{tg}\tau_1 + 1 = 0. \tag{16}$$

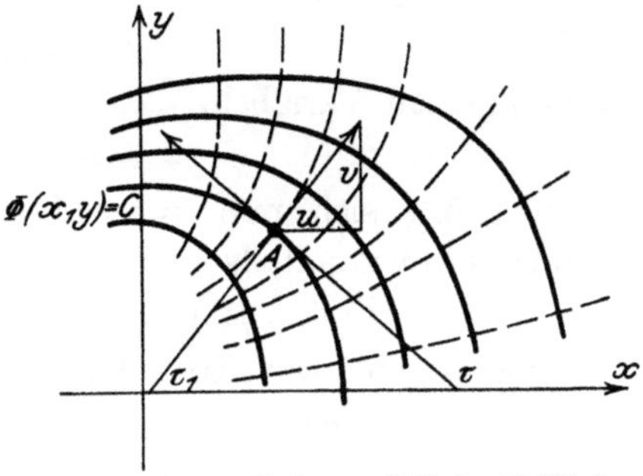

Fig. 176. Stromlinien und Potentiallinien.

Mithin steht die Stromgeschwindigkeit auf der Kurve

$$\Phi(x,y) = C$$

senkrecht. Demnach wird das System der orthogonalen Trajektorien[62]) zu der Schar der Niveaulinien

$$\Phi(x,y) = C \tag{17}$$

die Stromlinien liefern. Stellt man die Schar der Stromlinien durch

$$\Psi(x,y) = C \tag{18}$$

dar, so liefert (16) eine Differentialgleichung für Ψ:

$$\frac{\partial\Phi}{\partial x}\frac{\partial\Psi}{\partial x} + \frac{\partial\Phi}{\partial y}\frac{\partial\Psi}{\partial y} = 0 \tag{19}$$

d. h. die bekannte Bedingung des orthogonalen Schnittes zwischen Φ und Ψ.

Statt der einen Gleichung (19) kann man auch die beiden anschreiben:

$$\left.\begin{aligned} -\frac{\partial\Phi}{\partial x} &= \frac{\partial\Psi}{\partial y} \\ \frac{\partial\Phi}{\partial y} &= \frac{\partial\Psi}{\partial x} \end{aligned}\right\} \tag{20}$$

aus denen sich durch Differentiation nach x bzw. y und Addition ergibt:

$$\frac{\partial^2\Psi}{\partial x^2} + \frac{\partial^2\Psi}{\partial y^2} = 0 \tag{21}$$

Demnach haben Φ und Ψ derselben partiellen Differentialgleichung zu genügen.

III. Aufsuchung von Lösungen der Gleichungen (12) und (21).

Wir definieren eine Funktion

$$Z = f(z)$$

der komplexen Variabeln

$$z = x + iy.$$

$Z = f(z)$ läßt sich nun unter Trennung des reellen und des imaginären Bestandteils in der Form schreiben:

$$Z = f(z) = F(x,y) + iG(x,y).$$

Differentieren wir partiell nach x:

$$\frac{\partial Z}{\partial x} = \frac{df(z)}{dz}\cdot 1 = \frac{\partial F}{\partial x} + i\frac{\partial G}{\partial x} \tag{22}$$

und nach y:

$$\frac{\partial Z}{\partial y} = \frac{df(z)}{dz}\cdot i = \frac{\partial F}{\partial y} + i\frac{\partial G}{\partial y}$$

oder nach Division mit i:

$$\frac{df(z)}{dz} = -i\frac{\partial F}{\partial y} + \frac{\partial G}{\partial y} \tag{23}$$

Der Vergleich von (22) und (23) liefert jetzt:

$$\frac{\partial F}{\partial x} + i\frac{\partial G}{\partial x} = -i\frac{\partial F}{\partial y} + \frac{\partial G}{\partial y}$$

welche Gleichung nur dann erfüllt ist, wenn die beiden Relationen gelten:

$$\left.\begin{aligned} \frac{\partial F}{\partial x} &= \frac{\partial G}{\partial y} \\ \frac{\partial G}{\partial x} &= -\frac{\partial F}{\partial y} \end{aligned}\right\} \tag{24}$$

oder

$$\left.\begin{aligned}\frac{\partial^2 F}{\partial x^2}+\frac{\partial^2 F}{\partial y^2}=0\\ \frac{\partial^2 G}{\partial x^2}+\frac{\partial^2 G}{\partial y^2}=0\end{aligned}\right\} \tag{25}$$

Der Vergleich von (25) mit (12)—(21) lehrt, daß Φ und Ψ dann diese letzteren Gleichungen erfüllen, wenn sie reeller bzw. imaginiärer Bestandteil einer beliebigen Funktion einer komplexen Variabeln

$$Z = f(x+iy) = \Phi + i\Psi \tag{26}$$

sind.

Jede beliebige Auswahl von f liefert also ein System von Niveaukurven $\Phi(x,y) = C$ nebst den dazu gehörigen Strömungslinien $\Psi(x,y) = C$. Man kann aber auch die Kurven Φ als Stromlinien und die Kurven Ψ als Äquipotentiallinien auffassen.

Jede Auswahl von $f(z)$ liefert also zwei theoretisch mögliche Strömungsvorgänge.

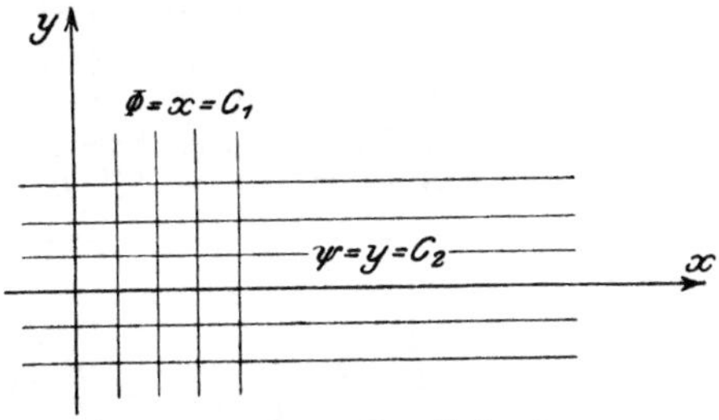

Fig. 177. Ebene Parallelströmung.

IV. Beispiele.

a) Die Auswahl $\qquad f(z) = x + iy \qquad (27)$

liefert das Niveaukurvensystem

$$\Phi = x = C_1$$

und das Stromliniensystem

$$\Psi = y = C_2$$

also nach Fig. 177 eine zur x-Achse parallele Strömung.

b) Mit

$$f(z) = V\left(z + \frac{R^2}{z}\right) \tag{28}$$

erhält man die Niveaukurven

$$\Phi = Vx\left(\frac{R^2}{x^2+y^2}+1\right) = C_1$$

und die Stromlinien

$$\Psi = Vy\left(1 - \frac{R^2}{x^2+y^2}\right) = C_2 \tag{29}$$

Für $C_2 = 0$ erhalten wir als Stromlinie den Kreis

$$x^2 + y^2 = R^2$$

und die x-Achse

$$y = 0.$$

Die Stromgeschwindigkeiten werden:

$$\left.\begin{aligned} u &= \frac{\partial \Phi}{\partial x} = V\left\{1 + R^2 \frac{y^2 - x^2}{(x^2 + y^2)^2}\right\} \\ v &= \frac{\partial \Phi}{\partial y} = V - R^2 \frac{2\,x\,y}{(x^2 + y^2)^2} \end{aligned}\right\} \quad (30)$$

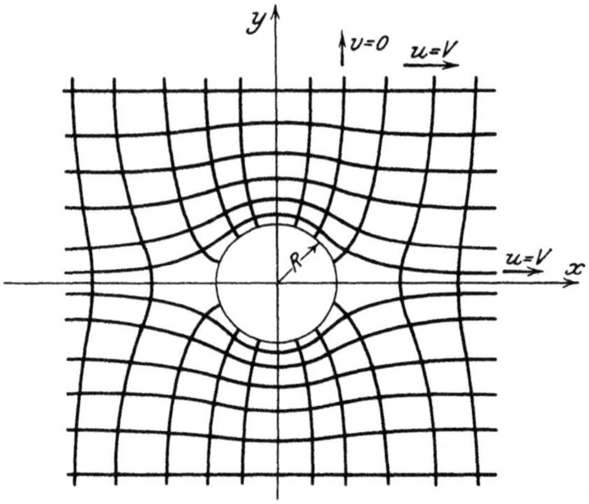

Fig. 178. Ebene Strömung um einen Zylinder.

Im Unendlichen ergeben sich die Geschwindigkeiten

$$u = V, \; v = 0$$

d. h. eine zur x-Achse parallele Strömung der Geschwindigkeit V.

Der Vorgang, der dem Ansatz (28) entspricht, wird realisiert, wenn man in einen breiten gleichförmigen Strom einen Zylinder vom Radius R senkrecht zur Stromrichtung hineinbringt. Fig. 178 gibt den genauen Verlauf der Niveau- und Stromlinien.[65])

III. Die Differentialgleichung des Potentials.

§ 67. Die allgemeine Massenanziehung, das Coulombsche Gesetz und die Laplace-Poissonsche Differentialgleichung.

I. Das Grundgesetz der Gravitation oder der allgemeinen Massenanziehung lautet: Zwischen zwei Punkten der Massen M und m wirkt, wenn sie sich von einander in der Entfernung r befinden, die Kraft

$$K = -h \frac{M m}{r^2}, \tag{1}$$

wo h die Gravitationskonstante heißt und das — -Zeichen andeutet, daß K die Entfernung r zu verkleinern sucht (Fig. 179).

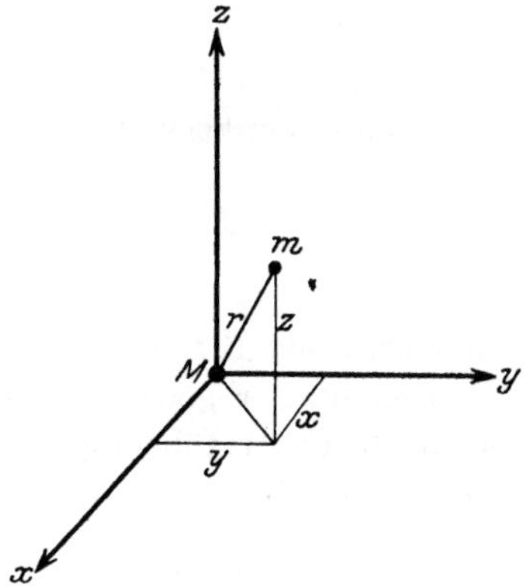

Fig. 179. Zur Anziehung zweier Massenpunkte.

Denkt man sich nun M im Anfangspunkt eines Koordinatensystems xyz befindlich, so kann man mit

$$r^2 = x^2 + y^2 + z^2$$

setzen:

$$K = -h \frac{M m}{x^2 + y^2 + z^2}. \tag{2}$$

Mit diesem Ansatz wird K eine Funktion des Ortes des Massenpunktes m; die Formel verliert ihre Gültigkeit, wenn m mit M zusammenfällt, weil dann $K = -\infty$ wird, was keinen physikalischen Sinn hat.

Wir bilden nun die Komponenten der Kraft K nach den Koordinatenachsen mit

$$K_x = -\frac{h M m}{x^2 + y^2 + z^2} \cdot \frac{x}{\sqrt{x^2 + y^2 + z^2}} = -\frac{h M m \cdot x}{(x^2 + y^2 + z^2)^{\frac{3}{2}}}$$

$$K_y = -\frac{h M m \cdot y}{(x^2 + y^2 + z^2)^{\frac{3}{2}}} \tag{3}$$

$$K_z = -\frac{h M m \cdot z}{(x^2 + y^2 + z^2)^{\frac{3}{2}}}.$$

Schon Lagrange wußte, daß es eine Funktion $F(x, y, z)$ gibt, die die Eigenschaft hat, daß gilt:

$$K_x = \frac{\partial F}{\partial x}$$
$$K_y = \frac{\partial F}{\partial y} \tag{4}$$
$$K_z = \frac{\partial F}{\partial z}.$$

Diese Funktion lautet

$$F = \frac{h\,M\,m}{(x^2 + y^2 + z^2)^{\frac{1}{2}}} = \frac{h\,M\,m}{r} \tag{5}$$

und wird die Kraftfunktion genannt. Von der oben mit (4) angegebenen Eigenschaft dieser Funktion überzeugt man sich leicht durch Ausführung der entsprechenden partiellen Differentiationen an (5)

$$\frac{\partial F}{\partial x} = -\frac{h\,M\,m}{r^2}\frac{\partial r}{\partial x} = -\frac{h\,M\,m}{r^2}\cdot\frac{1}{2}\,\frac{1}{\sqrt{x^2+y^2+z^2}}\cdot 2\,x$$
$$= -\frac{h\,M\,m\,x}{(x^2+y^2+z^2)^{\frac{3}{2}}} = K_x.$$

usw.

Den negativen Wert von F bezeichnen wir jetzt mit $V = -F$, und wir nennen V das Potential des Punktes M auf den Punkt m.

Es war nun Laplace, der fand, daß diese Funktion

$$V = -\frac{h\,M\,m}{(x^2+y^2+z^2)^{\frac{1}{2}}}$$

der partiellen Differentialgleichung genügt:

$$\frac{\partial^2 V}{\partial x^2} + \frac{\partial^2 V}{\partial y^2} + \frac{\partial^2 V}{\partial z^2} = 0. \tag{6}$$

Man überzeugt sich hiervon ebenfalls leicht durch Auswertung der partiellen Differentialquotienten.

II. Ganz analoge Betrachtungen sind anzustellen, wenn es sich um zwei punktuelle Elektrizitätsmengen M und μ handelt. Beträgt deren Entfernung r, so ist die zwischen beiden wirkende Kraft

$$K = \varepsilon \frac{M\mu}{r^2}, \tag{7}$$

wo ε eine Konstante bedeutet, die $= 1$ wird, sofern wir alle vorkommenden Größen in C. G. S.-Einheiten messen. Das durch diese Gleichung ausgesprochene physikalische Gesetz wurde von Coulomb entdeckt.

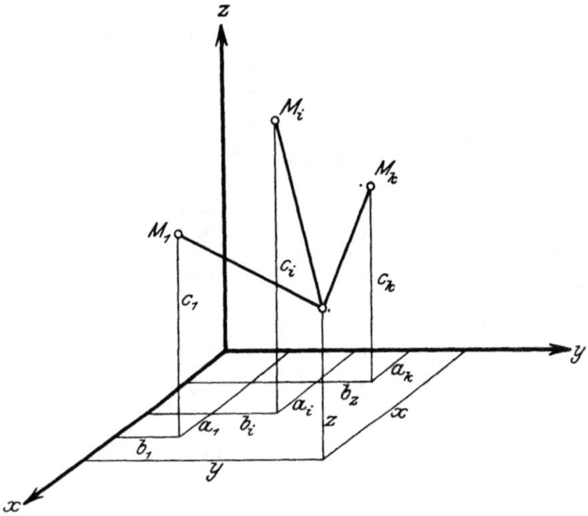

Fig. 180. Zum Potential mehrerer Massenpunkte.

Die Kraft K wirkt abstoßend (auf r vergrößernd), wenn M und μ gleiches Vorzeichen haben, anziehend, wenn die Vorzeichen verschieden sind.

Handelt es sich um mehrere elektrische Punkte in endlicher Zahl, $M_1 \ldots M_k$, der Koordinaten $a_1\ b_1\ c_1 \ldots a_k\ b_k\ c_k$, deren Wirkung auf einen Punkt μ der Koordinaten xyz zu bestimmen ist, so kann man natürlich die Kraft K als Resultante der Kräfte

$$K_i = \frac{M_i\mu}{r_i^2} = \frac{M_i\mu}{(x-a_i)^2 + (y-b_i)^2 + (z-c_i)^2};\ i = 1.\ 2.\ 3..k \tag{8}$$

bestimmen. Es sind dann die Komponenten von K

Zum Potential mehrerer geladener Punkte M_i ($i = 1 \ldots k$) auf einen Punkt μ

$$K_x = \mu \sum_{i=1}^{i=k} \frac{M_i}{r_i^3} \cdot (x - a_i)$$

$$K_y = \mu \sum_{i=1}^{i=k} \frac{M_i}{r_i^3} (y - b_i) \tag{9}$$

$$K_z = \mu \sum_{i=1}^{i=k} \frac{M_i}{r_i^3} (z - c_i).$$

Andererseits kann man aber auch eine Kraftfunktion

$$F = -\mu \sum_{i=1}^{i=k} \frac{M_i}{r_i} \tag{10}$$

aufstellen, für welche der Ansatz gilt:

$$K_x = \frac{\partial F}{\partial x} = -\mu \sum_{i=1}^{i=k} \frac{\partial \frac{M_i}{r_i}}{\partial x}$$

$$K_y = \frac{\partial F}{\partial y} = -\mu \sum_{i=1}^{i=k} \frac{\partial \frac{M_i}{r_i}}{\partial y} \tag{11}$$

$$K_z = \frac{\partial F}{\partial z} = -\mu \sum_{i=1}^{i=k} \frac{\partial \frac{M_i}{r_i}}{\partial z}.$$

Statt F führen wir wieder das Potential $V = -F$ ein und erhalten die Kraftkomponenten

$$K_x = -\frac{\partial V}{\partial x}$$

$$K_y = -\frac{\partial V}{\partial y} \tag{12}$$

$$K_z = -\frac{\partial V}{\partial z}.$$

Wieder können wir uns überzeugen, daß die Laplacesche Differentialgleichung gilt:

$$\frac{\partial^2 V}{\partial x^2} + \frac{\partial^2 V}{\partial y^2} + \frac{\partial^2 V}{\partial z^2} = 0. \tag{13}$$

III. Handelt es sich jetzt um eine kontinuierlich über ein gewisses Raumgebiet R verbreitete Elektrizitätsmenge, so kann der Satz vom Potential einer endlichen Zahl elektrischer Punkte M_i auch hier angewendet werden, indem man den einzelnen Punkt M_i als Raumelement $d\tau = da \cdot db \cdot dc$ betrachtet, in welchem die Elektrizität eine gewisse Dichte ϱ besitzt, so daß gilt

$$M_i = \varrho\, da\, db\, dc.$$

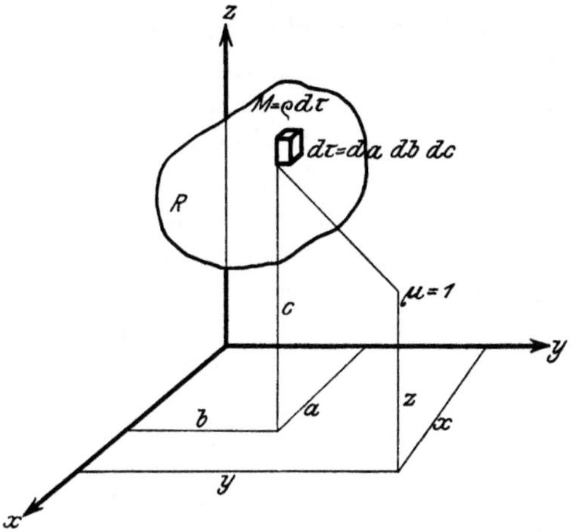

Fig. 181. Zum Potential einer kontinuierlichen Massenverteilung.

Hierbei kann sich ϱ von Ort zu Ort ändern, also eine Funktion von a, b, c sein. Eine derartige Elektrizitätsverteilung ist denkbar in einem Raum R Fig. 181, der von einem vollkommenen Dielektrikum erfüllt ist, so daß die dem einzelnen Raumelement $d\tau$ auf irgendeine Weise mitgeteilte Elektrizitätsmenge $\varrho d\tau$ dauernd an dem betreffenden Orte erhalten bleibt.

Das Potential des einzelnen Raumelementes $d\tau$ auf den Punkt μ wird nun:

$$\frac{\mu\, \varrho\, da\, db\, dc}{\sqrt{(x-a)^2 + (y-b)^2 + (y-c)^2}}. \tag{14}$$

Das Potential des ganzen Raumgebietes R auf μ ergibt sich durch Summation der Einzel-Potentiale über alle Raumelemente, d. h. durch Integration über R:

$$V = \mu \iiint\limits_R \frac{\varrho\, da\, db\, dc}{\sqrt{(x-a)^2 + (y-b)^2 + (z-c)^2}}. \tag{15}$$

Nehmen wir jetzt die Ladung des Punktes μ = der Einheit an, so wird:

$$V = \iiint_R \frac{\varrho\, da\, db\, dc}{\sqrt{(x-a)^2 + (y-b)^2 + (z-c)^2}} \,. \tag{16}$$

Dies ist der Ausdruck, den man gewöhnlich unter dem Begriff des Potentials eines elektrisch geladenen Raumes versteht.

Die Formel gibt für alle Punkte $x\,y\,z$ außerhalb des Raumes R das Potential V_a.

IV. Wichtig ist zunächst die Bestimmung von V_a für Kugeln mit homogener Elektrizitätsverteilung. Handelt es sich um eine dünne Hohlkugel aus isolierendem Material des Radius R um den Anfangspunkt, der überall gleichmäßig die elektrische Dichte ϱ mitgeteilt ist, so wird das Potential dV der Kugelzone AB auf den Punkt der Ladung 1

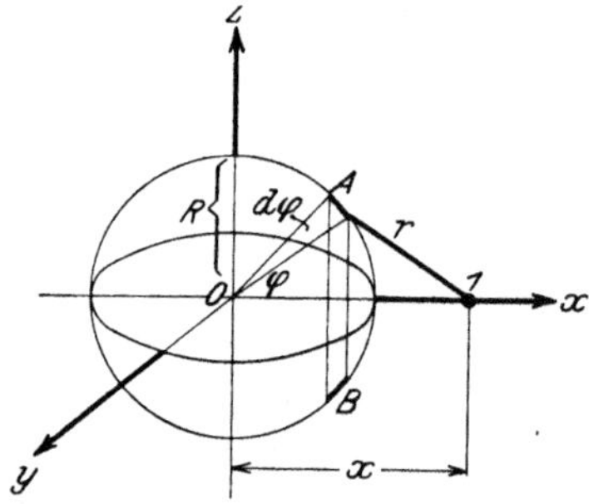

Fig. 182. Zum Potential einer dünnen Kugelschale.

$$dV = \frac{2\,R\sin\varphi\cdot\pi\cdot R\,d\varphi\cdot\varrho}{r}$$

$$dV = \frac{2\,R^2\pi\,\varrho\sin\varphi\,d\varphi}{r} \,.$$

Das Potential der ganzen Kugelfläche ergibt sich hieraus,

$$V = 2\,R^2\pi\,\varrho \int_0^\pi \frac{\sin\varphi\,d\varphi}{r} \,,$$

welcher Ausdruck sich sehr vereinfacht, wenn man in dem Dreieck $OA1$ ansetzt

$$r^2 = R^2 + x^2 - 2\,R\,x\cos\varphi$$

und differenziert

$$r\,dr = R\,x\sin\varphi\,d\varphi,$$

dann wird

$$V = \frac{2\,R\pi\varrho}{x} \int_{x-R}^{x+R} dr$$

wo die Integrationsgrenzen sich wie angeschrieben ergeben, weil für

$$\varphi = 0 \qquad r = x - R,$$
$$\varphi = \pi \qquad r = x + R$$

wird.

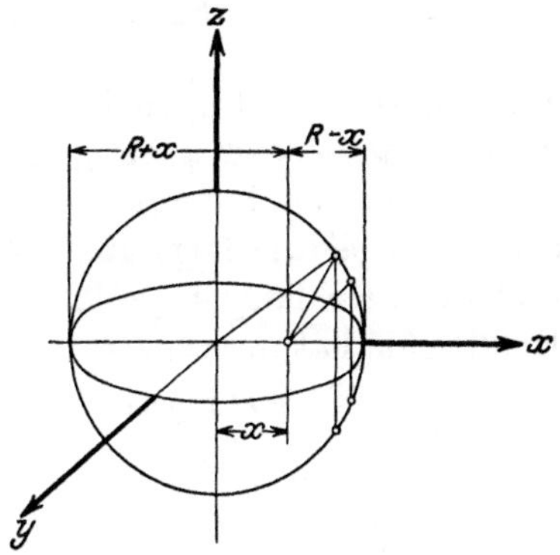

Fig. 183. Potential einer dünnen Kugelschale auf einen inneren Punkt.

Die Auswertung des Integrals ergibt:

$$V_a = \frac{2 R \pi \varrho}{x} (x + R - x + R)$$
$$= \frac{4 R^2 \pi \varrho}{x}. \qquad (17)$$

Dies gilt für einen äußeren Punkt $x > R$.

Für einen inneren Punkt (Fig. 183) $x < R$ wird aber bei

$$\varphi = 0 \qquad r = R - x,$$
$$\varphi = \pi \qquad r = R + x$$

und demnach das Potential

$$V_i = \frac{2 \pi R \varrho}{x} (R + x - R + x)$$
$$= 4 \pi R \varrho.$$

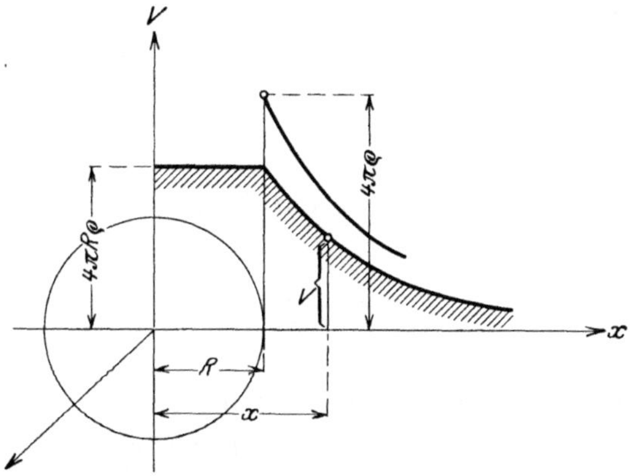

Fig. 184. Potentialverteilung bei einer dünnen Hohlkugel.

Im Innern der Hohlkugel ist also das Potential unabhängig vom Orte des Aufpunktes. In graphischer Darstellung ergibt sich die Abhängigkeit des Potentials von der Aufpunkt-Entfernung x nach Fig. 184. In dieser ist auch der Verlauf der Kraft

$$K_x = -\frac{\partial V}{\partial x} = \frac{4\pi R^2 \varrho}{x^2}$$

eingetragen. Im Innern ist $K_x = 0$, in der Kugelfläche $= 4\pi\varrho$, um mit wachsendem x stetig abzunehmen.

V. Aus dem Potential der Hohlkugel leitet sich das Potential der Vollkugel wie folgt ab. Wir zerlegen die Vollkugel in konzentrische Hohlkugeln des Radius r und der Dicke dr. Jede dieser Hohlkugeln hat in bezug auf P das Potential

$$d V_a = \frac{4 r^2 \pi \varrho \, dr}{x}$$

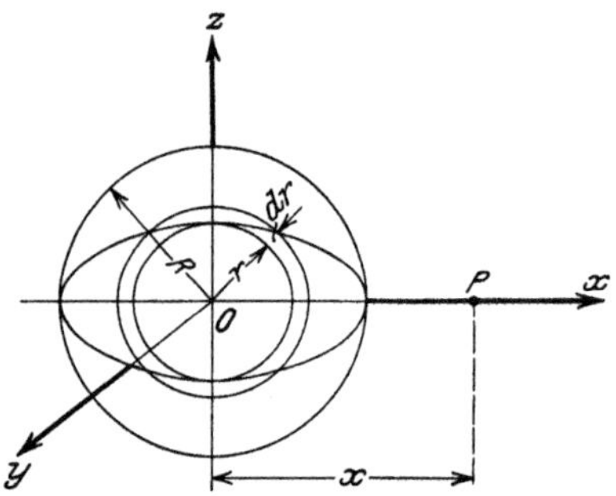

Fig. 185. Zum Potential einer Vollkugel auf einen äußeren Punkt.

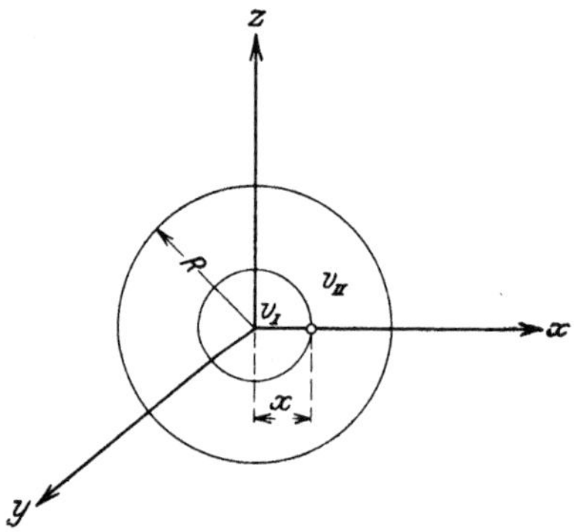

Fig. 186. Potential einer Vollkugel auf einen inneren Punkt.

und nach Integration von 0 bis R

$$V_a = \frac{4\pi\varrho}{x}\int_0^R r^2\,dr$$

$$= \frac{4\pi}{3}\cdot\frac{R^3\varrho}{x}. \tag{18}$$

Hieraus leitet man die Kraftwirkung ab:

$$K_{xa} = -\frac{\partial V}{\partial x} = +\frac{4\pi}{3}\frac{R^3\varrho}{x^2}.$$

VI. Liegt der Punkt P im Innern der Vollkugel, so zerlegen wir das Potential in zwei Teile:

V_I herrührend von der Vollkugel des Radius x.

V_{II} herrührend von der Hohlkugel des Innenradius x und Außenradius R.

$$V_I = \frac{4}{3}\pi x^2 \varrho$$

$$V_{II} = 4\pi\varrho\int_x^R r\,dr = 2\pi\varrho(R - x^2) \tag{19}$$

Also ist das Gesamtpotential der Vollkugel für einen innen liegenden Punkt

$$V_i = \frac{4}{3}\pi x^2 \varrho + 2\pi\varrho(R^2 - x^2) = 2\pi\varrho R^2 - \frac{2}{3}\pi\varrho x^2. \tag{20}$$

Die auf den Punkt ausgeübte Kraftwirkung ist

$$K_{xi} = -\frac{\partial V_i}{\partial x} = -\frac{8\pi}{3}x\varrho + 4\pi\varrho x$$

$$= +\frac{4}{3}\pi\varrho x.$$

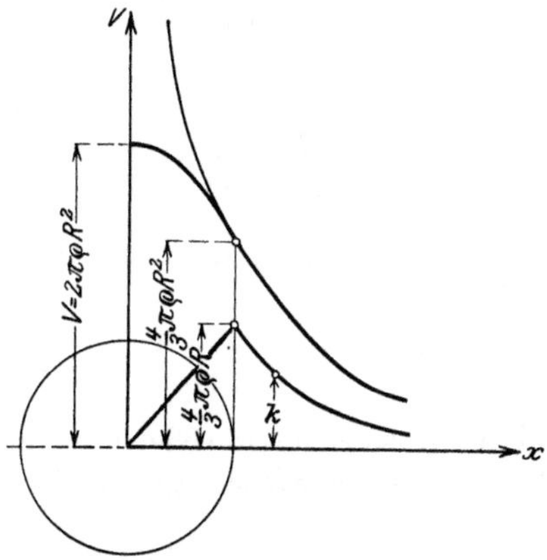

Fig. 187. Potentialverteilung bei einer Vollkugel.

Die graphische Auftragung für V_a und V_i sowie Kx_a und Kx_i ergibt das nebenstehende Bild Fig. 187. Für den Anfangspunkt 0 ($x = 0$) als Aufpunkt hat das Potential sein Maximum, die Kraftwirkung ist gleich Null. Für $x = R$ ist $V_i = V_a$, $= \frac{4}{3}\pi\varrho R^2$. Die Kraftwirkung nimmt von $x = 0$ bis $x = R$ linear zu und hat ihr Maximum $\frac{4}{3}\pi\varrho R$ in der Kugeloberfläche; von da nehmen Potential und Kraft asymptotisch ab; die Kraft ist immer abstoßend.

VII. Liegt der Punkt $x\,y\,z$ innerhalb des Raumes R, dann wird das Potential

$$V_i = \iiint\limits_R \frac{\varrho\, da\, db\, dc}{\sqrt{(x-a)^2 + (y-b)^2 + (z-c)^2}} \tag{21}$$

scheinbar unendlich, da man die Integrationsvariabeln a, b, c über die Stelle xyz hinwegschieben muß.

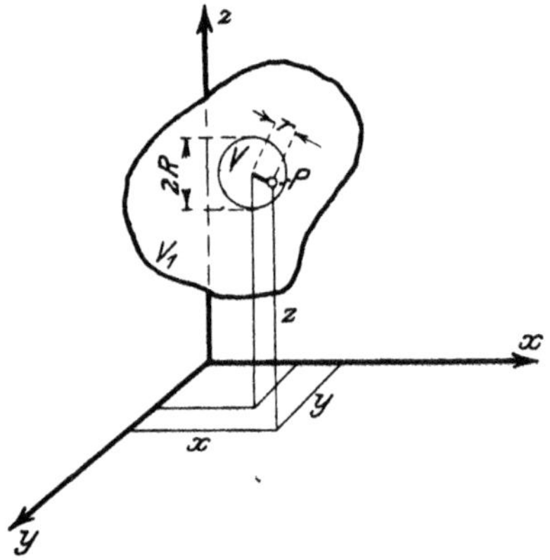

Fig. 188. Zur Differentialgleichung des Potentials in einem Punkte einer kontinuierlichen Massenverteilung.

Diese Schwierigkeit wird hebbar, wenn wir eine kleine Kugel zeichnen, die den Punkt P einschließt. Dann kann man V_i in zwei Teile zerlegen,

$$V_i = V_1 + V, \tag{22}$$

von denen V_1 sich auf den von der äußeren Raumbegrenzung und der Kugelfläche umschlossenen Raum, V auf die Kugel bezieht. Für V_1 ist aber P ein äußerer Punkt, also ist

$$V_1 = \iiint\limits_{R_1} \frac{\varrho\, da\, db\, dc}{\sqrt{(x-a)^2 + (y-b)^2 + (z-c)^2}}$$

jedenfalls endlich, und von V haben wir dies eben bewiesen; also ist auch

$$V_i = V_1 + V$$

endlich.

VIII. Aus der letzten Gleichung ergibt sich sofort eine wichtige Folgerung, wenn wir sie auf die Beziehung des Potentials

$$V_i = V_1 + V \tag{23}$$

zur Laplaceschen Differentialgleichung untersuchen. Wir bilden:

$$\frac{\partial^2 V_i}{\partial x^2} + \frac{\partial^2 V_i}{\partial y^2} + \frac{\partial^2 V_i}{\partial z^2}$$

$$= \frac{\partial^2 V_1}{\partial x^2} + \frac{\partial^2 V_1}{\partial y^2} + \frac{\partial^2 V_1}{\partial z^2} + \frac{\partial^2 V}{\partial x^2} + \frac{\partial^2 V}{\partial y^2} + \frac{\partial^2 V}{\partial z^2}. \tag{24}$$

Hier ergeben die ersten drei Glieder auf der rechten Seite Null, da V_1 Potential „äußerer“ Massen ist. Dagegen ergibt

$$V = 2\pi R - \frac{2}{3}\pi\varrho r^2$$

als Potential einer Vollkugel auf einen innen gelegenen Punkt:

$$\begin{aligned}\frac{\partial^2 V}{\partial x^2} &= -\frac{4}{3}\pi\varrho\\ \frac{\partial^2 V}{\partial y^2} &= -\frac{4}{3}\pi\varrho\\ \frac{\partial^2 V}{\partial z^2} &= -\frac{4}{3}\pi\varrho,\end{aligned}\tag{25}$$

wie sich durch Ausführung der Differentiationen an V ergibt. Demnach ist

$$\frac{\partial^2 V}{\partial x^2} + \frac{\partial^2 V}{\partial y^2} + \frac{\partial^2 V}{\partial z^2} = -4\pi\varrho \tag{26}$$

und mithin

$$\frac{\partial^2 V_i}{\partial x^2} + \frac{\partial^2 V_i}{\partial y^2} + \frac{\partial^2 V_i}{\partial z^2} = -4\pi\varrho. \tag{27}$$

Wir haben also den Satz: Für das Potential auf einem innerhalb des masse- oder elektrizitätsbelegten Gebietes gilt nicht die Laplacesche Differentialgleichung (6), sondern die Poissonsche Differentialgleichung (27). Bezeichnet man die Größe

$$\Delta V = \frac{\partial^2 V}{\partial x^2} + \frac{\partial^2 V}{\partial y^2} + \frac{\partial^2 V}{\partial z^2}$$

als den zweiten Differentialparameter der Funktion V, so kann man die Laplacesche und die Poissonsche Gleichung zusammenfassen. Erstere gilt an Orten der Massebelegung Null, letztere an Orten der Massebelegung ϱ. Man kann dann sagen: Der zweite Differentialparameter des Potentials einer beliebigen räumlichen Masse- oder Elektrizitätsverteilung ist gleich dem -4πfachen der Verteilungsdichte. [66])

§ 68. Allgemeine Eigenschaften des Potentials

für unendlich ferne Aufpunkte und beim Durchgang des Aufpunktes durch Flächenbelegungen.

I. Der Ausdruck für das Potential auf einen äußeren Punkt

$$V_a = \int\int\int \frac{\varrho\, da\, db\, dc}{\sqrt{(x-a)^2 + (y-b)^2 + (z-c)^2}}$$

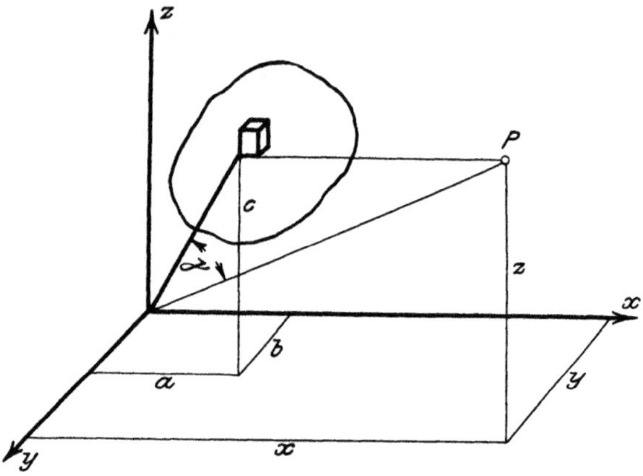

Fig. 189. Zur Untersuchung des Verhaltens des Potentials im Unendlichen.

formt sich mit den Substitutionen (vgl. Fig. 189).

$$x^2 + y^2 + z^2 = R^2, \quad \frac{x\,a + y\,b + z\,c}{r\,R} = \cos\gamma$$

$$a^2 + b^2 + c^2 = r^2$$

um in:

$$V_a = \int\int\int \varrho\, da\, db\, dc\, (R^2 - 2\,r\,R\cos\gamma + r^2)^{-\frac{1}{2}}$$

$$= \int\int\int \varrho\, da\, db\, dc\, \frac{1}{R}\left[\left(1 - 2\,\frac{r}{R}\cos\gamma + \frac{r}{R}\right)^2\right]^{-\frac{1}{2}}.$$

Setzt man nun

$$\left(\frac{r}{R}\right)^2 - 2\,\frac{r}{R}\cos\gamma = \delta,$$

so wird

$$V_a = \iiint \frac{\varrho\, da\, db\, dc}{R} (1+\delta)^{-\frac{1}{2}}.$$

Da aber δ mit wachsendem R, d. h. wenn der Aufpunkt immer mehr ins Unendliche rückt, immer kleiner wird, so kann man die Reihenentwicklung

$$(1+\delta)^{-\frac{1}{2}} = 1 + \binom{-\frac{1}{2}}{1}\delta + \binom{-\frac{1}{2}}{2}\delta^2 + \ldots.$$

anwenden und angenähert schreiben

$$(1+\delta)^{-\frac{1}{2}} = 1 - \frac{1}{2}\delta,$$

worauf angenähert wird:

$$V_a = \iiint \frac{\varrho\, da\, db\, dc}{R}\left\{1 + \frac{r}{R}\cos\gamma - \frac{1}{2}\left(\frac{r}{R}\right)^2\right\}.$$

Hier kann man die Integration ausführen:

$$V_a = \frac{1}{R}\iiint \varrho\, da\, db\, dc$$

$$+ \frac{1}{R^3}\iiint \varrho\,(x a + y b + z c)\, da\, db\, dc + \ldots.$$

$$= \frac{1}{R}\iiint \varrho\, da\, db\, dc + \frac{1}{R^3}\left\{x\iiint a\,\varrho\, da\, db\, dc\right.$$

$$\left. + \, y\iiint b\,\varrho\, da\, db\, dc + z\iiint c\,\varrho\, da\, db\, dc\right\} + \ldots$$

Setzt man hier:

$$\iiint \varrho\, da\, db\, dc = M,$$

d. h. gleich der Gesamtmenge der im Integrationsraume enthaltenen Menge (Masse oder Elektrizität), so wird:

$$V_a = \frac{M}{R} + \frac{M}{R^3}\left\{x\,\xi + y\,\eta + z\,\zeta\right\} + \ldots.$$

wo

$$\xi = \frac{\iiint a\,\varrho\, da\, db\, dc}{M},\ \eta = \frac{\iiint b\,\varrho\, da\, db\, dc}{M},\ \zeta = \frac{\iiint c\,\varrho\, da\, db\, dc}{M}.$$

die Schwerpunktskoordinaten der raumerfüllenden Menge sind.

Bezeichnet man jetzt die Kosinus der Richtung, auf welcher P ins Unendliche rückt mit

$$\cos\lambda = \frac{x}{R}$$

$$\cos\mu = \frac{y}{R}$$

$$\cos\nu = \frac{z}{R},$$

so wird

$$V_a \cdot x = M \cos\lambda + \frac{M\,x}{R^3}(x\,\xi + y\,\eta + z\,\zeta) + \ldots\ldots$$

$$V_a \cdot y = M \cos\mu + \frac{M\,y}{R^3}(x\,\xi + y\,\eta + z\,\zeta) + \ldots\ldots$$

$$V_a \cdot z = M \cos\nu + \frac{M\,z}{R^2}(x\,\xi + y\,\eta + z\,\zeta) + \ldots\ldots$$

Da nun mit $\lim R = \infty$ die zweiten und höheren Glieder auf den rechten Seiten verschwinden, so ist bewiesen, daß $V \cdot x$ $V \cdot y$, $V \cdot z$ für $\lim R = \infty$ endlich bleiben.

Mittels der Formel

$$\frac{\partial V_a}{\partial x} = \frac{\partial V_a}{\partial R} \cdot \frac{\partial R}{\partial x} = -\frac{M}{R^2} \cdot \frac{x}{R} = -\frac{M}{R^2} \cos\lambda$$

findet man, daß

$$x^2 \frac{\partial V_a}{\partial x} = -M \cos^3\lambda,$$

ist, und daß demzufolge auch

$$\lim_{R=\infty} x^2 \frac{\partial V_a}{\partial x}$$

endlich bleibt

Natürlich gilt das auch für

$$\lim_{R=\infty} y^2 \frac{\partial V_a}{\partial y}$$

und

$$\lim_{R=\infty} z^2 \frac{\partial V_a}{\partial z}.$$

II. Wir haben bereits im vorigen § den Fall gehabt, daß beim Durchgang des Aufpunktes durch die belegte Fläche einer Hohlkugel der Differentialquotient $\frac{\partial V}{\partial x}$ einen endlichen Sprung erlitt. Im Innern der Hohlkugel war $\frac{\partial V}{\partial x} = 0$; hart an der äußeren Fläche war $\frac{\partial V}{\partial x} = -4\pi\sigma$. Bezeichnet man die erstere Größe mit einem $-$-Zeichen, die letztere mit einem $+$-Zeichen, so gilt:

$$\frac{\partial V}{\partial x}_{+} - \frac{\partial V}{\partial x}_{-} = -4\pi\sigma.$$

Diesen Satz wollen wir für eine beliebige Flächenbelegung beweisen.

Zunächst sei das Potential einer Kreisscheibe der Belegung σ vom Radius R, die in der yz-Ebene liegt, auf den Punkt P, auf der x-Achse liegend, zu bestimmen.

Jeder Ring vom Radius r und der Breite dr liefert das Potential (Fig. 190):

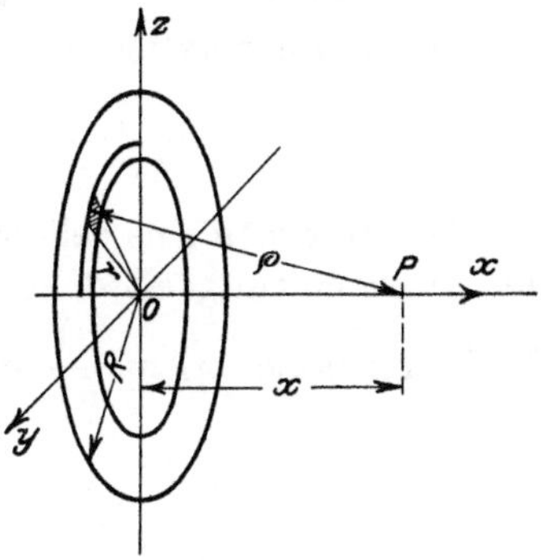

Fig. 190. Potential einer Kreisscheibe.

$$\frac{2\pi\sigma r\,dr}{\varrho}$$

Nach Integration über die Kreisscheibe wird dann

$$V = \int_0^R \frac{2\pi\sigma r\,dr}{\varrho}.$$

und mit $\varrho = \sqrt{r^2 + x^2}$

$$V = \int_0^R 2\pi\sigma \frac{r\,dr}{\sqrt{r^2 + x^2}}$$

$$= 2\pi\sigma\left(\sqrt{R^2 + x^2} - x\right).$$

Durch Differentiation nach x erhält man hieraus für positive x:

$$\frac{\partial V_+}{\partial x} = 2\pi\sigma\left(\frac{x}{\sqrt{R^2 + x^2}} - 1\right)$$

und für x = 0

$$\left.\frac{\partial V_+}{\partial x}\right|_{x=0} = -2\pi\sigma.$$

Dies wäre also die erste Ableitung des Potentials genommen nach positivem x in unmittelbarer Nähe der belegten Fläche. Nimmt man den Differentialquotienten nach negativem x (also auf der anderen Seite der Fläche), so wird

$$\left.\frac{\partial V_-}{\partial x}\right|_{x=0} = +2\pi\sigma.$$

Durch Subtraktion wird

$$\frac{\partial V_+}{\partial x} - \frac{\partial V_-}{\partial x} = -4\pi\sigma.$$

III. Hat man eine beliebig belegte auch gekrümmte Fläche F der Flächendichtigkeit σ, so fragen wir nach der Änderung, die der Differentialquotient $\frac{\partial V}{\partial n}$ des Potentials

$$V = \iint\limits_F \frac{\sigma\, df}{\sqrt{(x-a)^2 + (y-b)^2 + (z-c)^2}}$$

beim Durchgang durch die Fläche erleidet, wobei wir mit n die Normale auf der Fläche im Durchgangspunkte bezeichnen. Dieser Differentialquotient ist die in die Richtung der Normalen fallende Kraftkomponente. Wir beschreiben nun um den Durchgangspunkt einen kleinen Kreis K (Fig. 191) und setzen das Potential V der Fläche zusammen aus dem Potential V_K des Kreises und dem Potential V_f des restlichen Flächenstückes:

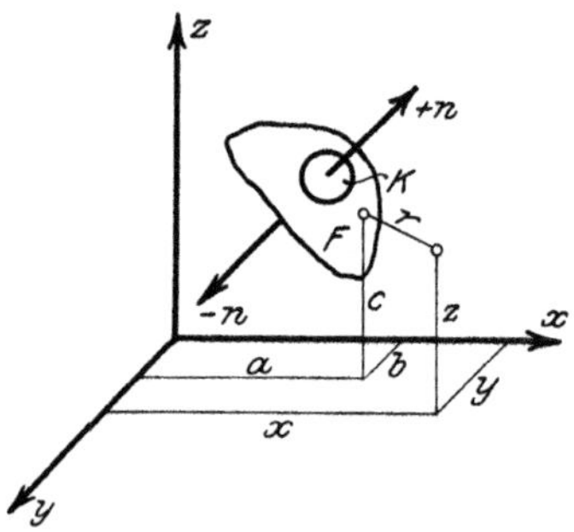

Fig. 191. Verhalten des Potentials beim Durchgang durch eine Fläche.

$$V = V_K + V_f.$$

Hiernach ist

$$\frac{\partial V_+}{\partial n} - \frac{\partial V_+}{\partial n} = \frac{\partial V_{K+}}{\partial n} - \frac{\partial V_{K-}}{\partial n} + \frac{\partial V_{f+}}{\partial n} - \frac{\partial V_{f-}}{\partial n}.$$

Da aber $\frac{\partial V_f}{\partial n}$ als Potential entfernter Massen stetig ist, so bleibt nur übrig:

$$\frac{\partial V_+}{\partial n} - \frac{\partial V_-}{\partial n} = -4\pi\sigma$$

IV. Des weiteren bestimmen wir noch das Potential einer Doppelfläche. Zwei Flächen F und F_1 seien in der kleinen Normalentfernung dn einander parallel und tragen in einander gegenüberliegenden Punkten die Belegungen $-\varepsilon$ und $+\varepsilon_1$. Das Potential eines Punktes $P\ (x\,y\,z)$ wird dann

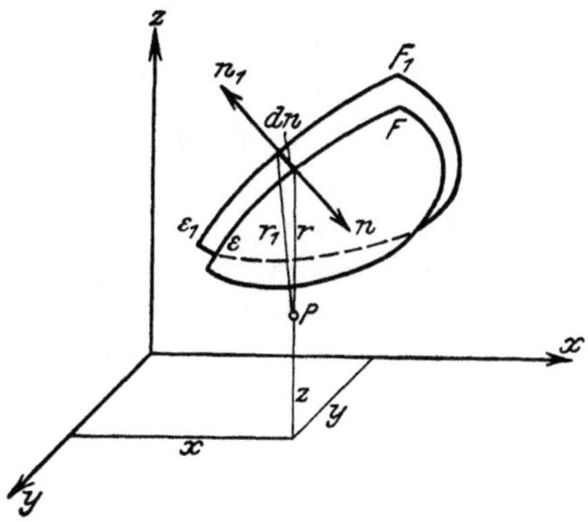

Fig. 192. Verhalten des Potentials beim Durchgang durch eine Doppelfläche.

$$V = \int\limits_{F_1} \frac{\varepsilon_1\, d F_1}{r_1} - \int\limits_{F} \frac{\varepsilon\, d F}{r}.$$

Hier ist

$$\begin{aligned} r &= \sqrt{(x-a)^2 + (y-b)^2 + (z-c)^2} \\ r_1 &= \sqrt{(x-a_1)^2 + (y-b_1)^2 + (z-c_1)^2} \end{aligned}.$$

Wenn aber r und der kleine Abstand $d\,n$ gegeben sind, dann ist r_1 bestimmbar nach dem Satze von Taylor:[67])

$$\frac{1}{r_1} = \frac{1}{r} + \frac{\partial \frac{1}{r}}{\partial n} dn.$$

Mithin wird, wenn wir noch voraussetzen, daß auf einander gegenüberliegenden Flächenelementen $d\,F$ und $d\,F_1$ diesen umgekehrt proportionale Belegungen liegen, daß also

$$\varepsilon\, d\,F = \varepsilon_1\, d\,F_1$$

ist,

$$V = \iint\limits_{F} \varepsilon\, \frac{\partial \frac{1}{r}}{\partial n}\, dn\, dF.$$

Hier kann man $\varepsilon\, d\, n$ die Dichtigkeit der Doppelbelegung nennen und mit η bezeichnen; es ist dann:

$$V = \iint\limits_F \eta \frac{\partial}{\partial n} \frac{1}{\partial \sqrt{(x-a)^2 + (y-b)^2 + (z-c)^2}} dF$$

das Potential der Doppelfläche auf den Punkt $x\,y\,z$.

V. Wir berechnen nunmehr das Potential einer kreisförmigen Doppelfläche Fig. 193.

Das Potential der Fläche I bezw. II auf P ist

$$V_I = -2\pi\varepsilon\left[\sqrt{R^2 + \left(x - \frac{dn}{2}\right)^2} - x + \frac{dn}{2}\right]$$

$$V_{II} = 2\pi\varepsilon\left[\sqrt{R^2 + \left(x + \frac{dn}{2}\right)^2} - x - \frac{dn}{2}\right].$$

Also wird das Gesamtpotential

$$V = V_I + V_{II}$$

$$= 2\pi\varepsilon\, dn\left[\frac{\sqrt{R^2 + \left(x + \frac{dn}{2}\right)^2} - \sqrt{R^2 + \left(x - \frac{dn}{2}\right)^2}}{dn} - 1\right]$$

$$= 2\pi\varepsilon\, dn\left[\frac{x}{\sqrt{R^2 + x^2}} - 1\right].$$

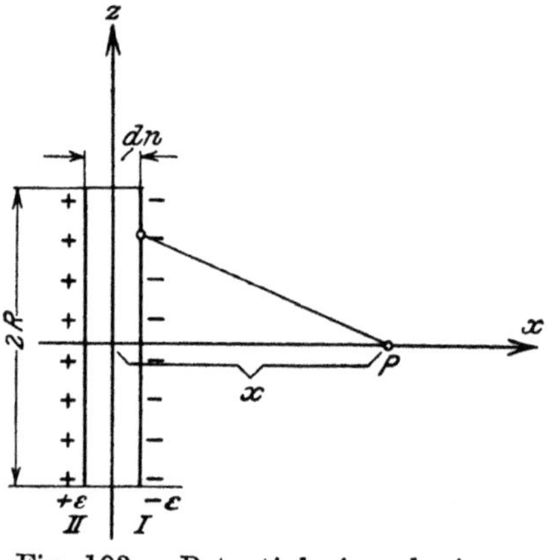

Fig. 193. Potential einer kreisförmigen Doppelfläche.

Setzt man hier wie oben $\varepsilon\, d\, n = \eta$, so wird

$$V_+ = 2\pi\eta\left[\frac{x}{\sqrt{R^2 + x^2}} - 1\right].$$

Dies Potential gilt für einen auf dem positiven Ast der x-Achse liegenden Punkt, weshalb das $+$ -Zeichen angeschrieben ist. Liegt P auf dem negativen Ast, so wird analog

$$V_- = 2\pi\eta\left[\frac{-x}{\sqrt{R^2 + x^2}} - 1\right].$$

Nähert man sich nun von beiden Seiten der Doppelfläche, so wird, während man R kleiner und kleiner werden läßt, V_+ —

$V_- = 4\pi\eta$, d. h. das Potential V erleidet beim Durchgang des Aufpunktes durch eine Doppelfläche einen endlichen Sprung $= 4\pi\eta$, wo η die Belegungsdichte an der Durchgangsstelle ist.

§ 69. Zusammenfassung und Übersicht über die Aufgaben der Potentialtheorie.

Wir haben nunmehr folgende Arten von Newtonschen Potentialen kennen gelernt:

1. Raumpotentiale V_R,
2. Flächenpotentiale V_F,
3. Doppelflächenpotentiale V_D.

I. Setzt sich aus diesen ein Potential zusammen $V = V_R + V_F + V_D$, so genügt dies der Laplaceschen Differentialgleichung $\Delta V = 0$ in allen Raumpunkten, die weder dem masseerfüllten Raum R noch den Flächen F und D angehören. Fällt der Aufpunkt in den Raum R, so lautet die Differentialgleichung

$$\Delta V = -4\pi\varrho,$$

wo ϱ die Massendichte am Orte des Aufpunktes bedeutet.

II. Die Differentialgleichung für Aufpunkte, die auf den Flächen D oder F selbst liegen, ist von der Krümmung der Flächen abhängig und soll hier nicht angegeben werden.

Dagegen ist V an der Fläche F in der Weise unstetig, daß

$$\frac{\partial V_+}{\partial n} - \frac{\partial V_-}{\partial n} = -4\pi\sigma$$

wird, während an der Doppelfläche D für die Unstetigkeit gilt:

$$V_{D+} - V_{D-} = 4\pi\eta$$

σ und η sind wie früher die Belegungen der Flächen F und D. Abgesehen von den Flächen F und D ist V und seine ersten Ableitungen

$$\frac{\partial V}{\partial x}, \frac{\partial V}{\partial y}, \frac{\partial V}{\partial z}$$

überall stetig.

III. Rückt der Aufpunkt x, y, z ins Unendliche, so wird

$$V = 0,$$

aber

$$V x, V y, V z \text{ und } \frac{\partial V}{\partial x} x^2, \quad \frac{\partial V}{\partial y} y^2, \quad \frac{\partial V}{\partial z} z^2$$

bleiben endlich.

IV. Die Potentialtheorie beschäftigt sich nun einerseits mit der Berechnung der Potentiale gegebener Massenanordnungen, d. h. mit der Berechnung bestimmter Raum- oder Flächen-Integrale (Kugel, Hohlkugel, Kreisscheibe, Doppelfläche), die wir in einfachen Fällen in den vorigen Paragraphen durchgeführt haben. Zu der Bestimmung dieser Integrale für allgemeinere Massenanordnungen zieht man mit Vorteil die Differentialgleichung $\Delta V = 0$ heran, der ja jene genügen müssen, um Reihenentwicklungen für die Integrale zu gewinnen. Hiermit beschäftigen sich die §§ 72 und 73.

Die hier gegebenen Entwicklungen gelten als Vorbereitung für die andere Aufgabe der Potentialtheorie, nämlich die Integration der partiellen Differentialgleichung

$$\frac{\partial^2 V}{\partial x^2} + \frac{\partial^2 V}{\partial y^2} + \frac{\partial^2 V}{\partial z^2} = 0 \text{ bezw. } = -4\pi\varrho$$

bezw. der Anwendung dieser Integration zur Lösung von technischen Aufgaben.

V. Eine wichtige Rolle spielt zunächst die Integration der Differentialgleichung

$$\Delta V = -4\pi\varrho$$

in der Elektrostatik. Wie schon dies Wort sagt, handelt es sich hier um die Bestimmung des Gleichgewichtes elektrischer Ladungen. Bekanntlich unterscheidet man zwischen Isolatoren und Leitern. Auf den ersteren bleibt eine anfänglich vorhandene Elektrizitätsverteilung unverändert, bei den letzteren ist die Elektrizität beweglich und sie verteilt sich stets so, daß sie gewissen Gleichgewichtsbedingungen Genüge leistet.

Wir wissen schon, daß auf einer leitenden Kugel von Radius R die mitgeteilte Elektrizitätsmenge M sich gleichmäßig über die Kugeloberfläche verbreitet, so daß überall die Dichte

$$\sigma = \frac{M}{4\pi R^2}$$

herrscht (wenn außer der Kugel andere Leiter oder geladene Isolatoren nicht vorhanden sind).

Ist jedoch außer der Kugel C, der die Elektrizitätsmenge M mitgeteilt wird, noch ein Isolator J mit fester gegebener Elektrizitätsverteilung vorhanden, so verteilt sich M nicht mehr gleichmäßig auf der Kugel C.

Die Elektrizitätsverteilung ist unbekannt und soll bestimmt werden. Ihr Potential

$$V_C = \int_C \sigma \, d\omega$$

genügt der Differentialgleichung

$$\Delta V = 0.$$

Da diese Differentialgleichung zur eindeutigen Bestimmung von V nicht genügt, ist eine weitere Tatsache heranzuziehen. Hierzu benutzen wir den Satz, daß im Innern eines leitenden Körpers und auf seiner Oberfläche das Potential aller vorliegenden Elektrizitätsmengen überall einen und denselben Wert haben muß. Das Potential V aller Elektrizitätsmengen besteht hier aber aus V_C und aus dem Potential des Isolators V_J:

$$V = V_C + V_J = a = \frac{M}{R}.$$

Da V_J als bekannt anzusehen ist, gilt für die Kugel:

$$V_C = a - V_J = \frac{M}{R} - V_J.$$

Auf Grund dieser Gleichung werden die Werte von V_C auf der Kugeloberfläche vorgeschrieben, und es zeigt sich, daß V_C damit eindeutig bestimmt ist.

Man nennt eine derartige Aufgabestellung, lt. welcher eine Funktion V innerhalb eines Gebietes einer gegebenen partiellen Differentialgleichung genügen muß, während an der Begrenzung die Werte der Funktion vorgeschrieben sind, eine Randwertaufgabe.

VI. Wir wollen gleich hier anmerken, daß die Randbedingung: V ist auf der Begrenzung gegeben, auch anders lauten kann.

Bei den Aufgaben der stationären Bewegung eines Körpers in einer inkompressibelen Flüssigkeit handelt es sich ebenfalls um die Integration der Differentialgleichung

$$\Delta V = 0,$$

die Randbedingung lautet hier aber:

$$\frac{\partial V}{\partial n},$$

d. h. der Differentialquotient nach der Normale der Oberfläche des eingetauchten Körpers (hierdurch eine Strömungsgeschwindigkeit) ist gegeben.

Bei den Aufgaben der stationären Wärmeleitung hat man an der Grenze des betrachteten Körpers die Randbedingung:

$V + h\frac{\partial V}{\partial n}$ ist vorgeschrieben.

Man bezeichnet die Randwertaufgabe in den drei angeführten Fällen als erste, zweite und dritte Randwertaufgabe.[68])

VII. Zur Lösung der Randwertaufgaben gibt es im allgemeinen zwei Wege.

Auf dem einen Wege hat man zunächst die Differentialgleichung

$$\Delta V = 0 \text{ bezw. } -4\pi\varrho$$

auf ein solches orthogonales Koordinatensystem zu transformieren, daß die Fläche, längs deren V vorgeschrieben ist, die Gleichung

$$u = \text{Const}$$

erhält.

Dann sucht man die transformierte Differentialgleichung

$$\Delta V(u, v, w) = 0 \text{ resp. } -4\pi\varrho$$

durch einen Ansatz

$$V = \sum_n A_n \cdot U_n \cdot V_n \cdot W_n$$

zu befriedigen, wo A_n unbestimmte Konstante, U_n, V_n, W_n Funktionen nur von u resp. v oder w sind.

Durch geeignete spezielle Wahl von einer oder zwei der Funktionen gelingt es sehr häufig, für die übrig bleibenden eine einfachere Differentialgleichung zu finden.

Im allgemeinen existiert für jeden Index n eine solche Differentialgleichung, so daß schließlich sich das Potential V aus einer unendlichen Reihe von Funktionen aufbaut, die man oft Funktionen der betreffenden Fläche $u = \text{Const}$ nennt.

Der Anschluß von V an die Randwerte $V(v, w)$ auf der Fläche $u = \text{Const}$ wird im allgemeinen erreicht durch gliedweise

Integration und Vergleichung der Reihen

$$\int_u V(v_1 w) \cdot V_m W_m \, dv \, dw = \int_u \sum A_n \overline{U}_n V_n W_n V_m W_m \, dv \, dw$$

wo die Integrale sich über die Fläche $u = \text{Const}$ zu erstrecken haben, und $\overline{U}$ den Wert der Funktion U auf dieser Fläche bedeutet.

Bei den praktisch vorkommenden Fällen ergeben sich für die Auswertung der rechten Seite die Sätze:

$$\int_u V_n W_n V_m W_m \, dv \, dw = 0 \text{ wenn } n \gtrless m$$

und

$$\int_n V_n^2 W_n^2 \, dv \, dw = f(n).$$

In diesen Fällen finden sich dann die Konstanten

$$A_n = \frac{1}{\overline{U}_n f(n)} \int_u V(v, w) V_n W_n \, dv \, dw$$

womit die Randwertaufgabe formell gelöst ist.[69])

Außer dieser Reihenmethode hat man noch die Methode der Greenschen Funktion.[70])

Zur Aufstellung dieser Funktion sind einige Bemerkungen über die Darstellung von Raum-Integralen durch Oberflächen-Integrale erforderlich.

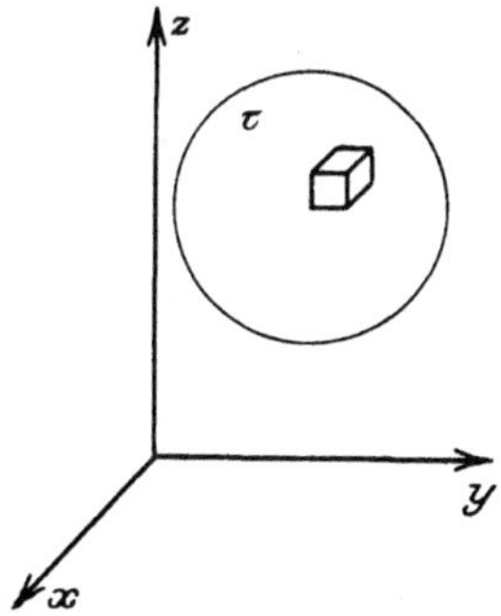

Fig. 194. Zur räumlichen Integration.

§ 70. Der Integralsatz von Gauß.

I. Unter einem Raumintegral versteht man allgemein ein dreifaches Integral

$$J = \iiint F(x, y, z) \, dx \, dy \, dz \qquad (1)$$

bei dem die Integration sich über alle Raumelemente $d\tau = dx \, dy \, dz$ eines Bereiches τ Fig. 194 zu erstrecken hat.

Wir betrachten nun $F(x, y, z)$ als ersten partiellen Differentialquotienten einer Funktion $X(x, y, z)$

$$F(x,y,z) = \frac{\partial X}{\partial x} \tag{2}$$

und versuchen das Raumintegral (1) in ein Oberflächenintegral umzuformen. Zur Durchführung dieser Operation stellen wir eine genauere Betrachtung über das Wesen der räumlichen Integration an.

Zunächst führen wir die Integration für die x-Koordinate aus, d. h. wir ermitteln den Wert des Integrals bei konstant gedachtem y und z für allein veränderliches x. Das Integral schreibt sich dann:

$$J = \int\int dy\,dz \int \frac{\partial X}{\partial x}\,dx$$

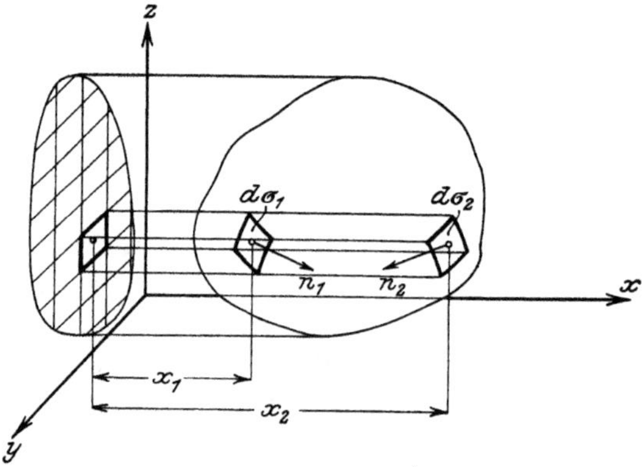

Fig. 195. Zum Integralsatz von Gauß.

Die Grenzen des Integrals

$$\int \frac{\partial X}{\partial x}\,dx$$

sind die Werte x_1 und x_2, die nach Auswahl von y und z auf der Umgrenzungsfläche bestimmt sind Fig. 195. Es wird also:

$$J = \int\int dy\,dz \int_{x_1}^{x_2} \frac{\partial X}{\partial x}\,dx = \int\int dy\,dz\,(X_2 - X_1) \tag{3}$$

wo X_1 und X_2 die in den zu x_1 und x_2 gehörenden Oberflächenpunkten stattfindenden Funktionswerte sind.

Beachtet man nun, daß $dy\,dz$ die Projektion der beiden zu x_1 resp. x_2 gehörenden Oberflächenelemente $d\sigma_1$ resp. $d\sigma_2$ ist, so kann man nach Einführung der nach innen gerichteten Oberflächennormalen n_1 und n_2 schreiben:

$$dy\,dz = d\sigma_1 \cdot \cos(n_1 x) = -\,d\sigma_2 \cos(n_2 x).$$

Hiermit wird aber

$$(X_2 - X_1)\,dy\,dz = -\,X_1 \cos(n_1 x)\,d\sigma_1 - X_2 \cos(n_2 x)\,d\sigma_2$$

und das Integral wird

$$J = -\iint (X_1 \cos(n_1 x)\,d\sigma_1 + X_2 \cos(n_2 x)\,d\sigma_2).$$

Führt man jetzt noch die Integrationen nach y und z aus, so heißt dies nichts anderes als die eben erläuterte Operation für alle mit der Umrandung des Raumes verträglichen Parallelepipede nach Figur 195 durchzuführen. Hierbei werden aber alle Endflächen $d\sigma$ dieser Parallelepipede in dem Integral vorkommen, d. h. man kann schreiben:

$$J_x = \iiint_\tau \frac{\partial X}{\partial x}\,dx\,dy\,dz = -\iint_\sigma X \cos(n x)\,d\sigma \tag{4a}$$

Hiermit ist aber tatsächlich das Raumintegral in ein Oberflächenintegral übergeführt.

Diese Formel (4) schreiben wir noch für zwei andere Funktionen, $Y(x, y, z)$ und $Z(x, y, z)$, und die Koordinatenrichtungen y und z an:

$$J_y = \iiint_\tau \frac{\partial Y}{\partial y}\,dx\,dy\,dz = -\iint_\sigma Y \cos(n y)\,d\sigma \tag{4b}$$

$$J_z = \iiint_\tau \frac{\partial Z}{\partial z}\,dx\,dy\,dz = -\iint_\sigma Z \cos(n z)\,d\sigma \tag{4c}$$

nach deren Addition der Integralsatz von **Gauß** folgt:

$$J = \iiint_\tau \left(\frac{\partial X}{\partial x} + \frac{\partial Y}{\partial y} + \frac{\partial Z}{\partial z}\right) dx\,dy\,dz$$

$$= -\iint_\sigma [X \cos(n x) + Y \cos(n y) + Z \cos(n z)\,d\sigma] \tag{5}$$

Dieser Satz gewinnt eine sehr einfache Gestalt, wenn wir, was immer möglich ist, $X\ Y\ Z$ als Komponenten eines Vektors $\mathfrak{A}$ auffassen, dessen Divergenz dann

$$\frac{\partial X}{\partial x} + \frac{\partial Y}{\partial y} + \frac{\partial Z}{\partial z}$$

ist:

$$\operatorname{Div} \mathfrak{A} = \frac{\partial X}{\partial x} + \frac{\partial Y}{\partial y} + \frac{\partial Z}{\partial z} \tag{6}$$

Auch für $X \cos(n\,x) + Y \cos(n\,y) + Z \cos(n\,z)$ kann ein einfacher Ausdruck eingeführt werden, nämlich die Komponente A_n von $\mathfrak{A}$ in Richtung der Normalen n. Dann lautet der Integralsatz von Gauß:

$$\int_\tau \operatorname{Div} \mathfrak{A}\, d\tau = -\int_\sigma A_n\, d\sigma \tag{7}$$

Das Minuszeichen wird übrigens zum Pluszeichen, wenn die Normale n nach außen gerichtet ist.

II. Sind jetzt innerhalb eines räumlichen Bereiches τ zwei Funktionen $U(x, y, z)$ und $V(x, y, z)$ gegeben, so kann man die aus diesen gebildeten Funktionen

$$\left.\begin{aligned} X &= U \frac{\partial V}{\partial x} - V \frac{\partial U}{\partial x} \\ Y &= U \frac{\partial V}{\partial y} - V \frac{\partial U}{\partial y} \\ Z &= U \frac{\partial V}{\partial z} - V \frac{\partial U}{\partial z} \end{aligned}\right\} \tag{8}$$

als Vektorkomponenten ansehen und die Divergenz

$$\frac{\partial X}{\partial x} + \frac{\partial Y}{\partial y} + \frac{\partial Z}{\partial z}$$

berechnen. Es findet sich hierfür der Ausdruck:

$$U \Delta V - V \Delta U.$$

Ferner ergibt sich als n-Komponente des durch $X\ Y\ Z$ bestimmten Vektors der Ausdruck:

$$N = U \frac{\partial V}{\partial n} - V \frac{\partial U}{\partial n}$$

so daß der Integralsatz nunmehr lautet:

$$\int_\tau (U \Delta V - V \Delta U)\, d\tau = -\int_\sigma \left(U \frac{\partial V}{\partial n} - V \frac{\partial U}{\partial n}\right) d\sigma \qquad (10)$$

§ 71. Einführung der Green'schen Funktion.

Von dieser Formel geht die Greensche Betrachtung aus, die den Zweck hat, eine Funktion V zu bestimmen, die im Innern eines räumlichen Bereiches τ der Gleichung

$$\Delta V = \frac{\partial^2 V}{\partial x^2} + \frac{\partial^2 V}{\partial y^2} + \frac{\partial^2 V}{\partial z^2} = -4\pi \varrho(x, y, z)$$

genügt und an der Oberfläche σ von τ gegebene Werte V_σ annimmt, d. h. die erste Randwertaufgabe zu lösen.

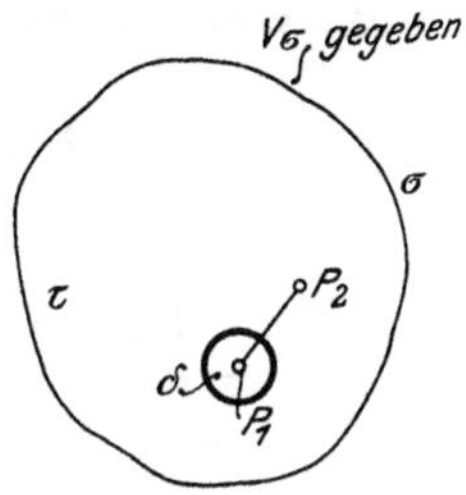

Fig. 196. Zur Methode von Green.

Der Gedankengang ist folgender: Innerhalb von τ wird ein fester Punkt P_1 (x, y, z) und in der Entfernung r davon ein variabler Punkt P_2 (a, b, c) angenommen. Wir schreiben nun die Formel (10) § 70, indem wir die Funktion U spezialisieren wie folgt:

$$U = \frac{1}{r}$$

und die Integration über τ uns in der Weise ausgeführt denken, daß wir P_2 alle innerhalb τ möglichen Lagen annehmen lassen, wobei wir aber eine kleine Kugel $\varkappa$ mit dem Radius δ um P_1 ausschließen, weil, wenn P_2 mit P_1 zusammenfiele, $\frac{1}{r} = \infty$ werden würde, was nicht zulässig ist. Da nun $\Delta \frac{1}{r} = 0$ ist, so schreibt sich Formel (10):

$$\int_{\tau - \varkappa} \frac{1}{r} \Delta V\, d\tau = -\int_{\sigma - \delta^2 \omega} \left(\frac{1}{r} \frac{\partial V}{\partial n} - V \frac{\partial \frac{1}{r}}{\partial n}\right) d\sigma \qquad (1)$$

wo die Zeichen $-\varkappa$ und $-\delta^2\omega$ andeuten, daß die kleine Kugel (sowohl ihr Raum $\varkappa$ wie ihre Oberfläche $\delta^2\omega$) vom Integrationsprozeß ausgeschlossen ist und wo sowohl V, ΔV, $V\sigma$, wie $d\tau$ $d\sigma$ in den Variabeln a, b, c auszudrücken sind.

Diese ausgeschlossenen Bestandteile notieren wir besonders, indem wir für das Oberflächenelement der kleinen Kugel $\delta^2\, d\omega$, für ihr Raumelement $\delta^2\, d\delta\, d\omega$ setzen:

$$\int\limits_{\varkappa} \Delta V \delta d\delta\, d\omega = -\int\limits_{\delta^2\omega}\left(\frac{1}{\delta}\frac{\partial V}{\partial\delta} - V\frac{\partial\frac{1}{\delta}}{\partial\delta}\right)\delta^2\, d\omega$$

$$= -\int\limits_{\omega}\left(\delta\frac{\partial V}{\partial\delta} + V\right)d\omega \tag{2}$$

wo ω und $d\omega$ sich auf eine Kugel vom Radius 1 beziehen.

Addieren wir jetzt (1) und (2)

$$\int\limits_{\tau-\varkappa}\frac{1}{r}\,\Delta V\, d\tau + \int\limits_{\varkappa}\Delta V\,\delta d\delta d\omega$$

$$= -\int\limits_{\omega}\left(\delta\frac{\partial V}{\partial\delta} + V\right)d\omega - \int\limits_{\sigma-\delta^2\omega}\left(\frac{1}{r}\frac{\partial V}{\partial n} - V\frac{\partial\frac{1}{r}}{\partial n}\right)d\sigma$$

und lassen δ unendlich klein werden, so wird, während das ausgeschlossene Kugelgebiet verschwindet:

$$\left.\begin{array}{l}\int\limits_{\varkappa}\Delta V\,\delta\, d\,\delta\, d\,\omega = 0\\ \int\limits_{\omega}\delta\frac{\partial V}{\partial r} = 0\end{array}\right\}\text{wegen } \lim\delta = 0$$

$$\int\limits_{\omega} V\, d\omega = 4\pi V_1 \text{ wegen } \int\limits_{\omega} d\omega = 4\pi.$$

In der letzten Formel bedeutet V_1 den Wert von V im Punkte P_1.

In anderer Anordnung schreiben wir jetzt:

$$4\pi V_1 = -\int\limits_{\tau}\frac{1}{r}\,\Delta V\, d\tau - \int\limits_{\sigma}\left(\frac{1}{r}\frac{\partial V}{\partial n} - V\frac{\partial\frac{1}{r}}{\partial n}\right)d\sigma \tag{3}$$

Diese Formel löst schon die erste Randwertaufgabe, setzt aber voraus, daß am Rande die Werte $\frac{\partial V}{\partial n}$ gegeben sind, was nicht der Fall ist.

Subtrahieren wir jetzt Formel (10) § 70 von (3), so ergibt sich:

$$4\pi V_1 = \int_\tau \left(U - \frac{1}{r}\right) \Delta V \, d\tau - \int_\tau V \Delta U \, d\tau$$

$$+ \int_\sigma \left[\left(U - \frac{1}{r}\right)\frac{\partial V}{\partial n} - V \frac{\partial\left(U - \frac{1}{r}\right)}{\partial n}\right] d\sigma \qquad (4)$$

Hier ist der Wert von V im Punkte P_1 demnach gegeben, wenn man kennt: 1) ΔV im ganzen Gebiete τ; 2) V selbst im ganzen Gebiete τ und an seiner Begrenzungsfläche σ; 3) $\frac{\partial V}{\partial n}$ an der Begrenzung δ, und 4) eine willkürliche, jedoch nebst ihren ersten Ableitungen überall stetige Funktion U. Über letztere dürfen wir Festsetzungen machen. Dies tun wir so, daß wir zur Berechnung von V_1 die Werte von V innerhalb τ nicht zu kennen brauchen (wir wollen sie ja eben bestimmen) und daß auch die Kenntniß von $\frac{\partial V}{\partial n}$ nicht nötig ist. Die beiden mittleren Integrale sollen also fortfallen, was wir erreichen, indem wir von U die Eigenschaften verlangen: a) $\Delta U = 0$ im Gebiete τ; b) $U - \frac{1}{r} = 0$ an der Grenze δ.

Führen wir hier für $U - \frac{1}{r}$ die Abkürzung G ein so wird die Eigenschaft *a*) für U erreicht, wenn im ganzen Bereiche $\Delta G = 0$ gilt, da ja $\Delta \frac{1}{r} = 0$ ist. Die Eigenschaft *b*) für U wird dagegen erreicht, wenn an der Grenze σ überall $G = 0$ ist. Mithin erhalten wir:

$$4\pi V_1 = \int_\tau G \Delta V \, d\tau - \int_\sigma V \frac{\partial G}{\partial n} \, d\sigma \qquad (5)$$

Hier ist G die „Greensche Funktion", nach deren Bestimmung für einen gegebenen Bereich τ und einen gegebenen Punkt

P_1 die erste Randwertaufgabe gelöst ist. Die Funktion G enthält dabei die Variabeln x, y, z ebenso wie die Variabeln a, b, c; letztere sind nach dem voraufgehenden die Coordinaten des beweglichen Punktes P_2, dessen Hinwegschiebung über alle Punkte von τ und σ die Integrationen der Formel (5) liefert. V_1 bleibt dann als Funktion von x, y, z übrig, wie es sein muß. Als Beispiel werden wir später G für die Kugel bestimmen.

§ 72. Das Potential einfachster Massenanordnungen und die Legendre'schen Kugelfunktionen.

I. Für die weiteren Betrachtungen ist es zunächst erforderlich, statt der rechtwinkligen Koordinaten x, y, z Polarkoordinaten r, ϑ, φ einzuführen.

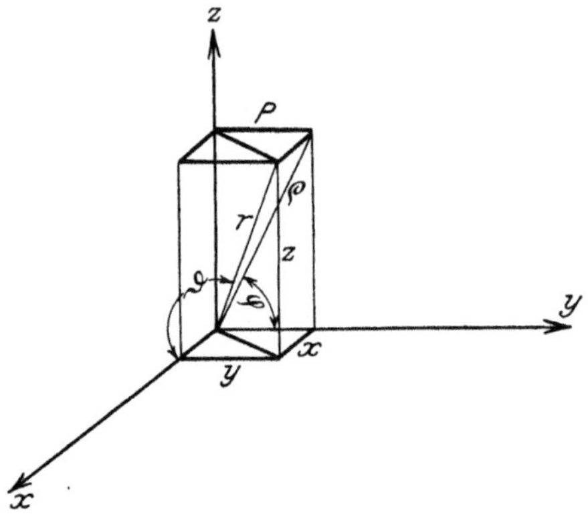

Fig. 197. Einführung der Polarkoordinaten.

Ein Punkt P der Koordinaten x, y, z, (Fig. 197) hat vom Anfangspunkt die Entfernung

$$r^2 = x^2 + y^2 + z^2 \quad (1)$$

Der Radiusvektor r schließt mit der positiven x-Achse den Winkel ϑ ein; es gilt:

$$x = r \cos \vartheta. \quad (2)$$

Ist ferner ϱ die Projektion von r auf die $Y\,Z$-Ebene, so gilt:

$$\varrho = r \sin \vartheta. \quad (3)$$

Bezeichnet man den Winkel von ϱ mit der positiven Y-Achse mit φ, so hat man

$$\left.\begin{aligned} y &= \varrho \cos \varphi = r \sin \vartheta \cos \varphi \\ z &= \varrho \sin \varphi = r \sin \vartheta \sin \varphi \end{aligned}\right\} \quad (4)$$

Durch die Gleichungen (2) und (4) wird der Übergang von rechtwinkligen Koordinaten zu Polarkoordinaten vermittelt. Will man umgekehrt von diesen zu jenen übergehen, so hat man neben dem aus (1) folgenden Ansatz

$$r = \sqrt{x^2 + y^2 + z^2} \tag{1}$$

noch

$$\vartheta = \operatorname{arctg} \frac{\sqrt{y^2 + z^2}}{x} \tag{5}$$

und

$$\varphi = \operatorname{arctg} \frac{z}{y} \tag{6}$$

Die Koordinaten r, ϑ, φ sind nicht unbeschränkt veränderlich. Um alle Punkte des Raumes zu erhalten genügt es, $r \geqq 0$, $\pi \geqq \vartheta \geqq 0$, $2\pi \geqq \varphi \leqq 0$ zu nehmen.

II. Denkt man sich mit dem Radius r eine Kugel um den Anfangspunkt 0 beschrieben und bezeichnet man den Schnittpunkt der positiven x-Achse mit dieser Kugel als „Nordpol“, so kann man, in Anlehnung an die Verhältnisse auf der Erde, den Winkeln ϑ und φ folgende Bezeichnungen beilegen:

$$\vartheta = \text{Poldistanz} \qquad [0 \geqq \vartheta \geqq \pi\ ]$$
$$\varphi = \text{Länge} \qquad [0 \geqq \varphi \geqq 2\pi]$$

wobei die positive Y-Achse als Anfangsachse für die Zählung der Länge gilt.

Des weiteren schneidet die Kugel die YZ-Ebene im „Äquator“, während der gerade Kreiskegel, dessen Achse die X-Achse ist und der den Öffnungswinkel 2ϑ hat, die Kugel in einem „Parallelkreis“ schneidet. Schließlich schneidet die durch die X-Achse und den Punkt P bestimmte Ebene die Kugel in einen „Meridian“.

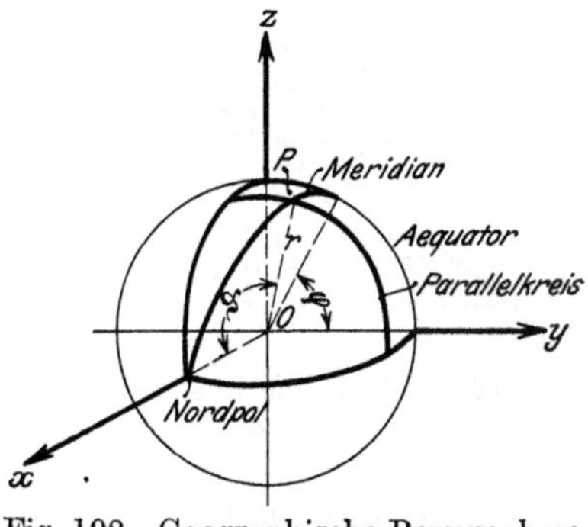

Fig. 198. Geographische Bezugnahme.

III. Kugel, Kreiskegel und Meridianebene schneiden sich in P rechtwinklig. In Polarkoordinaten sind die Gleichungen dieser drei Flächen:

$$r = C_1, \ \vartheta = C_2, \ \varphi = C_3.$$

Nimmt man 3 weitere nahe benachbarte Flächen:

$$r + dr = C_1', \; \vartheta + d\vartheta = C_2', \; \varphi + d\varphi = C_3$$

hinzu, so begrenzen die 6 Flächen ein Raumelement $d\tau$, welches sich in Polarkoordinaten findet

$$d\tau = r^2 \sin\vartheta \, dr \, d\vartheta \, d\varphi \tag{7}$$

während das Flächenelement auf der Kugel $r = C_1$ sich schreibt

$$d\sigma = r^2 \sin\vartheta \, d\vartheta \, d\varphi \tag{8}$$

Liegen im Polarkoordinatensystem zwei Punkte P und P_1 (Fig. 199)

$$x = r\cos\vartheta, \quad y = r\sin\vartheta\cos\varphi, \quad z = r\sin\vartheta\sin\varphi$$

und

$$x_1 = r_1\cos\vartheta_1, \quad y_1 = r_1\sin\vartheta_1\cos\varphi_1, \quad z_1 = r_1\sin\vartheta_1\sin\varphi_1$$

vor, so kann man nach dem von den Radienvektoren gebildeten Winkel ω fragen.

Zunächst findet man das Quadrat der Verbindungslinie der Punkte

$$\overline{P P_1}^2 = (x - x_1)^2 + (y - y_1)^2 + (z - z_1)^2$$
$$= r^2 + r_1^2 - 2\, r\, r_1 \cos\omega.$$

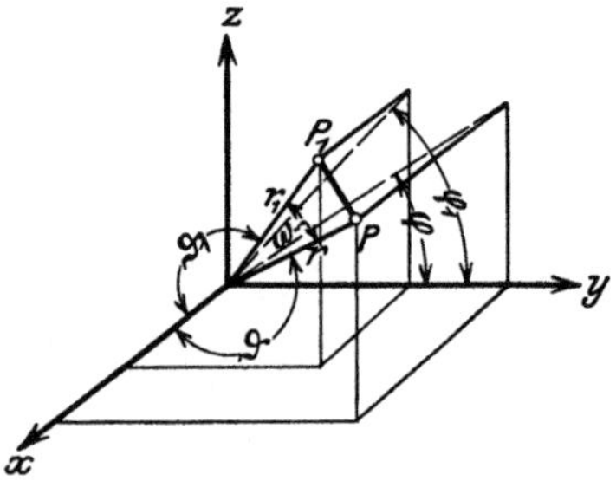

Fig. 199. Polarkoordinaten zweier Punkte.

Nach Entwicklung der Quadrate links folgt mit

$$x^2 + y^2 + z^2 = r^2$$
$$x_1^2 + y_1^2 + z_1^2 = r_1^2$$

der Ansatz:

$$x\,x_1 + y\,y_1 + z\,z_1 = r\,r_1\cos\omega$$

mithin wird:

$$\cos\omega = \frac{x}{r}\frac{x_1}{r_1} + \frac{y}{r}\frac{y_1}{r_1} + \frac{z}{r}\frac{z_1}{r_1}$$

d. h. nach (2) und (4) wird: $\cos\omega =$

$$= \cos\vartheta\cos\vartheta_1 + \sin\vartheta\cos\varphi\sin\vartheta_1\cos\varphi_1 - \sin\vartheta\sin\varphi\sin\vartheta_1\sin\varphi_1$$
$$= \cos\vartheta\cos\vartheta_1 + \sin\vartheta\sin\vartheta_1(\cos\varphi\cos\varphi_1 - \sin\varphi\sin\varphi_1)$$

und schließlich:

$$\cos\omega = \cos\vartheta\cos\vartheta_1 + \sin\vartheta\sin\vartheta_1\cos(\varphi - \varphi_1) \tag{9}$$

IV. Auf die so definierten Polarkoordinaten wollen wir jetzt die Differentialgleichung des Potentials

$$\frac{\partial^2 V}{\partial x^2} + \frac{\partial^2 V}{\partial y^2} + \frac{\partial^2 V}{\partial z^2} = 0 \tag{10}$$

umformen.

Zunächst benutzen wir die Beziehungen

$$y = \varrho \cos \varphi \qquad z = \varrho \sin \varphi \tag{11}$$

$$\varrho^2 = y^2 + z^2 \qquad \frac{z}{y} = \operatorname{tg} \varphi \tag{11a}$$

und denken uns V auf die Variabeln ϱ und φ umgeformt.

Wollten wir jetzt $V(\varrho, \varphi)$ nach y und z differenzieren, so würden wir anzuschreiben haben:

$$\frac{\partial V}{\partial y} = \frac{\partial V}{\partial \varrho} \cdot \frac{\partial \varrho}{\partial y} + \frac{\partial V}{\partial \varphi} \frac{\partial \varphi}{\partial y} \tag{12}$$

und

$$\frac{\partial V}{\partial z} = \frac{\partial V}{\partial \varrho} \cdot \frac{\partial \varrho}{\partial z} + \frac{\partial V}{\partial \varphi} \frac{\partial \varphi}{\partial z} \tag{13}$$

Um in diesen Formeln zunächst $\frac{\partial \varrho}{\partial y}$ und $\frac{\partial \varphi}{\partial y}$ zu bestimmen, differenzieren wir die Gleichung (11 a) resp.

$$\varrho = \sqrt{y^2 + z^2} \text{ und } \varphi = \operatorname{arctg} \frac{z}{y}$$

partiell nach y:

$$\frac{\partial \varrho}{\partial y} = \frac{1}{2} \frac{2y}{\sqrt{y^2+z^2}} = \frac{y}{\varrho} = \cos \varphi$$

$$\frac{\partial \varphi}{\partial y} = -\frac{y^2}{y^2 + z^2} \cdot \frac{z}{y^2} = -\frac{\varrho \sin \varphi}{\varrho^2} = -\frac{\sin \varphi}{\varrho}$$

Sind jetzt

$$\frac{\partial \varrho}{\partial z} \text{ und } \frac{\partial \varphi}{\partial z},$$

zu bestimmen, so differenziert man (11 a) partiell nach z:

$$\frac{\partial \varrho}{\partial z} = \frac{z}{\sqrt{y^2 + z^2}} = \frac{z}{\varrho} = \sin \varphi$$

$$\frac{\partial \varphi}{\partial z} = \frac{y^2}{y^2 + z^2} \cdot \frac{1}{y} = \frac{\cos \varphi}{\varrho}$$

Jetzt werden die Formeln (12) und (13):

$$\frac{\partial V}{\partial y} = \frac{\partial V}{\partial \varrho} \cdot \cos \varphi - \frac{\partial V}{\partial \varphi} \frac{\sin \varphi}{\varrho} \tag{12a}$$

$$\frac{\partial V}{\partial z} = \frac{\partial V}{\partial \varrho} \cdot \sin \varphi + \frac{\partial V}{\partial \varphi} \cdot \frac{\cos \varphi}{\varrho} \tag{13a}$$

Wird jetzt die zweite Differentiation ausgeführt, so entsteht:

$$\frac{\partial^2 V}{\partial y^2} = \frac{\partial^2 V}{\partial y \cdot \partial \varrho} \cdot \frac{\partial \varrho}{\partial y} + \frac{\partial^2 V}{\partial y \, \partial \varphi} \cdot \frac{\partial \varphi}{\partial y} \tag{12b}$$

$$\frac{\partial V^2}{\partial z^2} = \frac{\partial^2 V}{\partial z \, \partial \varrho} \cdot \frac{\partial \varrho}{\partial z} + \frac{\partial^2 V}{\partial z \, \partial \varphi} \cdot \frac{\partial \varphi}{\partial z} \tag{13b}$$

Führt man die so angedeuteten Rechnungen aus, so erhält man:

$$\frac{\partial^2 V}{\partial x^2} + \frac{\partial^2 V}{\partial y^2} + \frac{\partial^2 V}{\partial z^2} = \frac{\partial^2 V}{\partial x^2} + \frac{\partial^2 V}{\partial \varrho^2} + \frac{1}{\varrho^2} \frac{\partial^2 V}{\partial \varphi^2} + \frac{1}{\varrho} \frac{\partial V}{\partial \varrho} \tag{14}$$

Somit ist ΔV zunächst von x, y, z auf x, ϱ, φ transformiert.

Soll jetzt weiter auf r, ϑ, φ transformiert werden, so sind statt x und ϱ einzuführen r und ϑ nach den Beziehungen:

$$x = r \cos \vartheta; \quad \varrho = r \sin \vartheta$$

resp. umgekehrt:

$$r = \sqrt{x^2 + \varrho^2}, \; \vartheta = \operatorname{arctg} \frac{\varrho}{x}$$

Hiermit erhält man sofort:

$$\frac{\partial^2 V}{\partial x^2} + \frac{\partial^2 V}{\partial \varrho^2} = \frac{\partial^2 V}{\partial r^2} + \frac{1}{r^2} \frac{\partial^2 V}{\partial \vartheta^2} + \frac{1}{r} \frac{\partial V}{\partial r} \tag{15}$$

und ferner wird:

$$\frac{\partial V}{\partial \varrho} = \frac{\partial V}{\partial r} \sin \vartheta + \frac{\partial V}{\partial \vartheta} \frac{\cos \vartheta}{r} \tag{16}$$

Nach einigen Zwischenrechnungen haben wir dann endgültig:

$$\Delta V = r \frac{\partial^2 (V r)}{\partial r^2} + \frac{1}{\sin \vartheta} \frac{\partial}{\partial \vartheta} \left(\sin \vartheta \frac{\partial V}{\partial \vartheta} \right) + \frac{1}{\sin^2 \vartheta} \frac{\partial^2 V}{\partial \varphi^2} = 0 \tag{17}$$

oder nach Einführung der Abkürzung

$$\cos \vartheta = \mu$$

$$r \frac{\partial^2 (r V)}{\partial r^2} + \frac{\partial}{\partial \mu} \left\{ (1 - \mu^2) \frac{\partial V}{\partial \mu} \right\} + \frac{1}{1 - \mu^2} \frac{\partial^2 V}{\partial \varphi^2} = 0 \qquad (18)$$

V. Wir werden zunächst die Differentialgleichung (18) auf ein sehr einfaches Potential anwenden. Es handele sich um das Potential T des Nordpols N der Kugel mit dem Radius 1 auf einen Punkt P (Fig. 200). Beide Punkte haben die Belegung 1. Ist das Entfernungsquadrat $\overline{NP}^2 = R$, so hat man das Potential zu formulieren:

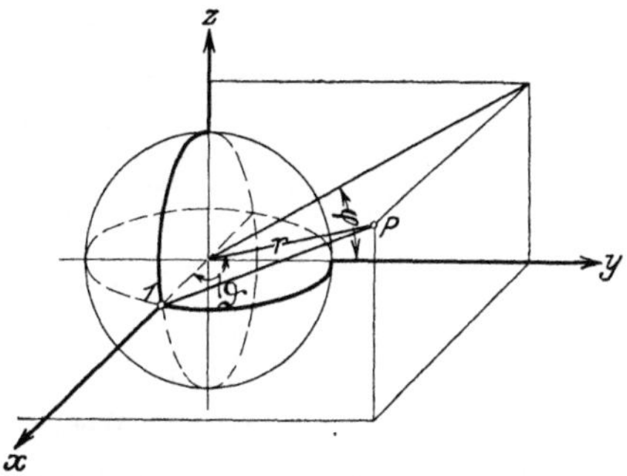

Fig. 200. Zum Potential eines Punktes auf der Einheitskugel.

$$T = \frac{1}{+\sqrt{R}}$$

Die Polarkoordinaten von P sind r, ϑ, φ, die von $N: r_1 = 1, \vartheta_1 = 0, \varphi_1 = 0$. Dann wird

$$+\sqrt{R} = +\sqrt{1 + r^2 - 2 r \cos \omega}.$$

$$\cos \omega = \cos \vartheta \cos \vartheta_1 + \sin \vartheta \sin \vartheta_1 \cos (\varphi - \varphi_1) = \cos \vartheta$$

also

$$R = +\sqrt{1 - 2 r \cos \vartheta + r^2}$$

und

$$T = \frac{1}{+\sqrt{1 - 2 r \cos \vartheta + r^2}} = f(r) = R^{-\frac{1}{2}} \qquad (19)$$

Das Potential T des Punktes 1, 0, 0 auf den Punkt r, ϑ, φ ist also nur von r und der Poldistanz ϑ abhängig.

Ist zunächst $r < 1$, so kann man (19) in eine nach Potenzen von r fortschreitende Maclaurinsche Reihe entwickeln:

$$T = f(r) = f(0) + f'(0) r + \frac{f''(0)}{1 \cdot 2} r^2 + \frac{f'''(0)}{1 \cdot 2 \cdot 3 \cdot} r^3 + \ldots \qquad (20)$$

Wir führen hier an $f(r) = \frac{1}{\sqrt{1 - 2r\cos\vartheta + r^2}}$ die vorgeschriebenen Differentiationen der Reihe nach aus. Zunächst ist

$$f(0) = 1.$$

Ferner wird:

$$f'(r) = R^{-\frac{3}{2}}(\cos\vartheta - r) \text{ und}$$
$$f'(0) = \cos\vartheta$$
$$f''(r) = -R^{-\frac{3}{2}} + 3R^{-\frac{5}{2}}(\cos\vartheta - r)^2 \text{ und}$$
$$f''(0) = 3\cos^2\vartheta - 1$$
$$f'''(r) = -9R^{-\frac{5}{2}}(\cos\vartheta - r) + 15R^{-\frac{7}{2}}(\cos\vartheta - r)^3 \text{ und}$$
$$f'''(0) = 15\cos^3\vartheta - 9\cos\vartheta$$

Somit entspringt der Anfang der Entwicklung:

$$T = 1 + r\cos\vartheta + r^2\frac{3\cos^2\vartheta - 1}{2} + r^3\frac{5\cos^3\vartheta - 3\cos\vartheta}{2} + \ldots. \quad (21)$$

Denkt man sich die Entwicklung weiter geführt, so bezeichnet man den Koeffizienten der n-ten Potenz von r, da er nur von $\cos\vartheta$ abhängt, mit $P_n(\cos\vartheta)$ und man hat

$$T = P_0(\cos\vartheta) + rP_1(\cos\vartheta) + r^2P_2(\cos\vartheta) + \ldots.$$
$$= \sum_0^\infty r^n P_n(\cos\vartheta) \quad (22)$$

oder, wenn man $\cos\vartheta = \mu$ setzt:

$$T = \sum_0^\infty r^n P_n(\mu) \quad (23)$$

Das allgemeine Bildungsgesetz für $P_n(\mu)$ lautet:

$$P_n(\mu) = \frac{(2n)!}{2^n n! n!}\Big[\mu^n - \frac{n(n-1)}{2(2n-1)}\mu^{n-2} + \frac{n(n-1)(n-2)(n-3)}{2\cdot4\cdot(2n-1)(2n-3)}\mu^{n-4}$$
$$- \frac{n(n-1)(n-2)(n-3)(n-4)(n-5)}{2\cdot4\cdot6\cdot(2n-1)(2n-3)(2n-5)}\mu^{n-6} + \ldots\ldots\Big] \quad (24)$$

Man nennt die so definierten Funktionen $P_n(\mu)$ einfache (Legendresche) Kugelfunktionen n-ter Ordnung, welche ganz und rational sind. Die Funktionen der 4 niedrigsten Ordnungen lauten.

$$\left.\begin{aligned} P_0(\mu) &= 1 \\ P_1(\mu) &= \cos\vartheta = \mu \\ P_2(\mu) &= \frac{1}{2}(3\cos^2\vartheta - 1) = \frac{1}{2}(3\mu^2 - 1) \\ P_3(\mu) &= \frac{1}{2}(5\cos^3\vartheta - 3\cos\vartheta) = \frac{1}{2}(5\mu^3 - 3\mu) \\ P_4(\mu) &= \frac{1}{8}(35\cos^4\vartheta - 30\cos^2\vartheta + 3) = \frac{1}{8}(35\mu^4 - 30\mu^2 + 3) \end{aligned}\right\} \tag{25}$$

. . . .

VI. Ist im Potential (19) aber $r > 1$, so bilde man:

$$rT = \frac{1}{+\sqrt{1 - 2\left(\frac{1}{r}\right)\cos\vartheta + \left(\frac{1}{r}\right)^2}} \tag{26}$$

und entwickle dies nach Potenzen von $\left(\frac{1}{r}\right)$. Es entspricht dann:

$$rT = \sum_0^\infty \left(\frac{1}{r}\right)^n P_n(\cos\vartheta)$$

oder

$$T = \sum_0^\infty \left(\frac{1}{r}\right)^{n+1} P_n(\cos\vartheta);\quad r > 1$$

$$= \frac{1}{r} P_0(\cos\vartheta) + \frac{1}{r^2} P_1(\cos\vartheta) + \frac{1}{r^3} P_2(\cos\vartheta) + \ldots \tag{27}$$

womit dieser Fall auf dieselben Kugelfunktionen zurückgeführt worden ist.

VII. Nunmehr erinnern wir uns wieder daran, daß T ein Potential ist und als solches die Differentialgleichung (18) erfüllen muß. Diese vereinfacht sich, da T von φ unabhängig ist, zu:

$$r\frac{\partial^2 (rV)}{\partial r^2} + \frac{\partial}{\partial \mu}\left\{(1 - \mu^2)\frac{\partial V}{\partial \mu}\right\} = 0 \tag{28}$$

Versucht man hier den Ausdruck (23) für T einzusetzen, so entspringt:

$$\sum_0^\infty r^n \left[(n+1)\,n\,P_n(\mu) + \frac{\partial}{\partial \mu}(1 - \mu^2)\frac{\partial P_n(\mu)}{\partial \mu}\right] = 0 \tag{29}$$

Diese Gleichung kann aber nur dann erfüllt sein, wenn die Koeffizienten von r^n Null sind, d. h. wenn gilt:

$$(n+1)\,n\,P_n(\mu) + \frac{d}{d\mu}\left\{(1-\mu^2)\,\frac{d P_n(\mu)}{d\mu}\right\} = 0 \tag{30}$$

Dies ist aber eine gewöhnliche Differentialgleichung zweiter Ordnung in μ, wie wir durch Übergang vom Zeichen ∂ zu d bereits angedeutet haben, und $P_n(\mu)$ ist ein partikuläres Integral von ihr. Man kann (30) nach Ausführung der Operation $\frac{d}{d\mu}$ noch schreiben:

$$(1-\mu^2)\,\frac{d^2 P_n(\mu)}{d\mu^2} - 2\mu\,\frac{d P_n(\mu)}{d\mu} + n\,(n+1)\,P_n(\mu) = 0 \tag{31}$$

Wie wir aus der Theorie der Differentialgleichungen zweiter Ordnung wissen, baut sich das allgemeine Integral aus zwei voneinander unabhängigen partikulären Integralen y_1 und y_2 mittels zweier willkürlicher Konstanten auf:

$$y = C_1\,y_1 + C_2\,y_2.$$

Wir wollen nun Differentialgleichung (30) direkt integrieren, um die beiden voneinander unabhängigen partikulären Integrale zu finden.

Es werde ein Integral y_1 als Potenzreihe mit unbestimmten Koeffizienten und Exponenten angeschrieben wie folgt:

$$y_1 = \sum_{k=1}^{\infty} A_k\,\mu^{m_k} \tag{33}$$

Dann wird

$$\frac{d y_1}{d\mu} = \sum_{k=1}^{\infty} A_k\,m_k\,\mu^{m_k-1}$$

und

$$\frac{d}{d\mu}\left[(\mu^2-1)\,\frac{d y_1}{d\mu}\right] = \frac{d}{d\mu}\left[\sum_{k=1}^{\infty} A_k\,m_k\,\mu^{m_k+1} - \sum_{k=1}^{\infty} A_k\,m_k\,\mu^{m_k-1}\right]$$

$$= \sum_{k=1}^{\infty} A_k\,m_k\,(m_k+1)\,\mu^{m_k} - \sum_{k=1}^{\infty} A_k\,m_k\,(m_k-1)\,\mu^{m_k-2} \tag{34}$$

Führen wir nun (33) und (34) in die Differentialgleichung (30) ein, so muß gelten:

$$n(n+1)\sum_{k=1}^{\infty} A_k \mu^{m_k} = \sum_{k=1}^{\infty} A_k m_k (m_k+1)\mu^{m_k}$$
$$-\sum_{k=1}^{\infty} A_k m_k (m_k-1)\mu^{m_k-2}$$

oder

$$\sum_{k=1}^{\infty} A_k \left\{[n(n+1) - m_k(m_k+1)]\mu^{m_k} + m_k(m_k-1)\mu^{m_k-2}\right\} = 0 \quad (35)$$

Diese Reihe ist identisch mit folgender:

$$\sum_{k=0}^{\infty}\Big\{A_k m_k (m_k-1)\mu^{m_k-2}$$
$$+ A_{k+1}[n(n+1) - m_{k+1}(m_{k+1}+1)\mu^{m_{k+1}}]\Big\} \quad (36)$$

wenn $A_0 = 0$ gesetzt wird, wie man sich leicht überzeugt. Diese Reie muß nun identisch Null ergeben, was zunächst nur möglich ist, wenn $m_k - 2 = m_{k+1}$ ist, d. h. wenn die Exponenten zweier aufeinanderfolgender Glieder die Differenz 2 in absteigendem Sinne haben:

$$\left.\begin{array}{l} m_1 - 2 = m_2 \\ m_2 - 2 = m_3 = m_1 - 4 \\ m_3 - 2 = m_4 = m_1 - 6 \\ \ldots\ldots\ldots\ldots \\ m_k - 2 = m_{k+1} = m_1 - 2k \\ m_k = \qquad\qquad m_1 - 2k + 2. \end{array}\right\} \quad (37)$$

Dann geht die Summe über in:

$$\sum_{k=0}^{\infty}[A_k(m_1 - 2k + 2)(m_1 - 2k + 1) + A_{k+1}[n(n+1)$$
$$-(m_1 - 2k)(m_1 - 2k + 1)]]\mu^{m_1 - 2k}. \quad (38)$$
$$A_0 = 0$$

Diese Potenzreihe hat als erstes Glied:

$$A_1[n(n+1) - m_1(m_1+1)]\mu^{m_1}, \quad (38\text{ a})$$

welches nur verschwinden kann, wenn

$$\begin{array}{l} m_1 \text{ entweder} \\ = n \text{ oder} \\ = -(n+1) \text{ ist} \end{array} \quad (38\text{ b})$$

Ferner gilt für die folgenden Glieder als Verschwindungsbedingung:

$$\left.\begin{aligned} A_{k+1} &= -A_k \frac{(m_1 - 2k + 2)(m_1 - 2k + 1)}{n(n+1) - (m_1 - 2k)(m_1 - 2k + 1)} \\ &= -A_k \frac{(m_1 - 2k + 2)(m_1 - 2k + 1)}{(n - m_1 + 2k)(n + m_1 - 2k + 1)}\,. \end{aligned}\right\} \quad (39)$$

Dies ist eine Rekursionsformel zur Berechnung des Koeffizienten A_k, sobald wir uns für einen der Werte von $m_1 = \begin{cases} n \\ -(n+1) \end{cases}$ entschieden haben.

Wählen wir zunächst $m_1 = n$, so entsteht folgende Wertreihe:

$$\left.\begin{aligned} A_2 &= -A_1 \frac{n(n-1)}{2(2n-1} \\ A_3 &= -A_2 \frac{(n-2)(n-3)}{2 \cdot 2 \cdot (2n-3)} = A_1 \frac{(n-3)(n-2)(n-1)n}{2 \cdot 4 \cdot (2n-3)(2n-1)} \\ &\cdots\cdots\cdots\cdots\cdots\cdots\cdots\cdots \\ A_{k+1} &= -A_k \frac{(n-2k+2)(n-2k+1)}{2k(2n-2k+1)} \\ A_k &= (-1)^k A_1 \frac{(n-2k+1)(n-2k+2)\ldots\ldots(n-1)n}{2^k k!(2n-2k+1)\ldots\ldots(2n-1)} \end{aligned}\right\} \quad (40)$$

womit das gesuchte partikuläre Integral gefunden ist:

$$y_1 = A_1\left(\mu^n + \sum_{k=1}^{\infty} (-1)^k \frac{(n-2k+1)(n-2k+2)(n-2k+3)\ldots\ldots(n-1)n}{2k\ldots\ldots k!(2n-2k+1)\ldots\ldots 2n-1} \mu^{n-2k}\right). \quad (41)$$

Diese Reihe hört, wenn n eine positive ganze gerade Zahl ist, bei $k = \frac{n}{2}$ oder, wenn n ungerade ist bei $k = \frac{n-1}{2}$ von selbst auf. Die Formel (41) liefert ein erstes partikuläres Integral der Differentialgleichung (30), und wir erkennen, daß, abgesehen von dessen Faktor A, der unbestimmt bleibt, nach Multiplikation mit $\frac{(2n)!}{2^n n! n!} y_1$ übergeht in unsere Legendresche Kugelfunktion $P_n(\mu)$, die wir „erster Art“ nennen wollen.

Wählen wir nun für die Gleichung (38 a) die Lösung

$$m_1 = -(n+1)$$

so erhalten wir statt (39) für die Koeffizienten A die Rekursionsformel

$$A_{k+1} = A_k \frac{(n+2k-1)(n+2k)}{2k(2n+2k+1)} \tag{42}$$

und mit

$$m_k = -(n+1) - 2k + 2$$

die unendliche Reihenentwickelung:

$$y_2 = A_1\left(\mu^{-(n+1)} + \sum_{k=1}^{\infty} \frac{(n+1)(n+2)\ldots(n+2k-1)(n+2k)}{2^k k!(2n+3)(2n+5)\ldots(2n+2k+1)} \mu^{-(n+1)-2k}\right). \tag{42a}$$

Dies ist das zweite von uns gesuchte partikuläre Integral. Wir multiplizieren noch mit

$$\frac{2^n n! n!}{(2n+1)!}$$

und nennen:

$$Q_n(\mu) = \frac{2^n n! n!}{(2n+1)!} y_2 = \frac{n!}{1\cdot 3\cdot 5\ldots(2n+1)} \cdot y_2. \tag{43}$$

die Legendresche Kugelfunktion zweiter Art.

Für die niedrigsten Grade n erhält man aus (43) und (42 a) die Entwicklungen:

$$Q_0(\mu) = \frac{1}{\mu} + \frac{1}{3}\frac{1}{\mu^3} + \frac{1}{5}\frac{1}{\mu^5} + \frac{1}{\mu^7} + \ldots$$

$$= \frac{1}{2}\lg\frac{\mu+1}{\mu-1} \qquad (-1 \geqq \mu \geqq +1)$$

$$Q_1(\mu) = \frac{1}{3\mu^2} + \frac{1}{5\mu^4} + \frac{1}{7\mu^6} + \ldots$$

$$= \frac{\mu}{2}\lg\frac{\mu+1}{\mu-1} - 1 \qquad (-1 \geqq \mu \geqq +1)$$

Allgemein gilt:

$$Q_n(\mu) = \frac{1}{2}P_n(\mu)\log\frac{\mu+1}{\mu-1} - \left\{\frac{2n-1}{1\cdot n}P_{n-1}\mu + \frac{2n-5}{3(n-1)}P_{n-3}\mu + \frac{2n-9}{5(n-2)}P_{n-5}\mu + \ldots\right\} (-1 \geqq \mu \geqq +1).$$

Mittels dieser Formel können die Funktionen Q_n aus den P_n und der logarithmischen Funktion berechnet werden. Für $\mu = \pm 1$ werden sämtliche Q logarithmisch unendlich. Graphisch werden Q_0 und Q_1 etwa nach Fig. 201 dargestellt.

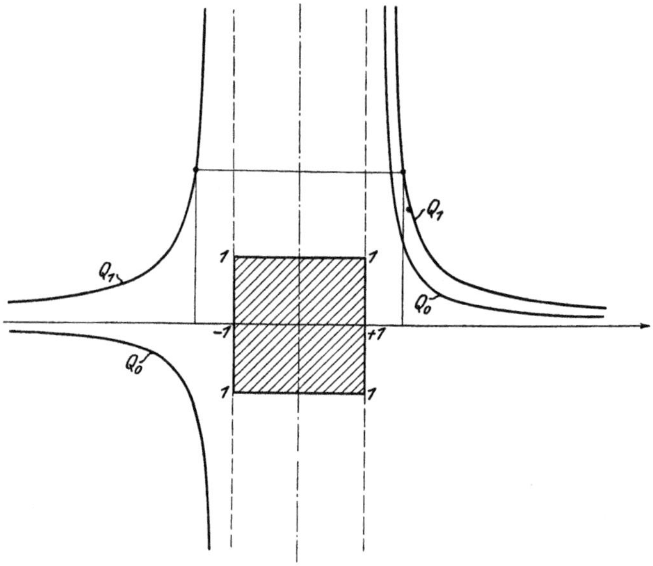

Fig. 201. Niedrigste Legendresche Kugelfunktionen zweiter Art.

Die beiden Funktionen $P_n(\mu)$ und $Q_n(\mu)$ zeigen nun folgendes verschiedenartige Verhalten:

$$P_n(\mu) = (-1)^n \; P_n(\mu); \quad Q_n(-\mu) = (-1)^{n+1} \; Q_n(\mu) \quad (44)$$

$P_n(\mu)$ ist endlich für alle μ und wird unendlich für $\mu = \infty$ (45)

$Q_n(\mu)$ ist endlich für alle $\mu > 1$ und $\mu < -1$ und verschwindet für $\mu = \infty$. Für $\mu = \pm 1$ wird $Q_n(\mu)$ ebenfalls ∞.

Setzt man $\mu = \cos\vartheta$, so wird die Variable μ auf das Intervall $-1 \leqq \mu \leqq +1$ eingeschränkt und man kann sagen:

$$\left.\begin{array}{l} P_n(\mu) = P_n(\cos\vartheta) \text{ ist als Funktion von } \vartheta \text{ endlich} \\ Q_n(\mu) = Q_n(\cos\vartheta) \text{ ist als Funktion von } \vartheta \text{ unendlich} \end{array}\right\} \quad (46)$$

Wir beschäftigen uns fortan nur noch mit der Funktion $P_n(\mu)$.

Tabelle 14.

μ	$P_1(\mu)$	$P_2(\mu)$	$P_3(\mu)$	$P_4(\mu)$	$P_5(\mu)$	$P_6(\mu)$	$P_7(\mu)$
0	0	— 0,50	0,00	+ 0,38	+ 0,00	— 0,31	0,00
0,05	0,05	— 0,49	— 0,07	+ 0,37	+ 0,09	— 0,30	— 0,11
0,10	0,10	— 0,48	— 0,15	+ 0,34	+ 0,18	— 0,25	— 0,20
0,15	0,15	— 0,47	— 0,22	+ 0,29	+ 0,25	— 0,17	— 0,26
0,20	0,20	— 0,44	— 0,28	+ 0,23	+ 0,31	— 0,08	— 0,29
0,25	0,25	— 0,41	— 0,34	+ 0,16	+ 0,34	+ 0,02	— 0,28
0,30	0,30	— 0,36	— 0,38	+ 0,07	+ 0,34	+ 0,13	— 0,22
0,35	0,35	— 0,32	— 0,42	— 0,02	+ 0,32	+ 0,22	— 0,13
0,40	0,40	— 0,26	— 0,44	— 0,11	+ 0,27	+ 0,29	— 0,01
0,45	0,45	— 0,20	— 0,45	— 0,21	+ 0,19	+ 0,33	+ 0,11
0,50	0,50	— 0,12	— 0,44	— 0,29	+ 0,09	+ 0,32	+ 0,22
0,55	0,55	— 0,05	— 0,41	— 0,36	— 0,03	+ 0,27	+ 0,30
0,60	0,60	+ 0,05	— 0,36	— 0,41	— 0,15	+ 0,17	+ 0,32
0,65	0,65	+ 0,13	— 0,29	— 0,43	— 0,27	+ 0,03	+ 0,27
0,70	0,70	+ 0,23	— 0,19	— 0,41	— 0,36	— 0,12	+ 0,15
0,75	0,75	+ 0,34	— 0,07	— 0,35	— 0,42	— 0,28	— 0,03
0,80	0,80	+ 0,46	+ 0,08	— 0,23	— 0,40	— 0,39	— 0,24
0,85	0,85	+ 0,58	+ 0,26	— 0,05	— 0,29	— 0,40	— 0,39
0,90	0,90	+ 0,71	+ 0,47	+ 0,20	— 0,08	— 0,74	— 0,38
0,95	0,95	+ 0,85	+ 0,72	+ 0,55	+ 0,37	+ 0,19	+ 0,01
1,00	1,00	+ 1,00	+ 1,00	+ 1,00	+ 1,00	+ 1,00	+ 1,00

Tabelle. 15.

ϑ	$P_1(\cos\vartheta)$	$P_2(\cos\vartheta)$	$P_3(\cos\vartheta)$	$P_4(\cos\vartheta)$	$P_5(\cos\vartheta)$	$P_6(\cos\vartheta)$	$P_7(\cos\vartheta)$
0°	1,000	1,000	1,000	1,000	1,000	1,000	1,000
5	0,996	0,989	0,977	0,962	0,944	0,922	0,896
10	0,985	0,955	0,911	0,853	0,784	0,705	0,616
15	0,966	0,900	0,804	0,685	0,547	0,398	0,245
20	0,940	0,825	0,615	0,476	0,272	0,072	— 0,107
25	0,906	0,732	0,502	0,247	0,001	— 0,205	— 0,346
30	0,866	0,625	0,325	0,023	— 0,223	— 0,374	— 0,410
35	0,819	0,507	0,145	— 0,171	— 0,369	— 0,412	— 0,310
40	0,766	0,380	— 0,025	— 0,319	— 0,420	— 0,313	— 0,100
45	0,707	0,250	— 0,177	— 0,406	— 0,376	— 0,149	+ 0,127
50	0,643	0,120	— 0,300	— 0,428	— 0,255	+ 0,056	+ 0,285
55	0,574	— 0,007	— 0,389	— 0,385	— 0,087	+ 0,230	+ 0,319
60	0,500	— 0,125	— 0,438	— 0,289	+ 0,090	+ 0,323	+ 0,223
65	0,423	— 0,232	— 0,445	— 0,155	+ 0,238	+ 0,314	+ 0,042
70	0,342	— 0,325	— 0,413	— 0,004	+ 0,328	+ 0,209	— 0,49
75	0,259	— 0,400	— 0,345	+ 0,143	+ 0,343	+ 0,043	— 0,273
80	0,174	— 0,453	— 0,247	+ 0,266	+ 0,281	— 0,132	— 0,284
85	0,087	— 0,489	— 0,129	+ 0,347	+ 0,158	— 0,264	— 0,178
90	0,000	— 0,500	— 0,000	+ 0,375	+ 0,000	— 0,313	+ 0,000

VIII. Zunächst ergibt sich, da für $\cos\vartheta = 1$

$$T = +\frac{1}{\sqrt{1-2r\cos\vartheta+r^2}}$$

$$T = \frac{1}{\sqrt{1-2r+r^2}} = \frac{1}{1-r} = 1+r+r^2+r^3+\ldots.$$

wird, daß $P_n(\cos\vartheta)$ für $\cos\vartheta = 1$ den Wert annimmt

$$P_n(1) = 1.$$

Ferner ergibt sich aus

$$P_n(-1) = (-1)^n P_n(1) = (-1)^n$$

daß $P_n(-1) = +1$ ist wenn n gerade

$= -1$ „ „ n ungerade.

Weiter ist $P_n(0) = 0$, wenn n ungerade, aber

$$P_n(0) = (-1)^{\frac{n}{2}} \frac{1\cdot 3\cdot 5\ldots\ldots(n-1)}{2\cdot 4\cdot 6\ldots\ldots n}, \text{ wenn } n \text{ gerade ist.}$$

Für die Werte $P_n(\mu)$ für beliebiges μ resp. von $P_n(\cos\vartheta)$ für beliebige ϑ gibt es Tafeln[71]), deren Eingang entweder nach Bruchteilen von 1 (μ) oder nach Winkelgraden fortschreitet. Eine auf zwei Dezimalen abgekürzte Tafel von $P_n(\mu)$ ($n = 1$ bis 7) ist vorstehend als Tabelle 14 abgedruckt, während Tabelle 15 die Funktion $P_n(\cos\vartheta)$ von 5^0 zu 5^0 auf drei Dezimalen gibt.

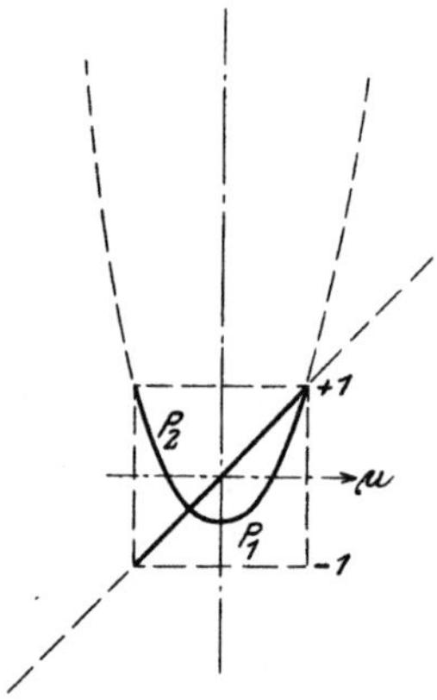

Fig. 202. Legendresche Kugelfunktionen erster Art der Ordnung 1 und 2.

Mit Hilfe dieser Tafeln sind die graphischen Darstellungen einiger Legendrescher K. F. Fig. 202—205 gewonnen.

Die Funktionen der niedersten Ordnung erweisen sich als identisch mit bekannten elementaren Funktionen:

$$P_0(\mu) = 1$$

$$P_1(\mu) = \text{gerade Linie,}$$

$$P_2(\mu) = \text{Parabel}$$

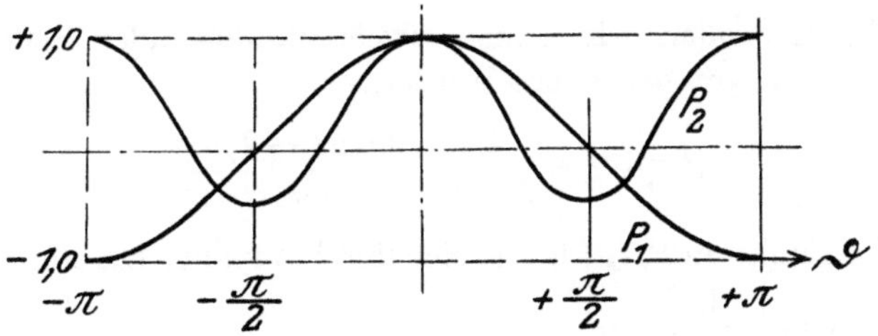

Fig. 203. Die Funktionen P_1 (cos ϑ) und P_2 (cos ϑ).

P_1 (cos ϑ) = Cosinusfunktion der Periode 2π.
P_2 (cos ϑ) = Cosinusfunktion der Periode π.

Die Funktionen $P_n(\mu)$ höherer Ordnung sind, wie schon oben bemerkt, ganz und rational von n-tem Grade und ihre n Nullpunkte liegen sämtlich im Intervall $-1 < \mu < +1$.

Betrachtet man zwei aufeinanderfolgende Funktionen $P_{n-1}(\mu)$ und $P_n(\mu)$, z.B. P_4 und P_5, so schließen zwei benachbarte Nullpunkte der einen einen Nullpunkt der andern ein.

Diesen Satz wollen wir nicht beweisen.

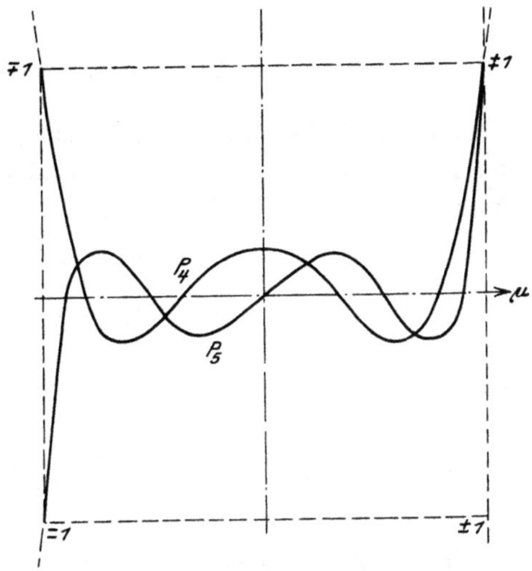

Fig. 204. Legendresche Kugelfunktionen erster Art der Ordnung 4 und 5.

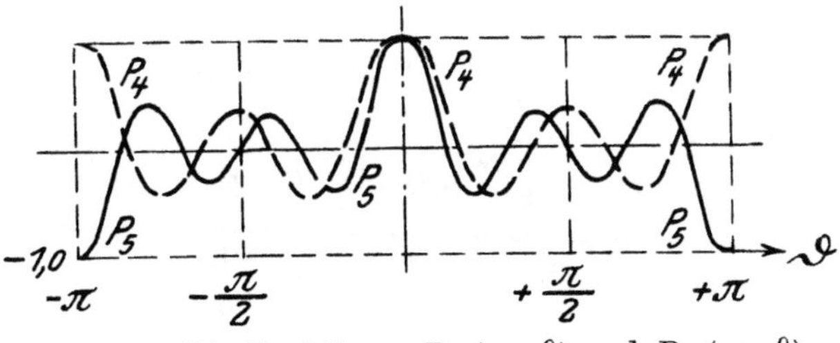

Fig. 205. Die Funktionen P_4 (cos ϑ) und P_5 (cos ϑ).

Ebenso wollen wir ohne Beweis die folgenden Sätze anschreiben, die oft gebraucht werden:

$$P_n(\mu) = \frac{1}{2^n\, n!}\,\frac{d^n(\mu^2 - 1)^n}{d\mu^n}$$

d. h. die Funktion $P_n(\mu)$ findet sich durch n-malige Differentiation der Funktion $\dfrac{(\mu^2 - 1)^n}{2^n\, n!}$.

Ferner gelten für 3 Kugelfunktionen aufeinander folgender Ordnungen die Recursionsformeln:

$$(n+1)\,P_{n+1}(\mu) - (2n+1)\,\mu\,P_n(\mu) + n\,P_{n-1}(\mu) = 0$$

und:

$$\frac{d\,P_{(n+1)}(\mu)}{d\mu} - (2n+1)\,P_n(\mu) - \frac{d\,P_{n-1}(\mu)}{d\mu} = 0\,.$$

IX. Nach diesen Legendre schen Kugelfunktionen läßt sich eine im Intervall $-1 \leqq \mu \leqq +1$ gegebene willkürliche eindeutige Funktion $f(\mu)$ in eine Reihe entwickeln wie folgt:

$$f(\mu) = C_0 P_0(\mu) + C_1 P_1(\mu) + \ldots.$$

$$= \sum_{k=0}^{\infty} C_k P_k(\mu)$$

wo die Koeffizienten C_k sich bestimmen aus

$$C_k = \frac{2k+1}{2}\int_{-1}^{+1} f(\mu)\,P_k(\mu)\,d\mu.$$

Hiernach lassen sich z. B. die niedrigsten Potenzen von μ durch Reihen der Legendre schen Funktionen wie folgt darstellen:

$$\mu = P_1(\mu)$$

$$\mu_2 = \frac{2}{3}P_1(\mu) + \frac{1}{3}P_0(\mu)$$

$$\mu_3 = \frac{2}{5}P_3(\mu) + \frac{3}{5}P_1(\mu)$$

$$\mu_4 = \frac{8}{35}P_4(\mu) + \frac{4}{7}P_2(\mu) + \frac{1}{5}P_0(\mu)$$

usw. usw.

§ 73. Die allgemeinen Kugelfunktionen.

I. Handelt es sich jetzt um das Potential T_1 eines beliebigen Punktes P_1 Fig. 206 der Polarkoordinaten $1, \vartheta_1, \varphi_1$, auf der Einheitskugel, auf einen Punkt $P(r, \vartheta, \varphi)$, so wird, wenn beide Punkte mit der Masse 1 belegt sind,

$$T_1 = \frac{1}{\sqrt{1 - 2r\cos\omega + r^2}} \qquad (1)$$

wenn ω der Winkel $P_1 O P$ ist. Dies Potential entwickelt man falls $r > 1$, analog (22) § 72 in eine Reihe:

$$T_1 = \sum_{n=0}^{\infty} r^n P_n(\cos\omega). \qquad (2)$$

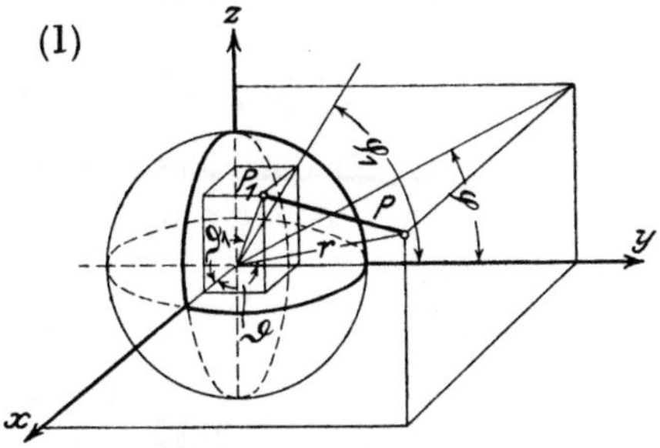

Fig. 206. Zur Einführung der allgemeinen Kugelfunktionen.

Nach Formel (9) § 72 war aber

$$\cos\omega = \cos\vartheta\cos\vartheta_1 + \sin\vartheta\sin\vartheta_1\cos\varphi\cos\varphi_1 - \sin\vartheta\sin\vartheta_1\sin\varphi\sin\varphi_1, \qquad (3)$$

womit die Funktion P_n $(\cos\omega)$ eine Funktion von

$$\xi = \cos\vartheta, \quad \eta = \sin\vartheta\cos\varphi, \quad \zeta = \sin\vartheta\sin\varphi \qquad (4)$$

wird, die in ξ, η, ζ ganz und rational vom n-ten Grade ist, wobei man ϑ_1, φ_1 als konstant betrachtet.

Die Funktionen $P_n(\xi, \eta, \zeta)$ niedrigster Ordnung lauten:

$$P_1 = a_1\xi + a_2\eta + a_3\zeta$$

$$P_2 = a_{11}\xi^2 + 2a_{12}\xi\eta + 2a_{13}\xi\zeta + a_{22}\eta^2 + 2a_{23}\eta\zeta + a_{33}\zeta^2 + a_{44}.$$

Hier sind die Koeffizienten a von $\cos\vartheta_1$, $\sin\vartheta_1\cos\varphi_1$, $\sin\vartheta_1 \sin\varphi_1$ abhängig.

Will man die Abhängigkeit dieser Funktionen von ϑ und φ ausdrücken, so bezeichnet man sie mit $X_n(\vartheta, \varphi)$ und man hat für die Entwickelung des Potentials:

$$T_1 = \sum_{n=0}^{\infty} r^n X_n(\vartheta, \varphi). \qquad (5)$$

Läßt man in den Gleichungen (4) ϑ in $\pi - \vartheta$, φ in $\varphi + \pi$ übergehen, so gehen ξ, η, ζ über in $-\xi$, $-\eta$, $-\zeta$ und gleichzeitig geht $X_n(\vartheta, \varphi)$ über in:

$$X_n(\pi - \vartheta, \varphi + \pi) = (-1)^n X_n(\vartheta, \varphi)$$

die geraden Funktionen X behalten also ihr Vorzeichen, die ungeraden wechseln das Vorzeichen.

Als Potential muß ferner $T_1(r, \vartheta, \varphi)$ der Laplaceschen Differentialgleichung genügen:

$$r\frac{\partial^2(r T_1)}{\partial r^2} + \frac{1}{\sin\vartheta}\frac{\partial}{\partial\vartheta}\left(\sin\vartheta\frac{\partial T_1}{\partial\vartheta}\right) + \frac{1}{\sin^2\vartheta}\frac{\partial^2 T_1}{\partial\varphi^2} = 0. \quad (6)$$

Führt man an dem Ausdrucke (5) für T_1 die angegebenen Operationen aus, so entspringt:

$$\sum r^n \left\{ n(n+1) X_n + \frac{1}{\sin\vartheta}\frac{\partial}{\partial\vartheta}\left(\sin\vartheta\frac{\partial X_n}{\partial\vartheta}\right) \right.$$
$$\left. + \frac{1}{\sin^2\vartheta}\frac{\partial^2 X_n}{\partial\varphi^2} \right\} = 0. \quad (7)$$

Diese Summe kann aber nur verschwinden, wenn jeder Koeffizient von r^n verschwindet, d. h. die Funktion $X_n(\vartheta, \varphi)$ muß der partiellen Differentialgleichung

$$n(n+1) X_n + \frac{1}{\sin\vartheta}\frac{\partial}{\partial\vartheta}\left(\sin\vartheta\frac{\partial X_n}{\partial\vartheta}\right) + \frac{1}{\sin^2\vartheta}\frac{\partial^2 X_n}{\partial\varphi^2} = 0 \quad (8)$$

genügen.

Jede diese Differentialgleichung befriedigende Funktion, die in

$$\xi = \cos\vartheta, \quad \eta = \sin\vartheta\cos\varphi, \quad \zeta = \sin\vartheta\sin\varphi$$

ganz und rational ist, heißt eine Kugelfunktion.

Wir schreiben die Kugelfunktionen X_n niedrigster Ordnungen an:

$$X_0 = P_0(\cos\omega) = 1$$

$$X_1 = P_1(\cos\omega) = \cos\omega = \cos\vartheta_1\cos\vartheta + \sin_1\cos\varphi_1\sin\vartheta\cos\varphi$$
$$- \sin\vartheta_1\sin\varphi_1\sin\vartheta\sin\varphi$$
$$= \cos\vartheta_1\,\xi + \sin\vartheta_1\cos\varphi_1\,\eta - \sin\delta_1\sin\varphi_1\,\zeta$$
$$= a\,\xi + b\,\eta + c\,\zeta$$

$$X_2 = P_2(\cos\omega) = \frac{1}{2}(3\cos^2\omega - 1)$$

$$= \frac{1}{2}[3(a^2\xi^2 + 2ab\,\xi\eta + b^2\eta^2 + 2ac\xi\zeta + 2bc\eta\zeta + c^2\zeta^2) - 1]$$

$$X_3 = P_3(\cos\omega) = \frac{1}{2}(5\cos^3\omega - 3\cos\omega) = \frac{1}{2}[5(a^3\xi^3$$
$$+ 3a^2b\xi^2\eta + 3ab^2\xi\eta^2 + b^3\eta^3 + 3a^2c\xi^2\zeta + 6abc\xi\eta\zeta + 3b^2c\eta^2\zeta$$
$$+ 3ac^2\xi\zeta^2 + 3bc^2\eta\zeta^2 + c^3\zeta^3) - 3a\xi - 3b\eta - 3c\zeta]$$

usw. usw.

II. Die Funktionen X_n sind in $\xi\ \eta\ \zeta$ nicht homogen; die Grade der einzelnen Glieder stufen sich nach ganzen Vielfachen von 2 ab. Man kann Homogenität herbeiführen, indem man jedes Glied vom Grade $n - 2k$ mit dem Faktor $(\xi^2 + \eta^2 + \zeta^2)^k$ multipliziert. Da $\xi^2 + \eta^2 + \zeta^2 = 1$ ist, wird der Wert der Funktion $X_n(\xi, n, \zeta)$ durch diese Multiplikation nicht geändert.

Fragen wir nun nach der Differentialgleichung, der die Funktion $X_n(\xi\,\eta\,\zeta)$, die in dieser Weise homogen gemacht ist, genügt, so stellen wir zunächst fest, daß

$$x = r\xi, \quad y = r\eta, \quad z = r\zeta$$

die rechtwinkligen Koordinaten des Punktes r, ϑ, φ sind. Demnach ist

$$V_n = r^n X_n$$

eine ganze rationale homogene Funktion der Raumkoordinaten x, y, z des Punktes P.

Wir schließen nun so: Da die Funktion $V_n(x\,y\,z)$ durch die Substitution:

$$x = r\xi, \quad y = r\eta, \quad z = r\zeta$$

übergeht in $r^n X_n(\xi, \eta, \zeta)$ und dieses durch

$$\xi = \cos\vartheta, \ \eta = \sin\vartheta\cos\varphi, \ \zeta = \sin\vartheta\sin\varphi \ \text{ in } r^n X_n(\vartheta, \varphi),$$

so ist

$$V_n(r, \vartheta, \varphi) = r^n X_n(\vartheta, \varphi),;$$

und da andererseits der Ausdruck:

$$r^n\left(n(n+1)X_n(\vartheta,\varphi) + \frac{1^2}{\sin\vartheta}\frac{\partial}{\partial\vartheta}\left(\sin\vartheta\frac{\partial X_n}{\partial\vartheta}\right) + \frac{1}{\sin^2\vartheta}\frac{\partial^2 X_n}{\partial\varphi^2}\right) \quad (9)$$

identisch ist der Operation:

$$r\frac{\partial^2(rV_n)}{\partial r^2} + \frac{1}{\sin\vartheta}\frac{\partial}{\partial\vartheta}\left(\sin\vartheta\frac{\partial V_n}{\partial\vartheta}\right) + \frac{1}{\sin^2\vartheta}\frac{\partial^2 V_n}{\partial\varphi^2} \quad (10)$$

und da dies das Resultat der Operation

$$\frac{\partial^2 V_n}{\partial x^2} + \frac{\partial^2 V_n}{\partial y^2} + \frac{\partial^2 V_n}{\partial z^2} \quad (11)$$

ist, wenn man hier

$$x = r\cos\vartheta, \quad y = r\sin\vartheta\cos\varphi, \quad z = r\sin\sin\varphi$$

substitutiert, so muß (11) verschwinden, wenn (9) verschwindet. Das letztere aber haben wir unter (8) bewiesen. Mithin genügt $V_n(x, y, z)$ der Differentialgleichung

$$\frac{\partial^2 V_n}{\partial x^2} + \frac{\partial^2 V_n}{\partial y^2} + \frac{\partial^2 V_n}{\partial z^2} = 0 \tag{12}$$

und $X_n(\xi, \eta, \zeta)$ genügt der Differentialgleichung

$$\frac{\partial^2 X_n}{\partial \xi^2} + \frac{\partial^2 X_n}{\partial \eta^2} + \frac{\partial^2 X_n}{\partial \zeta^2} = 0 \tag{13}$$

Die Bezeichnung Kugelfunktion rührt nun daher, daß wegen $\xi^2 + \eta^2 + \zeta^2 = 1$ die Werte $\xi\,\eta\,\zeta$ als Koordinaten der Punkte eine Kugelfläche von Radius 1 aufgefaßt werden können. Noch deutlicher wird der innere Grund der Benennung Kugelfunktion, wenn man bemerkt, daß die Winkel ϑ, φ zur Bestimmung eines Punktes auf dieser Kugelfläche hinreichen. Demnach wird $X_n(\vartheta, \varphi)$ eine Funktion der Punkte der Kugelfläche, analog, wie etwa $f(x, y)$ eine Funktion der Punkte der Koordinatenebene ist.

III. Für die Funktionen $X_n(\vartheta, \varphi)$ existieren eine Reihe von Sätzen, die bei den Anwendungen gebraucht werden.

Zunächst ist $X_n(\vartheta, \varphi)$ ein partikuläres Integral der Differentialgleichung (8). Dieser Differentialgleichung genügen aber noch andere partikuläre Integrale $X_n^{(k)}$, die ebenfalls Kugelfunktionen sind. Man überzeugt sich nun leicht, daß jede Summe von Kugelfunktionen $X_n^{(k)}$ wieder eine Kugelfunktion ist:

$$X_n(\vartheta, \varphi) = \sum_{K=1} C_k X_n^{(k)}(\vartheta, \varphi) \tag{14}$$

Ferner findet man, daß die allgemeinste Kugelfunktion $X_n(\vartheta, \varphi)$ sich aus $2n + 1$ partikulären von einander unabhängigen Kugelfunktionen $X_n^{(k)}(\vartheta, \varphi)$ zusammensetzt. Jede Funktion

$$X_n^{(k)}(\vartheta, \varphi) = \sin k\varphi \cdot P_n^{(k)}(\cos\vartheta) \tag{15}$$

oder

$$X_n^k(\vartheta, \varphi) = \cos k\varphi \cdot P_n^{(k)}(\cos\vartheta) \tag{16}$$

ist solch ein partikuläres Integral.

Durch Einsetzen von (15) oder (16) in (8) findet man, daß die neue Funktion $P_n^{(k)}(\cos\vartheta)$ der Differentialgleichung genügen muß:

$$(1-\mu^2)\frac{d^2 P_n^{(k)}(\mu)}{d\mu^2} - 2n\frac{dP_n^{(k)}(\mu)}{d\mu} + \left(n(n+1) - \frac{k^2}{1-\mu^2}\right)P_n^{(k)}(\mu) = 0 \tag{17}$$

Setzt man in dieser Differentialgleichung

$$P_n^{(k)}\mu = \frac{(n-k)!}{1\cdot 3\ldots\ldots(2n-1)}\left(\sqrt{\mu^2-1}\right)^k \frac{d^k P_n(\mu)}{d\mu^k} \tag{18}$$

wo

$$\frac{d^k P_n(\mu)}{d\mu^k} = D_n^{(k)}(\mu)$$

der $k$te Differentialquotient der Legendre schen Kugelfunktion n-ter Ordnung ist, so haben wir für $D_n^{(k)}(\mu)$ die Differentialgleichung

$$(1-\mu^2)\frac{d^2 D_n^{(k)}(\mu)}{d\mu^2} - 2\mu(k+1)\frac{dD_n^{(k)}(\mu)}{d\mu} + [n(n+1) - k(k+1)]D_n^{(k)}\mu = 0 \tag{19}$$

Für $k = 0$ geht diese Differentialgleichung in die bekannte Differentialgleichung der Legendre schen Kugelfunktionen über:

$$(1-\mu^2)\frac{d^2 P_n(\mu)}{d\mu^2} - 2\mu\frac{dP_n(\mu)}{d\mu} + n(n+1)P_n(\mu) = 0 \tag{20}$$

Hiermit sind die allgemeinen Kugelfunktionen $X_n(\vartheta,\varphi)$ auf eine Summe von Produkten der Kreisfunktionen in abgeleitete der Legendreschen Kugelfunktionen zurückgeführt:

$$X_n(\vartheta,\varphi) = \sum_{K=0}^{n}(A_k\cos k\varphi + B_k\sin k\varphi)P_n^{(k)}\cos\vartheta \tag{21}$$

Die Koeffizienten A_k und B_k bleiben unbestimmt und sind im gegebenen Fall aus den Bedingungen des speziellen Problems zu berechnen.

IV. Liegen jetzt zwei Kugelfunktionen verschiedener Ordnungen vor,

$$X_n(\vartheta,\varphi) \text{ und } X_m(\vartheta,\varphi),$$

so fragen wir nach dem Wert des über die ganze Kugelfläche

integrierten Produktes der beiden Funktionen

$$\Pi = \int_0^{\pi}\int_0^{2\pi} X_n(\vartheta, \varphi)\, X_m(\vartheta, \varphi) \sin\vartheta\, d\vartheta\, d\varphi \tag{22}$$

Ohne Beweis schreiben wir an:

$$\Pi \equiv 0, \text{ wenn } m \gtrless n$$

d. h. das über die ganze Kugelfläche integrierte Produkt zweier Kugelfunktionen verschiedener Ordnungen ist identisch = Null.

Im Fälle $m = n$ setzen wir für die eine Kugelfunktion speziell:

$$X_m(\vartheta, \varphi) = P_n(\cos\omega) \tag{14}$$

im Sinne des Ansatzes (1) dieses §, für den galt

$$\begin{aligned}\cos\omega = \cos\vartheta \cos\vartheta + \sin\vartheta \sin\vartheta_1 \cos\varphi \cos\varphi_1 \\ - \sin\vartheta \sin\vartheta_1 \cos\varphi \cos\varphi_1\end{aligned}$$

Integrieren wir jetzt:

$$\pi = \int_0^{\pi}\int_0^{2\pi} X_{\mathrm{n}}(\vartheta, \varphi)\, P_{\mathrm{n}}(\vartheta, \varphi) \sin\vartheta\, d\vartheta\, d\varphi \tag{25}$$

so resultiert:

$$\Pi = \frac{4\pi}{2n+1} X_n(\vartheta_1, \varphi_1), \tag{26}$$

d. h. durch die Integration reproduziert sich der Wert der Funktion $X_n(\vartheta, \varphi)$ für denjenigen Kugelflächenpunkt ϑ_1, φ_1, auf den sich $P_n(\cos\omega)$ bezog.

V. Nach Kugelfunktionen $X_n(\vartheta, \varphi)$ läßt sich eine auf der Kugelfläche willkürlich gewählte Funktion $f(\vartheta, \varphi)$ entwickeln:

$$f(\vartheta, \varphi) = \sum_{k=1}^{\infty} X_k(\vartheta, \varphi) \tag{27}$$

Multiplizieren wir die Reihe mit $P_n(\cos\omega)$, mit $\vartheta_1 \varphi_1$ als festem Bezugspunkt, so ergibt sich nach beiderseitiger Integration über die ganze Kugelfläche

$$\begin{aligned}\int_0^{\pi}\int_0^{2\pi} f(\vartheta, \varphi)\, P_n(\cos\omega) \sin\vartheta\, d\vartheta\, d\varphi &= \int_0^{\pi}\int_0^{2\pi} X_n(\vartheta, \varphi)\, P_n(\cos\omega) \sin\vartheta\, d\vartheta\, d\varphi \\ &= \frac{4\pi}{2n+1} X_n(\vartheta_1, \varphi_1)\end{aligned} \tag{28}$$

woraus folgt:

$$X_n(\vartheta_1, \varphi_1) = \frac{2n+1}{4\pi} \int_0^{\pi} \int_0^{2\pi} f(\vartheta, \varphi) \, P_n(\cos\omega) \sin\vartheta \, d\vartheta \, d\varphi =$$

womit die Bestimmung der Funktionen $X_n(\vartheta, \varphi)$ der Entwicklung (27), geleistet ist, da wir die Zeiger 1 jetzt fortlassen können.

§ 74. Anwendung der Kugelfunktionen auf Elektrostatik.

Das allgemeine Problem der Elektrostatik besteht in folgender Aufgabe: Gegeben sind Isolatoren J und Leiter (Konduktoren) C (Fig. 207). Auf den Isolatoren liege eine bestimmte unveränderliche Elektrizitätsverteilung $\varrho = f(r, \vartheta, \varphi)$ vor; den Leitern seien bestimmte Elektrizitätsmengen M mitgeteilt. Es soll bestimmt werden, in welcher Weise sich die Elektrizität auf den einzelnen Leitern infolge der Influenzwirkung verteilt.

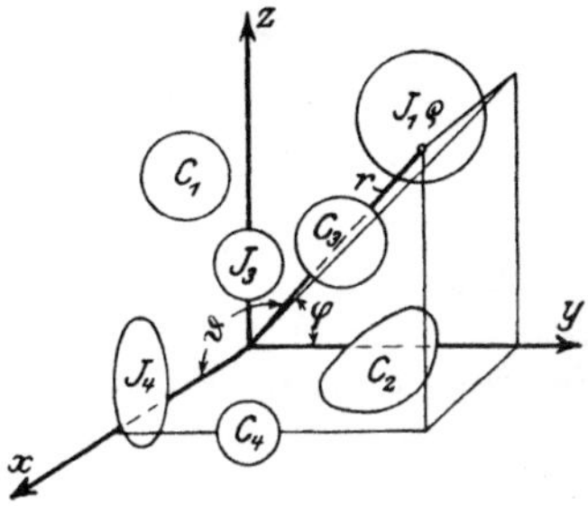

Fig. 207. Zum Potential von Isolatoren und Leitern.

Zunächst gelten folgende allgemeine Bemerkungen:

I. Das Potential V auf einen beliebigen Raumpunkt, der weder auf einem J noch auf einem C liegt, setzt sich aus zwei Teilen zusammen, nämlich aus dem Potential V_J, welches herrührt von den auf den Isolatoren lagernden Elektrisierungen, und V_C, dem Potential der auf den Konduktoren influenzierten Elektrisierungen:

$$V = V_J + V_C. \tag{1}$$

II. Im Innern der Konduktoren gilt:

$$\frac{\partial V}{\partial x} = 0, \quad \frac{\partial V}{\partial y} = 0, \quad \frac{\partial V}{\partial z} = 0,$$

d. h. Potential ist hier überall konstant.

III. Im Innern eines Isolators gilt

$$\frac{\partial^2 V}{\partial x^2} + \frac{\partial^2 V}{\partial y^2} + \frac{\partial^2 V}{\partial z^2} = -4\pi\varrho$$

IV. Influenzierte Elektrizität findet sich nur an der Oberfläche der Konduktoren vor.

V. An der Oberfläche der Konduktoren ist der erste Differentialquotient des Potentials nach der Normalen unstetig; es gilt

$$\frac{\partial V_+}{\partial n} - \frac{\partial V_-}{\partial n} = -4\pi\sigma,$$

wo σ die influenzierte Elektrisierungsdichte an der betrachteten Konduktorstelle bedeutet.

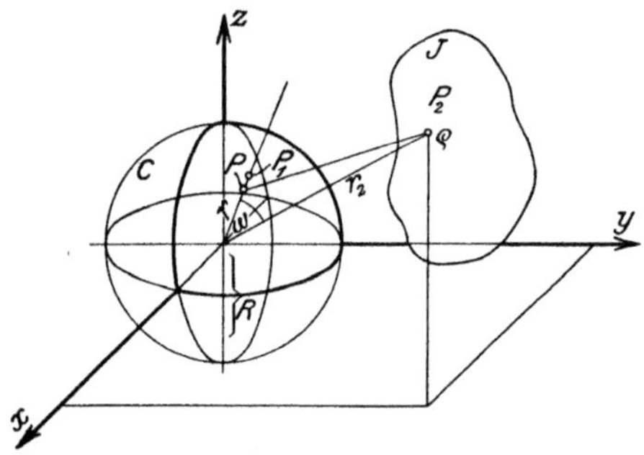

Fig. 208. Influenzwirkuug eines geladenen Leiters auf eine Kugel.

Einfaches Beispiel.

Gegeben ein Isolator J der Belegung $\varrho = f(r_2, \vartheta_2, \varphi_2)$ und ein kugelförmiger Konduktor C vom Radius R (Fig. 208). Das Potential auf einen inneren Punkt P von C $(r < R)$ wird nach dem oben gesagten

$$V = V_J + V_C.$$

Zunächst wird V_J ermittelt.

$$V_J = \int_J \frac{\varrho\, d\tau}{\sqrt{r^2 - 2 r r_2 \cos\omega + r_2^2}} \tag{2}$$

Da $r_2 > r$ ist entwickeln wir

$$V_J = \int_J \frac{\varrho\, d\tau}{r_2 \sqrt{1 - 2\frac{r}{r_2}\cos\omega + \left(\frac{r}{r_2}\right)^2}}$$

nach Potenzen von $\frac{r}{r_2}$:

$$V_J = \int_J \sum_{n=0}^{\infty} \frac{\varrho\, d\tau}{r_2^{n+1}} r^n P_n(\cos\omega)$$

$$= \sum_{n=0}^{\infty} r^n \int_J \frac{\varrho\, d\tau}{r_2^{n+1}} P_n(\cos\omega) \tag{3}$$

Das Integral

$$\int_J \frac{f(r_2 \vartheta_2 \varphi_2)\, r_2^2 \sin\vartheta_2\, dr_2\, d\vartheta_2\, d\varphi_2}{r_2^{n+1}} P_n(\cos\omega)$$

ist über den ganzen Isolator zu erstrecken, indem den Integrationsvariabeln r_2, ϑ_2, φ_2 alle mit der Begrenzung des Isolators verträglichen Werte erteilt werden. Hiermit wird aber das Integral eine Kugelfunktion n-ter Ordnung in ϑ und φ, da ja auch $P_n(\cos\omega)$ vermöge

$$\cos\omega = \cos\vartheta\cos\vartheta_2 + \sin\vartheta\cos\varphi\sin\vartheta_2\sin\varphi_2$$
$$-\sin\vartheta\sin\varphi\cos\vartheta_2\sin\varphi_2$$

eine Kugelfunktion erster Ordnung in ϑ und φ ist. Wir schreiben also das Potential (3)

$$V_J = \sum_{n=0}^{\infty} r^n X_n(\vartheta, \varphi), \tag{4}$$

worin die $X_n(\vartheta, \varphi)$ gegebene bzw. durch eine Integration gewinnbare Funktionen darstellen.

Die auf der Kugel durch Influenz hergestellte vorläufig unbekannte Elektrisierung nennen wir in Funktion der Punkte P_1 der Kugelfläche $\vartheta_1 \varphi_1$

$$\sigma = f(\vartheta_1 \varphi_1).$$

Das Potential dieser Elektrisierung auf den Punkt P wird:

$$V_c = \int_C \frac{f(\vartheta_1, \varphi_1) \cdot R^2 \sin\vartheta_1\, d\vartheta_1\, d\varphi_1}{\sqrt{R^2 - 2rR\cos\omega_1 + r^2}} \tag{5}$$

$$\cos\omega_1 = \cos\vartheta\cos\vartheta_1 + \sin\vartheta\sin\vartheta_1\cos\varphi\cos\varphi_1$$
$$-\sin\vartheta\sin\vartheta_1\sin\varphi\sin\varphi_1.$$

Wiederum entwickeln wir, da $r < R$, nach Potenzen von $\frac{r}{R}$ und erhalten:

$$V_c = \int_C f(\vartheta_1, \varphi_1)\, R^2 \sin\vartheta_1\, d\vartheta_1\, d\varphi_1 \sum_{n=0}^{\infty} \left(\frac{r}{R}\right)^n \frac{P_n(\cos\omega_1)}{R} \tag{6}$$

$$= \sum_{n=0}^{\infty} \frac{r^n}{R^{n+1}} \int_0^{\pi}\int_0^{2\pi} f(\vartheta_1, \varphi_1)\, P_n(\cos\omega_1)\, R^2 \sin\vartheta\, d\vartheta_1\, d\varphi_1 \tag{7}$$

Das Intgeral ist über die ganze Kugelfläche zu erstrecken.

Jetzt denken wir uns $f(\vartheta_1 \varphi_1)$ in eine Reihe von Kugelfunktionen entwickelt

$$f(\vartheta_1, \varphi_1) = \sum_0^{\infty} Y_m(\vartheta_1 \varphi_1), \tag{8}$$

welche Reihe wir in (7) eintragen. Nach den beiden Integralsätzen über die Kugelfunktionen wird das Integral

$$\int_0^{\pi}\int_0^{2\pi} \sum_0^{\infty} Y_m(\vartheta_1, \varphi_1) P_n(\cos\omega_1) R^2 \sin\vartheta\, d\vartheta_1\, d\varphi_1 = \frac{4\pi R^2}{2n+1} Y_n(\vartheta, \varphi) \tag{9}$$

und mithin:

$$V_C = 4\pi \sum_0^{\infty} \frac{r^n R^2}{R^{n+1}} \frac{Y_n(\vartheta, \varphi)}{2n+1} \tag{10}$$

Demnach wird das Gesamtpotential

$$V = V_J + V_C = \sum_0^{n=\infty} r^n \left[X_n(\vartheta, \varphi) + \frac{4\pi Y_n(\vartheta, \varphi)}{R^{n-1}(2n+1)}\right] \tag{11}$$

Das Potential V muß aber für alle Punkte im Inneren des Leiters C konstant, also von r unabhängig sein (vgl. oben II), so daß die einzelnen Faktoren der Potenzen r^n der Summe verschwinden müssen, wodurch zur Bestimmung von $Y_n(\vartheta, \varphi)$ gewonnen sind:

$$Y_n(\vartheta, \varphi) = -\frac{R^{n-1}(2n+1)}{4\pi} X_n(\vartheta, \varphi) \text{ für alle } n \geqq 1 \tag{12}$$

Es erübrigt jetzt noch die Bestimmung der Konstante $4\pi Y_0(\vartheta, \varphi)$ der Reihe (11). Greifen wir zurück auf die Kombination der Gleichungen (8) und (9)

$$\int_0^{\pi}\int_0^{2\pi} f(\vartheta_1, \varphi_1)\, P_n(\cos\omega_1)\, R^2 \sin\vartheta_1\, d\vartheta_1\, d\varphi_1 = \frac{4\pi R^2}{2n+1} Y_n(\vartheta_1, \varphi_1) \tag{13}$$

so wird speziell für n = 0

$$\int_0^\pi\int_0^{2\pi} f(\vartheta_1, \varphi_1)\, R^2 \sin\vartheta_1\, d\vartheta_1\, d\varphi_1 = 4\pi R^2\, Y_0(\vartheta_1, \varphi_1). \qquad (14)$$

Der Ausdruck links ist nun nichts anderes als die der Kugel C mitgeteilte Elektrizitätsmenge M, so daß gilt

$$Y_0(\vartheta_1, \varphi_1) = \frac{M}{4\pi R^2}.$$

Hiermit ist aber die Elektrizitätsverteilung auf der Kugelfläche ermittelt wie folgt:

$$f(\vartheta, \varphi) = \frac{M}{4\pi R^2} - \frac{1}{4\pi}\sum_{n=1}^{\infty} R^{n-1}(2n+1)\, X_n(\vartheta, \varphi).$$

§ 75. Bestimmung der Greenschen Funktion für die Kugel und Lösung der ersten Randwertaufgabe für den Kugelinnenraum.

I. Die Greensche Funktion G zweier Punkte $P_1(x, y, z)$ und $P_2(a, b, c)$ soll nach § 71 folgende Bedingungen erfüllen:

1. Innerhalb der Kugel vom Radius R soll die Differentialgleichung

$$\frac{\partial^2 G}{\partial a^2} + \frac{\partial^2 G}{\partial b^2} + \frac{\partial^2 G}{\partial c^2} = 0 \qquad (1)$$

erfüllt sein.

2. An der Oberfläche der Kugel, d. h. für $\sqrt{a^2 + b^2 + c^2} = R$, soll

$$G(x, y, z;\ a, b, c) = 0 \qquad (2)$$

sein.

3. Die Funktion

$$G + \frac{1}{\sqrt{(x-a)^2 + (y-b)^2 + (z-c)^2}}$$

soll nebst ihren ersten Derivierten überall innerhalb der Kugel und auf deren Oberfläche stetig sein.

Bei den beiden Punkten P_1 und P_2 führen wir jetzt Polarkoordinaten ein. Es werde

$$\begin{aligned} x &= r\cos\vartheta, & y &= r\sin\vartheta\cos\varphi, & z &= r\sin\vartheta\sin\varphi \\ a &= \varrho\cos\vartheta', & b &= \varrho\sin\vartheta'\cos\varphi', & c &= \varrho\sin\vartheta'\sin\varphi' \end{aligned} \qquad (3)$$

Auf dem Fahrstrahl von P_1 bestimmen wir jetzt einen Punkt P_1' Fig. 209 durch die Beziehung

$$r\,r' = R^2 \tag{4}$$

Hiermit erhält P_1' die Koordinaten

$$x' = \frac{R^2}{r}\cos\vartheta; \quad y' = \frac{R^2}{r}\sin\vartheta\cos\varphi; \quad z' = \frac{R^2}{r}\sin\vartheta\sin\varphi \tag{5}$$

Wir wollen nun beweisen, daß die Funktion

$$G = \frac{R}{\sqrt{x^2+y^2+z^2}}\,\frac{1}{\sqrt{(x'-a)^2+(y'-b)^2+(z'-c)^2}} - \frac{1}{\sqrt{(x-a)^2+(y-b)^2+(z-c)^2}} \tag{6}$$

die Greensche Funktion für das Innere der Kugel ist.

Ad. 1. Jede der beiden reziproken Wurzeln erfüllt für sich die Differentialgleichung (1) nach § 67.

Ad. 2. Durch Einführung der Polarkoordinaten für x, y, z; x', y', z'; a, b, c erhält man

$$G = \frac{R}{r}\,\frac{1}{\sqrt{\frac{R^4}{r^2} - 2\frac{R^2}{r}\varrho\cos\omega + \varrho^2}} - \frac{1}{\sqrt{r^2 - 2r\varrho\cos\omega + \varrho^2}} \tag{7}$$

wo

$$\cos\omega = \cos\vartheta\cos\vartheta' + \sin\vartheta\sin\vartheta'\cos(\varphi - \varphi') \tag{8}$$

ist. Läßt man hier $\varrho = \sqrt{a^2+b^2+c^2} = R$ werden, so wird tatsächlich

$$G = 0 \tag{9}$$

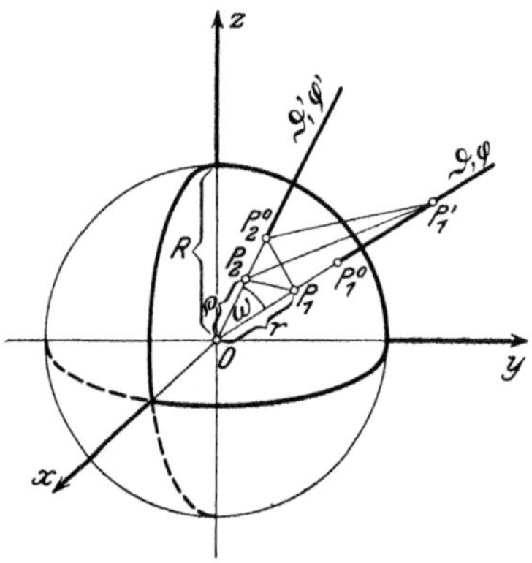

Fig. 209. Zur Greenschen Funktion für eine Kugel.

Ad. 3. Diese Bedingung ergibt sich ohne weiteres, weil niemals der Punkt a, b, c mit x', y', z' zusammenfallen kann, weil letzterer außerhalb der Kugel liegt.

II. Um nun die Randwertaufgabe für die Kugel zu lösen, d. h. eine Funktion $V(r, \vartheta, \varphi)$ zu finden, die im Innern der Kugel die Differentialgleichung

$$\varDelta V = \tau(\varrho, \vartheta, \varphi) \tag{10}$$

befriedigt und auf der Kugel ($r = R$) die Werte einer auf der Kugelfläche gegebenen Funktion

$$V_{r=R} = \sigma(\vartheta, \varphi)$$

annimmt, haben wir auf Formel (16) § 71 zurückzugreifen, nach welcher

$$V(r, \vartheta, \varphi) = \int\limits_\tau G\,\tau(\varrho, \vartheta', \varphi')\,d\tau - \int\limits_\sigma \sigma(\vartheta', \varphi')\frac{\partial G}{\partial n}\,d\sigma \tag{12}$$

war. Hier beziehen sich die Integrationen auf $\varrho, \vartheta', \varphi'$, in denen natürlich auch $d\tau$ und $d\sigma$ auszudrücken sind.

Zur Vereinfachung der Rechnung (da wir nur das Prinzipielle des Verfahrens zeigen wollen) nehmen wir nun $\tau(\varrho, \vartheta', \varphi')$ überall gleich Null an, d. h. V soll der Laplaceschen Differentialgleichung

$$\varDelta V = 0 \tag{13}$$

genügen. Damit bleibt von (12) nur übrig, wenn man das nach innen gerichtete Normalendifferential ∂n durch $-\partial\varrho$ ersetzt:

$$V(r, \vartheta, \varphi) = \int\limits_\sigma \sigma(\vartheta', \varphi')\frac{\partial G}{\partial\varrho}\cdot R^2 \sin\vartheta'\,d\vartheta'\,d\varphi' \tag{14}$$

Führt man die Operation $\frac{\partial}{\partial\varrho}$ an dem Ausdruck (7) für G aus, so erhält man

$$\left[\frac{\partial G}{\partial\varrho}\right]_{\rho=R} = \frac{R^2 - r^2}{R\left[\sqrt{R^2 - 2Rr\cos\omega + r^2}\right]^3} \tag{15}$$

und für die Funktion V selbst

$$V(r, \vartheta, \varphi) = R\int\limits_\sigma \sigma(\vartheta', \varphi')\frac{(R^2 - r^2)\sin\vartheta'\,d\vartheta'\,d\varphi'}{\left[\sqrt{R^2 - 2Rr\cos\omega + r^2}\right]^3} \tag{16}$$

Hiermit ist die Berechnung von V formal durchgeführt, und wir brauchen nur darauf hinzuweisen, daß $V(r, \vartheta, \varphi)$ nach Formel (16) nichts zu tun hat mit dem Potential V_c einer kugelförmigen Flächenbelegung, Formel (5) in § 74. Für V_c gilt an der Fläche:

$$\frac{\partial V_c +}{\partial n} - \frac{\partial V_c -}{\partial n} = -4\pi\sigma$$

während für $V(r, \vartheta, \varphi)$ an der Fläche

$$V(R, \vartheta, \varphi) = \sigma(\vartheta, \varphi)$$

gilt.

Im übrigen gelingt die Bestimmung der Greenschen Funktion nur in besonderen Fällen.

§ 76. Die Zylinderfunktionen.

Handelt es sich um das Potential kreiszylinderförmig angeordneter Massen, so formt man zweckmäßig die Laplace-Poissonsche Differentialgleichung

$$\frac{\partial^2 V}{\partial x^2} + \frac{\partial^2 V}{\partial y^2} + \frac{\partial^2 V}{\partial z^2} = 0 \tag{1}$$

auf Zylinderkoordinaten x, r, φ um durch deren Beziehungen zu den rechtwinkligen Koordinaten x, y, z (Fig. 210):

$$x = x, \quad y = r\cos\varphi, \quad z = r\sin\varphi \tag{2}$$

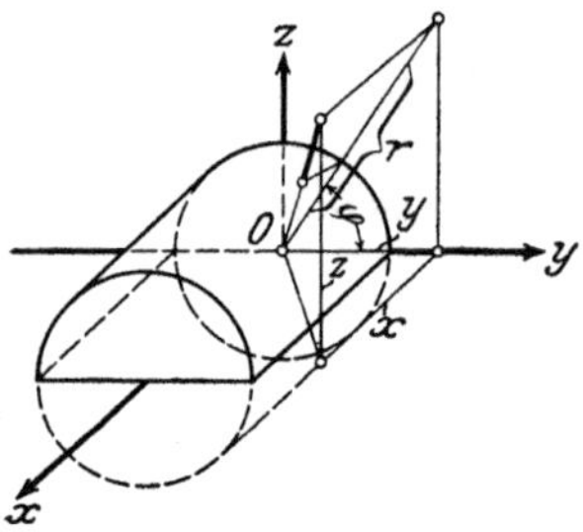

Fig. 210. Zur Einführung der Zylinderkoordinaten.

Der Umrechnungsprozeß gestaltet sich ganz ähnlich wie in § 60, und wir schreiben als Resultat an:

$$\frac{\partial^2 V}{\partial x^2} + \frac{\partial^2 V}{\partial r^2} + \frac{1}{r}\frac{\partial V}{\partial r} + \frac{1}{r^2}\frac{\partial^2 V}{\partial \varphi^2} = 0 \tag{3}$$

Suchen wir ein partikuläres Integral dieser Differentialgleichung in der Form

$$V = X R \Phi \tag{4}$$

zu bestimmen, wo X, R, Φ je die Variabeln x, r, φ allein enthalten, so liefert die Substitution dieses Ansatzes in (3):

$$\frac{X''}{X} + \frac{R''}{R} + \frac{1}{r}\frac{R'}{R} + \frac{1}{r^2}\frac{\Phi''}{\Phi} = 0 \tag{5}$$

Diese Gleichung kann man nach Einführung einer Konstanten k² (siehe § 60) in folgende beide Gleichungen zerlegen:

$$X'' + k^2 X = 0 \tag{6}$$

$$\frac{r^2 R''}{R} + \frac{r R'}{R} + \frac{\Phi''}{\Phi} - k^2 r^2 = 0 \tag{7}$$

Gleichung (7) zerfällt aber mit einer Konstanten m^2 in die beiden Ansätze

$$R'' + \frac{1}{r} R' + \left(-k^2 - \frac{m^2}{r^2}\right) R = 0 \tag{8}$$

und

$$\Phi'' + m^2 \Phi = 0. \tag{9}$$

Die Differentialgleichungen (6) und (9) liefern sehr bekannte Lösungen:

für (6):

$$\mathrm{X} = \cos k x \text{ oder } = \sin k x \tag{10}$$

für (9):

$$\Phi = \cos m \varphi \text{ oder } = \sin m \varphi \tag{11}$$

Gleichung (8) nimmt mit

$$-k^2 = (i k)^2$$

wo i die imaginäre Einheit bedeutet, die Gestalt an:

$$R'' + \frac{1}{r} R' + \left[(i k)^2 - \frac{m^2}{r^2}\right] R = 0 \tag{12}$$

Dies ist aber die Differentialgleichung der Besselschen Funktionen, die wir bereits § 60 kennen gelernt haben, nur mit dem Unterschied, daß dort statt $(i k)^2$ die Größe k^2 in der eckigen Klammer stand. Zum Aufbau der Lösung von (3) dienen die beiden partikulären Integrale von (12). Ein partikuläres Integral dieser Differentialgleichung haben wir schon im § 60 als Besselsche Funktion erster Art kennen gelernt, wenn auch zunächst nur für reelles Argument. Als zweites partikuläres Integral kommt hier die Besselsche Funktion zweiter Art hinzu. Wir schreiben, indem wir sogleich das imaginäre Argument benutzen, als Lösungen von (12) an:

$$R = J_m (i k r) \text{ und } K_m (i k r) \tag{13}$$

Wollten wir hier Funktionen reellen Argumentes haben:

$$R = J_m (k r) \text{ und } K_m (k r) \tag{14}$$

so würde Gl. (6) lauten müssen:

$$X'' - k^2 X \tag{15}$$

Hierzu würden aber die partikulären Lösungen

$$X = e^{-kx} \text{ und } X = e^{+kx}$$

gehören.

Entschließen wir uns nunmehr für die weitere Benutzung der Funktionen imaginären Argumentes, so haben wir erstlich die Reihenentwicklung für $J_n\,(i\,k\,r)$ aus derjenigen für $J_n\,(k\,r)$ abzuleiten. Wir erhalten aus Formel (16) § 60 durch Einsetzen von $i\,k$ statt k:

$$J_n\,(i\,k\,r) = \frac{(i\,k\,r)^n}{2^n\,n!}\left[1 + \frac{k^2\,r^2}{2^2\,(n+1)} + \frac{k^4\,r^4}{2!\,2^4\,(n+1)\,(n+2)} + \frac{k^6\,r^6}{3!\,2^6\,(n+1)\,(n+2)\,(n+3)} + \ldots\right] \quad (15)$$

Hier ergibt sich zunächst, daß $J_n\,(i\,k\,r)$ für $r = \infty$ unendlich wird, und zweitens, daß $J_0\,(i\,k\,r)$ und die Funktionen gerader Ordnung reell, diejenigen ungerader Ordnung imaginär sind.

Zur Ermittlung von $K_n\,(i\,k\,r)$ bzw. $K_n\,(k\,r)$ ziehen wir nach Heine, Handbuch der Kugelfunktionen, I. Teil S. 245, zunächst für die Funktion nullter Ordnung reellen Argumentes die Definition heran:

$$K_0\,(k\,r) = J_0\,(k\,r)\,\lg\frac{2}{\gamma\,k\,r} - 2\left\{J_2\,(k\,r) - \frac{1}{2}\,J_4\,(k\,r) + \frac{1}{3}\,J_6\,(k\,r) - \ldots\right\} \quad (16)$$

wo die J-Funktionen aus Formel 16 § 60 zu entnehmen sind.

Für imaginäres Argument gilt ebenfalls nach Heine (a. a. O.)

$$K_0\,(i\,k\,r) = J_0\,(i\,k\,r)\,\lg\frac{2\,i}{\gamma\,i\,k\,r} - 2\left\{J_2\,(i\,k\,r) - \frac{1}{2}\,J_4\,(i\,k\,r) + \frac{1}{3}\,J_6\,(i\,k\,r) - \ldots\right\} \quad (17)$$

mit den J-Funktionen nach Formel 15 dieses Paragraphen.

Aus Heine, I. Teil S. 237 entnehmen wir noch die Definition

$$K_n\,(i\,k\,r) = (-2\,i\,k\,r)^n\,\frac{d^n\,K_0\,(i\,k\,r)}{[d\,(i\,k\,r)^2]^n} \quad (18)$$

Es ist nun wichtig, das Verhalten von $K_n\,(i\,k\,r)$ für sehr kleine und sehr große Werte von r zu kennen.

Für kleine r erkennt man unmittelbar, daß sämtliche $K_n\,(i\,k\,r)$, weil sie $\lg\dfrac{2}{\gamma\,k\,r}$ enthalten, unendlich werden.

Für sehr große r gilt nach Heine die Formel:

$$\lim_{r=\infty} K_n(i\,k\,r) = \lim_{r=\infty} (-\,i)^n\, e^{-k\,r} \sqrt{\frac{\pi}{2\,k\,r}} \tag{19}$$

d. h. im Unendlichen verschwinden sämtliche $K_n\,(i\,k\,r)$.

Nunmehr sind wir genügend gerüstet, um die Lösung für V aufzubauen.

Fassen wir zunächst die beiden partikulären Integrale (10) für X mit einer unbestimmten Konstanten a in eins zusammen:

$$X = \cos k\,(x - a) \tag{20}$$

so lautet die allgemeine Form von V

$$V = \Sigma \cos k\,(x - a) \left\{J_m(i\,k\,r)\,(A_m \cos m\,\varphi + B_m \sin m\,\varphi) \right.$$
$$\left. + K_m(i\,k\,r)\, C_m \cos m\,\varphi + D_m \sin m\,\varphi\right\} \tag{21}$$

Dieser Ausdruck würde die Differentialgleichung (3) befriedigen.

Außerdem muß V aber noch die Randbedingung erfüllen, die darin besteht, daß V auf der Zylinderfläche, d. h. für $r = R$, in eine gegebene Funktion $F\,(x, \varphi)$ übergehen soll.

Wir entwickeln $F\,(x, \varphi)$ in eine Fouriersche Reihe:

$$F\,(x, \varphi) = \Sigma\,(g_m(x) \cos m\,\varphi + h_m(x) \sin m\,\varphi) \tag{22}$$

welche Entwicklung wir mit dem Ansatz (21) vergleichen, nachdem wir in diesem $r = R$ gesetzt haben. Dabei machen wir einen Unterschied zwischen dem Außen- und Innenraum des Zylinders. Hierzu sehen wir uns veranlaßt durch das Verhalten der Funktionen J_m und K_m beim Nullpunkt und im Unendlichen. Da V nirgends unendlich werden darf (weil dies physikalisch keinen Sinn hat), so können wir die Funktionen K_m in der Nähe des Nullpunktes und die Funktionen J_m im Unendlichen nicht gebrauchen. Wir entschließen uns, den Verwendbarkeitsbereich der J_m auf den ganzen Innenraum des Zylinders, den Bereich der K_m auf den ganzen Außenraum auszudehnen. Die Entwicklung von V zerfällt also in zwei Ansätze:

$$V_i = \Sigma \cos k\,(x - a)\, J_m(i\,k\,r)\,(A_m \cos m\,\varphi + B_m \sin m\,\varphi) \tag{23a}$$

$$V_a = \Sigma \cos k\,(x - a)\, K_m(i\,k\,r)\,(C_m \cos m\,\varphi + D_m \sin m\,\varphi) \tag{23b}$$

in denen wir die Konstanten A, B, C, D so zu bestimmen haben, daß für $r = R$ sowohl V_i wie $V_a = F\,(x, \varphi)$ werden. Dadurch ist die Randwertaufgabe gelöst, die beiden Ansätze (23) gehen auf der Zylinderfläche ineinander über, wobei sie auch die richtigen Werte annehmen. Die Vergleichung von (22) mit (23a) liefert in einer Ebene parallel zur YZ-Ebene (x—a) mit:

$$A_m = \frac{g_m(a)}{J_m(ikR)}; \qquad B_m = \frac{h_m(a)}{J_m(ikR)} \tag{24}$$

womit entspringt:

$$V_i = \Sigma \cos k(x-a)\left[\frac{J_m(ikr)}{J_m(ikR)} g_m(a)\cos m\varphi + \frac{J_m(ikr)}{J_m(ikR)} h_m(a)\sin m\varphi\right] \tag{25a}$$

Analog ergibt sich:

$$V_a = \Sigma \cos k(x-a)\left[\frac{K_m(ikr)}{K_m(ikR)} g_m(a)\cos m\varphi + \frac{K_m(ikr)}{K_m(ikR)} h_m(a)\sin m\varphi\right. \tag{25b}$$

Um die Tatsache zu beweisen, daß für $r = R$ sowohl V_i wie V_a in $F(x, \varphi)$ übergehen, benutzen wir den Fourierschen Satz über die Darstellung einer beliebigen Funktion als bestimmtes Doppelintegral. Der Satz lautet: [72])

$$f(x) = \frac{1}{2\pi}\int_{-\infty}^{+\infty} dk \int_{-\infty}^{+\infty} f(a)\cos k(a-x)\, da$$

Wenden wir dies auf (25a) an, so wird:

$$V_i = \frac{1}{2\pi}\Sigma \cos m\varphi \int_{-\infty}^{+\infty} \frac{J_m(ikr)}{J_m(ikR)}\, dk \int_{-\infty}^{+\infty} g_m(a)\cos k(a-x)\, da$$
$$+ \frac{1}{2\pi}\Sigma \sin m\varphi \int_{-\infty}^{+\infty} \frac{J_m(ikr)}{J_m(ikR)}\, dk \int_{-\infty}^{+\infty} h_m(a)\cos k(a-x)\, da$$

Setzt man hier $r = R$, so hat man ohne weiteres

$$V_{i_{r=R}} = \frac{1}{2\vartheta} \Sigma \left[\cos m\varphi \int_{-\infty}^{+\infty} dk \int_{-\infty}^{+\infty} g_m(a) \cos k(a - x)\, da \right.$$

$$\left. + \sin m\varphi \int_{-\infty}^{+\infty} dk \int_{-\infty}^{+\infty} h_m(a) \cos k(a - x)\, da \right]$$

d. h. nach (22):

$$V_{i_{r=R}} = \Sigma \left[\cos m\varphi\, g_m(x) + \sin m\varphi\, h_m(x) \right] = F(x, \varphi) .$$

Für V_a läßt sich der Beweis analog führen.

IV. Die Differentialgleichungen der Bewegungen elastischer Körper.

§ 77. Aufstellung der Grundgleichungen.

Die Untersuchung des Gleichgewichts oder der Bewegung eines elastischen Körpers knüpft an an die Kräfte, die an einem aus dem elastisch deformierten Körper herausgeschnittenen kleinen Parallelflächner $dx\, dy\, dz$ auftreten.

Ist dieser mit seinen Kanten nach den Achsen $X\ Y\ Z$ eines rechtwinkligen Koordinatensystems orientiert, und liegt einer seiner Eckpunkte im Anfangspunkt des Systems, so treten an jeder in einer Koordinatenebene liegenden Begrenzungsfläche drei Spannungskräfte auf: eine Normalkraft σ und zwei Schubkräfte τ, die wie in der Figur 211 bezeichnet werden. An den Flächen, die nicht in den Koordinatenebenen liegen, greifen dieselben Kräfte an, jedoch um Beträge geändert, die den Fortschreitungen $dx\, dy\, dz$ entsprechen. Es sind dies die N o r m a l s p a n n u n g e n:

$$\left.\begin{aligned} &\sigma_x + \frac{\partial \sigma_x}{\partial x} dx \\ &\sigma_y + \frac{\partial \sigma_y}{\partial y} dy \\ &\sigma_z + \frac{\partial \sigma_z}{\partial z} dz \end{aligned}\right\} \qquad (1)$$

und die Schubspannungspaare:

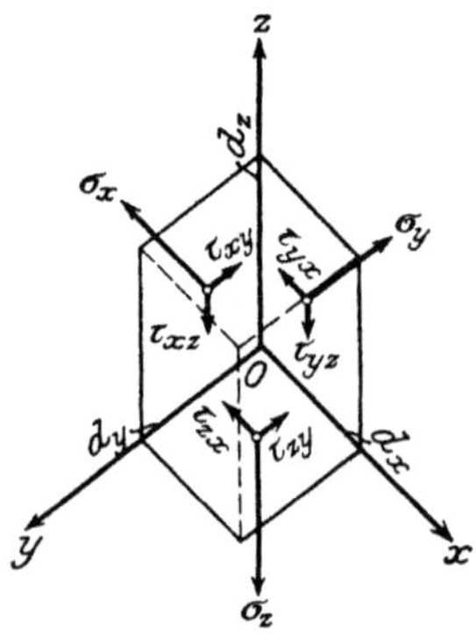

Fig. 211. Spannungen an einem Körperelement.

$$\left.\begin{array}{ll} \tau_{xy} + \dfrac{\partial \tau_{xy}}{\partial x}\, dx\,, & \tau_{xz} + \dfrac{\partial \tau_{xz}}{\partial x}\, dx \\ \tau_{yx} + \dfrac{\partial \tau_{yx}}{\partial y}\, dy\,, & \tau_{yz} + \dfrac{\partial \tau_{yz}}{\partial y}\, dy \\ \tau_{zx} + \dfrac{\partial \tau_{zx}}{\partial z}\, dz\,, & \tau_{zy} + \dfrac{\partial \tau_{zy}}{\partial z}\, dz \end{array}\right\} \tag{2}$$

Wir haben 18 Kräfte, die, da Gleichgewicht herrschen soll, den Gleichgewichtsbedingungen der an einem starren Körper angreifenden Kräfte unterworfen sind, d. h. die Komponenten nach den drei Achsen und die Drehmomente nach den drei Achsen müssen verschwinden.

Fügen wir noch die Komponenten $[X, Y, Z]\; dx\, dy\, dz$ einer Massenkraft P (Gewicht oder Beschleunigung des Elements $dx\, dy\, dz$ hinzu) so haben wir:

Komponenten in der X-Richtung

$$\begin{aligned} X\, dx\, dy\, dz &+ \left(\sigma_x + \frac{\partial \sigma_x}{\partial x}\, dx - \sigma_x\right) dy\, dz \\ &+ \left(\tau_{zx} + \frac{\partial \tau_{zx}}{\partial z}\, dz - \tau_{zx}\right) dx\, dy \\ &+ \left(\tau_{yx} + \frac{\partial \tau_{yx}}{\partial y}\, dy - \tau_{yx}\right) dx\, dz = 0 \end{aligned}$$

oder

$$X + \frac{\partial \sigma_x}{\partial x} + \frac{\partial \tau_{yx}}{\partial y} + \frac{\partial \tau_{zx}}{\partial z} = 0 \tag{3a}$$

Analog folgt für die Y- und Z-Richtung:

$$Y + \frac{\partial \sigma_y}{\partial y} + \frac{\partial \tau_{xy}}{\partial x} + \frac{\partial \tau_{zy}}{\partial z} = 0 \tag{3b}$$

$$Z + \frac{\partial \sigma_z}{\partial z} + \frac{\partial \tau_{xz}}{\partial x} + \frac{\partial \tau_{yz}}{\partial y} = 0 \tag{3c}$$

Zu dem Drehmoment um die X-Achse tragen bei die Kräfte

$$\tau_{yz}\, dx\, dz \quad \text{und} \quad \tau_{zy}\, dx\, dy$$

mit den Hebelarmen

$$dy \quad \text{bzw.} \quad dz.$$

Die entsprechenden Momente

$$\tau_{yz}\, dx\, dy\, dz \quad \text{und} \quad \tau_{zy}\, dx\, dy\, dz$$

sollen einander aufheben, d. h. es muß sein

$$\tau_{yz} = \tau_{zy} \tag{4a}$$

Analog gelten für die Y- und Z-Achse

$$\tau_{xz} = \tau_{zx} \quad \text{und} \quad \tau_{xy} = \tau_{yx} \tag{4b, 4c}$$

Durch die Beziehungen 4a, b, c werden die den Spannungszustand bestimmenden Größen auf 6 zurückgeführt:

$$\sigma_x, \sigma_y, \sigma_z$$

$$\tau_{yz} = \tau_{zy} = \underline{\tau_x}, \quad \tau_{xz} = \tau_{zx} = \underline{\tau_y}, \quad \tau_{xy} = \tau_{yx} = \underline{\tau_z}$$

für die wir die Gleichungen 3a, b, c nochmals anschreiben;

$$\frac{\partial \sigma_x}{\partial x} + \frac{\partial \tau_z}{\partial y} + \frac{\partial \tau_y}{\partial z} + X = 0 \tag{5a}$$

$$\frac{\partial \sigma_y}{\partial y} + \frac{\partial \tau_z}{\partial x} + \frac{\partial \tau_x}{\partial z} + Y = 0 \tag{5b}$$

$$\frac{\partial \sigma_z}{\partial z} + \frac{\partial \tau_y}{\partial x} + \frac{\partial \tau_x}{\partial y} + Z = 0 \tag{5c}$$

Zwischen den 6 Spannungskomponenten

$$\tau_x, \quad \tau_y, \quad \tau_z, \quad \sigma_x, \quad \sigma_y, \quad \sigma_z$$

bestehen also die drei Gleichungen 5a, b, c. Zur vollständigen eindeutigen Bestimmung der Komponenten ist erforderlich, daß wir sie auf drei Größen zurückführen. Nach Einsetzen in die drei Differentialgleichungen 5a, b, c treten in diesen dann nur noch drei abhängige Variabele auf, deren Bestimmung dann eindeutig möglich ist.

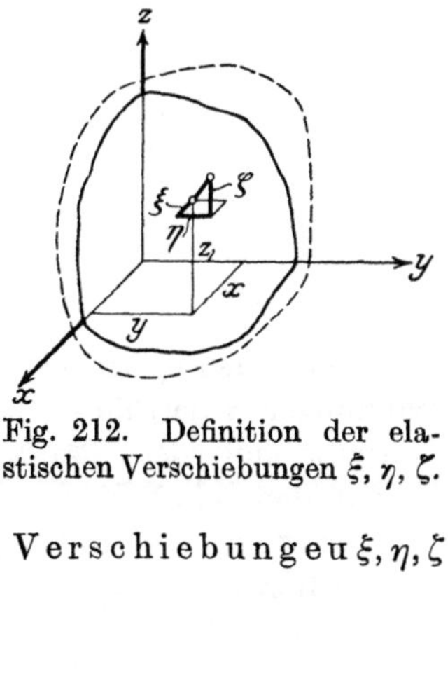

Fig. 212. Definition der elastischen Verschiebungen ξ, η, ζ.

II. Die drei Größen, auf die wir die Spannungskomponenten zurückführen, sind die e l a s t i s c h e n V e r s c h i e b u n g e u ξ, η, ζ eines Körperpunktes $x\,y\,z$.

Es soll also der Punkt $x\,y\,z$ durch die elastische Deformation übergehen in

$$x + \xi, \quad y + \eta, \quad z + \zeta.$$

Daneben betrachten wir noch einen Punkt

$$x + dx, \quad y, \quad z$$

der durch die elastische Verschiebung übergeht in

$$x + dx + \xi + \frac{\partial \xi}{\partial x} dx, \quad y + \eta + \frac{\partial \eta}{\partial x} dx, \quad z + \zeta + \frac{\partial \zeta}{\partial x} dx$$

Wir haben hier also die kleinen Änderungen der Verschiebungen ξ, η, ζ berücksichtigt, die der Verschiedenheit der Punkte x, y, z und $x + dx$, y, z entsprechen.

Wir erkennen: durch die Deformation ist die Strecke dx übergegangen in $dx + \frac{\partial \xi}{\partial x} dx$; d. h. die spezifische Dehnung in der x-Richtung findet sich zu

$$\varepsilon_x = \frac{\partial \xi}{\partial x} = \frac{\text{Dehnung}}{\text{ursprüngliche Länge}} \tag{6a}$$

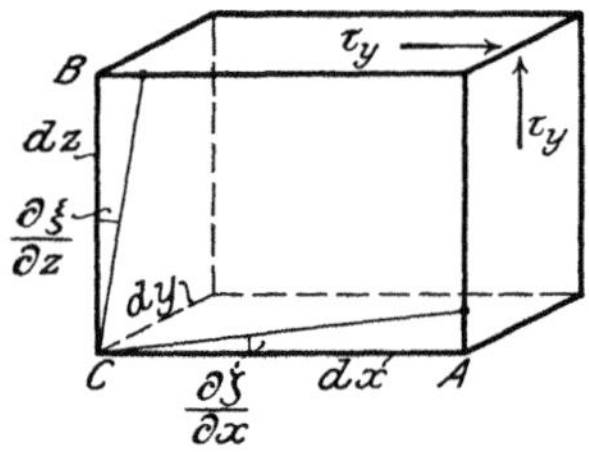

Fig. 213. Zusammenhang zwischen Schiebung und Schubspannung

Analog ergeben sich:

$$\varepsilon_y = \frac{\partial \eta}{\partial y} \tag{6b}$$

$$\varepsilon_z = \frac{\partial \zeta}{\partial z} \tag{6c}$$

Hier fügen wir noch den Ausdruck für die spezifische kubische Dehnung

$$e = \varepsilon_x + \varepsilon_y + \varepsilon_z = \frac{\partial \xi}{\partial x} + \frac{\partial \eta}{\partial y} + \frac{\partial \zeta}{\partial z}$$

ein.

Neben den spezifischen Dehnungen ε, die von den Normalspannungen σ herrühren, haben wir noch die Änderungen γ der Kantenwinkel des Parallelepipeds $dx\ dy\ dz$ zu ermitteln, die von den Schubspannungen τ herrühren.

Um z. B. die Änderung des rechten Winkels $B\,C\,A$ (siehe Fig. 213) zwischen dx und dz zu finden, bemerken wir, daß sich die Punkte A bzw. B in der Richtung dz bzw. dx verschieben um:

$$\frac{\partial \zeta}{\partial x} dx \text{ bezw. } \frac{\partial \xi}{\partial z} dz$$

Die gesamte Winkeländerung (Schiebung) ist demnach

$$\gamma_{xz} = \frac{\partial \xi}{\partial z} + \frac{\partial \zeta}{\partial x} \tag{7a}$$

Analog findet man

$$\gamma_{zy} = \frac{\partial \zeta}{\partial y} + \frac{\partial \eta}{\partial z} \tag{7b}$$

$$\gamma_{yx} = \frac{\partial \eta}{\partial x} + \frac{\partial \xi}{\partial y} \tag{7c}$$

III. Die bisherigen Betrachtungen sind rein geometrischer Natur und von irgendwelchen Festsetzungen über die physikalische Beschaffenheit des Körpers unabhängig. Setzen wir nun voraus, daß der Körper dem Hookeschen Elastizitätsgesetz gehorcht, so haben wir zunächst, wenn der Schubelastizitätsmodul des Körperstoffes G ist, als Zusammenhang zwischen den Schubspannungen τ und den Winkeländerungen γ die Proportionalität dieser Größen auszusprechen:

$$\left.\begin{aligned} \gamma_{xy} &= \frac{\tau_z}{G} = \frac{1}{G}\left(\frac{\partial \xi}{\partial y} + \frac{\partial \eta}{\partial x}\right) \\ \gamma_{yz} &= \frac{\tau_x}{G} = \frac{1}{G}\left(\frac{\partial \eta}{\partial z} + \frac{\partial \zeta}{\partial y}\right) \\ \gamma_{zx} &= \frac{\tau_y}{G} = \frac{1}{G}\left(\frac{\partial \zeta}{\partial x} + \frac{\partial \xi}{\partial z}\right) \end{aligned}\right\} \text{[73)]} \qquad (8\text{a, b, c})$$

Für die Normalspannungen σ und die spezifischen Dehnungen ε liefert das Hookesche Gesetz die Zusammenhänge:

$$\left.\begin{aligned} \sigma_x &= \frac{mE}{m+1}\left(\varepsilon_x + \frac{e}{m-2}\right) \\ \sigma_y &= \frac{mE}{m+1}\left(\varepsilon_y + \frac{e}{m-2}\right) \\ \sigma_z &= \frac{mE}{m+1}\left(\varepsilon_z + \frac{e}{m-2}\right) \end{aligned}\right\} \text{[73)]} \qquad (9\text{a, b, c})$$

wo E den Elastizitätsmodul und $\frac{1}{m}$ die Poissonsche Konstante

$$\frac{\text{Querdehnung}}{\text{Längsdehnung}}$$

bedeuten. Beachtet man noch die Beziehung zwischen Schub- und Elastizitätsmodul:

$$G = \frac{mE}{2(m+1)} \quad (10)$$

[73]

so resultieren mit (6 a, b, c)

$$\left.\begin{aligned} \sigma_x &= 2G\left(\frac{\partial \xi}{\partial x} + \frac{e}{m-2}\right) \\ \sigma_y &= 2G\left(\frac{\partial \eta}{\partial y} + \frac{e}{m-2}\right) \\ \sigma_z &= 2G\left(\frac{\partial \zeta}{\partial z} + \frac{e}{m-2}\right) \end{aligned}\right\} \quad (11\text{a, b, c})$$

Führen wir jetzt, wie angekündigt, die Gleichungen (7) und (11) in die Gleichungen (5) ein, so entspringt nach einigen Umformungen und nach Einführung des Laplaceschen Operators

$$\Delta = \frac{\partial^2}{\partial x^2} + \frac{\partial^2}{\partial y^2} + \frac{\partial^2}{\partial z^2}$$

der Ansatz:

$$\begin{aligned} \Delta \xi + \frac{m}{m-2}\frac{\partial e}{\partial x} + \frac{X}{G} &= 0 \qquad (12\text{a, b, c}) \\ \Delta \eta + \frac{m}{m-2}\frac{\partial e}{\partial y} + \frac{Y}{G} &= 0 \\ \Delta \zeta + \frac{m}{m-2}\frac{\partial e}{\partial z} + \frac{Z}{G} &= 0, \quad e = \frac{\partial \xi}{\partial x} + \frac{\partial \eta}{\partial y} + \frac{\partial \zeta}{\partial z} \end{aligned}$$

Dies sind die partiellen Differentialgleichungen der Elastizitätslehre. Sie sind linear mit konstanten Koeffizienten und von der zweiten Ordnung.

§ 78. Ermittlung des räumlichen Spannungszustandes und der Oberflächenbedingungen elastischer Probleme.

In § 77 war das Raumelement $d\tau = dx\,dy\,dz$ aus einem Körper herausgegrenzt, dessen elastisches Verhalten zu untersuchen war. Über diesen Körper haben wir bisher nur die eine Voraussetzung gemacht, daß der Stoff, aus dem er bestand, dem Hookeschen Gesetze gehorcht, und wir haben, im Zusammenhang hiermit, die drei elastischen Konstanten E, G, m eingeführt, die untereinander durch die Gleichung

$$G = \frac{mE}{2(m+1)} \tag{1}$$

verknüpft waren.

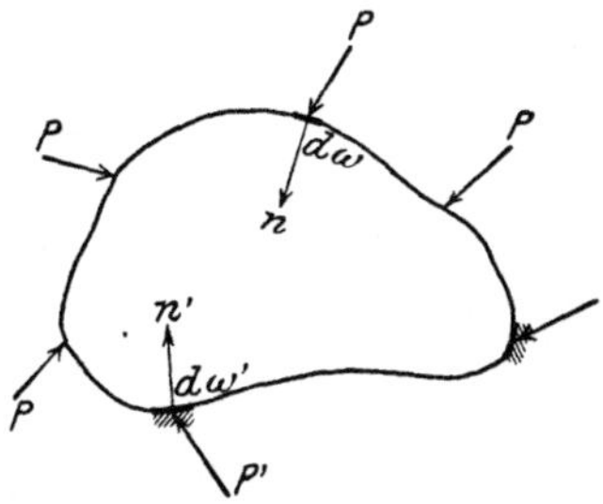

Fig. 214. Oberflächenkräfte an einem Körper.

Über die Gestalt des Körpers haben wir bisher nichts vorausgesetzt. Auch haben wir bisher die Kräfte außer Betracht gelassen, die an seiner äußeren Begrenzung auftreten, und die offenbar ebenso als Ursachen der elastischen Deformation auftreten wie die Größen X, Y, Z der Gleichung (12) § 77. Wir wollen nunmehr Ansätze finden, die einen Zusammenhang zwischen den äußeren Kräften und den 6 inneren Spannungen σ_x, σ_y, σ_z, τ_x, τ_y, τ_z liefern. Zunächst seien die äußeren Kräfte für jedes Oberflächenelement $d\omega$ durch das Zeichen P in kg/qcm gegeben (Fig. 214). Unter diese äußeren Kräfte rechnen wir auch die sogenannten Auflagerreaktionen P', die durch die P hervorgerufen werden. Alle Kräfte P und P' müssen miteinander im Gleichgewicht sein, d. h. es muß gelten:

$$\left.\begin{aligned}
&\int (X\,d\omega + X'\,d\omega') = 0\\
&\int (Y\,d\omega + Y'\,d\omega') = 0\\
&\int (Z\,d\omega + Z'\,d\omega') = 0\\
\text{und}\quad&\\
&\int \{(y_0 Z - z_0 Y)\,d\omega + (y_0' Z' - z_0' Y')\,d\omega'\} = 0\\
&\int \{(z_0 X - x_0 Z)\,d\omega + (z_0' X' - x_0' Z')\,d\omega'\} = 0\\
&\int \{(x_0 Y - y_0 X)\,d\omega + (x_0' Y' - y_0' X')\,d\omega'\} = 0
\end{aligned}\right\} \tag{3}$$

wo $X\,Y\,Z$ bzw. $X'\,Y'\,Z'$ die Komponenten von P bzw. P' bedeuten, während $x_0\,y_0\,z_0$ und $x_0'\,y_0'\,z_0'$ die Koordinaten der zugehörigen auf der Oberfläche gelegenen Angriffspunkte sind. Die Integrationen beziehen sich auf die ganze Oberfläche.

Genügen diese Gleichungen, um alle $X'\ Y'\ Z'$ zu ermitteln, so nennt man das Problem äußerlich statisch bestimmt.

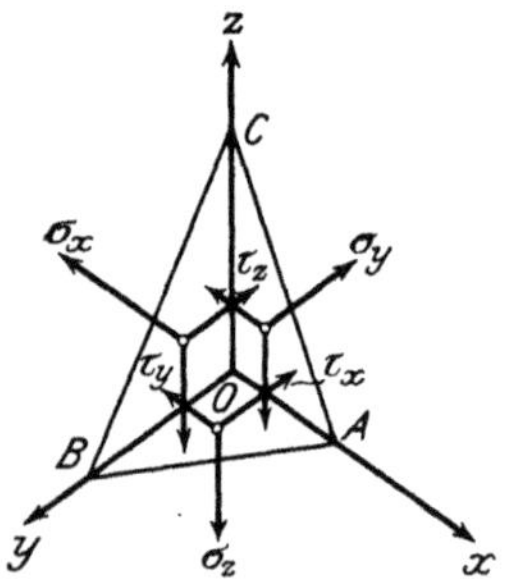

Fig. 215. Spannungen am Elementartetraeder.

Jedenfalls setzen wir nunmehr voraus, daß wir die P und P' bzw. deren Komponenten für die ganze Oberfläche kennen; wir benutzen im folgenden dann nur noch die Buchstaben P und X, Y, Z, indem wir keinen Unterschied zwischen P und P' mehr machen.

Nunmehr kehren wir zu unserem räumlichen Spannungszustand zurück, indem wir von dem Raumelement $= d\tau$ $dx\,dy\,dz$ nur das in Fig. 215 gezeichnete Tetraeder $O\ A\ B\ C$ betrachten. Die an den Seitendreiecken $O\ B\ C$, $O\ C\ A$, $O\ A\ B$ wirkenden Spannungen sind uns bekannt, so daß wir die am Tetraeder in den Achsenrichtungen wirkenden Kräfte ermitteln können:

$$\left.\begin{aligned} X\text{-Richtung:}\quad & \frac{1}{2}\,(dy\,dz\,\sigma_x + dz\,dx\,\tau_z + dx\,dy\,\tau_y) = k_x \\ Y\text{-Richtung:}\quad & \frac{1}{2}\,(dz\,dx\,\sigma_y + dx\,dy\,\tau_x + dy\,dz\,\tau_z) = k_y \\ Z\text{-Richtung:}\quad & \frac{1}{2}\,(dx\,dy\,\sigma_z + dy\,dz\,\tau_y + dz\,dx\,\tau_x) = k_z \end{aligned}\right\} \qquad (4)$$

Diesen drei Kräften hält an der Tetraederseite $A\,B\,C$ eine Kraft K das Gleichgewicht, die wir uns von einer gleichgerichteten über $A\,B\,C$ gleichmäßig verteilten Spannung p hervorgerufen denken. Wir haben nach dieser Vorstellung:

$$K = p \cdot \varDelta\, A\,B\,C. \qquad (5)$$

Die Komponenten dieser Kraft nach den Koordinatenachsen müssen, da Gleichgewicht herrschen soll, die Werte haben:

$$\begin{aligned} K \cdot \cos\,(\mathrm{k}\,x) &= k_x \\ K \cdot \cos\,(k\,y) &= k_y \\ K \cdot \cos\,(k\,z) &= k_z \end{aligned} \qquad (6)$$

Ferner gilt aber, wenn n die nach außen gerichtete Normale des Dreiecks $A\,B\,C$ bedeutet:

$$\left.\begin{aligned}\frac{1}{2}\,dy\,dz &= \cos(nx)\,\Delta\,ABC\\ \frac{1}{2}\,dz\,dx &= \cos(ny)\,\Delta\,ABC\\ \frac{1}{2}\,dx\,dy &= \cos(nz)\,\Delta\,ABC\end{aligned}\right. \tag{7}$$

Setzt man jetzt (5) in (6) und (6) und (7) in (4) ein, so entspringt, wenn man noch die Richtung von K mit der Richtung von p gleichsetzt:

$$\left.\begin{aligned}p\cos(px) &= \sigma_x\cdot\cos(nx)+\tau_z\cdot\cos(ny)+\tau_y\cdot\cos(nz)\\ p\cos(py) &= \sigma_y\cdot\cos(ny)+\tau_x\cdot\cos(nz)+\tau_z\cdot\cos(nx)\\ p\cos(pz) &= \sigma_z\cdot\cos(nz)+\tau_y\cdot\cos(nx)+\tau_x\cdot\cos(ny)\end{aligned}\right\} \tag{8}$$

Dieses Gleichungssystem dient als Ausgangspunkt für die im Innern des Körpers zu definierenden Hauptspannungen, des Spannungsellipsoides usw., worauf wir hier nicht weiter eingehen.

Geht man aber mit dem Tetraeder an die Oberfläche des Körpers, so daß das $\Delta\ ABC$ in diese hineinfällt, so müssen, damit auch hier Gleichgewicht herrscht, die Komponenten $p\cos(p\,x)$, $p\cos(p\,y)$, $p\cos(p\,z)$ mit den an der betreffenden Stelle vorgegebenen Komponenten der äußeren Kraft $X\,Y\,Z$ übereinstimmen:

$$\left.\begin{aligned}X &= \sigma_x\cos(nx)+\tau_z\cos(ny)+\tau_y\cos(nz)\\ Y &= \sigma_y\cos(ny)+\tau_x\cos(nz)+\tau_z\cos(nx)\\ Z &= \sigma_z\cos(nz)+\tau_y\cos(nx)+\tau_x\cos(ny)\end{aligned}\right\} \tag{9}$$

wo die Kosinus durch die Richtung der örtlichen Oberflähcennormale gegen die Koordinatenachsen gegeben sind.

Es sind also bei der Betrachtung elastischer Probleme stets die Gleichungen (12a, b, c) § 77 mit den Gleichungen (9) § 78 im Verein zu behandeln.

Die Oberflächenbedingungen kommen sowohl bei elastischen Bewegungsaufgaben wie auch bei Gleichgewichtsaufgaben vor. Den Bewegungsaufgaben allein sind die Anfangsbedingungen eigentümlich, die im allgemeinen die Verschiebungen ξ, η, ζ und die Verschiebungsgeschwindigkeiten

$$\frac{\partial \xi}{\partial t}, \quad \frac{\partial \eta}{\partial t}, \quad \frac{\partial \zeta}{\partial t}$$

zur Zeit $t = 0$ als Ortsfunktionen (nur x, y, z enthaltend) gegeben voraussetzen.

§ 79. Schallbewegungen in einem unbegrenzt ausgedehnten elastischen Medium. Longitudinale und transversale Wellen.

Sehen wir vom Einfluß der Schwere oder anderer an der Masse haftender Kräfte, mit Ausnahme der Massenbeschleunigungskraft, ab, so haben wir in den Gleichungen (12) § 77 in X, Y, Z nur die Komponenten der letzteren:

$$-\mu \frac{d^2 \xi}{dt^2}, \quad -\mu \frac{d^2 \eta}{dt^2}, \quad -\mu \frac{d^2 \zeta}{dt^2}$$

zu berücksichtigen, wodurch die Differentialgleichungen entspringen:

$$\left.\begin{aligned} \Delta \xi + \frac{m}{m-2} \frac{\partial e}{\partial \xi} &= \frac{\mu}{G} \frac{\partial^2 \xi}{\partial t^2} \\ \Delta \eta + \frac{m}{m-2} \frac{\partial e}{\partial \eta} &= \frac{\mu}{G} \frac{\partial^2 \eta}{\partial t^2} \\ \Delta \zeta + \frac{m}{m-2} \frac{\partial e}{\partial \zeta} &= \frac{\mu}{G} \frac{\partial^2 \zeta}{\partial t^2} \end{aligned}\right\} \qquad (1)$$

Da der Körper unbegrenzt ist, brauchen wir auf die Oberflächenbedingungen keine Rücksicht zu nehmen.

I. Zunächst prüfen wir, ob eine ebene Bewegung in der x-Richtung möglich ist, die gekennzeichnet ist durch den Ansatz:

$$\xi = F(x, t), \quad \eta = 0, \quad \zeta = 0 \qquad (2)$$

Die Gleichungen (1) reduzieren sich dann auf:

$$\frac{\partial^2 \xi}{\partial x^2} + \frac{m}{m-2} \frac{\partial^2 \xi}{\partial x^2} = \frac{\mu}{G} \frac{\partial^2 \xi}{\partial t^2}$$

bzw.

$$\frac{2(m-1)}{m-2} \frac{\partial^2 \xi}{\partial x^2} = \frac{\mu}{G} \frac{\partial^2 \xi}{\partial t^2} \qquad (3)$$

Versucht man hier ξ als Produkt einer Funktion von x in einer

Funktion t darzustellen:

$$\xi = \xi_0 X \cdot T$$

so ergeben sich mit einer unbestimmt bleibenden Konstanten k^2 folgende gewöhnliche Differentialgleichungen für X und T:

$$\left.\begin{aligned} \frac{2(m-1)}{m-2} X'' + k^2 X = 0 \\ \frac{\mu}{G} T'' + k^2 T = 0 \end{aligned}\right\} \tag{4}$$

deren partikuläre Lösungen sind:

$$\left.\begin{aligned} X &= \cos \frac{kx}{\sqrt{\frac{2(m-1)}{m-2}}} \quad \text{oder} \quad \sin \frac{kx}{\sqrt{\frac{2(m-1)}{m-2}}} \\ T &= \cos \frac{kt}{\sqrt{\frac{\mu}{G}}} \quad \text{oder} \quad \sin \frac{kt}{\sqrt{\frac{\mu}{G}}} \end{aligned}\right\} \tag{5}$$

Mithin hat man in dem Ansatz:

$$\xi_0 X T = \xi_0 \cos k \left(\frac{x}{\sqrt{\frac{2(m-1)}{m-2}}} - \frac{t}{\sqrt{\frac{\mu}{G}}} \right) \tag{6}$$

eine Lösung, die zwei Paare möglicher partikulärer Ausdrücke von (5) umfaßt, womit wir uns hier begnügen. Führen wir jetzt im Ansatz (6) die Abkürzungen ein:

$$\frac{k}{\sqrt{\frac{2(m-1)}{m-2}}} = \frac{2\pi}{\lambda_0}; \quad \frac{k}{\sqrt{\frac{\mu}{G}}} = \frac{2\pi}{\tau_0} \tag{7}$$

so wird:

$$\xi = \xi_0 \cos 2\pi \left(\frac{x}{\lambda_0} - \frac{t}{\tau_0} \right) \tag{8}$$

Die beiden neuen Konstanten λ_0 und τ_0 unterliegen der Bedingung:

$$\frac{\lambda_0}{\tau_0} = \sqrt{\frac{2(m-1)G}{(m-2)\mu}} = V \tag{9}$$

wie sich durch Division der beiden Gleichungen (7) ergibt. Setzt man (9) in (8) ein, so handelt es sich um den Verlauf der Funktion

$$\cos \frac{2\pi}{\tau_0} \left(\frac{x}{V} - t \right)$$

Die Werte dieser Funktion reproduzieren sich offenbar dann, wenn $\frac{x}{V} - t$ ein ganzzahliges Vielfaches von τ_0 wird:

$$\frac{x}{V} - t = n\tau_0 \tag{10}$$

woraus sich ergibt:

$$x = n\,\tau_0\,V + tV = n\,\lambda_0 + t\,V \tag{11}$$

d. h. zu einer gegebenen Zeit t befinden sich alle Punkte, die voneinander um die Strecke λ_0 abstehen, in demselben Schwingungszustand. Man nennt λ_0 die Wellenlänge.

Man kann aber (10) auch nach t auflösen:

$$t = \frac{x}{V} - n\,\tau_0 \tag{12}$$

d. h. in einem gegebenen Punkte x treten nach Verlauf ganzer Zeiträume τ_0 dieselben Schwingungszustände ein. Man nennt τ_0 die Schwingungsdauer. Das Verhältnis $V = \frac{\lambda_0}{\tau_0}$ heißt die Fortpflanzungsgeschwindigkeit der Welle, weil gewissermaßen ein zur Zeit t an der Stelle x eingetretener Zustand während der Zeit τ_0 bis zur Stelle $x + \lambda_0$ weiter läuft.

Der bisher von uns untersuchte Ansatz $\xi = F(x, t)$, der sich als mögliche Lösung herausgestellt hat, wird als longitudinale Wellenbewegung bezeichnet, weil die Schwingungsrichtung ξ mit der Fortpflanzungsrichtung x zusammenfällt.

II. Wir erörtern jetzt noch den Ansatz

$$\xi = 0; \quad \eta = F(x, t); \quad \zeta = 0 \tag{13}$$

Dieser unterscheidet sich von dem vorigen Ansatz (2) dadurch, daß wir nur Schwingungen η senkrecht zur Fortpflanzungsrichtung voraussetzen. Setzt man (13) in die Differentialgleichungen (1) ein, so ergibt sich erstlich

$$e = \frac{\partial \xi}{\partial x} + \frac{\partial \eta}{\partial y} + \frac{\partial \zeta}{\partial z} = 0 \tag{14}$$

und mithin als Differentialgleichung für η

$$\frac{\partial^2 \eta}{\partial x^2} = \frac{\mu}{G}\,\frac{\partial^2 \eta}{\partial t^2} \tag{15}$$

Dieser Gleichung genügt der zu (6) analoge partikuläre Ansatz

$$\eta = \eta_0^X T = \eta_0 \cos k \left(x - \frac{t}{\sqrt{\frac{\mu}{G}}} \right) \tag{16}$$

der wiederum zur Definition einer Schwingungsdauer τ_0 und einer Wellenlänge λ_0 führt. Das Verhältnis dieser

$$\frac{\lambda_0}{\tau_0} = V = \sqrt{\frac{G}{\mu}} \tag{17}$$

wird aber kleiner als im Falle der longitudinalen Bewegung- Man nennt den Ansatz (16) eine **transversale Wellenbewegung**. Wir merken noch an, daß die Longitudinalwellen mit Verdichtungen und Verdünnungen des schwingenden Mediums verbunden sind, entsprechend dem Ausdruck für die Volumenänderung

$$e = \frac{\partial \xi}{\partial x} + \frac{\partial \eta}{\partial y} + \frac{\partial \zeta}{\partial z} = - \frac{2\pi \xi_0}{\lambda} \sin 2\pi \left(\frac{x}{\lambda_0} - \frac{t}{\tau_0} \right) \tag{18}$$

während die transversalen Bewegungen entsprechend

$$e = \frac{\partial \xi}{\partial x} + \frac{\partial \eta}{\partial y} + \frac{\partial \zeta}{\partial z} = 0 \tag{19}$$

kompressionslos vor sich gehen.

III. Will man einen der behandelten Bewegungsvorgänge (z. B. eine Transversalbewegung) einem gegebenen Anfangszustand anpassen, so hat man η als Reihe wie folgt anzusetzen:

$$\eta = \Sigma A_k \cos k \left(x - \frac{t}{\sqrt{\frac{\mu}{G}}} - \varphi_k \right) \tag{20}$$

und hat die Größen $A_k \cos \varphi_k$ und $A_k \sin \varphi_k$ analog § 54 durch die Gleichungen:

$$[\eta]_{t=0} = g(x); \quad \left[\frac{\partial \eta}{\partial t} \right]_{t=0} = h(x) \tag{21}$$

als Fouriersche Koeffizienten zu bestimmen.

Eine andere Form der Lösung für die Differentialgleichung einer ebenen Welle wird später bei Gelegenheit der elektromagnetischen Wellenbewegungen im § 93 gegeben werden.

§ 80. Radiale Formänderungen und Schwingungen einer Kugel.

Setzen wir bei einer Kugel nur solche Kräfte an den einzelnen Masseelementen angreifend voraus, deren Richtung durch den Kugelmittelpunkt geht und deren Größe nur abhängig ist von dem Abstand des von ihr erfaßten Elementes vom Kugelmittelpunkt, so können die Kugelpunkte sich nur auf ihren Radien verschieben, und die Verschiebungen können nur von r abhängen. Unter diesen Umständen bleibt ein Raumelement der Kugel $dx\, dy\, dz$ bei der Formänderung sich selbst ähnlich und ähnlich liegend, und die Verschiebungen $\xi\, \eta\, \zeta$ sind den Koordinaten $x\, y\, z$ proportional:

$$\xi = \varepsilon x, \quad \eta = \varepsilon y, \quad \zeta = \varepsilon z \tag{1}$$

Bezeichnet man die Verschiebung eines Punktes auf seinem Radius mit ϱ, so ist

$$\varrho = \sqrt{\xi^2 + \eta^2 + \zeta^2} = \varepsilon \sqrt{x^2 + y^2 + z^2} = \varepsilon \cdot r \tag{2}$$

Man erkennt also

$$\varepsilon = \frac{\varrho}{r} \tag{3}$$

als die spezifische radiale Dehnung. [74])

Wir suchen jetzt die Ansätze (1), (2), (3) in die Gleichungen (12) § 77 einzuführen.

Erstlich bilden wir die Größen:

$$\frac{\partial \xi}{\partial x} = \varepsilon + x \frac{\partial \varepsilon}{\partial r} \frac{\partial r}{\partial x} = \varepsilon + \frac{x^2}{r} \frac{\partial \varepsilon}{\partial r}$$

$$\frac{\partial \xi}{\partial y} = x \frac{\partial \varepsilon}{\partial r} \frac{\partial r}{\partial y} = \frac{x\, y}{r} \frac{\partial \varepsilon}{\partial r}$$

$$\frac{\partial \xi}{\partial z} = x \frac{\partial \varepsilon}{\partial r} \frac{\partial r}{\partial z} = \frac{x z}{r} \frac{\partial \varepsilon}{\partial r}$$

und analog:

$$\frac{\partial \eta}{\partial x} = \frac{y x}{r} \frac{\partial \varepsilon}{\partial r}; \qquad \frac{\partial \eta}{\partial y} = \varepsilon + \frac{y^2}{r} \frac{\partial \varepsilon}{\partial r}; \qquad \frac{\partial \eta}{\partial z} = \frac{y z}{r} \frac{\partial \varepsilon}{\partial r}$$

$$\frac{\partial \zeta}{\partial x} = \frac{z x}{r} \frac{\partial \varepsilon}{\partial r}; \qquad \frac{\partial \zeta}{\partial y} = \frac{z y}{r} \frac{\partial \varepsilon}{\partial r}; \qquad \frac{\partial \zeta}{\partial z} = \varepsilon + \frac{z^2}{r} \frac{\partial \varepsilon}{\partial r}$$

aus denen sich die spezifische Volumänderung

$$e = \frac{\partial \xi}{\partial x} + \frac{\partial \eta}{\partial y} + \frac{\partial \zeta}{\partial z} = 3\,\varepsilon + \frac{x^2 + y^2 + z^2}{r} \frac{\partial \varepsilon}{\partial r}$$
$$= 3\,\varepsilon + r\frac{\partial \varepsilon}{\partial r}$$

ergibt.

Ferner ergibt die Bildung der zweiten Differentialquotienten die Ansätze:

$$\left.\begin{aligned} \Delta\,\xi &= \frac{4\,x}{r}\frac{\partial \varepsilon}{\partial r} + x\frac{\partial^2 \varepsilon}{\partial r^2} = \frac{\partial e}{\partial x} \\ \Delta\,\eta &= \frac{4\,y}{r}\frac{\partial \varepsilon}{\partial r} + y\frac{\partial^2 \varepsilon}{\partial r^2} = \frac{\partial e}{\partial y} \\ \Delta\,\zeta &= \frac{4\,z}{r}\frac{\partial \varepsilon}{\partial r} + z\frac{\partial^2 \varepsilon}{\partial r^2} = \frac{\partial e}{\partial z} \end{aligned}\right\} \tag{4}$$

Die Gleichungen (12) § 77 nehmen mit den Resultaten (4) nunmehr die Gestalt an:

$$\left.\begin{aligned} \left(\frac{4\,x}{r}\frac{\partial \varepsilon}{\partial r} + x\frac{\partial^2 \varepsilon}{\partial r^2}\right)\left(1 + \frac{m}{m-2}\right) + \frac{X}{G} = 0 \\ \left(\frac{4\,y}{r}\frac{\partial \varepsilon}{\partial r} + y\frac{\partial^2 \varepsilon}{\partial r^2}\right)\left(1 + \frac{m}{m-2}\right) + \frac{Y}{G} = 0 \\ \left(\frac{4\,z}{r}\frac{\partial \varepsilon}{\partial r} + z\frac{\partial^2 \varepsilon}{\partial r^2}\right)\left(1 + \frac{m}{m-2}\right) + \frac{Z}{G} = 0 \end{aligned}\right\} \tag{5}$$

Multipliziert man diese Gleichungen der Reihe nach mit

$$\frac{x}{r},\quad \frac{y}{r},\quad \frac{z}{r}$$

und addiert, so erhält man eine einzige Gleichung

$$\left(4\frac{\partial \varepsilon}{\partial r} + r\frac{\partial^2 \varepsilon}{\partial r^2}\right)\frac{2\,(m-1)}{m-2} + \frac{K}{G} = 0 \tag{6}$$

wo

$$K = \frac{1}{r}\,(X x + Y y + Z z)$$

die radial wirkende Kraft bedeutet, die wir jetzt als aus einer die Masse angreifenden Kraft k und einer von der Beschleunigung herrührenden Kraft $-\mu\, r\,\frac{\partial^2 \varepsilon}{\partial t^2}$ zusammengesetzt betrachten.

$$2\,G\left(4\frac{\partial \varepsilon}{\partial r}+r\frac{\partial^2 \varepsilon}{\partial r^2}\right)\frac{m-1}{m-2}+k=\mu\,r\frac{\partial^2 \varepsilon}{\partial t^2} \tag{7}$$

Zu dieser Gleichung für ε kommt noch die Oberflächenbedingung hinzu, die aus der Gleichung (9) § 78 zu entwickeln ist.

Zu diesem Zweck gehen wir auf die Ansätze (11) § 77 für σ_x, σ_y, σ_z und (8) für τ_x, τ_y, τ_z zurück. Wir finden:

$$\left.\begin{aligned}
\sigma_x &= \frac{2\,G}{m-2}\left\{(m+1)\,\varepsilon+\left[r+(m-2)\frac{x^2}{r}\right]\frac{\partial \varepsilon}{\partial r}\right\}\\
\sigma_y &= \frac{2\,G}{m-2}\left\{(m+1)\,\varepsilon+\left[r+(m-2)\frac{y^2}{r}\right]\frac{\partial \varepsilon}{\partial r}\right\}\\
\sigma_z &= \frac{2\,G}{m-2}\left\{(m+1)\,\varepsilon+\left[r+(m-2)\frac{z^2}{r}\right]\frac{\partial \varepsilon}{\partial r}\right\}\\
\tau_x &= 2\,G\frac{y\,z}{r}\frac{\partial \varepsilon}{\partial r}\\
\tau_y &= 2\,G\frac{z\,x}{r}\frac{\partial \varepsilon}{\partial r}\\
\tau_z &= 2\,G\frac{x\,y}{r}\frac{\partial \varepsilon}{\partial r}
\end{aligned}\right\} \tag{8}$$

Mit diesen Ausdrücken geht man in die Gleichungen (9) § 78 ein und hat jetzt zu berücksichtigen, daß die in den Formeln vorkommenden Winkel $(n\,x)$, $(n\,y)$, $(n\,z)$ mit den Winkeln des Radius r gegen die Koordinatenachsen identisch sind. Wir können also schreiben:

$$\cos(n\,x)=\frac{x}{r};\quad \cos(n\,y)=\frac{y}{r};\quad \cos(n\,z)=\frac{z}{r} \tag{9}$$

Da aber nach unseren Voraussetzungen die Richtung der äußeren Kraft, deren Komponenten X, Y, Z sind, in den Radius fällt, so kann man die Gleichungen (9) § 78 der Reihe nach mit $\frac{x}{r}, \frac{y}{r}, \frac{z}{r}$ multiplizieren und addieren, wodurch eine einzige Gleichung entspringt:

$$P=\frac{2\,G}{m-2}\left\{(m+1)\,\varepsilon+(m-1)\,r\frac{\partial \varepsilon}{\partial r}\right\}_{r=r_1}^{r=r_2} \tag{10}$$

Hier bedeutet P die äußere auf die Kugeloberfläche wirkende Normalkraft, und der Ansatz verlangt, daß ε, wenn es als Funktion von r und t vermöge (7) gefunden ist, an der Oberfläche (d. h. für $r = r_1$ und $r = r_2$) die Gleichung (10) zu erfüllen hat.

Beispiel 1. Die Kugel sei eine Vollkugel: $r_1 = 0$. Auf der äußeren Oberfläche laste der Druck $-p$ (kg/qcm); an Massen haftende Kräfte kommen nicht vor ($k = 0$), und es werde der Gleichgewichtszustand betrachtet $\left(\frac{\partial^2 \varepsilon}{\partial t^2} = 0\right)$. Dann liefert (7) den Ansatz:

$$4\frac{\partial \varepsilon}{\partial r} + r\frac{\partial^2 \varepsilon}{\partial r^2} = 0 \tag{11}$$

mit dem allgemeinen Integral

$$\varepsilon = C_1 + \frac{C_2}{3\,r^3} \tag{12}$$

Hier muß muß $C_2 = 0$ sein, weil sonst für $r = 0$ (im Kugelmittelpunkt) $\varepsilon = \infty$ würde.

Setzt man dann

$$\varepsilon = C_1$$

in (10) ein, so folgt

$$-p = \frac{2\,G}{m-2}(m+1)\,C_1$$

und

$$C_1 = \frac{-p\,(m-2)}{2\,(m+1)\,G}$$

also

$$\varepsilon = \frac{-p\,(m-2)}{2\,(m+1)\,G} \tag{13}$$

Die Formänderung besteht also in diesem Fall in einer längs des Radius konstanten spezifischen Verkürzung des Abstandes der einzelnen Punkte vom Kugelmittelpunkt. Und zwar ist die Verkürzung nur von den elastischen Konstanten des Materiales und vom Druck p abhängig.

Beispiel 2. Ist die Kugel eine Hohlkugel nach Fig. 216, so ist der allgemeine Ansatz

$$\varepsilon = C_1 + \frac{C_2}{3\,r^3} \tag{14}$$

in Gleichung (10) einzuführen, wodurch 2 Gleichungen zur Bestimmung von C_1 und C_2 erhalten werden. Die Berechnung der Konstanten ist leicht und soll daher nicht ausgeführt werden.

Beispiel 3. Freie Schwingungen der Kugel. Die Schwingungen der Kugel sind frei, wenn die Kraft k in Gleichung (7) und die äußere Kraft P in Gleichung (10) nicht vorhanden sind. Es gilt dann für ε die partielle Differentialgleichung:

$$\mu \frac{\partial^2 \varepsilon}{\partial t^2} = 2\,G \frac{m-1}{m-2}\left(\frac{\partial^2 \varepsilon}{\partial r^2} + \frac{4}{r}\frac{\partial \varepsilon}{\partial r}\right) \tag{15}$$

Eine hieraus etwa gefundene Lösung muß an der Oberfläche der Kugel bei $r = r_1$ und $r = r_2$ die Gleichung erfüllen:

$$(m+1)\,\varepsilon + (m-1)\,r \frac{\partial \varepsilon}{\partial r} = 0 \tag{16}$$

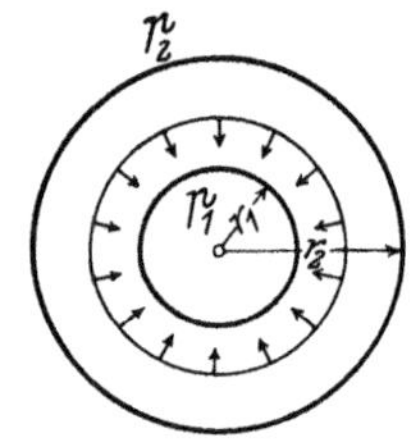

Fig. 216. Radiale Beanspruchung einer Kugel.

In Gleichung (15) schreiben wir zunächst abkürzend

$$\frac{2\,G}{\mu} \cdot \frac{m-1}{m-2} = a^2 \tag{17}$$

und versuchen, ob ε durch einen partikulären Ansatz der Form

$$\varepsilon = R \cdot T \tag{18}$$

gefunden werden kann, bei welchem R nur r und T nur t enthält. Durch Einsetzen in (15) erhält man:

$$R\,T'' = a^2\left(R''\,T + \frac{4}{r} R'\,T\right) \tag{19}$$

woraus sich nach Division mit $R\,T$ zwei Ansätze

$$T'' + k^2\,T = 0 \tag{20a}$$

$$R'' + \frac{4}{r} R' + \frac{k^2}{a^2} R = 0 \tag{20b}$$

darbieten wo k eine noch zu bestimmende Konstante ist.

Das allgemeine Integral von (20a) findet sich leicht mit

$$T = A \cos k\,t + B \sin k\,t \tag{21}$$

Für (20b), welches eine lineare Differentialgleichung zweiter Ordnung ist, bilden wir die Frobeniussche Normalform [74a]), indem wir statt 4 allgemeiner h setzen:

$$r^2 R'' + r \cdot h R' + r^2 \frac{k^2}{a^2} R = 0$$

aus der wir das Koeffizientensystem

$$\begin{array}{lll} p_{20} = 1 & p_{21} = 0 \ldots. & \\ p_{10} = 4 & p_{11} = 0 \ldots. & \\ p_{00} = 0 & p_{01} = 0 & p_{02} = \frac{k^2}{a^2} \end{array}$$

notieren.

Als determinierende Gleichung ergibt sich:

$$f_0(\varrho) = 0 + h\,\varrho + \varrho(\varrho - 1) = \varrho(\varrho + h - 1) = 0,$$

während sonst noch $f_1(\varrho) = 0$, $f_2(\varrho) = \frac{k^2}{a^2}$ von Wichtigkeit sind; alle höheren $f_i(\varrho)$ sind Null. Die Koeffizienten der Reihenentwicklung, die wir für R suchen, werden nun

$$a_0; \quad a_1 = 0; \quad a_2 = a_0 \frac{-(k^2 : a^2)}{(\varrho + 2)(\varrho + 1 + h)}; \quad a_3 = 0;$$

$$a_4 = a_0 \frac{(k^2 : a^2)^2}{(\varrho + 2)(\varrho + 4)(\varrho + 1 + h)(\varrho + 3 + h)}; \quad a_5 = 0 \ldots.$$

mit denen der allgemeine Reihenansatz:

$$R = r^\varrho \Sigma a_\nu r^\nu$$

für $\varrho = 0$ und $\varrho = -h + 1$ (Lösungen der determinierenden Gleichung) zwei Reihen liefert:

$$R = R^{(1)} = a_0 \left(1 - \frac{(k^2 : a^2)\, r^2}{2(h + 1)} + \frac{(k^2 : a^2)^2 r^4}{2 \cdot 4 (h + 1)(h + 3)} - \frac{(k^2 : a^2)^3 r^6}{2 \cdot 4 \cdot 6 (h + 1)(h + 3)(h + 5)} + \ldots.\right)$$

und

$$R = R^{(2)} r^{-h+1} = a_0 r^{-h+1} \left(1 - \frac{(k^2 : a^2)\, r^2}{2(-h + 3)} + \frac{(k^2 : a)^2 r^4}{2 \cdot 4 (-h + 3)(-h + 5)} - \frac{(k^2 : a^2)^3 r^6}{2 \cdot 4 \cdot 6 (-h + 3)(-h + 5)(-h + 7)} + \ldots.\right.$$

Jedenfalls kann man für R eine allgemeine Lösung

$$R = C\,R^{(1)}\left(\frac{k}{a}\,r\right) + \frac{D}{r^3}\,R^{(2)}\left(\frac{k}{a}\,r\right) \tag{22}$$

ansetzen.

Das Produkt von (21) und (22) liefert jetzt einen partikulären Ansatz für ε, in welchem nur noch über die Zahl k und die unbestimmten Konstanten $A\,B\,C\,D$ Entscheidung zu treffen ist.

Da es möglicherweise mehrere Werte von k geben kann, die zulässig sind, so hängen wir den Index n an und setzen eine allgemeinere Lösung für ε an durch die Summe:

$$\varepsilon = \sum_n \left\{A_n \cos k_n\,t + B_n \sin k_n\,t\right\}\left\{C_n\,R^{(1)}\left(\frac{k_n}{a}\,r\right) + \frac{D_n}{r^3}\,R^{(2)}\left(\frac{k_n}{a}\,r\right)\right\} \tag{23}$$

Hier ist zunächst die Bemerkung zu machen, daß im Falle der Vollkugel alle $D_n = 0$ zu setzen sind, weil sonst für $r = 0$ die spezifische Dehnung im Mittelpunkt der Kugel ∞ werden würde; ist hingegen die Hohlkugel zu betrachten, dann muß der ganze Ansatz (23) weiter behandelt werden. Da das Prinzipielle der weiteren Entwicklung an der Vollkugel gezeigt werden kann, beschränken wir uns auf diese und suchen nun mit der Entwicklung (23) der Oberflächenbedingung.

$$(m+1)\,\varepsilon + (m-1)\,r\,\frac{\partial \varepsilon}{\partial r} \tag{24}$$

zu genügen, d. h. wir suchen die Gleichung zu erfüllen

$$\left[(m+1)\,R^{(1)}\left(\frac{k_n}{a}\,r\right) + (m-1)\,r\,\frac{\partial}{\partial r}\,R^{(1)}\left(\frac{k_n}{a}\,r\right)\right]_{r=r_2} = 0 \tag{24 a}$$

Führt man die vorgeschriebenen Operationen aus, so erhält man die Gleichung mit unendlicher Gliederzahl:

$$1 - \frac{\left(\frac{r_2\,k_n}{a}\right)^2}{2\,(h+1)}\left(1 + 2\,\frac{m-1}{m+1}\right) + \frac{\left(\frac{r_2\,k_n}{a}\right)^4}{2\cdot 4\cdot (h+1)\,(h+3)}\left(1 + 4\,\frac{m-1}{m+1}\right) - \frac{\left(\frac{r_2\,k_n}{a}\right)^6}{2\cdot 4\cdot 6\cdot (h+1)\,(h+3)\,(h+5)}\left(1 + 6\,\frac{m-1}{m+1}\right) - \ldots = 0 \tag{24b}$$

die nach $x_n = \frac{r_2 k_n}{a}$ aufzulösen ist, womit die Oberflächenbedingung erfüllt wird. Die Auflösung liefert unendlich viele positive Wurzeln x_n und damit unendlich viele Werte

$$k_n = \frac{x_n a}{r_2}$$

womit dann Ansatz (23) übergeht in:

$$\varepsilon = \Sigma \left(A_n C_n \cos \frac{x_n a}{r_2} t + B_n C_n \sin \frac{x_n a}{r_2} t \right) R^{(1)} \left(x_n \frac{r}{r_2} \right) \tag{25}$$

Nunmehr sind lediglich noch die Konstanten $(A_n C_n)$ und $(B_n C_n)$ zu bestimmen mit Hilfe der Anfangsbedingungen. Es handelt sich darum, den Bewegungszustand (25) dem zur Zeit $t = 0$ gegebenen Zustand anzupassen. Der Anfangszustand ist bestimmt, wenn für jeden Kugelpunkt die elastische Verschiebung $r\,\varepsilon$ und die Verschiebungsgeschwindigkeit $r \frac{\partial \varepsilon}{\partial t}$ zur Zeit $t = 0$ als Funktionen $g(r)$ und $h(r)$ gegeben sind.

Dann fließen aus (25) die beiden Gleichungen

$$\left.\begin{aligned} g(r) &= r \cdot \Sigma (A_n C_n) R^{(1)} \left(x_n \frac{r}{r_2} \right) \\ \text{und} \qquad & \\ h(r) &= r \cdot \Sigma (B_n C_n) x_n \frac{a}{r_2} R^{(1)} \left(x_n \frac{r}{r_2} \right) \end{aligned}\right\} \tag{26}$$

Multipliziert man beide Gleichungen mit dem Differential: $r^3 R^{(1)} \left(x_m \frac{r}{r_2} \right) dr$ und integriert von 0 bis r_2, so hat man auf den rechten Seiten die Integrale

$$J = \int_0^{r_2} r^4 R^{(1)} \left(x_n \frac{r}{r_2} \right) \cdot R^{(1)} \left(x_m \frac{r}{r_2} \right) dr \tag{27}$$

von denen man beweisen kann, daß sie für $m \gtrless n$ verschwinden. Sonach kann man gliedweise in (26) die Konstanten berechnen wie folgt:

$$\left.\begin{aligned}(A_n C_n) &= \frac{\int\limits_0^{r_2} r^3 g(r) R^{(1)}\left(x_n \frac{r}{r_2}\right) dr}{\int\limits_0^{r_2} r^4 \left[R^{(1)}\left(x_n \frac{r}{r_2}\right)\right]^2 dr} \\ (B_n C_n) &= \frac{\int\limits_0^{r_2} r^3 h(r) R^{(1)}\left(x_n \frac{r}{r_2}\right) dr}{\frac{x_n a}{r_2}\int\limits_0^{r_2} r^4 \left[R^{(1)}\left(x_n \frac{r}{r_2}\right)\right]^2 dr}\end{aligned}\right\} \tag{28}$$

Hiermit ist aber ε vollständig in seiner Abhängigkeit von r und t ermittelt; es genügt den Oberflächen- und den Anfangsbedingungen.

Die physikalische Bedeutung des Ansatzes (25) ist dabei die, daß die Bewegung aus einer Übereinanderlagerung von harmonischen Schwingungen oder Tönen besteht. Der einzelne Ton ist charakterisiert durch die Größe k_n, welche der Periode T_n der Schwingung umgekehrt proportional ist:

$$\frac{k_n}{2\pi} = \frac{1}{T_n} \tag{29}$$

Die Gleichung (24) oder (24a) bzw. (24b) heißt deshalb die Periodengleichung. Die Schwingungszahl Z_n des Tones wird geliefert durch die Beziehung:

$$Z_n = \frac{k_n}{2\pi} = \frac{1}{T_n} \tag{30}$$

§ 81. Das Ritz-Lorenzsche Verfahren der näherungsweisen Lösung von Elastizitätsaufgaben.

I. Bei allen Elastizitätsaufgaben, auch bei solchen, bei denen nur das Gleichgewicht zu untersuchen ist, handelt es sich um die Aufsuchung von Ansätzen für ξ, η, ζ, die 1, die Differentialgleichungen der Elastizitätstheorie befriedigen und 2. die Oberflächen- oder Randbedingungen erfüllen.

In vielen Fällen gehört schon eine beträchtliche mathematische Gewandtheit dazu, Ausdrücke zu finden, die diese beiden Anforderungen genau erfüllen.

II. Die besondere Natur der elastischen Aufgabestellung hat es nun mit sich gebracht, daß wir ein Näherungsverfahren [75]) besitzen, welches gestattet, auch verwickeltere Aufgaben danach zu behandeln.

Die besondere Natur der elastischen Aufgabestellung (wir sprechen im folgenden nur von Gleichgewichtsaufgaben) ist darin begründet, daß sich die oben entwickelten Differentialgleichungen der Elastizität auch finden lassen aus der Forderung, daß die Formänderungsarbeit eines elastischen Systems ein Minimum sein muß. Wir betrachten hier die Formänderungsarbeit als die Summe der Formänderungsarbeiten der inneren und der äußeren Kräfte.

Die inneren Kräfte ergeben sich aus unseren Spannungskomponenten σ_x, σ_y, σ_z, τ_x, τ_y, τ_z nebst den zugehörigen spezifischen Formänderungen ε_x, ε_y, ε_z, γ_x, γ_y, γ_z.

Der Spannung σ_x entspricht am Volumelement $dx\,dy\,dz$ die Kraft $\sigma_x \cdot dy\,dz$. Die Rechtecksseite $dy\,dz$ verschiebt sich durch die Formänderung um den Betrag $\frac{\partial \xi}{\partial x}\,dx$, mithin wird die Arbeit geleistet

$$\frac{1}{2}\,\sigma_x \frac{\partial \xi}{\partial x}\,dx\,dy\,dz = \frac{1}{2}\,\sigma_x \varepsilon_x\,d\tau,$$

da wir uns die Spannung σ_x als von Null zum Betrage σ_x anwachsend denken müssen.

In entsprechender Weise ermittelt man die den übrigen fünf Spannungskomponenten entsprechenden Arbeiten und erhält als Formänderungsarbeit der inneren Kräfte am Raumelement $d\tau$:

$$dA_i = \frac{1}{2}\,(\sigma_x\,\varepsilon_x + \sigma_y\,\varepsilon_y + \sigma_z\,\varepsilon_z + \tau_x\,\gamma_x + \tau_y\,\gamma_y + \tau_z\,\gamma_z)\,d\tau \qquad (1)$$

Hierzu hat man die Arbeit der äußeren Kräfte hinzuzufügen, deren Komponenten $X\,d\tau$, $Y\,d\tau$, $Z\,d\tau$ sind. Die von diesen geleistete Arbeit ist:

$$d A_a = -(X \xi + Y \eta + Z \zeta)\, d\tau. \tag{2}$$

Als Gesamtarbeit ergibt sich demnach nach Integration über alle Volumelemente:

$$A = \int \frac{1}{2} (\sigma_x \varepsilon_x + \sigma_y \varepsilon_y + \sigma_z \varepsilon_z + \tau_x \gamma_x + \tau_y \gamma_y + \tau_z \gamma_z - X\xi - Y\eta - Z\zeta)\, d\tau$$

Diese Gesamtarbeit soll ein Minimum werden. Durch Einführung der uns bekannten Ausdrücke, durch welche die Spannungen und Dehnungen als Funktionen der Differentialquotienten von ξ, η, ζ nach x, y, z dargestellt werden, geht A in eine Gestalt über, in welcher nur noch ξ, η, ζ, bzw. deren Differentialquotienten vorkommen. Dann ist ein Minimum von A vorhanden, wenn die erste Variation δA von A verschwindet. Wir wollen die Entwickelung der ersten Variation nicht durchführen, sondern lieber sofort das Resultat anschreiben:[76])

$$\delta A = -\int d\tau \left\{ \left(\Delta \xi + \frac{m}{m-2} \frac{\partial e}{\partial x} + \frac{X}{G} \right) \delta \xi + \left(\Delta \eta + \frac{m}{m-2} \frac{\partial e}{\partial y} + \frac{Y}{G} \right) \delta \eta \right.$$
$$\left. + \left(\Delta \zeta + \frac{m}{m-2} \frac{\partial e}{\partial z} + \frac{Z}{G} \right) \delta \zeta \right\} = 0 \tag{4}$$

Bei der Willkürlichkeit der Variationen $\delta\xi$, $\delta\eta$, $\delta\zeta$ kann dieser Ansatz aber nur erfüllt werden, wenn die Klammerausdrücke unter dem Integral einzeln verschwinden, d. h. wenn gilt:

$$\left.\begin{aligned} \Delta \xi + \frac{m}{m-2} \frac{\partial e}{\partial x} + \frac{X}{G} &= 0 \\ \Delta \eta + \frac{m}{m-2} \frac{\partial e}{\partial y} + \frac{Y}{G} &= 0 \\ \Delta \zeta + \frac{m}{m-2} \frac{\partial e}{\partial z} + \frac{Z}{G} &= 0 \end{aligned}\right\} \tag{5}$$

Wir haben mithin unsere bekannten Gleichungen der Elastizitätstheorie erhalten.

III. Das nun zu beschreibende Näherungsverfahren knüpft ebenfalls an den Ansatz (3) an, nachdem darin für die Spannungen und Dehnungen deren Ausdrücke in ξ, η, ζ eingeführt sind. Dann setzt man für letztere Größen folgende Summen an

$$\left.\begin{aligned} \xi &= \sum_{i=1}^{n} a_i f_i(x, y, z) \\ \eta &= \sum_{i=1}^{n} b_i g_i(x, y, z) \\ \zeta &= \sum_{i=1}^{n} c_i h_i(x, y, z) \end{aligned}\right\} \tag{6}$$

in welchen die a_i, b_i, c_i unbestimmte Konstanten sind, während von den Funktionen f_i, g_i, h_i nur verlangt wird, daß sie die Grenzbedingungen befriedigen.

Nach Einführung von (6) in (3) kann man die dreifache Integration ausführen, worauf die Konstanten a_i, b_i, c_i so zu bestimmen sind, daß A ein Minimum wird. Man hat also das Gleichungssystem aufzulösen:

$$\frac{\partial A}{\partial a_i} = 0, \quad \frac{\partial A}{\partial b_i} = 0, \quad \frac{\partial A}{\partial c_i} = 0; \quad i = 1, 2, 3 \ldots\ldots \tag{7}$$

was immer möglich ist, da diese Gleichungen in den a_i, b_i, c_i stets linear sind.

IV. Nach Lorenz, Technische Elastizitätslehre 1913, geben wir ein einfaches Beispiel.

In § 26 kann man aus den Gleichungen 3b, 4, 5, 7, 8 den Ansatz für die Normalspannung ableiten:

$$\sigma = z \frac{M}{J}.$$

Die zugehörige Dehnung ist

$$\varepsilon = \frac{\sigma}{E},$$

die Dehnungsarbeit wird

$$d A_i = \frac{\sigma \varepsilon}{2} = \frac{1}{2} z^2 \frac{M^2}{E J^2}.$$

Multipliziert man hier mit $d\tau = dx\, df$ und integriert über den ganzen Balken, so erhält man die Biegungsarbeit der inneren Kräfte. Es bleibt mit

$$J = \int z^2\, df$$

übrig

$$A_i = \frac{1}{2}\int_0^l \frac{M^2}{E J}\, dx.$$

Mit

$$M = -E J \frac{d^2 y}{d x^2}$$

findet sich hieraus

$$A_i = \frac{E J}{2}\int_0^l \left(\frac{d^2 y}{d x^2}\right)^2 d x.$$

Ferner wird die Arbeit der äußeren Kraft

$$A_a = P\, y_0,$$

wo eine Integration nicht mehr erforderlich ist. Demnach hat man die Gesamtarbeit

$$A = \frac{E J}{2}\int_0^l \left(\frac{d^2 y}{d x^2}\right)^2 dx - P\, y_0 \quad . \; . \; . \; . \; . \quad (8)$$

Wir setzen jetzt y als Funktion von x an wie folgt

$$y = a_1\, x^2 + a_2\, x^3. \qquad (9)$$

Der Ansatz genügt den Grenzbedingungen

$$\left.\begin{aligned} y &= 0 \\ \frac{dy}{dx} &= 0 \end{aligned}\right\} \text{ für } x = 0, \text{ d. h. im Einspannungsquerschnitt.}$$

Führen wir nun (9) in (8) ein, so wird

$$A = \frac{E J}{2}\int_0^l (2\, a_1 + 6\, a_2\, x)^2\, dx - P\,(a_1\, l^2 + a_2\, l^3).$$

Die Ausführung der Integration liefert folgenden Ausdruck für die Arbeit:

$$A = E J\,(2\, a_1{}^2\, l + 6\, a_1\, a_2\, l^2 + 6\, a_2{}^2\, l^3) - P\, a_1\, l^3 - P\, a_2\, l^3. \qquad (10)$$

Damit dieser Ausdruck ein Minimum wird, muß sein [77])

$$\left.\begin{aligned} \frac{\partial A}{\partial a_1} &= E J\,(4\, a_1\, l + 6\, a_2\, l^2) - P\, l^2 = 0 \\ \frac{\partial A}{\partial a_2} &= E J\,(6\, a_1\, l^2 + 12\, a_2\, l^3) - P\, l^3 = 0 \end{aligned}\right\} \qquad (11)$$

Die Auflösung von (11) nach a_1 und a_2 ergibt:

$$a_1 = \frac{P\,l}{2\,E\,J}, \quad a_2 = -\frac{P}{6\,E\,J},$$

womit wird

$$y = \frac{P}{2\,E\,J}\left(x^2\,l - \frac{x^3}{3}\right), \tag{12}$$

welches Resultat sich auch durch direkte Integration der Gleichung (7) § 26 ergeben würde.

Zufällig hat hier die Ritzsche Methode ein „genaues“ Resultat geliefert. Im allgemeinen ist dies nicht der Fall. Man erhält ein Näherungsresultat, welches gegebenenfalls durch Hinzunahme von weiteren Funktionen f_i, g_i, h_i zu verbessern ist.

V. Die Differentialgleichungen der Hydrodynamik.

§ 82. Aufstellung der Eulerschen Grundgleichungen für Flüssigkeiten mit und ohne Reibung.

I. Zur Betrachtung von Flüssigkeitsbewegungen bieten sich von vornherein zwei Methoden dar.

Man kann entweder einen bestimmten Punkt x, y, z des von der Flüssigkeit erfüllten Raumes ins Auge fassen und die zeitliche Änderung der Strömungsgeschwindigkeit an dieser Stelle verfolgen, oder man kann ein bestimmtes Flüssigkeitsteilchen mit den Koordinaten x, y, z herausgreifen und dessen Bahn bestimmen.

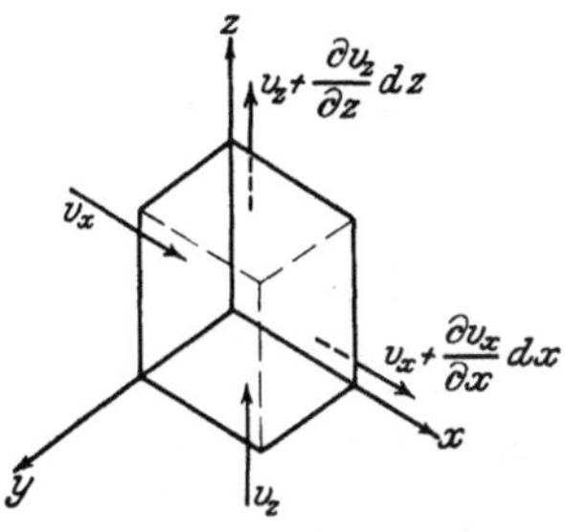

Fig. 217. Geschwindigkeitskomponenten im räumlichen Flüssigkeitselement.

Die erstere Betrachtungsweise führt zu den hydrodynamischen Differentialgleichungen von Euler und liefert die Komponenten (Fig. 217) der Geschwindigkeit

$$\left.\begin{aligned} v_x &= f_1(x, y, z, t) \\ v_y &= f_2(x, y, z, t) \\ v_z &= f_3(x, y, z, t) \end{aligned}\right\} \tag{1}$$

als Funktionen des Ortes x, y, z und der Zeit t.

Die zweite Methode liefert die hydrodynamischen Differentialgleichungen nach **Lagrange** und bestimmt den jeweiligen Ort x, y, z eines Flüssigkeitselementes

$$\left.\begin{aligned} x &= \varphi_1(a, b, c, t) \\ y &= \varphi_2(a, b, c, t) \\ z &= \varphi_3(a, b, c, t) \end{aligned}\right\} \qquad (2)$$

als Funktion des Ortes a, b, c des Elementes zur Zeit $t = 0$ und der Zeit t.

Die Aufstellung der Eulerschen Gleichungen, die sich zunächst auf Flüssigkeiten ohne Reibung beziehen, knüpft zweckmäßig an das Gleichgewicht der Kräfte an einem Elementarparallelepiped $dx\,dy\,dz$ der Flüssigkeit an.

Die an einem Flüssigkeitselement angreifenden Kräfte sind folgende:

1. Die Massenträgheit des Elementes von der Form

$$\varrho\, dx\, dy\, dz\, \frac{dv}{dt}$$

d. h. das Produkt seiner Masse in die Beschleunigung.

2. Die am Volumen haftende äußere Kraft $P\,dx\,dy\,dz$.
3. Die von der Flüssigkeit auf das Element ausgeübten Kräfte.

Bei der Bestimmung der letzteren haben wir zunächst Gelegenheit, zwischen reibungsfreien und reibungsbehafteten Flüssigkeiten zu unterscheiden. Zieht man in einer Flüssigkeit durch einen Punkt A eine Trennungsfläche Fig. 218, so daß zwei Flüssigkeitsteile a und b entstehen, so besteht die gegenseitige Einwirkung der beiden Teile zunächst in der Übertragung des Druckes p normal zur Trennungsfläche. Ist der Druck p unabhängig von der Richtung der Flächennormalen, dann ist die Flüssigkeit **reibungsfrei**. In diesem Falle findet keine Einwirkung zwischen a und b in Richtung der Trennungsfläche statt, auch wenn a und b in der Fläche aneinander gleiten.

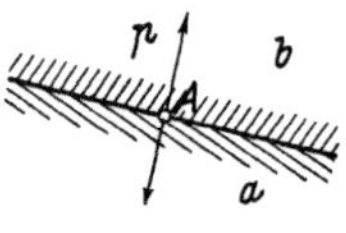

Fig. 218. Gegenseitige Einwirkung zweier Flüssigkeitsteile.

Andererseits hat das Vorhandensein einer Wirkung zwischen a und b in Richtung ihrer Trennungsfläche zur Folge, daß man nicht mehr von einem nach allen Richtungen gleichen Drucke p sprechen kann. In diesem Falle liegt eine mit Reibung behaftete Flüssigkeit vor. Über die Art der Reibungswirkung werden wir uns unten weiter verbreiten.

Bei reibungsfreien Flüssigkeiten bleibt also nur der Druck p zur Betrachtung übrig, der natürlich von Ort zu Ort innerhalb der Flüssigkeit verschieden gefunden wird. Nach der Fig. 219 ändert sich der Druck beim Fortschreiten um ∂x in der Richtung der x-Achse um

$$\frac{\partial p}{\partial x}\,dx \cdot - \frac{\partial p}{\partial x}\,dx\,dy\,dz$$

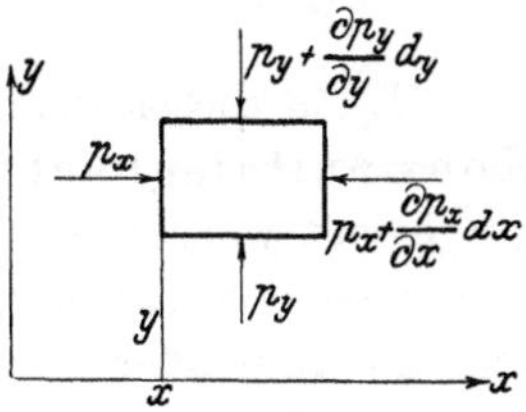

Fig. 219. Abhängigkeit des Druckes vom Ort.

ist also die vom Druck in der x-Richtung auf das Element ausgeübte Kraft, die sich mit der X-Komponente der Volumkraft $P\,dx\,dy\,dz$ zusammensetzt zu:

$$\left(X - \frac{\partial p}{dx}\right) dx\,dy\,dz \tag{3}$$

Diese resultierende Kraft ist mit der in die x-Richtung fallenden Komponente der Massenträgheit gleichzusetzen:

$$\varrho\frac{d^2x}{dt^2}\,dx\,dy\,dz = \varrho\frac{dv_x}{dt}\,dx\,dy\,dz = \left(X - \frac{\partial p}{\partial x}\right) dx\,dy\,dz \tag{4}$$

woraus sich ergibt:

$$\varrho\frac{dv_x}{dt} = \left(X - \frac{\partial p}{\partial x}\right) \tag{5}$$

Hier ist der totale Differentialquotient noch durch seine partiellen auszudrücken:

$$\frac{dv_x}{dt} = \frac{\partial v_x}{\partial t} + \frac{\partial v_x}{\partial x}\frac{\partial x}{\partial t} + \frac{\partial v_x}{\partial y}\cdot\frac{\partial y}{\partial t} + \frac{\partial v_x}{\partial z}\frac{\partial z}{\partial t}$$

$$= \frac{\partial v_x}{\partial t} + v_x\frac{\partial v_x}{\partial x} + v_y\frac{\partial v_x}{\partial y} + v_z\frac{\partial v_x}{\partial z} \tag{6}$$

womit sich dann, wenn wir die beiden anderen Koordinatenrichtungen entsprechend behandeln, das System ergibt:

$$\left.\begin{aligned} \varrho\left(\frac{\partial v_x}{\partial t} + v_x \frac{\partial v_x}{\partial x} + v_y \frac{\partial v_x}{\partial y} + v_z \frac{\partial v_x}{\partial z}\right) &= X - \frac{\partial p}{\partial x} \\ \varrho\left(\frac{\partial v_y}{\partial t} + v_x \frac{\partial v_y}{\partial x} + v_y \frac{\partial v_y}{\partial y} + v_z \frac{\partial v_y}{\partial z}\right) &= Y - \frac{\partial p}{\partial y} \\ \varrho\left(\frac{\partial v_z}{\partial t} + v_x \frac{\partial v_z}{\partial x} + v_y \frac{\partial v_z}{\partial y} + v_z \frac{\partial v_z}{\partial z}\right) &= Z - \frac{\partial p}{\partial z} \end{aligned}\right\} \qquad (7)$$

II. Zu diesen drei Gleichungen kommt noch die sogenannte Kontinuitätsgleichung hinzu, die ebenfalls bereits von Euler aufgestellt worden ist. Diese Gleichung sagt aus, daß bei jedem Raumelement $dx\,dy\,dz$ die Differenz zwischen zuströmender und abströmender Flüssigkeitsmenge sich durch eine Änderung der im Element enthaltenen Menge bemerkbar machen muß. In Richtung der x-Achse strömt während der Zeit dt ein:

$$\varrho\, v_x\, dy\, dz\, dt$$

Er strömt ab

$$\left(\varrho\, v_x + \frac{\partial(\varrho\, v_x)}{\partial x} dx\right) dy\, dz\, dt$$

In Richtung der x-Achse verliert also das Element die Flüssigkeitsmenge:

$$\frac{\partial(\varrho\, v_x)}{\partial x} dx\, dy\, dz\, dt$$

Analoge Strömungen finden statt parallel zur y- und zur z-Achse. Die Summe der abströmenden Mengen muß der Mengenänderung im Element gleich sein. Letztere ist:

$$\frac{\partial \varrho}{\partial t} dt\, dx\, dy\, dz\,.$$

Da es sich um eine Abnahme der Menge handelt, muß $\frac{\partial \varrho}{\partial t}$ negativ sein. Wir haben also

$$\frac{\partial \varrho}{\partial t} dx\, dy\, dz\, dt = -\left(\frac{\partial(\varrho\, v_x)}{\partial x} + \frac{\partial(\varrho\, v_y)}{\partial y} + \frac{\partial(\varrho\, v_z)}{\partial z}\right) dx\, dy\, dz\, dt$$

oder

$$\frac{\partial \varrho}{\partial t} + \frac{\partial(\varrho\, v_x)}{\partial x} + \frac{\partial(\varrho\, v_y)}{\partial y} + \frac{\partial(\varrho\, v_z)}{\partial z} = 0 \qquad (8)$$

Diese Form der Kontinuitätsgleichung gilt für kompressible Flüssigkeiten, bei denen ϱ variabel ist. Ist ϱ unveränderlich, die Flüssigkeit also inkompressibel, so lautet die Kontinuitätsgleichung einfacher:

$$\frac{\partial v_x}{\partial x} + \frac{\partial v_y}{\partial y} + \frac{\partial v_z}{\partial z} = 0 \tag{9}$$

Die Gleichungen (7) und (9) lösen im Falle des konstanten ϱ die hydrodynamische Bewegungsaufgabe vollständig, im Verein mit den noch später zu erörternden Oberflächen- und Anfangsbedingungen. Im Falle eines veränderlichen ϱ fehlt noch eine Gleichung zur Bestimmung dieser fünften abhängigen Veränderlichen, die wir in der sogenannten Zustandsgleichung

$$f(\varrho, p, T) = 0 \tag{10}$$

gewinnen. Durch diese wird die Dichte ϱ mit dem Druck p und der absoluten Temperatur T an der betrachteten Stelle in Verbindung gebracht, womit die Bewegung der elastischen Flüssigkeiten in das Gebiet der Thermodynamik verwiesen wird. Dann tritt die Temperatur T als sechste Variable auf, deren Verlauf streng genommen unter Zuhilfenahme der Wärmeleitung in Gasen untersucht werden muß. Die dadurch gegebene Verwicklung der Aufgaben fällt fort, wenn man so rasche Bewegungen betrachtet, daß die Wärmeabgabe eines Raumelementes außer Ansatz bleiben kann.

Dann kann man nicht nur von der Wärmeleitung absehen, sondern man ist auch berechtigt, die Umgrenzung des Raumelementes als wärmeundurchlässig anzusehen, d. h. es tritt dann die Zustandsgleichung in der speziellen Form der Adiabate auf, die für elastische Flüssigkeiten, also für Gase lautet:

$$\frac{p}{\varrho^{\varkappa}} = \frac{p_0}{\varrho_0^{\varkappa}} \tag{11}$$

wo $\varkappa = \frac{c_p}{c_v}$ das Verhältnis der beiden spezifischen Wärmen bedeutet[78]).

III. Es erübrigt jetzt noch, zu untersuchen, ob neben den Verschiebungen des Elementes $dx\,dy\,dz$ auch Drehungen möglich sind.

In § 66 hatten wir bereits die Winkelgeschwindigkeit der Drehung um die z-Achse ermittelt:

$$\omega_z = \frac{1}{2}\left(\frac{\partial v_y}{\partial x} - \frac{\partial v_x}{\partial y}\right) \tag{12}$$

der sich die Drehungsgeschwindigkeiten um die anderen Achsen anschließen

$$\left.\begin{aligned} \omega_y &= \frac{1}{2}\left(\frac{\partial v_x}{\partial z} - \frac{\partial v_z}{\partial x}\right) \\ \omega_x &= \frac{1}{2}\left(\frac{\partial v_z}{\partial y} - \frac{\partial v_y}{\partial z}\right) \end{aligned}\right\} \tag{12}$$

Da nun weder die Volumkraft P noch der Druck p ein Moment ausübt, so gelten die Gleichungen:

$$\frac{d\omega_x}{dt} = \frac{d\omega_y}{dt} = \frac{d\omega_z}{dt} = 0 \tag{13}$$

Demnach bleiben die Größen $\omega_x\ \omega_y\ \omega_z$ selbst konstant, und sie bleiben Null, wenn sie es zu Anfang der Bewegung waren.

Man nennt die Größen $\omega_x\ \omega_y\ \omega_z$ die Wirbelkomponenten. Ihre Unveränderlichkeit ist eine Folge des Nichtsvorhandenseins von Schubkräften in den Begrenzungsebenen des Elementes $dx\,dy\,dz$, d. h. sie tritt ein bei reibungsfreien Flüssigkeiten. In letzteren können also Wirbel von selbst weder entstehen noch von selbst verschwinden.

Sind $\omega_x\ \omega_y\ \omega_z$ Null, so heißt die Bewegung wirbelfrei. In diesem Falle gilt:

$$\frac{\partial v_z}{\partial y} = \frac{\partial v_y}{\partial z}; \quad \frac{\partial v_x}{\partial z} = \frac{\partial v_z}{\partial x}; \quad \frac{\partial v_y}{\partial x} = \frac{\partial v_x}{\partial y} \tag{14}$$

Diesen Ansätzen wird man nach Helmholtz gerecht durch Einführung eines Geschwindigkeitspotentials

$$\Phi = \Phi\,(x, y, z, t) \tag{15}$$

derart, daß gilt:

$$\left.\begin{aligned} v_x &= \frac{\partial \Phi}{\partial x} \\ v_y &= \frac{\partial \Phi}{\partial y} \\ v_z &= \frac{\partial \Phi}{\partial z} \end{aligned}\right\} \tag{16}$$

womit ersichtlich die Gleichungen (14) erfüllt sind. Setzt man die Ausdrücke (16) in die Kontinuitätsgleichung (9) ein, so entspringt:

$$\frac{\partial^2 \Phi}{\partial x^2} + \frac{\partial^2 \Phi}{\partial y^2} + \frac{\partial^2 \Phi}{\partial z^2} = 0 \qquad (17)$$

durch deren Gestalt sich die Einführung des Ausdrucks Geschwindigkeitspotential aus der Übereinstimmung mit Gl. (6) § 67 erklärt.

IV. Wir verzichten nunmehr auf die Voraussetzung der Reibungsfreiheit und definieren zunächst, welche physikalische Wirkung mit dem Vorhandensein von Reibung unmittelbar verbunden ist.

Strömen zwei Flüssigkeitsschichten mit verschiedenen Geschwindigkeiten v_1 und v_2 Fig. 220 aneinander hin, so wird bei Vorhandensein von Reibung zwischen den Schichten die schneller fließende eine beschleunigende Kraft auf die langsamer fließende ausüben. Die Größe dieser Kraft, berechnet auf ein Quadratzentimeter der Trennungsfläche, muß nun in Zusammenhang gebracht werden mit den hydrodynamischen Zustandsgrößen: Druck p und Geschwindigkeit v. Dieser Zusammenhang kann nur experimentell bestimmt werden. Man hat gefunden, daß innerhalb gewisser Bereiche von p und v die Kraft vom Druck p unabhängig, dagegen der Geschwindigkeitsdifferenz $v_2 - v_1$ proportional ist. Handelt es sich um sehr kleine Geschwindigkeitsunterschiede dv, dann ist die Flüssigkeitsreibung proportional dem Quergefälle der Geschwindigkeit $\frac{\partial v}{\partial n}$. Man führt als Zähigkeitskoeffizienten den Buchstaben $\varkappa$ ein und hat als Reibungskraft:

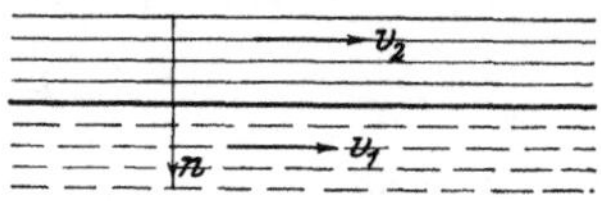

Fig. 220. Zur Definition der Flüssigkeitsbewegung.

$$R = \varkappa \frac{\partial v}{\partial n} \qquad (18)$$

Wendet man diesen in seiner Urform $R = \varkappa (v_2 - v_1)$ auf Newton zurückgehenden Ansatz auf das Elementarparallelepiped $dx\, dy\, dz$ an, so hat man für jedes seiner 6 Begrenzungsrechtecke Reibungskräfte anzunehmen.

Von diesen Reibungskräften hängen die an dem Element $dx\, dy\, dz$ angreifenden Spannungskomponenten σ_x, σ_y, σ_z, τ_x,

τ_y, τ_z ab, in einer Weise, über die verschiedene mit (18) verträgliche Hypothesen möglich sind. Die durch Versuchsresultate hinreichend gesicherte Hypothese der Abhängigkeit ist folgende:

$$\left.\begin{aligned}
\sigma_x &= -p - \frac{2}{3}\varkappa \operatorname{div} v + 2\varkappa \frac{\partial v_x}{\partial x}; & \tau_x &= 2\varkappa\left(\frac{\partial v_y}{\partial z} + \frac{\partial v_z}{\partial y}\right)\\
\sigma_y &= -p - \frac{2}{3}\varkappa \operatorname{div} v + 2\varkappa \frac{\partial v_y}{\partial y}; & \tau_y &= 2\varkappa\left(\frac{\partial v_z}{\partial x} + \frac{\partial v_x}{\partial z}\right)\\
\sigma_z &= -p - \frac{2}{3}\varkappa \operatorname{div} v + 2\varkappa \frac{\partial v_z}{\partial z}; & \tau_z &= 2\varkappa\left(\frac{\partial v_x}{\partial y} + \frac{\partial v_y}{\partial x}\right)
\end{aligned}\right\} \quad (19)$$

Hier ist zur Abkürzung

$$\operatorname{div} v = \frac{\partial v_x}{\partial x} + \frac{\partial v_y}{\partial y} + \frac{\partial v_z}{\partial z}$$

gesetzt, während p den hydraulischen Druck im Flüssigkeitselement bedeutet, der durch

$$p = -\frac{\sigma_x + \sigma_y + \sigma_z}{3} \quad (20)$$

definiert ist.

Dieses Resultat findet sich durch Addition der drei Gleichungen für die σ. Die Normalspannungen in den Grenzen des Flüssigkeitselementes sind also bei zähen Flüssigkeiten nicht mehr mit dem Druck p identisch, und die Schubspannungen verschwinden nicht.

Die Gewinnung der Bewegungsgleichungen ist nunmehr sehr leicht. Wir haben die Spannungskomponenten (19) nur einzusetzen in die Gleichgewichtsgleichungen § 77 eines Elementarparallelepipeds, wodurch wir unter Aussonderung der Massenträgheiten $\varrho \frac{dv}{dt}$ aus den Kräften P für inkompressible Flüssigkeiten ($\operatorname{div} v = 0$) erhalten:

$$\left.\begin{aligned}
\varrho \frac{dv_x}{dt} &= X - \frac{\partial p}{\partial x} + \varkappa \Delta v_x\\
\varrho \frac{dv_y}{dt} &= Y - \frac{\partial p}{\partial y} + \varkappa \Delta v_y\\
\varrho \frac{dv_z}{dt} &= Z - \frac{\partial p}{\partial z} + \varkappa \Delta v_z
\end{aligned}\right\} \quad (21)$$

wo Δ das Zeichen des Differentialparameters (vgl. § 67) ist.

Hierzu tritt noch die Kontinuitätsgleichung im Falle inkompressibler Flüssigkeiten:

$$\frac{\partial v_x}{\partial x} + \frac{\partial v_y}{\partial y} + \frac{\partial v_z}{\partial z} = 0$$

sowie im Falle kompressibler Flüssigkeiten außer der diesen entsprechenden Kontinuitätsgleichung noch die Zustandsgleichung.

§ 83. Die Grenzbedingungen bei hydrodynamischen Aufgaben.

Bei Flüssigkeitsbewegungen kommen der Natur der Sache nach zwei Arten von Grenzflächen vor:

a) Freie Oberflächen.

b) Flächen, die Teile fester Körper sind.

Bewegungen, bei denen nur freie Oberflächen vorkommen, sind sehr bekannt. Z. B. ein fallender Tropfen oder ein Weltkörper sind unter diesem Gesichtspunkt zu betrachten.

Für ideale Flüssigkeiten lautet die Grenzbedingung an der freien Oberfläche

$$p = P \tag{1}$$

d. h. an der freien Oberfläche muß der Flüssigkeitsdruck p dem Druck P der Umgebung gleich sein. Im Weltraum würde $P = 0$, in der Erdatmosphäre dagegen $P = 1$ zu setzen sein.

Für zähe Flüssigkeiten muß an der freien Oberfläche die Resultierende der Spannungen $\sigma_x, \sigma_y, \sigma_z, \tau_x, \tau_y, \tau_z$ mit der Resultierenden des Druckes der Umgebung übereinstimmen, d. h. es gelten Gleichungen wie bei den elastischen Körpern:

$$\begin{aligned} X &= \sigma_x \cos(n\,x) + \tau_z \cos(n\,y) + \tau_y \cos(n\,z) \\ Y &= \sigma_y \cos(n y) + \tau_x \cos(n\,z) + \tau_z \cos(n\,x) \\ Z &= \sigma_z \cos(n\,z) + \tau_y \cos(n\,x) + \tau_x \cos(n\,y) \end{aligned} \tag{2}$$

wo für $\sigma_x, \sigma_y, \sigma_z, \tau_x, \tau_y, \tau_z$ die durch (19) § 82 gegebenen Werte einzusetzen sind.

Jede Oberfläche (freie und nicht freie) hat eine Gleichung

$$f(x, y, z, t) = 0 \tag{3}$$

in der im allgemeinen die Zeit vorkommt.

Im Falle der freien Oberfläche gibt (3) die mit der Zeit veränderliche Gestalt des Spiegels. Die Form von f liegt zunächst in keinem Augenblick fest und sie muß aus dem ganzen Komplex der Prämissen (insbesondere unter Zuhilfenahme der hydrodynamischen Differentialgleichungen) bestimmt werden, außerdem aber auch folgendem Ansatz genügen:

$$\frac{\partial f}{\partial t} + v_x \frac{\partial f}{\partial x} + v_y \frac{\partial f}{\partial y} + v_z \frac{\partial f}{\partial z} = 0 \tag{4}$$

Diese Gleichung sagt aus, daß an der Oberfläche keine Geschwindigkeit relativ und normal zur Fläche existiert, es können nur relative Strömungen in der Fläche stattfinden.

Ist f eine nicht freie Oberfläche, die durch Teile eines starren Körpers gebildet wird, so kann ihre Gleichung ebenfalls die Zeit enthalten. Man hat dann die unfreien Oberflächen als Teile von sich bewegenden starren Körpern zu betrachten. Hierher würden z. B. die Schaufelbegrenzungen in Kreiselrädern gehören oder auch die Begrenzungsflächen von Körpern, die sich in der Flüssigkeit ganz oder teilweise eingetaucht bewegen.

Ist f Teil eines unbeweglichen starren Körpers, dann verschwindet in (4) der Differentialquotient $\frac{\partial f}{\partial t}$, und man erhält als Oberflächenbedingung

$$v_x \frac{\partial f}{\partial x} + v_y \frac{\partial f}{\partial y} + v_z \frac{\partial f}{\partial z} = 0 \tag{5}$$

Bis auf den Einfluß der Zeit hat bei starren Körpern f eine gegebene Form:

$$f(x, y, z, t) = 0$$

und es ist im Falle beweglicher Körper der Einfluß der Zeit auf die Konstanten der Flächengleichung zu bestimmen.

Man kann übrigens die Grenzbedingung (4) noch umformen. Differenziert man nämlich (3) nach der Zeit, so erhält man

$$\frac{\partial f}{\partial t} + \frac{dx}{dt}\frac{\partial f}{\partial x} + \frac{dy}{dt}\frac{\partial f}{\partial y} + \frac{dz}{dt}\frac{\partial f}{\partial z} = 0$$

oder wenn man die Geschwindigkeiten u, v, w eines Punktes der sich bewegenden starren Fläche einführt:

$$\frac{\partial f}{\partial t} + u \frac{\partial f}{\partial x} + v \frac{\partial f}{\partial y} + w \frac{\partial f}{\partial z} = 0 \tag{6}$$

Durch Vergleich von (6) und (4) findet man, daß die in Richtung der Normalen n der Fläche f genommene absolute Strömungsgeschwindigkeit

$$v_n = v_x \cos(n\,x) + v_y \cos(n\,y) + v_z \cos(n\,z)$$

der nach derselben Normalen genommenen Geschwindigkeit des Körperpunktes

$$N = u \cos(n\,x) + v \cos(n\,y) + w \cos(n\,z)$$

gleich sein muß:

$$v_n = N \tag{7}$$

Handelt es sich um die Bewegung von unbegrenzt ausgedehnten Flüssigkeitsmassen, so muß man sich auch das Verhalten der Strömung im Unendlichen klarmachen. Soll im Unendlichen Ruhe herrschen, so heißt dies, daß über eine genügend groß genommene geschlossene Oberfläche hinaus weder im Ganzen noch in einzelnen beliebig kleinen Teilen der Oberfläche o Flüssigkeit gelangen soll. Für diese Bedingung kann man die Formel anschreiben:

$$\int v_n\, do = 0 \tag{8}$$

wo das Integral über jedes im Unendlichen gelegene Flächenstück genommen werden kann. Es bedeutet $v_n\, do$ das in der Zeiteinheit durch das Flächenelement do hindurchtretende Flüssigkeitsvolumen.

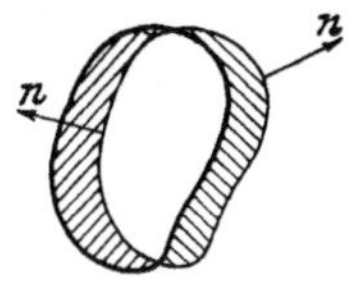

Fig. 221. Zur Definition eines volumbeständigen Körpers.

Die Bedingung (8) ist nicht erfüllbar, wenn sich in der Flüssigkeit ein volumunbeständiger Körper bewegt. Wir betrachten aber nur starre Körper, für welche gilt:

$$dt \int N\, do = 0 \tag{9}$$

Der Integralwert, mit $d\,t$ multipliziert, bedeutet das vom Körper während des Zeitraumes dt bestrichene Volumen, vermindert um das freigewordene Volumen; vgl. Fig. 221. Diese Differenz muß aber bei starren Körpern Null sein.

§ 84. Integration der Eulerschen Gleichungen im Falle einer idealen wirbelfreien inkompressibelen Flüssigkeit.

Wir knüpfen an an die Gleichungen (14) bis (17) § 82 und führen die Komponenten von v ein in die Eulerschen Gleichungen (7).

Man erhält folgende Ansätze:

$$\left.\begin{aligned}
\varrho\left\{\frac{\partial^2 \Phi}{\partial x\,\partial t}+\frac{1}{2}\frac{\partial}{\partial x}\left[\left(\frac{\partial \Phi}{\partial x}\right)^2+\left(\frac{\partial \Phi}{\partial y}\right)^2+\left(\frac{\partial \Phi}{\partial z}\right)^2\right]\right\} &= X-\frac{\partial p}{\partial x}\\
\varrho\left\{\frac{\partial^2 \Phi}{\partial y\,\partial t}+\frac{1}{2}\frac{\partial}{\partial y}\left[\left(\frac{\partial \Phi}{\partial x}\right)^2+\left(\frac{\partial \Phi}{\partial y}\right)^2+\left(\frac{\partial \Phi}{\partial z}\right)^2\right]\right\} &= Y-\frac{\partial p}{\partial y}\\
\varrho\left\{\frac{\partial^2 \Phi}{\partial z\,\partial t}+\frac{1}{2}\frac{\partial}{\partial z}\left[\left(\frac{\partial \Phi}{\partial x}\right)^2+\left(\frac{\partial \Phi}{\partial y}\right)^2+\left(\frac{\partial \Phi}{\partial z}\right)^2\right]\right\} &= Z-\frac{\partial p}{\partial z}
\end{aligned}\right\} \quad (1)$$

Hier ist aber

$$\left(\frac{\partial \Phi}{\partial x}\right)^2+\left(\frac{\partial \Phi}{\partial y}\right)^2+\left(\frac{\partial \Phi}{\partial z}\right)^2 = v^2 \quad (2)$$

zu setzen, so daß folgende Gleichungen entstehen:

$$\left.\begin{aligned}
\varrho\frac{\partial}{\partial x}\left(\frac{\partial \Phi}{\partial t}+\frac{1}{2}v^2+\frac{p}{\varrho}\right) &= X\\
\varrho\frac{\partial}{\partial y}\left(\frac{\partial \Phi}{\partial t}+\frac{1}{2}v^2+\frac{p}{\varrho}\right) &= Y\\
\varrho\frac{\partial}{\partial z}\left(\frac{\partial \Phi}{\partial t}+\frac{1}{2}v^2+\frac{p}{\varrho}\right) &= Z
\end{aligned}\right\} \quad (3)$$

Es erweisen sich also die Volumkräfte $X\ Y\ Z$ als Ableitungen nach den Koordinatenachsen von einer einzigen Funktion

$$\varrho\left(\frac{\partial \Phi}{\partial t}+\frac{1}{2}v^2+\frac{p}{\rho}\right) = -V(x, y, z, t) \quad (4)$$

Die Volumkräfte besitzen also ein Potential.

Führen wir das Kräftepotential in die Gleichungen (3) ein, so erhalten wir im Falle der stationären Bewegung, bei welcher die Geschwindigkeit v von der Zeit unabhängig ist, $\frac{\partial \Phi}{\partial t}$ also verschwindet, als ein erstes Integral der Gleichungen, den Ansatz

$$V+p+\frac{1}{2}\varrho v^2 = C \quad (5)$$

welchen wir als Energiegleichung der stationären Bewegung ansprechen. Nach ihr ist die Summe des Kräftepotentials, des Flüssigkeitsdruckes und der kinetischen Energie an einer Raumstelle von Ort und Zeit unabhängig.

Schreibt man die Gleichungen (3) in der Form

$$\left.\begin{aligned}
\frac{\partial^2 \Phi}{\partial x\, \partial t} &= \frac{\partial v_x}{\partial t} = -\frac{\partial}{\partial x}\left\{\frac{1}{\varrho}(V+p) + \frac{1}{2}v^2\right\}\\
\frac{\partial^2 \Phi}{\partial y\, \partial t} &= \frac{\partial v_y}{\partial t} = -\frac{\partial}{\partial y}\left\{\frac{1}{\varrho}(V+p) + \frac{1}{2}v^2\right\}\\
\frac{\partial^2 \Phi}{\partial z\, \partial t} &= \frac{\partial v_z}{\partial t} = -\frac{\partial}{\partial z}\left\{\frac{1}{\varrho}(V+p) + \frac{1}{2}v^2\right\}
\end{aligned}\right\} \tag{6}$$

so sieht man, daß die zeitlichen Änderungen der Geschwindigkeitskomponenten in irgendeinem Zeitpunkte von einem Potential

$$\left\{\frac{1}{\varrho}(V+p) + \frac{1}{2}v^2\right\}$$

ableitbar sind, wenn die Volumkräfte das Potential $-V$ und die Geschwindigkeitskomponenten in dem Zeitpunkte das Potential Φ haben. Damit ist aber folgender wichtiger Satz gewonnen: Ist eine ideale inkompressible Flüssigkeit in irgendeinem Zeitpunkt wirbelfrei, so bleibt sie dies dauernd, wenn sie unter Einfluß von Potentialkräften steht.

§ 85. Dirichlets Untersuchung der Bewegung einer reibungsfreien Flüssigkeit um eine Kugel[79]).

Eine Kugel vom Radius R befinde sich im Anfangspunkt eines Koordinatensystemes x, y, z, innerhalb einer reibungsfreien Flüssigkeit der Dichte ϱ. Die Kugel sei fest. Die Elemente der Flüssigkeit unterliegen massenproportionalen Kräften P, die vom Ort unabhängig sind, also x, y, z nicht enthalten. Dagegen soll in P und seinen Komponenten X, Y, Z die Zeit vorkommen können. Die Kräfte genügen also dem Potential

$$V = (X x + Y y + Z z),$$

denn wir haben hieraus:

$$x\text{-Komponente} = \frac{\partial V}{\partial x} = X$$

$$y\text{-Komponente} = \frac{\partial V}{\partial y} = Y$$

$$z\text{-Komponente} = \frac{\partial V}{\partial z} = Z\,.$$

Die Bewegung wird, wenn sie zu irgend einer Zeit als wirbelfrei angenommen wird, dauernd wirbelfrei sein. Außerdem wird sie in großer Entfernung vom Anfangspunkt so stattfinden, also ob die Kugel nicht vorhanden wäre, d. h. die Bewegung ist im Unendlichen in allen Punkten dieselbe. Infolgedessen sind die Differentialquotienten des Flüssigkeitsdruckes p:

$$\frac{\partial p}{\partial x}, \quad \frac{\partial p}{\partial y}, \quad \frac{\partial p}{\partial z}$$

im Unendlichen nicht vorhanden, und die Eulerschen Gleichungen reduzieren sich auf:

$$\left.\begin{aligned} \varrho\frac{\partial v_x}{\partial t} &= X \\ \varrho\frac{\partial v_y}{\partial t} &= Y \\ \varrho\frac{\partial v_z}{\partial t} &= Z \end{aligned}\right\} \tag{1}$$

Hieraus ergeben sich die Geschwindigkeitskomponenten im Unendlichen:

$$\begin{aligned} v_x &= \frac{1}{\varrho}\int_0^t X\,dt, & v_y &= \frac{1}{\varrho}\int_0^t Y\,dt, & v_z &= \frac{1}{\varrho}\int_0^t Z\,dt \\ &= \alpha & &= \beta & &= \gamma \end{aligned} \tag{2}$$

Das Nichtvorhandensein von Wirbeln und die Existenz eines Kräftepotentials ergibt nach dem Früheren die Existenz eines Geschwindigkeitspotentials Φ, welche im ganzen Flüssigkeitsgebiete die Geschwindigkeitskomponenten wie folgt liefert:

$$\left.\begin{aligned} v_x &= \frac{\partial \Phi}{\partial x} \\ v_y &= \frac{\partial \Phi}{\partial y} \\ v_z &= \frac{\partial \Phi}{\partial z} \end{aligned}\right\} \tag{3}$$

Im Unendlichen hat man speziell aus (2):

$$\frac{\partial \Phi}{\partial x} = \alpha; \quad \frac{\partial \Phi}{\partial y} = \beta; \quad \frac{\partial \Phi}{\partial z} = \gamma \tag{4}$$

Überall hat Φ der Differentialgleichung zu genügen:

$$\frac{\partial^2 \Phi}{\partial x^2} + \frac{\partial^2 \Phi}{\partial y^2} + \frac{\partial^2 \Phi}{\partial z^2} = 0 \tag{5}$$

Diese Differentialgleichung formen wir auf Polarkoordinaten r, ϑ, φ um nach den Ansätzen:

$$x = r \cos \vartheta; \; y = r \sin \vartheta \cos \varphi; \; z = r \sin \vartheta \sin \varphi.$$

Im Anschluß an die Entwicklung des § 72 erhalten wir in Polarkoordinaten die Differentialgleichung des Potentials Φ:

$$r^2 \frac{\partial^2 \Phi}{\partial r^2} + 2 r \frac{\partial \Phi}{\partial r} + \frac{1}{\sin \vartheta} \frac{\partial \left(\sin \vartheta \frac{\partial \Phi}{\partial \vartheta} \right)}{\partial \vartheta} + \frac{1}{\sin^2 \vartheta} \frac{\partial^2 \Phi}{\partial \varphi^2} = 0 \tag{6}$$

Dieser Gleichung suchen wir zu genügen durch den Ansatz

$$\Phi = R X \tag{7}$$

in welchem R nur die Variabele r, X dagegen ϑ und φ enthalten soll. Die Ausführung der nach (6) erforderlichen Operationen an (7) und Einführung der Ergebnisse in (6) liefert den Ansatz:

$$\frac{r^2 R'' + 2 r R'}{R} + \frac{1}{X} \left\{ \frac{1}{\sin \vartheta} \frac{\partial \left(\sin \vartheta \frac{\partial X}{\partial \vartheta} \right)}{\partial \vartheta} + \frac{1}{\sin^2 \vartheta} \frac{\partial^2 X}{\partial \varphi^2} \right\} = 0 \tag{8}$$

Diese Gleichung zerfällt mit einer Konstanten $n(n+1)$, in welcher n eine ganze Zahl ist, in zwei Gleichungen, nämlich:

$$r^2 R'' + 2 r R' - n(n+1) R = 0 \tag{9a}$$

und

$$X n (n+1) + \frac{1}{\sin \vartheta} \frac{\partial \left(\sin \vartheta \frac{\partial X}{\partial \vartheta} \right)}{\partial \vartheta} + \frac{1}{\sin^2 \vartheta} \frac{\partial^2 X}{\partial \varphi^2} = 0 \tag{9b}$$

Die Differentialgleichung (9a) hat, wie man leicht verifiziert, zwei partikuläre Integrale r^n und $\frac{1}{r^{n+1}}$, während (9b) die bekannte Differentialgleichung der Kugelfunktionen ist.

Sind X_n und Y_n zwei Kugelfunktionen von ϑ und φ, welche (9b) befriedigen, so ist

$$\Phi = \sum_{n=0}^{\infty} \left(A_n r^n X_n + \frac{B_n}{r^{n+1}} Y_n \right) \tag{10}$$

ein Ansatz, der die Differentialgleichung (6) des Potentials Φ befriedigt.

Nunmehr betrachten wir unsere in die Flüssigkeit getauchte Kugel vom Radius R. Sie gibt Anlaß zur Einführung einer Oberflächenbedingung nach § 83 (7). Nach diesem Ansatz

$$v_n = N \tag{11}$$

soll die nach der Flächennormale n genommene Geschwindigkeitskomponente v_n der Flüssigkeit gleich der flächennormal genommenen Bewegungsgeschwindigkeit N des betrachteten Oberflächenpunktes sein. Da die Kugel in Ruhe ist, ist $N = 0$. Die Komponente v_n ist aber identisch mit der nach r genommenen Geschwindigkeit der Flüssigkeit, d. h. mit $\frac{\partial \Phi}{\partial r}$. Wir haben also an der Oberfläche der eingetauchten Kugel ($r = R$) die Bedingung

$$\frac{\partial \Phi}{\partial r} = 0 \tag{12}$$

Wendet man diese Bedingung an auf Ansatz (10), so findet sich als Oberflächenbedingung:

$$\sum \left(n\, A_n\, R^{n-1}\, X_n - \frac{(n+1)\, B_n}{R^{n+2}}\, Y_n \right) = 0 \tag{13}$$

und hieraus, da jedes Glied einzeln verschwinden muß:

$$Y_n = \frac{A_n}{B_n} \frac{n}{n+1} R^{2n+1} X_n \tag{14}$$

Hiermit wird aber das Potential Φ:

$$\Phi = \sum_{n=0}^{\infty} A_n\, X_n \left(r^n + \frac{n}{n+1} \frac{R^{2n+1}}{r^{n+1}} \right) \tag{15}$$

Dieser Ansatz muß im Unendlichen die Bedingungen (4) befriedigen, darf also zunächst im Unendlichen nicht unendliche Geschwindigkeiten liefern, d. h. $\frac{\partial \Phi}{\partial r}$ darf nicht unendlich werden. Dies ist aber nur dann möglich, wenn $n = 0$ oder $= 1$ ist; $n = 2$ würde bereits $\frac{\partial \Phi}{\partial r}$ unendlich wachsen lassen. Es vereinfacht sich also (15) auf:

$$\Phi = A_0\, X_0 + A_1\, X_1 \left(r + \frac{1}{2} \frac{R^3}{r^2} \right) \tag{16}$$

Nach § 73 ist

$$X_0 = 1 \text{ und } X_1 = a \cos \vartheta + b \sin \vartheta \cos \varphi + c \sin \vartheta \sin \varphi.$$

A_0 läßt man als Konstante fort, weil sie wegen der Differentiation zu den Geschwindigkeitskomponenten doch nichts beiträgt, und X_1 multipliziert man mit r und erhält unter Einrechnung von A_1 in die Konstanten a, b, c

$$X_1 r = a x + b y + c z$$

oder

$$\Phi = (a x + b y + c z)\left(1 + \frac{1}{2} \frac{R^3}{r^3}\right) \tag{17}$$

Hieraus ergeben sich im Unendlichen die Komponenten

$$\left.\begin{aligned} \frac{\partial \Phi}{\partial x} &= a = \alpha \\ \frac{\partial \Phi}{\partial y} &= b = \beta \\ \frac{\partial \Phi}{\partial z} &= c = \gamma \end{aligned}\right\} \tag{18}$$

wo α, β, γ nach (2) gegeben sind. Mithin wird das Potential endgültig:

$$\Phi = \left(1 + \frac{1}{2} \frac{R^3}{r^3}\right)(\alpha x + \beta y + \gamma z) \tag{19}$$

Für die Geschwindigkeitskomponenten in einem beliebigen Raumpunkte x, y, z findet man aus (19):

$$\left.\begin{aligned} v_x &= \alpha\left(1 + \frac{1}{2} \frac{R^3}{r^3}\right) - \frac{3 x R^3}{2 r^5}(\alpha x + \beta y + \gamma z) \\ v_y &= \beta\left(1 + \frac{1}{2} \frac{R^3}{r^3}\right) - \frac{3 y R^3}{2 r^5}(\alpha x + \beta y + \gamma z) \\ v_z &= \gamma\left(1 + \frac{1}{2} \frac{R^3}{r^3}\right) - \frac{3 z R^3}{2 r^5}(\alpha x + \beta y + \gamma z) \end{aligned}\right\} \tag{21}$$

Greifen wir jetzt auf die Gleichungen (3) § 82 zurück, so liefern diese ein erstes Integral:

$$\begin{aligned} \frac{\partial \Phi}{\partial t} + \frac{1}{2}(v_x^2 + v_y^2 + v_z^2) + \frac{p}{\varrho} &= \frac{1}{\varrho}\left[C + \int (X\,dx + Y\,dy + Z\,dz\right] \\ &= \frac{1}{\varrho}(C + V) \end{aligned} \tag{22}$$

Hier ist V das Kräftepotential $X x + Y y + Z z$ und C eine nur die Zeit enthaltende Integrationskonstante. $\frac{\partial \Phi}{\partial t}$ findet sich jetzt aus (19) im Verein mit (2) zu:

$$\frac{\partial \Phi}{\partial t} = \left(1 + \frac{1}{2}\frac{R^3}{r^3}\right)\frac{X \cdot x + X \cdot y + Z \cdot z}{\varrho} \tag{23}$$

womit sich der Druck p ergibt:

$$\frac{p}{\varrho} = \frac{C}{\varrho} - \frac{1}{2\varrho}\frac{R^3}{r^3}(X x + Y y + Z z) - \frac{1}{2}(v_x{}^2 + v_y{}^2 + v_z{}^2) \tag{24}$$

An der Oberfläche der Kugel findet sich

$$\frac{p}{\varrho} = \frac{C}{\varrho} - \frac{1}{2\varrho}(X x + Y y + Z z) - \frac{1}{2}v^2 \tag{25}$$

Multipliziert man p mit dem Oberflächenelement der Kugel $R^2 \sin\vartheta\, d\vartheta\, d\varphi$ sowie bzw. mit $\cos\vartheta$, $\sin\vartheta \cdot \cos\varphi$, $\sin\vartheta \sin\varphi$ und integriert über die Kugel, so erhält man die Achsenkomponenten P_x, P_y, P_z der seitens der Kugel auf die Flüssigkeit ausgeübten Gesamtkraft. Zu dieser kann aber C und $\frac{\varrho v^2}{2}$ nichts beitragen, weil diese Größen in diametral gegenüberliegenden Punkten der Kugelfläche entgegengesetzt gleiche Anteile liefern. Für C erkennt man dies ohne weiteres, für v^2 aus dem Ansatz:

$$v^2 = \frac{9}{4}\left[\alpha^2 + \beta^2 + \gamma^2 - \frac{(\alpha x + \beta y + \gamma z)^2}{R^2}\right]$$

der sich aus (21) ergibt.

Es bleiben also nur folgende Ansätze übrig:

$$P_x = -\frac{R^2}{2}\int_0^{2\pi}\int_0^{\pi}(X x + Y y + Z z)\cos\vartheta \sin\vartheta\, d\vartheta\, d\varphi$$

$$P_y = -\frac{R^2}{2}\int_0^{2\pi}\int_0^{\pi}(X x + Y y + Z z)\sin^2\vartheta \cos\varphi\, d\vartheta\, d\varphi$$

$$P_z = -\frac{R^2}{2}\int_0^{2\pi}\int_0^{\pi}(X x + Y y + Z z)\sin^2\vartheta \sin\varphi\, d\vartheta\, d\varphi$$

Wir führen die P_x betreffende Integration aus, indem wir einsetzen:

$$x = R \cos \vartheta, \ y = R \sin \vartheta \cos \varphi, \ z = R \sin \vartheta \sin \varphi$$

Dann liefert $X x$ zum Werte P_x den Beitrag:

$$-\frac{R^3 X}{2} \int_0^{2\pi} \int_0^{\pi} \cos^2 \vartheta \sin \vartheta \, d\vartheta \, d\varphi$$

Um die auf ϑ bezügliche Integration

$$\int_0^{\pi} \cos^2 \vartheta \sin \vartheta \, d\vartheta$$

zu bewerkstelligen, greifen wir auf die Formel Hütte 1908, S. 78 zurück:

$$\int \sin^p x \cos^q x \, dx = \frac{\sin^{p+1} x \cos^{q-1} x}{p+q} + \frac{q-1}{p+q} \int \sin^p x \cos^{q-2} x \, dx$$

welche mit

$$x = \vartheta, \ p = 1, \ q = 2$$

liefert:

$$\int \sin \vartheta \cos^2 \vartheta \, d\vartheta = \frac{\sin^2 \vartheta \cos \vartheta}{3} + \frac{1}{3} \int \sin \vartheta \, d\vartheta$$

$$= \frac{\sin^2 \vartheta \cos \vartheta}{3} - \frac{\cos \vartheta}{3}.$$

Die Integration zwischen 0 und π ergibt

$$\left| \frac{\sin^2 \vartheta \cos \vartheta}{3} - \frac{\cos \vartheta}{3} \right|_0^{\pi} = 0 - 0 - \frac{1}{3} (-1 - 1) = \frac{2}{3}$$

Es erübrigt jetzt noch, die Integration nach φ auszuführen, welche liefert

$$\int_0^{2\pi} \frac{2}{3} d\varphi = \frac{4}{3} \pi$$

Also wird $-\frac{2}{3} \pi X R^3$ der von $X x$ herrührende Anteil zu P_x.

Die Berechnung des Anteils von $Y y$ an P_x führt auf das Integral

$$\int_0^{2\pi} \int_0^{\pi} \sin^2 \vartheta \cos \vartheta \cos \varphi \, d\vartheta \, d\varphi$$

Hier ist zunächst das innere Integral

$$\int_0^\pi \sin^2 \vartheta \cos \vartheta \, d\vartheta$$

zu bilden, für welches man auf Grund der gleichen Formel aus der Hütte den Wert:

$$\left| -\frac{\sin \vartheta \cos^2 \vartheta}{3} + \frac{\sin \vartheta}{3} \right|_0^\pi = 0$$

erhält. $Y y$ liefert also zu P_x keinen Beitrag, ebensowenig $Z z$. Es wird also endgültig:

$$P_x = -\frac{2}{3} \pi X R^3$$

Entsprechend findet man:

$$P_y = -\frac{2}{3} \pi Y R^3$$

und

$$P_z = -\frac{2}{3} \pi Z R^3$$

Hier erkennt man aus den negativen Vorzeichen, daß wir die seitens der Kugel auf die Flüssigkeit ausgeübte Kraft gefunden haben (wie schon oben vorausgesagt), welche der Richtung der Komponenten X, Y, Z naturgemäß entgegengesetzt ist.

Die mit positivem Vorzeichen versehene Resultante von P_x, P_y, P_z liefert dagegen die auf die Kugel ausgeübte Kraft.

$$\frac{2}{3} \pi R^3 \sqrt{X^2 + Y^2 + Z^2}$$

Handelt es sich um eine stationäre Flüssigkeitsbewegung, bei welcher X, Y, Z Null sind, so wird die auf die Kugel ausgeübte Kraft ebenfalls Null. Einer stationären, wirbelfreien Bewegung einer reibungsfreien Flüssigkeit setzt demnach eine eingetauchte Kugel keinen Widerstand entgegen.

§ 86. Die Differentialgleichungen der Bewegung inkompressibler Flüssigkeiten von Lagrange.

I. Die Gleichungen von Euler

$$\left.\begin{aligned}\frac{dv_x}{dt} &= X - \frac{1}{\varrho}\frac{\partial p}{\partial x}\\ \frac{dv_y}{dt} &= Y - \frac{1}{\varrho}\frac{\partial p}{\partial y}\\ \frac{dv_z}{dt} &= Z - \frac{1}{\varrho}\frac{\partial p}{\partial z}\end{aligned}\right\} \tag{1}$$

enthalten außer der Zeit t als unabhängige Veränderliche die Koordinaten x, y, z eines Raumpunktes der Flüssigkeit und liefern die Geschwindigkeitskomponenten v_x, v_y, v_z als Funktionen der Zeit und des Ortes. Sind v_x, v_y, v_z gefunden, so liefert das Differentialgleichungssystem

$$v_x : v_y : v_z = dx : dy : dz$$

die Stromlinien.

Führt man jetzt in (1) sowie in die Kontinuitätsgleichung

$$\frac{\partial v_x}{\partial x} + \frac{\partial v_y}{\partial y} + \frac{\partial v_z}{\partial z} = 0 \tag{2}$$

statt der Koordinaten eines Raumpunktes x, y, z die Koordinaten a, b, c eines bestimmten Flüssigkeitsteilchens zur Zeit $t = 0$ ein, so erhält man die Differentialgleichungen von Lagrange.

Die Umformung geschieht an Hand der Ansätze:

$$\left.\begin{aligned}\frac{\partial p}{\partial a} &= \frac{\partial p}{\partial x}\frac{\partial x}{\partial a} + \frac{\partial p}{\partial y}\frac{\partial y}{\partial a} + \frac{\partial p}{\partial z}\frac{\partial z}{\partial a}\\ \frac{\partial p}{\partial b} &= \frac{\partial p}{\partial x}\frac{\partial x}{\partial b} + \frac{\partial p}{\partial y}\frac{\partial y}{\partial b} + \frac{\partial p}{\partial z}\frac{\partial z}{\partial b}\\ \frac{\partial p}{\partial c} &= \frac{\partial p}{\partial x}\frac{\partial x}{\partial c} + \frac{\partial p}{\partial y}\frac{\partial y}{\partial c} + \frac{\partial p}{\partial z}\frac{\partial z}{\partial c}\end{aligned}\right\} \tag{3}$$

und liefert:

$$\left.\begin{aligned}
&\frac{\partial^2 x}{\partial t^2}\frac{\partial x}{\partial a}+\frac{\partial^2 y}{\partial t^2}\frac{\partial y}{\partial a}+\frac{\partial^2 z}{\partial t^2}\frac{\partial z}{\partial a}\\
&\qquad = X\frac{\partial x}{\partial a}+Y\frac{\partial y}{\partial a}+Z\frac{\partial z}{\partial a}-\frac{1}{\varrho}\frac{\partial p}{\partial a}\\
&\frac{\partial^2 x}{\partial t^2}\frac{\partial x}{\partial b}+\frac{\partial^2 y}{\partial t^2}\frac{\partial y}{\partial b}+\frac{\partial^2 z}{\partial t^2}\frac{\partial z}{\partial b}\\
&\qquad = X\frac{\partial x}{\partial b}+Y\frac{\partial y}{\partial b}+Z\frac{\partial z}{\partial b}-\frac{1}{\varrho}\frac{\partial p}{\partial b}\\
&\frac{\partial^2 x}{\partial t^2}\frac{\partial x}{\partial c}+\frac{\partial^2 y}{\partial t^2}\frac{\partial y}{\partial c}+\frac{\partial^2 z}{\partial t^2}\frac{\partial z}{\partial c}\\
&\qquad = X\frac{\partial x}{\partial c}+Y\frac{\partial y}{\partial c}+Z\frac{\partial z}{\partial c}-\frac{1}{\varrho}\frac{\partial p}{\partial c}
\end{aligned}\right\} \tag{4}$$

Die Umrechnung der Kontinuitätsgleichung auf die abhängigen Variabeln a, b, c, die wir im einzelnen nicht durchführen wollen, liefert

$$\begin{vmatrix}
\frac{\partial x}{\partial a} & \frac{\partial y}{\partial a} & \frac{\partial z}{\partial a}\\
\frac{\partial x}{\partial b} & \frac{\partial y}{\partial b} & \frac{\partial z}{\partial b}\\
\frac{\partial x}{\partial c} & \frac{\partial y}{\partial c} & \frac{\partial z}{\partial c}
\end{vmatrix} = 1 \tag{5}$$

Durch das Gleichungssystem (4) und (5) wird die Bahn eines Flüssigkeitsteilchens, welches zur Zeit $t = 0$ sich am Orte a, b, c befand, durch die Gleichungen

$$\left.\begin{aligned}
x &= \varphi_1(a, b, c, t)\\
y &= \varphi_2(a, b, c, t)\\
z &= \varphi_3(a, b, c, t)
\end{aligned}\right\} \tag{6}$$

bestimmt, wozu noch eine weitere Gleichung für den Druck kommt:

$$p = \varphi_4(a, b, c, t) \tag{7}$$

II. Die Gleichungen (4) können im Falle der Existenz eines Kräftepotentials

$$X = -\frac{\partial V}{\partial x}; \quad Y - = \frac{\partial V}{\partial y}; \quad Z = -\frac{\partial V}{\partial z} \tag{8}$$

auf eine einfachere Form gebracht werden, indem man zugleich die linken Seiten umformt.

Es ist

$$\frac{\partial x}{\partial a}\frac{\partial^2 x}{\partial t^2} = \frac{\partial x}{\partial a}\frac{\partial v_x}{\partial t} = \frac{\partial}{\partial t}\left(v_x \frac{\partial x}{\partial a}\right) - v_x \frac{\partial^2 x}{\partial a\,\partial t} = \frac{\partial}{\partial t}\left(v_x \frac{\partial x}{\partial a}\right) - \frac{1}{2}\frac{\partial v_x^2}{\partial a}$$

Entsprechend z. B.

$$\frac{\partial y}{\partial b}\frac{\partial^2 y}{\partial t^2} = \frac{\partial}{\partial t}\left(v_y \frac{\partial y}{\partial b}\right) - \frac{1}{2}\frac{\partial v_y^2}{\partial b}$$

Die Gleichungen (4) werden jetzt:

$$\frac{\partial}{\partial t}\left(v_x \frac{\partial x}{\partial a}\right) + \frac{\partial}{\partial t}\left(v_y \frac{\partial y}{\partial a}\right) + \frac{\partial}{\partial t}\left(v_z \frac{\partial z}{\partial a}\right)$$
$$= -\frac{\partial V}{\partial a} - \frac{1}{\varrho}\frac{\partial p}{\partial a} + \frac{1}{2}\frac{\partial v^2}{\partial a} \tag{9}$$

nebst zwei analogen Ansätzen. Hier kann man nach t integrieren zwischen den Grenzen $t = 0$ und $t = t$. Zur Zeit $t = 0$ sei die Geschwindigkeit v_0 im Punkte a, b, c, der zur Zeit $t = 0$ mit x, y, z identisch ist. Dann gilt:

$$\left.\begin{aligned} \left.\frac{\partial x}{\partial a}\right|_{t=0} &= 1; & \left.\frac{\partial y}{\partial a}\right|_{t=0} &= 0; & \left.\frac{\partial z}{\partial a}\right|_{t=0} &= 0 \\ \left.\frac{\partial x}{\partial b}\right|_{t=0} &= 0; & \left.\frac{\partial y}{\partial b}\right|_{t=0} &= 1; & \left.\frac{\partial z}{\partial b}\right|_{t=0} &= 0 \\ \left.\frac{\partial x}{\partial c}\right|_{t=0} &= 0; & \left.\frac{\partial y}{\partial c}\right|_{t=0} &= 0; & \left.\frac{\partial z}{\partial c}\right|_{t=0} &= 1 \end{aligned}\right\} \tag{10}$$

Die Integration liefert, wenn wir

$$U = \int_0^t \left(-V - \frac{p}{\varrho} + \frac{1}{2}v^2\right)\partial t$$

setzen:

$$\left.\begin{aligned} v_x \frac{\partial x}{\partial a} + v_y \frac{\partial y}{\partial a} + v_z \frac{\partial z}{\partial a} &= v_{x0} + \frac{\partial U}{\partial a} \\ v_x \frac{\partial x}{\partial b} + v_y \frac{\partial y}{\partial b} + v_z \frac{\partial z}{\partial b} &= v_{y0} + \frac{\partial U}{\partial b} \\ v_x \frac{\partial x}{\partial c} + v_y \frac{\partial y}{\partial c} + v_z \frac{\partial z}{\partial c} &= v_{z0} + \frac{\partial U}{\partial c} \end{aligned}\right\} \tag{11}$$

Durch diese Gleichungen werden die Geschwindigkeitskomponenten eines Flüssigkeitsteilchens zur Zeit t mit den Komponenten zur Zeit $t = 0$ verbunden.

§ 87. Der Integralsatz von Stokes.

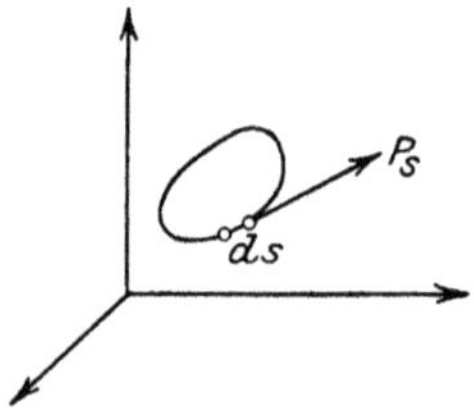

Fig. 222. Zur Definition des Linienintegrals.

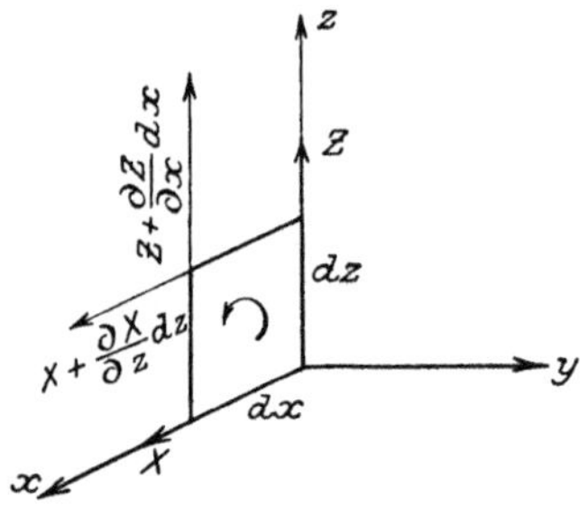

Fig. 223. Integration über den Rand eines Rechtecks.

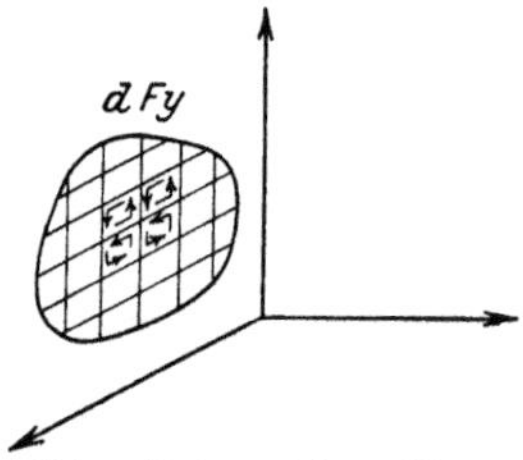

Fig. 224. Integration über eine geschlossene Kurve in einer Koordinatenebene.

Der Satz von Stokes beschäftigt sich mit der Untersuchung von Linienintegralen, d. h. von Integralen einer Größe P_s, genommen über eine offene oder geschlossene Kurve s (Fig. 222).

Ein solches Integral lautet:

$$\int P_s \, ds \tag{1}$$

und stellt die Arbeit dar, welche die tangential zur Kurve s gerichtete Kraft P_s bei Umfahrung der Kurve leistet.

Betrachten wir jetzt P_s als diejenige Komponente eines Vektors P, die in die Richtung von ds fällt, so kann man das Linienintegral durch die Komponenten X, Y, Z von P ausdrücken:

$$\int_s P_s \, \mathrm{ds} = \int_s X\,dx + Y\,dy + Z\,dz \tag{2}$$

Wir berechnen nun das Linienintegral für den Fall, daß die Kurve s ein kleines achsenparalleles Rechteck in einer der Koordinatenebenen, z. B. der x-z-Ebene, ist. Dann haben wir nach der Fig. 223 als Integralwert:

$$Z\,dz + \left(X + \frac{\partial X}{\partial z}\,dz\right)dx - \left(Z + \frac{\partial Z}{\partial x}\,dx\right)dz - X\,dx$$
$$= \left(\frac{\partial X}{\partial z} - \frac{\partial Z}{\partial x}\right)dx\,dz.$$

Ist das Flächenelement in der x-z-Ebene jetzt kein Rechteck $dx\,dz$, sondern eine beliebig berandete kleine Figur dF_y (Fig. 224), so kann man diese in Rechtecke $dx\,dz$ auflösen und für jedes dieser Rechtecke das Linienintegral aufstellen. Bildet man die Summe aller dieser Linienintegrale:

$$\sum\left(\frac{\partial X}{\partial z}-\frac{\partial Z}{\partial x}\right)dx\,dz$$

so ergibt sich das Linienintegral über die Berandung von dF_x, nämlich

$$\left(\frac{\partial X}{\partial z}-\frac{\partial Z}{\partial x}\right)\sum dx\,dz=\left(\frac{\partial X}{\partial z}-\frac{\partial Z}{\partial x}\right)dF_y \qquad (3)$$

weil bei der Summation die Seiten der Rechtecke $dx\,dy$ je zweimal in entgegengesetztem Sinne durchlaufen werden, so daß die auf die Rechteckseiten entfallenden Teile der Linienintegrale sich aufheben und nur die auf die Umgrenzung von dF_y entfallenden Anteile übrig bleiben.

Entsprechend sind nun noch die Linienintegrale für kleine Figuren dF_x und dF_z in der y-z- bzw. x-y-Ebene

$$\left.\begin{array}{ll}\text{mit} & \left(\dfrac{\partial Z}{\partial y}-\dfrac{\partial Y}{\partial z}\right)dF_x \\ \text{bzw.} & \left(\dfrac{\partial Y}{\partial x}-\dfrac{\partial X}{\partial y}\right)dF_z\end{array}\right\} \quad (3)$$

anzuschreiben.

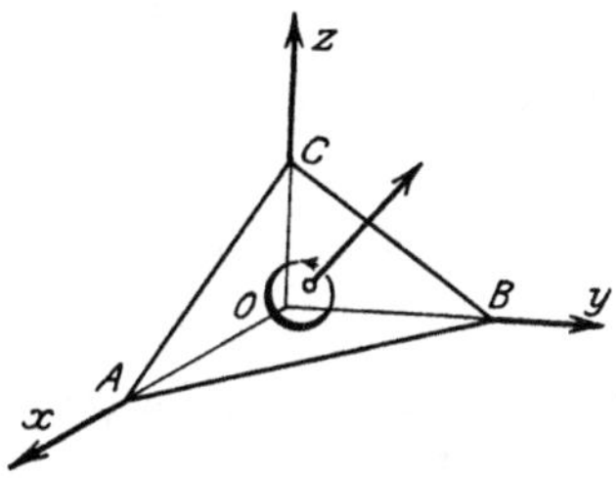

Fig. 225. Linienintegral über den Rand eines Dreiecks.

Gehen wir jetzt dazu über, das Linienintegral für ein kleines Dreieck $dF = A\,B\,C$ zu bilden, welches nach Fig. 225 orientiert ist, so kann man die Integration über den Umfang $A\,B\,C$ ersetzen durch die Summe der Integrationen über die drei Dreiecke $dF_z = O\,A\,B\,O$, $dF_x = O\,B\,C\,O$, $dF_y = O\,C\,A\,O$, wobei sich die Integrationsanteile längs $O\,A$, $O\,B$, $O\,C$ aufheben und nur der Anteil längs $A\,B\,C$ übrig bleibt. Als Linienintegral längs $A\,B\,C$ haben wir demnach:

$$\left(\frac{\partial Z}{\partial y}-\frac{\partial Y}{\partial z}\right)dF_x+\left(\frac{\partial X}{\partial z}-\frac{\partial Z}{\partial x}\right)dF_y+\left(\frac{\partial Y}{\partial x}-\frac{\partial X}{\partial y}\right)dF_z$$

oder mit Einführung der Achsenwinkel der Normale n des Dreiecks $A\,B\,C$

$$\left\{\left(\frac{\partial Z}{\partial y}-\frac{\partial Y}{\partial z}\right)\cos(n\,x)+\left(\frac{\partial X}{\partial z}-\frac{\partial Z}{\partial x}\right)\cos(n\,y)\right.$$
$$\left.+\left(\frac{\partial Y}{\partial x}-\frac{\partial X}{\partial y}\right)\cos(n\,z)\right\}dF \qquad (4)$$

Da aber die oben entwickelten Ansätze (3) für beliebig gestaltete dF_x, dF_y, dF_z galten, so gilt auch (4) für ein beliebig gestaltetes Element dF.

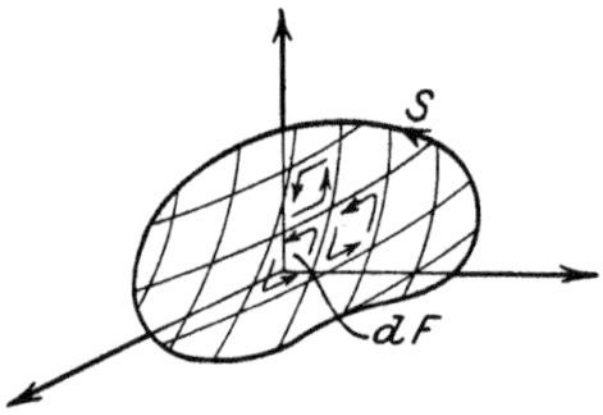

Fig. 226. Linienintegral über eine beliebige Randkurve.

Haben wir nunmehr eine endliche Fläche F, so kann man diese durch ein Liniensystem nach Fig. 226 in Elemente dF zerlegen. Integrieren wir nun den Ausdruck (4) über die ganze Fläche, so resultiert augenscheinlich als Summe das Randintegral (1) bzw. (2), weil die Integrationsanteile längs der Linien im Innern von F verschwinden. Wir haben dann endgültig als Ausdruck des Satzes von Stokes:

$$\int_s (X\,dx+Y\,dy+Z\,dz)=\iint_F\left\{\left(\frac{\partial Z}{\partial y}-\frac{\partial Y}{\partial z}\right)\cos(n\,x)\right.$$
$$\left.+\left(\frac{\partial X}{\partial z}-\frac{\partial Z}{\partial x}\right)\cos(n\,y)+\left(\frac{\partial Y}{\partial x}-\frac{\partial X}{\partial y}\right)\cos(n\,z)\right\}dF \qquad (5)$$

womit das Linienintegral (2) in ein Flächenintegral übergeführt ist.

Der Satz (5) gestattet noch eine einfachere Schreibungsart, wenn man beachtet, daß die Ausdrücke

$$\frac{\partial Z}{\partial y}-\frac{\partial Y}{\partial z},\quad \frac{\partial X}{\partial z}-\frac{\partial Z}{\partial x},\quad \frac{\partial Y}{\partial x}-\frac{\partial X}{\partial y}$$

aus den Komponenten X, Y, Z bis auf den Faktor $\frac{1}{2}$ ebenso gebildet sind wie die Wirbelkomponenten ω_x, ω_y, ω_z in § 82 aus den Geschwindigkeitskomponenten v_x, v_y, v_z. Demnach kann man die erstgenannten Größen als Komponenten des Wirbels C von P bezeichnen. Man schreibt:

$$C = \text{Wirbel von } P$$

oder unter Benutzung des englischen Wortes für Wirbel:

$$\mathfrak{C} = \operatorname{curl} \mathfrak{P}$$

und würde haben:

$$\iint_F \{C_x \cos(nx) + C_y \cos(ny) + C_z \cos(nz)\}\, dF$$
$$= \int_S (X\,dx + Y\,dy + Z\,dz) \tag{6}$$

In der Klammer $\{\ \}$ steht nun nichts anderes als C_n, die zur Fläche F normale Komponente von $\mathfrak{C}$.

Es ergibt sich also als einfachste Form des Satzes von Stokes:

$$\iint_F C_n\,dF = \int_S P_s\,ds \tag{7}$$

Durch diesen Ansatz wird ein Linienintegral in Flächenintegral und umgekehrt umgeformt.

§ 88. Die Sätze von Helmholtz über die Wirbelbewegungen[80]).

I. Wir nehmen jetzt an, daß die Wirbelkomponenten ω_x, ω_y, ω_z zum mindesten in einem Teile der Flüssigkeit nicht verschwinden.

Durch Differentiation an den Ausdrücken (12) § 52 stellen wir fest, daß der Ansatz gilt

$$\frac{\partial \omega_x}{\partial x} + \frac{\partial \omega_y}{\partial y} + \frac{\partial \omega_z}{\partial z} = 0 \tag{1}$$

Entsprechend § 70 bezeichnen wir die linke Seite des Ansatzes als Divergenz des Wirbelvektors ω, welche demnach überall verschwindet:

$$\operatorname{Div} \omega = 0. \tag{2}$$

Andererseits kann man auch die Gleichungen (12) § 82 in Vektorform schreiben. Diese Gleichungen sagen nichts anderes aus, als daß der Vektor ω der Wirbel des Vektors v sei. Unter Benutzung des Wortes curl für Wirbel schreibt man demnach:

$$\omega = \operatorname{curl} v \tag{3}$$

Ansatz (2) kann hiernach auch in die Form gebracht werden:

$$\operatorname{Div} \operatorname{curl} v = 0. \tag{4}$$

Diese Gleichung spricht den wichtigen Satz der Vektoranalysis aus: Die Divergenz des Curles eines Vektors ist immer gleich Null.

II. Wir haben also die Bewegung der Flüssigkeitsteilchen durch zwei Vektoren v und ω gekennzeichnet.

In jedem Punkte der Flüssigkeit sind dadurch zwei Richtungen festgelegt: die Richtung des Geschwindigkeitsvektors und des Wirbelvektors.

Geht man von einem Flüssigkeitspunkt in Richtung eines der Vektoren zum benachbarten Punkt, so erhalten wir zwei Liniensysteme: die Stromlinien und die Wirbellinien.

An ersteren ist in jedem Punkt der Geschwindigkeitsvektor Tangente, an letzteren der Wirbelvektor.

Beide Liniensysteme werden durch die Differentialgleichungssysteme bzw.

$$dx:dy:dz = v_x:v_y:v_z \text{ (Stromlinien)}$$

und

$$dx:dy:dz = \omega_x:\omega_y:\omega_z \text{ (Wirbellinien)}$$

bestimmt.

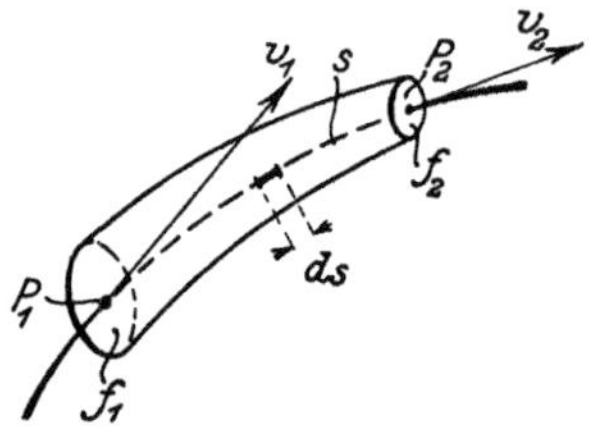

Fig. 227. Zur Definition des Stromfadens.

Bringt man an einer Stromlinie S in zwei Punkten P_1 und P_2, Fig. 227, senkrecht zu ihr zwei Flächenelemente f_1 und f_2 an, so kann man sich durch die Berandung von f_1 alle Stromlinien gelegt und f_2 so gewählt denken, daß seine Berandung von denselben Stromlinien gebildet wird.

Den von allen diesen Stromlinien gebildeten röhrenförmigen Bereich nennt man einen Stromfaden, dessen Querschnitt an beliebiger Stelle f sei.

Wenden wir jetzt auf das zwischen P_1 und P_2 liegende Stück des Stromfadens den Satz von Gauß (s. § 70) an:

$$\int \operatorname{div} v \, d\tau = \int_{P_1}^{P_2} \operatorname{div} v f \, ds = -\int v_n \, do \tag{5}$$

wo do das Oberflächenelement des Stromfadenteiles ist, so reduziert sich das Integral $\int v_n \, do$ auf die von den Endflächen f_1 und f_2 herrührenden Anteile $-v_2 f_2 + v_1 f_1$. Hiermit ergibt sich aber:

$$\int_{P_1}^{P_2} \operatorname{div} v f \, ds = v_2 f_2 - v_1 f_1 \tag{6}$$

Liegt mit $\operatorname{div} v = 0$ eine inkompressible Flüssigkeit vor, so wird hiernach

$$v_2 f_2 = v_1 f_1 = \text{Const}, \tag{7}$$

d. h. alle Querschnitte eines Stromfadens werden in gleichen Zeiten von gleichen Flüssigkeitsmengen $v f$ durchströmt.

Bildet man in analoger Weise zu einer gegebenen Wirbellinie einen Wirbelfaden, so gelangt man, da $\operatorname{div} \omega$ stets Null ist, zu dem Satz:

$$\omega_2 f_2 = \omega_1 f_1 = \text{Const}, \tag{8}$$

d. h. das Wirbelmoment ωf ist längs des ganzen Wirbelfadens konstant.

III. Ziehen wir jetzt in der Flüssigkeit zur Zeit $t = 0$ eine geschlossene Linie S_0, so werden wir zur Zeit t die Flüssigkeitselemente aufsuchen können, die zur Zeit $t = 0$ die Linie S_0 erfüllten. Sie werden eine Linie S erfüllen. Durch die Linien S_0 und S legen wir Flächen F_0 und F, die zu den Zeiten 0 und t von denselben Flüssigkeitsteilchen erfüllt seien. Bilden wir jetzt das Linienintegral der Geschwindigkeit zur Zeit 0, zu welcher das einzelne Flüssigkeitselement die Koordinaten a, b, c, habe:

$$\int_{S_0} v_{x_0} \, da + v_{y_0} \, db + v_{z_0} \, dc$$

so liefern die Gleichungen (11) § 86 einen Zusammenhang mit dem Linienintegral der Geschwindigkeit über dieselben Flüssigkeitselemente zur Zeit t. Beide Integrale sind gleich, da

$$\int_{S_0} dU$$

verschwindet.

Nach dem Satz von Stokes folgt aber aus der Gleichheit der Linienintegrale

$$\int_{S_0} v_0 \, ds_0 = \int_S v \, ds \tag{9}$$

die Gleichheit der zugehörigen Flächenintegrale

$$\iint_{F_0} \omega_{n_0} \, dF_0 = \iint_F \omega_n \, dF \tag{10}$$

wo

$$\omega = \operatorname{curl} v$$

gilt.

Für ein unendlich kleines Flächenelement f hatten wir das Produkt ωf als Wirbelmoment eines Wirbelfadens bezeichnet.

Wir nennen jetzt

$$\iint_F \omega_n \, dF \tag{11}$$

das Wirbelmoment der endlichen Fläche F, dessen Konstanz im Verlauf der Bewegung, sofern F immer von denselben Flüssigkeitsteilchen gebildet wird, durch den Ansatz (10) für eine unter Einfluß von Potentialkräften erfolgende Flüssigkeitsbewegung ausgesprochen wird.

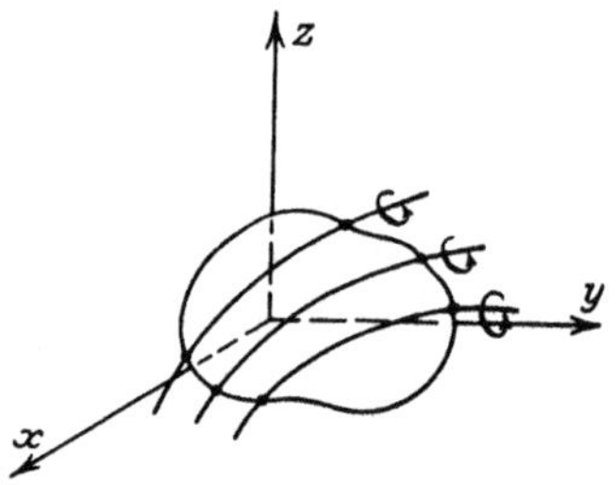

Fig. 228. Von Wirbellinien erfüllte Fläche.

IV. Nehmen wir jetzt an, daß die Fläche F nach Fig. 228 von Wirbellinien gebildet sei, so gibt es keine Wirbelkomponenten ω_n normal zur Fläche, d. h. das Wirbelmoment der Fläche

$$\iint_F \omega_n \, dF = 0$$

Diese Eigenschaft des Wirbelmomentes einer von Wirbellinien erfüllten Fläche bleibt dauernd erhalten; es kann also niemals eine normal zur Fläche gerichtete Wirbelkomponente entstehen. Dieser Satz gilt für jede irgend wie geartete Fläche F, also auch für einen schmalen Streifen längs einer Wirbellinie. Aus der dauernden Abwesenheit von normalen Wirbelkomponenten zu einem solchen Streifen folgt das dauernde Verbleiben aller Flüssigkeitsteilchen auf der Wirbellinie, sofern sie sich zu irgend einer Zeit auf derselben befanden.

§ 89. Umformung der Eulerschen Differentialgleichungen auf Zylinderkoordinaten.

I. Die in der Technik verwendeten Flüssigkeitsströmungen verlaufen mehr oder weniger symmetrisch um eine Achse.

Für solche Bewegungen sind die Zylinderkoordinaten r, φ, z statt der Cartesischen Koordinaten x, y, z zweckmäßig. Gegenstand der Untersuchung sind wieder die Strömungsgeschwindigkeiten (Fig. 229) bzw. deren Komponenten:

v_r = Radialgeschwindigkeit.

v_t = Tangentialgeschwindigkeit.

v_z = Axialgeschwindigkeit.

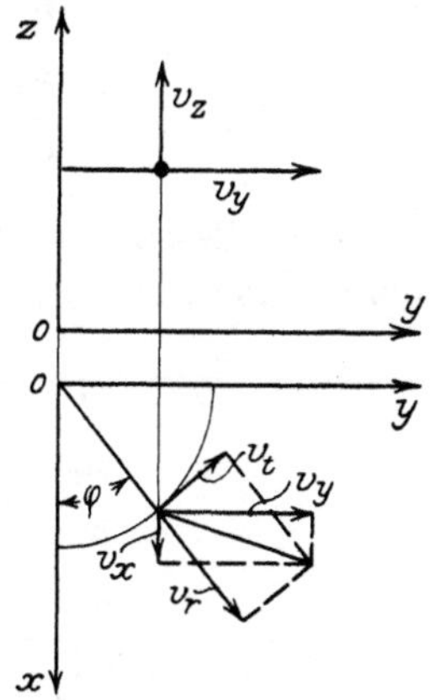

Fig. 229. Die Strömungsgeschwindigkeiten in Zylinderkoordinaten.

Für die ersten beiden besteht folgender Zusammenhang mit v_x und v_y:

$$\left.\begin{aligned} v_x &= v_r \cos\varphi - v_t \sin\varphi \\ v_y &= v_r \sin\varphi + v_t \cos\varphi \end{aligned}\right\} \qquad (1)$$

während v_z ungeändert bleibt.

Durch Differentiation der Formeln (1) nach der Zeit gewinnt man die Beschleunigungen:

$$\frac{dv_x}{dt} = \frac{dv_r}{dt}\cos\varphi - v_r \sin\varphi \frac{d\varphi}{dt} - \frac{dv_t}{dt}\sin\varphi - v_t \cos\varphi \frac{d\varphi}{dt}$$

bzw. mit den Beschleunigungen:

$$v_t = r\frac{d\varphi}{dt} \quad \text{und} \quad v_r = \frac{dr}{dt}$$

$$\frac{dv_x}{dt} = \left(\frac{dv_r}{dt} - \frac{v_t^2}{r}\right)\cos\varphi - \frac{1}{r}\frac{d(v_t r)}{dt}\sin\varphi$$

und entsprechend:

$$\frac{dv_y}{dt} = \left(\frac{dv_r}{dt} - \frac{v_t^2}{r}\right)\sin\varphi + \frac{1}{r}\frac{d(v_t r)}{dt}\cos\varphi \qquad (2)$$

In gleicher Weise formen wir die in den Eulerschen Gleichungen vorkommenden Komponenten X und Y der äußeren Massenkraft auf eine Radial- und eine Tangentialkomponente R bzw. T um:

$$\left.\begin{aligned} X &= R\cos\varphi - T\sin\varphi \\ Y &= R\sin\varphi + T\cos\varphi \end{aligned}\right\} \qquad (3)$$

Schließlich sind die Größen $\frac{\partial p}{\partial x}$ und $\frac{\partial p}{\partial y}$ noch durch $\frac{\partial p}{\partial r}$ und $\frac{\partial p}{\partial \varphi}$

auszudrücken:

$$\left.\begin{aligned}\frac{\partial p}{\partial x} &= \frac{\partial p}{\partial r}\frac{\partial r}{\partial x} + \frac{\partial p}{\partial \varphi}\frac{\partial \varphi}{\partial x}\\ \frac{\partial p}{\partial y} &= \frac{\partial p}{\partial r}\frac{\partial r}{\partial y} + \frac{\partial p}{\partial \varphi}\frac{\partial \varphi}{\partial y}\end{aligned}\right\} \tag{4}$$

Aus diesen Ansätzen folgen vermöge der Definition der Zylinderkoordinaten:

$$\left.\begin{aligned}r^2 &= x^2 + y^2, \quad \operatorname{tg}\varphi = \frac{y}{x}\\ \frac{\partial r}{\partial x} &= \cos\varphi, \qquad \frac{\partial r}{\partial y} = \sin\varphi\\ \frac{\partial \varphi}{\partial x} &= -\frac{\sin\varphi}{r} \qquad \frac{d\varphi}{dy} = \frac{\cos\varphi}{r}\end{aligned}\right\} \tag{5}$$

die Transformationsgleichungen:

$$\left.\begin{aligned}\frac{\partial p}{\partial x} &= \frac{\partial p}{\partial r}\cos\varphi - \frac{\partial p}{\partial \varphi}\frac{\sin\varphi}{r}\\ \frac{\partial p}{\partial y} &= \frac{\partial p}{\partial r}\sin\varphi + \frac{\partial p}{\partial \varphi}\frac{\cos\varphi}{r}\end{aligned}\right\} \tag{6}$$

Die Gleichungssysteme (2), (3), (6) sind nun in die Eulerschen Gleichungen § 82 einzuführen. Es finden sich zunächst die Ansätze:

$$\left.\begin{aligned}\varrho\left\{\left(\frac{dv_r}{dt} - \frac{v_t^2}{r}\right)\cos\varphi - \frac{1}{r}\frac{d(v_t r)}{dt}\sin\varphi\right\} &= R\cos\varphi - T\sin\varphi\\ &\quad - \frac{\partial p}{\partial r}\cos\varphi + \frac{\partial p}{\partial \varphi}\frac{\sin\varphi}{r}\\ \varrho\left\{\left(\frac{dv_r}{dt} - \frac{v_t^2}{r}\right)\sin\varphi + \frac{1}{r}\frac{d(v_t r)}{dt}\cos\varphi\right\} &= R\sin\varphi + T\cos\varphi\\ &\quad - \frac{\partial p}{\partial r}\sin\varphi - \frac{\partial p}{\partial \varphi}\frac{\cos\varphi}{r}\end{aligned}\right\} \tag{7}$$

Nach Multiplikation mit $\cos\varphi$ und $\sin\varphi$ und Addition erhält man:

$$\varrho\left(\frac{dv_r}{dt} - \frac{v_t^2}{r}\right) = R - \frac{\partial p}{\partial r} \tag{8}$$

Nach Subtraktion:

$$\varrho \cdot \frac{1}{r}\frac{d(v_t r)}{dt} = T - \frac{1}{r}\frac{\partial p}{\partial \varphi} \tag{9}$$

Hierzu kommt als dritte Gleichung:

$$\varrho \frac{d v_z}{dt} = Z - \frac{\partial p}{\partial z} \tag{10}$$

Die Kontinuitätsgleichung endlich nimmt die Form an:

$$\frac{\partial v_x}{\partial x} + \frac{\partial v_y}{\partial y} + \frac{\partial v_z}{\partial z} = \frac{\partial (v_r r)}{\partial r} + \frac{\partial v_t}{\partial \varphi} + \frac{\partial (v_z r)}{\partial z} = 0 \tag{11}$$

Wir schreiben noch die Wirbelkomponenten für Zylinderkoordinaten an:

$$\left.\begin{aligned} \omega_r &= \frac{1}{2r}\left(\frac{\partial (v_t r)}{\partial z} - \frac{\partial v_z}{\partial \varphi}\right) \\ \omega_t &= \frac{1}{2}\left(\frac{\partial v_z}{\partial r} - \frac{\partial v_r}{\partial z}\right) \\ \omega_z &= \frac{1}{2r}\left(\frac{\partial v_r}{\partial \varphi} - \frac{\partial (v_t r)}{\cdot\,\partial r}\right) \end{aligned}\right\} \tag{12}$$

Die Herleitung der Ansätze (12) geht aus von den Wirbelkomponenten in Cartesischen Koordinaten § 82 (12), unter Benutzung der Transformationsformeln (5) dieses Paragraphen.

Die Wirbelkomponenten (12) tragen folgende Benennungen:

ω_r = Radialwirbel,
ω_t = Tangential- oder Ringwirbel,
ω_z = Axialwirbel,

die in positivem Sinn in Fig. 230 gezeichnet sind.

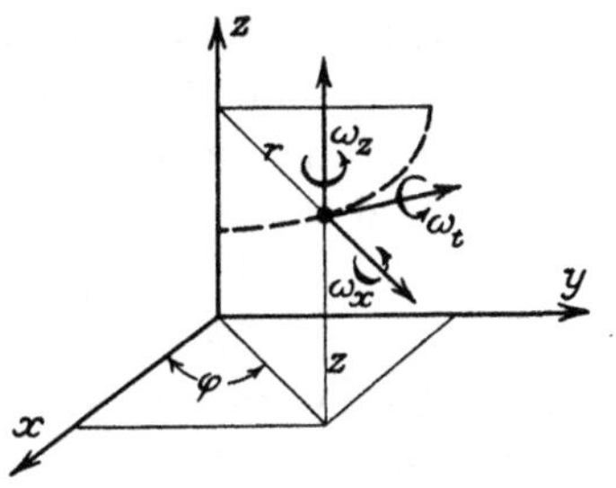

Fig. 230. Die Wirbelkomponenten in Zylinderkoordinaten.

II. Auch in Zylinderkoordinaten lassen sich die Sätze über wirbelfreie und nicht wirbelfreie Bewegungen (vgl. § 84 und 88) aufstellen.

Insbesondere existiert im Falle der wirbelfreien Bewegung ein Geschwindigkeitspotential Φ, welches der Differentialgleichung:

$$\frac{\partial}{\partial r}\left(r\frac{\partial \Phi}{\partial r}\right)+\frac{1}{r}\frac{\partial^2 \Phi}{\partial \varphi^2}+r\frac{\partial^2 \Phi}{\partial z^2}=0 \tag{13}$$

genügt. Aus Φ leiten sich die drei Geschwindigkeitskomponenten wie folgt ab:

$$v_r=\frac{\partial \Phi}{\partial r},\quad v_t=\frac{1}{r}\frac{\partial \Phi}{\partial \varphi},\quad v_z=\frac{\partial \Phi}{\partial z} \tag{14}$$

Der den Gleichungen (3) § 82 analoge Ansatz lautet:

$$\left.\begin{aligned}\varrho\frac{\partial}{\partial r}\left(\frac{\partial \Phi}{\partial t}+\frac{1}{2}v^2+\frac{p}{\varrho}\right)&=R\\ \varrho\frac{\partial}{\partial \varphi}\left(\frac{\partial \Phi}{\partial t}+\frac{1}{2}v^2+\frac{p}{\varrho}\right)&=T\\ \varrho\frac{\partial}{\partial z}\left(\frac{\partial \Phi}{\partial t}+\frac{1}{2}v^2+\frac{p}{\varrho}\right)&=Z\end{aligned}\right\} \tag{15}$$

woraus sich wiederum ein Kräftepotential

$$\varrho\left(\frac{\partial \Phi}{\partial t}+\frac{1}{2}v^2+\frac{p}{\varrho}\right)=-V(r,\varphi,z,t) \tag{16}$$

ergibt.

III. Besonders einfach werden die Differentialgleichungen in Zylinderkoordinaten, wenn es sich um eine achsensymmetrische Flüssigkeitsbewegung handelt. Diese Bewegungsart ist dadurch charakterisiert, daß die Geschwindigkeit und der Druck von der Koordinate φ unabhängig sind, d. h. dadurch, daß

$$\frac{\partial v_r}{\partial \varphi}=0,\quad \frac{\partial v_t}{\partial \varphi}=0,\quad \frac{\partial p}{\partial \varphi}=0 \tag{11}$$

gilt. Damit nehmen die Gleichungen (8), (9), (10), (11) die Form an:

$$\varrho\left(\frac{\partial v_r}{\partial t}+v_r\frac{\partial v_r}{\partial r}+v_z\frac{\partial v_r}{\partial z}-\frac{v_t^2}{r}\right)=R-\frac{\partial p}{\partial r} \tag{8a}$$

$$\varrho\left(\frac{\partial v_t}{\partial t}+v_r\frac{\partial v_t}{\partial r}+v_z\frac{\partial v_t}{\partial z}+\frac{v_r v_t}{r}\right)=T \tag{9a}$$

$$\varrho\left(\frac{\partial v_z}{\partial t}+v_r\frac{\partial v_z}{\partial r}+v_z\frac{\partial v_z}{\partial z}\right)=Z-\frac{\partial p}{\partial z} \tag{10a}$$

$$\frac{\partial (r v_r)}{\partial r}+\frac{\partial (r v_z)}{\partial z}=0 \tag{11a}$$

Aus diesen Gleichungen ist die Koordinate φ vollständig verschwunden, nur r und z sind als unabhängige Variabele übrig geblieben. Offenbar genügt es, wenn man v_r, v_t, v_z, p für die Punkte einer beliebigen durch die Z-Achse gelegten Meridianebene bestimmt. Durch Rotation dieser Meridianebene um die Z-Achse erhält man die Geschwindigkeit und den Druck in allen anderen Raumpunkten.

In jeder Meridianebene bestimmen nun v_r und v_z die Bahnelemente von Kurven C (Fig. 231), durch deren Rotation um die Z-Achse Flächen entstehen, auf denen die Flüssigkeitsbahnen liegen. Letztere sind einander kongruent.

Die Wirbelkomponenten (12) nehmen im Falle der achsensymmetrischen Bewegung die Form an:

$$\left.\begin{aligned} \omega_r &= \frac{1}{2r}\frac{\partial(r v_t)}{\partial z} \\ \omega_t &= \frac{1}{2}\left(\frac{\partial v_z}{\partial r} - \frac{\partial v_r}{\partial z}\right) \\ \omega_z &= -\frac{1}{2r}\frac{\partial(r v_t)}{\partial r} \end{aligned}\right\} \qquad (12\text{a})$$

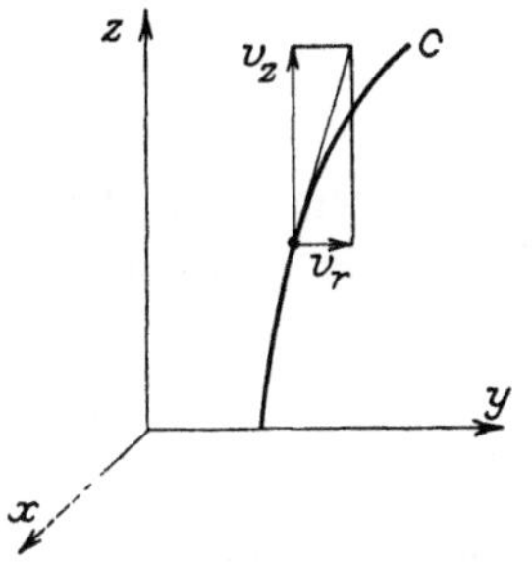

Fig. 231. Stromlinie in der Meridianebene.

Fragen wir nach einer achsensymmetrischen stationären wirbelfreien Strömung, so sind zunächst die Gleichungen (12a) zu erfüllen durch die Ansätze:

$$v_t = \frac{c}{r}, \qquad \frac{\partial v_z}{\partial r} - \frac{\partial v_r}{\partial z} = 0$$

welche die Wirbelkomponenten ω_r, ω_t, ω_z zum Verschwinden bringen. c bedeutet eine Konstante.

Der Gleichung

$$\frac{\partial v_z}{\partial r} - \frac{\partial v_r}{\partial z} = 0 \qquad (17)$$

genügt man durch den Ansatz:

$$v_z = \frac{\partial \Phi}{\partial z}, \quad v_r = \frac{\partial \Phi}{\partial r} \qquad (18)$$

wo Φ eine Funktion von r und z ist. Diese hat noch der Kontinuitätsgleichung (11a) zu genügen, d. h. dem Ansatz

$$\frac{\partial\left(r\frac{\partial\Phi}{\partial r}\right)}{\partial r}+\frac{\partial\left(r\frac{\partial\Phi}{\partial z}\right)}{\partial z}=0 \tag{19}$$

woraus sich die partielle Differentialgleichung ergibt:

$$r\frac{\partial^2\Phi}{\partial r^2}+\frac{\partial\Phi}{\partial r}+r\frac{\partial^2\Phi}{\partial z^2}=0 \tag{20}$$

Wichtiger als dies Geschwindigkeitspotential Φ ist die sogenannte Stromfunktion Ψ, die wie folgt gewonnen wird. Es ist ersichtlich, daß die Kontinuitätsgleichung (11a) durch den Ansatz befriedigt wird:

$$r v_r=\frac{\partial\Psi}{\partial z};\quad r v_z=-\frac{\partial\Psi}{\partial r} \tag{21}$$

Hiernach ist Ψ in Gleichung (17) einzuführen, wodurch sich für Ψ die partielle Differentialgleichung findet:

$$\frac{\partial^2\Psi}{\partial r^2}-\frac{1}{r}\frac{\partial\Psi}{\partial r}+\frac{\partial^2\Psi}{\partial z^2}=0 \tag{22}$$

Jede Funktion Ψ von r und z, welche diese Differentialgleichung befriedigt, ist geeignet, eine achsensymmetrische stationäre wirbelfreie Bewegung darzustellen.

Bildet man das Differential von Ψ:

$$d\Psi=\frac{\partial\Psi}{\partial r}dr+\frac{\partial\Psi}{\partial z}dz=0$$

so findet sich unter Einführung von (21):

$$-v_z\,dr+v_r\,dz=0$$

d. h.

$$\frac{v_z}{v_r}=\frac{dz}{dr}$$

Hieraus ergibt sich, daß überall die in die Meridianebene fallende Komponente der Strömungsgeschwindigkeit mit dem Kurvenelement der Kurve

$$(\Psi\, r,z)=C$$

zusammenfällt. Die Strömung findet also in der Meridianebene längs der Kurve C statt. Aus diesem Grunde heißt Ψ die Stromfunktion.

§ 90. Grundlegung der Turbinentheorie von H. Lorenz.

Das durch eine Turbinenzelle strömende Wasser übt auf die Zellenwände 1 und 2, längs deren es strömt, Drucke p_1 und p_2 aus (Fig. 232). Zerlegt man diese Drucke, die bei reibungsfreier Bewegung auf den Zellenwänden senkrecht stehen, in eine radiale und eine tangentiale Komponente, so beruht die Drehung der Turbine unter Überwindung eines Momentes M auf dem endlichen Unterschiede der Tangentialkomponenten p_{t_1} und p_{t_2}. Ist n die Zellenzahl, so wird das Drehmoment:

$$M = n \int r \, (p_{t_1} - p_{t_2}) \, df \qquad (1)$$

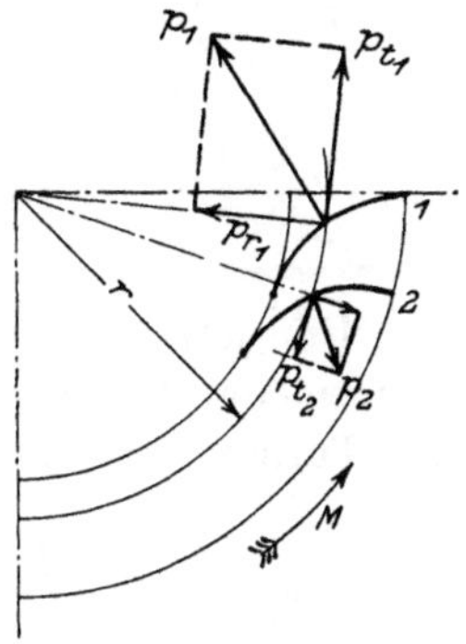

Fig. 232. Angriff der Druckkräfte in einer Radialturbine.

Das Integral ist über die erzeugende Kurve einer Zellenwand zu erstrecken, wenn es sich um eine reine Radialturbine handelt. Aus dem endlichen Unterschiede zwischen p_{t_1} und p_{t_2} ergibt sich nun schon, daß diese Wasserbewegung keine symmetrische ist, da ja $\frac{\partial p}{\partial \varphi}$ nicht gleich Null sein kann, wenn endliche Druckdifferenzen längs des Turbinenumfangs vorkommen.

Um diesem Übelstand abzuhelfen, hat Prof. H. Lorenz in Danzig zwei Schritte getan.

1. Er hat die endliche Druckdifferenz $p_1 - p_2$ als äußere am Flüssigkeitselement angreifende Volumkraft P angesehen und in die Differentialgleichungen eingeführt, indem er

2. die Volumkraft P unter unendlicher Vermehrung der Zellenzahl gleichmäßig längs des Turbinenumfangs verteilte.

Das Ergebnis dieser Vorstellung ist, daß jetzt die Flüssigkeit die Turbine durch unendlich viele Zellen durchströmt, deren unendlich dünne Trennwände der Sitz jener als Zwangskräfte zu bezeichnenden Volumkräfte sind. $\frac{\partial p}{\partial \varphi}$ kann dann $= 0$ gesetzt werden.

Sind nun R, T, Z die Komponenten von P, so gelten die Gleichungen (8), (9), (10) § 89 ohne weiteres für die Turbinenbewegung, wenn man in der Gleichung (10) noch $\varrho\, g$ als von der Schwerkraft herrührenden Beitrag zur Volumkraft einführt:

$$\left.\begin{aligned} R - \frac{\partial p}{\partial r} &= \varrho \left(\frac{d v_r}{dt} - \frac{v_t^2}{r}\right) \\ T &= \varrho \frac{1}{r} \frac{d(v_t r)}{dt} \\ Z + g\,\varrho - \frac{\partial p}{\partial z} &= \varrho \frac{d v_z}{dt} \end{aligned}\right\} \tag{2}$$

Um jetzt das Drehmoment zu berechnen, haben wir das Moment der Tangentialkomponente $r\,T$ über das ganze Volumen der Turbine zu integrieren:

$$\begin{aligned} M &= \iiint r\,T\,r\,dr\,d\varphi\,dz \\ &= 2\pi\varrho \iint r \frac{d(v_t r)}{dt}\,dr\,dz \end{aligned} \tag{3}$$

wo die Integration sich über einen Meridianschnitt der Turbine zu erstrecken hat.

Schreibt man in (3) statt

$$\frac{d(v_t r)}{dt} = \frac{\partial(v_t r)}{\partial r}\frac{\partial r}{\partial t} + \frac{\partial(v_t r)}{\partial z}\frac{\partial z}{\partial t} = \frac{\partial(v_t r)}{\partial r} v_r + \frac{\partial(v_t r)}{\partial z} v_z$$

so kann man noch die Wirbelkomponenten (12a) § 89 einführen, womit man findet:

$$M = 4\pi\varrho \iint r^2 (v_z \omega_r - v_r \omega_z)\,dr\,dz \tag{4}$$

Hieraus ergibt sich schon, daß auf Grund der Lorenzschen Theorie die Turbinenströmung keine wirbelfreie sein kann, weil sich sonst kein Drehmoment ergeben könnte. Die Ursache hierfür ist die Einführung der nicht von einem Potential ableitbaren Zwangskräfte R, T, Z.

Wegen der Verwendung dieser Theorie zur Berechnung von Turbinen verwiesen wir auf die Lorenzschen Originalarbeiten [81]).

VI. Die Differentialgleichungen der Elektrodynamik.

§ 91. Die Grundgleichungen der Elektrodynamik.

I. Verständigung über die Maßeinheiten. Die Grundeinheiten des absoluten Maßsystems sind:

die Längeneinheit:	das Zentimeter . . .	1 [cm]
die Zeiteinheit:	die Sekunde	1 [sec]
die Maßeinheit:	die Maße eines ccm Wassers bei 4^0 C .	1 [g]

Aus diesen drei Einheiten leiten sich alle übrigen physikalischen Größen ab.

Wir benötigen noch:

die Krafteinheit: das Dyn . . . . 1 [g cm $\sec^{-2}$]

welche definiert ist durch das Newtonsche Bewegungsgesetz: Kraft gleich Masse mal Beschleunigung. Sie ist diejenige Kraft, die der Masse 1 [g] die Beschleunigung 1 [cm $\sec^{-2}$] erteilt.

Die Differentialgleichungen der Elektrodynamik regeln die Veränderlichkeit der elektrischen und magnetischen Kräfte. Die Definition dieser Kräfte greift zurück auf die Grunderscheinungen der Elektrostatik und Magnetostatik, die an elektrischen Mengen e bzw. magnetischen Mengen m, die sich im Gleichgewichtszustand befinden, wahrgenommen werden und die darin bestehen, daß zwischen zwei elektrischen Mengen e und e_1 gesetzmäßige Kraftwirkungen gemessen werden können ebenso wie zwischen zwei magnetischen Mengen m und m_1. Die Kraftgesetze lauten:

$$K_e = \frac{e\, e_1}{r^2} \qquad K_m = \frac{m\, m_1}{r^2} \tag{1}$$

wenn K_e und K_m die Kräfte, r den Abstand der aufeinander wirkenden Mengen bedeuten.

Ist nun $e = e_1$ und $m = m_1$, und ist weiter K_e wie K_m = 1 Dyn, r = 1 cm, so wird

$$\left.\begin{aligned} e &= \text{der elektrostatischen Einheit der Elektrizitätsmenge} \\ &= 1\,[\mathrm{g}^{1/2}\,\mathrm{cm}^{3/2}\,\mathrm{sec}^{-1}] \\ m &= \text{der elektrostatischen Einheit der magnetischen Menge} \\ &= 1\,[\mathrm{g}^{1/2}\,\mathrm{cm}^{3/2}\,\mathrm{sec}^{-1}] \end{aligned}\right\} \tag{2}$$

Wir führen nun den Begriff des elektrischen und magnetischen Kraftfeldes ein. Ein elektrisches Kraftfeld wird definiert als die Umgebung elektrischer Mengen, ein magnetisches analog als die Umgebung magnetischer Mengen. Bringt man in die Felder eine einzelne elektrische bezw. magnetische Menge e bezw. m, so werden diese laut obigem gewissen Kraftwirkungen ausgesetzt sein, die wir proportional der Menge selbst und einer gewissen Eigenschaft des Feldes an der betreffenden Stelle setzen. Die Eigenschaft ist die elektrische bezw. magnetische Feldstärke E bezw. M. Die Einheit dieser soll da vorhanden sein, wo das Feld auf die statische elektrische bzw. magnetische Mengeneinheit $= 1\,[g^{1/2}\,cm^{3/2}\,sec^{-1}]$ die Krafteinheit $= 1$ Dyn $= 1\,[g\,cm\,sec^{-2}]$ ausübt. Die Dimensionsgleichungen für E bezw. M lauten also:

$$\left.\begin{aligned} E \cdot 1\,[g^{1/2}\,cm^{3/2}\,sec^{-1}] &= 1\,[g\,cm\,sec^{-2}] \\ M \cdot 1\,[g^{1/2}\,cm^{3/2}\,sec^{-1}] &= 1\,[g\,cm\,sec^{-2}] \end{aligned}\right\} \tag{3}$$

aus denen sich ergibt:

statische Einheit der elektrischen Feldstärke

$$E = 1\,[g^{1/2}\,cm^{-1/2}\,sec^{-1}]$$

statische Einheit der magnetischen Feldstärke

$$M = 1\,[g^{1/2}\,cm^{-1/2}\,sec^{-1}] \tag{4}$$

Befinden sich die elektrischen und magnetischen Mengen nicht im Gleichgewicht, sondern in Bewegung, so treten neue Erscheinungen auf: die elektromagnetischen. Die wichtigste dieser ist durch die Tatsache gegeben, daß eine bewegte Elektrizitätsmenge auf eine in Ruhe befindliche magnetische Menge Kraftwirkungen ausübt, die den Wirkungen eines magnetischen Feldes äquivalent sind.

Eine bewegte Elektrizitätsmenge nennen wir einen elektrischen Strom. Es gilt die Beziehung:

$$e = J \cdot t \tag{5}$$

d. h. fließt ein Strom J t Sekunden lang, so ist die Elektrizitätsmenge e bewegt worden.

Eine Elektrizitätsbewegung, an der die Äquivalenz der Wirkungen mit einem magnetischen Felde leicht konstatiert werden kann, ist gegeben durch einen elektrischen Kreisstrom.

Unter den Verhältnissen der Figur 233 wird auf die magnetische Menge $+m$ die Kraft K ausgeübt:

$$K = \frac{J \cdot l \cdot m}{r^2} \tag{6}$$

von einem Stück des Kreisstromes, welches die Länge l besitzt. Diese Formel benutzt man zur Definition der Einheit der Stromstärke

$$J = \frac{K \cdot r^2}{l \cdot m} = \frac{\mathrm{cm\,g\,sec^{-2}\,cm^2}}{\mathrm{cm\,cm^{3/2}\,g^{1/2}\,sec^{-1}}} = [\mathrm{cm^{1/2}\,g^{1/2}\,sec^{-1}}].$$

Nach Ansatz (5) ergibt sich hiernach die Elektrizitätsmenge:

$$e = J \cdot t = [\mathrm{cm^{1/2}\,g^{1/2}}] \tag{7}$$

Wir erkennen, daß sich diese Dimension der *elektromagnetisch* gemessenen Elektrizitätsmenge von der Dimension der *elektrostatisch* gemessenen durch den bei ihr fehlenden Faktor $[\mathrm{cm\,sec^{-1}}]$ unterscheidet.

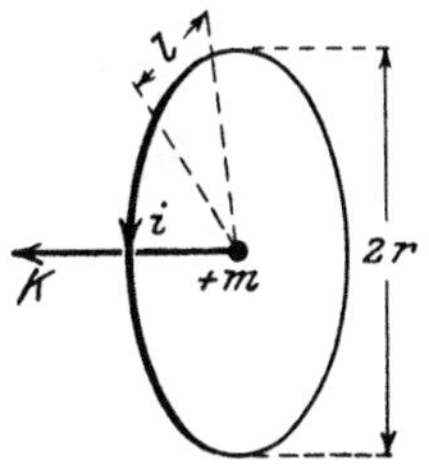

Fig. 233. Einwirkung eines Kreisstromes auf einen Magnetpol.

Die Definition der Elektrizitätsmenge benutzen wir nun an Hand von Ansatz (3) zur Definition der elektromagnetisch ausgedrückten elektrischen Feldstärke:

$$E \cdot [\mathrm{cm^{1/2}\,g^{1/2}}] = [\mathrm{cm\,g\,sec^{-2}}]$$
$$E = [\mathrm{cm^{1/2}\,g^{1/2}\,sec^{-2}}] \tag{8}$$

die sich von der elektrostatisch gemessenen durch den zu dieser hinzukommenden Faktor $[\mathrm{cm\,sec^{-1}}]$ unterscheidet.

II. Grundbegriffe der Vektorenanalysis. Die *elektrische Feldstärke* E und die *magnetische Feldstärke* M sind die physikalischen Größen, mit denen sich die elektromagnetische Dynamik beschäftigt. Dabei handelt es sich stets um die Verteilung dieser beiden Größen im Raum und um ihre Veränderlichkeit mit der Zeit. Des weiteren hat jede der Größen in einem bestimmten Raumpunkt außer ihrem *Zahlwert* E bzw. M eine *Richtung*, die bestimmt wird durch die Richtung der Kraft, die das Feld an der betrachteten Stelle auf die positive elektrische bzw. magnetische Mengeneinheit ausübt. Kürzer ausgedrückt sind die elektrische und die magnetische Feldstärke *Vektoren*, für die wir das Zeichen $\mathfrak{E}$ bzw. $\mathfrak{M}$ wählen. Diese Vektoren haben Komponenten nach den Koordinatenachsen, die bezeichnet werden für

$$\begin{array}{lll} \mathfrak{E} & \text{mit} & E_x, E_y, E_z \\ \mathfrak{M} & ,, & M_x, M_y, M_z \end{array} \tag{9}$$

Die Zahlenwerte oder Tensoren der Vektoren sind dann

$$\begin{aligned} E &= \sqrt{E_x{}^2 + E_y{}^2 + E_z{}^2} \\ M &= \sqrt{M_x{}^2 + M_y{}^2 + M_z{}^2} \end{aligned} \tag{10}$$

Neben den Vektoren $\mathfrak{E}$ und $\mathfrak{M}$ werden wir noch die Vektoren curl $\mathfrak{E}$ und curl $\mathfrak{M}$ benötigen, die sich mit Hilfe der Komponenten von $\mathfrak{E}$ und $\mathfrak{M}$ wie folgt bestimmen:

Der Vektor curl $\mathfrak{E}$ hat die Komponenten:

$$\frac{\partial E_z}{\partial y} - \frac{\partial E_y}{\partial z}, \quad \frac{\partial E_x}{\partial z} - \frac{\partial E_z}{\partial x}, \quad \frac{\partial E_y}{\partial x} - \frac{\partial E_x}{\partial y} \tag{11}$$

Der Vektor curl $\mathfrak{M}$ hat die Komponenten:

$$\frac{\partial M_z}{\partial y} - \frac{\partial M_y}{\partial z}, \quad \frac{\partial M_x}{\partial z} - \frac{\partial M_z}{\partial x}, \quad \frac{\partial M_y}{\partial x} - \frac{\partial M_x}{\partial y} \tag{12}$$

Schließlich wird noch die Divergenz der Vektoren $\mathfrak{E}$ und $\mathfrak{M}$ vorkommen:

$$\operatorname{div} \mathfrak{E} = \frac{\partial E_x}{\partial x} + \frac{\partial E_y}{\partial y} + \frac{\partial E_z}{\partial z} \tag{13}$$

$$\operatorname{div} \mathfrak{M} = \frac{\partial M_x}{\partial x} + \frac{\partial M_y}{\partial y} + \frac{\partial M_z}{\partial z} \tag{15}$$

Die Ausdrücke div $\mathfrak{E}$ und div $\mathfrak{M}$ sind keine Vektoren, sondern Skalare, d. h. Feldgrößen, die nur einen Zahlwert, jedoch keine Richtung besitzen.

Bildet man unter Heranziehung der Komponenten (11) und (12) die Divergenz der Vektoren curl $\mathfrak{E}$ und curl $\mathfrak{M}$, so ergibt sich:

$$\operatorname{div} \operatorname{curl} \mathfrak{E} = 0; \quad \operatorname{div} \operatorname{curl} \mathfrak{M} = 0 \tag{15}$$

III. Elektrische und magnetische Polarisation des Dielektrikums.

Seit Faraday und Maxwell betrachtet man nicht mehr die metallischen Körper (die Leiter) als den Sitz der elektromagnetischen Energie, sondern die nicht leitende Umgebung der Körper, das Dielektrikum.

Über dieses hat man sich eine Vorstellung zu machen, welche die Eigenschaften des nichtelektromagnetischen Zustandes ebenso erklärt wie die des elektromagnetischen Zustandes. Wir erörtern die Vorstellungen über die unelektrische und die magnetische Konstitution des Dielektrikums gesondert.

Man denkt sich das Dielektrikum als aus Volumelementen bestehend, in denen positive und negative Elektrizität überall in gleicher relativer Menge vorhanden ist (Fig. 234).

Die Wirkungen der beiden entgegengesetzten Elektrizitäten heben sich auf; das Dielektrikum ist unelektrisch.

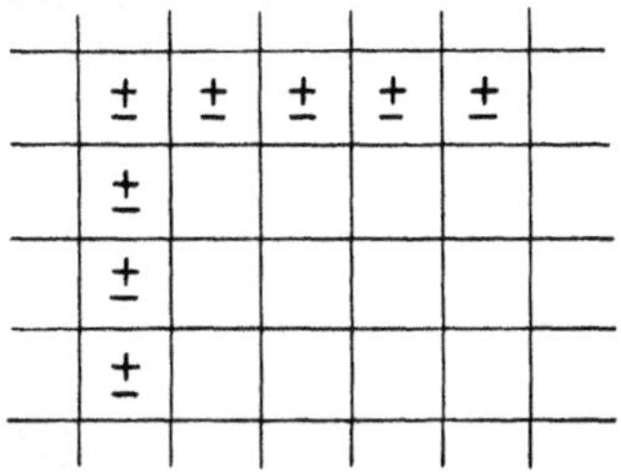

Fig. 234. Spannungsloses Dielektrikum.

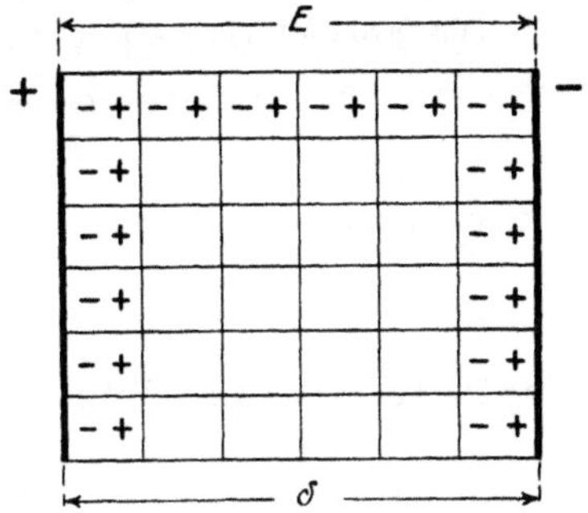

Fig. 235. Gespanntes Dielektrikum.

Erzeugt man nun im Dielektrikum ein elektrisches Feld, etwa indem man nach Fig. 235 zwei Platten aufstellt, zwischen denen die elektrische Spannung E herrscht, so werden die Elektrizitätsmengen in den einzelnen Volumelementen verschoben, jedes Volumelement wird elektrisch polarisiert. Der Zustand der Polarisation ist einem Spannungszustand analog; er verschwindet wieder, wenn die spannende Ursache, die Ladung der Platten, verschwindet.

Zur Gewinnung einer formelmäßigen Fixierung dieser Vorstellung greifen wir auf die Beobachtungen an einem Kondensator zurück, der ja durch Fig. 235 dargestellt wird.

Verbindet man nämlich die beiden Platten miteinander durch einen leitenden Draht, so fließt durch diesen eine Elektrizitätsmenge Q, die gemessen werden kann. Es ist:

$$Q = \frac{\varepsilon}{4\pi} \cdot \frac{E}{\delta} \cdot F .$$

Der Kondensator ist damit entladen, der Spannungszustand des Dielektrikums ist verschwunden. Legt man andererseits an den spannungslosen Kondensator eine Spannungsdifferenz E, so *verschiebt* sich zwischen den Platten die positive Menge Q in der Richtung von der $+$-Platte zur $-$-Platte. Es ist:

$$Q = \frac{\varepsilon}{4\pi} \cdot \frac{E}{\delta} \cdot F \tag{16}$$

wie oben. Der hier vorkommende Faktor ε ist die sogenannte *Dielektrizitätskonstante*.

Die Formel (16) stellt man nun um wie folgt:

$$\frac{Q}{F} = \frac{\varepsilon}{4\pi} \cdot \frac{E}{\delta} \tag{17}$$

und man nennt

$$b_e = \frac{Q}{F} \tag{18}$$

die *dielektrische Verschiebung*,

$$\mathfrak{E} = \frac{E}{\delta} \tag{19}$$

die elektrische Feldstärke oder *elektrische* Kraft, von welch letzterer wir unter I ausgegangen waren. Setzen wir für Q das elektromagnetische Maßsystem voraus, so ergibt sich als Dimension der dielektrischen Verschiebung:

$$[b_e] = [\mathrm{cm}^{-3/2}\,\mathrm{g}^{1/2}] \tag{20}$$

und, wenn man dies in (17) einsetzt, mit

$$[\mathfrak{E}] = [\mathrm{cm}^{1/2}\,\mathrm{g}^{1/2}\,\mathrm{sec}^{-2}] \tag{21}$$

als Dimension der Dielektrizitätskonstante

$$[\varepsilon] = [\mathrm{cm}^{-2}\,\mathrm{sec}^{2}] \tag{22}$$

Die sich aus (17) (18) (19) ergebende Formel

$$b_e = \frac{\varepsilon}{4\pi} \mathfrak{E} \tag{23}$$

kann man nach der Zeit differenzieren.

$$\frac{\partial b_e}{\partial t} = \frac{\varepsilon}{4\pi} \cdot \frac{\partial \mathfrak{E}}{\partial t} \tag{24}$$

Hier ist $\frac{\partial b_e}{\partial t}$ von der Dimension $[\mathrm{cm}^{-3/2}\,\mathrm{g}^{1/2}\,\mathrm{sec}^{-1}]$, also eine *Stromdichte*, d. h. eine Stromstärke dividiert durch eine Fläche. Bezeichnet man diese mit i, so gibt

$$i = \frac{\varepsilon}{4\pi} \cdot \frac{\partial E}{\partial t} \tag{25}$$

die Abhängigkeit der Stromdichte der dielektrischen Verschiebung von der zeitlichen Änderung der Feldstärke.

Bisher haben wir vorausgesetzt, daß das Dielektrikum keine Leitfähigkeit besitzt. Ist diese $= \lambda$ vorhanden, so tritt neben den Verschiebungsstrom

$$i F = \frac{\partial Q}{\partial t} = \frac{\varepsilon}{4\pi} \cdot \frac{\partial \mathfrak{E}}{\partial t} \cdot F \tag{26}$$

auch noch der Leitungsstrom

$$i' \mathrm{F} = \lambda \mathfrak{E} \mathrm{F} \tag{27}$$

so daß die Gesamtstromdichte wird:

$$i + i' = \frac{\varepsilon}{4\pi} \frac{\partial \mathfrak{E}}{\partial t} + \lambda \mathfrak{E} \tag{28}$$

Für die magnetischen Eigenschaften des Dielektrikums stellen wir analoge Betrachtungen an. Wir definieren die magnetische Verschiebung

$$b_m = \frac{\mu}{4\pi} \cdot \mathfrak{M} \tag{29}$$

und erkennen in $4\pi b^m$ die Größe $\mathfrak{B}$, welche man die magnetische Induktion nennt, die in einem Medium der Permeabilität μ durch die magnetische Feldstärke $\mathfrak{M}$ induziert wird. Magnetische Verschiebung, Induktion und Feldstärke haben dieselbe Dimension: $[\mathrm{cm}^{-1/2}\,\mathrm{g}^{1/2}\,\mathrm{sec}^{-1}]$; die Permeabilität μ ist eine Zahl.

Analog (25) bildet man noch die Stromdichte der magnetischen Verschiebung

$$j = \frac{\partial b_m}{\partial t} = \frac{\mu}{4\pi} \cdot \frac{\partial \mathfrak{M}}{\partial t} \tag{30}$$

Ein Analogon zu Formel (27) aufzustellen ist nicht nötig, da die magnetische Leitfähigkeit der bekannten Stoffe so klein ist, daß magnetische Leitungsströme gegenüber den Verschiebungsströmen unter allen Umständen vernachlässigt werden können.

IV. Die Grundgleichungen.

Zwischen den Feldstärken $\mathfrak{E}$ und $\mathfrak{M}$ und den Stromdichten i und j bestehen zwei Gleichungen, die für Stromleiter schon vor Maxwell bekannt waren.

a) Nach der Figur 236 hat man in dem durch einen Strom der Dichte i hervorgerufenen magnetischen Felde eine den Strom umschließende Kurve s zu ziehen. Die Kurve begrenze den Flächeninhalt ω. Dann gilt die Gleichung

$$4\,\pi\,i\,\omega = \int \mathfrak{M} \cos(\mathfrak{M}, ds)\, ds \tag{31}$$

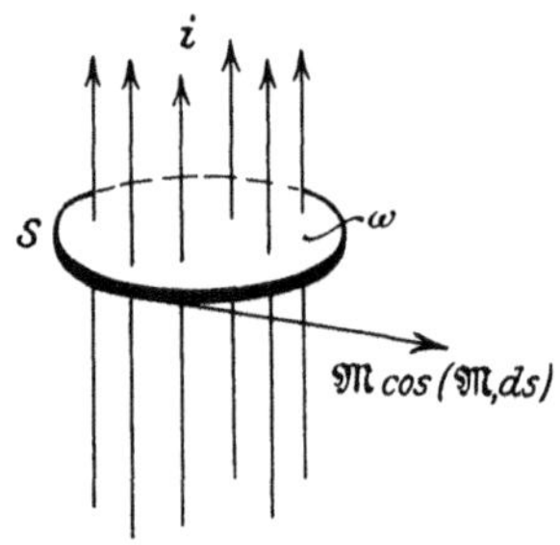

Fig. 236. Magnetomotorisches Grundgesetz.

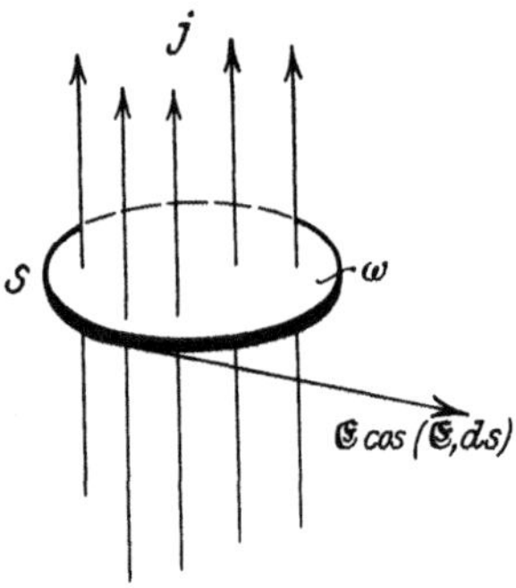

Fig. 237. Elektromotorisches Grundgesetz.

Das Integral bedeutet die Summe der Tangentialkomponenten der Feldstärke längs der Kurve s.

b) Wird in entsprechender Weise ein magnetischer Strom der Dichte j von einer Kurve s umschlossen, so gilt (s. Fig. 237).

$$4\pi\, j\, \omega = -\int \mathfrak{E} \cos(\mathfrak{E}, ds)\, ds \tag{32}$$

§ 92. Aufstellung der Maxwellschen Gleichungen.

Es ist das Verdienst von Maxwell, die Gleichungen (31) und (32) des vorigen Paragraphen auf die Vorgänge im Dielektrikum angewendet zu haben.

Wir betrachten ein Volumelement $\Delta_x\, \Delta_y\, \Delta_z$ Fig. 238. Im Punkte A herrsche die elektrische Feldstärke $\mathfrak{E}$ und die magnetische Feldstärke $\mathfrak{M}$ mit den Komponenten bezw. $E_x\, E_y E_z$ und $M_x\, M_y\, M_z$.

Die Komponente E_x der Feldstärke ergibt nach Gleichung (25) eine Verschiebungsstromdichte in Richtung der x-Achse

$$i_x = \frac{\varepsilon}{4\pi} \frac{\partial E_x}{\partial t} \tag{1}$$

und den Leitungsstrom

$$i_x' = \lambda E_x \tag{2}$$

Hiermit ergibt sich für die linke Seite der Gleichung (31), wenn $\omega = \Delta_y \Delta_x$ (= Rechtecksseite $A\,B\,C\,D$) ist:

$$\left(\varepsilon \frac{\partial E_x}{\partial t} + 4\pi\lambda E_x\right)\Delta_y \Delta_z$$

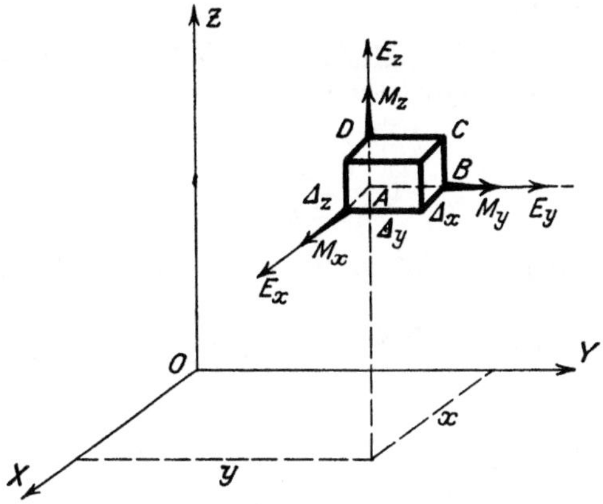

Fig. 238. Zur Aufstellung der Maxwellschen Gleichungen.

Die rechte Seite der Gleichung (31) erfordert die Aufstellung der Komponenten von $\mathfrak{M}$, die längs der Berandung von $A\,B\,C\,D$ wirken. Diese sind in:

$$A\,B \ldots \quad . \; M_y$$

$$B\,C \ldots \; . \; M_z + \frac{\partial M_z}{\partial y}\Delta y$$

$$C\,D \ldots\ldots -M_y - \frac{\partial M_y}{\partial z}\Delta z$$

$$D\,A \ldots\ldots -M_z\,.$$

Es wird hiermit

$$\int \mathfrak{M} \cos(\mathfrak{M}, ds)\, ds = \left(\frac{\partial M_z}{\partial y} - \frac{\partial M_y}{\partial z}\right)\Delta_y \Delta_z.$$

d. h. an Stelle von Gleichung (31) kommt

$$\varepsilon \frac{\partial E_x}{\partial t} + 4\pi\lambda E_x = \frac{\partial M_z}{\partial y} - \frac{\partial M_y}{\partial z} \tag{3}$$

und analog für die anderen Achsenrichtungen

$$\left.\begin{aligned}\varepsilon\frac{\partial E_y}{\partial t}+4\pi\lambda E_y&=\frac{\partial M_x}{\partial z}-\frac{\partial M_z}{\partial x}\\ \varepsilon\frac{\partial E_z}{\partial t}+4\pi\lambda E_z&=\frac{\partial M_y}{\partial x}-\frac{\partial M_x}{\partial y}\end{aligned}\right\}\tag{4}$$

Die Gleichungen (3) und (4) bilden das erste Maxwellsche Gleichungssystem.

Das zweite erhält man aus Gleichung (32), indem man die Stromdichte der magnetischen Verschiebung in Richtung der x-Achse anschreibt:

$$\mathfrak{j}_x=\frac{\mu}{4\pi}\cdot\frac{\partial M_x}{\partial t}\tag{5}$$

Die Ermittelung des Integrals in Gleichung (32) liefert dann

$$-\int\mathfrak{E}\cos(\mathfrak{E},ds)=-\left(\frac{\partial E_z}{\partial y}-\frac{\partial E_y}{\partial z}\right)\tag{6}$$

und mithin:

$$\mu\frac{\partial M_x}{\partial t}=-\left(\frac{\partial E_z}{\partial y}-\frac{\partial E_y}{\partial z}\right)\tag{7}$$

Analog für die beiden anderen Koordinatenrichtungen:

$$\left.\begin{aligned}\mu\frac{\partial M_y}{\partial t}&=-\left(\frac{\partial E_x}{\partial z}-\frac{\partial E_z}{\partial x}\right)\\ \mu\frac{\partial M_z}{\partial t}&=-\left(\frac{\partial E_y}{\partial x}-\frac{\partial E_x}{\partial y}\right)\end{aligned}\right\}\tag{8}$$

(7) und (8) stellen das zweite Maxwellsche Gleichungssystem dar.

Vergleicht man die rechten Seiten der Maxwellschen Systeme mit den Definitionen (11) und (12) des § 91, so erkennt man die Ausdrücke der curl-Komponenten wieder. Man kann also die beiden Gleichungssysteme in Vektorform schreiben:

Vektorform des ersten Maxwellschen Gleichungssystems:

$$\varepsilon\frac{\partial\mathfrak{E}}{\partial t}+4\pi\lambda\,\mathfrak{E}=\operatorname{curl}\mathfrak{M}\tag{9}$$

Vektorform des zweiten Maxwellschen Gleichungssystems:

$$\mu\frac{\partial\mathfrak{M}}{\partial t}=-\operatorname{curl}\mathfrak{E}\tag{10}$$

Die Dimensionen von $\mathfrak{E}$, $\mathfrak{M}$, ε, μ sind hier die des elektromagnetischen Maßsystems.

§ 93. Untersuchung ebener elektromagnetischer Wellen.

I. Aus den Gleichungen (3) und (4) § 92 folgt, wenn man sie der Reihe nach nach x, y, z different iert und dann addiert:

$$\varepsilon \frac{\partial}{\partial t}\left(\frac{\partial E_x}{\partial x} + \frac{\partial E_y}{\partial y} + \frac{\partial E_z}{\partial z}\right) + 4\pi\lambda\left(\frac{\partial E_x}{\partial x} + \frac{\partial E_y}{\partial y} + \frac{\partial E_z}{\partial z}\right) = 0 \quad (1)$$

oder nach Gleichung (13) § 91

$$\varepsilon \frac{\partial}{\partial t} \operatorname{div} \mathfrak{E} + 4\pi\lambda \operatorname{div} \mathfrak{E} = 0 \quad (2)$$

Aus dieser Gleichung folgt, daß dauernd

$$\operatorname{div} \mathfrak{E} = 0 \quad (3)$$

gilt, wenn diese Gleichung zu irgend einer Zeit galt. Die Bedeutung des Satzes (3) kann man sich wie folgt näher veranschaulichen. Aus Gleichung (23) § 91

$$\mathfrak{b}_e = \frac{\varepsilon}{4\pi}\mathfrak{E} \quad (4)$$

folgt nach beiderseitiger Bildung der Divergenz

$$\operatorname{div} \mathfrak{b}_e = \frac{\partial \mathfrak{b}_x}{\partial x} + \frac{\partial \mathfrak{b}_y}{\partial y} + \frac{\partial \mathfrak{b}_z}{\partial z} = \frac{\varepsilon}{4\pi}\operatorname{div}\mathfrak{E} \quad (5)$$

Hier hat $\operatorname{div} \mathfrak{b}_e$ die Dimension $[\mathrm{cm}^{-\frac{5}{2}}\ \mathrm{sec}^{\frac{1}{2}}]$, d. h. die Dimension der Raumdichte der Elektrizitätsmenge:

$$[\mathrm{cm}^{\frac{1}{2}}\ \mathrm{sec}^{\frac{1}{2}}] : [\mathrm{cm}^3].$$

In der Tat bedeutet $\operatorname{div} \mathfrak{b}_e$ eine elektrische Raumdichte, und zwar diejenige im Raumelemente $dx\,dy\,dz$. Wir benutzen nunmehr, wie früher § 67, das Zeichen ϱ für diese:

$$\operatorname{div} \mathfrak{b}_e = \frac{\varepsilon}{4\pi}\operatorname{div}\mathfrak{E} = \varrho \quad (6)$$

Hieraus folgt, daß die Gleichung (3) stets dann gilt, wenn überall die Dichte ϱ der „freien“ Elektrizität gleich Null ist.

Durch Gleichung (6) kann man übrigens noch eine von früher her (§ 67) bekannte Beziehung ableiten, wenn wir annehmen, daß $\mathfrak{E}$ ein Potentialvektor ist, dessen Komponenten sich als erste partielle Derivierte einer Raumfunktion V bestimmen wie folgt:

$$E_x = -\frac{\partial V}{\partial x},\; E_y = -\frac{\partial V}{\partial y},\; E_z = -\frac{\partial V}{\partial z} \tag{7}$$

Dann wird der Ausdruck

$$\frac{\varepsilon}{4\pi}\operatorname{div}\mathfrak{E} = -\frac{\varepsilon}{4\pi}\left(\frac{\partial^2 V}{\partial x^2} + \frac{\partial^2 V}{\partial y^2} + \frac{\partial^2 V}{\partial z^2}\right) = \varrho \tag{8}$$

eine Gleichung, welche mit $\varepsilon = 1$ mit der Laplace-Poissonschen Gleichung

$$\left(\frac{\partial^2 V}{\partial x^2} + \frac{\partial^2 V}{\partial y^2} + \frac{\partial^2 V}{\partial z^2}\right) = -4\pi\varrho \tag{9}$$

§ 67, identisch ist. Diese Gleichung regelt, wie wir in Kapitel III des zweiten Teils gesehen haben, die elektrischen Gleichgewichtszustände.

In der gleichen Weise wie oben läßt sich auch die Gültigkeit der Gleichung

$$\operatorname{div}\mathfrak{M} = 0 \tag{3 a}$$

im ganzen Felde nachweisen.

Nunmehr eliminieren wir aus Gleichung (9) und (10) § 92 den Vektor $\mathfrak{M}$, indem wir (9) nach der Zeit differentieren:

$$\operatorname{curl}\frac{\partial\mathfrak{M}}{\partial t} = \varepsilon\frac{\partial^2\mathfrak{E}}{\partial t^2} + 4\pi\lambda\frac{\partial\mathfrak{E}}{\partial t} \tag{10}$$

und von Gleichung (10) den curl bilden:

$$\mu\operatorname{curl}\frac{\partial\mathfrak{M}}{\partial t} = -\operatorname{curl}\operatorname{curl}\mathfrak{E} \tag{11}$$

Durch Gleichsetzung von (10) und (11) folgt:

$$\mu\varepsilon\frac{\partial^2\mathfrak{E}}{\partial t^2} + 4\pi\mu\lambda\frac{\partial\mathfrak{E}}{\partial t} = -\operatorname{curl}\operatorname{curl}\mathfrak{E} \tag{12}$$

Rechnet man die Komponenten des Vektors

$$\mathfrak{B} = \operatorname{curl}\operatorname{curl}\mathfrak{E}$$

aus, so ergibt sich z. B. für die x-Komponente:

$$B_x = \frac{\partial\operatorname{div}\mathfrak{E}}{\partial x} - \left(\frac{\partial^2 E_x}{\partial x^2} + \frac{\partial^2 E_y}{\partial y^2} + \frac{\partial^2 E_z}{\partial z^2}\right) \tag{13}$$

(wovon man sich durch Ausführung der Operationen leicht überzeugt), so daß man infolge (3) folgendes Gleichungssystem für $E_x\, E_y\, E_z$ erhält:

$$\left.\begin{aligned}\frac{\partial^2 E_x}{\partial x^2}+\frac{\partial^2 E_x}{\partial y^2}+\frac{\partial^2 E_x}{\partial z^2} &= \varepsilon\mu\frac{\partial^2 E_x}{\partial t^2}+4\pi\lambda\mu\frac{\partial E_x}{\partial t}\\ \frac{\partial^2 E_y}{\partial x^2}+\frac{\partial^2 E_y}{\partial y^2}+\frac{\partial^2 E_y}{\partial z^2} &= \varepsilon\mu\frac{\partial^2 E_y}{\partial t^2}+4\pi\lambda\mu\frac{\partial E_y}{\partial t}\\ \frac{d^2 E_z}{\partial x^2}+\frac{\partial^2 E_z}{\partial y^2}+\frac{\partial^2 E_z}{\partial z^2} &= \varepsilon\mu\frac{\partial^2 E_z}{\partial t^2}+4\pi\lambda\mu\frac{\partial E_z}{\partial t}\end{aligned}\right\}\quad (14)$$

Ein analoges Gleichungssystem existiert für $M_x\, M_y\, M_z$.

II. Mit Hilfe der beiden Systeme sollen $\mathfrak{E}$ und $\mathfrak{M}$ bzw. deren Komponenten in ihrer Abhängigkeit von Raum und Zeit gefunden werden. Dabei müssen die Komponenten als Funktionen von x, y, z zur Zeit $t = 0$ gegeben sein, wonach sich die ersten Ableitungen der Komponenten nach der Zeit, ebenfalls für $t = 0$, aus den Gleichungen (9) und (10) § 92 bestimmen lassen.

Es handelt sich also um die Bestimmung einer Funktion $U\,(x, y, z, t)$, die der Differentialgleichung:

$$\Delta U = \varepsilon\mu\frac{\partial^2 U}{\partial t^2}+4\pi\mu\lambda\frac{\partial U}{\partial t} \quad (15)$$

genügen und dabei nebst ihrer ersten zeitlichen Ableitung für $t = 0$ in gegebene Ortsfunktionen übergehen soll

$$\left.\begin{aligned}U_{t=0} &= f\,(x, y, z)\\ \frac{\partial U}{\partial t}_{t=0} &= g\,(x, y, z)\end{aligned}\right\}\quad (16)$$

Wir untersuchen nun einen Vorgang, bei welchem die elektromagnetische Größe U (eine elektrische oder magnetische Kraft) abgesehen von der Zeit, nur von der Variabeln x abhängt. Es handele sich also um die Fortpflanzung einer ebenen Welle, und zwar wollen wir zuvörderst voraussetzen, daß mit $\lambda = 0$ der Vorgang ohne Dämpfung (in einem nicht leitenden Dielektrikum) erfolge. Die Gleichung (15) wird dann einfach

$$\frac{\partial^2 U}{\partial x^2} = \varepsilon\mu\frac{\partial^2 U}{\partial t^2} \quad (16)$$

Ferner wollen wir die Größe U und die Dielektrizitätskonstante ε elektrostatisch messen.

Nach § 92 haben wir, wenn die elektrostatischen Größen für den Augenblick mit U_e und ε_e bezeichnet werden, die Dimensionsbeziehungen:

$$U = [\mathrm{cm/sec}]\, U_e,$$
$$\varepsilon = [\mathrm{cm/sec}]^{-2}\, \varepsilon_e.$$

Hiermit geht die Gleichung (16) über in

$$[\mathrm{cm/sec}]\frac{\partial^2 U_e}{\partial x^2} = [\mathrm{cm/sec}]\,[\mathrm{cm/sec}]^{-2}\,\varepsilon_e\,\mu\,\frac{\partial^2 U_e}{\partial t^2}$$

oder nach Rückkehr zu U und ε (die aber nun als elektrostatische Größen zu gelten haben)

$$[\mathrm{cm/sec}]^2\frac{\partial^2 U}{\partial x^2} = \varepsilon\,\mu\,\frac{\partial^2 U}{\partial t^2} \tag{17}$$

Auf der linken Seite ist also ein Faktor von der Dimension eines Geschwindigkeitsquadrats hinzugekommen, den wir mit V^2 bezeichnen.

$$V^2\frac{\partial^2 U}{\partial x^2} = \varepsilon\,\mu\,\frac{\partial^2 U}{\partial t^2} \tag{18}$$

III. Diese Differentialgleichung ist identisch mit der in § 54 betrachteten Gleichung der Saitenschwingung, wenn wir

$$a^2 = \frac{V^2}{\varepsilon\,\mu}$$

einsetzen. Die zu erfüllenden Anfangsbedingungen lauten für

$$t = 0\left\{\begin{aligned} U &= f(x)\\ \frac{\partial U}{\partial t} &= g(x)\end{aligned}\right.$$

Die Lösung kann auch hier durch Fouriersche Reihen erfolgen; wir wollen jedoch eine andere Lösung benutzen, die uns einige Haupteigenschaften der elektromagnetischen Wellen zeigen soll.

Wir schreiben als die Lösung an:

$$U = \frac{1}{2}\,[f(x + a\,t) + f(x - a\,t)] + \frac{1}{2\,a}\int\limits_{x-a\,t}^{x+a\,t} g(x)\,dx \tag{19}$$

die für $t = 0$ tatsächlich $U = f(x)$ ergibt. Ferner ist

$$\frac{\partial U}{\partial t} = \frac{a}{2}[f'(x + a t) - f'(x - a t)]$$
$$+ \frac{1}{2a}[a g(x + a t) + a g(x - a t)]$$

welcher Ausdruck liefert für

$$t = 0: \frac{\partial U}{\partial t} = g(x)$$

Andererseits kann man durch direkte Ausrechnung nachweisen, daß (19) der Differentialgleichung (18) genügt.

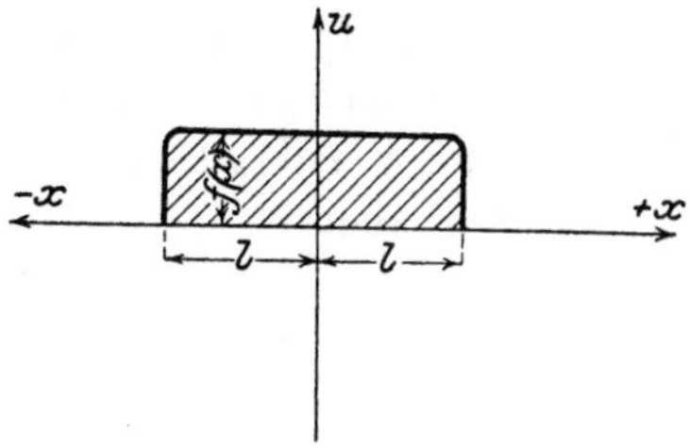

Fig. 239. Anfänglich elektromagnetisches Störungsgebiet.

Wir betrachten nun einen Anfangszustand, für welchen überall längs der x-Achse $g(x) = 0$ ist. Die anfängliche elektrische oder magnetische Störung $f(x)$ soll aber nur innerhalb eines Intervalles

$$-l \leqq x \leqq +l$$

endliche Werte besitzen, im übrigen aber Null sein (Fig. 239).

Die Funktion $f(x + a t)$ ist hiernach nur dann von Null verschieden, wenn gilt

$$-l < x + a t < +l \tag{20}$$

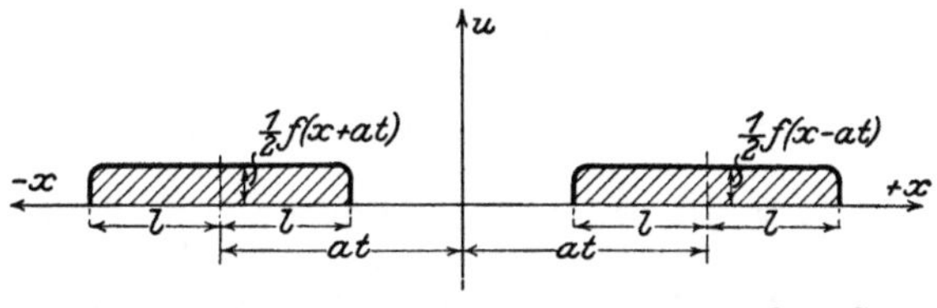

Fig. 240. Fortpflanzung einer elektromagnetischen Störung ohne Dämpfung.

und $f(x - a t)$ ist von Null verschieden wenn gilt:

$$-l < x - a t < +l \tag{21}$$

Die Bedingungen (20) und (21) kann man auch schreiben:

$$-l - a t < x < -a t + l$$
$$-l + a t < x < a t + l$$

woraus sich ergibt, daß nach Verlauf der Zeit t die Größe U nur in den Fig. 240 gezeichneten Bereichen von Null verschieden sein kann. Hierbei ist aber rechts von der U-Achse $f(x + at) = 0$, links davon $f(x - at) = 0$, so daß sich U auf $\frac{1}{2} f(x - at)$ oder $\frac{1}{2} f(x + at)$ reduziert, d. h. auf die Hälfte des zur Zeit 0 existierenden Wertes. Wir deuten dies Ergebnis dahin, daß sich das anfänglich vorhandene Störungsgebiet $f(x)$ mit halber Intensität der Störung nach beiden Seiten in ursprünglicher Breite fortpflanzt mit der Geschwindigkeit a.

Es war aber

$$a = \frac{V}{\sqrt{\varepsilon \mu}}$$

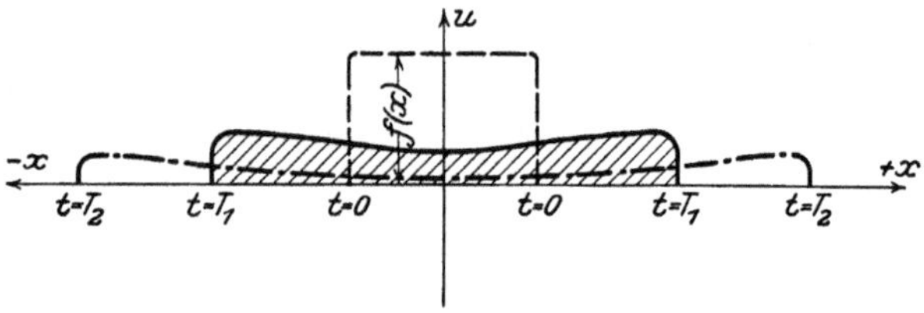

Fig. 241. Fortpflanzung einer elektromagnetischen Störung mit Dämpfung.

Hiermit findet sich die Größe V als Fortpflanzungsgeschwindigkeit der elektromagnetischen Störung im freien Äther, in welchem $\varepsilon = \mu = 1$ ist.

IV. Nehmen wir nun noch den Vorgang als mit Dämpfung behaftet an, so findet man (wofür wir den Beweis nicht geben wollen), daß sich die Grenzen des Störungs- oder Erregungsgebietes ebenfalls mit der Geschwindigkeit $\frac{V}{\sqrt{\varepsilon \mu}}$ fortpflanzen, daß aber die Gebietsbreite dauernd wächst, während die Intensität der Erregung dauernd abnimmt. Fig. 241 gibt das Grundsätzliche des Vorganges.

§ 94. Elektromagnetische Eigenschaften von Gleichströmen in linear ausgestreckten Leitern.

I. Wir betrachten einen sehr langen Draht OA, der längs der positiven x-Achse ausgestreckt ist (Fig. 242). D ist eine Dynamomaschine, deren Pol B zunächst frei sei, während der andere C mit irgend einem Körper K von qualitativ denselben elektrischen Eigenschaften wie der Draht verbunden sein soll. Im übrigen sei K so weit entfernt, daß sein Einfluß auf die Vorgänge im Draht verschwindet. Ein Voltmeter V verbindet K mit dem entfernten Leitungsende A. Das Voltmeter wird nichts anzeigen. Zur Zeit $t = 0$ verbinden wir B mit O, worauf das Voltmeter anzuzeigen beginnt. Nach Verlauf einer Zeit T wird die Anzeige konstant geworden sein. Wir wollen den Vorgang von $t = 0$ bis $t = T$ den Ausgleichsvorgang nennen und von dem Beharrungszustand, der für $t > T$ eintritt, getrennt untersuchen. Beide Vorgänge werden von den Maxwellschen Gleichungen beherrscht, die wir zunächst auf den Beharrungszustand anwenden wollen.

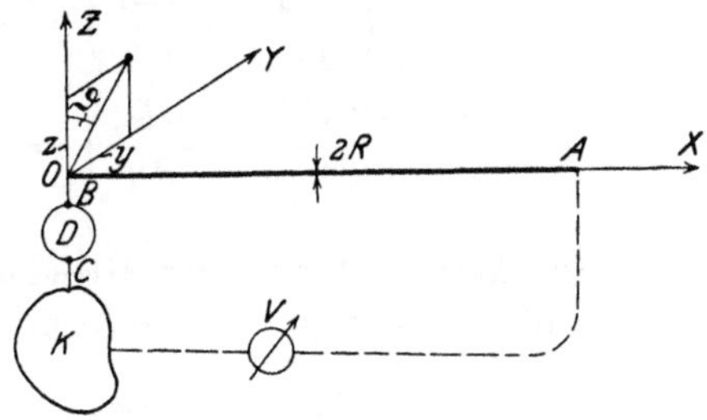

Fig. 242. Zur Umformung der Maxwellschen Gleichungen auf Zylinderkoordinaten.

Zu diesem Zweck transformieren wir die Maxwellschen Gleichungen des § 92 auf Zylinderkoordinaten x, ϑ, r durch die Gleichungen

$$y = r \sin \vartheta, \quad z = r \cos \vartheta \tag{1}$$

Das Feldgrößensystem

$$\begin{matrix} E_x, & E_y, & E_z \\ M_x, & M_y, & M_z \end{matrix}$$

geht dann über in das System

$$\begin{matrix} E_x, & E_r, & E_\vartheta \\ M_x, & M_r, & M_\vartheta \end{matrix}$$

Die Gleichungssysteme (3) und (4) bzw. (7) und (8) § 92 gehen dann über in

$$\left.\begin{aligned} \frac{1}{r}\left(\frac{\partial M_r}{\partial \vartheta} - \frac{\partial (r M_\vartheta)}{\partial r}\right) &= \varepsilon \frac{\partial E_x}{\partial t} + 4\pi\lambda E_x \\ \left(\frac{\partial M_x}{\partial r} - \frac{\partial M_r}{\partial x}\right) &= \varepsilon \frac{\partial E_\vartheta}{\partial t} + 4\pi\lambda E_\vartheta \\ \frac{1}{r}\left(\frac{\partial (r M_\vartheta)}{\partial x} - \frac{\partial M_x}{\partial \vartheta}\right) &= \varepsilon \frac{\partial E_r}{\partial t} + 4\pi\lambda E_r \end{aligned}\right\} \tag{2}$$

bzw.

$$\left.\begin{aligned} \frac{1}{r}\left(\frac{\partial E_r}{\partial \vartheta} - \frac{\partial (r\,E_\vartheta)}{\partial r}\right) &= -\mu\frac{\partial M_x}{\partial t} \\ \left(\frac{\partial E_x}{\partial r} - \frac{\partial E_r}{\partial x}\right) &= -\mu\frac{\partial M_\vartheta}{\partial t} \\ \frac{1}{r}\left(\frac{\partial (r\,E_\vartheta)}{\partial x} - \frac{\partial E_x}{\partial \vartheta}\right) &= -\mu\frac{\partial M_r}{\partial t} \end{aligned}\right\} \tag{3}$$

Hier kommt dann noch Gleichung (3) und (3a) § 93 hinzu, die ebenfalls auf x, ϑ, r umzuformen sind:

$$\frac{\partial (r\,E_x)}{\partial x} + \frac{\partial E_\vartheta}{\partial \vartheta} + \frac{\partial (r\,E_r)}{\partial r} = 0 \tag{4}$$

$$\frac{\partial (r\,M_x)}{\partial x} + \frac{\partial M_\vartheta}{\partial \vartheta} + \frac{\partial (r\,M_r)}{\partial r} = 0 \tag{5}$$

Die Durchführung der zu dieser Transformation erforderlichen Rechnung, welche in partiellen Differentiationen der Gleichung (1) besteht, verfolgen wir hier nicht weiter.

Das Feld um den linear ausgestreckten Leiter nehmen wir nunmehr achsensymmetrisch an, d. h. wir setzen fest, daß sämtliche Komponenten M und E von ϑ unabhängig sind.

Ferner gehört zur Achsensymmetrie, daß quer zur Achse des linearen Leiters keine elektrischen Kräfte wirken, d. h. die Komponente E_ϑ ist nicht vorhanden, also gleich Null zu setzen. Ebenso folgt aus unserer Annahme, daß das magnetische Feld nur eine Querkomponente hat, also M_x und M_r sind Null.

Die Gleichungen (2) und (3) reduzieren sich danach auf folgende:

$$\left.\begin{aligned} -\frac{1}{r}\frac{\partial (r\,M_\vartheta)}{\partial r} &= \varepsilon\frac{\partial E_x}{\partial t} + 4\pi\lambda E_x \\ +\frac{1}{r}\frac{\partial (r\,M_\vartheta)}{\partial x} &= \varepsilon\frac{\partial E_r}{\partial t} + 4\pi\lambda E_r \end{aligned}\right\} \tag{2a}$$

$$\left(\frac{\partial E_x}{\partial r} - \frac{\partial E_r}{\partial x}\right) = -\mu\frac{\partial M_\vartheta}{\partial t} \tag{3a}$$

während (4) und (5) ergeben:

$$\frac{\partial E_x}{\partial x} + \frac{1}{r}\frac{\partial (r E_r)}{\partial r} = 0 \tag{4a}$$

$$\frac{\partial M_\vartheta}{\partial \vartheta} = 0 \tag{5a}$$

Hier ist Gleichung (5a) bereits oben aus der Eigenschaft der Achsensymmetrie hervorgegangen.

II. Wir kehren nun zur Fig. 242 zurück und setzen die Dynamo als Gleichstrommaschine der Klemmspannung E voraus. Ist nach Anschalten des Poles B der Beharrungszustand eingetreten, dann herrscht am anderen Drahtende ebenfalls die Spannung E. Damit wird aber

$$E_x = \frac{E - E}{L} = 0$$

Ebenso wird

$$E_r = 0$$

und

$$M_\vartheta = 0$$

Dies Beispiel der unter Gleichstromspannung stehenden Leitung bietet also nichts Besonderes.

Wird dagegen das freie Drahtende auf der Spannung 0 gehalten, so wird

$$E_x = \frac{E}{L} \tag{6}$$

von der Zeit unabhängig. Dieser Ansatz befriedigt neben

$$E_r = 0 \tag{7}$$

die Gleichung (4a) und liefert aus (3a) und der zweiten Gleichung (2a) das Ergebnis, daß M_ϑ von x und t unabhängig ist. Jetzt bleibt noch übrig, aus der ersten Gleichung (2a) die erforderlichen Schlüsse zu ziehen. Sie hat mit

$$\frac{\partial E_x}{\partial t} = 0$$

das Ergebnis:

$$\frac{\partial (r M_\vartheta)}{\partial r} = -4\pi\lambda r E_x \tag{8}$$

Sie ist zu integrieren innerhalb des Drahtes ($r < R$) sowie außerhalb ($r > R$). Außerhalb des Drahtes ist $\lambda = 0$, weil wir uns hier im Dielektrikum befinden; die Gleichung (8) lautet dann:

$$\frac{\partial (r M_\vartheta)}{\partial r} = 0 \quad r > R \tag{8a}$$

und liefert nach Integration:

$$M_\vartheta = \frac{C}{r} \quad r > R \tag{8b}$$

wo C eine zunächst unbekannte Konstante bedeutet.

Innerhalb des Drahtes lautet die Gleichung (8):

$$\frac{\partial (r M_\vartheta)}{\partial r} = -4\pi \lambda r E_x \quad r < R \tag{8c}$$

woraus nach Integration folgt:

$$r M_\vartheta = C_1 - 2\pi \lambda r^2 E_x \tag{8d}$$

Hier muß aber $C_1 = 0$ sein, weil für $r = 0$ beide Seiten der Gleichung (8d) verschwinden müssen. Es bleibt also übrig:

$$M_\vartheta = -2\pi \lambda r E_x \quad r < R. \tag{8e}$$

Für $r = R$, d. h. an der Drahtoberfläche müssen die Werte von M_ϑ aus Gleichung (8b) und (8e) ineinander übergehen, d. h. es muß sein:

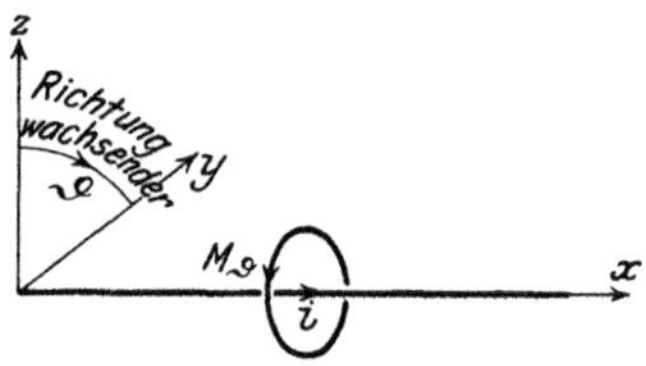

Fig. 243. Magnetisches Feld eines gradlinigen Stromes.

$$\frac{C}{R} = -2\pi \lambda R E_x$$

womit sich die Konstante C findet:

$$C = -2\pi \lambda R^2 E_x$$

so daß für das magnetische Feld außerhalb des Drahtes sich

$$M_\vartheta = -\frac{2\pi \lambda R^2}{r} E_x \quad r > R \tag{9}$$

ergibt. Setzt man hier Gleichung (6) ein, so wird

$$M_\vartheta = -\frac{2\pi \lambda R^2}{r} \frac{E}{L}$$

d. h., da $w = \frac{L}{R^2 \pi \lambda}$ den Leitungswiderstand des Drahtes bedeutet, mit dem Strom $i = \frac{E}{w}$ (elektromagnetisch gemessen)

$$M_\vartheta = -\frac{2i}{r}$$

Dies ist die bekannte Formel des magnetischen Feldes eines geradlinigen Stromes i. Das negative Zeichen gibt an, daß die Feldstärke entgegengesetzt der Richtung wachsender ϑ, d. h. nach Fig. 243 orientiert ist.

§ 95. Elektromagnetische Vorgänge bei Wechselströmen in geradlinigen Leitern. Ferrantiphänomen[82]).

I. Wir legen wieder Fig. 242 § 94 zugrunde, nur mit dem Unterschied, daß die Dynamomaschine Wechselstrom der Maximalspannung E liefere.

Unter den Komponenten E_x, E_r und M_ϑ interessiert uns in erster Linie E_x, d. h. die elektrische Kraft parallel zur Richtung des ausgespannten Drahtes. Wir gewinnen eine Differentialgleichung für E_x, indem wir E_r und M_ϑ aus den Gleichungen (2a) bis (4a) § 94 eliminieren. Dies geschieht wie folgt.

Zunächst wird (3a) mit r multipliziert und darauf partiell nach r differentiiert. Resultat:

$$\left\{\frac{\partial}{\partial r}\left(r\frac{\partial E_x}{\partial r}\right)-\frac{\partial^2 (r E_r)}{\partial x \partial r}\right\}=-\mu\frac{\partial^2 (r M_\vartheta)}{\partial r \partial t} \tag{1}$$

Weiter wird (4a) nach x differentiiert:

$$r\frac{\partial^2 E_x}{\partial x^2}=-\frac{\partial^2 (r E_r)}{\partial x \partial r} \tag{2}$$

Schließlich wird die erste Gleichung (2a) mit μ multipliziert und nach t differentiiert. Resultat:

$$r\left\{\mu\varepsilon\frac{\partial^2 E_x}{\partial t^2}+4\pi\mu\lambda\frac{\partial E_x}{\partial t}\right\}=-\mu\frac{\partial (r M_\vartheta}{\partial r \partial t} \tag{3}$$

Substituiert man (2) und (3) in (1), so entsteht:

$$\left\{\frac{1}{r}\frac{\partial}{\partial r}\left(r\frac{\partial E_x}{\partial r}\right)+\frac{\partial^2 E_x}{\partial x^2}\right\}=\mu\varepsilon\frac{\partial^2 E_x}{\partial t^2}+4\pi\mu\lambda\frac{\partial E_x}{\partial t} \tag{4}$$

In diese Gleichung führen wir die Stärke J des im Drahte fließenden Stromes ein.

Zunächst gilt für die Dichte des im Querschnittsdifferential $r\,dr$ fließenden Stromes

$$i=\lambda E_x$$

Multipliziert man beide Seiten mit $2\pi r\,dr$, und setzt man $2\pi i r \cdot dr = dJ$, so wird

$$dJ = 2\pi\lambda r E_x\,dr$$

die Stromstärke im Querschnittsdifferential $2\pi r\,dr$. Integriert man von 0 bis R, so ergibt sich der Gesamtstrom im Draht

$$J = 2\pi\lambda\int_0^R r E_x\,dr \tag{5}$$

Dies wird in Gleichung (4) eingeführt durch Multiplikation mit $r\,dr$ und Integration von 0 bis R. Wir erhalten:

$$R\left[\frac{\partial E_x}{\partial r}\right]_{x=R} + \int_0^R r\frac{\partial^2 E_x}{\partial x^2}\,dr = \mu\varepsilon\int_0^R r\frac{\partial^2 E_x}{\partial t^2}\,dr$$

$$+ 4\pi\mu\lambda\int_0^R r\frac{\partial E_x}{\partial t}\,dr \tag{6}$$

während durch geeignete Differentiationen aus (5) die Beziehungen folgen:

$$\left.\begin{aligned}
&\frac{\partial^2 J}{\partial x^2} = 2\pi\lambda\int_0^R r\frac{\partial^2 E_x}{\partial x^2}\,dr; \quad \frac{\partial^2 J}{\partial t^2} = 2\pi\lambda\int_0^R r\frac{\partial^2 E_x}{\partial t^2}\,\partial r;\\
&\frac{\partial j}{\partial J} = 2\pi\lambda\int_0^R r\frac{\partial E_x}{\partial t}\,dr
\end{aligned}\right\} \tag{7}$$

Substituiert man (7) in (6), so kommt:

$$R\left[\frac{\partial E_x}{\partial r}\right]_{r=R} + \frac{1}{2\pi\lambda}\frac{\partial^2 J}{\partial x^2} = \frac{\mu\varepsilon}{2\pi\lambda}\frac{\partial^2 J}{\partial t^2} + 2\mu\frac{\partial J}{\partial t} \tag{8}$$

Das erste Glied auf der linken Seite vergleichen wir jetzt mit dem letzten Glied auf der rechten Seite, indem wir

$$J = \pi R^2\lambda\cdot E_x = \frac{E_x}{w} \tag{9}$$

setzen, wo w den Ohmschen Widerstand der Längeneinheit des Drahtes bedeutet. Dann vergleichen wir

$$w\cdot R\left[\frac{\partial E_x}{\partial r}\right]_{r=R} \text{ mit } 2\mu\frac{\partial E_x}{\partial t}.$$

Hier repräsentiert $w \cdot R$ den Widerstand eines Drahtstückes von der Länge R (der halben Drahtdicke), also einen sehr kleinen Wert, während $\frac{\partial E_x}{\partial t}$, die Änderungsgeschwindigkeit eines Wechselstromes, eine sehr große Zahl ist. Wir vernachlässigen also $R\left[\frac{\partial E_x}{\partial r}\right]_{r=R}$ gegen $2\mu\frac{\partial j}{\partial t}$ und schreiben für (8)

$$\frac{\partial^2 J}{\partial x^2} = \mu\varepsilon\frac{\partial^2 J}{\partial t^2} + 4\pi\mu\lambda\frac{\partial J}{\partial t} \qquad (10)$$

nach welcher Gleichung sich die Leitungsstromstärke J im Draht regelt.

II. Es ist nun bemerkenswert, daß eine Differentialgleichung für J auch gewonnen wird, wenn man die Vorstellungen über elektromagnetische Vorgänge benutzt, die vor Maxwell üblich waren. Diese Vorstellungen operieren an Stelle der in den Maxwellschen Gleichungen vorkommenden elektrischen Feldstärke mit „Spannungen" und „elektromotorischen Kräften" (p) und außerdem mit der Stromstärke in einem Leiter, die wir soeben mit J bezeichnet haben.

Die Verknüpfung von Spannungen p und Stromstärken J geschieht auf Grund des zweiten Induktionsgesetzes Gl. (32) § 91.

$$4\pi j\omega = -\int \mathfrak{E}\cos(\mathfrak{E}, ds)\, ds$$

welches auf Grund von Gleichung (5) § 92 die Form annimmt

$$\mu\frac{\partial(\omega M)}{\partial t} = -\int \mathfrak{E}\cos(\mathfrak{E}, ds)\, ds$$

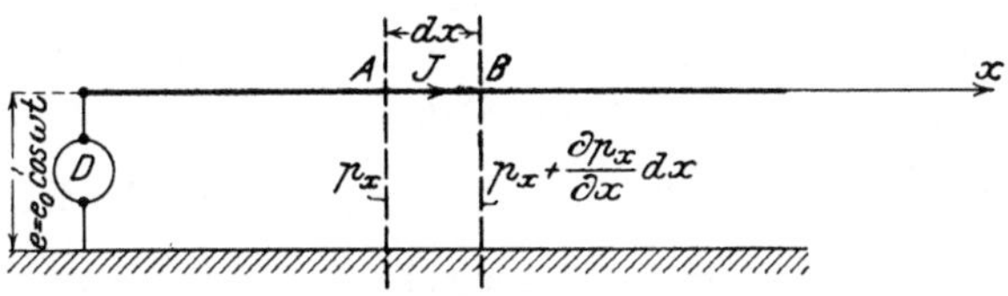

Fig. 244. Zur Ableitung der Heavisideschen Gleichung.

Dies Induktionsgesetz wird unmittelbar auf einen in Fig. 244 mit $A\,B$ bezeichneten Abschnitt des stromführenden Leiters angewendet. ωM ist der ganze magnetische Kraftfluß, der das Rechteck der Basis $A\,B$ durchsetzt, während das Integral durch die Summe der im Linienzuge des Rechtecks wirkenden Spannungen

$$w\,J\,dx + \left(p_x + \frac{\partial p_x}{\partial x}\right) dx - p_x$$

gegeben ist. Als Besonderheit tritt hier nun auf, daß die Permeabilität $\mu = 1$ zu setzen ist und der Kraftfluß $M\,\omega$ durch den Strom J selbst hervorgerufen ist. In diesem Fall hat man bekanntlich die Stromstärke mit deren Kraftfluß durch den Koeffizienten der Selbstinduktion zu verknüpfen. Die entsprechende Formel lautet hier:

$$M\,\omega = L\,J\,dx$$

wo L den Selbstinduktionskoeffizienten der Längeneinheit des geradlinig ausgestreckten Drahtes bedeutet. Es ergibt sich demnach der Ansatz:

$$L\,dx\,\frac{\partial J}{\partial t} = -\left(w\,J\,dx + p_x + \frac{\partial p_x}{\partial x}\,dx - p_x\right)$$

oder

$$-\frac{\partial p_x}{\partial x} = w\,J + L\,\frac{\partial J}{\partial t} \tag{11}$$

Zur Gewinnung einer zweiten Gleichung zwischen den Größen p_x und J betrachtet die vormaxwellsche Anschauungsweise das Leiterelement dx als einen Kondensator, dessen Ladestrom durch

$$C\,dx\,\frac{\partial p_x}{\partial t}$$

gegeben ist, wenn C die Kapazität der Längeneinheit des ausgestreckten Drahtes bedeutet. Der Ladestrom kombiniert sich mit dem zufließenden Leitungsstrom J und dem abfließenden Strom $J + \frac{\partial J}{\partial x}\,dx$ durch eine Gleichung, welche die Kontinuität der elektrischen Strömung ausspricht:

$$J = J + \frac{\partial J}{\partial x}\,dx + C\,dx\,\frac{\partial p}{\partial t}$$

welche sich vereinfacht auf:

$$-\frac{\partial J}{\partial x} = C\,\frac{\partial p}{\partial t} \tag{11a}$$

Aus den Gleichungen (11) und (11a) kann man in einfacher Weise die Variabele p_x eliminieren, wodurch man für J die nach Heaviside benannte partielle Differentialgleichung:

$$\frac{\partial^2 J}{\partial x^2} = L\,C\,\frac{\partial^2 J}{\partial t^2} + w\,C\,\frac{\partial J}{\partial t} \tag{11b}$$

erhält. Für p würde durch Elimination von J entstehen

$$\frac{\partial^2 p}{\partial x^2} = L\,C\,\frac{\partial^2 p}{\partial t^2} + w\,C\,\frac{\partial p}{\partial t} \tag{11c}$$

Man kann auch eine Funktion W von x und t einführen, welche der Gleichung

$$\frac{\partial^2 W}{\partial x^2} = L\,C\,\frac{\partial^2 W}{\partial t} + w\,C\,\frac{\partial W}{\partial t} \tag{11d}$$

genügt, und aus welcher sich p und J dann durch die Ansätze ableiten:

$$\left.\begin{aligned} p &= \frac{\partial W}{\partial x} \\ J &= -C\,\frac{\partial W}{\partial t} \end{aligned}\right\} \tag{11e}$$

Man überzeugt sich leicht, daß die Ansätze (11d) und (11e) mit (11) und (11a) gleichbedeutend sind.

Hiermit wäre erwiesen, daß die ältere Theorie für die technischen Größen p und J (Spannung und Stromstärke) ganz ähnliche Differentialgleichungen liefert wie die Maxwellsche Theorie z. B. für die elektrische Feldstärke. Selbstverständlich muß es möglich sein von den Maxwellschen Ansätzen (z. B. den Gleichungen (2a), (3a), (4a) § 94) zu den Gleichungen (11b) und (11c) zu gelangen, wobei sich die Abhängigkeit der Konstanten w, C, L von den Daten des Problems ergeben müßte. Hierzu sind weiter gehende mathematische Untersuchungen erforderlich, deren Durchführung bereits von der Wissenschaft in Angriff genommen worden ist. Eine kurze Darstellung des hierher gehörigen Gedankenganges gibt § 98.

III. Es handelt sich nun für uns um die Weiteruntersuchung der Gleichungen (11b) und (11c). Wir wenden uns zunächst der zweiten zu, die wir nochmals anschreiben:

$$\frac{\partial^2 p_x}{\partial x^2} = L C\,\frac{\partial^2 p_x}{\partial t^2} + w\,C\,\frac{\partial p_x}{\partial t^2} \tag{12}$$

Dieser Gleichung suchen wir durch einen Ansatz für $\mathfrak{p}_x$

$$p_x = X\,T \tag{13}$$

zu genügen, in welchem X nur die Variabele x, T nur die Variabele t enthalte. Setzen wir (13) nach Ausführung der vorgeschriebenen Differentiationen in (12) ein, so erhalten wir die Differentialgleichung:

$$X''\,T = L\,C\,X\,T'' + w\,C\,X\,T'$$

oder nach Division mit $X\,T$:

$$\frac{X''}{X} = L\,C\,\frac{T''}{T} + w\,C\,\frac{T'}{T} \tag{14}$$

Hier kommen auf beiden Seiten nur Ausdrücke je einer Variabelen vor, so daß wir der Gleichung (14) durch die beiden gewöhnlichen Differentialgleichungen

$$\left.\begin{aligned} \frac{X''}{X} &= -\alpha^2 \\ L\,C\,\frac{T''}{T} + w\,C\,\frac{T'}{T} &= -\alpha^2 \end{aligned}\right\} \tag{15}$$

genügen können. α ist hier eine wählbare Konstante, über die wir noch Verfügung treffen werden.

Die beiden Differentialgleichungen (15) bringen wir auf uns geläufige Formen:

$$\left.\begin{aligned} \frac{d^2X}{dx^2} + \alpha^2\,X &= 0 \\ \frac{d^2T}{dt^2} + \frac{w}{L}\,\frac{dT}{dt} + \frac{\alpha^2}{L\,C}\,T &= 0 \end{aligned}\right\} \tag{16}$$

von denen uns partikuläre Integrale bekannt sind. Wir haben

$$\left.\begin{aligned} &\text{für } X \text{ die Lösung: } e^{i\,\alpha\,x} \\ &\text{für } T \text{ die Lösung: } e^{i\,\beta\,t} \end{aligned}\right\} \tag{17}$$

wenn β aus der Gleichung bestimmt wird:

$$\beta^2 - i\,\beta\,\frac{w}{L} - \frac{\alpha^2}{L\,C} = 0 \tag{18}$$

Letztere Gleichung schreiben wir

$$\alpha = \pm\sqrt{\beta^2\,L\,C - i\,\beta\,w\,C} \tag{19}$$

und wir erkennen, daß β durch die Wahl von α bestimmt ist und umgekehrt. Wir entscheiden uns dafür, für β einen positiven und einen negativen reellen Wert (beide absolut gleich) anzunehmen, wodurch sich 4 Werte von α ergeben. Ziehen wir die Wurzel in der Gleichung (19) tatsächlich aus, so erhalten wir

$$\alpha_1 = \pm (a + i\,b) \cdots\cdots \beta \text{ negativ,}$$
$$\alpha_2 = \pm (-a + i\,b) \cdots \beta \text{ positiv,}$$

wo für die Größen a und b gilt:

$$\left.\begin{aligned} a &= \sqrt{\frac{1}{2}\left\{\sqrt{C^2\beta^2(L^2\beta^2+w^2)}+LC\beta^2\right\}} \\ b &= \sqrt{\frac{1}{2}\left\{\sqrt{C^2\beta^2(L^2\beta^2+w^2)}-LC\beta^2\right\}} \end{aligned}\right\} \tag{20}$$

Es ergeben sich jetzt für

$$p_x = \mathrm{X}\,T = e^{i(\alpha x + \beta t)} \tag{21}$$

folgende 4 partikulären Ansätze

$$e^{-(b+ia)x}.e^{i\beta t};\; e^{+(b+ia)x}.e^{i\beta t};\; e^{-(b-ia)x}.e^{-i\beta t};\; e^{+(b-ia)x}.e^{-i\beta t}$$

aus denen wir mit 4 unbestimmten Integrationskonstanten A, B, C, D das Integral

$$p_x = A\,e^{-(b+ia)x}\,e^{i\beta t} + B\,e^{+(b+ia)x}\,e^{i\beta t} + C\,e^{-(b-ia)x}\,e^{-i\beta t} + D\,e^{+(b-ia)x}\,e^{-i\beta t} \tag{22}$$

zusammenstellen. Hier bestimmen sich die beiden Konstanten B und D ohne weiteres $= 0$, da für $x = \infty$ das Unendlichwerden von p_x ausgeschlossen sein muß. Der Ansatz vereinfacht sich also zu

$$p_x = A\,e^{-(b+ia)x}\,e^{i\beta t} + C\,e^{-(b-ia)x}\,e^{-i\beta t} \tag{22a}$$

$$= (A + C)\,e^{-bx}\cos(\beta t - ax) + i\,(A - C)\,e^{-bx}\sin(\beta t - ax) \tag{22b}$$

Diesen Ausdruck haben wir in Zusammenhang zu bringen mit der für $x = 0$ (am Anfang der Leitung) gegebenen Spannung der Dynamomaschine (Fig. 244)

$$e = e_0 \cos\omega\,t. \tag{28}$$

Die Konstanten A und C in Geichung (22b) sind so zu bestimmen, daß wird

$$p_x = e_0 \cos\omega\,t \text{ für } x = 0.$$

Unter Ausführung dieser Bedingung erhält man

$$i\,(A - C) = 0$$
$$(A + C) = e_0$$
$$\beta = \omega$$

und hat demnach zu schreiben:

$$p_x = e_0\, e^{-b\,x} (\cos \omega\, t - a\, x) \tag{23}$$

Für den Strom J gilt die Beziehung:

$$\frac{\partial J}{\partial x} = - \mathrm{C} \frac{\partial p_x}{\partial t} \tag{24}$$

Setzen wir hier für p_x den Wert aus Gleichung (23) ein, so folgt:

$$\frac{\partial J}{\partial x} = - C\, \omega\, e_0\, e^{-b\,x} \sin (\omega\, t - a\, x) \tag{25}$$

Durch Integration nach x ergibt sich hieraus mit einer unbestimmten Integrationskonstanten B:

$$J = B + \frac{C\, \omega\, e_0}{\sqrt{a^2 + b^2}}\, e^{-b\,x} \cos (\omega\, t - a\, x + \varphi) \tag{26}$$

Da J für $x = \infty$ verschwinden muß (wegen des offenen Leitungsendes), so muß B verschwinden, und es wird,

$$J = e_0 \frac{C\, \omega}{\sqrt{a^2 + b^2}}\, e^{-b\,x} \cos (\omega\, t - a\, x + \varphi) \tag{27}$$

Setzt man hier für a und b die durch (20) gegebenen Werte ein, so wird:

$$\left.\begin{aligned} \frac{C\, \omega}{\sqrt{a^2 + b^2}} &= \sqrt[4]{\frac{C^2\, \omega^2}{L^2\, \omega^2 + w^2}} \\ \text{und} \qquad & \\ \operatorname{tg} \varphi = \frac{b}{a} &= \frac{\sqrt{L^2\, \omega^2 + w^2} - L\, \omega}{w} \end{aligned}\right\} \tag{28}$$

Nunmehr kann eine Diskussion der Gleichungen (27) und (23) an Hand eines Beispieles gegeben werden.

Bei der Leitung sei der Drahtradius $r = 0{,}2$ cm. Dann ist:

1. der Widerstand pro Kilometer

$$w = 1{,}36 \text{ Ohm} \cdot \text{km}^{-1},$$

2. die Selbstinduktion

$$L = 2 \cdot 10^{-4} \cdot \left(\operatorname{lgn} \frac{2000}{0{,}2 \cdot 10^{-2}} - 0{,}75 \right)$$
$$\cong 0{,}0026 \text{ Henry} \cdot \text{km}^{-1},$$

3. die Kapazität

$$C = 0{,}0030 \text{ Mikrofarad} \cdot \text{km}^{-1}.$$

Mit diesen Daten berechnen sich die in den Formeln für a und b vorkommenden Konstanten:

$$L\omega = 0{,}0026 \cdot 50 \cdot 2\pi \qquad = 0{,}82\,[\mathrm{sec}^{-1}]$$
$$C\omega = 0{,}0030 \cdot 10^{-6} \cdot 50 \cdot 2\pi = 0{,}94 \cdot 10^{-6}\,[\mathrm{sec\;km}^{-2}]$$
$$w = \qquad = 1{,}36\,[\mathrm{sec}^{-1}]$$

während für a und b selbst sich findet:

$$a = 1{,}17 \cdot 10^{-3}\,[\mathrm{km}^{-1}]; \quad b = 0{,}36 \cdot 10^{-3}\,[\mathrm{km}^{-1}]$$
$$\sqrt{a^2 + b^2} = 1{,}22 \cdot 10^{-3}\,[\mathrm{km}^{-1}]$$

und

$$\operatorname{tg}\varphi = \frac{b}{a} = 0{,}308$$
$$\varphi = 17^0\,7'$$

Liefert nun die Dynamomaschine eine Wechselspannung der maximalen Momentanstärke $e_0 = 10000$ Volt, so wird die maximale Momentanstärke des von der Leitung aufgenommenen Stromes

$$J_0 = \frac{0{,}94 \cdot 10^{-6}}{1{,}22 \cdot 10^{-3}} \cdot 10000 = 7{,}7 \text{ Ampere.}$$

Dieser Strom hat gegen die Spannung eine Voreilung

$$\varphi = 17^0\,7'$$

Längs der Leitung variiert nun die Spannung e so, daß ihr Maximalwert nach dem Gesetze e^{-bx} abnimmt. Die Abnahme ist eine sehr langsame. Der Halbwert ergibt sich aus der Gleichung

$$e^{-bx} = \frac{1}{2}$$

für

$$x = \frac{\lg n\, 2}{b} = \frac{0{,}693}{0.36} \cdot 1000 \text{ km} = 1920 \text{ km}$$

d. h. erst in einer Entfernung von 1920 km vom Anfangspunkt sinkt die Spannung auf den Halbwert.

Ferner erscheint die Spannung in ihrer Phase gegen den Anfangspunkt immer mehr verzögert, je weiter man sich von diesem entfernt. In der Entfernung

$$x = \frac{\pi}{a} = \frac{3{,}14}{0{,}36} \cdot 1000 = 2680 \text{ km}$$

ist die Verzögerung $= \pi$ geworden, d. h. in diesem Punkte ist die Spannung der Anfangsspannung gerade entgegengesetzt. Die Spannungsverteilung für die ganze Leitung ergibt sich in einem gegebenen Zeitpunkt, z. B. $t = 0$, zu

$$e = e_0 \, e^{-bx} \cos(-a\,x) = e_0 \cdot e^{-bx} \cdot \cos a\,x$$

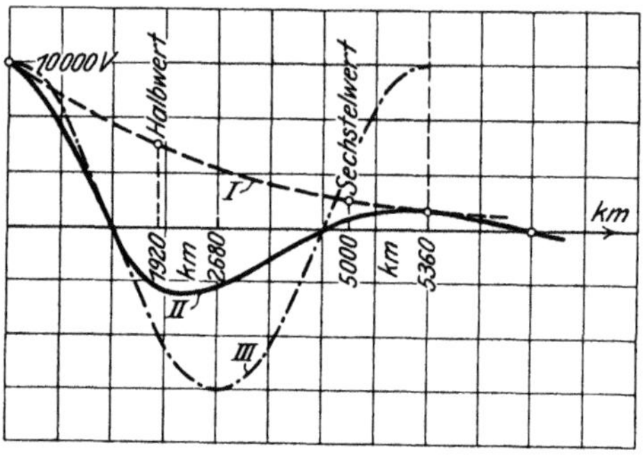

Fig. 245. Verteilung einer Wechselstromspannung länglicher unbegrenzter Leitung.

Da man die Kurve e^{-bx} leicht aufzeichnen kann, wenn man vielleicht noch den Sechstelwert

$$e^{-bx} = \frac{1}{6}$$

$$x = \frac{\lg n\, 6}{b} = 5000 \text{ km}$$

bestimmt, so ergibt sich $e_0 \, e^{-bx} \cos a\,x$ ebenfalls in einfacher Weise, da wir oben die Periode von $\cos a\,x$ bereits mit 5360 km festgestellt haben. In der Figur 213 gibt

Kurve I die Funktion $e_0 \cdot e^{-bx}$
II ,, ,, $e_0 \cos a\,x$
III ,, ,, $e_0 \cdot e^{-bx} \cos a\,x$

IV. Eine besonders wichtige Erscheinung zeigt sich, wenn die betrachtete Leitung von endlicher Länge l ist. Sie soll

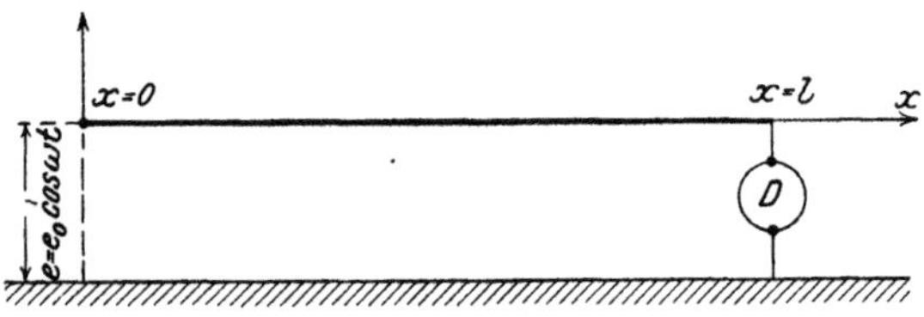

Fig. 246. Dynamomaschine an einer begrenzten Leitung.

auch jetzt an ihrem freien Ende offen sein. Da die Gleichungen sich vereinfachen, nehmen wir die Dynamomaschine am Ende

$$x = l$$

an, Fig. 246, verlegen also das offene Leitungsende in den Anfangspunkt $x = 0$, für welchen dann gilt:

$$\text{Spannung } e = e_0 \cos \omega t$$
$$\text{Strom } J = 0$$

Zur Behandlung der Aufgabe steht uns wieder unsere Gleichung (22) zur Verfügung, die für $x = 0$ als erste Bedingung für die Integrationskonstanten A, B, C, D den Ansatz liefert:

$$(A + B)\, e^{+i\beta t} + (C + D)\, e^{-i\beta t} = e_0 \frac{e^{+i\omega t} + e^{-i\omega t}}{2}$$

Hieraus findet sich zunächst

$$\beta = \omega$$

und

$$\left.\begin{aligned} A + B &= \frac{e_0}{2} \\ C + D &= \frac{e_0}{2} \end{aligned}\right\} \qquad (29)$$

Zwei weitere Gleichungen für A, B, C, D liefert die Bedingung, daß für $x = 0$ der Strom $J = 0$ sein soll.

Wir haben erstlich für $\frac{\partial J}{\partial x}$

$$\frac{\partial J}{\partial x} = -C \frac{\partial p}{\partial t} = -C\omega i e^{+i\omega t}[A e^{-(b+ia)x} + B e^{+(b+ia)x}]$$
$$-C\omega i e^{-i\omega t}[C e^{-(b-ia)x} + D e^{+(b-ia)x}]$$

Nach Integration nach x findet sich

$$J = +\frac{C\omega i e^{+i\omega t}}{b + i a}[A e^{-(b+ia)x} - B e^{+(b+ia)x}]$$
$$+\frac{C\omega i e^{-i\omega t}}{b - i a}[C e^{-(b-ia)x} - D e^{+(b-ia)x}]$$

Führt man nun die Bedingung für

$$x = 0 \quad J = 0$$

ein, so entsteht:

$$\left.\begin{aligned} A - B &= 0 \\ C - D &= 0 \end{aligned}\right\} \qquad (30)$$

Aus (29) und (30) ergibt sich

$$A = B = C = D = \frac{e_0}{4}$$

und

$$p_x = \frac{e_0}{2} [e^{-bx} \cos(\omega t - a x) + e^{+bx} \cos(\omega t + a x)] \qquad (31)$$

Diesen Ausdruck wollen wir auf die Form

$$p_x = \frac{e_0}{2} M \cos(\omega t + \psi) \qquad 32))$$

bringen. Nach Entwicklung der Kosinus in der eckigen Klammer bieten sich die Ansätze dar:

$$\left.\begin{aligned} M \cos\omega t \cos\psi &= (e^{+bx} + e^{-bx}) \cos a x \cos\omega t \\ M \sin\omega t \sin\psi &= (e^{+bx} + e^{-bx}) \sin a x \sin\omega t \end{aligned}\right\} \qquad (33)$$

Addiert man beide Gleichungen, nachdem man sie zum Quadrat erhoben hat, so kommt

$$M^2 = e^{+2bx} + e^{-2bx} + 2 \cos 2 a x \qquad (34)$$

Dividiert man die erste in die zweite, so entsteht:

$$\operatorname{tg}\psi = \frac{e^{+bx} - e^{-bx}}{e^{+bx} + e^{-bx}} \operatorname{tg} a x \qquad (35)$$

Von besonderem Interesse ist hier die Größe M, nach welcher sich die Änderung der Spannung vom offenen Leitungsende gegen das Generatorende hin regelt.

Für $x = 0$ ist $M^2 = 4$.

Da ferner

$$\frac{d(M^2)}{dx} = 2 b (e^{+2bx} - e^{-2bx}) - 4 a \sin 2 a x$$

für $x = 0$ den Wert Null annimmt, so hat die Kurve

$$y = M^2$$

für $x = 0$ ein Extrem.

Da

$$\frac{d^2(M^2)}{dx^2} = 4 b^2 (e^{+2bx} + e^{-2bx}) - 8 a^2 \cos 2 ax$$

für $x = 0$ den Wert $8 b^2 - 8 a^2$ annimmt, so ist das Extrem ein Maximum für $b < a$, ein Minimum für $b > a$.

Ist $b = a$, so gibt es bei $x = 0$ weder ein Maximum noch ein Minimum, sondern die Kurve $y = M^2$ hat eine horizontale Wendetangente.

In unserem oben behandelten Beispiel war $a > b$, mithin ergibt dieses Beispiel eine vom freien Ende nach dem Dynamoende hin abfallende Spannungsverteilung. In der Fig. 247 ist der mit $a = 1{,}17 \cdot 10^{-3}$ und $b = 0{,}36 \cdot 10^{-3}$ sich ergebende Verlauf von $y = M^2$ gezeichnet. Demnach würde eine Freileitung von 672 km Länge, mit diesen Konstanten angeschlossen

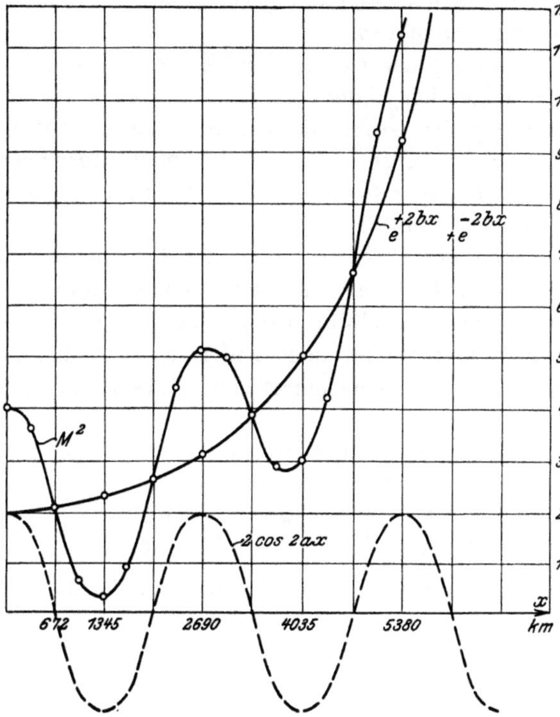

Fig. 247. Verteilung einer Wechselstromspannung längs einer begrenzten Leitung.

an eine Dynamo von $e_0 = 10\,000$ Volt Maximalspannung, am offenen Ende eine Spannung von $10000 \cdot \frac{2}{\sqrt{2{,}1}} = 13\,800$ Volt, also eine beträchtliche Spannungssteigerung ergeben. Diese Erscheinung der Spannungszunahme von der Dynamomaschine nach dem offenen Leitungsende hin ist unter dem Namen Ferrantiphänomen seit 1890 bekannt.

§ 96. Ausgleichsvorgänge in linearen Leitern.

I. In § 94 haben wir den Vorgang, der sich nach Änderung der elektrischen Zustandsbedingungen einer Leitung bis zum Eintreten eines neuen Beharrungszustandes vollzieht, als Ausgleichsvorgang bezeichnet.

Eine Änderung der elektrischen Zustandsbedingungen tritt u. a. ein in folgenden Fällen:

1. Änderung der Größe der auf die Leitung aufgedrückten Spannung. Hierher gehört als wichtigstes Beispiel das Anschalten einer spannungslosen am Ende offenen Leitung an einen Generator.
2. Änderung der Größe des aus der Leitung entnommenen Stromes, z. B. beim Einschalten eines Stromverbrauchers (Transformator, Motor usw.) oder beim Durchbrennen einer Sicherung oder beim Auftreten eines Kurzschlusses.
3. Übertritt von atmosphärischer Elektrizität auf den Leiter.

II. Zur weiteren Untersuchung ziehen wir wieder die Gleichung (11 d) § 95 heran:

$$\frac{\partial^2 \Phi}{\partial x^2} = L\,C\,\frac{\partial^2 \Phi}{\partial t^2} + w\,C\,\frac{\partial \Phi}{\partial t} \tag{1}$$

und wir behalten uns vor, je nach Bedarf entweder die Spannung p oder den Strom J aus Φ vermöge der Ansätze:

$$p = \frac{\partial \Phi}{\partial x}\,; \quad J = -C\,\frac{\partial \Phi}{\partial t} \tag{2}$$

abzuleiten.

Für die Differentialgleichung (1) hatten wir in § 95 bereits eine Lösung

$$\Phi = e^{i(\alpha x + \beta t)} \tag{3}$$

mit reellem β und mit einem von β abhängigen α:

$$\alpha = \pm\sqrt{\beta^2 L\,C - i\,\beta\,w\,C} \tag{4}$$

aufgestellt. Diese Lösung ist hier aber unbrauchbar, denn sie ist in t rein periodisch (weil $e^{i\beta t} = \cos\beta t + i\sin\beta t$ ist). Jetzt erkennen wir, warum wir damals β reell genommen haben. Wir hatten den Beharrungszustand zu untersuchen, der bei imaginärem β (etwa $= \pm i\,\beta_0$) niemals vorhanden sein könnte, weil dann $\Phi = e^{i\alpha x} \cdot e^{\pm \beta_0 t}$ mit der Zeit entweder bis Null abnehmen oder unendlich zunehmen würde. Dies kann aber niemals die Eigenschaft des Beharrungszustandes sein.

Anders liegt jedoch die Sache im vorliegenden Fall, wo ein Ausgleichsvorgang zu untersuchen ist. Der Ausgleichsvorgang verbindet zwei stationäre Zustände miteinander, er führt sie ineinander über. Dieser Übergang kann nur in endlicher Zeit erfolgen, da Zustandsänderungen nie in der Zeit Null erfolgen können.

Bezeichnet man die Zustandsgröße vom Augenblick $t = 0$ des Eintritts der Änderung der Zustandsbedingungen mit Φ, so kann man sich den Ausgleich vollzogen denken durch Hinzufügung der Ausgleichsgröße Φ_f, wodurch man die Zustandsgröße Φ_{II}, die nach Herstellung des neuen Beharrungszustandes gelten soll, von $t = 0$ an erhalten würde:

$$\Phi_{II} = \Phi + \Phi_f \tag{5}$$

Hier sind alle Φ Zeitfunktionen und können auch die Variable x enthalten.

Φ_{II} stellen wir jetzt durch $\Phi_{II}(0) + \Phi_{II}(t)$ dar:

$$\Phi_{II} = \Phi_{II}(0) + \Phi_{II}(t) \tag{6}$$

wo $\Phi_{II}(0)$ den dem Zeitpunkt $t = 0$ entsprechenden Wert bedeutet und $\Phi_{II}(t)$ demnach für $t = 0$ verschwinden muß. Analog stellen wir Φ_f wie folgt dar:

$$\Phi_f = \Phi_f(0) + \Phi_f(t) \tag{7}$$

Der Übergang findet dann statt, wenn

a) Φ_{II} und Φ_f der Differentialgleichung (1) genügen,

b) $\Phi_f(0) = \Phi_{II}(0) - \Phi(0)$ ist (8)

c) Φ_f für $t = \infty$ verschwindet. Es gilt dann Fig. 248.

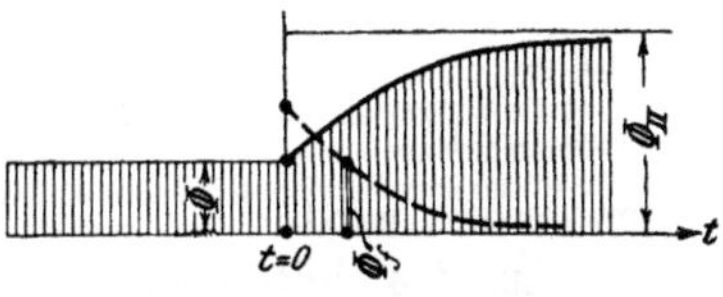

Fig. 248. Übergang von einem Beharrungszustand in einen neuen.

Die Funktion Φ_{II} muß als Beharrungszustandsgröße eine rein periodische Funktion sein, deren Ermittlung mit reellem β sich auf den Ansatz (3) aufbaut.

Die Funktion Φ_f muß als Ausgleichszustandsgröße die Exponentialfunktion enthalten, und zwar mit negativem Exponenten, weil Φ_f mit wachsendem t verschwinden muß. Dieser

Anforderung wird man in der Gleichung (4) gerecht, wenn man α reell wählt. Denn dann hat man:

$$\beta^2 L C - i \beta w C = \alpha^2 \tag{9}$$

oder

$$\beta = i \frac{w}{2L} \pm \sqrt{\frac{\alpha^2}{LC} - \frac{w^2}{4L^2}} \tag{10}$$

$$= i a \pm b \tag{11}$$

Als allgemeinen Ansatz erhalten wir dann für Φ:

$$\Phi = e^{i\alpha x} e^{(-a \pm i b) t} \tag{12}$$

Da wir hier statt $+\alpha$ auch $-\alpha$ wählen dürfen, so ergeben sich folgende vier partikuläre Lösungen für Φ:

$$e^{i\alpha x} e^{(-a+ib)t}\,;\; e^{i\alpha x} e^{(-a-ib)t}\,;\; e^{i\alpha x} e^{(-a+ib)t}\,;\; e^{-i\alpha x} e^{(-a-ib)t}$$

Aus diesen setzen wir mit 4 willkürlichen Konstanten eine allgemeine Lösung zusammen:

$$\Phi = e^{-at} (A' e^{+i\alpha x} + B' e^{-i\alpha x}) (C' e^{+ibt} + D' e^{-ibt}) \tag{13}$$

oder nach Einführung der zyklometrischen Funktionen

$$\Phi = e^{-at} (A \cos \alpha x + B \sin \alpha x) (C \cos b t + D \sin b t) \tag{14}$$

Jede Wahl von α liefert eine Lösung, wenn

$$\left.\begin{aligned} a &= \frac{w}{2L} \\ \text{und} \qquad b &= \sqrt{\frac{\alpha^2}{LC} - \frac{\omega^2}{4L^2}} \end{aligned}\right\} \tag{15}$$

genommen wird.

Aus (14) leiten wir die Spannung p ab:

$$p = \frac{\partial \Phi}{\partial x}$$

$$= e^{-at} \alpha (-A \sin \alpha x + B \cos \alpha x) (C \cos b t + D \sin b t) \tag{16}$$

sowie den Strom J:

$$J = -C \frac{\partial \Phi}{\partial t}$$

$$= -C e^{-at} (A \cos \alpha x + B \sin \alpha x) \{(b D - a C) \cos b t - (a D + b C) \sin b t\}$$

Der Möglichkeit, daß mehrere Werte von a zu berücksichtigen sind, werden wir nun durch einen Reihenansatz gerecht, indem wir a mit einem Zeiger k versehen, über den wir noch Verfügung treffen werden. Jedenfalls aber bilden wir die Reihe aus der Gesamtheit aller der Werte von (16) bzw. (17), die durch Berücksichtigung aller geeigneten Werte von a_k sich darbieten, d. h. die Summen:

$$p = e^{-at} \sum_k a_k (B_k \cos a_k x - A_k \sin a_k x)(C_k \cos b_k t + D_k \sin b_k t) \quad (18)$$

$$J = -C\, e^{-at} \sum_k (A_k \cos a_k x + B_k \sin a_k x)$$
$$\left\{(b_k D_k - a C_k) \cos b_k t - (a D_k + b_k C_k) \sin b_k t\right\} \quad (19)$$

in welchen Entwicklungen gilt:

$$b_k = \sqrt{\frac{a_k^2}{LC} - \frac{w^2}{4L^2}} \quad (20)$$

Die Reihenentwicklungen (18) und (19) sind genügend allgemein, um alle durch eine spezielle Aufgabe gegebenen Bedingungen berücksichtigen zu können.

III. Es handele sich um den Ausgleichsvorgang, der eintritt, wenn man eine am Ende offene Leitung der Länge l zur Zeit $t = 0$ an eine Gleichstromspannung E anlegt. Hiernach haben wir als anfängliche Zustandsgröße Φ (0)

die Spannung

$$p\,(0) = 0$$

und den Strom

$$J\,(0) = 0$$

einzuführen.

Wir wissen auch ohne weiteres, wie die nach vollzogenem Ausgleich vorhandenen Zustandsgrößen $\Phi_{II} = \Phi_{II}(0) + \Phi_{II}(t)$ aussehen. Die Spannung ist:

$$p_{II}(0) = E; \; p_{II}(t) = 0$$

der Strom

$$J_{II}(0) = 0; \; J_{II}(t) = 0$$

Nach Gleichung (8) ergibt sich

$$\left.\begin{aligned} p_I(0) &= p_{II}(0) - p\,(0) = E \\ J_I(0) &= J_{II}(0) - J\,(0) = 0 \end{aligned}\right\} \quad (21)$$

Die Ausgleichsgrößen, die wir zu bestimmen haben, sind $p_f(t)$ und $J_f(t)$, für deren Anfangswerte zur Zeit $t = 0$ die Ansätze (21) maßgebend sind. Diese Ansätze führen wir in die Reihen (18) und (19) ein:

$$\left.\begin{aligned} E &= \sum_k a_k C_k (B_k \cos a_k x - A_k \sin a_k x) \\ 0 &= -C \sum (b_k \mathrm{D}_k - a C_k)(A_k \cos a_k x + B_k \sin a_k x) \end{aligned}\right\} \quad (22)$$

Mit Ansetzung der beiden Gleichungen (22) haben wir die sogenannten Anfangsbedingungen (21) berücksichtigt, und es gilt jetzt, aus (22) die unbekannten Konstanten A_k, B_k, C_k, D_k zu ermitteln. Zwei Gleichungen sind hierzu nicht hinreichend; es fehlen noch die Grenzbedingungen, welche festsetzen, wie die Zustandsgrößen p und J während des Ausgleichs am Anfang und am Ende der Leitung beschaffen sind. Am Anfang der Leitung gilt dauernd

$$p_f = p_{\mathrm{II}} - p = E - E = 0 \text{ für } x = 0 \quad (23\mathrm{a})$$

wenn wir annehmen können, daß die Stromquelle durch den Ausgleichsvorgang nicht beeinflußt werde. Am Ende der Leitung gilt, da dort kein Strom fließen kann, weil sie offen ist,

$$J = 0 \quad \text{für } x = l \quad (23\mathrm{b})$$

Wir setzen (23a) in (18) ein und erhalten:

$$e^{-at} \sum_k a_k B_k (C_k \cos b_k t + \mathrm{D}_k \sin b_k t) = 0$$

welchem Ansatz offensichtlich nur durch

$$B_k = 0 \quad (24)$$

genügt werden kann. Berücksichtigt man dies Resultat sofort bei Gleichung (19), in welche wir die Bedingung (23b) einzutragen haben, so muß gelten:

$$-C e^{-a_t} \sum A_k \cos a_k l \{(b_k D_k - a C_k) \cos b_k t - (a \mathrm{D}_k + b_k C_k) \sin b_k t\} =$$

Dieser Gleichung kann genügt werden durch:

$$\cos a_k l = 0 \quad (25)$$

Das Verschwinden des Kosinus tritt ein für alle ungeraden Vielfachen von $\frac{\pi}{2}$, d. h. für

$$a_k l = (2k + 1)\frac{\pi}{2}; \quad k = 0, 1, 2, \ldots . \quad (26)$$

womit die bisher noch unbekannten Größen a_k festgelegt sind:

$$a_k = (2\,k + 1)\frac{\pi}{2\,l}; \quad k = 0,\ 1,\ 2,\ \ldots. \tag{26}$$

woraus noch folgt:

$$b_k = \sqrt{\frac{(2\,k+1)^2\,\pi^2}{4\,l^2\,L\,C} - \frac{w^2}{4\,L^2}}$$

Wenden wir nun das Ergebnis (24) auf die noch nicht berücksichtigten Gleichungen (22) an, so gewinnt man:

$$\left.\begin{aligned} E &= -\sum_k a_k\,C_k\,A_k \sin a_k\,x \\ &\text{und} \\ 0 &= \sum (b_k\,D_k\,A_k - a_k\,C_k\,A_k)\cos a_k\,x \end{aligned}\right\} \tag{27}$$

in denen man noch abkürzend

$$C_k\,A_k = M_k$$
$$D_k\,A_k = N_k$$

mit dem Resultat:

$$\left.\begin{aligned} E &= -\sum_k a_k\,M_k \sin a_k\,x \\ 0 &= \sum_k (b_k\,N_k - a\,M_k)\cos a_k\,x \end{aligned}\right\} \tag{28}$$

setzen kann.

In der ersten dieser Gleichungen multiplizieren wir nach Fourier (siehe § 54) links und rechts mit $\sin a_k\,x\,dx$ und integrieren von 0 bis l. Dann bleibt nur übrig:

$$M_k = -\frac{1}{a_k}\,\frac{E\int\limits_0^l \sin a_k\,x\,dx}{\int\limits_0^l \sin^2 a_k\,x\,dx} = -\frac{4\,E}{(2\,k+1)\,\pi\,a_k} \tag{29}$$

Aus der zweiten Gleichung findet sich:

$$b_k\,N_k - a\,M_k = 0$$

oder

$$N_k = \frac{a}{b_k}\,M_k = -\frac{4\,a\,E}{(2\,k+1)\,\pi\,a_k\,b_k} \tag{30}$$

Hiermit lassen sich die Ausgleichsgrößen p_f und J_f, bzw. der tatsächliche Verlauf der Spannung und des Stromes auf der Leitung

$$p_{II} - p_f = E - e^{-at} \frac{4E}{\pi} \sum \frac{1}{2k+1} \sin a_k x \left(\cos b_k t + \frac{a}{b_k} \sin b_k t \right) \quad (31)$$

$$J_{II} - J_f = \frac{C e^{-at}}{LC} \frac{4E}{\pi} \sum \frac{1}{2k+1} \frac{a_k}{b_k} \cos a_k x \sin b_k t \quad (32)$$

aus den Gleichungen (18) bzw. (19) ermitteln, womit die Aufgabe als gelöst zu betrachten ist. In diesen Formeln haben die Größen E und a folgende physikalische Benennungen:

$$E = \text{aufgedrückte Spannung}$$

$$a = \frac{w}{2L} = \text{Dämpfungskonstante.}$$

Über a_k stellen wir folgende Betrachtung an:

$$\sin a_k x = \sin (2k+1) \frac{\pi}{2l} x$$

hat für $k = 0$ die räumliche Periode $4l$, d. h. in allen Punkten der Leitung, die um die Strecke $4l$ auseinanderliegen, hat die Funktion $\sin \frac{2\pi}{4l} x$ gleiche Werte; $4l$ heißt die Wellenlänge. Für höhere Ordnungszahlen $k = 1, 2, 3 \ldots$ sind die Wellenlängen kürzer

$$\lambda_k = \frac{4l}{2k+1} \quad (33)$$

Die Funktion

$$\cos b_k t = \cos \frac{2\pi}{T_k} t \qquad (T_k \cdot b_k = 2\pi)$$

liefert die zeitlichen Perioden T_k, denen die Schwingungszahlen oder Frequenzen $\frac{1}{T_k} = \frac{b_k}{2\pi}$ entsprechen.

Die Ausgleichsgrößen stellen sich also dar als räumliche und zeitliche Übereinanderlagerungen von Schwingungen ungerader Ordnung, deren Wellenlängen sich wie die ungeraden Zahlen verhalten.

IV. Wir berechnen jetzt mit den Zahlenwerten von § 95 an einer $l = 1$ km langen Leitung ein Beispiel. Es ergeben sich die Konstanten

$$a = \frac{w}{2L} = \frac{1{,}36}{0{,}0052} = 260\,[\mathrm{sec}^{-1}]$$

$$\frac{a_k^2}{LC} = \frac{(2k+1)^2\pi^2}{4l^2LC} = \frac{(2k+1)^2\,9{,}8}{4\cdot 1\cdot 0{,}0026\cdot 0{,}0030\cdot 10^{-6}}$$
$$= 0{,}314\,(2k+1)^2\cdot 10^{12}[\,\mathrm{sec}^{-2}].$$

Demnach ist schon für die Schwingungen niedrigster Ordnung $\frac{a_0^2}{LC} = 0{,}314\cdot 10^{12}$ so groß, daß daneben $a^2 = 6{,}8\cdot 10^4$ vernachlässigt werden kann. Hiermit ergibt sich das angenäherte Resultat:

$$b_k = \frac{a_k}{\sqrt{LC}} \tag{34}$$

$\frac{1}{\sqrt{LC}}$ hat die Dimension [km/sec^{-1}], ist also eine Geschwindigkeit, die wir abgekürzt mit V bezeichnen wollen, womit wir das Ergebnis

$$\frac{b_k}{a_k} = V. \tag{35}$$

erhalten oder mit

$$\frac{1}{a_k} = \frac{\lambda_k}{2\pi} \quad \text{und} \quad b_k = \frac{2\pi}{T_k}$$

$$\frac{\lambda_k}{T_k} = V \tag{36}$$

Angenähert ist also das Verhältnis zwischen Wellenlänge und Schwingungsdauer für Schwingungen aller Ordnungen konstant.

Unter diesen Umständen vereinfachen sich die Gleichungen (31) und (32) wie folgt:

$$p = E - e^{-at}\frac{4E}{\pi}\sum\frac{1}{2k+1}\sin\frac{2\pi}{\lambda_k}x\cos\frac{2\pi}{T_k}t \tag{37}$$

$$J = \frac{e^{-at}}{L}\,\frac{4E}{\pi}\sum\frac{1}{2k+1}\,\frac{1}{V}\cos\frac{2\pi}{\lambda_k}x\sin\frac{2\pi}{T_k}t \tag{38}$$

Die Produkte der Winkelfunktionen schreiben wir jetzt wie folgt:

$$\sin\frac{2\pi}{\lambda_k}x\cos\frac{2\pi}{T_k}t=\frac{1}{2}\sin\left(\frac{2\pi}{\lambda_k}x+\frac{2\pi}{T_k}t\right)+\frac{1}{2}\sin\left(\frac{2\pi}{\lambda_k}x-\frac{2\pi}{T_k}t\right)$$

$$\cos\frac{2\pi}{\lambda_k}x\sin\frac{2\pi}{T_k}t=\frac{1}{2}\sin\left(\frac{2\pi}{\lambda_k}x+\frac{2\pi}{T_k}t\right)-\frac{1}{2}\sin\left(\frac{2\pi}{\lambda_k}x-\frac{2\pi}{T_k}t\right).$$

Hier stellt $\frac{1}{2}\sin\pi\left(\frac{x}{\lambda_k}+\frac{t}{T_k}\right)$ eine nach Richtung der negativen x mit der Geschwindigkeit $V=\frac{\lambda_k}{T_k}$ fortschreitende Welle dar, während $\frac{1}{2}\sin 2\pi\left(\frac{x}{\lambda_k}-\frac{t}{T_k}\right)$ in Richtung der positiven x fortschreitet. (Vgl. § 79.) Aus derartigen Paaren von Wellenzügen setzen sich nun auch p und J zusammen, so daß beide Zustandsgrößen durch 2 in entgegengesetzter Richtung sich längs der x-Achse mit der Geschwindigkeit V verschiebende Wellen dargestellt werden, von denen jede die Summe unendlich vieler harmonischer (sinusförmiger) Wellen ungerader Ordnung ist. Die Form der Wellen bleibt, wenn wir vorläufig von dem Einfluß des Faktors e^{-at} absehen, mit der Zeit unveränderlich, so daß es genügt, wenn wir ihre Gestalt zur Zeit $t=0$ bestimmen.

Dann haben wir für p die beiden Wellen

$$-\frac{E}{2}\frac{4}{\pi}\sum\frac{1}{2k+1}\sin 2\pi\frac{x}{\lambda_k}\quad\text{und}\quad-\frac{E}{2}\frac{4}{\pi}\sum\frac{1}{2k+1}\sin 2\pi\frac{x}{\lambda_k}\qquad(39)$$

zu untersuchen. Sie sind offenbar identisch.

Mit

$$\lambda_k=\frac{4l}{2k+1}$$

wird die Summe

$$\sum\frac{1}{2k+1}\sin(2k+1)\cdot\frac{2\pi}{4l}x=\frac{\pi}{4}\qquad(39\text{a})$$

für $0<x<2l$.

Um dies zu beweisen, entwickeln wir die Funktion $f(x)=\frac{\pi}{4}$ in eine Fouriersche Sinusreihe:

$$f(x)=\frac{\pi}{4}=\sum a_n\sin nx$$

zunächst im Intervall $0 < x < \pi$. Die Fouriersche Vorschrift ergibt:

$$\frac{\pi}{4}\int_0^\pi \sin n x\, dx = a_n \int_0^\pi \sin^2 n x\, dx.$$

Die Auswertung der Integrale liefert:

$$\int_0^\pi \sin^2 n x\, dx = \frac{\pi}{2}$$

$$\int_0^\pi \sin n x\, dx = -\frac{1}{n}(\cos n\pi - 1) = \frac{1}{n}(1 - \cos n\pi) = \frac{1-(-1)^n}{n}$$

womit sich findet:

$$a_n = \frac{1-(-1)^n}{2n}.$$

Also wird:

$$\frac{\pi}{4} = \sin x + \frac{1}{3}\sin 3x + \frac{1}{5}\sin 5x + \ldots .$$

$$= \sum_0^\infty \frac{1}{(2k+1)}\sin(2k+1)x \qquad (40)$$

im Intervall $0 < x < \pi$.

Setzt man jetzt statt x ein: $\frac{\pi x}{2l}$, so entsteht aus (40)

$$\sum \frac{1}{2k+1}\sin(2k+1)\frac{x\pi}{2l} = \frac{\pi}{4} \qquad (41)$$

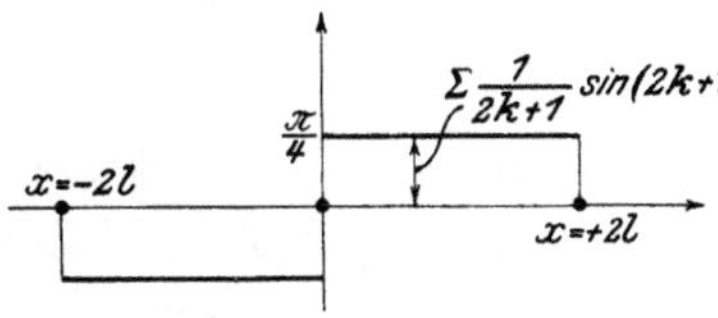

Fig. 249. Zur Darstellung der Funktion $\frac{\pi}{4}$ durch eine Fouriersche Reihe.

im Intervall $0 < x < 2l$, welche Funktion in Fig. 249 dargestellt ist.

Daß die Summe (41) im Intervall $-2l < x < 0$ den Wert $-\frac{\pi}{4}$ ergibt, wollen wir nicht besonders beweisen, und auch nicht, daß sich der gezeichnete Linienzug für $x > 2\,l$ und $x < -2\,l$ in kongruenter Weise wiederholt.

Demnach gestattet (39) die Darstellung Fig. 250 als rechteckige Wellen, bei denen die Pfeile das Fortschreiten mit der Zeit t nach der positiven und negativen x-Richtung charakterisieren sollen. Mit diesen beiden Wellen kombiniert sich nach Formel (37) der konstant über die ganze Leitungslänge ausgebreitete Spannungswert E zu der tatsächlichen Spannung p.

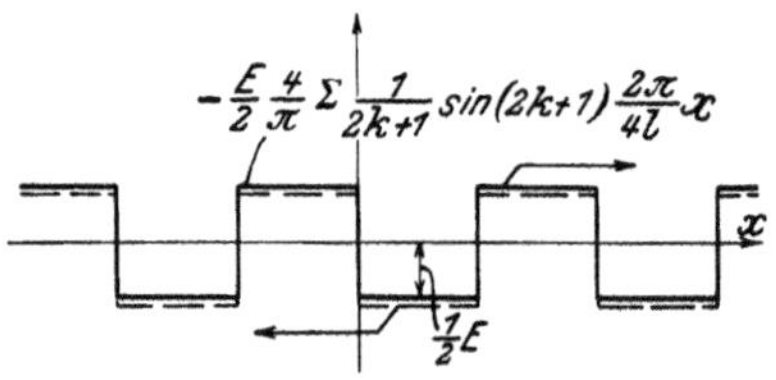

Fig. 250. Zur Darstellung eines rechteckigen Wellenzuges durch Fouriersche Reihen.

Die längste vorkommende Schwingungsdauer ist die der Schwingung der Ordnung $k = 0$

$$T_k = \frac{4\,l}{2\,k+1}\sqrt{L\,C}$$

$$T = 4\,l\sqrt{L\,C} = 4\cdot 2{,}8\cdot 10^{-6} = 1{,}12\cdot 10^{-5}\,[\text{sec}]$$

bei einer Leitungslänge $l = 1$ km. Wir versuchen, uns den Vorgang auf der Leitung während dieser Zeit durch Fig. 251 zu verbildlichen.

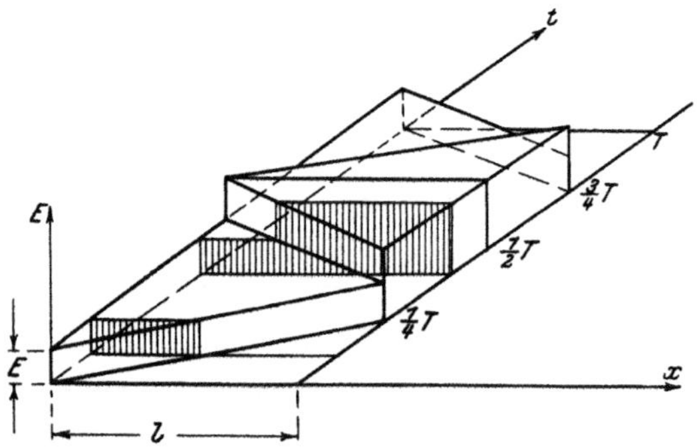

Fig. 251. Spannungsverteilung bei einem Ausgleichsvorgang.

Während der ersten Viertelperiode ladet sich die Leitung auf die Spannung E auf, wobei eine scharfe Grenze zwischen dem geladenen und dem noch nicht geladenen Teil der Leitung besteht. Diese Grenze schreitet mit der Geschwindigkeit $V = \sqrt{L\,C}$

vorwärts. Die ganze Leitung ist aufgeladen nach Verlauf der Zeit $t = \frac{1}{4} T$. Von jetzt ab addieren sich, vom Leitungsende l anfangend, die beiden gegenläufigen Wellenzüge zur Spannung E, so daß eine Ladewelle der Spannung $2\,E$ in Richtung auf den Anfangspunkt der Leitung fortschreitet. Man bezeichnet diesen Vorgang als Reflexion der Welle am Leitungsende. Nach Verlauf der Zeit $t = \frac{T}{2}$ (wenn die Ladewelle $2\,E$ am Anfang der Leitung angekommen ist) beginnt sich die Leitung zu entladen, bis zur Zeit $t = T$ der Anfangszustand wieder erreicht wird.

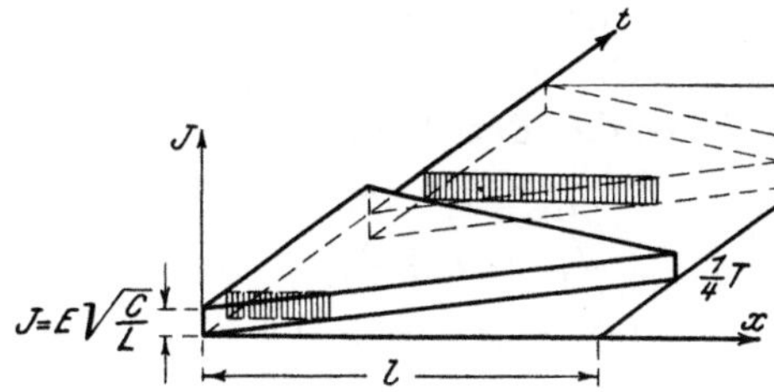

Fig. 252. Stromverteilung bei einem Ausgleichsvorgang.

Während dieser Zeit hat aber die Amplitude E der Welle nach Maßgabe des Faktors

$$e^{-a\,T} = e^{-0{,}26\,.\,1{,}11\,.\,10^{-2}}$$

auf $\frac{E}{1{,}004}$, also um ca. 4 v. T. abgenommen. Nach der Zeit $10^5\,T = 1{,}12$ sec ist jedoch der Einfluß der beiden gegenläufigen Wellenzüge praktisch auf Null abgeklungen, so daß als Endzustand die Ladung der ganzen Leitung mit der konstanten Spannung E übrig bleibt.

Der Ladestrom J, dessen Verlauf wir im einzelnen nicht verfolgen, klingt gleichzeitig mit p auf den Dauerwert Null ab.

Fig. 252 gibt bildlich den Verlauf von J ohne Berücksichtigung der Dämpfung.

V. Handelt es sich um schwierigere Fälle, z. B. plötzliche Erhöhung der Wechselstromspannung am Anfang einer am Ende offenen Leitung von

$$P_{\mathrm{I}}\,(0) \sin\,[\omega\,t + \varphi_1\,(0)]$$

auf

$$P_{\text{II}}(0) \sin[\omega t + \varphi_2(0)]$$

so hat man folgende Schritte zu tun.

a) Der Beharrungszustand vor Eintritt des Schaltvorganges muß bekannt sein nach Strom und Spannung:

$$p_{\text{I}} = P_{\text{I}}(x) \sin[\omega t + \varphi_1(x)]$$
$$J_{\text{I}} = J_{\text{I}}(x) \sin[\omega t + \psi_1(x)]$$

b) Der neue Beharrungszustand nach Abklingen des Schaltvorganges muß ebenfalls bekannt sein:

$$p_{\text{II}} = P_{\text{II}}(x) \sin[\omega t + \varphi_2(x)]$$
$$J_{\text{II}} = J_{\text{II}}(x) \sin[\omega t + \psi_2(x)]$$

c) Die Ausgleichsgrößen p_f und J_f stehen zu den Beharrungszustandsgrößen in folgender Beziehung:

$$p_{\text{II}} = p + p_f$$
$$J_{\text{II}} = J + J_f$$

wo p und J die Zustandsgrößen während des Ausgleichs bedeuten.

d) Setzen wir hier für p_f und J_f die Reihenentwicklungen ein, die formal die Differentialgleichungen (1) und (2) befriedigen, so liefert der Ausdruck der Anfangsbedingungen:

$$\left.\begin{aligned} p_f(0) &= p_{\text{II}}(0) - p_{\text{I}}(0) \\ J_f(0) &= J_{\text{II}}(0) - J_{\text{I}}(0) \end{aligned}\right\} t = 0$$

zwei Gleichungen für die 4 unbekannten Konstanten A_k, B_k, C_k, D_k. Um zwei weitere Bedingungen, die zur restlosen Bestimmung sämtlicher Konstanten noch erforderlich sind, zu gewinnen, führen wir die Grenzbedingungen ein:

$$p_f = p_{\text{II}} - p = 0 \text{ für } x = 0,$$

weil am Anfang der Leitung dauernd

$$p_{\text{II}} = p = P_2(0) \sin[\omega t + \varphi_2(0)]$$

ist,

$$J_f = 0 \text{ für } x = l$$

weil die Leitung am Ende offen ist.

Die Grenzbedingungen liefern eine Wertreihe α_k (die Perioden) sowie das Verhältnis $\frac{B_k}{A_k}$, während die Anfangsbedingungen die Werte C_k und D_k und hiermit Amplitude und Phase der einzelnen Schwingungen zu berechnen gestatten. Wir haben hier formal dasselbe Ergebnis wie bei den radialen Schwingungen der Kugel. Die Oberflächenbedingung lieferte die Periodengleichung zur Bestimmung der Perioden, die Anfangsbedingung lieferte Amplituden und Phasen[83]).

§ 97. Der Skineffekt.

Wir verzichten jetzt auf die Vernachlässigung, die wir in § 95 durch Fortlassen des Gliedes $R\left[\frac{\partial E_x}{\partial r}\right]_{r=R}$ eingeführt haben, und gehen auf die Gleichungen des zylindrischen Feldes in § 94 zurück:

$$\left.\begin{aligned} -\frac{1}{r}\frac{\partial(r M_\vartheta)}{\partial r} &= \varepsilon\frac{\partial E_x}{\partial t} + 4\pi\lambda E_x \\ +\frac{1}{r}\frac{\partial(r M_\vartheta)}{\partial x} &= \varepsilon\frac{\partial E_r}{\partial t} + 4\pi\lambda E_r \\ \frac{\partial E_x}{\partial r} - \frac{\partial E_r}{\partial x} &= \mu\frac{\partial M_\vartheta}{\partial t} \\ \frac{\partial E_x}{\partial x} + \frac{1}{r}\frac{\partial(r E_r)}{\partial r} &= 0 \end{aligned}\right\} \tag{1}$$

Von Hertz stammt die Bemerkung, daß es eine potentialartige Funktion $\Pi\,(x, r, t)$ gibt, von der man E_x, E_r, M_ϑ wie folgt ableitet:

$$\left.\begin{aligned} E_x &= \frac{1}{r}\frac{\partial\Pi}{\partial r} + \frac{\partial^2\Pi}{\partial r^2} \\ E_r &= -\frac{\partial^2\Pi}{\partial x\,\partial r} \\ M_\vartheta &= -\varepsilon\frac{\partial^2\Pi}{\partial r\,\partial t} - 4\pi\lambda\frac{\partial\Pi}{\partial r} \end{aligned}\right\} \tag{2}$$

Es läßt sich leicht verifizieren, daß die ersten beiden Gleichungen und die vierte Gleichung (1) durch den Ansatz (2) befriedigt werden, während die dritte Gleichung (1) die Funktion Π der partiellen Differentialgleichung:

$$\varepsilon\mu\frac{\partial^2 \Pi}{\partial t^2}+4\pi\mu\lambda\frac{\partial \Pi}{\partial t}=\frac{\partial^2 \Pi}{\partial x^2}+\frac{\partial^2 \Pi}{\partial r^2}+\frac{1}{r}\frac{\partial \Pi}{\partial r} \tag{3}$$

unterwirft.

Versucht man, dieser Gleichung durch einen partikulären Ansatz

$$\Pi = X P T \tag{4}$$

gerecht zu werden, so findet sich, wie wir ohne weitere Rechnung angeben wollen:

$$\left.\begin{aligned} X &= e^{i a x} \\ T &= e^{i \beta t} \end{aligned}\right\} \tag{5}$$

während P als Funktion von r der gewöhnlichen Differentialgleichung zu genügen hat:

$$(-\varepsilon\mu\beta^2+4\pi\mu\lambda\beta i+a^2)P=\frac{d^2P}{dr^2}+\frac{1}{r}\frac{dP}{dr} \tag{6}$$

Setzen wir hier abkürzungshalber

$$-\varepsilon\mu\beta^2+4\pi\mu\lambda\beta i+a^2=-a^2 \tag{7}$$

so erkennen wir in

$$\frac{d^2P}{dr^2}+\frac{1}{r}\frac{dP}{dr}+a^2P=0 \tag{8}$$

die Differentialgleichung der Besselschen Funktionen der Ordnung Null.

Die Differentialgleichung hat zwei voneinander unabhängige partikuläre Integrale: $J_0(ar)$ und $K_0(ar)$, in welchen das Argument ar wegen (7) auch komplex sein kann.

Aus diesen Integralen würde sich die allgemeine Lösung von (8) mit den beiden Integrationskonstanten A und B schreiben:

$$P = A J_0(ar) + B K_0(ar) \tag{9}$$

Weil aber $K_0(ar)$ für $r = 0$ (logarithmisch) unendlich wird, muß sich (9) auf

$$P = A J_0(ar) \tag{10}$$

reduzieren (vgl. § 76).

Vermöge (2) und (4) finden wir jetzt unter Einrechnung des negativen Vorzeichens in die Konstante

$$E_x = A X T a^2 J_0(ar) \tag{11}$$

Im folgenden wollen wir zuvörderst von der Abhängigkeit von E_x von x absehen, d. h. wir setzen in (7) $a = 0$ und in (11)

$X = 1$ und finden

$$E_x = A\,a^2\,J_0(ar)\,e^{i\omega t} \tag{12}$$

wo $\beta = \omega$ die Kreisfrequenz eines in der Leitung fließenden Wechselstromes bedeutet.

Der elektrischen Feldstärke E_x entspricht eine Dichte des Leitungsstromes

$$i_x = \lambda E_x = A\lambda\,a^2\,J_0(ar)\,e^{i\omega t} \tag{13}$$

Den Verschiebungsstrom vernachlässigen wir, indem wir $\varepsilon = 0$ und demnach $a^2 = -4\pi\mu\,\lambda\omega\,i$ setzen.

Infolge der Symmetrie um die Achse des Leiters (vgl. Fig. 253) ist $2\pi r\,i_x\,dr$ die Stromstärke im ringförmigen Querschnittselement $2\pi r\,dr$ und mithin

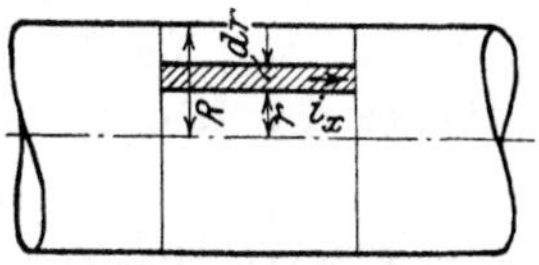

Fig. 253. Zur Verteilung der Stromdichte in einem Leiterquerschnitt.

$$2\pi\int_0^R r\,i_x\,dr$$

die Gesamtstromstärke im Draht, die effektiv $= I$ sei. Dann hat man den Ansatz:

$$2\pi A\lambda a^2\int_0^R r J_0(ar)\,dr\,e^{i\omega t} = I\sqrt{2}\;e^{i\omega t} \tag{14}$$

aus welchem sich die Konstante bestimmt:

$$A = \frac{I\sqrt{2}}{2\pi\lambda a R J_1(aR)} \tag{15}$$

Hier haben wir folgende wichtige Eigenschaft der Besselschen Funktionen benutzt:

$$\frac{d[r J_1(ar)]}{dr} = a r J_0(ar)$$

oder allgemeiner

$$\frac{d[r J_n(ar)]}{dr} = ar\,J_{n-1}(ar)$$

welche zwei aufeinander folgende Besselsche Funktionen miteinander verknüpft.

Führt man (15) in (13) ein, so findet sich:

$$E_x = \frac{i_x}{\lambda} = \frac{a I\sqrt{2}\,J_0(ar)\,e^{i\omega t}}{\lambda\,2\pi R J_1(aR)} \tag{16}$$

woraus sich für $r = R$ nach Multiplikation mit l die Spannungsdifferenz in der Oberfläche an den Enden eines Leiterstückes l ergibt:

$$E = \frac{l}{\lambda} \frac{a I \sqrt{2}\, J_0(a R)\, e^{i \omega t}}{2 \pi R J_1(a R)} \tag{17}$$

Dieselbe Spannungsdifferenz muß sich aber ergeben, wenn man den Wechselstrom $I \sqrt{2}\, e^{i \omega t}$ mit dem vektoriell geschriebenen Wechselstromwiderstand des Leiterstückes l multipliziert. Bekanntlich setzt sich der Wechselstromwiderstand zusammen aus dem Ohmschen Teile w und dem induktiven Teile ωL zu $w + i \omega L$, wo L die Selbstinduktivität des Leiterstückes der Länge l bedeutet. Es muß also

$$(w + i \omega L)\, I \sqrt{2}\, e^{i \omega t}$$

mit E nach Phase und Amplitude übereinstimmen, d. h. es muß sein:

$$(w + i \omega L) = \frac{l}{\lambda} \frac{a J_0(a R)}{2 \pi R J_1(a R)} \tag{18}$$

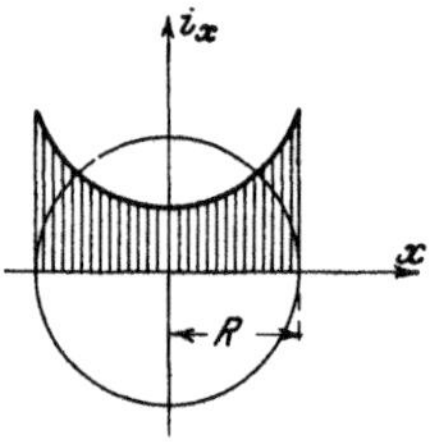

Fig. 254. Darstellung des Skineffekts.

Aus (16) hat sich bereits ergeben, daß die Stromdichte ungleichmäßig über den Querschnitt verteilt ist, und zwar nimmt die effektive Stromdichte von der Leiterachse nach außen hin zu (vgl. Fig. 254). Hieraus folgt, daß das w in Gleichung (18) größer sein muß als der Widerstand w_g eines Leiterstückes der Länge l, wenn Gleichstrom darin fließt:

$$w_g = \frac{l}{\lambda R^2 \pi} \tag{19}$$

Dividieren wir mit Gleichung (19) in (18), so kommt

$$\frac{w}{w_g} + \frac{i \omega L}{w_g} = \frac{a R}{2} \frac{J_0(a R)}{J_1(a R)} \tag{20}$$

Da hier sowohl a wie J_0 und J_1 komplex sind, so ist auch die ganze rechte Seite von (20) komplex; sie ermöglicht also durch Vergleich der reellen und der imaginären Teile die Bestimmung von

$$\frac{w}{w_g} \quad \text{und} \quad \frac{\omega L}{w_g}.$$

Wie man sieht, sind beide Größen nur von $|a| R$ abhängig, und wir können sie demnach in Fig. 255 als Funktion von $|a| R$ auftragen.

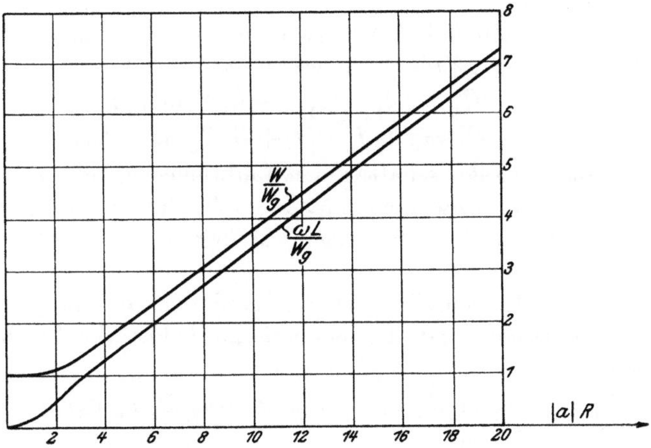

Fig. 255. Effektiver Widerstand und Selbstinduktion eines geradlinigen Leiters [84]).

§ 98. Herleitung der Konstanten der Heavisideschen Gleichung aus den Maxwellschen Gleichungen des axialsymmetrischen Feldes.

Wir greifen jetzt auf Gleichung (9) § 97 zurück

$$P = A\, J_0\,(a\, r) + B\, K_0\,(a\, r) \tag{1}$$

und spalten zunächst aus $B\, K_0\,(a\, r)$ das Glied $B\, J_0\,(a\, r) \lg \frac{2}{a\,\gamma}$ ab, welches wir zu $A\, J_0\,(a\, r)$ hinzufügen. Von $K_0\,(a\, r)$ bleibt übrig (vgl. § 76)

$$-Y_0\,(ar) = -J_0(ar) \lg (r) - 2 \left(J_2 - \frac{1}{2}\, J_4 + \frac{1}{3}\, J_6 - \dots \right) \tag{2}$$

so daß wir unter Beibehaltung der Konstanten als allgemeines Integral auch schreiben können:

$$P = A\, J_0\,(a\, r) + B\, Y_0\,(a\, r) \tag{3}$$

Nunmehr haben wir das Gebiet I innerhalb des Drahtes von dem Außenraum II zu unterscheiden. Beide Gebiete sind durch Verschiedenheit der elektrischen Konstanten ε_1, λ_1, μ_1 bzw. ε_2, λ_2, μ_2 charakterisiert, denen die Werte

$$a_1^2 = \varepsilon_1 \mu_1 \beta^2 - 4\pi \mu_1 \lambda_1 \beta i - a^2$$

bzw.

$$a_2^2 = \varepsilon_2 \mu_2 \beta^2 - 4\pi \mu_2 \lambda_2 \beta i - a^2$$

entsprechen.

Demgemäß haben wir auch das Potential $\Pi = P X T$ für beide Gebiete getrennt anzuschreiben:

$$\left.\begin{aligned} \Pi_1 &= (A_1 J_0(a_1 r) + B_1 Y_0(a_1 r) T X \\ \Pi_2 &= (A_2 J_0(a_2 r) + B_2 Y_0(a_2 r) T X \end{aligned}\right\} \tag{4}$$

Aus den Eigenschaften der Funktionen J_0 und Y_0 folgt, daß B_1 und A_2 verschwinden müssen, weil sonst Π_1 (wegen Y_0) für $r = 0$ unendlich und Π_2 (wegen J_0) für $r = \infty$ ebenfalls unendlich werden würde.

Nunmehr schreiben wir an Hand der Gleichungen (2) § 97 die elektrische und die magnetische Feldstärke für beide Gebiete hin:

$$\left.\begin{aligned} E_{x1} &= -a_1^2 A_1 J_0(a_1 r), \quad E_{x2} = -a_2^2 B_2 Y_0(a_2 r) \\ M_{\vartheta_1} &= \frac{a_1^2 + a^2}{i \mu_1 \beta} A_1 J_0'(a_1 r), \quad M_{\vartheta_2} = \frac{a_2^2 + a^2}{i \mu_2 \beta} B_2 Y_0'(a_2 r) \end{aligned}\right\} \tag{5}$$

Es gilt jetzt, die Bedingung zu erfüllen, daß E_{x_1} und M_{ϑ_1} an der Drahtoberfläche (für $r = R$) in E_{x2} und $M_{\vartheta 2}$ übergehen. Dies wird durch die Gleichungen ausgedrückt:

$$\left.\begin{aligned} -a_1^2 A_1 J_0(a_1 R) &= -a_2^2 B_2 Y_0(a_2 R) \\ \frac{a_1^2 + a^2}{i \mu_1 \beta} A_1 J_0'(a_1 R) &= \frac{a_2^2 + a^2}{i \mu_2 \beta} B_2 Y'_0(a_2 R) \end{aligned}\right\} \tag{6}$$

Nun machen wir über die Konstanten $\varepsilon, \mu, \lambda$ folgende nähere Angaben:

1. μ_1 und μ_2 sind überall $= 1$.
2. Im Dielektrikum des Außenraumes ist die Leitfähigkeit $\lambda_2 = 0$.
3. Im Leiter ist die Dielektrizitätskonstante $\varepsilon_1 = 0$,

und wir setzen voraus, daß

4. der Drahtradius R so klein ist, daß wir von folgenden Näherungen Gebrauch machen können:

$$\left.\begin{aligned} J_0(a_1 R) &= 1; \quad J_0'(a_1 R) = -a_1^2 \frac{R}{2} \\ Y_0(a_2 R) &= \lg(R); \quad Y_0'(a_2 R) = \frac{1}{R} \end{aligned}\right\} \tag{7}$$

Setzt man (7) in (6) ein und dividiert die Ansätze (6) durch einander, so daß die Konstanten A und B herausfallen, so entsteht folgende Gleichung:

$$-\frac{a_1^2}{a_1^2+\alpha^2}\,\frac{1}{a_1^2\frac{R}{2}} = \frac{a_2^2}{a_2^2+\alpha^2}\,\frac{\lg R}{1:R} \tag{8}$$

die mit

$$a_1^2+\alpha^2 = -4\pi\,\lambda_1\,\beta\, i,\quad a_2^2 = \varepsilon_2\,\beta^2-\alpha^2$$

und einigen Umstellungen übergeht in:

$$\varepsilon_2\beta^2+\frac{\varepsilon_2}{2\lg R\cdot\pi R^2\lambda_1}\,\beta\, i-\alpha^2=0 \tag{9}$$

Dies ist die Bedingungsgleichung für die Größe α bei gegebenem β und umgekehrt.

Einen ganz analogen Ansatz hatten wir bei der Heavisideschen Gleichung zu erfüllen, nämlich

$$\beta^2 L C - w C\beta\, i-\alpha^2 = 0 \tag{10}$$

Beim Vergleich von (10) und (9) konstatieren wir zunächst den Widerstand der Längeneinheit des Drahtes

$$w = \frac{1}{\lambda_1\,\pi R^2} \tag{11}$$

Hieraus ergibt sich aber sofort die Kapazität der Längeneinheit

$$C = -\frac{\varepsilon_2}{2\lg R} \tag{12}$$

und die Selbstinduktion

$$L = -2\lg R \tag{13}$$

welche Ansätze, abgesehen vom Vorzeichen, auch auf anderem Wege für Kapazität und Selbstinduktion gefunden werden können.

Durch die Formeln (11), (12), (13) werden demnach die Größen w, C, L, die nach Heaviside ohne eingehendere Begründung eingeführt werden, als Ergebnisse der genaueren Untersuchung des elektromagnetischen Feldes im Grenzfalle R = kleine Größe gewonnen[85]).

Anmerkungen und Literaturangaben.

[1]) Folgende Lehrbücher der Differential- und Integralrechnung sind zu empfehlen:

Schlömilch, O., Kompendium der höheren Analysis. I. II. Braunschweig, 1881.

Dies Werk ist in hervorragender Weise geeignet, eine umfassende Kenntnis der Differential- und Integralrechnung zu verschaffen. Von Figuren wird mäßiger Gebrauch gemacht.

Schlömilch, O., Übungsbuch zum Studium der höheren Analysis. Leipzig. I. 5. A. 1904. II. 4. A. 1900.

Enthält eine große Fülle von Aufgaben zur Einübung der im Kompendium vorgetragenen Lehren.

Stegemann-Kiepert, Grundriß der Differential- und Integralrechnung. Hannover. I. 12. A. 1912. II. 10. A. 1912.

Ein in den Händen von Ingenieuren weitverbreitetes Lehrbuch.

Fricke, Hauptsätze der Differential- und Integralrechnung. Braunschweig. 5. A. 1909.

Gedrängte Darstellung des auf den Hochschulen vorgetragenen Wissensstoffes mit knapper, aber strenger Begründung der einzelnen Sätze.

Lorenz, H., Einführung in die Elemente der höheren Mathematik und Mechanik. Berlin und München. 1910.

Darstellung des für das Studium von Technik und Naturwissenschaft unentbehrlichsten Wissensstoffes.

Koestler, W., und Tramer, M., Differential- und Integralrechnung. Erster Teil: Grundlagen. Berlin. 1913.

Enthält eine äußerst ausführliche Behandlung der Grundlagen der Infinitesimalrechnung.

[2]) Siehe Hütte 1908 .I. S. 57.

[2a]) Die praktische Durchführung von Differentiationen nach diesem Ansatz mit dem Endziel, die Differentialkurve $f(x)$ angenähert zu erhalten, wird eingehend erörtert von R. Slaby, Z. d. Ver. deutsch. Ing. 1913, S. 821 und den anschließenden Veröffentlichungen in dieser Zeitschrift.

[3]) Eine ausführliche Theorie des Integraphen (mit Beschreibung der Zwischenkonstruktionen und Anwendungsbeispielen) ist enthalten in: Abdank-Abakanowicz, Die Integraphen. Deutsch von Bitterli. B. G. Teubner. Leipzig. 1889.

[4]) Ausführliches über die Theorie der Integrierapparate enthält: H. de Morin, Les Appareils d'Intégration. Gauthier-Villars. Paris. 1913. Das Werk behandelt auch die Integrierapparate der Firma Amsler Schaffhausen.

[5]) Siehe Hütte 1908. I. S. 61, Nr. e. 3.

[6]) Vgl. Hütte 1908. I. S. 219.

[7]) Vgl. Hütte 1908. I. S. 57.

[8]) Vgl. zum Folgenden: a) Grashof, Theoretische Maschinenlehre. I. Leipzig. 1875. b) Lorenz, H., Technische Hydromechanik. München und Berlin. 1910. c) Föppl, A., Technische Mechanik. I. Leipzig. 1900.

[9]) Siehe Hütte 1908. I. S. 70.

[10]) Bresse, Cours de Mecanique appliquée. II. Paris 1860.

[11]) Das Folgende bis zum Schluß des § wird von Lesern, die den Gebrauch des zweiten Differentialquotienten noch nicht kennen, zweckmäßig bis nach Erledigung von § 25 aufgespart.

[12]) Siehe Hütte 1910. I. S. 96. Nr. 12.

[13]) Vgl. hierzu die Arbeiten Thiems im Journal für Gasbeleuchtung und Wasserversorgung 1876, 1879, 1880, 1898.

[14]) Siehe Hütte 1908. I. S. 97. Nr. 16.

[15]) Dieser § ist erst nach Erledigung von § 51 zu lesen.

[16]) Z. B. Forsyth, R. A., Lehrbuch der Differentialgleichungen. Mit Aufgaben von H. Maser. 2. A. von W. Jacobsthal. Braunschweig 1912.

[17]) Während des Druckes ist die Arbeit von Prof. Meißner in der Schweizerischen Bauzeitung 1913, 11. und 18. Okt. „Graphische Integration von totalen Differentialgleichungen" erschienen, in welcher vom Krümmungskreis und dem in unserem Text angegebenen Prinzip umfassender Gebrauch gemacht wird.

[18]) Siehe Hütte 1908. I. S. 68.

[19]) Aus der Fig. 71 ergibt sich noch, daß die zweiten Integralkurven zu $a\,b\,c$ in den zu den Abszissenpunkten b gehörigen Kurvenpunkten sogenannte Wendetangenten besitzen müssen. Dies lehrt unmittelbar die Konstruktion des Seilecks zu $f(x)$. Überall, wo die Werte von $f(x)$ einen Zeichenwechsel erleiden, nehmen die Polstrahlen und mithin auch die Tangenten des Seilecks Grenzlagen ein. Das letztere ist aber das Kennzeichen der Wendetangenten. Diejenigen Punkte, in denen die Wendetangenten ihre Kurve berühren, nennt man Wendepunkte. Vgl. Hütte 1908. I. S. 96.

[20]) Hütte 1908. I. S. 95.

[21]) Hütte 1908. I. S. 93.

[22]) Hütte 1908. I. S. 66.

[23]) Vgl. Jahnke, E., und Emde, F., Funktionentafeln mit Formeln und Kurven. 1909. Leipzig und Berlin. Dies Werk enthält reichhaltiges Zahlenmaterial und graphische Darstellungen zu den verschiedenen Funktionen und wird von uns noch mehrfach zitiert werden unter der Abkürzung: J. und E.

[24]) Hierfür genügt die Tafel Hütte 1098. I. S. 30.

[25]) Vgl. Föppl, Technische Mechanik. III. Leipzig. 1900. S. 322.

[26]) Hütte 1908. I. S. 68.

[27]) Math. Ann. 46, 168—178.

[28]) Die Daten sind mit geringen Abweichungen entnommen aus: Dwelshauvers-Dery, Étude expérimentale de la machine à vapeur. Paris. Gauthier-Villars.

[28a]) Die Bezeichnung „simultan“ findet im § 45 ihre nähere Erklärung. Für das Nächstfolgende ist diese vorerst nicht erforderlich.

[29]) Vgl. hierzu: Abdank-Abakanowicz, Die Integraphen.

[30]) Proc. Roy. Soc. 24 (1876). S. 269.

[30a]) Dies ergibt sich daraus, daß der Integrand von K symmetrisch zum Werte $\vartheta = \frac{\pi}{2}$ liegt.

[31]) Siehe z. B. J. u. E. S. 46.

[32]) Hütte 1908. I. S. 57.

[33]) Hütte 1908. I. S. 58.

[34]) Den Modul k kann man beim Anschreiben der Formeln fortlassen, wenn keine Mißverständnisse möglich sind. Die Differentiationsformel (32) ist zu finden bei J. und E. S. 46.

[35]) Dieser Ansatz ist ein Spezialfall des Additionstheorems der elliptischen Funktion sin am und ergibt sich z. B. nach J. und E. S. 47 aus $sn\,(u+v)$ mit $v = K$ und den Werten der Tafel 4. Auf S. 46 bei J. und E. sind unsere beiden Formeln (55) zu finden.

Beweise für alle von uns angewendeten Formeln der elliptischen Funktionen und Integrale findet man in: Krause, M., Theorie der elliptischen Funktionen. Teubner. 1912.

[36]) Ist die abhängige Variabele y eine physikalische Größe, so wird man verlangen müssen, daß sie niemals unendliche Werte annimmt. Dies wird nur dann erreicht, wenn keine der Wurzeln μ einen positiven reellen Anteil hat. Hierfür müssen die Koeffizienten a_1 der Gleichung (7) gewissen Bedingungen genügen, die z. B. bei Hort, Technische Schwingungen. Berlin 1910, S. 76 nachgesehen werden können.

[37]) Föppl, Technische Mechanik. II. 1900. S. 254.

[38]) Siehe: Lorenz, H., Technische Physik. IV. S. 615 und Pöschl, Th., und v. Terzaghi, K., Berechnung von Behältern nach neueren analytischen und graphischen Methoden. Springer. 1913.

[39]) Siehe über die Berechnung von Behältern aus mehreren zylindrischen Teilen: Runge, Z. f. Math. u. Phys. 1904.

[40]) Hütte. 1908 I. S. 68.

[41]) Crelles Journal, Bd. 80, S. 317ff.

[42]) Crelles Journal, Bd. 66, S. 148ff.; Bd. 68, S. 361ff.

[43]) Crelles Journal, Bd. 66, S. 126ff.

[44]) Die folgenden Ausführungen sind der Arbeit von Frobenius, Crelles Journal, Bd. 76, S. 214—224 entnommen.

[45]) Siehe auch Reißner, Beton und Eisen. 1908. S. 150.

[46]) Vgl. zu diesem §: Hort, W., Technische Schwingungslehre. Springer. 1910 und Hort, W., Regulierung der Kraftmaschinen. Zeitschr. f. Math. und Phys. 1904.

[47]) Hütte 1908. I. S. 156 und 197.

[48]) Hütte 1908. I. S. 118, 12.

[49]) Hütte 1908. I. S. 100.

[50]) Näheres über Differenzengleichungen siehe in: a) Markoff, A. A., Differenzenrechnung. St. Petersburg. 1889—1891; deutsch von Friesendorf und Prümm. Leipzig. 1896 und b) Wallenberg, G., und A. Guldberg, Theorie der linearen Differenzengleichungen. 1911. Teubner.

[51]) Hütte 1908. I. S. 468.

[52]) Siehe hierzu Routh, J. E., Dynamik der Systeme starrer Körper. Deutsch von Schepp. II. S. 297. Teubner. 1898.

[53]) Dieser Satz über die „Funktionaldeterminante" Δ wird in den Lehrbüchern über Differentialgleichungen bewiesen, z. B. bei Forsyth, Differentialgleichungen. § 9.

[54]) Zum Studium der allgemeinen Integrationstheorien partieller Differentialgleichungen können folgende Werke dienen:

a) Horn, J., Einführung in die Theorie der partiellen Differentialgleichungen. 1910. Göschen.

b) v. Weber, E., Vorlesungen über das Pfaffsche Problem und die Theorie der partiellen Differentialgleichungen erster Ordnung. 1900. Teubner.

c) Forsyth, A. R., Differentialgleichungen. II. A. 1912. Vieweg.

[55]) Vgl. hierzu ausführliche geschichtliche Angaben in: Burkhardt, H., Entwickelungen nach oszillierenden Funktionen usw. 1908. Teubner.

[56]) Über die Formel der partiellen Integration siehe Hütte 1908. I. 72.

[56a]) Als weitere Mittel zur harmonischen Analyse sind zu nennen der Apparat von Michelson und Stratton, beschrieben in Phil. Mag. 1898. und derjenige von Mader, beschrieben E.T.Z. 09.

[57]) Rayleigh, Theorie des Schalles. Deutsch von Neesen. 1879/80. Braunschweig.

[58]) S. Ribière, Phares et Signaux Maritimes. Paris. 1908.

[59]) Litteratur der Schiffsschwingungen: a) Gümbel, Jahrbuch der Schiffbautechnischen Gesellschaft. 1901. S. 211. b) Kriloff, Math. Ann. 1905. S. 211.

[60]) Vgl. z. B. Schafheitlin, P., Die Theorie der Besselschen Funktionen. Teubner. 1908.

[61]) Die Konstante c bedeutet in Formel (4) die spezifische Wärme.

[62]) Siehe Hütte 1908. I. S. 97.

[63]) Ausführliches über Wärmeleitung findet man in: a) Fourier, Théorie analytique de la Chaleur. Paris 1822. b) Heine, Handbuch der Kugelfunktionen. II. Berlin 1881. c) Riemann-Weber, Die partiellen Differentialgleichungen der mathematischen Physik. II. Braunschweig 1901.

[64]) Die Wärmebewegung durch die Wandung des Dampfmaschinenzylinders wird ebenfalls behandelt von: a) Kirsch, Die Bewegung der Wärme in den Zylinderwandungen der Dampfmaschine. Leipzig 1886. b) Lorenz, H., Lehrbuch der technischen Physik. II. München 1904.

[65]) Lehrbuch-Literatur zur ebenen Flüssigkeitsströmung: Föppl, A. Vorlesungen über technische Mechanik. IV. VI. Leipzig 1901/1910. b) Lorenz, H., Lehrbuch der technischen Physik. III. München 1910.

c) Riemann-Weber, Die partiellen Differentialgleichungen der mathematischen Physik. II. Braunschweig 1901.

[66]) Lehrbuch-Literatur zur Differentialgleichung des Potentials: a) Heine, Handbuch der Kugelfunktionen. II. Berlin 1881. b) Riemann-Weber, Die partiellen Differentialgleichungen der mathemat. Physik. II. 1901. c) Neumann, F., Vorlesungen über die Theorie des Potentials und der Kugelfunktionen. Leipzig 1887.

[67]) Hütte 1908. I. S. 68. Die höheren Glieder der Entwicklung sind fortgelassen.

[68]) Ein Beispiel für die zweite Randwertaufgabe wird im § 85 gegeben. Für die dritte Randwertaufgabe sind Beispiele u. a. bei Riemann-Weber zu finden, auf die wir hier der Raumbeschränkung halber nicht eingehen.

[69]) Abgesehen von den später zu behandelnden Beispielen zur Reihenmethode, sei auf Riemann, Ges. Werke, Nr. XXIV, Über das Potential eines Ringes, verwiesen.

[70]) Ein Unterfall der Methode der Greenschen Funktion ist die von Riemann zur Lösung von Differentialgleichungen elastischer Schwingungen angewendete Methode. Man sehe über diese das mehrfach angeführte Werk von Riemann-Weber, 2. Bd., wo auch die Riemannsche Originalarbeit angeführt ist. Anwendung hat die Riemannsche Methode dann noch gefunden durch Radakovic, Wiener Berichte, Bd. 108, S. 577, auf die Bewegung einer Saite unter der Einwirkung einer Kraft mit wanderndem Angriffspunkt. Diese Aufgabe ist wichtig für die Frage nach den Erschütterungen einer Brücke infolge eines darüberfahrenden Eisenbahnzuges oder nach den Querschwingungen eines Geschützes beim Schusse.

[71]) Z. B. die schon angeführte Tafel von Jahnke und Emde.

[72]) Den Beweis des Satzes siehe z. B. bei Riemann-Weber, Bd. I.

[73]) Näheres über die Beziehungen des Hookeschen Gesetzes zum Spannungszustand siehe in den Lehrbüchern der technischen Mechanik, z. B. Föppl, Bd. III, und Lorenz, Bd. IV.

[74]) Für das Folgende verweisen wir auf Clebsch, A., Theorie der Elastizität. 1862.

[74a]) Vgl. hierzu § 42 dieses Buches.

[75]) Vgl. zum Folgenden: Ritz, Über eine neue Methode zur Lösung gewisser Variationsprobleme der mathematischen Physik. Crelles Journal 1908. Lorenz, H., Technische Physik, Bd. IV. 1913.

[76]) Die Ausrechnung der Variation findet man z. B. bei Föppl, Technische Mechanik, Bd. III.

[77]) Die Minimalbedingung für Funktionen zweier Variabeln siehe Hütte 1908. I. S. 70.

[78]) Vgl. hierzu die Fortpflanzung des Schalles in Gasen, z. B. bei Lorenz, H., Technische Wärmelehre. München und Berlin 1904.

[79]) Die Originalarbeit von Dirichlet ist zu finden in den Berichten der Berliner Akademie 1852.

[80]) H. Helmholtz, Über Integrale der hydrodynamischen Gleichungen, welche den Wirbelbewegungen entsprechen. J. f. Math. 1858.

Die Helmholtzsche Theorie ist mehr oder weniger ausführlich wiedergegeben u. a. bei:

Föppl, A., Technische Mechanik VI., 1910.

Lorenz, H., Technische Hydromechanik, 1910.

Riemann-Weber, Partielle Differentialgleichungen II, 1901.

[81]) Neue Theorie und Berechnung der Kreiselräder München 1906.

[82]) Technische Einzelheiten zum folgenden und wertvolles Konstantenmaterial findet man bei Rössler, Die Fernleitung von Wechselströmen. Springer, Berlin 1905.

[83]) Für ausfühılicheres Studium sei hierzu verwiesen auf: Wagner, K. W., Elektromagnetische Ausgleichsvorgänge in Freileitungen und Kabeln. Teubner, Leipzig 1908.

[84]) Fig. 255 ist gezeichnet nach Tabelle XXI des mehrfach zitierten Buches von Jahnke und Emde.

[85]) Vgl. zu § 98: Mie, Ann. d. Phys., Bd II, 1900, S. 201. Poincaré, Eclairage elektr. Bd. 40, 1904. Sommerfeld, Wied. Ann. 67, (1899), S. 233.

Verzeichnis der behandelten Differentialgleichungen.

I. Gewöhnliche Differentialgleichungen.

Graphisch oder rechnerisch lösbar, wenn die Auflösung:

$$\frac{d^2 y}{d x^2} = f\left(x, y, \frac{d y}{d x}\right) \qquad \text{S. 85, 135}$$

möglich ist.

Lineare Differentialgleichungen im weiteren Sinne:

$$P_0(x, y) \frac{d^2 y}{d x^2} + P_1(x, y) \frac{d y}{d x} + P_2(x, y)\, y + P_3(x, y) = 0. \qquad \text{S. 86}$$

Lineare Differentialgleichungen im engeren Sinne:

$$P_0(x) \frac{d^2 y}{d x^2} + P_1(x) \frac{d y}{d x} + P_2(x)\, y + P_3(x) = 0. \qquad \text{S. 87, 211, 218}$$

Lineare Differentialgleichungen mit konstanten Koeffizienten:

$$a_0 \frac{d^2 y}{d x^2} + a_1 \frac{d y}{d x} + a_2\, y + a_3 = 0. \qquad \text{S. 87, 104}$$

Differentialgleichung der Seilkurve:

$$H \frac{d^2 y}{d x^2} = -f(x). \qquad \text{S. 94}$$

Differentialgleichung der elastischen Linie:

$$E J \cdot \frac{d^2 y}{d x^2} = -M_x. \qquad \text{S. 103}$$

(Nichtlineare) Differentialgleichung der Ketten-Linie:

$$H \frac{d^2 y}{d x^2} = \gamma \sqrt{1 + \left(\frac{d y}{d x}\right)^2} \qquad \text{S. 114}$$

Eindimensionale Differentialgleichungen: S. 125

$$\frac{d^2 u}{d x^2} + \frac{1}{x} \frac{d u}{d x} - \frac{u}{x^2} = 0$$

$$\frac{d^2 \varphi}{d x^2} + \frac{1}{x} \frac{d \varphi}{d x} - \frac{\varphi}{x^2} = -a\, x. \qquad \text{S. 131}$$

Differentialgleichung der Pendelbewegung, lösbar durch elliptische Funktionen:

$$\frac{d^2 \alpha}{d t^2} + \frac{g}{l} \sin \alpha = 0. \qquad \text{S. 170}$$

Differentialgleichung der Besselschen (Zylinder-) Funktionen:

$$x^2 \frac{d^2 J}{d x^2} + x \frac{d J}{d x} + (x^2 - m^2) J = 0. \qquad \text{S. 310}$$

Differentialgleichung der Legendreschen (einfachen Kugel-)Funktionen:

$$(1 - \mu^2) \frac{d^2 P_n(\mu)}{d \mu^2} - 2 \mu \frac{d P_n(\mu)}{d \mu} + n(n+1) P_n(\mu) = 0. \qquad \text{S. 376}$$

Differentialgleichung des k-ten Differentialquotienten der Legendreschen Kugelfunktionen:

$$(1 - \mu^2) \frac{d^2 D_n^{(k)}(\mu)}{d \mu^2} - 2 \mu (k+1) \frac{d D_n^{(k)}(\mu)}{d \mu}$$

$$+ [n(n+1) - k(k+1)]\, D_n^{(k)}(\mu) = 0. \qquad \text{S. 389}$$

c) n-ter Ordnung.

Allgemeine Form:

$$F\left(x, y, \frac{dy}{dx}, \frac{d^2y}{dx^2}, \ldots\ldots, \frac{d^{n-1}y}{dx^{n-1}}, \frac{d^ny}{dx^n}\right) = 0.$$ S. 189

Einfachste Formen:

$$\frac{d^ny}{dx^n} - X = 0;$$ S. 190

$$\frac{d^ny}{dx^n} - Y = 0.$$ S. 190

Durch Substitution auf Differentialgleichungen erster bzw. zweiter Ordnung zurückführbar:

$$\left.\begin{aligned} &F\left(\frac{d^{n-2}y}{dx^{n-2}}, \frac{d^{n-1}y}{dx^{n-1}}, \frac{d^ny}{dx^n}\right) = 0 \\ &F\left(\frac{d^{n-2}y}{dx^{n-2}}, \frac{d^ny}{dx^n}\right) = 0 \\ &F\left(\frac{d^{n-1}y}{dx^{n-1}}, \frac{d^ny}{dx^n}\right) = 0 \end{aligned}\right\}$$ S. 191

Lineare Differentialgleichungen n-ter Ordnung:

$$X_0 \frac{d^ny}{dx^n} + X_1 \frac{d^{n-1}y}{dx^{n-1}} + \ldots\ldots + X_{n-1} \frac{dy}{dx} + X_n y = X.$$ S. 193

Erniedrigung der Ordnungszahl S. 193

Variation der Konstanten S. 197

Methode der Reihenentwicklung S. 208

Lineare Differentialgleichung n-ter Ordnung mit konstanten Koeffizienten:

$$\sum_{i=0}^{i=n} a_i\, y^{(n-i)} = X.$$ S. 200

d) Simultane Differentialgleichungen.

Allgemeine Form bei zwei abhängigen Variabeln:

$$\left.\begin{aligned} &F\left(x_1, x_2, \frac{dx_1}{dy}, \frac{dx_2}{dy}, \ldots\ldots\right) = 0 \\ &G\left(x_1, x_2, \frac{dx_1}{dy}, \frac{dx_2}{dy}, \ldots\ldots\right) = 0 \end{aligned}\right\}$$ S. 227

Allgemeine Form eines Systems erster Ordnung bei n abhängigen Variabeln:

$$\frac{dx_i}{dy} = f_{1i}(x_1, x_2, \ldots\ldots x_n, y);\; i = 1, 2, \ldots\ldots n$$ S. 227

Allgemeine Form eines Systems m-ter Ordnung bei n abhängigen Variabeln:

$$\frac{d^m x_i}{d y^m} = f_i(x_1, x_2, \ldots x_n, x_1', x_2', \ldots x_n', \ldots, x_1^{(m-1)}, x_2^{(m-1)}, \ldots x_n^{(m-1)}, y);$$

$$i = 1, 2, \ldots n. \qquad \text{S. 229}$$

Differentialgleichungen der Dampfmaschinenregulierung:

$$\left.\begin{aligned} m\frac{d^2\eta}{dt^2} + b\frac{d\eta}{dt} + c\,\eta &= K\omega \\ \frac{\Theta}{r}\frac{d\omega}{dt} &= -k\,\eta + T_0 - k\,\tau_0 - w \end{aligned}\right\} \qquad \text{S. 234}$$

Differentialgleichungen der ungestörten Planetenbewegung:

$$\left.\begin{aligned} \frac{d^2 x}{dt^2} + \frac{k^2}{r^3}(m + M)\,x &= 0 \\ \frac{d^2 y}{dt^2} + \frac{k^2}{r^3}(m + M)\,y &= 0 \\ \frac{d^2 z}{dt^2} + \frac{k^2}{r^3}(m + M)\,z &= 0 \end{aligned}\right\} \qquad \text{S. 236}$$

e) Differenzengleichungen.

Allgemeine Form:

$$\Psi(x, y_x, y_{x+1}, \ldots y_{x+n}) = 0. \qquad \text{S. 246}$$

Lineare Differenzengleichungen:

$$y_x P_0(x) + y_{x+1} P_1(x) + \ldots + y_{x+n} P_n(a) = -Q(x). \qquad \text{S. 246}$$

Mit konstanten Koeffizienten:

$$y_x a_0 + y_{x+1} a_1 + \ldots + y_{x+n} a_n = 0. \qquad \text{S. 247}$$

Differenzengleichung für die Biegungsmomente des durchlaufenden Balkens:

$$M_k + 4\,M_{k+1} + M_{k+2} = -\frac{1}{2}\,q\,l^2. \qquad \text{S. 248}$$

Differenzengleichung für die Amplituden der Bewegung einer Kette von Massenpunkten:

$$L_{p,k} + \left(\frac{4\,p^2\pi^2}{c^2} - 2\right) L_{p,k+1} + L_{p,k+2} = 0. \qquad \text{S. 251}$$

II. Partielle Differentialgleichungen.

a) Allgemeine Form bei einer abhängigen und zwei unabhängigen Variabeln:

$$F\left(x, y, z, \frac{\partial z}{\partial x}, \frac{\partial z}{\partial y}, \frac{\partial^2 z}{\partial x^2}, \ldots a, b, c, \ldots\right) = 0. \qquad \text{S. 259}$$

b) Saitenschwingung, Schallschwingung, Stabtorsionsschwingung, ebene elektrische Wellen:

$$\frac{\partial^2 y}{\partial t^2} = a^2 \frac{\partial^2 y}{\partial x^2}. \qquad \text{S. 271, 287, 412}$$

c) Stabbiegungsschwingung:

$$\rho\, q \frac{\partial^2 y}{\partial t^2} + E\, J \frac{\partial^4 y}{\partial x^4} = 0; \qquad \text{S. 290}$$

$$\rho\, q\,(x) \frac{\partial^2 y}{\partial t^2} + E \frac{\partial^2}{\partial x^2}\left(J\,(x) \frac{\partial^2 y}{\partial x^2}\right) = 0. \qquad \text{S. 296}$$

d) Membranschwingungen:

$$\frac{\partial^2 z}{\partial t^2} = a^2 \left(\frac{\partial^2 z}{\partial x^2} + \frac{\partial^2 z}{\partial y^2}\right); \qquad \text{S. 300}$$

$$\frac{\partial^2 z}{\partial t^2} = a^2 \left(\frac{\partial^2 t}{\partial r^2} + \frac{1}{r^2} \frac{\partial^2 z}{\partial \varphi^2} + \frac{1}{r} \frac{\partial z}{\partial r}\right). \qquad \text{S. 307}$$

e) Wärmeleitung:

$$\frac{\partial T}{\partial t} = a^2 \left(\frac{\partial^2 T}{\partial x^2} + \frac{\partial^2 T}{\partial y^2} + \frac{\partial^2 T}{\partial z^2}\right); \qquad \text{S. 318}$$

$$\frac{\partial T}{\partial t} = a^2 \frac{\partial^2 T}{\partial x^2}. \qquad \text{S. 319}$$

f) Ebene Strömung:

$$\left.\begin{aligned} u \frac{\partial u}{\partial x} + v \frac{\partial v}{\partial y} + \frac{\partial u}{\partial t} &= X - \frac{1}{\rho} \frac{\partial p}{\partial x} \\ u \frac{\partial v}{\partial x} + v \frac{\partial v}{\partial y} + \frac{\partial v}{\partial t} &= Y - \frac{1}{\rho} \frac{\partial p}{\partial y} \end{aligned}\right\} \qquad \text{S. 332}$$

g) Stationäre ebene Strömung (Geschwindigkeitspotential):

$$\frac{\partial^2 \Phi}{\partial x^2} + \frac{\partial^2 \Phi}{\partial y^2} = 0. \qquad \text{S. 334}$$

h) Newtonsches Potential:

$$\frac{\partial^2 V}{\partial x^2} + \frac{\partial^2 V}{\partial y^2} + \frac{\partial^2 V}{\partial z^2} = -4\,\pi\,\rho. \qquad \text{S. 349}$$

in Zylinderkoordinaten:

$$\frac{\partial^2 V}{\partial x^2} + \frac{\partial^2 V}{\partial r^2} + \frac{1}{r^2} \frac{\partial^2 V}{\partial \varphi^2} + \frac{1}{r} \frac{\partial V}{\partial r} = -4\,\pi\,\rho. \qquad \text{S. 398}$$

in Polarkoordinaten:

$$r \frac{\partial^2 (V\, r)}{\partial r^2} + \frac{1}{\sin\vartheta} \frac{\partial}{\partial \vartheta}\left(\sin\vartheta \frac{\partial V}{\partial \vartheta}\right) + \frac{1}{\sin^2\vartheta} \frac{\partial^2 V}{\partial \varphi^2} = -4\,\pi\,\rho. \qquad \text{S. 372}$$

Differentialgleichung der allgemeinen Kugelfunktionen:

$$n\,(n+1)\, X_n + \frac{1}{\sin\vartheta} \frac{\partial}{\partial \vartheta}\left(\sin\vartheta \frac{\partial X_n}{\partial \vartheta}\right) + \frac{1}{\sin^2\vartheta} \frac{\partial^2 X_n}{\partial \varphi^2} = 0. \qquad \text{S. 386}$$

i) **Differentialgleichungen der Elastizität:**

$$\left.\begin{aligned} \Delta\xi + \frac{m}{m-2}\frac{\partial e}{\partial x} + \frac{X}{G} = 0.\\ \Delta\eta + \frac{m}{m-2}\frac{\partial e}{\partial y} + \frac{Y}{G} = 0.\\ \Delta\zeta + \frac{m}{m-2}\frac{\partial e}{\partial z} + \frac{Z}{G} = 0.\\ e = \frac{\partial\xi}{\partial x} + \frac{\partial\eta}{\partial y} + \frac{\partial\zeta}{\partial z} \end{aligned}\right\} \qquad \text{S. 408}$$

Radiale Kugelschwingungen:

$$\left(4\frac{\partial\varepsilon}{\partial r} + r\frac{\partial^2\varepsilon}{\partial r^2}\right)\frac{2(m-1)}{m-2} + \frac{k}{G} = 0. \qquad \text{S. 417}$$

k) **Hydrodynamische Differentialgleichungen:**

Eulersche Gleichungen für reibungsfreie Flüssigkeiten in rechtwinkligen Koordinaten:

$$\left.\begin{aligned} \rho\left(\frac{\partial v_x}{\partial t} + v_x\frac{\partial v_x}{\partial x} + v_y\frac{\partial v_x}{\partial y} + v_z\frac{\partial v_z}{\partial z}\right) = X - \frac{\partial p}{\partial x}\\ \rho\left(\frac{\partial v_y}{\partial t} + v_x\frac{\partial v_y}{\partial x} + v_y\frac{\partial v_y}{\partial y} + v_z\frac{\partial v_y}{\partial z}\right) = Y - \frac{\partial p}{\partial y}\\ \rho\left(\frac{\partial v_z}{dt} + v_x\frac{\partial v_z}{\partial x} + v_y\frac{\partial v_z}{\partial y} + v_z\frac{\partial v_z}{\partial z}\right) = Z - \frac{\partial p}{\partial z}\\ \frac{\partial\rho}{\partial t} + \frac{\partial(\rho v_x)}{\partial x} + \frac{\partial(\rho v_y)}{\partial y} + \frac{\partial(\rho v_z)}{\partial z} = 0 \end{aligned}\right\} \qquad \text{S. 432}$$

Bewegungsgleichungen für zähe inkompressible Flüssigkeiten:

$$\left.\begin{aligned} \rho\frac{dv_x}{dt} = X - \frac{\partial p}{\partial x} + \varkappa\Delta v_x\\ \rho\frac{dv_y}{dt} = Y = \frac{\partial p}{\partial y} + \varkappa\Delta v_y\\ \rho\frac{dv_z}{dt} = Z - \frac{\partial p}{\partial z} + \varkappa\Delta v_z\\ \frac{\partial v_x}{\partial x} + \frac{\partial v_y}{\partial y} + \frac{\partial v_z}{\partial z} = 0 \end{aligned}\right\} \qquad \text{S. 436}$$

Gleichungen von Lagrange:

$$\left.\begin{aligned} \frac{\partial^2 x}{\partial t^2}\frac{\partial x}{\partial a} + \frac{\partial^2 y}{\partial t^2}\frac{\partial y}{\partial a} + \frac{\partial^2 z}{\partial t^2}\frac{\partial z}{\partial a} = X\frac{\partial x}{\partial a} + Y\frac{\partial y}{\partial a} + Z\frac{\partial z}{\partial a} - \frac{1}{\rho}\frac{\partial p}{\partial a}\\ \frac{\partial^2 x}{\partial t^2}\frac{\partial x}{\partial b} + \frac{\partial^2 y}{\partial t^2}\frac{\partial y}{\partial b} + \frac{\partial^2 z}{\partial t^2}\frac{\partial z}{\partial b} = X\frac{\partial x}{\partial b} + Y\frac{\partial y}{\partial b} + Z\frac{\partial z}{\partial b} - \frac{1}{\rho}\frac{\partial p}{\partial b}.\\ \frac{\partial^2 x}{\partial t^2}\frac{\partial x}{\partial c} + \frac{\partial^2 y}{\partial t^2}\frac{\partial y}{\partial c} + \frac{\partial^2 z}{\partial t^2}\frac{\partial z}{\partial c} = X\frac{\partial x}{\partial c} + Y\frac{\partial y}{\partial c} + Z\frac{\partial z}{\partial c} - \frac{1}{\rho}\frac{\partial p}{\partial c} \end{aligned}\right\} \text{S. 450}$$

$$\begin{vmatrix} \frac{\partial x}{\partial a} & \frac{\partial y}{\partial a} & \frac{\partial z}{\partial a} \\ \frac{\partial x}{\partial b} & \frac{\partial y}{\partial b} & \frac{\partial z}{\partial b} \\ \frac{\partial x}{\partial c} & \frac{\partial y}{\partial c} & \frac{\partial z}{\partial c} \end{vmatrix} = 1 \qquad \text{S. 450}$$

Eulersche Gleichungen in Zylinderkoordinaten:

$$\left.\begin{aligned} \rho\left(\frac{dv_r}{dt} - \frac{v_t^2}{r}\right) &= R - \frac{\partial p}{\partial r} \\ \frac{\rho}{r}\frac{d(v_t r)}{dt} &= T - \frac{1}{r}\frac{\partial p}{\partial \varphi} \\ \rho\frac{dv_z}{dt} &= Z - \frac{\partial p}{\partial z} \\ \frac{\partial(v_r r)}{\partial r} + \frac{\partial v_t}{\partial \varphi} + \frac{\partial(v_z r)}{\partial z} &= 0. \end{aligned}\right\} \qquad \text{S. 460 f.}$$

Differentialgleichung der Stromfunktion in Zylinderkoordinaten:

$$\frac{\partial^2 \Psi}{\partial r^2} - \frac{1}{r}\frac{\partial \Psi}{\partial r} + \frac{\partial^2 \Psi}{\partial z^2} = 0. \qquad \text{S. 464}$$

Differentialgleichungen der Lorenzschen Turbinentheorie:

$$\left.\begin{aligned} \rho\left(\frac{dv_r}{dt} - \frac{v_t^2}{r}\right) &= R - \frac{\partial p}{\partial r} \\ \frac{\rho}{r}\frac{d(v_t r)}{dt} &= T \\ \rho\frac{dv_z}{dt} &= Z + g\rho - \frac{\partial p}{\partial z} \end{aligned}\right\} \qquad \text{S. 642, 466}$$

$$\frac{\partial(r v_r)}{\partial r} + \frac{\partial(r v_t)}{\partial z} = 0 \qquad \text{S. 462}$$

l) Elektro-dynamische Differentialgleichungen.

Maxwellsche Gleichungen in Vektorform:

$$\left.\begin{aligned} \varepsilon\frac{\partial \mathfrak{E}}{\partial t} + 4\pi\lambda\mathfrak{E} &= \operatorname{curl}\mathfrak{M} \\ \mu\frac{\partial \mathfrak{M}}{\partial t} &= -\operatorname{curl}\mathfrak{E} \end{aligned}\right\} \qquad \text{S. 476}$$

Maxwellsche Gleichungen in rechtwinkligen Koordinaten:

$$\left.\begin{aligned} \varepsilon\frac{\partial E_x}{\partial t} + 4\pi\lambda E_x &= \frac{\partial M_z}{\partial y} - \frac{\partial M_y}{\partial z} \\ \varepsilon\frac{\partial E_y}{\partial t} + 4\pi\lambda E_y &= \frac{\partial M_x}{\partial z} - \frac{\partial M_z}{\partial x} \\ \varepsilon\frac{\partial E_z}{\partial t} + 4\pi\lambda E_z &= \frac{\partial M_y}{\partial x} - \frac{\partial M_x}{\partial y} \end{aligned}\right\} \qquad \text{S. 476}$$

$$\left.\begin{aligned} \mu\frac{\partial M_x}{\partial t} &= -\left(\frac{\partial E_z}{\partial y}-\frac{\partial E_y}{\partial z}\right)\\ \mu\frac{\partial M_y}{\partial t} &= -\left(\frac{\partial E_x}{\partial z}-\frac{\partial E_z}{\partial x}\right)\\ \mu\frac{\partial M_z}{\partial t} &= -\left(\frac{\partial E_y}{\partial x}-\frac{\partial E_x}{\partial y}\right) \end{aligned}\right\} \qquad \text{S. 476}$$

Die erste Gleichung Maxwells nach Elimination von $\mathfrak{M}$:

$$\Delta E_x = \varepsilon\mu\frac{\partial^2 E_x}{\partial t^2} + 4\pi\lambda\mu\frac{\partial E_x}{\partial t}. \qquad \text{S. 478}$$

Differentialgleichung einer ebenen elektrischen Welle:

$$\Delta U = \varepsilon\mu\frac{\partial^2 U}{\partial t^2} + 4\pi\lambda\mu\frac{\partial U}{\partial t}. \qquad \text{S. 479}$$

Erstes Maxwellsches Gleichungssystem in Zylinderkoordinaten:

$$\left.\begin{aligned} \frac{1}{r}\left(\frac{\partial M_r}{\partial \vartheta}-\frac{\partial (r M_\vartheta)}{\partial r}\right) &= \varepsilon\frac{\partial E_x}{\partial t}+4\pi\lambda E_x\\ \left(\frac{\partial M_x}{\partial r}-\frac{\partial M_r}{\partial x}\right) &= \varepsilon\frac{\partial E_\vartheta}{\partial t}+4\pi\lambda E_\vartheta\\ \frac{1}{r}\left(\frac{\partial (r M_\vartheta)}{\partial x}-\frac{\partial M_x}{\partial \vartheta}\right) &= \varepsilon\frac{\partial E_r}{\partial t}+4\pi\lambda E_r \end{aligned}\right\} \qquad \text{S. 483}$$

Maxwellsche Gleichungen des axialsymmetrischen Feldes:

$$\left.\begin{aligned} -\frac{1}{r}\frac{\partial (r M_\vartheta)}{\partial r} &= \varepsilon\frac{\partial E_x}{\partial t}+4\pi\lambda E_x\\ \left(\frac{\partial E_x}{\partial r}-\frac{\partial E_r}{\partial x}\right) &= -\mu\frac{\partial M_\vartheta}{\partial t}\\ +\frac{1}{r}\frac{\partial (r M_\vartheta)}{\partial x} &= \varepsilon\frac{\partial E_r}{\partial t}+4\pi\lambda E_r \end{aligned}\right\} \qquad \text{S. 484}$$

Heavisidesche Gleichung:

$$\frac{\partial^2 J}{\partial x^2} = LC\frac{\partial^2 J}{\partial t^2} + wC\frac{\partial J}{\partial t}. \qquad \text{S. 491}$$

Differentialgleichung der Potentialfunktion des axialsymmetrischen Feldes:

$$\varepsilon\mu\frac{\partial^2 \Pi}{\partial t^2} + 4\pi\mu\lambda\frac{\partial \Pi}{\partial t} = \frac{\partial^2 \Pi}{\partial x^2} + \frac{\partial^2 \Pi}{\partial r^2} + \frac{1}{r}\frac{\partial \Pi}{\partial r}. \qquad \text{S. 514}$$

Sach- und Namen-Register.

(Die großgedruckten Zahlen beziehen sich auf die Seiten, die kleingedruckten auf das Verzeichnis der Anmerkungen und Literaturangaben.)

GPSR Compliance

The European Union's (EU) General Product Safety Regulation (GPSR) is a set of rules that requires consumer products to be safe and our obligations to ensure this.

If you have any concerns about our products, you can contact us on ProductSafety@springernature.com

In case Publisher is established outside the EU, the EU authorized representative is:

Springer Nature Customer Service Center GmbH
Europaplatz 3
69115 Heidelberg, Germany

Batch number: 10682427

Printed by Printforce, the Netherlands